3.5	Konflikte, Konfliktmanagement und Mobbing	147
3.5.1	Was ist ein Konflikt ? Welche Konflikte gibt es ?	147
3.5.2	Konfliktverlauf und –eskalation	149
3.5.3	Konfliktdiagnose und –analyse	151
3.5.4	Methoden des Konfliktmanagements	152
3.5.5	Mobbing als besondere Konfliktform	160
3.6	Gesundheitscoaching	170
3.6.1	Was ist Coaching bzw. Gesundheitscoaching ?	170
3.6.2	Gesundheitscoaching für Führungskräfte	176
3.7	Sucht und Suchtprävention	180
3.7.1	Das Suchtproblem	180
3.7.2	Was ist eine Sucht ? Welche Süchte gibt es ?	181
3.7.3	Der Alkoholismus als Hauptproblem	192
3.7.4	Ursachen der Sucht	197
3.7.5	Maßnahmen gegen Sucht	198
3.8	Arbeitssicherheit	206
3.8.1	Grundlagen zur Arbeitssicherheit	206
3.8.2	Arbeitssicherheitsmanagement	209
3.8.3	Psychologie der Arbeitssicherheit	211
4	**Gesundheitsmanagement in der Arbeit**	**229**
4.1	Gesundheitsgerechte Arbeitsgestaltung	230
4.1.1	Kriterien bzw. Ziele gesundheitsgerechter Arbeitsgestaltung	230
4.1.2	Strategien gesundheitsgerechter Arbeitsgestaltung	233
4.1.3	Konzept gesundheitsgerechter Arbeitsgestaltung	234
4.2	Gestaltung von Arbeitsaufgaben	235
4.2.1	Das Motivationspotential von Arbeitsaufgaben	235
4.2.2	Das Belastungspotential von Arbeitsaufgaben	239
4.2.3	Arbeitsbereicherung, -erweiterung und –wechsel	243
4.2.4	Gruppenarbeit	247
4.3	Gestaltung des Arbeitsplatzes	254
4.3.1	Büroarbeitsplatz	255
4.3.2	Bildschirm-Arbeitsplatz	261
4.4	Gestaltung der Arbeitsumgebung	273
4.4.1	Lärm	273
4.4.2	Klima	277
4.4.3	Licht und Beleuchtung	280
4.4.4	Farben	283
4.5	Gestaltung der Arbeitszeit	289
4.5.1	Arbeitszeitmodelle und ihre Auswirkungen	292
4.5.2	Arbeitszeiten und Erholung	304
4.6	Gestaltung von Arbeitsmitteln	306
4.6.1	Arten von Arbeitsmitteln	306
4.6.2	Gestaltung von Arbeitsmitteln	307
4.7	Ein Beispiel für gesundheitsgerechte Arbeitsgestaltung	315

Inhaltsverzeichnis

Vorwort		IX
Abkürzungsverzeichnis		XI
0	**Anliegen, Ziele und Aufbau des Buches**	1
1	**Gesundheitsmanagement als moderne Aufgabe im Unternehmen**	3
1.1	Entwicklungstendenzen in Arbeit und Wirtschaft	4
1.2	Was ist betriebliches Gesundheitsmanagement	11
1.3	Rahmenbedingungen des betrieblichen Gesundheitsmanagements	13
1.4	Bereiche, Aufgaben und Prinzipien des betrieblichen Gesundheitsmanagements	14
1.5	Ziele des betrieblichen Gesundheitsmanagements	24
1.6	Betriebs- und volkswirtschaftliche Bedeutung des betrieblichen Gesundheitsmanagements	29
1.7	Neue EU-Strategie für Gesundheit und Sicherheit	31
2	**Gesundheit und Belastung als Grundkonzepte**	33
2.1	Das moderne Gesundheitskonzept	34
2.1.1	Psychosoziale Gesundheit in der Arbeit	34
2.1.2	Folgerungen für das Gesundheitsmanagement	47
2.2	Belastung und Beanspruchung in der Arbeit	48
2.2.1	Das Belastungs-Beanspruchungs-Konzept	48
2.2.2	Belastungen	56
2.2.3	Beanspruchungsreaktionen und –folgen	65
2.3	Quellen der Gesundheit	68
2.3.1	Die Organisation als Quelle der Gesundheit	69
2.3.2	Die Arbeit als Quelle der Gesundheit	75
2.3.3	Die Person als Quelle der Gesundheit	78
3	**Gesundheitsmanagement in der Organisation**	87
3.1	Die rechtliche Grundlagen des Arbeitsschutzes	88
3.1.1	EG-Rahmenrichtlinie und Luxemburger Deklaration	89
3.1.2	Das Arbeitsschutzgesetz	90
3.1.3	Weitere wichtige Gesetze und Vorschriften	96
3.2	Gesundheitszirkel	99
3.2.1	Was ist ein Gesundheitszirkel ?	99
3.2.2	Ziele, Aufbau, Durchführung, Ablauf und Evaluation	101
3.3	Stress, Angst und ihre Bewältigung	108
3.3.1	Was ist Stress ? Was ist Angst ?	108
3.3.2	Stress- und Angstbewältigung	113
3.3.3	Methoden des Stressmanagements	115
3.4	Burnout und Burnout-Prävention	134
3.4.1	Was ist Burnout ?	134
3.4.2	Einflussfaktoren auf Burnout	140
3.4.3	Wie kann Burnout gemessen werden ?	143
3.4.4	Burnout-Prävention	145

Erster Überblick

1 Gesundheitsmanagement als moderne Aufgabe im Unternehmen

1.1 Entwicklungstendenzen in Arbeit und Wirtschaft
1.2 Was ist betriebliches Gesundheitsmanagement?
1.3 Rahmenbedingungen des betrieblichen Gesundheitsmanagements
1.4 Bereiche, Aufgaben und Prinzipien des betrieblichen Gesundheitsmanagements
1.5 Ziele des betrieblichen Gesundheitsmanagements
1.6 Betriebs- und volkswirtschaftliche Bedeutung des betrieblichen Gesundheitsmanagements
1.7 Neue EU-Strategie für Gesundheit und Sicherheit

2 Gesundheit und Belastung als Grundkonzepte

2.1 Das moderne Gesundheitskonzept
2.2 Belastung und Beanspruchung in der Arbeit
2.3 Quellen der Gesundheit

3 Gesundheitsmanagement in der Organisation

3.1 Die rechtlichen Grundlagen des Arbeitsschutzes
3.2 Gesundheitszirkel
3.3 Stress, Angst und ihre Bewältigung
3.4 Burnout und Burnout-Prävention
3.5 Konflikte, Konfliktmanagement und Mobbing
3.6 Gesundheitscoaching
3.7 Sucht und Suchtprävention
3.8 Arbeitssicherheit

4 Gesundheitsmanagement in der Arbeit

4.1 Gesundheitsgerechte Arbeitsgestaltung
4.2 Gestaltung von Arbeitsaufgaben
4.3 Gestaltung des Arbeitsplatzes
4.4 Gestaltung der Arbeitsumgebung
4.5 Gestaltung der Arbeitszeit
4.6 Gestaltung von Arbeitsmitteln

5 Führung und Gesundheit

5.1 Gesundheitsmanagement als Führungsaufgabe
5.2 Wer ist zuständig für Gesundheitsmanagement?
5.3 Führungsgrundsätze im Gesundheitsmanagement
5.4 Worauf hat die Führungskraft zu achten?

6 Gesundheitsprogramme im Unternehmen

6.1 Aufgabenstellungen und Qualitätskriterien für betriebliches Gesundheitsmanagement
6.2 Anlässe und Schritte eines Gesundheitsprogramms
6.3 Bausteine eines Gesundheitsprogramms
6.4 Spezielle Gesundheitsprogramme
6.5 Probleme und Perspektiven von betrieblichen Gesundheitsprogrammen

Bibliografische Information Der Deutschen Bibliothek

Die Deutsche Bibliothek verzeichnet diese Publikation in der Deutschen
Nationalbibliografie; detaillierte bibliografische Daten sind im Internet
über <http://dnb.ddb.de> abrufbar.

© 2004 Oldenbourg Wissenschaftsverlag GmbH
Rosenheimer Straße 145, D-81671 München
Telefon: (089) 45051-0
www.oldenbourg-verlag.de

Das Werk einschließlich aller Abbildungen ist urheberrechtlich geschützt. Jede Verwertung
außerhalb der Grenzen des Urheberrechtsgesetzes ist ohne Zustimmung des Verlages unzulässig und strafbar. Das gilt insbesondere für Vervielfältigungen, Übersetzungen, Mikroverfilmungen und die Einspeicherung und Bearbeitung in elektronischen Systemen.

Gedruckt auf säure- und chlorfreiem Papier
Gesamtherstellung: Druckhaus „Thomas Müntzer" GmbH, Bad Langensalza

ISBN 3-486-27554-2

Das gesunde Unternehmen

Gesundheitsmanagement, Arbeitsschutz
und Personalpflege in Organisationen

Von
Dr. rer. nat. habil. Bernd Rudow
Professor für Arbeitswissenschaften

R. Oldenbourg Verlag München Wien

5	**Führung und Gesundheit**	317
5.1	Gesundheitsmanagement als Führungsaufgabe	318
5.2	Wer ist zuständig für Gesundheitsmanagement?	324
5.2.1	Partner der Führungskraft im Unternehmen	324
5.2.2	Externe Partner im Gesundheitsmanagement	325
5.3	Führungsgrundsätze im Gesundheitsmanagement	327
5.4	Worauf hat die Führungskraft zu achten?	330
6	**Gesundheitsprogramme in Unternehmen**	333
6.1	Aufgabenstellungen und Qualitätskriterien für betriebliches Gesundheitsmanagement	334
6.2	Anlässe und Schritte eines Gesundheitsprogramms	337
6.3	Bausteine eines Gesundheitsprogramms	343
6.3.1	Leitbild zur Gesundheit	343
6.3.2	Ansätze und Maßnahmen des betrieblichen Gesundheits-Managements	345
6.3.3	Module des betrieblichen Gesundheitsmanagements	348
6.3.4	Einzelprogramme zur betrieblichen Gesundheitsförderung	351
6.4	Spezielle Gesundheitsprogramme	353
6.4.1	Programm zur Fehlzeitensenkung	353
6.4.2	Ein Wohlbefindens-Projekt	379
6.4.3	Work2Work – Ein Projekt für leistungsgewandelte Mitarbeiter	383
6.5	Probleme und Perspektiven von betrieblichen Gesundheitsprogrammen	391

Glossar	397
Literaturverzeichnis	407
Bilderverzeichnis	435
Tabellenverzeichnis	437
Sachwortverzeichnis	439
Personenverzeichnis	441
Unternehmens- und Organisationsverzeichnis	445
Zum Autor	447

Vorwort

Liebe Leserin, lieber Leser,
welche guten Vorsätze haben Sie zu Beginn des neuen Jahres? Nach einer repräsentativen Umfrage der Zeitschrift "FOCUS" (53/1998) zum Jahreswechsel antworteten von 1.008 befragten Personen wie folgt:

Kasten 1

Vorsätze

- *Mehr für meine Gesundheit tun*   74 %
- Mich stärker meiner Familie widmen   52 %
- Umweltbewusster leben   52 %
- Mehr für meine Bildung tun   52 %
- Sparsamer sein   43 %
- Mich stärker im Beruf engagieren   33 %

Das Ergebnis unterstreicht, dass die **Gesundheit** die entscheidende Basis der Lebens- und Arbeitsqualität ist. Weil dies so ist, tragen wir eine große Verantwortung für sie. Dabei ist die Arbeitswelt ein wichtiger Einflussbereich. In ihr wirken zahlreiche Faktoren der Arbeitssituation, des Arbeitsplatzes, der Arbeitsumwelt, des Betriebsklimas, des Arbeitsverhaltens und nicht zuletzt die Arbeitsplatzsicherheit positiv oder negativ auf die Gesundheit und somit auf das Wohlbefinden, auf die Leistungsfähigkeit und auf die gesamte Persönlichkeit des Menschen.

Gesundheit in der Arbeitswelt ist gegenwärtig und zukünftig wichtiger denn je, weil neue Technologien, neue Arbeits- und Organisationsformen, ein verschärfter Wettbewerb, die Globalisierung der Wirtschaft, der problematische Arbeitsmarkt und das gesellschaftliche Umfeld mit neuen Werten und Normen besonders **psychische Belastungen** mit einem erhöhten Gesundheitsrisiko hervorrufen.

Obwohl diese Entwicklung in unserem Leben wie in der Wirtschaft gegeben ist, bestehen bei Personalverantwortlichen, Führungskräften, Betriebsärzten, Arbeitsschutzbeauftragten, Fachkräften für Arbeitssicherheit und Betriebs- bzw. Personalräten in Unternehmen/Organisationen vor allem zum **Problem der psychischen Belastung, Beanspruchung und Gesundheit/Krankheit** Wissensdefizite.

Das vorliegende Buch soll dazu beitragen, diese Lücken zu schließen und somit die Handlungsfähigkeit im betrieblichen Gesundheitsmanagement zu entwickeln. Dabei ist zu betonen, dass es nicht aus der "hohen Wissenschaft" für die Praxis geschrieben wurde. Im Gegenteil: Alle Hauptthemen wurden in zahlreichen Forschungs- wie Praxisprojekten und Seminaren, die vom Autor seit 1978 in verschiedensten Organisationen durchgeführt worden sind, mit sog. Praktikern - die bei angewandten Fragestellungen häufig die Experten sind - diskutiert, überprüft und auf ihre Anwendbarkeit bewertet. Es ist demnach nicht nur ein Buch aus der Arbeitswissenschaft* bzw. der Arbeits- und Organisationspsychologie* für die Praxis, sondern zudem ein Buch "*aus der Praxis für die Praxis*".

Es sollen verschiedene **Zielgruppen** angesprochen werden. Zunächst ist es ein Informations- und Nachschlagewerk für alle Personen unterschiedlichster Organisationen, die sich mit dem Thema *Gesundheit* befassen. In erster Linie sind es die **Personalexperten** in Betrieben, welche sich mit Fragen des Gesundheitsmanagements beschäftigen. Es sollen ferner die **Arbeitsmediziner** und **Betriebsärzte** angesprochen werden, die vor allem an medizinisch-psychologischen Themen und arbeitsorganisatorischen Gesichtspunkten interessiert sind. Eine weitere Gruppe sind **Sozialarbeiter** und/oder **Sozialpädagogen**, welche in größeren Unternehmen bzw. Organisationen tätig sind. Interessant dürfte das Buch ebenfalls für **Arbeitsschutzexperten** bzw. **Sicherheitsfachkräfte und -beauftragte** sein, da Arbeitsschutz und Arbeitssicherheit einen hohen Stellenwert haben. Außerdem können **Betriebs- bzw. Personalräte**, deren vorrangiges Interesse der Gesundheit der Arbeitnehmer gilt, die Schrift mit Gewinn nachlesen. Das Buch sollte ebenfalls die Aufmerksamkeit von **Krankenkassen**, **Berufsgenossenschaften** und **Unfallkassen** finden. Schließlich sind weitere Interessenten die in der Praxis wie in der angewandten Wissenschaft tätigen **Arbeits-, Betriebs-, Organisations-, Klinische und Umweltpsychologen**. Auch sie werden zunehmend mit Gesundheitsthemen im Betrieb konfrontiert.

Eine weitere Zielgruppe sind die **Studierenden** an Universitäten, Hochschulen und weiteren Bildungseinrichtungen. Für sie ist es ein Text- und Lehrbuch. Dies gilt für Studierende der **Betriebswirtschaft**, des **Wirtschaftsingenieurwesens**, der **Ingenieurwissenschaften** mit den Fächern Arbeitswissenschaft/Arbeitssicherheit, Personalmanagement und Organisation wie auch für Studierende der **Gesundheits- und Pflegewissenschaften**, der **Arbeits-, Betriebs- und Organisationspsychologie**, der **Klinischen und Gesundheitspsychologie**, der **Arbeits-, Betriebs-, Umwelt- und Sozialmedizin**, der **Pädagogik**, der **Sozialarbeit** sowie der **Arbeits-, Industrie- und Organisationssoziologie**.

Obwohl ich das umfangreiche Buch über weite Strecken im anachronistischen Alleingang geschrieben habe, so gilt mein Dank allen denjenigen Personen, welche nicht nur die Einsamkeit des Autors temporär aufhoben, sondern mich auch mit Rat und Tat unterstützten, indem sie entweder das Gesamtvorhaben begleiteten oder einzelne Kapitel oder Themen kritisch lasen. Ich möchte herzlich Dipl.-Soz. *Peter Birke* danken, der den gesamten Text kritisch las. Ferner gilt der Dank meinen studentischen Mitarbeitern *Andrea Reinicke*, *Sandra Götze* und *Stefan Gelb* sowie meinem Nachbarn *Peter Kliebisch*, die mich insbesondere in der Finalphase der Manuskriptarbeit unterstützten. Nicht zuletzt danke ich meinen Partnern der Volkswagen AG, Werk Wolfsburg. Von ihnen, besonders von Dipl.-Ing. *Wilfried Krüger* (Leiter Personaleinsatz), Dr. *Günther Koch* (Leiter Personalwesen) und Dr. med. *Bodo Marschall* (Leiter Gesundheitswesen), habe ich im Laufe der etwa dreieinhalbjährigen Zusammenarbeit in zahlreichen Diskussionen viele Anregungen erhalten. Schließlich danke ich ganz herzlich meiner Frau *Heide-Rose*. Sie half mir vor allem bei der Erstellung der Verzeichnisse; darüber hinaus musste sie durch meine Arbeit am Buch auf manches gemeinsame Wochenende verzichten.

Selbstverständlich konnte ich, damit das Buch überschaubar und kommunikativ bleibt, nicht alle theoretischen, empirischen und praktischen Details zu den einzelnen Themen darstellen. Hier halte ich es mit VOLTAIRE: *Die nützlichsten Bücher sind diejenigen, welche den Leser zu ihrer Ergänzung auffordern.*

Bernd Rudow

Abkürzungsverzeichnis
(mehrfach gebrauchte Abkürzungen)

Abs.	Absatz
AG	Aktiengesellschaft
AGS	Arbeits- und Gesundheitsschutz*
AM	Arbeitsmittel
AMBV	Arbeitsmittelbenutzungsverordnung
AOK	Allgemeine Ortskrankenkasse
ArbSchG	Arbeitsschutzgesetz
ArbStättV	Arbeitsstättenverordnung
ArbZG	Arbeitszeitgesetz
AS	Arbeitsschutz
ASA	Arbeitssituationsanalyse
ASiG	Arbeitssicherheitsgesetz
ASR	Arbeitsstättenrichtlinie
AT	Autogenes Training
AU	Arbeitsunfähigkeit
BALY	Beteiligungsorientierte Arbeitsanalyse
BAP	Bildschirmarbeitsplatz
BAuA	Bundesanstalt für Arbeitsschutz und Arbeitsmedizin*
BetrVG	Betriebsverfassungsgesetz
BG	Berufsgenossenschaft
BGB	Bürgerliches Gesetzbuch
BGM	Betriebliches Gesundheitsmanagement
BGV	BG-Vorschrift
BildscharbV	Bildschirmarbeitsverordnung
BKK	Betriebskrankenkasse
BMT	Belastungs-Management-Training
BO	Burnout
B. R.	Bernd Rudow
BSG	Bundessozialgericht
BUK	Bundesunfallkasse
BzgA	Bundeszentrale für gesundheitliche Aufklärung
bzw.	beziehungsweise
cm	Zentimeter
ca.	circa
°C	Grad Celsius
CNC	Computerized Numerical Control; computergestützte numerische Steuerung von Werkzeugmaschinen
CAD	Computer Aided Design; computergestütztes Gestalten/Konstruieren
DAK	Deutsche Angestellten-Krankenkasse
dB	Dezibel*
DGB	Deutscher Gewerkschaftsbund
d. h.	das heißt
DHS	Deutsche Hauptstelle gegen Suchtgefahren
DIN	Deutsches Institut für Normung

DM	Deutsche Mark
EDV	Elektronische Datenverarbeitung
EFQM	European Foundation for Quality Management
EG	Europäische Gemeinschaft
EKG	Elektro-Kardiogramm
et al.	et alii
etc.	et cetera
ETH	Eidgenössische Technische Hochschule
EU	Europäische Union
e.V.	eingetragener Verein
evtl.	eventuell
EWG	Europäische Wirtschaftsgemeinschaft
f.	folgende
ff.	fortfolgende
GC	Gesundheitscoaching
ggf.	gegebenenfalls
GmbH	Gesellschaft mit beschränkter Haftung
GZ	Gesundheitszirkel
HBV	Gewerkschaft Handel-Banken-Versicherungen
HDL	High Density Lipoprotein (Cholesterinwert*)
Hrsg.	Herausgeber
HSF	Herzschlagfrequenz
HSO	Hilfe zur Selbsthilfe für Online-Süchtige
HVBG	Hauptverband der gewerblichen Berufsgenossenschaften
IAS oder	Institut für Arbeits- und Sozialhygiene
IAS	Internet-Abhängigkeits-Syndrom
i.d.R.	in der Regel
i.e.S.	im engeren Sinne
ILO	International Labor Organization (Internationale Arbeitsorganisation*)
inkl.	inklusive
ISO	International Organization for Standardization (Internationale Normungsorganisation)
IT	Informationstechnologie
i.w.S.	im weiteren Sinne
KG	Kommanditgesellschaft
KMU	kleine und mittlere Unternehmen
KVP	Kontinuierlicher Verbesserungsprozess*
LASI	Länderausschuss für Arbeitsschutz und Sicherheitstechnik
LGW	Leistungsgewandelte
LSD	Lysergsäurediäthylamid
MAK	Maximale Arbeitsplatzkonzentration*
m^2	Quadratmeter
MBI	Maslach Burnout Inventory
m.E.	meines Erachtens
mg%	Milligrammprozent

Mio.	Millionen
mm HG	Millimeter je Quecksilbersäule
Mrd.	Milliarden
m/s	Meter pro Sekunde
MVG	Mannheimer Verkehrsgesellschaft
o.a.	oben angeführt
o.ä.	oder ähnliche
o.g.	oben genannt
o.V.	ohne Verfasser
ÖPNV	Öffentlicher Personennahverkehr
PC	Personal Computer
PMR	Progressive Muskelrelaxation
PP	Personalpflege
PR	Public Relations
PSA	Persönliche Schutzausrüstung
REFA	Reichsausschuss für Arbeitszeitermittlung*
RR	Blutdruckmessung nach Riva-Rocci
RVO	Reichsversicherungsordnung
S.	Seite
SBS	Sick-Building-Syndrom
SGB	Sozialgesetzbuch
SIFA	Sicherheitsfachkraft
SMBG	Süddeutsche Metall-Berufsgenossenschaft
sog.	sogenannt(e)
TBS	Technologie-Beratungsstellen
TK	Techniker-Krankenkasse
TQM	Total Quality Management*
TU	Technische Universität
u.	und
u.a.	unter anderem
u.a.m.	und andere(s) mehr
u.ä.	und ähnliche
u. dgl. m.	und dergleichen mehr
usw.	und so weiter
u.U.	unter Umständen
u.v.a.m.	und vieles andere mehr
UVV	Unfallverhütungsvorschrift
vgl.	vergleiche
vs.	versus
VT	Verhaltenstherapie
VW AG	Volkswagen AG
WHO	World Health Organization (Weltgesundheitsorganisation)
www	World Wide Web
z.B.	zum Beispiel
z.T.	zum Teil

0. Anliegen, Ziele und Aufbau des Buches

Das vorliegende Buch thematisiert das **betriebliche Gesundheitsmanagement** (kurz: BGM) mit seinen beiden Anwendungsgebieten, dem **Arbeitsschutz** (kurz: AS) und der **Personalpflege** (kurz: PP) (siehe Bild 1). Hauptanliegen ist *das gesunde Unternehmen*. Dabei sollen als Unternehmen* alle Organisationen verstanden werden, die (mehr oder minder) nach betriebswirtschaftlichen Kriterien arbeiten. Dazu zählen nicht nur Industrieunternehmen, sondern beispielsweise auch Krankenhäuser, kommunale Verwaltungen, Pflegeeinrichtungen, Kirchen, Schulen oder Kindertagesstätten.

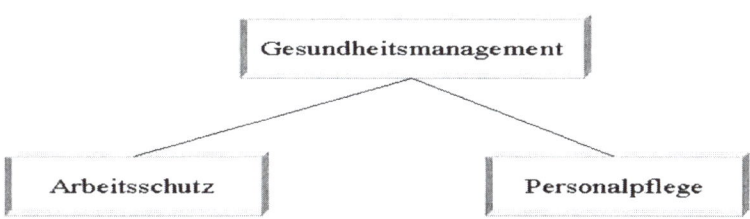

Bild 1: Arbeitsschutz und Personalpflege als Anwendungsgebiete des betrieblichen Gesundheitsmanagements

Durch die Zunahme von Bildschirmarbeit, Gruppenarbeit, Telearbeit, Lernen in der Arbeit, innovativen Tätigkeiten und weiteren neuen Arbeitsformen und -qualitäten nimmt der Anteil überwiegend kognitiver, emotionaler und sozialer Arbeitsanforderungen, verbunden mit psychischen inkl. psychosozialen Belastungen, bedeutend zu. Demgegenüber gehen die körperlichen Anforderungen bzw. Belastungen in der Arbeit immer mehr zurück, zumal sie durch die fortgeschrittene technische Arbeitsgestaltung weitgehend reduziert werden konnten. Ergonomische Anforderungen in der Arbeit sind weitgehend bekannt; hier fehlt jedoch noch häufig die konsequente Umsetzung in Betrieben.

Auf Grund dieser Trends in Arbeit und Organisation liegt es nahe, den **Arbeits- und Gesundheitsschutz** (kurz: AGS) vorwiegend aus arbeits*psychologischer Sicht* darzustellen. **Anliegen und Ziele** des Buches sind wie folgt:

- Da in der wissenschaftlichen Managementliteratur gegenwärtig ein **Text- und Lehrbuch** zur (Arbeits-)Psychologie der Gesundheit in Organisationen fehlt, soll die Schrift dazu beitragen, diese Lücke zu schließen. Sie stellt den Versuch dar, zahlreich vorhandene thematische Einzelarbeiten und -konzepte in einer relativ geschlossenen Form darzustellen. Ihre Präsentation, Diskussion und Integration im Rahmen des betrieblichen Gesundheitsmanagements erfolgt in einem ausgewogenen Verhältnis von Theorie und Praxis.

- Es wird ein **Überblick** über den Gegenstand, die Aufgaben, die Prinzipien, die Hauptansätze, die Methoden und die wichtigsten Konzepte des Gesundheitsmanagements in Organisationen gegeben.

- Ein weiteres Anliegen besteht darin, ausgehend vom arbeitswissenschaftlichen Erkenntnisstand mehr Transparenz in populäre Themen des betrieblichen Gesundheitsmanagements zu bringen. Denn solche Konzepte, wie z. B. „Stress",

„Coaching" oder "Mobbing", laufen Gefahr, durch häufigen, unkritischen, oft schlagwortartigen Gebrauch als Schirmbegriff zu verwässern. Das Buch soll dazu beitragen, inflationären Tendenzen entgegenzuwirken, indem die wichtigsten Inhalte und Potenziale der Konzepte inkl. Methoden für das betriebliche Gesundheitsmanagement dargestellt werden. Damit erfolgt auch eine Distanzierung von den „Psycho"- und „Gesundheits"gurus, welche mit suggestiven, rezeptartigen Schriften versuchen, den kommerziellen Markt der betrieblichen Gesundheit zu erobern oder sogar zu dominieren.

- Es ist eine weitere Intention, Unternehmern, Führungskräften, Personalexperten, Fachkräften für Arbeitssicherheit, Arbeitsschutzbeauftragten, Betriebs- bzw. Personalräten und weiteren Interessenten eine Orientierung bei der Einordnung, Bewertung und Nutzung von Konzepten, Methoden und Maßnahmen des Gesundheitsmanagements in der Arbeitsgestaltung, im strategischen Personalmanagement und in der Organisationsentwicklung zu geben. Es soll also auch ein **Informations- und Nachschlagewerk für Praktiker** in Betrieben bzw. Organisationen sein.

Da das Buch eine breite, heterogene Zielgruppe erreichen soll, wurde auf Fachbegriffe, besonders der Psychologie, weitgehend verzichtet. Zum besseren Verständnis angeführter Fachbegriffe ist am Ende des Buches ein **Glossar** eingerichtet.[1] Für die Leser, die an der englischen Sprache interessiert sind oder in solchen Quellen nachlesen möchten, wurde bei Schlüsselwörtern (key terms) der englische Begriff in Klammern gesetzt.

Der **Aufbau des Buches** folgt einer normalen Logik, indem sukzessiv von der Theorie zur Praxis fortgeschritten wird. Es beginnt mit der Theorie, welche sich auf die *Grundlagen des betrieblichen Gesundheitsmanagements* inkl. Arbeitsschutz und Personalpflege bezieht (Kapitel 1 und 2). Dann folgt die Darstellung von *Konzepten* und *Maßnahmen des betrieblichen Gesundheitsmanagements*, wobei differenziert wird in diejenigen, welche sich auf die gesamte Organisation (Kapitel 3), und in solche, die sich auf die Arbeit i. e. S. beziehen (Kapitel 4). Hierbei werden theoretische Aspekte mit praktischen Ansätzen verknüpft. Schließlich wird es „praktisch", indem auf *Führung und Gesundheit* (Kapitel 5) und dann auf *Gesundheitsprogramme in Unternehmen* eingegangen wird (Kapitel 6).

Das Buch verfolgt in erster Linie den **Anspruch,** in den Arbeitswissenschaften* (work science, ergonomics) *gesichertes*, in der Praxis *anwendbares Wissen* zu vermitteln. Es enthält aber auch Botschaften, die über bloßes Wissen hinausgehen. Die zentrale Botschaft soll sein: Arbeit und Organisation sind so zu gestalten, dass das wichtigste Kapital, d. h. der Mitarbeiter gesund, zufrieden, motiviert und deshalb leistungsfähig ist. Gesundheitsmanagement, AS und PP sind demnach nicht Aufgaben, denen sich nur wirtschaftlich erfolgreiche Organisationen widmen sollten. BGM ist vielmehr eine notwendige Bedingung für den wirtschaftlichen Erfolg jeder Organisation.

---

[1] Alle Begriffe, die im Buch mit einem Stern (*) versehen sind, werden im Glossar definiert.

KAPITEL 1

GESUNDHEITSMANAGEMENT ALS MODERNE AUFGABE IM UNTERNEHMEN

> Neun Zehntel
> unseres Glücks allein
> beruhen auf der
> Gesundheit.
> (A. SCHOPENHAUER)

> Wo Gesundheit fehlt,
> kann Weisheit nicht offenbar werden,
> Kunst kann keinen Reichtum finden,
> Stärke kann nicht kämpfen,
> Reichtum wird wertlos
> und Klugheit kann nicht angewandt werden.
> (Arzt HEROPHILOS, 300 v. Chr. in Alexandrien)

1.1. Entwicklungstendenzen in Arbeit und Wirtschaft

Der wirtschaftliche Wettbewerb

Der nationale und besonders globale Wettbewerb wird stark zunehmen. Dieser Trend verlangt in vielen Organisationen* Entwicklungen, Veränderungen oder sogar weitgehende Umstrukturierungen, damit besonders die Ablauforganisation – bis hin zum Kunden - verbessert werden kann. Derartige Prozesse oder Managementkonzepte werden mit *Business Process Reengineering (BPR)**, *Lean Management**, *Kaizen** oder *Kontinuierlicher Verbesserungsprozess* (KVP)*, *Total Quality Management (TQM)** oder *Outsourcing** beschrieben. Dabei sind die Unternehmen oft gezwungen, sich kurzfristig am Shareholder-Value-Konzept* oder allgemein an ökonomischen Kennziffern zu orientieren. Der wirtschaftliche Gewinn steht im Mittelpunkt, was allerdings oft zu Lasten der Mitarbeiter geht. Der hohe Preis für die Anwendung des klassischen olympischen Mottos "*Altius-Fortius-Citius*", d. h. "*Höher-Schneller-Weiter*" - und *Größer* - auf die Wirtschaft ist leider häufig die zunehmende psychische Arbeitsbelastung mit all ihren negativen Folgen für Gesundheit und Leistungsfähigkeit.

Die Prozesse des *Change Management**, welche oft mit Problemen und Schwierigkeiten verbunden sind, müssen gemeinsam von Führungskräften und Mitarbeitern getragen werden. Besonders die Manager haben dabei eine große Verantwortung, nämlich für das Gelingen oder Misslingen der Organisationsveränderung und deren wirtschaftliche und soziale Konsequenzen. Manager stehen häufig unter Entscheidungs- und Rechtfertigungsdruck gegenüber Mitarbeitern und der Öffentlichkeit; sie müssen Entscheidungen mit Risiko treffen; sie tragen nicht nur eine materielle, sondern auch eine soziale Verantwortung für Mitarbeiter, Aktionäre, Klienten oder Kunden.
    Die Mitarbeiter sind ebenso von Restrukturierungen betroffen. Da sie oft nicht hinreichend über laufende Prozesse, Maßnahmen und Ziele der Umstrukturierung informiert werden, kommt bei ihnen Unsicherheit, Existenzangst und sogar Widerstand auf.

Prozesse der Organisationsveränderung und -entwicklung stellen ferner hohe, neuartige Anforderungen an die Kompetenzen von Führungskräften und Mitarbeitern. Von den Führungskräften wird oft ein überwiegend kooperatives und teamorientiertes Führungsverhalten gefordert. Sie stehen dabei durch den Wettbewerb ständig unter dem Druck, innovativ zu sein. Wer im Wettbewerb bestehen will, muss sich dem Innovationsdruck stellen. Dazu braucht ein Unternehmen motivierte, problemlösefähige und kreative Führungskräfte und Mitarbeiter. Der Innovationsdruck, welcher sich in Unternehmensslogans wie beispielsweise „*Stets schnell und flexibel sein*" ausdrückt, stellt eine hohe psychische Belastung für die Beschäftigten dar. Wenn man ferner bedenkt, dass ca. 70 % aller Unternehmensfusionen nicht den gewünschten wirtschaftlichen Erfolg bringen oder sogar scheitern, dann hat dies negative Auswirkungen auf das Betriebsklima, die Motivation und Zufriedenheit der Beschäftigten.

Der wirtschaftliche Wettbewerb fordert seinen Tribut durch Krisen von Unternehmen. Davon wurde in den letzten Jahren vor allem die IT-Branche* betroffen. Unternehmen der sog. New Economy*, wie z. B. Intershop, Brokat, Caatoosee u. a. m., welche vorher hoch gehandelt wurden, erlitten dramatische Einbrüche. Dies führte bei vielen Mitarbeitern, nachdem sie mit viel Optimismus gearbeitet hatten, zu negativen psychischen Reaktionen. In solchen Zeiten nehmen besonders die Ängste von Führungskräften und Mitarbeitern - sei es in Bezug auf die Zukunft des Unternehmens, die persönliche Zukunft oder die finanziellen Verhältnisse - signifikant zu. Dass es besonders in der IT*-Branche zuweilen dramatisch zugeht, darauf wies auch Bill JOY, Mitbegründer von Sun Microsystems mit folgenden Worten hin: *„Im Silicon Valley ist kein normales Leben mehr möglich, die Leute sind besessen."*

Besonders in Krisenzeiten steigt zudem die Arbeitslosigkeit, welche häufig zu psychischen Gesundheitsstörungen oder gar Erkrankungen führt.

Kasten 2

Flitterwochen strengen an[2]

„Die Integration ist auf dem richtigen Weg. Wir haben zahlreiche Ziele erreicht und viele Hürden hinter uns gelassen, an denen andere Fusionen gescheitert sind" sagte gestern Konzernchef Jürgen Schrempp zum Verlauf des ersten Hochzeitsjahres von Daimler und Chrysler. Gemeinsam mit dem Ranggleichen Bob Eaton versuchte er den Journalisten klarzumachen, dass der *„perfekte Bund"* äußerst erfolgreich ist.

Dabei war es Jürgen Schrempp anzusehen, dass die Stuttgart-Detroiter Flitterwochen äußerst anstrengend sind. Doch auch vielen anderen Konzernmanagern sitzt der Stress in den Knochen. Die Anstrengungen auf dem Wege der Integration seien enorm, wird geklagt. Daimler-Chrysler hat einen eigenen Airbus A 320 ... Quer durch alle Hierarchiestufen werden die Manager zwischen Detroit und Stuttgart hin und her gejagt. So mancher Mitarbeiter muss zweimal in der Woche den Luftsprung über den Atlantik machen... Viele Sachfragen sind inzwischen geklärt, doch Schrempp räumt ein, dass die *„Integration der Menschen"* noch Jahre dauern wird.

Unternehmenskrisen wie beispielsweise gescheiterte Unternehmensfusionen führen häufig zum Outplacement*. Solche Maßnahme ruft bei den Betroffenen oft eine starke persönliche Krise hervor. Der ehemalige Topmanager der *Volkswagen AG* (kurz: VW AG) und der *Ford AG* Daniel GOEDEVERT bemerkte dazu:[3] *„Eine solche Situation zieht eine ganze Reihe von persönlichen Problemen nach sich bis hin zu Depressionen und physischen Krankheiten, von denen ich zum Glück verschont geblieben bin... Man ist plötzlich nichts mehr. Über Nacht steht man ohne seine Funktion da und ist mit sich allein..."*

---

[2] nach „Mannheimer Morgen" am 01.02.04.1999 (Hervorhebungen – B.R.)
[3] siehe „WELT am SONNTAG" am 18.04.1999

Bild 2: Faktoren des wirtschaftlichen Wettbewerbs

Veränderung des Charakters der Arbeit

Arbeit ist mehr als nur Mittel zur Einkommenssicherung. Sie nimmt einen zentralen Stellenwert im Leben der Menschen ein. Aber das Tempo der Veränderungen von Art und Struktur unserer Arbeit ist enorm und in der Menschheitsgeschichte einmalig. 3,5 Mio. Jahre war der Mensch Sammler und Jäger, mehr als 10.000 Jahre Bauer und Handwerker, annähernd 200 Jahre Industriearbeiter - und seit zwei Jahrzehnten ist er überwiegend "Informationsarbeiter" mit gravierend veränderten, besonders psychischen Anforderungen und Belastungen. Die qualitative Veränderung des Charakters der Arbeit wird sich im 21. Jahrhundert weiter vollziehen. Unsere Arbeitswelt wandelt sich von einer Industrie- in eine Dienstleistungs- und Informationsgesellschaft. Damit ist die Einführung neuer Technologien verbunden, wie z. B. Roboter, computergesteuerte Dreh- und Fräsmaschinen, elektronische Textverarbeitung oder computergestützte Sachbearbeitung.

Arbeit und lebenslanges Lernen

Damit Führungskräfte wie Mitarbeiter den steigenden psychischen Arbeitsanforderungen und -belastungen gerecht werden, ist es notwendig, dass sie sich ständig weiterbilden. Lebenslanges Lernen wird zu einem Grunderfordernis. Bedenkt man, dass die **Innovationszyklen** immer schneller und die **Halbwertzeit* des Fachwissens** für die meisten Berufe bei durchschnittlich fünf Jahren liegt, wird deutlich, welche hohen Anforderungen an die Qualifikation des Menschen gestellt werden. Gleichzeitig kommt es auf dem Arbeitsmarkt, weil **neue Berufsbilder** entstehen und alte oft entfallen, zu einer Entwertung vorhandener beruflicher Qualifikationen. Die Folge davon ist oft ein Berufswechsel mit Neuerwerb von Fachwissen und -kompetenzen.

In der Arbeit wird gleichfalls der **interkulturelle Aspekt** an Bedeutung gewinnen. Durch die Globalisierung der Wirtschaft, welche sich gegenwärtig besonders in Fusionen*, Allianzen* und Übernahmen* ausdrückt, ist es für viele Organisationen zunehmend erforderlich, sich auf Führungskräfte, Mitarbeiter oder Kunden einzustellen, welche aus anderen Kulturen kommen. Dies verlangt nicht nur die Kenntnis von Fremdsprachen, sondern Kompetenzen im Umgang mit anderen Verhaltens- und Denkweisen, Gewohnheiten und Ritualen im Arbeitsleben. Soziale Kontakte mit fremden Kulturen gehen nicht selten mit Konflikten einher. Dies ist besonders bei Fusionen und Übernahmen der Fall. Das Hauptproblem bei Fusionen, z. B. von *Daimler-Benz* und *Chrysler* (siehe Kasten 2), ist nicht primär wirtschaftlicher Art, sondern es ist das Zusammenwachsen verschiedenartiger Unternehmenskulturen, wobei zwangsläufig Konflikte aufkommen.

Arbeit und Freizeit

Von der Veränderung der Arbeit wird auch die Freizeit beeinflusst. Während in der Vergangenheit, besonders im Industriezeitalter, eine starke Trennung vorherrschte, werden in Zukunft Arbeit und Freizeit durch veränderte Arbeitsformen, z. B. bei Telearbeit und durch moderne Technik (Fax, Handy u.a.m.), immer mehr miteinander verflochten. Die Freizeit dient einerseits der Erholung von Arbeitsbelastungen, aber andererseits wird sie zunehmend zur Fortsetzung der Arbeit und zur Weiterbildung genutzt werden müssen. Ein Hauptproblem bei vielen Arbeitenden (Manager, Computerexperte, Wissenschaftler usw.) ist die Wahrung des Gleichgewichts von Arbeit und Freizeit, d. h. der *Work-Life-Balance* (siehe Kasten 3). Demgemäß werden künftig an die Lebens- und Freizeitgestaltung, indem besonders die Wechselwirkung von Arbeit und Freizeit stärker zu beachten ist, höhere psychische Anforderungen gestellt.

Kasten 3

Schwierige Work-Life-Balance[4]

"*Arbeit, Tag und Nacht. Der Termin nahte unerbittlich: Über vier Wochen waren wir täglich 24 Stunden im Büro. Wir schliefen auf dem Fußboden, wenn wir überhaupt zum Schlafen kamen*", erzählt Marketing-Manager Seth Godin. Die Zeit vor der Produkteinführung war hart: "*Das Büro verließen wir nur, um zu duschen. Und das kam selten vor.*"

Godin musste einen hohen Preis für seine Arbeits-Eskapaden zahlen: Seine Beziehung kriselte und die Gesundheit war ruiniert: "*Ich war sechs Monate krank, als der Stress vorbei war.*"

---

[4] "*HANDELSBLATT*" am 31.08.2001

Psychische Arbeitsbelastungen und Gesundheit

Oben genannte quantitative und besonders qualitative Veränderungen in Organisation und Arbeit führen zwangsläufig zu *psychischen Belastungen* (siehe auch Kasten 4). Dabei stellen diese jedoch nicht per se ein Gesundheitsrisiko dar, sondern erst dann, wenn sie eine bestimmte Qualität und Ausprägung erreichen. (Stressbedingte „Managerkrankheiten" sind z. B. eher ein Mythos als Realität!) Das Gesundheitsrisiko äußert sich in Befindens- und Verhaltensbeeinträchtigungen, psychosomatischen Beschwerden und Erkrankungen (siehe ausführlich Kapitel 2.1.). Nach Statistiken der Weltgesundheitsorganisation* (kurz: WHO) und der Internationalen Arbeitsorganisation* (kurz: ILO) nehmen derartige Störungen und Erkrankungen besonders in den Industrieländern bedeutsam zu, was vor allem auf die psychischen Belastungen in der Arbeitswelt zurückzuführen ist.[5] Folgen oder Erscheinungsformen belastungsbedingter Gesundheitsbeeinträchtigungen sind u. a. Medikamenten- und Alkoholmissbrauch, Fehlzeiten, ein erhöhter Krankenstand, Mobbing, Fluktuationen und innere Kündigungen. Der wirtschaftliche Verlust durch derartige Phänomene soll in Deutschland nach Schätzungen etwa 55 Mrd. € pro Jahr betragen.

Kasten 4

Psychische Belastungen am Arbeitsplatz

Eine repräsentative Befragung von mehr als 2000 Beschäftigten im Jahre 1999 in Nordrhein-Westfalen befasste sich mit der heutigen Situation am Arbeitsplatz[6]. Die Ergebnisse lassen sich wie folgt zusammenfassen:
Psychische Belastungen am Arbeitsplatz haben im Vergleich zu 1994 (erste Befragung) im Jahr 1999 erheblich zugenommen, körperliche Belastungen sind stark zurückgegangen. Häufig genannte **psychische Belastungsfaktoren** waren folgende (in Klammern Anteil ihrer Nennungen als "ziemlich" oder "stark" belastend):

- Hohe Verantwortung (44%)
- Hoher Zeitdruck (36%)
- Überforderung durch Arbeitsmenge (25%)
- Körperliche Zwangshaltung (23%)
- Keine Handlungsspielräume (22%)
- Lärm (20%)
- Mangelnde Information (18%)
- Klimatische Bedingungen (18%)
- Körperliche Schwerarbeit (17%)
- Ungünstige Arbeitszeiten (16%)

Die psychischen Belastungen, das damit verbundene Gesundheitsrisiko, die häufiger auftretenden psychischen und psychosomatischen Beschwerden bzw. Erkrankungen sind im Gesundheits- wie Personalmanagement zu beachten. Das heißt: Die Gesundheit von Beschäftigten muss mehr denn je als eine zentrale Führungsaufgabe angesehen werden. Dabei ist von wirtschaftlichen und humanen Gesichtspunkten auszugehen. Gesundheit ist als wichtiger betriebswirtschaftlicher Faktor anzusehen. Darüber hinaus treten durch den Ausfall von Mitarbeitern oft Probleme in der Arbeitsorganisation* auf. Grundsätzlich ist es eine Führungsaufgabe, die nicht nur ökonomischen

---

[5] siehe auch Oppolzer, A. (2000)
[6] Ministerium für Arbeit und Soziales, Qualifikation und Technologie des Landes NRW (2000) S. 10 f.

Kennziffern, sondern dem arbeitenden Menschen in seiner ganzen Würde verpflichtet ist. Wenn eine Organisation strategisch plant und handelt, dann fokussiert sie gleichermaßen ökonomische *und* humane Ziele. Unter den Organisationszielen sollte die *Gesundheit* eine hohe Priorität aufweisen. Denn Gesundheit ist ein *Gewinnfaktor*, weil durch sie Kosten reduziert werden können, ein *Leistungsfaktor*, da durch sie sich die Leistungsfähigkeit der Mitarbeiter erhöht, ein *Motivationsfaktor*, in dem Arbeitsmotivation und –zufriedenheit der Mitarbeiter gesteigert werden, und ein *Rechtsfaktor*, weil Maßnahmen zur Gesundheit rechtlich vorgeschrieben sind (siehe Bild 3).

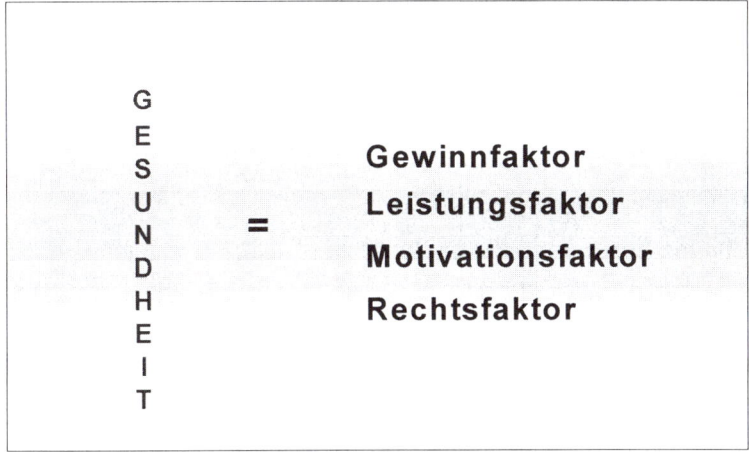

Bild 3: Bedeutung der Gesundheit im Unternehmen

Arbeitslosigkeit und Gesundheit

Obgleich das Hauptthema des Buches das gesunde Unternehmen bzw. die gesunde Arbeit ist, soll die Arbeitslosigkeit (unemployment) nicht unerwähnt bleiben. Viele Menschen leiden unter dem Verlust des Arbeitsplatzes. Dadurch können zahlreiche psychosoziale Bedürfnisse nicht befriedigt werden. Arbeitslose sind zur Passivität verurteilt und können ihre Kompetenzen nicht realisieren. Soziale Kontakte und somit Möglichkeiten der Kommunikation und Kooperation im Arbeitsbereich fallen weg. Die soziale Anerkennung für geleistete Arbeit fehlt. Die "gesunde" Wechselwirkung zwischen Arbeit und Freizeit bleibt aus. Besonders belastend ist die finanzielle Unsicherheit mit all ihren negativen Konsequenzen. Auf Grund solcher Lebensdefizite leiden Arbeitslose oft unter psychischen Störungen. Unzufriedenheit, Hoffnungslosigkeit, Machtlosigkeit, Angst, Pessimismus, Resignation, Antriebsschwäche und Hilflosigkeit treten auf. Die Folgen können psychosomatische Erkrankungen (erhöhter Blutdruck, Magen-Darm-Erkrankungen u. a. m.) sein. Schon die Angst vor Arbeitsplatzverlust hat einen negativen Einfluss auf die psychische Gesundheit. Dies ist in der Arbeitslosigkeitsforschung eindeutig belegt worden[7].

---

[7] siehe z. B. Kieselbach, T. (1999)

Ethische Motive sollten Unternehmen veranlassen, nicht nur etwas für die Gesundheit vorhandener Mitarbeiter zu tun, sondern sich auch für die Gesundheit arbeitsloser Menschen in unserer Gesellschaft zu engagieren. Nicht wenige Konzepte, welche im Buch dargestellt werden, gelten ebenso für die Menschen, die keine vertraglich gebundene Arbeit haben. Dies sind z. B. das Ressourcenkonzept der Gesundheit (Kapitel 2.3.), das Stress- und Angstproblem (Kapitel 3.3.), die Konflikte (Kapitel 3.5.) oder die Suchtproblematik (Kapitel 3.7.). Es ist erforderlich, Gesundheitsprogramme nicht nur für Arbeitende, sondern auch für Arbeitslose zu entwickeln.

Es lässt sich feststellen, dass zwischen den Organisations- und Arbeitsbedingungen und der Gesundheit vielfältige Beziehungen bestehen, die es zu thematisieren gilt (siehe Bild 4).

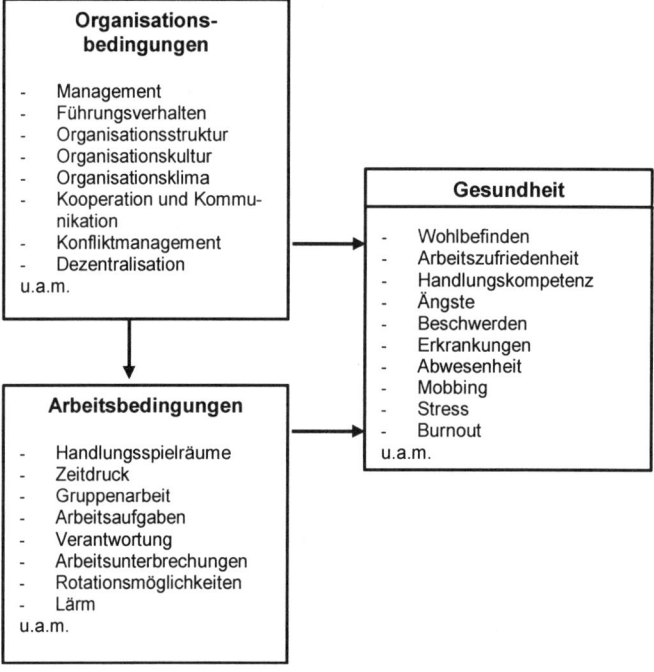

Bild 4: Zusammenhänge zwischen Organisations-, Arbeitsbedingungen und Gesundheit

1.2. Was ist betriebliches Gesundheitsmanagement?

Nach dem Verständnis der WHO* ist "*Gesundheit für alle*"[8] im umfassenden Sinne ein fundamentales Menschenrecht. Sie ist die Basis für die individuelle, soziale und gesellschaftliche Entwicklung. Gesundheit ist als Entwicklungspotential für ein sozial, geistig und ökonomisch produktives Leben zu verstehen. "*Gesundheit für alle*" ist eine Vision, zu deren Realisierung auch die Arbeitswissenschaft* einen wesentlichen Beitrag leisten können. Denn die Arbeitswelt ist ein zentrales Setting* von Gesundheitserhaltung und -förderung.

Kasten 5

Betriebliches Gesundheitsmanagement

... ist ein System von Programmen, Maßnahmen und Methoden des Arbeitsschutzes und der Personalpflege im Unternehmen, das der Gesundheit der Beschäftigten dient. Im Fokus stehen die Vorbeugung von arbeitsbedingten Erkrankungen sowie vor allem die Erhaltung und die Förderung der Gesundheit und Leistungsfähigkeit.

Im BGM ist die *Gesundheit* aller Organisationsmitglieder fokussiert. Welche **Aufmerksamkeit dem BGM gewidmet wird, hängt weitgehend von der Philosophie und Kultur der Organisation ab** (siehe ausführlich Kapitel 2.3.1.). BGM ist als ein Konzept zu verstehen, mit dem versucht wird, den Menschen in seinen dynamischen, vielfältigen Wechselbeziehungen mit den Anforderungen und Belastungen am Arbeitsplatz, mit der Arbeitsumwelt, mit Kollegen und Mitarbeitern, der Arbeitsgruppe und den Vorgesetzten unter dem Aspekt der Gesundheit einschließlich Handlungskompetenz zu betrachten. In dem Sinne ist es integrativ für alle wissenschaftlichen Disziplinen, welche sich mit der Vorbeugung von arbeitsbedingten Erkrankungen sowie insbesondere mit der Erhaltung und Förderung der Gesundheit und Leistungsfähigkeit des Menschen in der Arbeitswelt auseinandersetzen, besonders für die Medizin*, die Psychologie* und die Betriebswirtschaft*.

Im BGM ist von drei **Grundvoraussetzungen** auszugehen:

1. Eigenverantwortung bedeutet, dass jeder Mitarbeiter für seine Gesundheit selbst mitverantwortlich ist. Jeder hat sein gesundheitsbezogenes Verhalten selbst zu vertreten und für die Folgen dieses Verhaltens einzustehen. Dem Recht auf Gesundheit in Form menschenwürdiger Arbeit steht also hier die Pflicht zur Gesundheit in Gestalt der Eigenverantwortung gegenüber.

2. Subsidiarität heißt, dass derjenige Mitarbeiter, welcher selber handeln und sich selber helfen kann, auch dazu verpflichtet ist. Eigeninitiative und die Nutzung von Selbsthilfemöglichkeiten haben grundsätzlich Vorrang vor der Unterstützung durch die Organisation. Die Organisation bietet dem Arbeitenden Möglichkeiten der Hilfe zur Selbsthilfe, die er nutzen soll.

---

[8] siehe Gesundheitsziele "Gesundheit 21" der WHO in Rieländer, M. & C. Brücher-Albers (1999)

3. Solidarität als drittes Grundprinzip umfasst sowohl die Fürsorgepflicht der Organisation wie auch die *Treuepflicht* der Mitarbeiter gegenüber dem Unternehmen. Damit ist die gemeinsame Verpflichtung von Arbeitgeber und Arbeitnehmer für die Gesundheit gemeint.

Das BGM weist **drei Ansätze** auf (vgl. Bild 5):

1. die *Person.* Hierbei ist das Anliegen, die Handlungskompetenz, die körperliche und geistige Gesundheit (i. e. S.), das Wohlbefinden inkl. Arbeitszufriedenheit, das Gesundheitsbewusstsein und das Gesundheitsverhalten des arbeitenden Menschen zu erhalten und zu fördern. Dies gilt vor allem für die *Personalpflege.*

2. die *Arbeitssituation.* Sie ist durch die Arbeitsaufgaben und -bedingungen bestimmt. Diese müssen so gestaltet sein, dass sie zur Erhaltung und Förderung von Gesundheit einschließlich Handlungskompetenz beitragen. Hierbei geht es vorrangig um *Arbeitsschutz.*

3. die *Organisation.* Sie ist vor allem durch eine entsprechende Struktur und Kultur bestimmt. Hierbei ist die Gesundheit als Wert, Norm und Ziel der Organisation auszuweisen. Sie wird von allen Beschäftigten so wahrgenommen, erlebt und gelebt. Gesundheit ist integrativer Bestandteil der Organisationsgestaltung und -entwicklung.

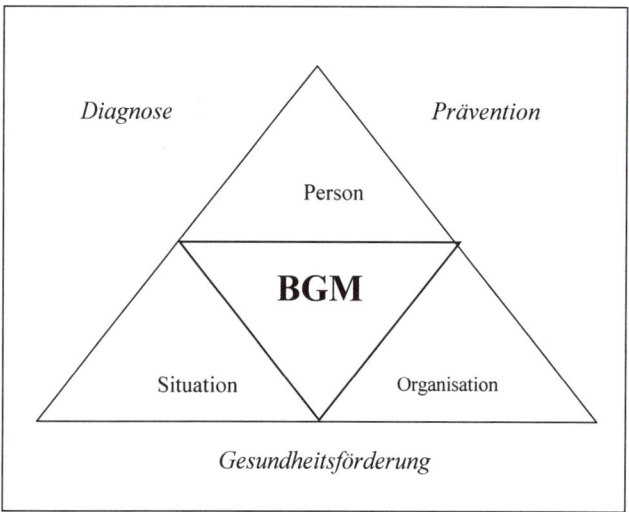

Bild 5: Aufgaben und Gegenstand des betrieblichen Gesundheitsmanagements

1.3. Rahmenbedingungen des betrieblichen Gesundheitsmanagements

Neue Gesetze

Die Änderung der Gesetzeslage im AGS war in den letzten Jahren gravierend. So wurde besonders das Arbeitsschutzgesetz novelliert. Im Arbeitsschutzgesetz (kurz: ArbSchG) vom 21. August 1996 wird die umfassende Fürsorgepflicht des Arbeitgebers gegenüber dem Arbeitnehmer gesetzlich fixiert. Ferner sind die Rechte und Pflichten der Arbeitnehmer bei der Umsetzung des Arbeitsschutzes stärker denn je gefordert (siehe ausführlich Kapitel 3.1.).

Neue Arbeitsformen

Im 21. Jahrhundert wird sich der Charakter der Arbeit wesentlich verändern. Arbeitsformen wie Telearbeit (virtuelle Arbeitsplätze), Bildschirmarbeit und Teamarbeit werden zunehmen. Die Arbeitsanforderungen werden virtueller und komplexer. Mehr Mobilität und Flexibilität werden von den Mitarbeitern gefordert. Dabei nehmen die psychischen Anforderungen und Belastungen zu.

In diesem Kontext sind Begriffe wie z. B. „Flexibilitäts-Syndrom", „Just-in-Time-Syndrom" oder „Qualitätssyndrom" aufgekommen. Das „Flexibilitäts-Syndrom" resultiert aus einem ständig flexiblen Arbeitseinsatz, einem tagtäglichen „Umherschieben" von Arbeitnehmern innerhalb des Betriebes. Das „Just-in-Time-Syndrom" resultiert aus „harten" Lieferterminen, welche Zeitdruck, Hektik und Stress erzeugen. Das „Qualitäts-Syndrom" entsteht durch die zunehmende Verantwortung der Arbeitnehmer für einwandfreie Produkte, ohne dass jedoch immer hinreichende Voraussetzungen z. B. aufgrund mangelnder Zeitchargen, mangelnder technischer Einflussmöglichkeiten oder unzureichender Qualifizierung gegeben sind.

Neue Organisationskonzepte

In den letzten Jahren haben sich vor allem Organisationskonzepte wie z. B. Lean Production*, TQM oder KVP durchgesetzt. Durch die damit einhergehende Dezentralisierung wichtiger Aufgaben, Kompetenzen und Verantwortlichkeiten (z. B. ist die Gruppe für Qualität verantwortlich) wird der Druck auf die Mitarbeiter erhöht.

Ansprüche an die Arbeit

Die Ansprüche der Mitarbeiter an ihre Arbeit haben sich in den letzten Jahren erheblich gewandelt. Die Suche nach Spaß und Wohlbefinden in der Arbeit, nach Selbstverwirklichung, herausfordernden Aufgaben und Entwicklungschancen haben gegenüber klassischen „deutschen" Arbeitstugenden wie z. B. Ordnung, Fleiß und Pflichterfüllung an Bedeutung gewonnen. Demzufolge besteht für Unternehmen die strategische Aufgabe darin, möglichst attraktiv für qualifizierte Mitarbeiter zu sein. Dies kann nur geschehen, wenn dem Wertewandel in Arbeit und Gesellschaft die nötige Beachtung geschenkt wird.

Neues Risiko- und Gesundheitsbewusstsein

In der Bevölkerung ist das Bewusstsein für Risikosituationen und Gesundheitsgefahren in den letzten Jahren gestiegen. Das Risikobewusstsein ist besonders durch das einschneidende Ereignis des Terrorangriffes in New York am 11. September 2001 gestiegen, was sich u. a. danach in einer weltweit verbreiteten Flugangst zeigte. Das Gesundheitsbewusstsein ist vor allem durch den gehäuften Auftritt von Herzinfarkten schon in früheren Lebensjahren, durch Aids und Krebs und durch die Zunahme von Suchtproblemen gestiegen.

Erweitertes Gesundheitsverständnis

Unter Gesundheit wird heute nicht mehr ausschließlich das Freisein von Krankheiten verstanden, sondern auch Wohlbefinden und Handlungskompetenz. Der Paradigmenwechsel von der Erkennung und Heilung der Krankheit in der klassischen Medizin hin zur umfassenden Entwicklung der Gesundheit (Salutogenese) verlangt neue Ansätze im Gesundheitsmanagement.

Ökonomische Erwägungen

Arbeitsbedingte Erkrankungen führen zu hohen Kosten für Unternehmen und die gesamte Volkswirtschaft. Diese drücken sich besonders in den Fehlzeiten bzw. im Krankenstand aus. Wichtig ist im BGM ein langfristiges Kosten-Nutzen-Denken; denn Maßnahmen der Gesundheitsförderung rechnen sich nicht kurzfristig, sondern über längere Zeit.

Arbeitsmarkt

Auf dem Markt werden gute Arbeitskräfte, besonders Spezialisten im Hightech-Bereich immer knapper. Wo Mangel herrscht, ist es wichtig, eine intensive Personalpflege der im Unternehmen arbeitenden Fachkräfte zu betreiben. Auf diese Weise kann die Arbeitskraft optimal genutzt, stabilisiert, lange erhalten und vor allem motiviert werden.

Demographische Entwicklung

Der Anteil älterer Arbeitnehmer (ab 45. Lebensjahr) wird in den nächsten 30 Jahren signifikant zunehmen. Die Lebensarbeitszeit wird somit steigen. Damit die älteren Mitarbeiter im „dritten Arbeitsleben" möglichst lange körperlich fit, motiviert und zufrieden bleiben, bedarf es neuer Konzepte der Personalpflege und -entwicklung.

1.4 Bereiche, Aufgaben und Prinzipien des betrieblichen Gesundheitsmanagements

Betriebliches Gesundheitsmanagement (worksite health management) ist durch zwei Hauptbereiche bestimmt (siehe auch vorn Bild 1):

1. Arbeitsschutz (occupational safety),
2. Personalpflege (personnel maintenance).

Arbeitsschutz

Der Arbeitsschutz (AS) – oder besser Arbeits- und Gesundheitsschutz* (AGS) - verfolgt als Hauptanliegen die Sicherheit und Gesundheit bei und durch die Arbeit. Hauptaufgaben sind die Verhütung von Unfällen, die Entwicklung der Arbeitssicherheit, die Prävention von arbeitsbedingten Erkrankungen (Gesundheitsvorsorge) und die Förderung von Gesundheit in der Arbeit (siehe Bild 6).

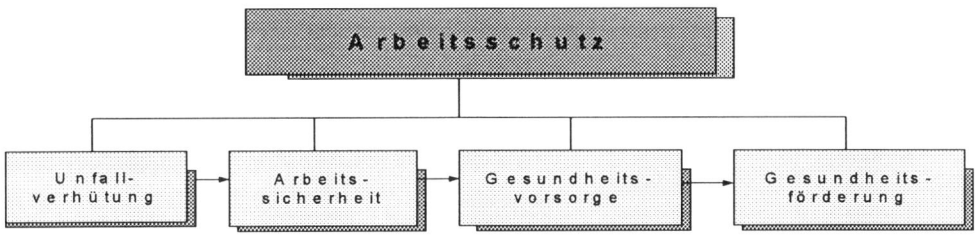

Bild 6: Bereiche des modernen Arbeitsschutzes

Der traditionelle AS in deutschen Unternehmen konzentrierte sich gemäß dem Arbeitssicherheitsgesetz auf die Kontrolle der Einhaltung von Sicherheitsvorschriften durch Experten (Arbeitsschutzbeauftragte, Betriebsärzte, Technische Aufsichtspersonen usw.), damit Arbeitsunfälle und Berufskrankheiten verhindert werden können. Ungeachtet dessen, dass deutsche Sicherheitsstandards ein hohes Niveau aufweisen, ist es im modernen AS notwendig, den Unternehmen selbst mehr Verantwortung zu übertragen. Leitgedanken der Weiterentwicklung des Arbeitsschutzes sind

1. eine verstärkte Partizipation aller Mitarbeiter bei kontinuierlich angelegten Arbeitsschutzmaßnahmen,
2. eine verstärkte Beachtung der Veränderung des Belastungsprofils von körperlichen hin zu psychischen Belastungen,
3. eine verstärkte Hinwendung zum Fehlverhalten im Zusammenhang mit Unfällen,
4. eine verstärkte Hinwendung zu belastungsbedingten psychischen und psychosomatischen Störungen bzw. Erkrankungen anstelle von Gesundheitsschädigungen durch „klassische" Belastungen (Lasten, Schadstoffe, einseitige körperliche Belastungen usw.)
5. eine ganzheitliche Berücksichtigung von technischen, organisatorischen und psychologischen Faktoren bei der Entstehung und vor allem Vorbeugung von arbeitsbedingten Erkrankungen,
6. eine gleichberechtigte Berücksichtigung von personenunabhängigen (objektiven) Auswirkungen der Arbeit auf den Menschen und der vom Menschen beeinflussbaren Auswirkungen auf die Gesundheit durch entsprechendes Verhalten im beruflichen und privaten Leben.

Auf der Basis dieser Leitgedanken ist der AGS zu einem präventiven und gesundheitsförderlichen, aktiven und ganzheitlichen Anliegen in Unternehmen konsequent zu entwickeln. Das heißt, es ist ein Arbeitsschutz mit neuer Qualität zu entwickeln.[9] Für die Entwicklung und praktische Umsetzung des Arbeitsschutzes ist der Arbeitgeber verantwortlich. (Siehe zu dieser Thematik Kapitel 3.1.)

---

[9] siehe dazu u. a. DLR-Projektträger (2001)

Personalpflege

Die PP verfolgt als Hauptanliegen die **Gesundheitserhaltung und -förderung des Mitarbeiters** mit dem Ziel, ihn im Unternehmen zu halten bzw. stärker zu integrieren. Als Ziel der Gesundheitsförderung kann verstanden werden, Gruppen oder Individuen in ihrer Kompetenz zu stärken, die Konsequenzen des eigenen Handelns und des Handelns von anderen in Bezug auf die eigene Gesundheit beurteilen zu können und ihnen das Handlungswissen zu geben, das notwendig ist, um sich gesundheitsgerecht zu verhalten bzw. um eine gesundheitsgerechte Arbeitswelt zu schaffen. Während der AS seinen Fokus auf die Arbeitsbedingungen im umfassenden Sinne richtet, gilt hier das Hauptinteresse der arbeitenden Person. Es wird versucht, auf das Verhalten des Mitarbeiters in der Arbeit so einzuwirken, dass seine Gesundheit stabilisiert oder gefördert wird und er selbst auf die Gesundheit in der Arbeit Einfluss nehmen kann. Ziele sind die Handlungskompetenz bei Belastungen, die Selbstverantwortung für die Gesundheit, die Motivation für und die Partizipation an Gesundheitsaktivitäten, d. h. die Entwicklung der individuellen Voraussetzungen zum Selbstmanagement im Kontext gegebener Arbeits- und Organisationsbedingungen.

Dazu dienen vor allem **Maßnahmen**

- der Gesundheitsberatung bzw. des Gesundheitscoaching (kurz: GC),
- der Gesundheitsbildung,
- der Gesundheitsaufklärung,
- der Gesundheitserziehung
- des Gesundheitssports.

Gesundheitsberatung oder *-coaching* im Unternehmen ist individuumzentriert; hier wird der Mitarbeiter durch Personal- und Gesundheitsexperten "unter vier Augen" zu speziellen oder persönlich belastenden Problemen (Sucht, Ernährung, Schulden, Konflikte usw.) beraten (siehe ausführlich Kapitel 3.6.). *Gesundheitsbildung* erfolgt in Weiterbildungsveranstaltungen (Seminare, Workshops usw.) zu Themen der Gesundheit für ausgewählte Personengruppen, z. B. zum Stressmanagement für Führungskräfte. *Gesundheitsaufklärung* erfolgt mittels einschlägiger Kampagnen zur Gesundheit im Unternehmen, z. B. zu "*Alkohol am Arbeitsplatz*" oder "*Gesunde Ernährung*". *Gesundheitserziehung*, d. h. Bildung mit dem Lernziel "Gesundheit", sollte vor allem integraler Bestandteil der Ausbildung im Betrieb sein. Hierbei geht es darum, besonders Auszubildenden Wissen, Einstellungen und Handlungskompetenzen für gesundes Verhalten in Arbeit und Freizeit zu vermitteln. *Gesundheitssport* im Unternehmen dient vor allem der physischen Konditionierung der Mitarbeiter. Wesentlicher Nebeneffekt ist das Wohlbefinden.

PP ist eine moderne **Aufgabe im Personalmanagement**, wobei enge Beziehungen zur Personalführung und Personalentwicklung bestehen. Sie ist zum einen im Sinne der Fürsorgepflicht eine Führungsaufgabe und zum anderen Bestandteil der Personalentwicklung. Das Personalwesen hat dabei – in enger Kooperation mit dem Gesundheitswesen - die Aufgabe, Service und Unterstützung zu bieten.

Während der AS objektbezogen ist, ist die PP subjektorientiert. Anliegen des AS ist die Verhältnisprävention, während das Anliegen der PP die Verhaltensprävention darstellt (siehe dazu nächsten Abschnitt). Allerdings geht die hier definierte PP über die herkömmliche Verhaltensprävention insofern hinaus, als das Individuum befähigt werden soll, nicht nur für die eigene Gesundheit etwas zu tun, sondern darüber hinaus für die Mitarbeiter und das Unternehmen.

Es ist absurd, dass der Begriff "Pflege" im sozialen und medizinischen Bereich oft auf den Umgang mit alten, kranken, oft recht hilflosen Menschen beschränkt ist, jedoch nicht für gesunde Menschen gilt. Denn auch gesunde Menschen benötigen Pflege bzw. Selbstpflege, damit Gesundheit und Handlungsfähigkeit lange erhalten bleiben. "Pflege" wird häufig im Zusammenhang mit Pflege des eigenen Körpers mit dem Ziel der Sauberkeit gebraucht. Der Begriff wird auch im Zusammenhang mit wertvollen Gegenständen benutzt, z. B. beim Auto. Bei der Autopflege ist für uns die Prävention (Inspektion, Ölwechsel usw.) oft selbstverständlich. - Es ist erforderlich, von einem einseitigen körper- oder materialbezogenen Begriffsverständnis der Pflege wegzukommen, indem die Notwendigkeit der ganzheitlichen Pflege von Körper und Geist hervorgehoben wird.

Aufgaben

Im BGM werden drei Hauptaufgaben verfolgt (siehe Bild 5):
(1) die Diagnose (diagnosis),
(2) die Prävention oder Gesundheitsvorsorge (prevention),
(3) die Gesundheitsförderung (health promotion).

1. Diagnose

Ihr Anliegen ist die Feststellung des Gesundheitszustands der Mitarbeiter mit Hilfe subjektiver und objektiver Methoden. Während die klassische medizinische Diagnostik vorrangig auf die Feststellung von Krankheiten orientiert ist, geht es im modernen Gesundheitsmanagement primär um die Diagnose des Gesundheitszustands einschließlich seiner Bedingungen. Zu den gesundheitsbeeinflussenden Bedingungen zählen einerseits Arbeits- und Organisationsmerkmale und andererseits Persönlichkeitsmerkmale des Arbeitenden (siehe Bild 7 und ausführlich Kapitel 2.3.). Solche Arbeits- und Organisationsmerkmale sind z. B. die Arbeitszeit, der Handlungsspielraum in der Arbeit, die Aufgabenschwierigkeit, der Lärm oder der Führungsstil. Zu den gesundheitsrelevanten Persönlichkeitsmerkmalen zählen z. B. die Leistungsmotivation, Bewältigungsstile, der Neurotizismus oder das Selbstbewusstsein.

Objektive Methoden sind z. B. klinische Tests (Elektrokardiographie, Blutdruckmessung, Blutanalysen, Röntgenuntersuchungen usw.), physiologische und psychophysiologische Tests (Belastungs-, Hör-, Sehtest usw.). Zu den subjektiven Methoden zählen mündliche Befragungen (Interview, Gespräch usw.) und Fragebögen (Persönlichkeitstests, Beschwerdenlisten usw.).

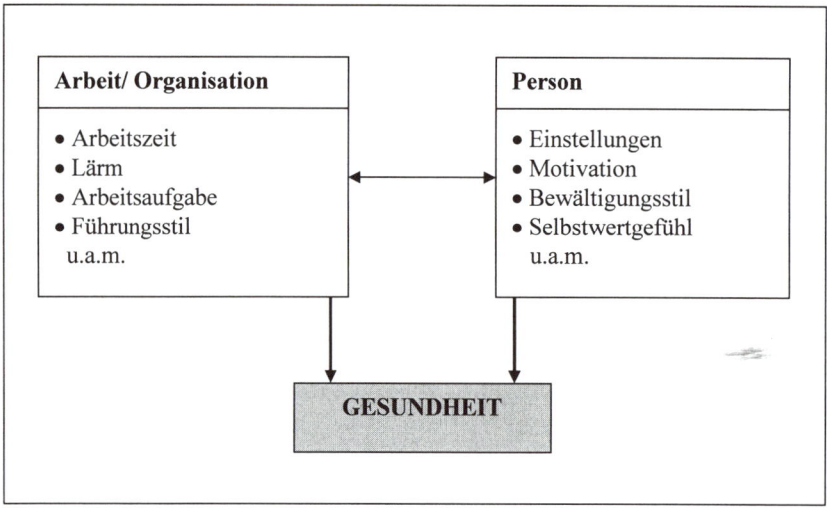

Bild 7: Gesundheitsbeeinflussende Bedingungen

2. Prävention

Eine zentrale Stellung nimmt die Prävention (lat. Prävenire: zuvorkommen; engl. prevention) ein (siehe Kasten 5). Nach Lennard LEVI, ein renommierter schwedischer Arbeits- und Stressforscher, *„ist ein Gramm Prävention soviel Wert wie ein Pfund Kuration."*

Die betriebliche Prävention erfolgt im institutionellen Rahmen der Organisation. Grundsätzlich wird zwischen Verhaltens- und Verhältnisprävention unterschieden (siehe Bild 8). Die Verhaltensprävention orientiert auf die Gesundheit des Mitarbeiters als Individuum durch Entwicklung gesundheitserhaltender und –förderlicher personeller Ressourcen. Sie ist eine wesentliche Aufgabe der Personalpflege. Die Verhältnisprävention bezieht sich hingegen auf die gesundheitsstabilisierende Gestaltung der Arbeitssituation, d. h. der Arbeits- und Organisationsbedingungen. Sie ist primäre Aufgabe des Arbeitsschutzes.

Wichtig ist, dass Verhaltens- und Verhältnisprävention im Betrieb in einem angemessenen Verhältnis realisiert werden. Empirische Studien haben jedoch gezeigt, dass Maßnahmen der Verhaltensprävention bei der Gesundheitsförderung überwiegen. Dies ist sehr problematisch, da die Wirksamkeit und Nachhaltigkeit von Maßnahmen der Verhältnisprävention oft höher ist (siehe auch Kapitel 6.5.).

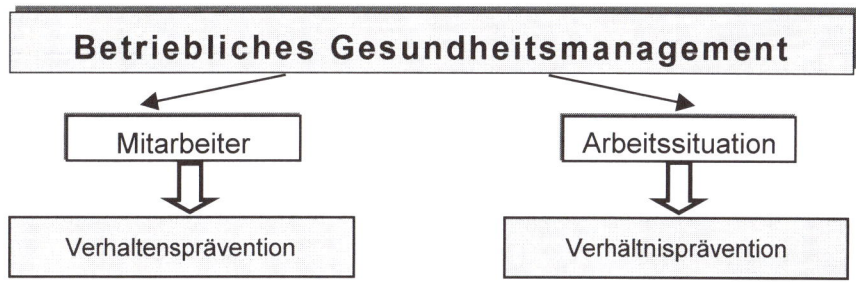

Bild 8: Verhältnis- und Verhaltensprävention

Es wird nach CAPLAN [10] – dem Begründer der modernen Prävention - zwischen *primärer, sekundärer und tertiärer Prävention* unterschieden (vgl. Bild 9):

(1) Die **primäre Prävention** hat das Ziel, dem Eintritt von psychischen und körperlichen Gesundheitsstörungen bzw. Erkrankungen vorzubeugen. Im BGM geht es in erster Linie um die Vorbeugung von arbeitsbedingten oder Berufserkrankungen. Dies erfolgt durch die Erfassung von Risikofaktorenträgern oder sog. Risikogruppen sowie durch die rechtzeitige Verhinderung von gesundheitsgefährdenden Belastungen in der Arbeit. Dafür dient die prospektive Arbeitsgestaltung (siehe Kapitel 4.1.). Generelles Ziel ist die Vermeidung von Unfällen, von arbeitsbedingten und Berufserkrankungen im Betrieb.

Kasten 6

Prävention

Unter Prävention ist die Verhütung oder Früherkennung und Frühbehandlung von Gesundheitsstörungen bzw. Erkrankungen oder die Einschränkung der Folgeschäden von Erkrankungen zu verstehen.

Präventive Maßnahmen sind z. B. die gesundheitsgerechte Arbeitsgestaltung, Fitnessprogramme oder Gesundheitszirkel (kurz: GZ). Die primäre Prävention, deren Maßnahmen zumeist unter "Arbeits- und Gesundheitsschutz"* zusammengefasst werden, hat im BGM gegenwärtig die Priorität. Die herkömmliche Prävention war überwiegend auf die Ausführungsbedingungen von Arbeitstätigkeiten, beispielsweise auf Lärm, Staub, Dämpfe oder Blendung am Bildschirm gerichtet. Moderne Prävention berücksichtigt gleichermaßen die Arbeitsinhalte, welche entscheidend durch die Arbeitsaufgaben bestimmt sind.[11]

Während der Gedanke der Prävention in der Technik mit dem Anliegen, Produktionsstörungen durch Maschinenausfälle oder Unfälle vorzubeugen, schon lange etabliert ist, wird dieser nach wie vor in Bezug auf psychische Belastungen und arbeitsbedingte Erkrankungen unterschätzt. Eine ausfallende Maschine unterbricht die Produktion,

---

[10] siehe ausführlich Caplan, G. (1964)
[11] siehe ausführlich Hacker, W. (1991), S. 48 ff.

während ein ausfallender Mitarbeiter durch arbeitsorganisatorische Maßnahmen (Überstunden der Kollegen, temporäre Übernahme von anderen Arbeitskräften usw.) ja kompensiert werden kann. Der wirtschaftliche Verlust fällt nicht so dramatisch auf, obwohl die betriebs- und volkswirtschaftlichen Kosten dabei oft hoch sind.

(2) Die *sekundäre Prävention* hat das Ziel, Gesundheitsstörungen bzw. Erkrankungen frühzeitig zu erkennen, das Fortschreiten einer Gesundheitsstörung oder Erkrankung zu verhüten oder zu verzögern sowie Komplikationen bei bereits Erkrankten zu verhindern. Es ist sozusagen die Prävention in der Therapie. Derartige Maßnahmen haben das Ziel, den Patienten von seinen Leiden zu heilen. Zur frühzeitigen Erkennung von individuellen Gesundheitsstörungen oder Erkrankungen ist die Siebtestuntersuchung (Screening) geeignet. Dazu dienen klinisch-chemische, klinische, physiologische und psychologische Verfahren. Mit ihrer Hilfe können Wahrscheinlich-Kranke von Wahrscheinlich-Gesunden unterschieden werden. Im Arbeitsbereich dient die korrigierende Arbeitsgestaltung der sekundären Prävention (siehe dazu Kapitel 4.1.)

Es ist die Aufgabe von Führungskräften, Personal- und Gesundheitsexperten im Betrieb, frühzeitig Gesundheitsstörungen oder Erkrankungen bei Mitarbeitern zu erkennen. Dies gilt besonders bei psychischen Störungen, welche nicht selten durch psychische Arbeitsbelastungen bedingt sind. Leider gibt es besonders bei der Problematik psychischer Störungen in und durch die Arbeit große Wissenslücken bei Führungskräften, aber auch bei Gesundheitsexperten, sogar bei Betriebsärzten. Bezüglich der Kompetenz, arbeitsbedingte psychische Störungen rechtzeitig zu erkennen und ihnen vorzubeugen, ist demzufolge ein großer Nachholbedarf im BGM gegeben.

(3) Die *tertiäre Prävention* verfolgt das Ziel, das wiederholte Auftreten von Krankheiten zu vermeiden (Rückfallprophylaxe) und Folgeschäden von Erkrankungen weitestgehend einzuschränken. Dies erfolgt durch Maßnahmen der Rehabilitation* im Arbeitsleben (siehe z. B. Kasten 6). Dazu dient neben der individuumbezogenen Sozio- und Psychotherapie auch die korrektive Arbeitsgestaltung für Mitarbeiter mit Leistungseinschränkungen.

Kasten 7

WORK 2 WORK - ein progressives VW-Projekt

Ein gutes Beispiel für berufliche Rehabilitation ist das derzeit laufende WORK 2 WORK - Projekt (sinngemäß: von Arbeit zu Arbeit) bei der Volkswagen AG, das im Werk Wolfsburg am 01. August 2001 gestartet wurde. Hier bietet Volkswagen den in ihrer Leistungsfähigkeit eingeschränkten Mitarbeitern, den sog. Leistungsgewandelten, Arbeitsaufgaben und -plätze an, welche in Verbindung mit intensiver Personalpflege und gezielten Qualifizierungsmaßnahmen zur Entwicklung ihrer Handlungskompetenz, ihrer Arbeitszufriedenheit und ihrer Persönlichkeit beitragen. Denn diese Mitarbeiter standen oft jahrelang vor der Situation, dass sie auf Grund der medizinisch attestierten Gesundheitseinschränkung mit den steigenden Anforderungen im Umfeld der Produktion nicht mehr Schritt halten konnten. Mit dem WORK2WORK - Projekt schafft Volkswagen im Unternehmen einen zweiten Arbeitsmarkt, welcher der Reintegration von leistungsgewandelten Mitarbeitern dient. Es wird also im Sinne der tertiären Prävention eine neue Arbeitswelt für Leistungsgewandelte eingerichtet (siehe dazu ausführlich Kapitel 6.3.3.).

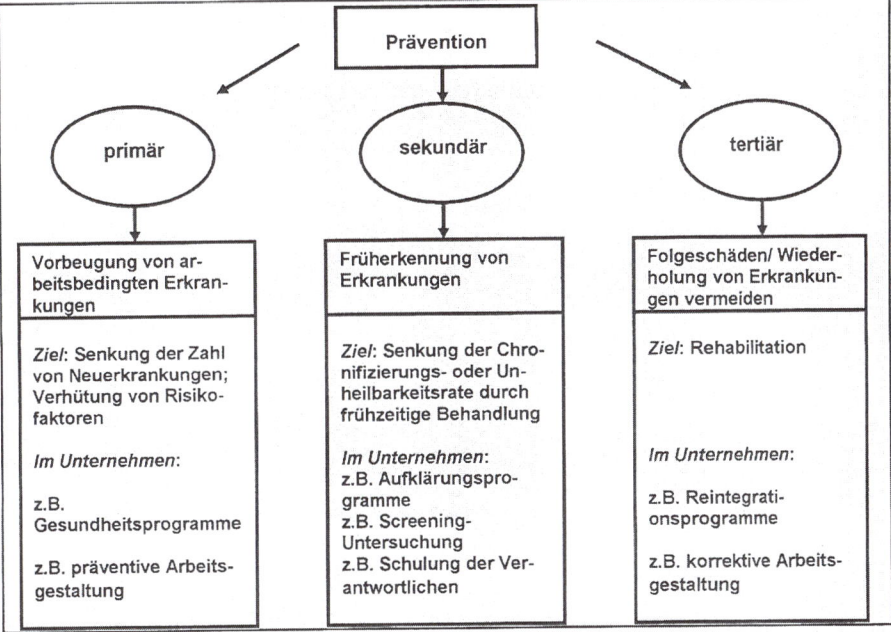

Bild 9: Formen der Prävention

3. Gesundheitsförderung

Gesundheit ist kein statischer Zustand, weil sie entwickelt werden kann. Davon wird bei der betrieblichen *Gesundheitsförderung* (worksite health promotion) ausgegangen (siehe Bild 10). Hierbei wird die Aufgabe verfolgt, die psychische und körperliche Gesundheit des arbeitenden Menschen zu entwickeln. Dies entspricht einer zentralen Forderung im WHO-Programm „*Gesundheit für alle im 21. Jahrhundert*", in der 21 Gesundheitsziele formuliert worden sind[12]. Ein Hauptziel ist die Verbesserung der psychischen Gesundheit. Dabei wird u. a. gefordert, dass das Lebens- und Arbeitsumfeld so zu gestalten ist, dass es dazu beiträgt, der Bevölkerung in allen Altersgruppen ein Zusammengehörigkeitsgefühl zu vermitteln, soziale Beziehungen aufzubauen und aufrechtzuerhalten und Stresssituationen zu bewältigen.

Gesundheitsentwicklung wird in der Fachsprache als *Sanogenese* oder *Salutogenese* bezeichnet. Da die Gesundheit, besonders die psychische Gesundheit, im engen Zusammenhang mit der Leistungsfähigkeit steht, wird somit ebenso die Leistungsfähigkeit des Arbeitenden entwickelt - etwa nach dem Motto: „*Wer Leistung fordert, muss Gesundheit fördern!*" Gesundheits- und Leistungsentwicklung stehen also beim Individuum wie in der Organisation im engen Zusammenhang.

---

[12] siehe ausführlich Rieländer, M. & C. Brücher-Albers (1999)

Die betriebliche Gesundheitsförderung zielt im Sinne der Ottawa-Charta* vor allem auf die Ermöglichung und Förderung gesundheitsgerechten Arbeitens in Organisationen. Die Stärkung der Handlungsautonomie, der Entscheidungs- und Kontrollkompetenzen des Mitarbeiters sowie seine soziale Unterstützung sind zentrale Aspekte einer gesundheitsfördernden Praxis. In der für die (betriebliche) Gesundheitsforschung und -praxis programmatischen Charta von Ottawa heißt es hierzu: *"Gesundheitsförderung zielt auf einen Prozess, allen Menschen ein höheres Maß an Selbstbestimmung über ihre Gesundheit zu ermöglichen und sie hiermit zur Stärkung ihrer Gesundheit zu befähigen. Um umfassendes körperliches, seelisches und soziales Wohlbefinden zu erlangen, ist es notwendig, dass sowohl einzelne als auch Gruppen ihre Bedürfnisse befriedigen, ihre Wünsche und Hoffnungen wahrnehmen und verwirklichen sowie ihre Umwelt meistern bzw. verändern können."*

Die Förderung von Gesundheit (i. e. S.), körperlicher und psychischer Leistungs- oder Handlungsfähigkeit und insgesamt der Persönlichkeit des Arbeitenden ist das Grundanliegen des modernen BGM. Während in der klassischen Prävention vorrangig eine Orientierung auf das Individuum erfolgt, ist in der umfassenden betrieblichen Gesundheitsförderung die Analyse der Wechselwirkung von Arbeitsanforderungen und subjektiven Kompetenzen des Arbeitenden das methodologische Grundprinzip. Es reicht nicht aus, den Arbeitenden als Subjekt mit Hilfe von präventiven Maßnahmen physisch und psychisch zu konditionieren. Ebenso wichtig ist es, seine Arbeitssituation und ihre Beziehung zur Freizeit mit dem Ziel der Gesundheitsentwicklung zu analysieren und zu gestalten.

Die Hauptaufgaben des Gesundheitsmanagements reichen also von der Prävention, welche der Vorbeugung von Krankheiten dient, bis hin zur Gesundheitsförderung, die der Entwicklung der Gesundheit des arbeitenden Menschen dient (siehe Bild 10).

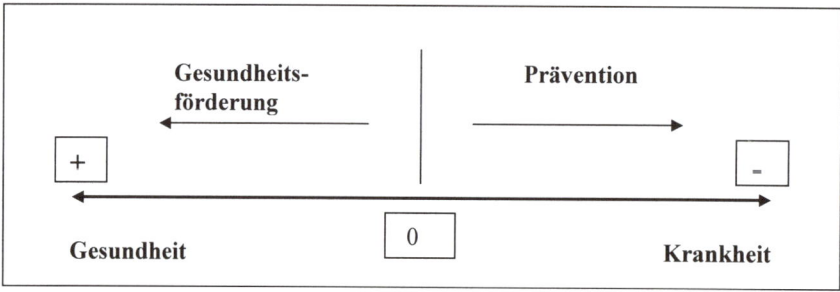

Bild 10: Kontinuum Gesundheit - Krankheit

Prinzipien betrieblichen Gesundheitsmanagements

- BGM richtet sich an *alle* **Mitarbeiter** einer Organisation und nicht nur an Risikogruppen. Die Bewahrung und Förderung der Gesundheit und die Verantwortung dafür sollen wesentlicher Bestandteil alltäglichen Arbeitslebens sein.
- BGM nimmt Einfluss auf das **gesundheitsbezogene Verhalten** einschließlich Bedürfnissen, Motiven, Einstellungen, Überzeugungen, Wertorientierungen und Wissen aller Organisationsmitglieder.

- BGM zielt darauf ab, die **Bedingungen und Ursachen der Gesundheit** in Arbeit und Organisation zu beeinflussen.

- BGM verbindet gesellschaftliche, gesundheitspolitische bzw. gesetzliche Anliegen mit betrieblichen **Interessen**.

- BGM bemüht sich um die aktive und wirkungsvolle Beteiligung aller für Gesundheit Verantwortlichen und von Gesundheit Betroffenen. Gesundheit ist also eine **gemeinsame, kollektive Aufgabe** im Unternehmen.

- BGM ist eine wichtige **Führungsaufgabe**. Es muss in allen Managementebenen als solche wahrgenommen und ausgeübt werden.

- BGM ist Aufgabe der **Personal-, Gesundheits-, Sozial- und Arbeitsorganisationsbereiche** im Unternehmen und keine ausschließlich arbeitsmedizinische und sicherheitstechnische Dienstleistung. Beispielsweise fehlt Betriebsärzten oft das arbeitsorganisatorische und psychologische und Personalexperten das medizinische und sportwissenschaftliche Know-how. Damit Synergien entstehen, bedarf es der Zusammenarbeit zwischen ihnen.

- BGM umfasst sowohl die **Ressourcen** der Mitarbeiter als auch die Ressourcen von Arbeit und Organisation (siehe ausführlich Kapitel 2.3.). Gesundheitsmanagement stellt sich als eine Facette des Human Resources Management dar; hierbei wird versucht, alle mit dem Faktor *Mensch* im Zusammenhang stehenden Maßnahmen und Entscheidungen integrativ zu planen und systematisch mit der Unternehmensstrategie abzustimmen.

- BGM ist ein modernes Konzept der **Organisationsentwicklung**. Organisationsentwicklung ist ein geplanter und systematischer Prozess mit dem Ziel, die Organisation wirtschaftlich effizient und human zu gestalten. Das BGM ist das zentrale Konzept zur Humanisierung der Arbeitswelt. Deshalb gibt es enge Beziehungen zu weiteren Einzelkonzepten der Organisationsentwicklung, wie z. B. zu TQM, Lean Production*, dem KVP und zur lernenden Organisation* sowie zum strategischen Personalmanagement.

Gesundheitsmanagement im Betrieb wird schon lange betrieben und hat eine Reihe von Erfolgen erzielt. So sind die Arbeitssicherheit und die Bekämpfung von Berufskrankheiten auf einem hohen Stand. Themen der Gesundheitsförderung müssen allerdings noch stärker integriert werden. Die Bekämpfung von Risiken somatischer Gesundheit und der Abbau von körperlichen Belastungen in der Arbeit sind weit vorangeschritten, die Förderung von Ressourcen der Gesundheit steht aber noch am Anfang.

Betriebliche Gesundheitspolitik wurde bislang vor allem vom gesetzlichen Arbeitsschutz und der damit verbundenen arbeitsmedizinischen und sicherheitstechnischen Vorgehensweise bestimmt. Messbare Risikofaktoren und Schutzbestimmungen standen im Mittelpunkt; die Maßnahmen orientierten sich am naturwissenschaftlich-medizinischen Krankheitsmodell. Mit den daraus entwickelten Strategien und Methoden des Gesundheitsmanagements kann man jedoch den ganzheitlichen Zielen der Gesundheitsförderung nicht mehr gerecht werden. Es besteht gegenwärtig mehr denn je die Notwendigkeit, die Betrachtung von psychosozialen Arbeitsbedingungen inkl. der Analyse und Gestaltung aller Ressourcen der Gesundheit zu verstärken. Daß allerdings die gegenwärtige Praxis des BGM von diesem Ideal noch relativ weit entfernt ist, belegt nachdrücklich ein kritischer Beitrag von JANCIK.[13]

1.5. Ziele des betrieblichen Gesundheitsmanagements

Hauptziel des BGM ist das *gesunde Unternehmen,* welches sich grundlegend durch *gesunde Mitarbeiter,* eine *gesunde und sichere Arbeit* und eine *gesunde Umwelt* auszeichnet.

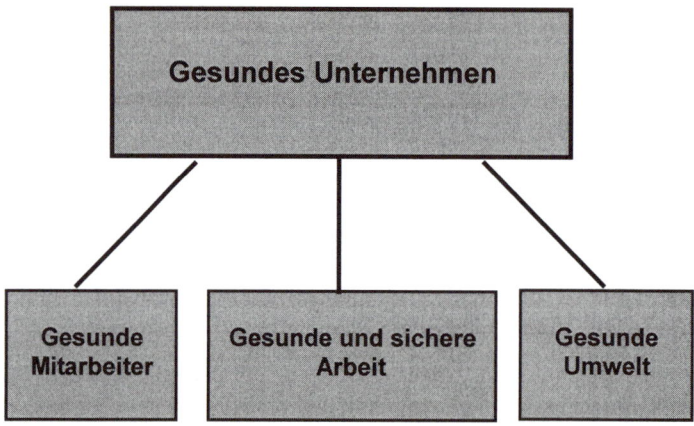

Bild 11: Hauptziele betrieblichen Gesundheitsmanagements

Als **Einzelziele** lassen sich anführen:

- Gesundheitskultur (ethnischer Aspekt)
- Gesundheitsstand (wirtschaftlicher Aspekt)
- Organisationsklima (Erlebensaspekt)
- Gesundheitsgerechte Organisationsstruktur (Organisationsaspekt)
- Gesundheitsgerechte Arbeitsstruktur (Arbeitsaspekt)
- Gesundheitsgerechte Arbeitsumgebung (ökologischer Aspekt)
- Gesundheitsverhalten (Verhaltensaspekt)
- Gesunde Produkte oder Dienstleistungen (Kundenaspekt)
- Gesundheit der Gemeinde (Kommunalaspekt)

Im ganzheitlichen Gesundheitsmanagement werden diese Ziele als Einheit verfolgt.

---

[13] Jancik, J. M. (2000)

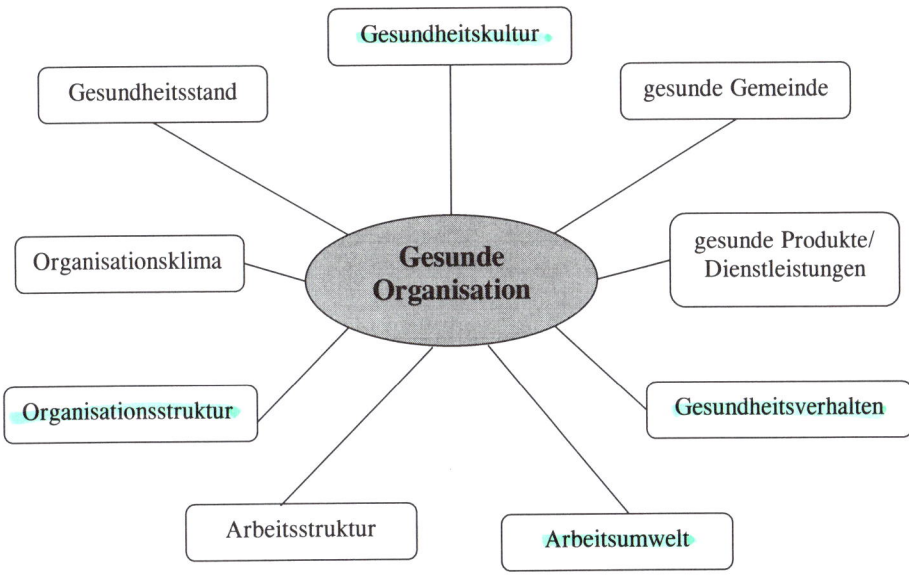

Bild 12: **Merkmale der gesunden Organisation**

Gesundheitskultur

Die **Gesundheits- inkl. Sicherheitskultur** sollte integraler Bestandteil der Organisationskultur (corporate culture) sein. Darunter sind alle diejenigen typischen Grundannahmen, Werte, Normen, Regeln und Symbole einer Organisation zu verstehen, welche sich auf die Gesundheit der Mitarbeiter beziehen. Sie machen das Besondere des Unternehmens aus, denn sie sind für Mitarbeiter, zumindest für den Großteil, als "implizite Spielregeln" verbindlich und bestimmen auf diese Weise die Interaktion (Kommunikation und Kooperation) im Unternehmen. Die Herausbildung einer Gesundheitskultur braucht Zeit; denn es ist ein Prozess der Bewusstseinsbildung und Verhaltensentwicklung, der sich oft über Jahre vollzieht. Dabei werden die Werte, Normen, Regeln und Symbole von den Mitarbeitern als Denk- und Verhaltensmuster verinnerlicht und so er- und gelebt. Wichtig ist dabei das Commitment* von Führung und Management gegenüber diesem Prozess.

Ein positives Beispiel für Gesundheitskultur stellt u. a. die BASF AG in Ludwigshafen dar. Im Bericht *"Gesellschaftliche Verantwortung 2001"* sind sechs Grundwerte definiert. Neben "nachhaltiger Erfolg", "Innovation im Dienste unserer Kunden", "Interkulturelle Kompetenz", "Gegenseitiger Respekt und offener Dialog" und "Integrität" ragt *"Sicherheit, Gesundheit und Umweltschutz"* hervor. Hier heißt es: *"Wir handeln verantwortungsvoll im Sinne von Responsible Care*. Wirtschaftliche Belange haben keinen Vorrang gegenüber Sicherheit, Gesundheits- und Umweltschutz."*[14] Dieser Wert findet in den Leitlinien von BASF gleichermaßen Berücksichtigung.

---

[14] BASF AG (Hrsg.) "Gesellschaftliche Verantwortung 2001", S. 13

Die Gesundheitskultur nimmt z. B. Einfluss auf die

- Wahrnehmung und Bewertung von Quellen der Gesundheit vs. Krankheit/ Unfällen
- Entwicklung von gesundheitsorientiertem Verhalten im und außerhalb des Unternehmens
- Thematisierung von Gesundheit als Führungsaufgabe
- Kommunikation des Themas Gesundheit
- Setzung von Gesundheit als Unternehmenswert und -ziel
- aktive Teilnahme aller Mitarbeiter an betrieblichen Gesundheitsaktivitäten
- Umsetzung des Arbeitsschutzes.

Die Gesundheitskultur drückt sich in zahlreichen **Indikatoren** des Unternehmens aus (vgl. Bild 13; siehe auch Kapitel 2.3.1.).

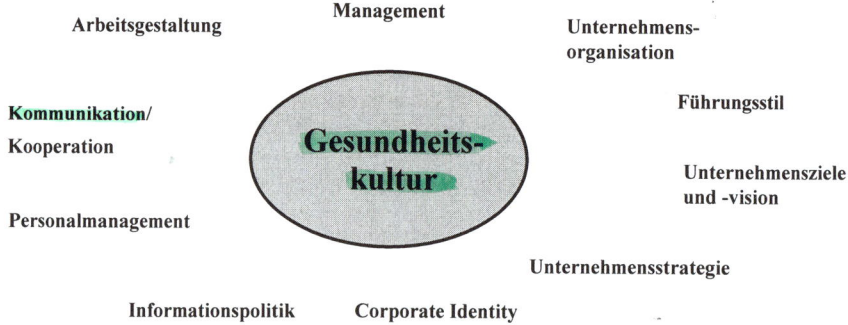

Bild 13: Indikatoren einer Gesundheitskultur

Gesundheitsstand

Der Gesundheitsstand eines Unternehmens ist durch einen **niedrigen Krankenstand** und **geringe Fehlzeiten** bestimmt. Diese sind ein wichtiger Indikator der Qualität des Gesundheitsmanagements im Unternehmen. Unter **Fehlzeiten** sind alle Zeiten zu verstehen, in denen der Mitarbeiter seinen vertraglich fixierten Arbeitsverpflichtungen aus persönlichen Gründen nicht nachkommt (siehe ausführlich Kapitel 6.3.1.). Der Schwerpunkt der Fehlzeiten liegt eindeutig beim Krankenstand. **Absentismus** (absenteeism) entspricht dem motivational bedingten, durch das Individuum entscheidbaren Entschluss zur Abwesenheit und gilt somit als ein Verhalten, das unabhängig von vertraglich vereinbarten bzw. gesetzlichen oder objektiv-medizinischen Tatbeständen zur Abwesenheit führt.

Organisationsklima

Darunter ist allgemein die für eine Organisation über längere Zeit anhaltende typische **Stimmungs- und Gefühlslage** der Mitarbeiter zu verstehen. Ein gutes soziales Arbeitsklima (social working climate) zeichnet sich vor allem durch eine hohe Arbeitsmotivation, Arbeitszufriedenheit und insgesamt durch Wohlbefinden der Mitarbeiter aus (siehe dazu ausführlich Kapitel 2.3.1.).

Gesundheitsgerechte Organisationsstruktur

Grundsätzlich geht es darum, den Aufbau und die Abläufe einer Organisation so zu gestalten bzw. zu entwickeln, dass sie nicht nur kurzfristig wirtschaftlich effektiv sind, sondern auch der Gesundheit der Arbeitenden gerecht werden. *Gesundheitsgerechte Organisationsgestaltung* erstreckt sich vom Zustand der Gebäude über organisationsumfassende Gesundheitsmaßnahmen bis hin zur kommunikations- und kooperationsförderlichen Aufbau- und Ablauforganisation. Beispielsweise sollten Gebäude und Arbeitsräume so gestaltet werden, dass sie keine Erkrankungen hervorrufen oder das Wohlbefinden beeinträchtigen (siehe dazu besonders das Sick-Building-Syndrom; Kapitel 4.4.2). Eine zentrale Stellung bei der gesundheitsgerechten Organisations- und Arbeitsgestaltung haben Teammodelle (siehe Kapitel 3.2. und 4.2.4.)

Gesundheitsgerechte Arbeitsstruktur

Die gesundheitsgerechte Arbeitsgestaltung umfasst wichtige Aufgaben (siehe ausführlich Kapitel 4):[15]

- die Einrichtung eines Arbeitsplatzes und die Bereitstellung von Arbeitsmitteln, die in ergonomischer Hinsicht der Anatomie*, Biomechanik* und Physiologie* und in psychologischer Hinsicht den Fähigkeiten und Motiven des Menschen angepasst sind,

- die Gestaltung von Arbeitsaufgaben, welche den Leistungsvoraussetzungen des Arbeitenden angepasst sind und somit zur Entwicklung der Handlungskompetenz und Persönlichkeit beitragen,

- die Gewährleistung von sozialen Arbeitsbedingungen (Arbeitszeit, Arbeitsregime, soziale Unterstützung, Bezahlung usw.), welche ebenfalls der Gesundheit dienen.

Gesundheitsgerechte Arbeitsumgebung

Sie umfasst besonders die Schaffung von physikalischen Arbeitsbedingungen (Klima, Schall, Beleuchtung, Farben, etc.), die keine Gesundheitsschäden, Unfälle und Befindensbeeinträchtigungen hervorrufen oder sogar zum Wohlbefinden beitragen (siehe dazu Kapitel 4.4.).

Gesundheitsverhalten

Eine gesunde Organisation zeichnet sich durch das Gesundheitsverhalten des Großteils, im Ideal aller Mitarbeiter und Führungskräfte aus. Dabei wird das **kollektive Gesundheitsverhalten** als Handlungen und Gewohnheiten einer Gruppe definiert, die der Gesundheitserhaltung, Gesundheitswiederherstellung und Gesundheitsverbesserung dienen. Dieses Gesundheitsverhalten, welches über individuelle Gesundheitsaktivitäten der Organisationsmitglieder im privaten Bereich (Joggen, Gymnastik, Stressbewältigung, Ernährung usw.) oder sporadische Gesundheitsaktionen im Unternehmen hinausgeht, sollte ein typisches Organisationsmerkmal sein.

---

[15] siehe auch Ducki, A., Leitner, K. & Kopp, I. (1992).

Gesunde Produkte oder gesunde Dienstleistung

Die Erzeugung von Produkten oder die Einrichtung von Dienstleistungen, welche gesundheitsverträglich und befindensförderlich sind, und ihre ständige Prüfung sind ebenfalls ein Ziel bzw. Indikator eines gesunden Unternehmens. Dies ist z. B. erreichbar durch

- den Einsatz ressourcenschonender, umwelt- und gesundheitsverträglicher Technologien und Stoffe in der Produktion,
- durch die Schaffung von Produkten, die zum Wohlbefinden des Kunden beitragen, wie beispielsweise ein Auto, das nach ergonomischen Kriterien komfortabel ausgestattet ist, ansprechende Formen und Farben ausweist, und somit positive Emotionen hervorruft,
- die Realisierung von Dienstleistungen, welche die Gesundheit und/oder Kundenzufriedenheit fördern (Fitness-Center, Beratungen jedweder Art, Reisebüro, Service im öffentlichen Verkehr, Warenversand, Bildung u. v. a. m.).

Gesunde Gemeinde

Jede Organisation trägt eine Verantwortung gegenüber der Kommune, in der sie sich befindet. Demzufolge ist es ihre Aufgabe, zur Gesundheit der Gemeinde inkl. der hier lebenden Menschen beizutragen. Dies gilt beispielsweise nicht nur für Chemieunternehmen, welche mit Schadstoffen die Umwelt belasten können, oder Flughäfen, die durch Lärmbelästigung das Befinden und die Gesundheit der Bewohner beinträchtigen können, sondern für alle Organisationen. Beispielsweise sollte ein modernes Krankenhaus nicht nur die klassische kurative* Aufgabe erfüllen, sondern Gesundheitsaufklärung in der umliegenden Region zu betreiben, indem die Fachkräfte Vorträge halten, eine öffentliche Bibliothek für medizinische Literatur eingerichtet wird, Gesundheitskurse für die Bevölkerung angeboten werden u. a. m..

Eine vorbildliche Initiative ist in dieser Hinsicht das schon o. a. Konzept „**Responsible Care**", eine weltweite Bewegung der chemischen Industrie, welche besonders auch zur Erhaltung und Förderung der Gesundheit der Umwelt inkl. der umliegenden Gemeinden des Standortes beitragen soll. Die 1987 entstandene Initiative war eine Reaktion auf den durch Chemieunfälle – u. a. mit negativen Folgen für umliegende Kommunen - geschädigten Ruf des Industriezweigs. Die Grundsätze verpflichten das Unternehmen zu maximaler Transparenz gegenüber der Öffentlichkeit, Nachbarn und Mitarbeitern.

Erfolgreiches BGM führt in der Konsequenz der Verbesserung des Unternehmensimage durch bekannt werden entsprechender unternehmerischer Aktivitäten, durch deren Anerkennung in Form von Preisen, durch die positive Bewertung dieser Aktivitäten in der Bevölkerung usw. - somit wachsen auch die gesellschaftliche Attraktivität und das öffentliche Ansehen der Organisation.

Gemäß dem Ziel 13 des WHO-Programms* "*Gesundheit für alle im 21. Jahrhundert*" sollen sich mindestens zehn Prozent aller mittleren und großen Unternehmen zur Umsetzung der Prinzipien eines gesunden Unternehmens verpflichten. (Dabei stimmen die von der WHO definierten Prinzipien weitgehend mit den oben angeführten überein.)

1.6. Betriebs- und volkswirtschaftliche Bedeutung des betrieblichen Gesundheitsmanagements

Ausfalltage verursachen in Betrieben erhebliche Kosten. Diese Kosten haben eine eminente betriebs- und volkswirtschaftliche Bedeutung. Dabei geht es über zählbare Ausfalltage hinaus im betriebs- und volkswirtschaftlichen Sinne um die Problematik der Kosten-Nutzen-Berechnung des betrieblichen Gesundheitsmanagements.

Betriebswirtschaftliche Bedeutung

Das Wohlbefinden und die Gesundheit der Mitarbeiter wird für die meisten Unternehmen eine immer wichtigere Zielgröße. Bezogen auf die Kosten ist es schwierig festzustellen, welche Einsparpotentiale für den einzelnen Betrieb bestehen, da direkte Kosten in Form von „Personalpuffern", Qualitäts- und Produktivitätseinbußen anfallen. Zusätzlich entstehen direkte Kosten beispielsweise durch:

- innerbetriebliche Umsetzungen
- Ersatzkräfte oder Überstunden
- ungenügende Auslastung der Produktionskapazitäten
- Konventionalstrafen durch Lieferschwierigkeiten

Die Kosten für den Krankenstand unterscheiden sich nach Betriebsgröße und den speziellen Arbeitsbedingungen. Im Folgenden soll eine Krankenstandsbilanz am Beispiel von 100 Mitarbeitern erläutert werden.

Tabelle 1: Berechnung der Ausfallkosten durch Krankenstand[16]

Anzahl der Beschäftigten	100
Ergibt insgesamt an Arbeitstagen (230 Arbeitstage pro Jahr)	23.000
Krankenstand (%)	8 %
AU-Tage	1.840
Eingesparte AU-Tage bei Senkung des Krankenstandes um 1 %	230
Ausfallkosten pro AU-Tag	250 €
Eingesparte Ausfallkosten	57.500 €

Nach dieser Berechnung der Bundesanstalt für Arbeitsschutz und Arbeitsmedizin* (kurz: BAuA) liegen die durchschnittlichen Kosten für einen Tag der Arbeitsunfähigkeit (kurz: AU) bei 250 €. Im Beispiel fallen im Unternehmen mit 100 Mitarbeitern

---

[16] Modifiziert nach Badura, B. et al. (1997), S. 23

und 8 % Krankenstand 1.840 Ausfalltage/Jahr an. Bei einer Senkung des Krankenstandes um 1 % würden 230 Tage/Jahr weniger zu Buche stehen. Multipliziert man diese 230 eingesparten Tage mit den Ausfallkosten von 250 €/Tag, erhält man einen Wert von 57.500 €/Jahr. Im Ergebnis würde das Beispielunternehmen bei Senkung des Krankenstandes um 1 % Ausfallkosten von 57.500 € pro Jahr einsparen.

Hochrechnungen für die durch den Krankenstand (6,3 %) im Jahr 2.000 verursachten Kosten in der Öffentlichen Verwaltung ergeben eine Summe von 34,9 Mio. krankheitsbedingten Fehltagen oder 95.741 Erwerbsjahren. Dies sind durchschnittlich 19,7 Tage je Mitarbeiter. Bei einem durchschnittlichen Bruttojahreseinkommen im Jahr 2000 von 27.610 € ergeben sich für das Jahr 2000 für den Bereich der öffentlichen Verwaltung und Sozialversicherung Kosten in Höhe von 2,6 Mrd. €.[17]

Auch Großunternehmen, wie z. B. die VW AG, haben die ökonomische Notwendigkeit des BGM erkannt. Die Verbesserung der Gesundheitsquote um 1 %, d. h. die Senkung des Krankenstandes um 1 %, würde eine Einsparung in Höhe von 46 Mio. € pro Jahr bedeuten. Am Standort Wolfsburg könnten so allein 23,5 Mio. € pro Jahr eingespart werden. Die VW AG setzt deshalb erhebliche personelle und sachliche Ressourcen ein, um die Gesundheitsquote zu erhöhen. Konkret fallen für den AGS 19 € direkte Kosten auf jedes produzierte Fahrzeug oder 309 € pro Mitarbeiter an.[18]

Betrachtet man die Beispielrechnung der BAuA müssten die Beträge für die VW AG noch höher liegen. Die Kosten sind trotz allem immer differenziert zu betrachten, d. h. separat für jedes Unternehmen. Einflussfaktoren sind dabei vor allem die Betriebsgröße, das Alter der Beschäftigten, die Anzahl schwerbehinderter Mitarbeiter sowie weitere Kostenstrukturen.

Volkswirtschaftliche Bedeutung

Die volkswirtschaftliche Bedeutung des betrieblichen Gesundheitsmanagements umfasst eine ganze Spannbreite wichtiger Fragen. Die Diskussion reicht von den Kosten für einzelne Gesundheitsmaßnahmen bis hin zu den Kosten und Gewinnen durch umfassende, langfristig angelegte Gesundheitsprogramme. Aus einer Untersuchung der *Europäischen Agentur für Sicherheit und Gesundheitsschutz am Arbeitsplatz* ergaben sich hauptsächlich zwei Ergebnisse:[19]

- Die hohen Kosten durch Unfälle und Erkrankungen am Arbeitsplatz, welche die Gesellschaft als Ganzes zu tragen hat, rechtfertigen das staatliche Reglement in Form von Gesetzen zum AGS am Arbeitsplatz.

- Ein unzureichend entwickelter AGS im Betrieb wirkt sich nachteilig auf die Gesamtwirtschaft und auf die einzelnen Unternehmen aus.

Im Jahr 1994 ergaben sich Reproduktions- und Ressourcenausfallkosten durch *Arbeitsunfälle* in Höhe von 17,81 Mrd. €. Im Rahmen einer Ergänzungsrechnung um humanitäre und außermarktwirtschaftliche Wertschöpfung erhöht sich dieser Betrag um weitere 13,1 Mrd. €. Der Gesamtbetrag volkswirtschaftlicher Kosten von Arbeits- und Wegeunfällen beläuft sich auf 30,91 Mrd. € pro Jahr.[20]

---

[17] nach Presseinformation des Wissenschaftlichen Instituts der AOK (WIdO) vom 24.01.02
[18] Hartz, P. (1996) S. 2
[19] Hunter, W. (1999)
[20] Kuhn, K. (2000) S. 101

Der Produktionsausfall aufgrund von AU-Tagen ist ein erheblicher Kostenfaktor. Im Jahr 1998 gingen bei 32 Mio. Arbeitnehmern durchschnittlich 14,7 Kalendertage durch Arbeitsunfähigkeit verloren. In der gesamtwirtschaftlichen Perspektive ergeben sich daraus 470,4 Mio. AU-Tage (1,29 Mio. Ausfalljahre). Multipliziert man dies mit dem durchschnittlichen Jahreseinkommen von 32.014,- € kommt man in Deutschland für das Jahr 1998 auf eine ausgefallene Produktion durch AU von 41,3 Mrd. €. Dies sind 2,14 % des Bruttonationaleinkommens.[21]

Ausfallkosten verteilen sich auf einzelne Diagnosegruppierungen sehr unterschiedlich. Führend sind in dieser Statistik die Erkrankungen des Skeletts, der Muskeln und des Bindegewebes. Verletzungen und Vergiftungen sowie die Krankheiten der Atmungsorgane stehen etwa auf gleicher Stufe. Interessant sind die restlichen Krankheiten. Hier liegt die Annahme nahe, dass sich darunter nicht nur Krankheiten auf Grund chemischer, biologischer oder physikalischer Belastungen in der Arbeit befinden, sondern auch solche, die primär auf psychosoziale Faktoren zurückzuführen sind. Daraus ergibt sich die Konsequenz, diesen Erkrankungen mehr Beachtung zu widmen.

Die Senkung der Arbeitsunfähigkeiten in den einzelnen Diagnosegruppen führt zu einer Verringerung der Kosten für Unternehmen, Krankenkassen und Berufsgenossenschaften. Eine Verringerung der direkten Krankheitskosten von 197 Mrd. € rechnet sich positiv für die Unternehmen und für die Gesamtwirtschaft.

Maßnahmen von Unternehmen im Gesundheitsmanagement bringen zumindest langfristig mehr als sie kosten. Daher ergibt sich aus betriebs- und volkswirtschaftlicher Sicht die dringende Notwendigkeit, den AGS in Organisationen zu realisieren. Der betriebswirtschaftliche Nutzen wird transparent, wenn er als Unternehmensziel integriert und durch erweiterte Wirtschaftlichkeitsverfahren und ein geeignetes Controlling gesteuert wird.[22]

1.7. Neue EU-Strategie für Gesundheit und Sicherheit

Die EU-Kommission hat - als Konsequenz o. g. Aspekte - am 22. März 2002 eine neue Strategie für Gesundheit und Sicherheit bei der Arbeit für den Zeitraum 2002 – 2006 beschlossen.[23] Die Arbeitsschutzpolitik soll modernisiert werden, damit sie den neuen Arbeitsplatzrisiken gerecht werden kann, etwa Mobbing (siehe Kapitel 3.5.5.) und Gewalt am Arbeitsplatz sowie stressbedingten Gesundheitsproblemen. Mit der Strategie soll außerdem an den europäischen Arbeitsplätzen eine Präventionskultur konsolidiert werden.

Dazu erklärte Anna DIAMANTOPOULOU, zuständiges Mitglied der Kommission für Beschäftigung und Soziales: *„Die Gemeinschaftsstrategie für Gesundheit und Sicherheit muss mit der Zeit gehen. Die Häufigkeit der Arbeitsunfälle, vor allem auch mit tödlichem Ausgang, ist in der EU nach wie vor inakzeptabel hoch. Dazu kommt, dass neue Arbeitsformen auch neue Arbeitsplatzrisiken mit sich bringen, etwa stressbedingte Gesundheitprobleme, die durch den immer rascheren Arbeitsrhythmus verursacht werden. Mit diesen neuen Gesundheitsproblemen müssen wir uns jetzt befassen – und sie an den Arbeitsplätzen möglichst antizipieren und verhüten."*

---

[21] Statistisches Bundesamt (1998) S. 267
[22] siehe dazu ausführlicher Grundel, G. (2000)
[23] Europäische Kommission (2002)

Wichtige **Merkmale der neuen EU-Strategie** für die Jahre 2002 – 2006 sind:

- Ausgangspunkt ist ein globals Konzept des Wohlbefindens bei der Arbeit, unter besonderer Berücksichtigung der Veränderungen in der Welt der Arbeit und des Auftretens neuer, insbesondere psychosozialer Risiken. Beispielsweise beabsichtigt die Kommission einen Vorschlag für eine Richtlinie über Mobbing und Gewalt am Arbeitsplatz vorzulegen und eine Anhörung der Sozialpartner zur Frage der stressbedingten Gesundheitsprobleme durchzuführen. So wird die Strategie dazu beitragen, die Qualität der Arbeit zu verbessern, wofür eine gesunde und sichere Arbeitsumgebung als unverzichtbare Voraussetzung gesehen wird.

- Alle verfügbaren politischen Instrumente sollen genutzt werden (Rechtsvorschriften, sozialer Dialog, Benchmarking, Best Practices, soziale Verantwortung der Unternehmen, wirtschaftliche Anreize), und es sollen aktive Partnerschaften zwischen allen Akteuren im Bereich Sicherheit und Gesundheit in die Wege geleitet werden.

- Schließlich wird auf die Tatsache hingewiesen, dass „Nichtpolitik" auf sozialem Gebiet Kosten verursacht, die Wirtschaft und Gesellschaft schwer belasten, man denke nur an die Belastung, die Arbeitsunfälle und Berufskrankheiten für Familien und Versicherungen bedeuten. Mit der neuen Strategie soll daher eine Präventionskultur konsolidiert und sollen die bisherigen Errungenschaften in diesem Bereich gefestigt werden durch wirksame Durchsetzung von Normen und Vorschriften und durch verbesserte allgemeine und berufliche Bildung.

Mehr und bessere Arbeitsplätze schaffen: dieses Ziel hat sich die EU auf der Tagung des Europäischen Rates im März 2000 in Lissabon gesetzt. Zweifellos tragen Gesundheit und Sicherheit dazu bei, dieses Ziel zu erreichen, da sie wesentliche Voraussetzungen für die Qualität der Arbeit sind.

Die EU kann hier eine positive Bilanz ziehen, da die Häufigkeit der Arbeitsunfälle zwischen 1994 und 1998 um nahezu 10 % zurückgegangen ist. Dennoch sind die absoluten Zahlen nach wie vor hoch: knapp 5.500 tödliche Unfälle und 4,8 Mio. Unfälle am Arbeitsplatz, die mehr als drei Ausfalltage zur Folge hatten. Noch wichtiger ist, dass in einigen Mitgliedsstaaten und in bestimmten Branchen seit 1999 ein beunruhigender Wiederanstieg der Unfallzahlen festzustellen ist. Hinzu kommt, dass die durchschnittliche Häufigkeit von Arbeitsunfällen in den Beitrittsländern deutlich über dem EU-Mittelwert liegt, bedingt vor allem durch die stärkere Spzialisierung auf traditionelle Hochrisikobranchen.

KAPITEL 2

GESUNDHEIT UND BELASTUNG ALS GRUNDKONZEPTE

> Wenn Du eine Stunde lang glücklich sein willst:
> *schlafe*
> Wenn Du einen Tag lang glücklich sein willst:
> *geh fischen*
> Wenn Du eine Woche lang glücklich sein willst:
> *schlachte ein Schwein*
> Wenn Du einen Monat lang glücklich sein willst:
> *erbe ein Vermögen*
> Wenn Du ein Leben lang glücklich sein willst:
>
> LIEBE DEINE ARBEIT.
>
> Chinesisches Sprichwort

2.1. Das moderne Gesundheitskonzept

2.1.1 Psychosoziale Gesundheit in der Arbeit

Begriff der Gesundheit

"*Gesundheit*" (health) gibt es als Alltags- wie als Wissenschaftsbegriff. In einer Befragung im Unternehmen VOITH wurden folgende Meinungen zu dem, was persönlich Gesundheit bedeutet, geäußert[24]:
- *Licht und Sonne*
- *Dynamik, Spannkraft und Leistungsfähigkeit*
- *Ruhe, Muße, Gelassenheit und Entspannung*
- *Sich bescheiden können*
- *Persönlich frei entscheiden können, Spielräume haben*
- *Keinerlei Beschwerden*

(Aussagen von Konstrukteuren)

- *"Gesund bin ich, wenn ich möglichst viel eigene Verantwortung, Entscheidungsbefugnisse und Entfaltungsmöglichkeiten habe."*
- *"Jegliche Arbeit, die Spaß macht, die interessant, abwechslungsreich und fordernd ist, fördert meine Gesundheit."*
- *"Keine Überforderung, keine Unterforderung, sondern eine Herausforderung tut gut."*

(Aussagen von Facharbeitern)

Wie noch festzustellen ist, werden diese subjektiven Gesundheitsvorstellungen auch in wissenschaftlichen Meinungen zum Gesundheitsbegriff berücksichtigt.

Gesundheit ist aber nicht nur persönliches, sondern auch ein soziales Gut. Es besteht für jeden Menschen das Recht auf Gesundheit. Sie ist also individuell, sozial und gesellschaftlich determiniert. Dabei spielen individuelle und gesellschaftliche Wertvorstellungen, persönliche Lebensführung und Wohlbefinden sowie die ökonomischen, ökologischen und sozialen Bedingungen eine Rolle.

Eine zentrale Bedeutung für die Gesundheit hat die Arbeit. Arbeit befriedigt Menschen dann, wenn sie das Bewusstsein haben
- etwas zu bewirken
- anerkannt zu sein und unterstützt zu werden
- dass die Arbeit sie herausfordert
- dass das, was sie tun, sinnvoll ist.

Der traditionelle Gesundheitsbegriff wird jedoch diesem Anspruch nicht gerecht. Denn er entstammt einem naturwissenschaftlich verpflichteten **biomedizinischen Modell**. Dabei wird überwiegend die Krankheit betrachtet. Nach diesem Verständnis ist sie eine lokalisierte biologisch-physikalisch messbare Abweichung von der „gesunden" Norm und ist zentriert auf biologische Verursachermechanismen.[25] Dieses Modell galt über Jahrhunderte für die Beschreibung und Erklärung physischer, aber auch psychischer Krankheiten.

---

[24] nach Langensee, G. (1990)
[25] Friczewski, F. (1996) S. 40

Problematisch ist hierbei vor allem die Nichtbeachtung von psychischen und sozialen Faktoren. Gerade bei Erkrankungen des Herz- Kreislaufsystems oder des Bewegungsapparates ist der Einfluss dieser Faktoren nachgewiesen worden. Summa summarum: Bei dieser Auffassung wird der menschliche Körper mechanistisch als Maschine betrachtet, an der nur Ersatzteile ausgetauscht werden müssen, damit er wieder funktioniert.

Das psychosoziale Konzept der Gesundheit

Damit Gesundheitsmanagement nicht nur im Sinne der herkömmlichen Medizin, d. h. auf Krankheiten und deren Heilung fokussiert, einseitig und pragmatisch in der betrieblichen Praxis praktiziert wird, bedarf es einer erweiterten Konzeption. Diese stellt das *psychosoziale Gesundheitskonzept* dar. Die bekannteste Definition in diesem Rahmen kommt von der WHO. Danach ist **Gesundheit** ein Zustand des vollkommenen körperlichen, geistigen und sozialen Wohlbefindens (siehe Kasten 8). In diesem Sinne ist nach der Ottawa-Charta vom 21. November 1986 die Gesundheit als ein wesentlicher Bestandteil des alltäglichen Lebens zu verstehen.[26] Gesundheit steht für ein positives Konzept, das die Bedeutung organisationaler, sozialer und individueller **Ressourcen** betont.

Kasten 8

Gesundheit

... ist der Zustand eines vollkommenen körperlichen, seelischen und sozialen Wohlbefindens und nicht nur die Abwesenheit von Krankheiten und Gebrechen.[27]

Die liberale Gesundheitsdefinition der WHO ist mittlerweile weitgehend akzeptiert. Kritisch muss jedoch angemerkt werden, dass Prozessaspekte nicht enthalten sind. Vielmehr wird Gesundheit lediglich als Zustand bezeichnet. Aber Gesundheit ist nicht statisch, sondern ein lebenslanger Prozess. Des Weiteren beschreibt *„vollkommenes Wohlbefinden"* einen Zustand, der sehr idealistisch und somit kaum wirklich zu erreichen ist. Es ist jedoch verständlich, wenn die WHO den Anspruch für eine Begriffsbestimmung sehr hoch legt. Die Definition ist umfassend, weil sie mit dem physischen, psychischen und sozialen Wohlbefinden drei Hauptdimensionen psychophysischer Gesundheit enthält. Sie war und ist auch heute noch eine wichtige Grundlage für die Weiterentwicklung des Gesundheitskonzepts.

Von der allgemeinen, normativen WHO-Bestimmung der Gesundheit ausgehend wurde ein Gesundheitskonzept entwickelt, das besonders die psychische oder seelische Gesundheit betont. Daran hat der amerikanische Sozialwissenschaftler Aaron ANTONOVSKY[28] einen wesentlichen Anteil, indem er die Theorie der **Salutogenese** entwarf. Hierbei geht es weniger um Krankheiten und krankmachende Faktoren, sondern vor allem um die gesundheitsförderlichen Faktoren oder Ressourcen in der Arbeit. Mit diesem psychosozialen Gesundheitskonzept soll erklärt werden, wie Menschen Belastungen erfolgreich bewältigen und somit ihre Gesundheit fördern

---

[26] WHO (1986) S. 14
[27] WHO-Definition vom 22. Juli 1946
[28] Antonovsky, A. (1997)

können. ANTONOVSKY meint, dass jeder Mensch unterschiedliche Ressourcen zur Belastungsbewältigung hat. Mit seinem Konzept hat er einen Paradigmenwechsel in der Gesundheitsforschung eingeleitet.

Ivars UDRIS, Arbeits- und Gesundheitspsychologe an der Eidgenössischen Technischen Hochschule (ETH) Zürich, bezeichnet Gesundheit als ein dynamisches Gleichgewicht zwischen Individuum und Umwelt.[29] **Psychische Gesundheit** ist eher ein Potential oder eine Fähigkeit, ein Ungleichgewicht zu bewältigen und zu regulieren bzw. ein Gleichgewicht wieder herzustellen und zu stabilisieren. Dafür formuliert er folgende **Kriterien**:

- die Abwesenheit von Symptomen, Krankheit oder Behinderung;
- Schmerz- und Beschwerdefreiheit;
- keine funktionale Beeinträchtigung von Lebensqualität;
- positiv bewertete Erfahrungen;
- adäquate Einschätzung der Handlungskompetenz;
- Liebes- und Genussfähigkeit, aber auch die Fähigkeit zu trauern;
- Resistenz gegenüber Belastungen
- Kapazität und Potential, selbständig (langfristige) Ziele zu setzen und diese zu verfolgen;
- die Fähigkeit, Umwelt- und soziale Anforderungen bzw. Belastungen und Krisen zu bewältigen;
- Suchen und Finden von Sinn in allen Lebensaktivitäten.

BECKER[30] formulierte sieben **Indikatoren für seelische Gesundheit** vs. Krankheit:

1. emotionale Befindlichkeit bzw. Wohlbefinden
2. verfügbare physische und psychische Energie (Antriebsstärke)
3. Defensivität vs. Expansivität (Vermeidungsverhalten bei psychisch Kranken oder Selbstbehauptung/Selbstverwirklichung bei psychisch Gesunden)
4. Funktions- und Leistungsniveau von Organsystemen und psychische Funktionen (damit einhergehend Erfüllung von Aufgaben und Rollen)
5. Selbstzentrierung vs. Selbsttranszendenz, d. h. Richtung der Aufmerksamkeit auf sich selbst oder auf die Umwelt
6. Hilfesuchen/Abhängigkeit vs. Autonomie/Unabhängigkeit von anderen
7. Selbstwertgefühl: Minderwertigkeitsgefühl vs. Selbstachtung.

Auf der Grundlage der WHO-Definition sowie der o. a. Konzepte von ANTONOVSKY, UDRIS und BECKER soll nun ein von uns entwickeltes Stufen-Modell der Gesundheit vorgestellt werden, das alle wesentlichen körperlichen, psychischen und sozialen Qualitäten berücksichtigt. Es erstreckt sich von der körperlichen Erkrankung bis hin zur Handlungskompetenz.

Ein Stufen-Modell der Gesundheit

Grundsätzlich ist die Gesundheit auf einem Kontinuum einzuordnen, das vom positiven Pol "völlig gesund" bis zum negativen Pol "schwer krank" reicht (siehe auch Bild 10). Tatsächlich liegt der reale Gesundheitszustand einer Person irgendwo auf diesem Kontinuum zwischen beiden Polen. Die unterschiedlichen Gesundheitsqualitäten lassen sich vom Negativ- zum Positivpol wie folgt charakterisieren (siehe Bild 14):

---

[29] Udris, I. et al. (1992), S. 13
[30] Becker, P. (1986), S. 189

- körperliche und/oder psychische Erkrankungen
- funktionelle Gesundheitsstörungen
- Befindensbeeinträchtigungen
- Abwesenheit von Befindensbeeinträchtigungen
- Wohlbefinden
- Handlungskompetenz

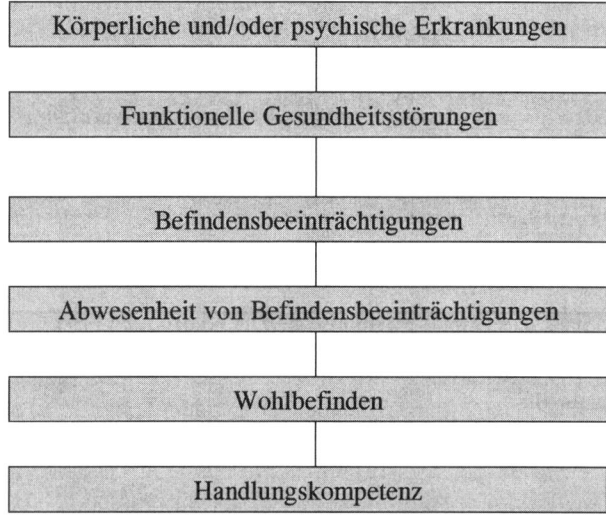

Bild 14: Qualitäten von Gesundheit/Krankheit

Dabei sollen **arbeitsbedingte Erkrankungen, Gesundheitsstörungen und Befindensbeeinträchtigungen** solche sein, auf deren Entstehung und Verlauf Arbeitsbedingungen wesentlichen Einfluss haben. Sie stehen häufig im Zusammenhang mit Fehlbelastungen in der Arbeit. Arbeitsbedingte Erkrankungen sind von den **Berufskrankheiten** (occupational diseases) abzugrenzen, bei denen ein eindeutiger, nachweisbar kausaler Zusammenhang zwischen Erkrankung und Arbeitsbedingungen besteht. Im gleichen Sinne ist die **arbeitsbedingte Gesundheit** ein Phänomen, auf deren Entstehung und Verlauf oder *Salutogenese* gleichfalls die Arbeitsbedingungen wesentlichen Einfluss haben.

Körperliche und/oder psychische Erkrankungen

Dazu zählen alle organischen und psychischen Funktionsstörungen mit Krankheitswert, deren Diagnose und therapeutische Behandlung bzw. Heilung Aufgabe der Medizin und der Klinischen Psychologie ist. Sie führen meistens zur Arbeitsunfähigkeit mit entsprechender Bescheinigung (sog. Krankenschein).

Körperliche Erkrankungen

Es sind solche Erkrankungen von Organen oder Organsystemen, bei denen eine komplexe, länger anhaltende und diagnostizierbare Funktionsstörung vorliegt, welche i. d. R. mit Leidensdruck (Schmerzen, Behinderung usw.) verbunden ist. Unter ihnen treten am häufigsten Herz-Kreislauf-Erkrankungen, wie z. B. chronische Hypertonie (Bluthochdruck), Angina pectoris (Brustenge), Herzinsuffizienz (Herzschwäche), Herzinfarkt bzw. Schlaganfall auf. Sie stehen in Morbiditäts-*, Invaliditäts- und Mortalitätsstatistiken* an erster Stelle. Dabei kommt dem Bluthochdruck als Risikofaktor eine besondere Bedeutung zu, da dieser unbehandelt zur Herzinsuffizienz*, zu Kreislaufkomplikationen und auch zur Niereninsuffizienz* führen kann. Weitere lebensgefährdende Krankheiten sind Krebs und Aids. Relativ häufig sind ferner Magen-Darm-Erkrankungen (Magenschleimhautentzündung, Magen- und Zwölffingerdarmgeschwür usw.), rheumatische Erkrankungen, allergische Erkrankungen (Neurodermitis*, Schuppenflechte* usw.), Grippe (fieberhafte Infekte der oberen Luftwege) und die Zuckerkrankheit (Diabetes mellitus) zu konstatieren. Zu den körperlichen Erkrankungen gehören ferner Knochenbrüche (Frakturen) sowie Muskel- und Skeletterkrankungen verschiedenster Art.

70 % aller **Erkrankungen in der Arbeitswelt** lassen sich in diese Gruppen einordnen:

1. Muskel- und Skeletterkrankungen,
2. Verletzungen,
3. Atemwegserkrankungen,
4. Herz-Kreislauf-Erkrankungen,
5. Erkrankungen der Verdauungsorgane.

Psychische Erkrankungen

Unter ihnen sind besonders die **Psychosen** (Schizophrenie, endogene Depression, Epilepsie usw.) zu nennen. Es sind vielgestaltige, schwere psychische Störungen (Geisteskrankheiten) bei Hirndefekten, die häufig zum Verlust der Orientierungsfähigkeit in der realen Welt führen. Psychosen sind meistens irreversibel, d. h. durch Therapie nicht rückbildbar.

Eine moderate Form psychischer Erkrankungen sind die **Neurosen**. Es sind normabweichende Störungen im Erleben und Verhalten eines Individuums, die nicht auf hirnorganische Defekte zurückzuführen, sondern sozial erlernt worden sind. Demzufolge werden sie auch als soziale Fehlentwicklung bezeichnet. Sie sind zeitlich anhaltend, erzeugen Leidensdruck, sind aber grundsätzlich reversibel, d. h. erfolgreich zu therapieren. Dazu zählen z. B. Phobien, Zwangshandlungen und -gedanken, Depressionen, Süchte, Essstörungen, Sprechstörungen (Stottern) und funktionelle Sexualstörungen. Neurosen treten in der Bevölkerung relativ häufig auf. Demzufolge sollten sie auch in der Arbeitswelt stärker beachtet werden. Im Folgenden werden die am häufigsten auftretendenNeurosen kurz dargestellt. (Zu den Süchten siehe Kapitel 3.7.)

- *Phobien*

Pathologische Ängste (anxiety) sind durch diese Merkmale bestimmt:

(1) die Stärke der Angstreaktion ist der Situation nicht angemessen,
(2) die Angstreaktion ist chronisch,
(3) das Individuum hat subjektiv kaum Möglichkeiten zur Erklärung, zur Reduktion oder zur Bewältigung der Angst,

(4) die Angstzustände führen zu einer bedeutsamen Beeinträchtigung des Verhaltens, der Arbeitsfähigkeit und der gesamten Lebensqualität.

(Siehe ausführlich zur Angst inkl. Phobien Kapitel 3.3.)

- *Depressionen*

Eine Depression (depression) ist eine emotionale Störung. Gefühle der Traurigkeit, der Niedergeschlagenheit, der Verstimmtheit, der Hoffnungslosigkeit, der Sinnlosigkeit, häufig begleitet von Angst und Unruhe, gelten als zentrale Beschwerden. Bei ihr gibt es zahlreiche Symptome (siehe Tabelle 2).

Tabelle 2: Symptome der Depression

Verhalten/ Motorik/ Erscheinung	**Emotionen**	**Psycho-vegetative Zustände**	**Kognitionen**	**Motivation**
Körperhaltung: Kraftlos, gebeugt, ohne Spannung; langsame Bewegungen; nervös, unruhig *Gefühlsausdruck*: traurig, besorgt; nervöse, angespannte Mimik *Sprache*: leise, monoton, langsam	*Gefühle* von Niedergeschlagenheit, Hilflosigkeit, Hoffnungslosigkeit, Einsamkeit, Schuld, Angst und Sorgen, Gefühl der Gefühllosigkeit u. Distanz zur Umwelt	Unruhe, Erregung, Spannung, Reizbarkeit, Weinen, Ermüdung, Schwäche, Schlafstörungen, Appetitlosigkeit und Gewichtsverlust, vegetative Beschwerden wie Kopfdruck, Magenbeschwerden usw.	Negative Einstellung zu sich selbst, zur Zukunft, Selbstkritik, Selbstunsicherheit, Konzentrationsprobleme, Grübeln, Suizidgedanken	Misserfolgsorientierung, Rückzugs- u. Vermeidungshaltung, Interessenverlust, Antriebslosigkeit, Erleben von Nichtkontrolle u. Hilflosigkeit

Die Wahrscheinlichkeit, im Leben eine Depression zu bekommen, beträgt bei Männern ca. 12 % (12 von 100 Männern bekommen durchschnittlich eine Depression) und bei Frauen sogar 26 % (26 von 100 Frauen bekommen durchschnittlich eine Depression). In der Regel tritt sie im Leben episodenhaft auf, wobei die Anzahl der Episoden (durchschnittlich 3 – 4) und ihre durchschnittliche Zeitdauer (4 - 5 Monate) sehr unterschiedlich sein kann. Depressionen treten in allen Lebensaltern auf, mit einem Gipfel zwischen dem 30. und 40. Lebensjahr. Es wird geschätzt, dass etwa die Hälfte bis zwei Drittel der Personen mit Depression so weit erfolgreich therapiert werden können, dass sie wieder ihrer Arbeit nachgehen können. Zu den Faktoren, die dazu beitragen, dieser Störung vorzubeugen oder sie abzubauen (protektive Faktoren), gehören vor allem positive menschliche Beziehungen (Partnerschaft, Freunde, Arbeitskollegen usw.) inkl. sozialer Unterstützung und die Arbeitszufriedenheit.

Funktionelle Gesundheitsstörungen

Dazu sollen alle *organischen Funktionsstörungen* gezählt werden, welche zwar medizinisch diagnostizierbar sind, aber lediglich ein Symptom ohne akuten Krankheitswert und anhaltenden Leidensdruck darstellen. Sie sind aber als Gesundheitsrisiko zu betrachten. Für das Gesundheitsmanagement im Unternehmen sind folgende funktionelle Störungen bedeutsam:

Wirbelsäulenleiden

Hier sind vor allem Rücken- und Kreuzschmerzen, "Hexenschuss" (Verspannungen um die Wirbelsäule) oder "Ischias" (Verspannungen an tieferer Stelle am Kreuzbein) zu nennen. Rückenleiden treten mittlerweile häufiger als Herz-Kreislauf-Beschwerden auf. Zu den Auslösern von Rückenbeschwerden zählen in erster Linie eine monotone Körperhaltung durch anhaltendes Sitzen, u. a. am Arbeitsplatz, Bewegungsmangel, psychische Fehlbelastungen (Stress, innere Unruhe, Zeitdruck usw.) und unergonomische Sitzmöbel. Die lange Zeit als wichtige Auslöser beurteilten Faktoren wie schwere körperliche Arbeit, häufiges und falsches Heben und Tragen, aber auch Vererbung, Alter und altersbedingte degenerative Veränderungen des Bewegungsapparates nehmen hingegen an Bedeutung ab.

Bluthochdruck

Beim Blut(hoch)druck (Hypertonie) wird zwischen dem systolischen und dem diastolischen unterschieden. Der *systolische Blutdruck* ist derjenige Druck, welcher entsteht, wenn das Herz das Blut in die Adern pumpt. Er sollte den Wert von maximal 160 mm Hg (Grenzwert) bei durchschnittlichen Belastungen nicht überschreiten; der *diastolische Blutdruck* wird angezeigt, wenn sich das Herz wieder entspannt. Er sollte den Wert von maximal 95 mm Hg bei durchschnittlichen Belastungen nicht überschreiten.

Herzfunktionsstörungen

Zu den Herzfunktionsstörungen zählen vor allem Herzrhythmusstörungen (unregelmäßiger Herzschlag), Herzstolpern (Extrasystolen) und Herzrasen (Tachykardie).

Blutzuckerspiegel

Der Blutzuckerspiegel muss in einem bestimmten Bereich liegen; das heißt, er sollte nicht unter 60 mg % absinken und nicht über 140 mg % auch nach dem Essen steigen. Ansonsten liegt eine Hormonstörung vor, indem zu wenig Insulin (blutzuckerregulierendes Hormon) produziert wird.

Schlafstörungen

Der Schlaf dient der Regeneration des Organismus. Schlafstörungen sind gegeben, wenn das Gefühl des Ausgeruhtseins nach dem Schlaf fehlt. Sie sind ein Risikofaktor, weil dadurch die Regenerationsfähigkeit nicht mehr gewährleistet ist. Sie bedeuten nicht nur eine Beeinträchtigung in der Nacht; sie sind immer auch eine Wachstörung, die sich in Tagesmüdigkeit zeigt. Die Störungen lassen sich grob in vier **Gruppen** einteilen:

- Ein- und Durchschlafstörungen (Insomnie)
- Übermäßige Tagesmüdigkeit (Hypersomnie)
- Störungen des Schlaf-Wach-Rhythmus
- Schlafgebundene Störungen (Parasomnie).

Bei *Ein- und Durchschlafstörungen* liegen oft psychische Gründe vor. Auch psychische Erkrankungen, besonders Depressionen, stören den Schlaf oft erheblich. Diese Personen schlafen nach ihrer Meinung ausreichend. Aber bei der *Tagesmüdigkeit* findet sich meistens eine körperliche Ursache, die dazu führt, dass der Schlaf wiederholt kurz unterbrochen wird. Hauptursache sind hierfür oft sog. Schlaf-Apnoen. Darunter versteht man wiederholte, kurze Atemaussetzer während des Schlafs, zumeist mit Schnarchen verbunden. Wenn der Schlaf zwar in Ordnung ist, er aber zur falschen Zeit auftritt, so spricht man von einer *Schlaf-Wach-Rhythmusstörung*. Dies ist z. B. der Fall beim Jetlag*. Auch bei Schichtarbeit kommt es zu Verschiebungen der Schlafphase (siehe hierzu Kapitel 4.5.). Als *Parasomnien* werden alle Phänomene zusammengefasst, bei denen während des Schlafes oder beim Übergang vom Schlafen zum Wachsein eine Störung auftritt. Am bekanntesten ist das Schlafwandeln, das seine Ursache in einem unvollständigen Erwachen hat. Andere typische Begleitstörungen des Schlafes sind nächtliches Aufschrecken, Zähneknirschen oder Alpträume.

Schlafstörungen bedeuten eine wesentliche, oft unterschätzte Beeinträchtigung der Befindlichkeit und der Leistungsfähigkeit am Arbeitsplatz. Darüber hinaus können chronische Schlafstörungen zu Folgeerkrankungen führen, beispielsweise zu Bluthochdruck, Magen-Darm-Erkrankungen und Depression.

Sehstörungen

Zu den Sehstörungen, die z. B. durch falsche Beleuchtung oder Bildschirmarbeit auftreten, gehören vor allem das Augenbrennen, das Tränen der Augen, die Rötung der Augenlider, Lidflattern, Verschwommensehen, die Wahrnehmung doppelter oder flimmernder Bilder oder veränderter Farben und zeitweilige Kurzsichtigkeit. Ursachen für die Beschwerden sind die hohen Belastungen unserer Augen, z. B. durch anhaltende Bildschirmarbeit (siehe auch Kapitel 4.3.2.).

Befindensbeeinträchtigungen

„Am Anfang stehen oft die kleineren Leiden", d. h. Befindensbeeinträchtigungen. Sie bezeichnen, im Gegensatz zu psychischen Störungen und Erkrankungen, einen Zustand, in dem das Individuum in der Lage ist, seinen Alltagsgeschäften nachzugehen. Sie beeinträchtigen zumindest temporär die Lebensfreude, die Arbeitszufriedenheit, das Alltagserleben und somit die Lebensqualität.[31] Sie werden vom Betroffenen bewusst wahrgenommen und wirken sich oft negativ auf Arbeitsmotivation und Arbeitsleistung aus. Befindensbeeinträchtigungen befinden sich überwiegend in der Grauzone zwischen definierter Krankheit und Gesundheit - und weisen somit keinen eindeutigen Krankheitswert auf. Deshalb sind betroffene Personen in der Lage, auch ihrer Arbeit nachzugehen. Allerdings führen sie relativ häufig zur Abwesenheit vom Arbeitsplatz ohne objektiv erkennbaren Grund, d. h. zum Absentismus (siehe ausführlich Kapitel 6.3.1). Darüber hinaus haben sie für die Prävention eine Bedeutung, da sie – siehe Eingangsbemerkung – die ersten Zeichen in der Pathogenese* sein können.

---

[31] siehe ausführlich Eckardstein, D. et al. (1995)

Es lassen sich folgende **Befindensbeeinträchtigungen** in der Arbeit unterscheiden:
- Stress, Angst und Burnout (kurz: BO),
- Ermüdung und Monotonie,
- psychische Sättigung,
- Depressivität,
- psychosomatische Beschwerden.

Stress (stress) ist als ein Zustand erhöhter psychophysischer Aktiviertheit zu verstehen, der bei der Wahrnehmung von aversiven (unangenehmen) Arbeitssituationen auftritt (siehe ausführlich Kapitel 3.3.). *Angst* ist ein spezifischer Stresszustand, der bei der Wahrnehmung einer Arbeitssituation als Gefahr oder Bedrohung auftritt (siehe ausführlich Kapitel 3.3.). *Burnout* („Ausgebranntsein") weist besonders drei Symptome auf:
1. geistige, emotionale und körperliche Erschöpfung als Leitsymptom,
2. subjektive Leistungsschwäche (das Gefühl, berufliche Anforderungen nicht mehr bewältigen zu können),
3. sog. Depersonalisierung oder soziale Entfremdung gegenüber dem Klienten (siehe dazu ausführlich Kapitel 3.4.).

Ermüdung (fatigue) wird als eine kurz oder länger anhaltende Beeinträchtigung der körperlichen und/oder psychischen Leistungsfähigkeit infolge körperlicher und/oder kognitiver Überlastung verstanden (siehe ausführlich Kapitel 2.2.1). *Monotonie* (monotony) ist ein ermüdungsähnlicher Zustand, der durch Gefühle der Langeweile, geistigen Abwesenheit, Schläfrigkeit und Antriebsschwäche gekennzeichnet ist (siehe ausführlich Kapitel 2.2.1).

Psychische Sättigung (mental oder psychic satiation) ist ein Zustand der nervös-unruhevollen, affektbetonten Ablehnung sich wiederholender Tätigkeiten oder Situationen, bei denen das Erleben des "Auf-der-Stelle-Tretens", des "Nicht-Weiter-Kommens" besteht (siehe ausführlich Kapitel 2.2.1.).

Depressivität ist ein zeitweiliger Stimmungszustand, welcher durch Gefühle der Niedergeschlagenheit, Traurigkeit, Bedrücktheit sowie Grübelei, gedankliche Abwesenheit und Minderwertigkeitskomplexe gekennzeichnet ist. Depressive haben oft eine negative Sicht (1) von sich selbst (geringes Selbstwertgefühl), (2) von der Umwelt und (3) von der Zukunft („kognitive Triade"). (Depressivität ist als zeitweiliger Stimmungszustand von der klinischen Depression als psychische Erkrankung – siehe oben – abzugrenzen.)

Psychosomatische Beschwerden sind diejenigen *körperlichen Beschwerden*, die psychisch bedingt sind und von der Person bewusst wahrgenommen werden. Dazu zählen Migräne und andere Kopfschmerzen, Allergien, Nacken-, Rücken- und Kreuzschmerzen, Herzbeschwerden, Schweißausbrüche, Händezittern, Magenbeschwerden u. v. a. m..

Abwesenheit von Befindensbeeinträchtigungen

Die Abwesenheit von körperlichen, psychischen und sozialen Befindensbeeinträchtigungen ist durch die normale Funktionsfähigkeit des Organismus bestimmt. Wenn der Organismus - insbesondere bei höheren psychischen Belastungen - sowohl somatisch als auch psychisch "funktioniert", dann treten keine Befindensbeeinträchtigungen auf. Die Person ist also beschwerdefrei. Eine wesentliche Bedingung der Funktionsfähigkeit ist vor allem das Persönlichkeitsmerkmal "psychophysische Belastbarkeit", welche sich vornehmlich in der Stresstoleranz zeigt. Bei Abwesenheit von Befindensbeeinträchtigungen ist das Befinden eher indifferent, das heißt: Es geht der Person weder besonders gut noch schlecht.

Wohlbefinden

Nach der WHO-Definition ist Gesundheit nicht nur die Abwesenheit von Erkrankungen, Gesundheitsstörungen und Befindensbeeinträchtigungen, sondern auch *körperliches und psychisches (subjektives) Wohlbefinden* (well-being). Im Allgemeinen wird zwischen dem aktuell erlebten Wohlbefinden (state) und dem (situationsübergreifenden) habituellen Wohlbefinden (trait) unterschieden.[32] Das Wohlbefinden hat nicht nur für die psychische Gesundheit, sondern für die gesamte Lebensqualität eine große Bedeutung. Wesentliche Komponenten sind

- die Lebenszufriedenheit,
- die Arbeitszufriedenheit,
- positive Emotionen.

Lebenszufriedenheit (life satisfaction) ist eine allgemeine Einstellung und beruht auf kognitiven Einschätzungen der eigenen Lebenssituation. Sie wird als Grad der Zufriedenheit mit der gesamten eigenen Lebensführung verstanden. Bei der Bewertung der subjektiven Lebensqualität spielen kulturabhängige Standards über "gutes Leben" in Arbeit und Freizeit eine wesentliche Rolle. Hierin unterscheiden sich z. B. Arbeitnehmer in Deutschland und Japan wesentlich.

Eine entscheidende Determinante der Lebenszufriedenheit ist die **Arbeitszufriedenheit** (job satisfaction). Sie wird überwiegend als Einstellung zur Arbeit und zur Arbeitssituation in ihren verschiedenen Aspekten aufgefasst. Dabei wird eingeschätzt, ob und wieweit die persönliche Arbeitssituation (Arbeitsaufgaben und -bedingungen) und die Konsequenzen daraus mit den eigenen Bedürfnissen, Wünschen und Erwartungen im Einklang stehen. Arbeitszufriedenheit ist also stets ein erwünschter Zustand. Sie hat mehrere Facetten, z. B. die Zufriedenheit mit der Arbeitsaufgabe i. e. S. (work satisfaction), mit den Aufstiegsmöglichkeiten (promotion satisfaction), mit dem Gehalt (pay satisfaction), mit dem Vorgesetzten (supervision satisfaction) oder mit den Kollegen (coworker satisfaction). Werden die individuellen Bedürfnisse, Wünsche und Erwartungen in der Arbeitssituation nicht oder nur begrenzt erfüllt, kommt es zur Arbeitsunzufriedenheit.

Die Beziehungen zwischen Lebens- und Arbeitszufriedenheit und einzelnen Facetten der Arbeitszufriedenheit lassen sich nach dem Arbeitspsychologen Rob BRINER[33] von der Universität London bildlich als Bäche und Fluss, welche ins Meer fließen, darstellen (siehe Bild 15).

---

[32] siehe ausführlich Diener, E. & R. E. Lucas (2000), Eid, M. & E. Diener (2002)
[33] nach Briner, R. B. (1997)

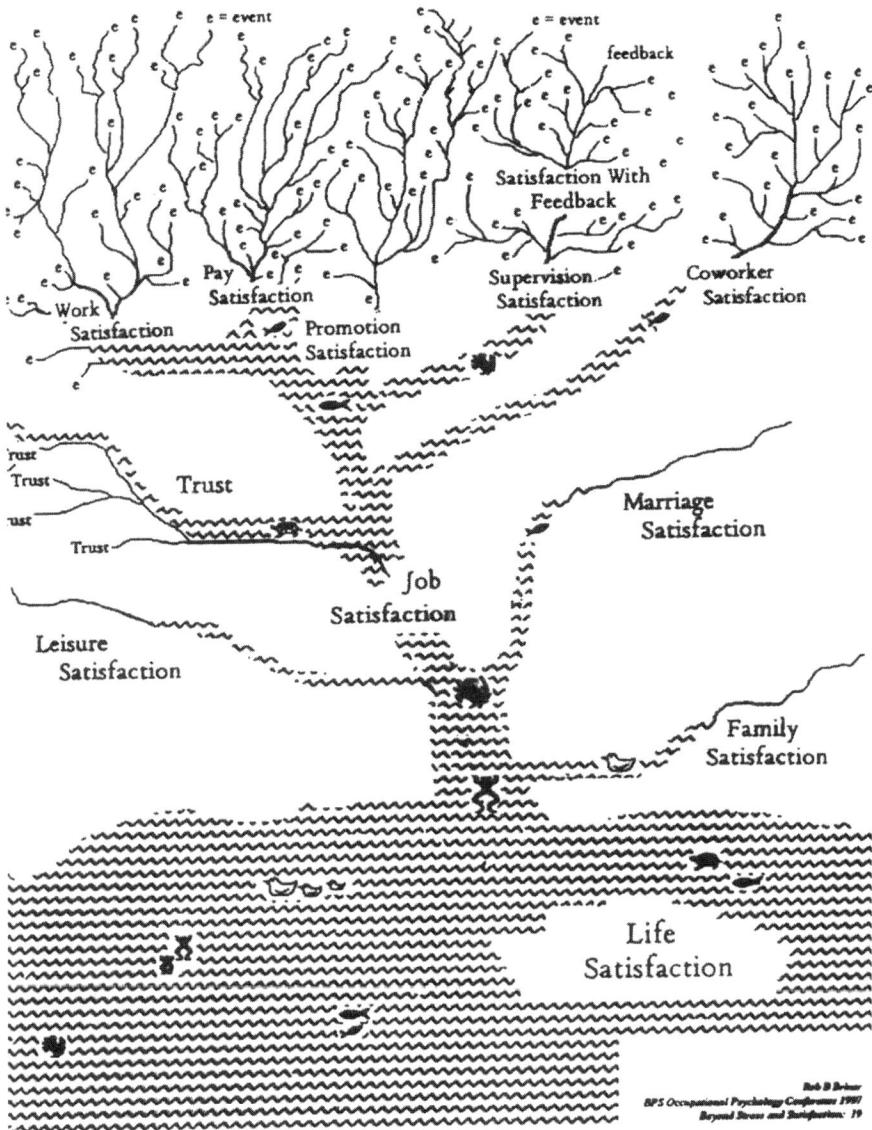

Bild 15: Facetten der Lebens- und Arbeitszufriedenheit

Positive Emotionen (emotions) sind emotionale Erfahrungen, die wünschenswert oder angenehm sind. Sie entstehen durch eine positive Bewertung von subjektiv relevanten Ereignissen. Sie machen in der Summe aus, wie gut sich eine Person gewöhnlich fühlt. Positive Emotionen unterscheiden sich in der Häufigkeit und Intensität ihres Auftretens. Besonders wichtig ist dabei die Häufigkeit, denn zu intensive positive Emotionen kosten auch, weil sie mit einem hohen Aktivierungsniveau verbunden sind, Energie und können in der Konsequenz das Befinden sogar negativ beeinflussen. Unter den positiven Emotionen tragen vor allem folgende zum Wohlbefinden in der Arbeit bei:

- *Lust* ist eine elementare, allgemeine Erlebnisqualität, ein Grundgefühl des Menschen. Sie hat eine große Bedeutung für den Antrieb und die Steuerung von Gedanken und Verhalten. Sie spielt beim Erleben von Arbeit und Organisation eine wesentliche Rolle, da sie eine wesentliche Bedingung der Genussfähigkeit in diesem Bereich ist.

- *Freude* ist im Gegensatz zur Lust weniger an die Körperlichkeit gebunden. Sie tritt dann ein, wenn ein Ziel mit Mühe und Anstrengung erreicht worden ist. Durch den dafür erbrachten großen Aufwand ist das Erfolgserlebnis umso größer. Die Freude drückt sich auch im Verhalten, besonders in der Mimik aus.

  ULICH[34] weist darauf hin, dass die Arbeitsfreude im Gegensatz zur Arbeitszufriedenheit eine besondere Form des Erlebens ist, welche sehr stark an die Vollständigkeit von Arbeitsaufgaben (siehe Kapitel 2.3. und 4.2.) gebunden ist. Der Begriff „Arbeitsfreude" geht schon auf die Psychotechnik* zurück. Leider ist er noch kaum im Sprachgebrauch der Arbeits- und Organisationspsychologie, geschweige denn des Gesundheitsmanagements zu finden.

  Auf die Bedeutung der Freude für den Antrieb des Menschen, mithin in der Arbeit, wies schon Friedrich SCHILLER mit folgenden Worten hin:
  > *Freude heißt die starke Feder*
  > *In der ewigen Natur,*
  > *Freude, Freude treibt die Räder*
  > *In der großen Weltenuhr.*

- *Zufriedenheit*: Im Gegensatz zur Arbeitszufriedenheit, die überdauernd ist, bezieht sich die Zufriedenheit auf aktuelle Ereignisse, indem man in einer Situation feststellt, dass man zufrieden ist. Sie tritt dann ein, wenn ein geplantes Handlungsziel mit normalem Aufwand erreicht wird oder ein erwartetes Ereignis eintritt. Dieses Gefühl des „Geschafft-Habens" ist nicht so intensiv wie die Freude und zeigt sich dementsprechend weniger im Verhalten.

- *Glück* (happiness) ist ein ausgeprägtes bis extremes positives Gefühl. Es entsteht dann, wenn ein positives Ereignis eintritt, das selten ist und nicht erwartet wurde. Dieses Gefühl tritt zumeist kurzzeitig und intensiv auf und ist an bestimmte soziale Situationen gebunden. Wichtiger für das Wohlbefinden ist aber nicht das einmalige Glückserlebnis, sondern die Summe der Glücksmomente im Alltag. Darauf hat der ungarisch-amerikanische "Glücksforscher" Mihaly CSIKSZENTMIHALYI Anfang der 90er Jahre nachdrücklich hingewiesen. Dieses Glückserleben hat er mit „*Flow*" (Fließen) beschrieben.[35] Es ist das Bewusstsein des Engagements und der völligen Konzentration auf eine (Arbeits-)Tätigkeit, die alles andere um uns herum versinken lässt. Wird die Tätigkeit erfolgreich abgeschlossen, stellt sich das Gefühl einer tiefen Befriedigung, eines stillen Glücks ein. Das Flow-Erlebnis ist durch eine Übereinstimmung von Anforderungen und Können auf einem hohen Niveau gekennzeichnet. Es ist nicht nur bei kreativen Berufstätigkeiten (z. B. beim Künstler) festzustellen, sondern es kann bei vielen Arbeiten eintreten, z. B. auch beim „tüftelnden" Maschinenbauer oder bei der Stewardess, die sich für die Fluggäste engagiert. Hierbei gibt es Beziehungen zur Arbeitsfreude, wobei aber „Flow" noch intensiver ist.

---

[34] Ulich, E. (1998), S. 135 f.
[35] Csikszentmihalyi, M. (1992)

Handlungskompetenz

Gesundheit ist aber noch mehr als Wohlbefinden, sie ist auch **berufliche Handlungskompetenz**.[36] Darunter ist die Fähigkeit zur effizienten, normgerechten Bewältigung fachlicher, methodischer und sozialer Anforderungen in der Arbeitstätigkeit zu verstehen. Effiziente Bewältigung bedeutet, dass die Auseinandersetzung mit den Arbeitsanforderungen bei einem angemessenen psychophysischen Aufwand (emotionale Energie, Anstrengung, Anspannung u. dgl. m.) erfolgt. Eine zentrale Stellung hat dabei die Selbstorganisationsfähigkeit des Menschen, d. h. die Art und Weise, wie eine Person ihr Wissen, ihre Fähigkeiten und Fertigkeiten sowie weitere Persönlichkeitsmerkmale bewusst zur Erreichung von Arbeitszielen einsetzt.

Die berufliche Handlungskompetenz ist eine wesentliche Bedingung der Gesundheits- und Persönlichkeitsentwicklung des Menschen in der Arbeit. Sie lässt sich durch folgende Komponenten beschreiben:

- Fachkompetenz
- methodische Kompetenz,
- soziale Kompetenz,
- Selbstmanagementkompetenz.

Die **Fachkompetenz** umfasst das *Spezialwissen* einer Person und die Fähigkeit, es bei fachbezogenen Aufgaben und Problemen anwenden zu können. Sie ist bei den Mitarbeitern unterschiedlich ausgeprägt. Während Spezialisten (Berater, Facharbeiter etc.) selbstverständlich über hohe Fachkompetenz verfügen müssen, nimmt sie z. B. oft bei Führungskräften nach "oben" ab.

Methodenkompetenz, welche auch als technische Kompetenz (technical skills) bezeichnet wird, bedeutet die Kenntnis und effektive Anwendbarkeit aller Methoden, Verfahren oder Techniken, die für die Bewältigung von Arbeitsaufgaben und -problemen benötigt werden. Methoden sind wichtige Instrumente der Arbeits- bzw. Führungstätigkeit. Sie stellen das eigentliche Fachwissen der Führungskraft dar. Solche Methoden oder Techniken sind z. B. *Problemlösemethoden*. Strategien zur systematischen Problemlösung sind auf viele Problemsituationen im Arbeitsalltag anwendbar. Dabei erfolgt bei der Problemlösung in der Arbeits- oder Trainingsgruppe auch die Anwendung von *Kreativitätstechniken*, wie z. B. dem Brainstorming. Ferner zählen zur methodischen Kompetenz die Beherrschung von *Vortrags- und Präsentations-* sowie *Moderations- bzw. Gesprächsmethoden*.

Der **Sozialkompetenz** (social skills) ist in der Arbeit auch unter dem Gesundheitsaspekt große Aufmerksamkeit zu widmen. Darunter sind alle diejenigen Fähigkeiten und Fertigkeiten des Arbeitenden zu verstehen, die in der sozialen Interaktion mit Mitarbeitern, Kollegen, Vorgesetzten und weiteren Bezugsgruppen (Kunden, Kommunen usw.) zur gemeinsamen Aufgabenerfüllung und Zielerreichung bei Anwendung angemessener Mittel benötigt werden. Es sind die Fähigkeiten zur realitätsangemessenen Personenwahrnehmung und -beurteilung, Kommunikations- (Sprachstil, Körpersprache, Sprachmelodie usw.), und nicht zuletzt Kooperationsfähigkeiten. Unter Kooperationsfähigkeit wird die Bereitschaft und Fähigkeit zum gemeinschaftlichen Handeln in (Arbeits-)Gruppen verstanden. Fähigkeiten zur Kooperation oder Zusammenarbeit bestimmen wesentlich die *Teamfähigkeit*.

---

[36] siehe auch Greiner, B. (1998), Ducki, A. & B. Greiner (1992)

Die **Selbstmanagementkompetenz,** auch als Persönlichkeitskompetenz bezeichnet, bezieht sich auf die Fähigkeiten einer Person, das *eigene Verhalten* einschließlich psychischer Prozesse so steuern zu können, dass die Arbeitsaufgaben effizient erfüllt werden. Das heißt, die Arbeitsergebnisse und der zu ihrer Erreichung zu erbringende psychophysische Aufwand müssen in angemessener Beziehung stehen. Der zeitliche und emotionale Aufwand sollte ein bestimmtes, die Gesundheit beeinträchtigendes Maß nicht überschreiten. Zu dieser Kompetenz gehören vor allem folgende Fähigkeiten: die Arbeitsmethodik inkl. Zeitmanagement sowie die sog. *emotionale Intelligenz*. Letztere ist ein Oberbegriff für die "emotionalen Fähigkeiten" des Menschen, z. B. eigene Gefühle differenziert wahrnehmen, bewerten und mitteilen zu können (siehe ausführlich Kapitel 2.3.3.). Eine besondere Form der Emotionsregulation ist das *Stressmanagement* (siehe ausführlich Kapitel 3.3.).

2.1.2 Folgerungen für das Gesundheitsmanagement

Auf dem Weltgesundheitstag "*Psychische Gesundheit*" 2001 sagte die Bundesgesundheitsministerin Ulla SCHMIDT[37]: *"Noch immer sind Vorurteile gegenüber psychisch Kranken weit verbreitet. Dabei ist eines klar: Psychische Erkrankungen können jeden und jede von uns jederzeit treffen. Psychische Störungen sind die zweithäufigste Erkrankungsursache. Psychische Erkrankungen sind eine schwere Belastung für die Betroffenen und ihre Familien. Sie werden oft verheimlicht und verdrängt... Besonders schwierig ist die Situation am Arbeitsplatz. Die Befürchtung von sozialer Ausgrenzung wird hier schnell erlebbar..."*

In einer von der Arbeitsschutzverwaltung Nordrhein-Westfalen in Auftrag gegebenen Studie wurden im Jahre 1999 2.019 abhängig Beschäftigte des Bundeslandes nach den Hauptbelastungen in der Arbeit und deren gesundheitliche Auswirkungen telefonisch befragt[38]. Die sechs häufigsten gesundheitlichen Auswirkungen durch Arbeitsbelastungen waren:

- Rücken- oder Gelenkbeschwerden (50 %)
- Kopfschmerzen (30 %)
- Wut, Verärgerung (29 %)
- Erschöpfung (28 %)
- Lustlosigkeit, ausgebrannt sein ("Burnout") (24 %)
- Schlafstörungen, nicht abschalten können (23 %)

An diesen Symptomen wird deutlich, dass psychische Gesundheitsstörungen/Erkrankungen eindeutig dominieren. Selbst bei den Rücken- und Gelenkbeschwerden, die jeder zweite Arbeitnehmer angab, spielen in ihrer Entstehung psychische Belastungen eine wesentliche Rolle.

Die Auftrittshäufigkeit derartiger Störungen und Erkrankungen erfordert ein Umdenken im AGS. Während im herkömmlichen AS die Betrachtung körperlicher und ergonomischer Beanspruchungen sowie körperlicher Erkrankungen nach der Liste der Berufserkrankungen überwog, ist es im modernen AGS an der Zeit, besonders die psychischen Belastungen sowie psychische Gesundheitsstörungen und Erkrankungen zu

---

[37] nach metallkurier 3/2001, S. 3
[38] siehe Ministerium für Arbeit und Soziales, Qualifikation und Technologie des Landes NRW (2000), S. 20 f.

analysieren. Da auch arbeitsbedingte psychische Erkrankungen oder Störungen vielfältige Ursachen haben, ist ein interdisziplinäres Zusammenwirken von Arbeitsmedizin* (occupational medicine), Arbeitspsychologie* (industrial psychology), **Arbeitssoziologie*** (industrial sociology), Ergonomie* (ergonomics) und Technik erforderlich. Denn diesen Erkrankungen oder Störungen liegen in der Ätiologie* und Pathognese* biologische, psychologische und soziale Faktoren zugrunde. Wichtig ist ferner, dass schon die Führungskräfte befähigt werden, psychische Gesundheitsstörungen und Erkrankungen zu erkennen; denn sie sind meistens neben den Kollegen die ersten, welche im Arbeitsprozess damit konfrontiert werden. Leider ist jedoch bei ihnen diesbezüglich häufig eine Unwissenheit und Hilflosigkeit festzustellen. Dies gilt z. B. für die Erkennung von Alkoholismusproblemen bei Mitarbeitern.

Es lässt sich also konstatieren: Das *psychosoziale Gesundheitsmodell* sollte eine Orientierungs- und Leitfunktion bei allen BGM - Aktivitäten haben, indem wesentliche biologische, psychische und soziale Merkmale der Gesundheit im strategischen Vorgehen berücksichtigt werden.

2.2. Belastung und Beanspruchung in der Arbeit

2.2.1 Das Belastungs-Beanspruchungs-Konzept

Während früher, wie schon dargelegt, in der Arbeit körperliche Belastungen dominant waren, nehmen gegenwärtig immer mehr die psychischen Belastungen - allgemein als "Stress" beschrieben - zu. Demzufolge ist es notwendig, ein Modell für die Dynamik der Belastungs- und Beanspruchungsphänomene im Kontext der Gesundheit, Leistungsfähigkeit und Persönlichkeitsentwicklung zu entwickeln. Das arbeitswissenschaftliche Belastungs-Beanspruchungs-Konzept (stress-strain concept) soll eine wesentliche Grundlage für die Erklärung von arbeitsbedingten Gesundheitsstörungen und Erkrankungen sein.[39]

Für psychische Belastung und Beanspruchung wurde im Jahre 2000 eine in ISO 10 075 -1 fixierte terminologische Übereinkunft erreicht [40] (siehe Kasten 9).

Mit folgendem **Rahmenmodell** wird versucht, die Belastung sowie wesentliche Beanspruchungsreaktionen und -folgen einschließlich möglicher Beziehungen zwischen ihnen darzustellen[41]. Damit wird nicht nur dem konstatierten Defizit in der Belastungs- oder Stressforschung Rechnung getragen. Vielmehr ist es ein Beitrag zur Bestimmung von psychischer Belastung und Beanspruchung, zur Beantwortung der Frage nach der Konstitution von Belastungen und Beanspruchungen sowie zur Konzeptualisierung von Beanspruchungsreaktionen und -folgen.

---

[39] Als Basismodell für die arbeitswissenschaftliche Belastungs-Beanspruchungsforschung gilt das Konzept von Rohmert, W. (1984)
[40] siehe ausführlich DIN EN ISO 07-1 (November 2000)
[41] siehe auch Rudow, B. (1995), Rudow, B. (2000a)

> **Kasten 9**
>
> *ISO 10075*
>
> **Psychische Belastung**
> Die Gesamtheit aller erfassbaren Einflüsse, die von außen auf den Menschen zukommen und psychisch auf ihn einwirken.
>
> **Psychische Beanspruchung**
> Die zeitlich unmittelbare und nicht langfristige Auswirkung der psychischen Belastung auf die Einzelperson in Abhängigkeit von ihren eigenen habituellen und augenblicklichen Voraussetzungen, einschließlich der individuellen Bewältigungsstrategien.

Grundsätzlich werden **Belastung** (load, stress) und **Beanspruchung** (strain) unterschieden (siehe Bild 16). Unter *objektiver Belastung* sind alle diejenigen Belastungsfaktoren in der Arbeitstätigkeit zusammengefasst, die zunächst unabhängig von der arbeitenden Person existieren, dann auf sie einwirken und zur Beanspruchung führen. Sie können verschiedenster Art sein (siehe Tabelle 3).

Tabelle 3: Belastungsfaktoren bei Arbeitstätigkeiten

Belastungen	Arbeitstätigkeit
Einseitigkeit/Monotonie	Textverarbeiterin, Näherin, Montagearbeit am Fließband
Hohe, anhaltende Informationsdichte	Pilot, Fluglotse, Leitwartbedienung, Disponent
Heben und Tragen schwerer Lasten	Bauhandwerker, Speditionsarbeiter, Getränkefahrer
schädliche Arbeitsstoffe	Gießereien, Schmieden, Lackierereien
Nacht- und Schichtarbeit	Krankenhaus- u. Altenpflegepersonal, Polizei, Feuerwehr, Fernverkehr
hochgradige Umwelteinwirkung (Lärm, Hitze usw.)	Bergmann, Stahlkocher, Bauarbeiter
Soziale Konflikte	Lehr-, Serviceberufe, Führungstätigkeiten
Zeit- und Termindruck	Reporter, Journalisten, Manager
hochgradige Belastungskombination	Fahrer im Öffentlichen Personennahverkehr

Die **psychische Belastung** (mental or psychic load) entsteht durch Widerspiegelung der objektiven Belastungsfaktoren; das heißt, diese werden wahrgenommen und bewertet (siehe Bild 16). Art und Ausmaß der subjektiven Belastung hängen davon ab, wie viele Informationen aufzunehmen und zu verarbeiten sind, z. B. beim Problemlösen, und welche persönlichen Erfahrungen damit gemacht werden. Bei negativen Erfahrungen mit einem Ereignis, z. B. mit einer Prüfungssituation, ist die subjektive Belastung von vornherein größer. Persönlichkeitsmerkmale haben auf den Prozess und das Ergebnis der Widerspiegelung von Belastungsfaktoren wesentlichen Einfluss.

Bei der psychischen Belastung wird in den Arbeitswissenschaften häufig zwischen kognitiver oder mentaler und emotionaler Belastung unterschieden. **Kognitive Belastung** ist als Folge der Inanspruchnahme kognitiver Leistungsvoraussetzungen zur Bewältigung geistiger Anforderungen zu verstehen. Demgemäß wird eine Person bei solchen Aufgaben kognitiv belastet, die eine Verarbeitung von Informationen bei einer Zielstellung, z. B. das Lösen eines Problems, erforderlich macht. Umso schwieriger eine Arbeitsaufgabe ist, desto höher ist die kognitive Belastung. Eine kognitive Überlastung (overload) ist dann gegeben, wenn die Schwierigkeit den persönlichen Leistungsvoraussetzungen nicht entspricht.

Die **emotionale Belastung** ist in Analogie zu Bewertungen über objektive Belastungsfaktoren zu sehen und äußert sich in positiven oder negativen Befindlichkeiten. Der Bewertung liegt der Vergleich von Bedürfnissen oder Motiven und deren wahrgenommenen Realisierungsmöglichkeiten zugrunde. Art und Größe der Diskrepanz zwischen ihnen bestimmt letztendlich die Qualität der emotionalen Belastung. Je stärker beim Subjekt das Bedürfnis oder das Motiv ausgeprägt ist, in dessen Kontext der Belastungsfaktor steht, desto bedeutsamer wird dieser erlebt. Dafür ein *Beispiel*: Für die Lehrkraft stellt Lärm in der Schule eine emotionale Belastung dar, weil dadurch wesentliche Bedürfnisse nicht befriedigt werden können, z. B. das Bedürfnis nach Wohlbefinden.

Im Vollzug der Arbeitstätigkeit tritt die **Beanspruchung** als notwendiges psychophysisches Phänomen auf. Sie wird verstanden als die zeitlich unmittelbare Konfrontation der physischen und psychischen Leistungsvoraussetzungen einer Person mit den Arbeitsanforderungen. Demzufolge geht sie mit einer erhöhten psychophysischen Aktivität des Organismus einher, welche sich in körperlichen und psychischen Reaktionen zeigt, z. B. in der Erhöhung der Herzschlagfrequenz und des Blutdrucks, in der Erhöhung des Adrenalinspiegels oder in der psychischen Anspannung.

Beanspruchung ist also ein Vorgang, der mit jeder gegenüber dem Schlaf erhöhten psychischen Aktivität einhergeht. Sie äußert sich in messbaren Reaktionen. Es sind im wesentlichen (a) die psychische Anspannung und (b) somatische Veränderungen in verschiedenen Organen bzw. Organsystemen (Gehirn, Herz-Kreislauf-System, Hormonsystem, Immunsystem u.a.m.). Durch die Arbeitstätigkeit bzw. bei Übernahme der Arbeitsaufgabe(n) kommt es zur *"reaktiven Anspannungssteigerung"*. Psychische Anspannung oder subjektive Anstrengung wird als Intensität der Zuwendung zu den Arbeitsaufgaben verstanden.

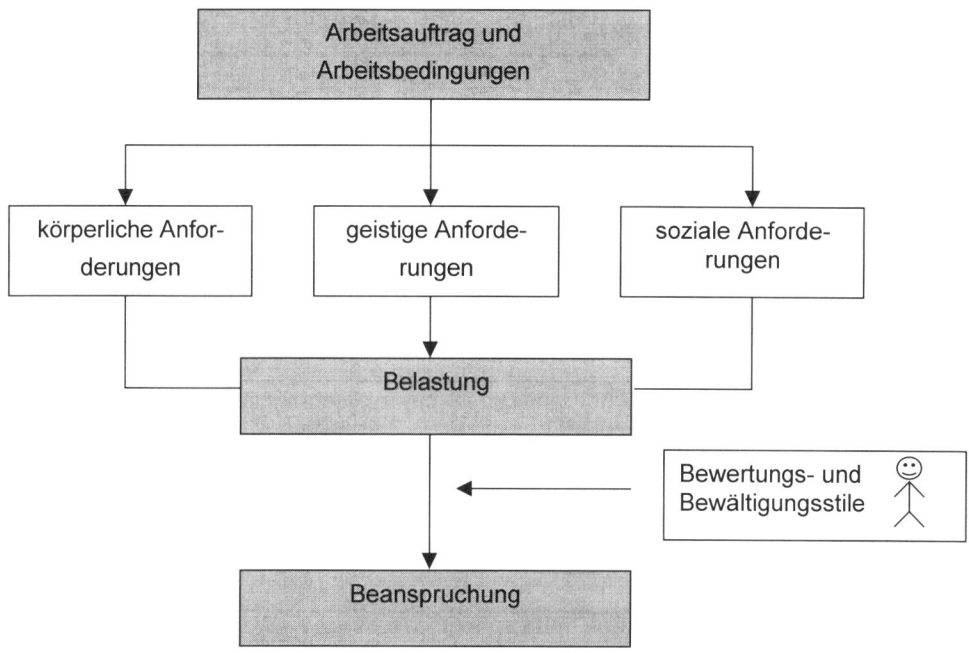

Bild 16: Die Belastungs-Beanspruchungs-Sequenz

Infolge anhaltender Arbeitstätigkeit treten Beanspruchungsreaktionen und -folgen auf (siehe Bild 17). Als **Beanspruchungsreaktionen** werden kurzfristig auftretende, reversible psychophysische Phänomene verstanden. **Beanspruchungsfolgen** sind hingegen überdauernde, chronische und bedingt reversible psychophysische Phänomene. Grundsätzlich werden positive und negative Beanspruchungsreaktionen und -folgen unterschieden. Sie sind positiv, wenn sie zu einer Verbesserung des Befindens und der Handlungskompetenz bzw. der psychischen Gesundheit führen et vice versa*. Als positive Beanspruchungsreaktionen sollen das aktuelle Wohlbefinden bzw. die Arbeitszufriedenheit hervorgehoben werden. Sie sind das Ergebnis positiver Bewertung von Arbeitsbelastungen.

Es sei darauf hingewiesen, dass die negativen Beanspruchungsphänomene als solche bezeichnet werden, weil sie zu Destabilisierungen führen. Besonders die negativen Beanspruchungsreaktionen weisen aber auch positive Momente auf: Erstens können sie biologische (Früh-)Warnsignale darstellen, die vor einer Überbeanspruchung des Organismus schützen sollen. Zweitens initiieren sie Adaptations- und Bewältigungsversuche, die Lernprozesse implizieren.

Zu den **negativen Beanspruchungs*reaktionen*** zählen die psychische Ermüdung, Monotonie, psychische Sättigung und Stress. Dabei werden die psychische Ermüdung und der ermüdungsähnliche Zustand Monotonie als Beanspruchungsreaktionen verstanden, die infolge kognitiver (geistiger oder mentaler) Über- bzw. Unterforderung auftreten. Die Sättigung tritt infolge Frustration und Stress als Folge der Bewertung und des Erlebens einer Belastung als Gefährdung oder Bedrohung ein. Die Sättigung und der Stress werden als vorwiegend emotionale Beanspruchungsreaktionen betrachtet. Die Angst soll als spezifischer Stresszustand gelten.

Negative Beanspruchungs*folgen* sind die Übermüdung (over-fatigue), der chronische Stress und Burnout. Zur Aufhebung des Ermüdungszustands ist ein zeitaufwendiger Erholungsprozess erforderlich. Wird die psychische Ermüdung durch Erholungsprozesse nicht kompensiert, so kann *psychische Übermüdung* eintreten. Es ist ein zeitlich überdauernder Zustand, der z. B. bei Fernkraftfahrern, Busfahrern oder an Arbeitsplätzen auf Seeschiffen auftritt. Wenn der aktuelle Stress bzw. die stresserzeugende Belastung nicht bewältigt werden kann, dann tritt *chronischer Stress* ein. Es ist gleichfalls ein zeitlich überdauernder Zustand bei anhaltend erlebten bedrohlichen Belastungen.

Chronischer Stress und/oder Übermüdung führen schließlich, wenn sie nicht abgebaut werden können, zum *Burnout*, dem Gefühl des Ausgebranntseins (siehe dazu ausführlich Kapitel 3.4.). Übermüdung, chronischer Stress und Burnout können zur Einschränkung der Handlungskompetenz sowie zu psychosomatischen Gesundheitsstörungen und Erkrankungen führen.

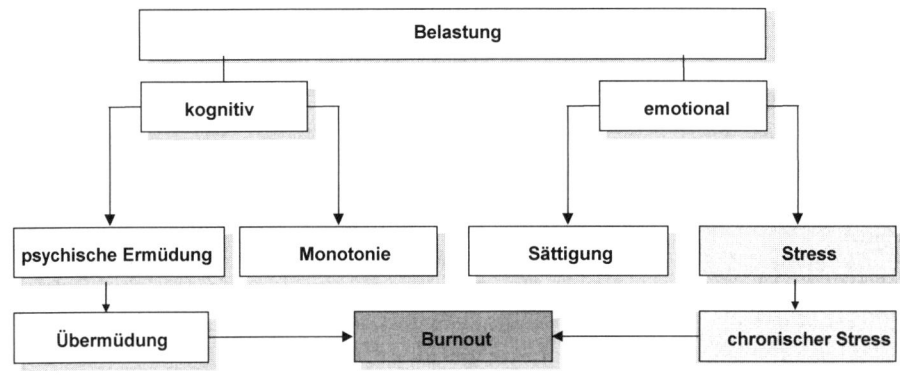

Bild 17: Negative Beanspruchungsreaktionen und –folgen

Psychische Ermüdung wird als eine kurz oder länger anhaltende Beeinträchtigung der psychischen Leistungsfähigkeit verstanden. Sie ist abzugrenzen von der *physischen* Ermüdung, die durch körperliche Belastung entsteht. Die psychische Ermüdung ist vielgestaltig:

- Es treten Minderungen der psychischen und physischen Leistungsfähigkeit auf. Diese sind nicht sprunghaft, sondern sie erfolgen kontinuierlich in Abhängigkeit von der (Arbeits-)Zeit.
- Sie weist spezifische Erlebenssymptome auf, wie z. B. müde, matt, schlapp, geschwächt, "fix und fertig", angestrengt, abgespannt und erschöpft (siehe Kasten 10).
- Zur Aufhebung der ermüdungsbedingten Leistungsschwäche ist ein zeitaufwendiger Erholungsprozess erforderlich (siehe Bild 18).

- Das Müdigkeits*gefühl* ist nicht stets mit der arbeitsbedingten Ermüdung identisch. Es kann ein Indikator dieser Ermüdung sein; es kann aber ebenso Ausdruck einer Monotonie, einer Antriebsschwäche, einer depressiven Verstimmung oder eines Alkohol- und Medikamentenmissbrauchs sein.
- Die *chronische Ermüdung bzw. Übermüdung* kann bei bestimmter Ausprägung als Komponente von Burnout angesehen werden.
- Als ermüdungsbeeinflussende Tätigkeitsmerkmale sind die Arbeitsdauer, fehlende oder zu kurze Pausen sowie die Anzahl und Schwierigkeit von Arbeitsaufgaben hervorzuheben.

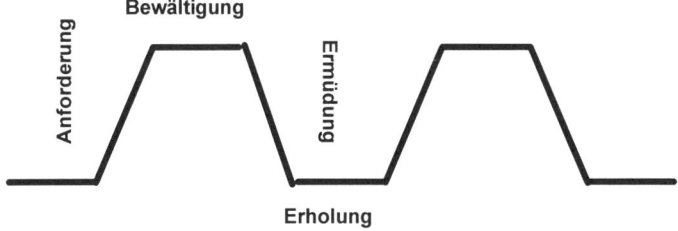

Bild 18: Ermüdung und Erholung bei der Bewältigung von Arbeitsanforderungen

---

Kasten 10

Erfassung psychischer Ermüdung

Psychische Ermüdung kann in der Praxis u. a. mit Hilfe folgender Items* diagnostiziert werden:
  Bei meiner Arbeit
- *fühle ich mich abgespannt und müde*
- *habe ich oft ein starkes Erholungsbedürfnis*
- *lässt meine Konzentration nach*
- *benötige ich zunehmend mehr Zeit für die Tätigkeitsausführung*
- *mache ich mit zunehmender Zeit Fehler*
- *fühle ich mich am Ende eines Tages erschöpft*

Monotonie wird als ein langsam entstehender Zustand nachlassender Aktiviertheit verstanden, der in reizarmen Situationen bei andauernden kognitiven Tätigkeiten repetitiver Art auftreten kann. Es ist häufig eine "*Überforderung durch Unterforderung*". Indikatoren sind z. B. Schläfrigkeit oder "Dösen", das Gefühl der Langeweile, die Verminderung der Wahrnehmungsfähigkeit und Aufmerksamkeit (Vergrößern von Unterschiedsschwellen, sinkende Zahl von Augenbewegungen, steigende Nachbilddauer,

Übersehen oder Überhören von Signalen usw.) sowie die Verminderung der Umstellungs- und Reaktionsfähigkeit (siehe Kasten 11). Monotonie kann zunehmen durch:[42]

- Nichtvorhandensein anderer Mitarbeiter
- reduzierte Möglichkeiten zu sozialer Interaktion
- Fehlen von Erholungspausen
- mangelnde Möglichkeit für körperliche Aktivitäten
- mangelnde Möglichkeiten für Veränderungen der Aufgabenaktivitäten
- Tageszeit (Nachmittags- und Nachtstunden sind anfälliger)
- klimatische Bedingungen (z. B. gemäßigte Temperaturen)
- einförmige akustische Stimulation.

Im Gegensatz zur psychischen Ermüdung, für deren Kompensation ein Erholungsprozess notwendig ist, genügt zur Aufhebung der Monotonie oft der Wechsel zu einer interessanten Tätigkeit.

Kasten 11

Erfassung von Monotonie

Monotonie kann in der Praxis u. a. mit Hilfe folgender Items* diagnostiziert werden:

Bei meiner Arbeit
- *ist die Tätigkeit anregungsarm*
- *kehren einförmige Verrichtungen immer wieder*
- *kann ich mit keinem reden*
- *fühle ich mich unterfordert*
- *langweile ich mich*
- *habe ich kaum Abwechslungen*
- *benötige ich mehr Zeit, bis ich reagiere*

Als **psychische Sättigung** wird ein Zustand der affektbetonten Ablehnung von solchen Tätigkeiten bezeichnet, bei denen das Erleben des "Auf-der-Stelle-Tretens" oder des "Nicht-Weiter-Kommens" besteht. Weitere Symptome sind Frustration, Ärger, Unlust, Gleichgültigkeit („Dienst nach Vorschrift") und/oder Gereiztheit (siehe Kasten 12). Sie unterscheidet sich vom Monotoniezustand durch eine nicht abgesunkene oder oft sogar gesteigerte Aktivierung.

---

[42] vgl. DIN EN ISO 10075-2

> **Kasten 12**
>
> **Erfassung psychischer Sättigung**
>
> Psychische Sättigung kann in der Praxis u. a. mit Hilfe folgender Items* diagnostiziert werden:
> Bei meiner Arbeit
> - *mache ich immer dasselbe*
> - *fühle ich mich frustriert*
> - *werde ich nicht richtig eingesetzt*
> - *habe ich zu wenig Verantwortung*
> - *langweile ich mich*
> - *trete ich auf der Stelle und komme kaum vorwärts*
> - *bin ich oft verärgert und gereizt*

Stress ist ein kurzzeitiger oder anhaltender Zustand (= chronischer Stress) erhöhter psychophysischer Aktiviertheit, der besonders durch das Erleben einer Gefährdung oder Bedrohung hervorgerufen wird und mit unangenehmen Emotionen (Angst, Ärger, Wut usw.) verbunden ist (siehe ausführlich Kapitel 3.3).

Alle **Beanspruchungsreaktionen und -folgen**, besonders Ermüdung, Stress und Burnout, weisen **gemeinsame Merkmale** auf:

- Es sind *psychophysische Reaktionsmuster*, die bei arbeitsbedingten psychischen Belastungen auftreten. Sie weisen im Erscheinungsbild Erlebens- bzw. Befindens-, Verhaltens- bzw. Leistungs- und physiologische sowie endokrine* Merkmale auf.

- Sie sind *Interaktionsphänomene*. Das heißt: Sie entstehen in der Wechselwirkung von Person und (Arbeits-)Umwelt.

- Durch sie erfolgt eine *Veränderung psychophysischer Regulationssysteme*. Während positive Beanspruchungsreaktionen und -folgen zu einer Stabilisierung der Regulation führen, sind hingegen negative destabilisierend. Die Veränderungen treten zuerst in den ontogenetisch* jüngsten, kompliziertesten Teilsystemen des Organismus auf, d. h. bei den kognitiven Prozessen.

- Bei ihnen treten *Aktivierungsveränderungen* auf. Während bei positiven Beanspruchungsreaktionen und -folgen eine anforderungsadäquate Aktivierung erreicht wird, ist diese bei den negativen anforderungsinadäquat (zu hoch oder zu niedrig). Die Aktivierungshöhe bestimmt den "*psychophysischen Aufwand*"[43] oder die "*inneren Kosten*" einer Arbeitstätigkeit.

- Sie sind prinzipiell zeitbegrenzt, also *reversibel*. Während die Reaktionen relativ schnell zurückgehen, bedarf es zum Rückgang von chronischem Stress, der Übermüdung und besonders von Burnout oft pädagogischer, psychologischer und/oder medizinischer Interventionen. Die Reversibilität* ist eng an Erholungsprozesse gebunden.

---

[43] Rudow, B. (1980)

- Sie sind durch kognitive, emotionale und physiologische *Anpassungs- bzw. Bewältigungsvorgänge* bestimmt. Einerseits hängt ihre Qualität und Ausprägung von der Motiv- und Anforderungsangemessenheit bzw. Effektivität derartiger Vorgänge ab; andererseits rufen sie diese Vorgänge hervor, um stabilisiert (bei Wohlbefinden) oder kompensiert (bei Ermüdung, Stress und Burnout) zu werden.
- Sie weisen einen engen *Bezug zur psychischen Gesundheit* vs. Krankheit, zur Handlungskompetenz und darüber hinaus zur Persönlichkeitsentwicklung auf.
- Wohlbefinden vs. Stress, Ermüdung und Burnout sind - je nach Ausprägung - *Merkmale psychischer Gesundheit vs. Krankheit* oder zumindest Bedingungen in der Ätiopathogenese* psychischer und psychosomatischer Erkrankungen.

Es ist deutlich geworden, dass sich die arbeitswissenschaftliche Forschung und Praxis nicht nur auf einzelne Konzepte wie Ermüdung oder Stress oder Burnout - wie es in der Vergangenheit und z. T. auch gegenwärtig noch der Fall ist - beschränken können. Während in den Arbeitswissenschaften der 60er Jahre die Ermüdungs- und in den 70- und 80er Jahren die Stressforschung dominierte, scheint gegenwärtig *Burnout* besonders interessant zu sein.

Es ist auch transparent geworden, dass das Belastungs-Beanspruchungs-Modell *mehrdimensional* zu verstehen ist. Es ist keinesfalls nur einem einfachen naturwissenschaftlichen Reiz-Reaktions-Modell verhaftet.

Schließlich ist zu betonen, dass Belastungs- und Beanspruchungsphänomene keinesfalls nur negativ zu bewerten sind, sondern auch positive Aspekte aufweisen. Kritisch ist jedoch zu konstatieren, dass positive Beanspruchungsreaktionen und -folgen bislang in der Praxis des Arbeitsschutzes und der Personalpflege zu wenig Beachtung erfahren. Durch die Tatsache, dass Arbeitsbelastung oder -beanspruchung oft auf "Stress", "Angst" oder "Burnout" generalisiert oder reduziert wird, erhält diese Forschung und Praxis häufig eine negative Dramatisierung, die keinesfalls der Arbeitsrealität entspricht. Dabei wird oft übersehen, dass in und durch die Arbeitstätigkeit ebenso positive Beanspruchungsphänomene wie Freude, Spaß, Zufriedenheit u. dgl. m., kurzum Wohlbefinden, zu verzeichnen sind.

2.2.2 Belastungen

Merkmale von Belastungen

Hier sollen die vorwiegend *psychisch belastenden Arbeitstätigkeiten* interessieren. Darunter werden solche verstanden, welche der Aufnahme, Verarbeitung einschließlich Erzeugung und Vermittlung von Informationen im Gegensatz zum Aufbringen von muskulärer Kraft zur Ausführung von Bewegungen oder von Haltearbeit dienen. Dabei tritt die Belastung als **subjektive Belastung** auf, weil objektive Belastungsfaktoren stets individuell widergespiegelt werden. Die Widerspiegelung zeigt sich (1) als Wahrnehmung, (2) als Bewertung und (3) als kognitive Bewältigung objektiver Belastungen. Sie ist die *notwendige* Bedingung für die psychologische Relevanz von Belastung. Subjektive Belastungen, besonders negative, sind oft im Gedächtnis als Erfahrungen gespeichert. Deshalb können sie z. B. bei der Gefährdungsbeurteilung abgefragt werden. Subjektive Belastungen sind individuell, wenn einzelne Personen, und kollektiv, wenn eine Gruppe von Personen bestimmte Belastungen erfahren hat. Für die Personalpflege haben individuelle Belastungen, für den Arbeitsschutz hingegen kollektive Belastungen die Priorität. Letztere weisen eindeutiger auf gesundheitsgefährdende Arbeitsbedingungen hin.

Arbeitstätigkeit ist i. d. R. **Mehrfachbelastung.** Das heißt: Auf den Arbeitenden wirken dauerhaft, z. T. simultan mehrere, verschiedenartige Belastungsfaktoren ein. Dauerhaft bedeutet, dass die Belastungen wiederholt mit entsprechender Intensität und Zeitdauer auftreten. So muss beispielsweise ein Lehrer häufig simultan (1) den Lehrplan im Unterricht umsetzen, (2) störende Schüler disziplinieren und (3) auftretenden Lärm verarbeiten. Oder eine Krankenschwester muss auf den Patienten beruhigend einwirken, das Bett herrichten und den Blutdruck messen.

Arbeitstätigkeit ist häufig **psychosoziale Belastung**. Dies bedeutet, dass soziale Belastungsfaktoren in der Interaktion mit dem Mitarbeiter, Kollegen oder Klienten (Kunde, Patient, Schüler usw.) vorherrschen. Eine psychosoziale Belastung ist vor allem in den sog. Helferberufen gegeben, bei denen eine Burnoutgefährdung vorliegt (siehe Kapitel 3.4.). Sie führt häufig zur *emotionalen* Beanspruchung.

Es werden häufig **kritische Lebensereignisse** (critical life events), wie z. B. Krankheit oder Tod eines Angehörigen, Scheidung, Verlust des Arbeitsplatzes oder der Übergang vom Arbeitsleben in den Ruhestand, als starke psychische Belastungen oder Makrostressoren thematisiert. Dem gegenüber stehen die „kleinen", aber oft auftretenden und deshalb "stressigen" **Tagesereignisse** (daily hassles) oder Mikrostressoren. Sowohl die gravierenden Makro- als auch die täglichen Mikrostressoren haben arbeitswissenschaftlich* eine Bedeutung, da sie auf Befinden, Motivation und Leistung in der Arbeit Einfluss nehmen können. Dabei sollen die „kleinen" täglichen Stressoren auf Grund ihrer Auftrittshäufigkeit eine größere Gefährdung für die Gesundheit als die Makrostressoren darstellen.

Ein besonderer Aspekt ist die **Selbstbelastung**. Darunter verstehen wir die Belastung, welcher sich die arbeitende Person aufgrund verfestigter, oft sogar automatisierter Verhaltensweisen bei der Erfüllung von Arbeitsaufgaben selbst aussetzt. Es ist der Anteil der psychischen Belastung, welcher in erster Linie durch Persönlichkeitsmerkmale (personale Ressourcen) determiniert ist. Der Selbstbelastung liegen oft zu hohe Ansprüche an sich selbst, unrealistische Zielsetzungen, irrationale Einstellungen und Handlungsstile, u. a. das Typ A-Verhalten (siehe dazu Kapitel 2.3), zugrunde. Personen mit solchen Merkmalen „*machen sich oft selbst fertig*".

Körperliche und insbesondere psychische *Leistungsvoraussetzungen* haben wesentlichen Einfluss auf den Prozess und das Ergebnis der Widerspiegelung. Dabei verstehen wir psychische Leistungsvoraussetzungen nicht nur als Kompetenzen, sondern auch auf das Selbst und die Umwelt bezogene Kognitionen, Emotionen, Einstellungen und Motive. Von besonderer Bedeutung sind:

- Motive und Einstellungen zur Arbeitstätigkeit,
- die aufgabenbezogene Handlungskompetenz,
- die fachliche Qualifikation,
- die Berufserfahrungen,
- die psychovegetative Stabilität,
- die körperliche Leistungsfähigkeit (Fitness).

Klassifikation von Belastungen

In der Arbeitstätigkeit lassen sich mehrere Belastungs*kategorien* und *-faktoren* unterscheiden. Dies soll am Beispiel der **Lehrerarbeit** dargestellt werden (siehe Tabelle 4). Hier lassen sich - wie in vergleichbaren Berufen mit vorwiegend psychosozialen Belastungen - folgende Belastungs*kategorien* und entsprechende Einzel*faktoren* unterscheiden.

Arbeitsaufgaben und -organisation

Die Lehrertätigkeit weist zahlreiche *Arbeitsaufgaben* auf, die als Belastungen aufzufassen sind. Diese bestimmen in erster Linie den Arbeitsinhalt oder die intrinsischen Stressoren. Es lassen sich folgende Hauptaufgaben bestimmen: Lehren, Erziehen, Beurteilen, Beraten, Innovation, Beaufsichtigen und Verwalten.

In empirischen Analysen konnte festgestellt werden, dass unter o. g. Arbeitsaufgaben die der *Verwaltung* den Lehrer subjektiv und teilweise auch objektiv aufgrund des Zeitaufwands und der relativen Anspruchslosigkeit stark belasten. Neben dem Unterricht und der Unterrichtsvorbereitungs- und Unterrichtsnachbereitungszeit haben sie den drittgrößten Anteil an der Gesamttätigkeit. Obwohl ihr Anteil im Verhältnis zu den beiden anderen Aufgabenbereichen relativ gering ist, scheinen sie oft bezüglich der subjektiven Überlastung das "Zünglein an der Waage" zu sein. Dies wird zudem deutlich, wenn man bedenkt, dass ein Großteil der Verwaltungsaufgaben in der sog. unterrichtsfreien Zeit erfüllt werden muss. Dabei hat die Ausführung dieser Aufgaben zweierlei Wirkung: Einerseits fühlen sich die Lehrer quantitativ überfordert und andererseits qualitativ unterfordert.

Die **Arbeitszeit** ist ein "Dauerbrenner" in der Diskussion um Arbeitsbelastungen. Arbeitszeiten des Lehrers pro Woche reichen nach Angaben von Betroffenen von ca. 45 bis zu 50 Stunden. Dies sind Durchschnittswerte von Untersuchungen an Vollzeitlehrern verschiedener Schultypen, Fächer bzw. Fächerkombinationen, Bundesländer, unterschiedlichen Dienstalters u. dgl. m.. Analysen an Teilzeitlehrern ergaben, dass sie sogar relativ länger arbeiten. Es ist aber zu beachten, dass die Arbeitszeit im Laufe eines Schuljahres saisonalen Schwankungen unterliegt. Diese bewegt sich in den Unterrichtswochen zwischen 43,0 und 51,7 Stunden/Woche und in den Ferien zwischen 9,7 und 18,8 Stunden/Woche.

Aus der Spezifik von **Unterrichtsfächern** ergeben sich weitere Belastungen. So stellen Zeichnen, Musik, Hauswirtschaft, Mathematik und Sport angeblich eine relativ geringe Belastung dar. Es sind Fächer, die eine relativ geringe Unterrichtsvorbereitung erfordern und deshalb wohl insgesamt weniger belasten. Erste Studien lassen vermuten, dass die Fächer, welche besonders transparente, konkrete Lern- bzw. Lehraufgaben aufweisen oder in denen die Schüler den Unterricht verstärkt mitgestalten können, ebenfalls eine geringere Belastung sind. Besonders belastend ist hingegen für viele Lehrkräfte fachfremder Unterricht.

Lehrplaninhalte können ein Belastungsfaktor sein. Sie können vom Lehrer akzeptiert werden - oder nicht; sie können eine Orientierung bei der Unterrichtsgestaltung sein - oder nicht; sie können in Abhängigkeit davon, wie sie formuliert sind, für den Lehrer Interpretationsspielraum bieten. In mehreren Studien wurden die Stofffülle sowie der Stoffdruck als wesentlicher Belastungsfaktor genannt.

Tabelle 4: Belastungskategorien und -faktoren in der Lehrerarbeit

Arbeitsaufgaben u. -organisation	Arbeitsumgebung	Soziale Arbeitsbedingungen	Organisationale und kulturelle Bedingungen
Arbeitsaufgaben	Lärm	Schüler	Schulklima
Arbeitszeit/ Pausenzeit	Mikroklima	Kollegen/ Personalrat	Gesellschaftliche Erwartungen
Unterrichtsfach	Luftbeschaffenheit	Schulleitung	Medien
Lehrplan	Beleuchtung	Eltern/-beirat	Berufsstatus
Klassenfrequenz	Klassenraum	Schulbehörden	Berufsimage/ -anerkennung
Klassenrekrutierung	Bildschirmarbeit	Betriebe	Gehalt
Stundenplan	Unterrichtsfachspezifische Faktoren	Sozialarbeiter	Schulreformen/ -innovationen
Raumplan/-wechsel	Pausen-/ Entspannungsraum	Externe Fachkräfte	Schulimage
Schultyp/-größe	Schulgebäude	Schulsekretärin	
Lehrerfunktionen	Schulausstattung	Hausmeister	
Unterrichtsmethode	Sanitärräume		
Lehr-/Lernmittel	Schulstandort(e)		
Prüfungen	Infektionsgefahr		
Weiterbildung			
Phys. Belastung			
Sprechbelastung			

Die **Klassengröße** oder -frequenz wird relativ häufig als weiterer Faktor angegeben. 76 % der Lehrer halten die Klassenstärken für zu hoch, 22% für richtig und 2 % für zu klein. Dieses Ergebnis kann verallgemeinert werden: Lehrkräfte sind durch (zu) große Klassen sehr belastet.

Die *soziale* **Klassenzusammensetzung** ist ebenfalls ein Belastungsfaktor. Für die Effizienz des Unterrichts scheinen vor allem die Bildungsvoraussetzungen, die Lernbereitschaft und die Lernfähigkeit der Schüler von Bedeutung zu sein. Eine wesentliche Belastung sind in deutschen Schulen solche Klassen, in denen der Anteil der Kinder anderer Nationalitäten und Kulturen groß ist. Diese Kinder weisen sehr unterschiedliche Leistungsvoraussetzungen auf.

Ein anderer Belastungsfaktor ist die **Schulgröße**. Es wurden im Vergleich mit kleineren Schulen in Schulen mit mehr als 800 Schülern bis zu viermal so viele Unterrichtsstörungen registriert. Allgemein ist aus der Organisationspsychologie bekannt, dass sog. Großorganisationen mehr Belastungsquellen aufweisen. Solche Quellen sind beispielsweise die Anzahl der Hierarchieebenen, die Zentralisierung von Entscheidungen, unüberschaubare Arbeitsabläufe und ein intransparenter Informationsfluss.

Auch die Beziehung zwischen **Schultyp** und psychischen Belastungen bzw. Arbeitszeit wurde untersucht. Danach sollen Lehrer des Gymnasiums und der Beruflichen Schule die höchste Wochenarbeitszeit aufweisen, obwohl sie relativ wenige Unterrichtsstunden haben. Dies kann darauf hinweisen, dass der Verwaltungsaufwand an solchen Schulen größer ist.

Unter den **Lehrerfunktionen** soll besonders die Klassenlehrertätigkeit hervorgehoben werden. Klassenlehrer weisen durchschnittlich eine vier Stunden höhere wöchentliche Arbeitszeit als reine Fachlehrer auf. In einer klinischen Studie gaben 5,8 % der Lehrerpatienten die Klassenlehrertätigkeit als Ursache ihrer psychischen Störung an.

Die **Unterrichtsmethode** ist ein weiterer Faktor, der vorrangig die Selbstbelastung bestimmt. Es wurde z. B. festgestellt, dass Lehrer schülerzentrierte Methoden, die auf Problemlösen orientiert sind, deshalb wenig anwenden, weil deren Vorbereitung und Durchführung aufwendig ist. Ferner sind hierbei die Unterrichtsergebnisse kaum vorauszuplanen, was zusätzlich belastend sein kann.

Im Zusammenhang mit der Unterrichtsmethode sind die **Lehr- bzw. Lernmittel**, besonders im naturwissenschaftlichen Unterricht, zu sehen. Es zeigte sich, dass etwa 2/3 bis die Hälfte aller Lehrer über die Qualität oder den Mangel an Unterrichtsmedien (Tageslichtprojektoren, Tafelbeschaffenheit usw.) sowie über die zeitliche Belastung durch die eigene Herstellung von Lehrmitteln klagen.

Weiter- und Fortbildungsmaßnahmen, besonders außerhalb der Dienstzeit, können ebenfalls eine Belastung sein. Besonders Junglehrer, Referendare u. ä. benötigen, für die persönliche Weiterbildung viel Zeit. Diese erzeugt einerseits, falls sie als persönlich unerwünschte, zusätzliche Belastung zum Schulalltag betrachtet wird, eine negative Beanspruchung hervor. Andererseits können Fortbildungsmaßnahmen langfristig zur Reduzierung der Arbeitsbelastung beitragen, weil durch sie die Kompetenz zur Bewältigung von Arbeitssituationen verbessert wird.

Es mag zunächst überraschen, dass **Unterrichtspausen** als Belastungsfaktor angeführt sind. Denn Arbeitspausen sollten eigentlich dem Belastungsausgleich bzw. der Erholung dienen. Das ist aber bei Lehrern nicht der Fall [44]. Es dominieren in der Pause Aktivitäten mit einem relativ hohen Belastungsgrad. Die Vorbereitung von Experimenten und Verwaltungsarbeiten belasten am stärksten.

Die **physische Belastung** wird oft unterschätzt. MÜLLER-LIMMROTH[45] bemerkt jedoch, indem er Untersuchungen zum Energieverbrauch zitiert, dass der Arbeitsenergieumsatz zwischen 3000 und 4000 kJ (etwa 750-960 kcal.) liegt. Daher ist die körperliche Arbeit von Lehrkräften als mittelschwer einzuschätzen. Dafür sprechen auch die durchschnittlichen Herzschlagfrequenzen bzw. -arythmien pro Arbeitstag, welche u. a. physische Ermüdungserscheinungen anzeigen. Diese sind auf die beim Unterrichten praktizierten Körperstellungen und -bewegungen und auf die permanente Sprecharbeit zurückzuführen. Zur körperlichen Belastung zählen ferner Belastungen des Halteapparates, besonders der Füße und der Wirbelsäule. Die längere Zeit gleichbleibender Körperhaltung im Stehen und Sitzen wirkt stark ermüdend.

---

[44] vgl. Wulk, J. (1988)
[45] Müller-Limmroth, W. (1980)

Schließlich ist das **Sprechen** ein (Selbst-)Belastungsfaktor. Über die Anteile von Lehrer- und Schülerreden im Unterricht gibt es zahlreiche Studien. Sie zeigen, dass Lehrer im Reden sehr dominant sind.

Arbeitsumgebung

Lärm in der Schule ist ein bedeutender Belastungsfaktor. Er steht nach Einschätzung zahlreicher Lehrer unter den subjektiven Belastungsfaktoren sogar an erster Stelle. Dabei reflektieren Lehrer durchaus einen objektiven Sachverhalt, der durch Lärmmessungen belegt ist. Der Lärmpegel beträgt im Unterricht etwa 47 bis 64 dB (A) und in den Pausen etwa 63 und 93 dB (A). Bei Sport- und Musiklehrern ist der Lärmpegel temporär sogar noch höher. Bei bestimmten Übungen im Sportunterricht, z. B. bei Ballspielen, werden Lärmpegel bis zu 100 dB (A) erreicht. Primäre Lärmquelle sind die Schüler, die besonders in den Pausen sprechen, schreien, lachen, singen u. dgl. m.. In den Stunden sind es das Gemurmel, das Fußscharren und das Stuhlrücken der Schüler, die Lärm hervorrufen, der durch verlängerte Nachhallzeiten in den Klassenräumen verstärkt wird.

Eine Belastung durch das **Klima** kann vorwiegend in der kalten Jahreszeit auftreten, da hier die Gefahr ungenügender Frischluftzufuhr im Klassenraum besteht. Allerdings tritt bei fehlender Belüftung kein Sauerstoffmangel ein. Vielmehr sind für die "verbrauchte Luft" die erhöhte Kohlendioxid-Konzentration (CO_2) und Luftverunreinigungen verantwortlich. Während bei Frischluft die Kohlendioxid-Konzentration nur 0,03 % beträgt, steigt diese in mangelhaft belüfteten Räumen oft auf 0,10 - 0,15 % an. Weiterhin ist während der Heizperiode besonders auf die Luftfeuchtigkeit zu achten. Als behaglich wird eine relative Luftfeuchtigkeit von 40 – 45 % bei einer Temperatur von 20 -23° C empfunden. Oft ist die Luft im Klassenraum zu trocken (relative Feuchte: < 30 %). Hierbei ist die Gefahr der Infektion der Atemwege (Schnupfen, Bronchitis) besonders groß.

Die geringe **Klassenraumgröße** wird von vielen Lehrkräften ebenfalls als Belastungsfaktor thematisiert.

Zu den **unterrichtsfachspezifischen Belastungsfaktoren** zählen Chemikalien, Stech- und Schneidwerkzeuge in Bildender Kunst, Computer, Elektrogeräte im Physikunterricht, Sportgeräte u. a. m.. Beim unsachgemäßen Umgang mit ihnen können Vergiftungen, Verletzungen oder Krankheiten auftreten, für die oft die Lehrkraft verantwortlich ist. Zudem liegt hier eine Verantwortlichkeit für Sachwerte vor.

Weitere Belastungsfaktoren sind ein fehlender Pausen- und Entspannungsraum für Lehrer, der bauliche und ästhetische Zustand des Schulgebäudes, die materielltechnische Schulausstattung, die Größe und Sauberkeit von Sanitärräumen und der Schulstandort (Einzugsbereich der Schüler usw.) bzw. die Anzahl von Schulstandorten, zwischen denen Lehrkräfte pendeln müssen.

Soziale Arbeitsbedingungen

Sie sind vor allem durch die **Schüler** bestimmt. Die Interaktion mit ihnen ist eine vorrangige Belastungsquelle. Es geben mindestens 50% der Lehrer Schwierigkeiten im Umgang mit Schülern an. Sie klagen über Disziplinprobleme, Aggressivität und sogar Gewalt einzelner Schüler, das Nichtbefolgen von Anordnungen, Unruhe während des Unterrichts, mangelnde Intelligenz vieler Schüler, Schwierigkeiten mit bestimmten

Klassen, schlechte Einstellungen bzw. ungenügende Motivation, Desinteresse, das allgemeine Bildungsniveau der Schüler, Klassen unterschiedlichen Leistungsniveaus, einzelne Klassen mit zu großem Leistungsgefälle, über Gewalt an der Schule, usw..

In einer anderen Studie berichteten 49 % der befragten Lehrer über Schwierigkeiten im Umgang mit **Kollegen, Schulleitern** und der **Schulaufsicht**. Dabei zeigten sich folgende Belastungen: *"Wage nicht, mich im Kollegium durchzusetzen", "Auftreten gegenüber dem Schulleiter", "Leide unter stark rivalisierendem Kollegium"* und *"Abhängigkeit von Vorgesetzten"*. Bei den Kontakten zur *Schulleitung* oder zur Schulbehörde spielen als Belastungsfaktoren der Führungsstil und unterschiedliche pädagogische Wertvorstellungen, besonders zur Disziplin, eine besondere Rolle. Es konnte z. B. ein signifikanter Zusammenhang zwischen dem Leitungsstil, der Arbeitsatmosphäre an der Schule, der Einstellung der Lehrer zum Kollegium und dem Krankenstand festgestellt werden.

Schließlich können die **Lehrer-Eltern-Beziehungen** eine Belastungsquelle sein. Differenzen zwischen Elternhaus und Schule bei Bildungs- und Erziehungsvorstellungen, die Missachtung der Lehrertätigkeit, die Negierung von Schülerbeurteilungen und Intentionen des Lehrers u. dgl. m. können zu Belastungen eskalieren.

Weitere mögliche Partner und dadurch Belastungsquellen sind für Lehrkräfte Betriebe, Sozialarbeiter/-pädagogen, externe Fachkräfte (Schulpsychologen, Ergotherapeuten, Logopäden usw.) wie auch Schulsekretärin und Hausmeister, zu denen es relativ viele Kontakte gibt.

Organisationale und kulturelle Bedingungen

Schulkultur umfasst die Werte, Verhaltensnormen und Überzeugungen der Schule, welche transparent sind und in der täglichen Arbeit gelebt werden. Diese beziehen sich auf pädagogische Konzepte und Ansprüche, Erziehungsstandards, soziale Beziehungen und Innovationen. Die Qualität sozialer Beziehungen unter Kollegen und zwischen Kollegium und Schulleitung macht hauptsächlich das *Betriebsklima* aus.

Lehrer fühlen sich auch durch stattfindende **Innovationen** oder sogar **Reformen** belastet.

Im Kontext der Belastung sind das **Berufsbild** vom Lehrer und entsprechende Erwartungen an sein Rollenverhalten von Bedeutung. In der gegenwärtigen westlichen Welt wird der Lehrer kaum noch als solche Autorität angesehen, wie es früher der Fall war. Im Gegenteil: Er wird oft als derjenige betrachtet, der Schuld trägt an den Defiziten einer Schülergeneration. Dadurch wird er zuweilen sogar zum *"Prügelknaben der Nation"* abgestempelt. Des Weiteren wird die Schule häufig als *"Reparaturwerkstatt der Gesellschaft"* (miss)verstanden. Diesen extrem unterschiedlichen Erwartungen kann der Lehrer nicht gerecht werden; denn weder die Rolle des "Prügelknaben" noch die des "Flickschusters der Nation" gehören zu seinem Selbstverständnis.

Eine weitere Belastungsquelle ist der **Berufsstatus** inkl. Gehalt. Lehrer sind nach dem Referendariat im öffentlichen Dienst tätig und zählen somit i. d. R. zu den Beamten auf Lebenszeit. Zudem erhalten sie ein Gehalt, mit dem man „*ganz gut leben kann*", obgleich die Zufriedenheit mit der Bezahlung bei Lehrern unterschiedlich ist.

Ein weiterer Belastungsfaktor kann das **Berufsimage** sein. Während der Lehrerberuf in der Durchschnittsbevölkerung ein recht gutes Ansehen genießt, ist sein Image unter Akademikern geringer. Dies belegen jährliche Meinungsumfragen zum Prestige von Berufen in der Öffentlichkeit. Da der Lehrer - besonders der Gymnasial- und z. T. auch Handelslehrer - sich gemäß der Theorie der sozialen Vergleichsprozesse* eher mit weiteren Akademikern als mit anderen Berufsgruppen vergleicht, schneidet er bei relevanten Attributen (Spezialwissen, Titel, akademische Arbeit, Gehalt etc.) oft schlechter ab. Dies kann beim Lehrer mit einem akademischen Anspruch zur stärkeren Belastung führen. Denn es wurde festgestellt, dass Lehrer mit dem Ansehen ihres Berufes in der Öffentlichkeit eher unzufrieden sind.

Zum Negativimage des Lehrerberufs tragen häufig die **Medien** bei. Es ist in Deutschland populistisch geworden, sich über die Lehrerarbeit geringschätzig zu äußern. Sendungen wie „Scheiß Schule" oder Politikeraussagen über „faule Säcke" oder Berichte über zunehmende Gewalt in der Schule, besonders das tragische Ereignis im April 2002 in Erfurt - lassen oft ein negatives Bild aufkommen.

Schließlich ist das **Image** *einer Schule* hervorzuheben. Dies könnte sowohl Schulleiter als auch Lehrer belasten. Denn besonders in kleineren Orten hängt vom Ruf einer Schule weitgehend ihre Attraktivität in der Öffentlichkeit ab.

Das angeführte Beispiel der Lehrerarbeit zeigt, dass jede Arbeitstätigkeit Belastungskategorien und -faktoren aufweist. Will man besonders die subjektiven oder psychischen Belastungen einer Arbeitstätigkeit erfassen, bedarf es einer solchen Klassifikation. Sie ist eine wichtige Voraussetzung für die differenzierte Analyse der betreffenden Arbeitstätigkeit, z. B. im Rahmen der Arbeitsanalyse oder der Gefährdungsbeurteilung.

Zur Diagnostik psychischer Belastungen

Schließlich soll auf die Erfassung psychischer Belastungen in der Arbeit eingegangen werden. Die diagnostischen Methoden eignen sich für Belastungsanalysen zu verschiedenen Zwecken und an unterschiedlichen Zielgruppen, insbesondere für Gefährdungsanalysen im Rahmen des Arbeitsschutzes. Dafür kommen jedoch nur solche Methoden in Frage, welche die Arbeitsbedingungen berücksichtigen und den testtheoretischen Gütekriterien, d. h. der Objektivität*, Reliabilität* und Validität* gerecht werden. Es sollen hier exemplarisch folgende genannt:[46]

- *Fragebogen zur Erfassung Mentaler Arbeitsbelastungen (FEMA)*[47]

    Die Methode dient der Grobanalyse psychischer Belastungen an vorwiegend industriellen Arbeitsplätzen. Es erfolgt die Analyse der psychischen Funktionen „Wahrnehmung", „Denken/Gedächtnis" und „Ausführung" im Hinblick auf Auftrittshäufigkeit, Schwierigkeit (Belastung), Beanspruchung und Leistungsfähigkeit.

---

[46] siehe weiter bei Dunckel, H. (1999) und Resch, M. (2003)
[47] siehe Tielsch, R., A. Hofmann & H. Häcker (1993)

- *SIGMA – ein Screening*-Instrument zur Bewertung und Gestaltung von menschengerechten Arbeitstätigkeiten* nach WINDEL et al.[48]

  Es ist ebenfalls ein praxisnahes Verfahren zur Grobanalyse von Arbeitstätigkeiten. Ausgehend von dem Belastungs-Beanspruchungs-Konzept nach ROHMERT können von Arbeitswissenschaftlern und vor allem von Praktikern Belastungen aus der Arbeitstätigkeit, -umgebung und -organisation erfasst werden.

- *Belastungs-Erhebungs-System (BES)* von LANDAU & BRAUCHLER[49]

  Hierbei wird mit Hilfe der Arbeitsanalyse* die objektive Belastungssituation im Berufsleben erfasst. Es findet ein Beobachtungsinterview am Arbeitsplatz statt. Die Methode ist gemäß dem Belastungs-Beanspruchungs-Konzept nach ROHMERT gekoppelt mit einem Epidemiologischen Erhebungs-System (EES), das den Gesundheitszustand, Aspekte des Privatlebens sowie die berufliche Vorgeschichte des Stelleninhabers diagnostiziert.

- *Screening* psychischer Arbeitsbelastungen (SPA)* von METZ & ROTHE[50]

  Die Methode dient der Erfassung und Bewertung krankheitserzeugender Arbeitsbelastungen. Es werden u. a. der Entscheidungsspielraum, die Komplexität/Variabilität, Qualifikationserfordernisse, risikobehaftete Arbeitssituationen und soziale Beziehungen analysiert. Darüber hinaus werden in weiteren Teilen die Auswirkungen der Arbeitsbelastungen in Form der subjektiven Beanspruchung(sreaktionen) sowie somatische und psychische Beschwerden als Beanspruchungsfolgen erfasst.

- *Prüflisten zur vorwiegend psychischen Belastung bei Lehrkräften (PBL) und Erzieherinnen (PBE)* nach RUDOW[51]

  Mit den Methoden werden – ausgehend von einer Taxonomie wesentlicher Belastungskategorien (siehe oben die für Lehrer) – tätigkeitsbezogene psychische Belastungen in ihrer Auftrittshäufigkeit und im Belastungsgrad erfasst. Die Prüflisten sind verständlich, zeitökonomisch und für den Praktiker anwendbar entwickelt worden.

---

[48] siehe Windel, A., Salewski-Renner, M., Hilgers, St. & B. Zimolong (1997)
[49] siehe Landau, K. & R. Brauchler (1990), S. 148 ff.
[50] siehe Metz. A. & H.-J. Rothe (1999)
[51] siehe Rudow, B. (2000 a), Rudow, B. (2003)

2.2.3 Beanspruchungsreaktionen und -folgen

Indikatoren von Beanspruchungsreaktionen

Zur Erfassung von Beanspruchungsreaktionen kommen folgende Merkmalsbereiche in Betracht:

- die physiologische Aktivierung,
- das Verhalten und die Leistung,
- das Erleben und Befinden.

Dabei kommt den Verhaltens- und Leistungsmerkmalen (Planungs- und Zielbildungsverhalten, Wahrnehmungsgeschwindigkeit und -genauigkeit, Aufmerksamkeits- und Konzentrationsleistungen, Bewertungs- und Bewältigungsprozesse usw.) die Priorität zu; entscheiden sie doch wesentlich über Qualität und Effizienz der Arbeitstätigkeit. Ferner haben das Belastungserleben und das Befinden sowie die physiologische Aktivierung eine Bedeutung. Sie sind nicht nur Begleitphänomene, sondern wesentliche Bedingungen menschlichen Handelns.

Physiologische Aktivierung

Parameter des Herz-Kreislauf-Systems zeigen den Grad der physiologischen Aktivierung an. Es sind vor allem die **Puls- oder Herzschlagfrequenz** *(HSF)* und der **Blutdruck** *(RR)*. Beide Parameter haben sich in Beanspruchungsuntersuchungen bewährt. Es sind valide Indikatoren für die Arbeitsschwierigkeit und auch emotionale Belastungen. Ihr Vorzug besteht darin, dass sie in Labor- und Felduntersuchungen methodisch relativ leicht und reliabel erfassbar sind.

Eine große Bedeutung haben als physiologische oder biochemische Aktivierungsindikatoren ferner die **Katecholamine** Adrenalin und Noradrenalin. Sie sind praktikable Parameter, da sich die Ausschüttung dieser Hormone zuverlässig und recht unkompliziert erfassen lässt. Die quantitative Analyse der *Vanillinmandelsäure*, eines ihrer wichtigsten Abbauprodukte, wird als die zuverlässigste Nachweismethode von Stressreaktionen empfohlen. Bei der Katecholaminmessung stellt sich aber die Frage, wie spezifisch Adrenalin und Noradrenalin oder deren Abbauprodukt bei der Messung verschiedenartiger Beanspruchungsreaktionen sind. Bisherige Studien lassen den Schluss zu, dass die Adrenalinausscheidung eher Indikator einer allgemeinen Aktivierung und nicht spezifisch für Stress oder Ermüdung ist; denn auch positive emotionale Zustände können Adrenalinreaktionen hervorrufen. Katecholamine zeigen eher die Intensität und weniger die Qualität von Emotionen an. Ferner sind sie von anderen Einflussfaktoren abhängig, z. B. von der Tagesrhythmik, von der Muskelaktivität bzw. der Körperhaltung, vom Alkoholspiegel, von Koffein und vom Körpergewicht.

Verhalten und Leistung

Zur Analyse von Beanspruchungsreaktionen dienen ferner *Verhaltens-* und *Leistungsmerkmale*. Dabei werden Merkmale intellektueller, Wahrnehmungs- und sensomotorischer Leistungen herangezogen. **Intellektuelle Leistungen** sind z. B. das Planungs- und Zielbildungsverhalten oder das Problemlösen. Zur **Wahrnehmung** gehören alle Prozesse der Informationsaufnahme, d. h. Aufmerksamkeitsleistungen, die Wahrnehmungsgeschwindigkeit und -genauigkeit, das periphere Sehen (Sichtfeld) u.

a. m.. **Sensomotorische Leistungen** erfordern die optimale Koordination von Sinnesorganen (Augen, Hören usw.) und der Motorik (Hand-, Fußbewegungen usw.). Dazu gehören z. B. das exakte Führen eines Fahrzeugs (PKW, LKW, Gabelstapler usw.) oder eines Arbeitsmittels (Feile, Motorsäge, Hebel usw.) mit der Hand, Bewegungen/Haltungen des ganzen Körpers inkl. der Arme, Hände und Beine beim Heben und Tragen von Lasten oder beim Be- und Entladen eines Fahrzeugs.

Psychische Ermüdung zeigt sich u. a. in Verminderungen der Daueraufmerksamkeit und Konzentration, in Denkstörungen z. B. beim Problemlösen, in Gedächtnisstörungen, in Störungen des Planungs- und Zielbildungsverhaltens oder des Entscheidungsverhaltens und in Sprechstörungen.

Leistungsmerkmale sollten, wenn sie als Indikatoren von psychischer Ermüdung, Stress usw. genutzt werden, besonders in ihrem Verlauf analysiert werden. Sie weisen beispielsweise bei psychischer Ermüdung oder Stress charakteristische Verläufe auf. Während bei zunehmender psychischer Ermüdung Leistungsminderungen in bestimmten Stufen, von der vollen Kompensation bis hin zu anhaltend verminderter Effektivität und funktionellen Störungen zu verzeichnen sind, treten Leistungsminderungen bei Stress relativ kurzzeitig oder sogar abrupt auf.

Die Nutzung von Verhaltens- und Leistungsmerkmalen zur Beanspruchungsmessung ist grundsätzlich möglich. Besonders eignen sich diese bei Arbeitstätigkeiten mit messbarem Verlauf und Ergebnis, z. B. beim Führen eines Fahrzeugs oder Flugzeugs. Sie sind aber als valide* Beanspruchungsindikatoren problematisch bei vorwiegend sozialen Arbeitstätigkeiten, deren Verlauf oder Ergebnis schwierig zu objektivieren ist. Dies gilt z. B. für alle sog. Helfer- und Dienstleistungstätigkeiten, weil diese komplex sind und kein messbares Produkt aufweisen.

Erleben und Befinden

Ferner ist das **Belastungserleben** und psychosomatische *Befinden* zu analysieren. Dies erfolgt, indem z. B. die aktuelle Stimmung oder Befindlichkeit während der Arbeit mit Hilfe von sog. Eigenschaftswörter- oder Beschwerdenlisten erfasst wird.

Tabelle 5: Analysebereiche bzw. negative Beanspruchungsreaktionen und -folgen

Physiologische Aktivierung	Verhalten/Leistung	Erleben/ Befinden
Beanspruchungsreaktionen		
Herzschlagfrequenz ↑ Blutdruck ↑ Adrenalinausschüttung ↑ Blutfette ↑	intellektuelle Leistungen ↓ Wahrnehmungs-Leistungen ↓ sensomotorische Leistungen ↓	Ermüdung ↑ Monotonie ↑ Stress ↑ Angst ↑ Sättigung ↑
Beanspruchungsfolgen		
funktionelle Störungen ↑ Herz-Kreislauf-, Magen-Darm-Erkrankungen ↑ u. a. m.	Handlungskompetenz ↓	Arbeitszufriedenheit ↓ psychosomatische Beschwerden ↑ Burnout ↑ Neurose ↑
	Fluktuation ↑ Krankenstand ↑ Fehlzeiten ↑ Gesundheitsverhalten ↓	

Legende: ↓ sinkt, nimmt ab   ↑ steigt, nimmt zu

Indikatoren von Beanspruchungsfolgen

Als Indikatoren *negativer* Beanspruchungsfolgen kommen folgende in Frage: Zunächst sind es **funktionelle Störungen**, die sich vor allem auf das Herz-Kreislauf- und Magen-Darm-System beziehen. Dazu zählen Herzrhythmusstörungen (Sinustachykardie* oder –bradykardie* oder Sinusarrhythmie*), häufig auftretende Situationshypertonien*, eine labile Blutdruckregulation mit wechselnden hyper- und hypotonen Reaktionen*, Herzbeschwerden, Atmungsbeschwerden, Obstipation*, Diarrhoe*, Kopfschmerzen, Kreuz- und Rückenschmerzen, Schwindelgefühle, Schlafstörungen, Sexualstörungen usw..

Als negative Beanspruchungsfolgen unter den **Herz-Kreislauf- und Magen-Darm-Erkrankungen** sind insbesondere die essentielle Hypertonie*, ischämische Herzerkrankungen* mit dem Herzinfarkt und die zerebrovaskulären Erkrankungen* mit dem Schlaganfall* zu nennen. Darüber hinaus sind das Magengeschwür (ulcus ventriculi), das Zwölffingerdarmgeschwür (ulcus duodeni) und die Colitis ulcerosa* häufig Folge psychischer Fehlbeanspruchung. Außerdem können Asthma bronchiale und andere Allergien bzw. Hauterkrankungen (Neurodermitis*, Psoriasis*) u. a. auf "Stress" zurückgeführt werden. Auch der Hörsturz*, häufig mit einseitigem Hörverlust verbunden, steht oft im Zusammenhang mit psychischen Fehlbelastungen.

Beim Tätigkeitsvollzug tritt eine **Einschränkung der Handlungskompetenz** ein. Sie äußert sich in kognitiven Fehlleistungen (Konzentrationsstörungen, Gedächtnisstörungen usw.), welche sich in Qualitätsmängeln oder geringerer Leistung zeigen. Dies kann bis zur Handlungsunfähigkeit führen, z. B. im Endstadium von Burnout. Die nachlassende Handlungskompetenz oder Leistungsfähigkeit wirkt oft über die Arbeit hinaus negativ auf den Freizeit- und Familienbereich. Beispielsweise werden dann solche Freizeitaktivitäten vernachlässigt, die arbeitsbedingte Fehlbelastungen kompensieren könnten.

Außerdem gelten als Indikatoren negativer Beanspruchungsfolgen **psychosomatische Beschwerden**. Sie stellen die Erlebniskorrelate funktioneller Störungen dar (siehe oben). Ferner können **neurotische Störungen oder Neurosen** Folge anhaltender Fehlbeanspruchung sein. Es sind vor allem Ängste und depressive Verstimmungen bis hin zu Depressionen (siehe ausführlich Kapitel 2.1.1.).
Zur Diagnostik von psychosomatischen Beschwerden oder neurotischen Störungen eignen sich in der Praxis bewährte Beschwerdenlisten[52] oder Persönlichkeitsfragebögen[53].

Weitere Beanspruchungsindikatoren, oft eine Folge von Gesundheitsstörungen und Erkrankungen, sind die Fehlzeiten bzw. der **Krankenstand** und die **Fluktuation**. Auffällige Fehlzeiten, ein erhöhter Krankenstand und zunehmende Fluktuationen sind nicht selten Ausdruck von Fehlbelastungen in der Arbeit. Letztlich ist das abnehmende **Gesundheitsverhalten** eine negative Beanspruchungsfolge. Dazu zählen beispielsweise körperliche Passivität, Zigaretten-, Medikamente- und Alkoholmissbrauch.

2.3. Quellen der Gesundheit

Warum bleiben bestimmte Menschen trotz hoher Belastungen in der Arbeit gesund? Warum werden andere Menschen bei gleichen Belastungen krank? Solche Fragen stellen wir uns öfter. Gesundheit vs. Krankheit haben viele Ursachen und Bedingungen. Psychische Belastungen und Beanspruchungen werden in der Arbeitstätigkeit immer bleiben. Es gibt aber Möglichkeiten, diese Belastungen so zu beeinflussen, dass das Gesundheitsrisiko minimiert wird oder sie sogar zur Gesundheits-, Leistungs- und Persönlichkeitsentwicklung beitragen. Eine wesentliche Voraussetzung dafür ist die Kenntnis von Ressourcen, welche auf Belastung und Gesundheit Einfluss nehmen. Als **Ressourcen** werden solche Faktoren bezeichnet, die geeignet sind, die physische, psychische und soziale Gesundheit eines Menschen zu fördern, vor allem bei einer Gefährdung der Gesundheit durch Belastungen.

Grundsätzlich werden **innere und äußere Ressourcen** unterschieden: Die inneren liegen beim Individuum in Form von Persönlichkeitseigenschaften, die äußeren in Organisation und Arbeit. Bei den äußeren Ressourcen werden drei Ebenen unterschie-

---
[52] z. B. von Zerssen, D. (1976)
[53] z. B. Fahrenberg, J. et al. (2001)

den: die **Makro-, Meso- und Mikroebene**[54]. Die wichtigste Ressource auf der Makroebene ist die Berufstätigkeit an sich. Sie hat zumindest eine gesundheitsstabilisierende Funktion, wie z. B. arbeitspsychologische* und epidemiologische* Untersuchungen zum Gesundheitszustand von berufstätigen Frauen im Vergleich zu Hausfrauen zeigen, wie auch zahlreiche Studien zu den negativen Folgen (Depression, psychosomatische Beschwerden usw.) von Arbeitslosigkeit belegen. Organisationale Ressourcen der Gesundheit machen die Mesoebene des Betriebs aus. Hierbei sind Ressourcen, welche die Unternehmensorganisation, das Management, die Führung sowie die Unternehmensstrategie und –planung betreffen, und von den Mitarbeitern unmittelbar wahrgenommenen Ressourcen, welche das Organisationsklima, soziale Unterstützungssysteme und die Rollenstruktur betreffen, zu unterscheiden (siehe ausführlich unten). Die Mikroebene wird vor allem durch die gesundheitlichen Ressourcen der Arbeitsaufgaben bestimmt.

2.3.1 Die Organisation als Quelle der Gesundheit

Die Organisation ist eine wesentliche Quelle der Gesundheit auf der Mesoebene. Sie kann mit ihrer Struktur und ihren Bedingungen entscheidend zur Gesundheit der Mitarbeiter beitragen. In diesem Fall ist es eine sanogene oder gesundheitserzeugende, im umgekehrten Fall eine pathogene oder krankheitserzeugende Organisation. Die Organisation lässt sich durch folgende Merkmale, die auch eine Gesundheitsrelevanz aufweisen, kennzeichnen:

Unternehmensorganisation

Sie wird gegenwärtig durch moderne Managementkonzepte wie beispielsweise TQM, Lean Production*, Lean Management*, BPR*, fraktales Unternehmen*, lernendes oder virtuelles Unternehmen* oder KVP bestimmt. In allen Konzepten werden die Mitarbeiter als wichtiges Unternehmenspotential, eben als *Humankapital* betrachtet. BGM kann nicht unabhängig von solchen Organisationskonzepten betrachtet werden. Zum einen ist Gesundheitsmanagement integrativer Bestandteil derartiger Konzepte, weil die Dezentralisation von Aufgaben, Kompetenz und Verantwortung auch für Gesundheitsaktivitäten im Betrieb gilt (siehe auch Kapitel 1.4.). Beispielsweise orientiert das integrative Organisationskonzept TQM vor allem auf eine verbesserte Aufbau- und Ablauforganisation, welche auch positive Konsequenzen für die Arbeitszufriedenheit, die Arbeitsmotivation und das Wohlbefinden haben sollte. TQM sollte also auch positive Auswirkungen auf die Gesundheit von Mitarbeitern haben. Darüber hinaus bedarf es der Qualitätssicherung von BGM-Maßnahmen.[55] Die Lean-Konzepte dienen u. a. der verbesserten Information und Kommunikation. Ein weiterer Ansatz ist die lernende Organisation, welche besonders Personalentwicklung verlangt. Das Lernen, sich persönlich gesund zu verhalten und ferner auf gesundheitsgerechte Organisations- und Arbeitsbedingungen einzuwirken, sollte wesentlicher Bestandteil der Personalentwicklung sein.

Insgesamt sollte BGM stets Bestandteil der Organisationsentwicklung im Unternehmen sein. Das Organisationsziel „Gesundheit" ist mit anderen Zielen und Aktivitäten im Unternehmen, wie z.B. TQM*, KVP*, Einführung von Gruppenarbeit oder auch Um-

---

[54] siehe ausführlich Semmer, N. (1997)
[55] siehe hierzu ausführlich Pfaff, H. & W. Slesina (2001)

weltmanagement, stärker zu verknüpfen. Im Idealfall wird BGM als Bestandteil eines integrierten Managementsystems verstanden und gelebt. Umgekehrt erleichtert die erfolgreiche Umsetzung eines betrieblichen Gesundheitsmanagements den Einstieg in umfassende Managementansätze.

Management

Im engen Kontext mit der gesundheitsgerechten Organisation hat das Management eine zentrale Aufgabe im betrieblichen Gesundheitswesen. Hauptfunktionen des Managements sind das *Gestalten, Lenken* und *Entwickeln von Systemen*. „*In diesem Sinne müssen zum Aufbau eines integrativen betrieblichen Gesundheitsmanagements*
- *ein unternehmensspezifisches Modell zur Herstellung gesundheitsfördernder Strukturen und Prozesse entwickelt,*
- *anschließend Ziele festgelegt, Maßnahmen ausgelöst und deren Umsetzung kontrolliert werden,*
- *und schließlich ist die evolutionäre Weiterentwicklung dieses Managementsystems sicherzustellen.*"[56]

Insbesondere größere Unternehmen haben eine Stabsstelle oder –gruppe (Health Task Force) für BGM eingerichtet, weil entsprechende Aufgaben auf Grund ihrer Anzahl und Komplexität nicht mehr nebenher von Führungskräften erledigt werden können. Diese Stelle oder Gruppe ist meistens dem obersten Personalmanagement zugeordnet.

Ein wesentlicher Indikator für das Engagement des Managements für Gesundheit im Betrieb stellt ein entsprechendes Leitbild dar, das von den Führungskräften und Mitarbeitern er- und gelebt wird (siehe ausführlich Kapitel 6.2.1.). Darin sollten auch Visionen zur Gesundheit des Unternehmens formuliert sein. Ferner drücken Betriebs- bzw. Dienstvereinbarungen zu Gesundheitsthemen („Suchtbekämpfung", „Mobbing" usw.) das Engagement des Managements aus.

Vorbildlich ist in der Organisation und Management des Gesundheitswesens die VW AG.[57] Dies wird anhand folgender Worte von Dr. Bodo MARSCHALL, Leiter des Gesundheitswesens, deutlich: „*Mit flachen Hierarchien, Dezentralisierung von Entscheidungsprozessen, Qualifizierungs- und Entwicklungsmöglichkeiten, Arbeitszeitsouveränität, Job-Familien, Partizipation, Beschäftigungssicherung, ergonomischer* Arbeitsgestaltung und einer bedarfsgerechten medizinischen Betreuung der Mitarbeiterinnen haben wir die strukturellen Voraussetzungen für die Pflege und Entwicklung unserer Humanressourcen geschaffen.*"[58]

Führung

Die Ressource „Führung" bezieht sich darauf, wie Führungskräfte durch ihr Verhalten und ihre Handlungen die Umsetzung des betrieblichen Gesundheitsmanagements fördern und unterstützen. Dabei geht es zum einen um deren Engagement und Vorbildfunktion, zum anderen um die Bereitstellung erforderlicher Mittel sowie um die Gewährung von Unterstützung. Führungskräfte haben ihre Mitarbeiter für gesundes Verhalten zu motivieren, über Gesundheitsthemen zu kommunizieren sowie Ansätze zum Gesundheitsmanagement zu evaluieren. (Siehe ausführlich Kapitel 5.)

---

[56] Thul, M. J. & K. J. Zink (2001), S. 161 f.
[57] Marschall, B. & U. Brandenburg (2000)
[58] siehe Marschall, B. (2001), S. 5

Unternehmensstrategie und –planung

Eine zentrale Rolle spielt als Ressource ebenfalls die Unternehmensstrategie und –planung. Hier werden – ausgehend von einer Vision - u. a. Ziele für das betriebliche Gesundheitsmanagement formuliert, mittel- und langfristig orientierte Maßnahmen festgelegt und die notwendigen Rahmenbedingungen (Personal, Kosten, Zeit usw.) zu ihrer Umsetzung definiert. Gesundheitsmanagement sollte keinesfalls als Aktionismus in der Praxis betrieben werden, sondern es bedarf einer langfristigen Planung. Dies zeigt sich u. a. in der *prospektiven* Arbeitsgestaltung, bei der Technik, Ergonomie und Psychologie in Verknüpfung als Planungsgrundsatz zu verstehen sind.

Organisationsklima

Das *Organisations- oder Betriebsklima* (working atmosphere) ist ein Phänomen mit hochkomplexer Merkmalsstruktur, das aus beobachtbaren Gegebenheiten im Unternehmen abgeleitet werden kann. Es wird von den Mitarbeitern bewusst wahrgenommen und hat wesentliche Auswirkungen auf Wohlbefinden, Arbeitsmotivation und die Leistungsfähigkeit der gesamten Organisation. Es bezieht sich in erster Linie auf die **zwischenmenschlichen Beziehungen** in der Organisation. Als Negativphänomen ist es in den letzten Jahren besonders unter „Mobbing" problematisiert worden (siehe dazu Kapitel 3.5.).

Merkmale des Organisationsklimas sind u. a. folgende:

- Art und Weise der formellen und informellen Kommunikation*
- Art und Weise der Zusammenarbeit bzw. Gruppenarbeit
- Art und Umfang von Informationen
- die erlebte Sicherheit des Arbeitsplatzes
- Zuversicht in die Zukunft des Unternehmens
- Verhältnis von Vorgesetzten zu Mitarbeitern, besonders der Führungsstil
- Vertrauen zum Management und zu Kollegen
- Art und Weise des Umgangs mit Konflikten
- Faire und gerechte Behandlung von Mitarbeitern
- persönliche Identifikation mit dem Unternehmen (corporate identity)
- soziale Unterstützung bei persönlichen Problemen
- transparente und eindeutige Rollenstruktur

Da in der Gesundheits- und Stressforschung besonders die soziale Unterstützung und die Rollenstruktur in Organisationen als Ressourcen hervorgehoben werden, sollen diese näher dargestellt werden.

Soziale Unterstützung

Die *soziale Unterstützung (social support)* ist eine wesentliche Quelle der Gesundheit. Es werden in der Arbeitswelt vor allem zwei **Unterstützungssysteme** unterschieden:

- Unterstützung durch Vorgesetzte (organisationale Unterstützung),
- Unterstützung von Kollegen (peer support).

Diese und weitere, private Unterstützungssysteme (Partner, Familie, Freunde) können sechs **Funktionen** erfüllen:

- Zuhören,
- instrumentelle Unterstützung als Experte,
- instrumentelle Herausforderung durch Kritik des Experten,
- emotionale Unterstützung,
- emotionale Herausforderung (Experte, Vertrauensperson: Infragestellen von Entschuldigungen und Ausreden, gemeinsame Reflexion von Gefühlen usw.),
- Teilen der sozialen Realität ("*Geteiltes Leid ist halbes Leid*").

Diese Formen sozialer Unterstützung haben besonders eine Pufferfunktion, wenn sie anhaltend wirksam sind. UDRIS et al. stellten fest, dass die meisten gesunden Personen über ein stabiles soziales Netz und über soziale Unterstützung verfügen, die entweder einfach vorhanden ist oder aktiv gesucht und aufrechterhalten wird.[59]

Rollenstruktur

Die Rollenstruktur in Organisationen wurde zuerst von den amerikanischen Organisationspsychologen KATZ und KAHN et al. analysiert[60]. Es sind folgende **Formen** zu unterscheiden:

- Rollenkonflikt
- Rollenambiguität
- Rollenüberforderung.

Rollenkonflikte entstehen, wenn unvereinbare Forderungen und Erwartungen an einen Rollenträger gestellt werden. Dies ist z. B. beim Manager der Fall. Nach MINTZBERG[61] kann seine Arbeit anhand von zehn Rollen beschrieben werden:

- Repräsentant
- Führer
- Koordinator
- Informationssammler
- Informationsverteiler
- Informant von externen Gruppen
- Unternehmer
- Krisenmanager
- Ressourcenzuteiler
- Verhandlungsführer.

Es liegt nahe, dass er bei der Ausführung dieser Rollen im Alltag oft in Konflikt gerät. Beispielsweise ist es oft schon aus Sach- und Zeitgründen schwierig, gleichermaßen Repräsentant nach außen und Krisenmanager im Unternehmen zu sein.

---

[59] Udris, I., M. Rimann & K. Thalmann (1994)
[60] z. B. Katz, D. & Kahn, R.L. (1966)
[61] In Staehle, W. (1994)

Im Kontext der Rolle treten folgende **Konfliktformen** auf:

Inter-Sender-Konflikt

Hierbei haben verschiedene Mitglieder eines Rollensystems unterschiedliche, sich widersprechende Erwartungen an einen Rollenträger. Diesbezüglich sind besonders Führungskräfte der mittleren und unteren Managementebene belastet, da sie auf Grund ihrer „*Sandwich*"-Position zwischen Top-Management und operativem Management oder Mitarbeitern unterschiedlichen Erwartungen und Forderungen von „oben" und „unten" gerecht werden sollen. Der „Mann in der Mitte" sieht sich immer wieder im Rollenkonflikt zwischen Leistungsorientierung gegenüber dem höheren Management und der Mitarbeiterorientierung und ist somit oft „Prellbock" zwischen seinen Vorgesetzten und seinen Mitarbeitern.

Intra-Sender-Konflikt

Bei diesem Konflikt stellt ein und dieselbe Person(nengruppe) widersprüchliche Forderungen an einen Rollenträger. Dies ist z. B. beim Lehrer der Fall. Einerseits verlangen die Eltern vom Lehrer, dass er ihre Kinder zu leistungsfähigen Menschen heranbildet, andererseits soll der Lehrer nicht zu "streng" sein.

Personen-Rollen-Konflikt

Hier stehen die Rollenerwartungen im Konflikt mit bestimmten Persönlichkeitseigenschaften des Rollenträgers wie dessen Fähigkeiten, Bedürfnissen, Wertorientierungen oder Interessen. Dafür einige Beispiele: (1) Die Forderung einer Berichts- oder Bilanzverfälschung kann einen Manager in einen Konflikt bringen, da er entweder im Fall der Verweigerung um seine Position fürchten muss oder aber seine eigenen moralischen Ansprüche verleugnen muss. (2) Ferner haben besonders Frauen in Führungspositionen oft diesen Konflikt. Einerseits soll eine Frau als Führungskraft souverän, autoritär und „cool" sein. Andererseits wird von ihr erwartet, dass sie attraktiv, emotional, einfühlsam, anpassungsfähig, vielleicht sogar mütterlich u. dgl. m. ist. Das heißt, klassische feminine Rollenbilder vereinbaren sich oft nicht mit der tradierten Rolle der maskulin geprägten Führungskraft.

Inter-Rollen-Konflikt

Dabei ist eine Person Träger mehrerer Rollen, die sich miteinander nicht vereinbaren lassen. Dies ist u. a. der Fall, wenn eine Führungskraft zugleich Vorgesetzter und persönlicher Freund eines Mitarbeiters ist. Auf der einen Seite soll er den Mitarbeiter disziplinieren, auf der anderen Seite kann er wegen fehlender sozialer Distanz den Mitarbeiter nicht wiederholt kritisieren. Oder ein anderes Beispiel: Nicht wenigen Führungskräfte fällt es schwer, berufliche und familiäre Rollen zu vereinen. Im Beruf hat die Führungskraft häufig anzuweisen, im Privatleben ist dies aber unerwünscht.

Rollenambiguität

Unter Rollenambiguität oder –unklarheit versteht man die Diskrepanz der einer Person zur Verfügung stehenden Menge an Informationen und derjenigen Informationsmenge, die zur angemessenen Rollenausübung nötig wäre. Dabei werden drei **Facetten** unterschieden:

- Die Ambiguität betrifft die erlebte Unsicherheit über die Vorgehensweise und Methoden, welche zur Erledigung der übertragenen Aufgaben eingesetzt werden (work method ambiguity). Sie wird als zentrale Facette von Unsicherheit bei der Arbeit angesehen.

- Die zweite Facette beinhaltet die Unsicherheit von Beschäftigten hinsichtlich der zeitlichen Abfolge von zu erledigenden Aufgaben (scheduling ambiguity).

- Die dritte Facette ist die Unklarheit über Kriterien oder Standards, nach denen Arbeitsleistungen bewertet werden (performance criteria ambiguity). Nach Mc GRATH zählt die Unsicherheit über Leistungsmaßstäbe zu den am negativsten erlebten Stressfaktoren bei der Arbeit[62].

Diese Diskrepanzen ergeben sich oft bei ungenau definierten oder unklaren Rollenzuschreibungen und unklaren Bewertungen von Arbeitsergebnissen. Für die sachangemessene Ausübung der Rollen als Wissensvermittler, Erzieher, Berater, Beurteiler u. a. m. fehlen beispielsweise dem Junglehrer häufig die nötigen Kenntnisse und Erfahrungen; denn er ist in seiner Ausbildung auf diese Rollen nicht vorbereitet worden.

Rollenüberforderung

Sie ist dadurch bestimmt, dass eine Person die Erwartungen und Forderungen an die Rolle(n) nicht erfüllen kann. Eine **quantitative Rollenüberforderung** liegt vor, wenn eine Person mehr Verpflichtungen nachkommen soll als in der verfügbaren Zeit möglich ist. Dies ist z. B. bei einer Krankenschwester häufig gegeben, die nicht nur ihre Pflegeaufgaben i. e. S. erfüllen muss, sondern sich dem Patienten als „Psychotherapeut" auch persönlich zuwenden soll. Eine **qualitative Rollenüberforderung** ist vorhanden, wenn der Rollenträger auf Grund fehlender Kompetenzen den Arbeitsanforderungen und Erwartungen nicht gerecht werden kann. Diese Konfliktart ist beim sog. *Peter-Prinzip*, das der soziologischen Managementforschung entstammt, zu verzeichnen. Es bedeutet, dass eine Führungskraft in der beruflichen Karriere durch formale Beförderungsprinzipien (z. B. Senior-Prinzip) in eine Position bzw. Rolle gelangt, mit deren Ausübung sie auf Grund fehlender Fähigkeiten schlicht überfordert ist; denn die Stufe der persönlichen Inkompetenz ist erreicht.

Rollenkonflikte, -ambiguitäten und –überforderungen sind psychische Belastungen, die häufig „Stress" und Gesundheitsstörungen hervorrufen. Diese äußern sich in Arbeitsunzufriedenheit, weiteren Befindensbeeinträchtigungen, Minderungen des Selbstwertgefühls, Spannungen und Angst sowie in physiologischer Überaktivierung wie Blutdruck- oder Herzfrequenzerhöhungen. Beispielsweise konnten VOLLMER & RALSTON[63] in einer deutsch-amerikanischen Studie feststellen, dass bei Führungskräften mit der Zunahme der Rollenkonflikte und der Rollenambiguität eine signifikante Zunahme des Stresses im Beruf und im Leben einhergeht.

---

[62] siehe McGrath, J. E. (1976)
[63] Vollmer, G. R. & D. A. Ralston (1999)

2.3.2 Die Arbeit als Quelle der Gesundheit

Eine weitere entscheidende Quelle oder Ressource der Gesundheit ist die Arbeitstätigkeit i. e. S.. Als Hauptbestandteil des Lebens hängt es weitgehend von ihr ab, wie „gut" es dem Menschen geht, wie er seine Fähigkeiten entfalten kann, wie er seine Handlungskompetenz entwickeln kann, aber auch, wie gesund vs. krank er ist. Wesentliche **Tätigkeitsmerkmale**, welche die Arbeit besonders als Quelle der Gesundheit ausmachen, sind folgende[64]:

- Tätigkeitssinn
- Vollständige Aufgaben
- Tätigkeitsspielraum
- Anforderungsvielfalt
- Aufgabenschwierigkeit
- Lern- und Entwicklungsmöglichkeiten
- Möglichkeiten der sozialen Interaktion

Tätigkeitssinn

"*Denn du lebst nicht von den Dingen, sondern vom Sinn der Dinge.*" (A. de SAINT EXUPERY). In (arbeitspsychologischer) Abwandlung des Spruchs kann man sagen: *Der Mensch lebt von der Sinnhaftigkeit seiner Arbeitstätigkeit (sense of action)*. Die Sinnhaftigkeit ist dann gegeben, wenn der Arbeitende das eigene Tun in einen Sinnzusammenhang mit übergeordneten kollektiven Tätigkeitsvollzügen bringen kann, wenn die gesellschaftliche Nützlichkeit der eigenen Aufgabe und des Arbeitsproduktes erkennbar, nachvollziehbar und akzeptierbar ist. Es vermittelt das Gefühl, an einer gesellschaftlich wichtigen Aufgabe, Dienstleistung oder an einem nützlichen Produkt beteiligt zu sein. Hierbei liegt eine weitgehende Übereinstimmung individueller und kollektiver Interessen vor. Es geht ergo um den individuellen, kollektiven *und* gesellschaftlichen Sinn von Arbeitsaufgaben. Als sinnvoll erlebte, erfüllte Arbeitsaufgaben führen oft zur Arbeitszufriedenheit, zur Arbeitsmotivation und auch zum Stolz auf das Geleistete.

Der objektive wie subjektive Sinn von Arbeitsaufgaben ist eine wesentliche Bedingung für die Herausbildung des Kohärenzgefühls nach ANTONOVSKY (siehe dazu nächsten Abschnitt).

Vollständige Aufgaben

Arbeitsaufgaben sind dann vollständig, wenn hierarchisch alle kognitiven Regulationsebenen, d. h. von der sensomotorischen bis hin zur intellektuellen Regulation, gefordert sind. Die Vollständigkeit umfasst zielbildende, planende, vorbereitende, ausführende und kontrollierende Teiltätigkeiten, welche miteinander verbunden sind. Vollständige Aufgaben dienen der individuellen Entfaltung persönlicher Kompetenzen und haben zweifelsohne positive Auswirkungen auf die Gesundheit. Ein wesentliches Merkmal der Vollständigkeit ist die *Transparenz* des Arbeitauftrags. Transparent sollten die Arbeitsziele, -aufgaben und –bedingungen sein. Ferner sollten die Arbeitenden Rückmeldungen (Feedbacks) über Arbeitsergebnisse bzw. -leistungen erhalten.

---

[64] siehe ausführlich Hackman, J. R. & Oldham, G. R. (1976), Ulich, E. (1998)

Die vielfältigen negativen Auswirkungen sind von Walter VOLPERT, Arbeitspsychologe an der TU Berlin, anschaulich beschrieben worden.[65] Unvollständige Arbeitstätigkeiten können

- *„zu Störungen im Wohlbefinden und zu andauernden psychischen und körperlichen Beschwerden ...,*
- *zu einem Abbau der individuellen Leistungsfähigkeit, insbesondere der geistigen Beweglichkeit...,*
- *zu einem passiven Freizeitverhalten sowie zu geringerem Engagement im politischen und gewerkschaftlichen Bereich..." führen und sich darauf auswirken,*
- *„wie jemand seine Kinder erzieht...".*

Unvollständig oder intransparent sind die Arbeitsaufgaben nicht nur am Fließband, sondern beispielsweise auch bei Führungskräften besonders im mittleren und unteren Management. Ihre von Tag zu Tag anfallenden Arbeitsaufgaben sind von vielen aktuellen, persönlich nicht beeinflussbaren Faktoren abhängig, z. B. von der Arbeits(des)organisation, von Wünschen oder Stimmungen des Vorgesetzten, von Wünschen des Kunden, von Störungen (Unfälle, Havarien usw.) im Betriebsablauf, von Lieferanten, von der Marktsituation, usw.. Die tägliche Arbeit ist also nur begrenzt planbar. Rückmeldungen über geleistete Arbeit bleiben oft aus, weil diese schwierig messbar ist oder Vorgesetzte nicht fähig oder bereit sind, diese (positiv) zu bewerten - etwa nach dem Motto „*Gute Arbeit ist selbstverständlich, aber Fehler werden kritisiert*".

Tätigkeitsspielraum

Der Tätigkeitsspielraum setzt sich aus dem Handlungs-, dem Gestaltungs- und dem Entscheidungsspielraum zusammen. Der **Handlungsspielraum** ist die Summe der Freiheitsgrade, d. h. der Möglichkeiten zum unterschiedlichen aufgabenbezogenen Handeln in Bezug auf die Verfahrenswahl, den Mitteleinsatz und die zeitliche Organisation von Teiltätigkeiten. Er bestimmt also das Ausmaß an möglicher Flexibilität bei der Ausführung von Teiltätigkeiten. Der **Gestaltungsspielraum** wird durch die Möglichkeit zur selbständigen Gestaltung von Vorgehensweisen nach eigenen Zielsetzungen bestimmt. Der **Entscheidungsspielraum** kennzeichnet das Ausmaß der Entscheidungskompetenz einer Person zur Festlegung bzw. Abgrenzung von Tätigkeiten oder Arbeitsaufgaben. Er macht die *Autonomie* bei der Aufgabenerfüllung aus.

Anforderungsvielfalt

Bei der Erfüllung eines Arbeitsauftrages werden unterschiedlichen Anforderungen an Körperfunktionen und Sinnesorgane gestellt. Die Anforderungsvielfalt (task variety) ist bestimmt durch die Anzahl verschiedenartiger Aufgaben pro Auftrag. Es liegen Arbeitsaufgaben mit unterschiedlichen Anforderungen an körperliche und kognitive Leistungen vor. Bei der Anforderungsvielfalt können ergo verschiedenartige Fähigkeiten, Kenntnisse und Fertigkeiten eingesetzt werden. Auf diese Weise trägt sie in der Arbeit, wie z. B. HACKER & RÖTSCHKE[66] belegen konnten, zum Abbau von Monotonie- und Sättigungserleben bei.

---

[65] Volpert, W. (1983) S. 83 f.
[66] siehe dazu ausführlich Hacker, W. & S. Rötschke (1998)

Aufgabenschwierigkeit

Bei der Schwierigkeit von Arbeitsaufgaben ist besonders die **Über- und Unterforderung** (overstrain vs. underload) von Bedeutung. Dabei werden *vier Grundtypen* unterschieden (vgl. Tabelle 6):

- *Quantitative Unterforderung* ist vor allem durch zeitliche Gleichförmigkeit der Tätigkeiten gekennzeichnet. Beispiele dafür sind sich ständig wiederholende, einförmige Arbeiten oder Überwachungstätigkeiten mit wenigen Signalreizen.

- Qualitative Unterforderung bezeichnet das Missverhältnis zwischen „Tun können" und „Tun müssen". Vorhandene Kompetenzen zur Ausführung einer Arbeitstätigkeit können nicht entsprechend eingesetzt und weiterentwickelt werden.

- Die *quantitative Überforderung* ist dann gegeben, wenn der Arbeitende die (vorgegebene) Menge von Arbeitsaufgaben pro (vorgegebene) Zeiteinheit nicht erfüllen kann. Dies ist z. B. an Montagearbeitsplätzen, wo im Akkordlohn gearbeitet wird, der Fall.

- Eine *qualitative Überforderung* liegt vor, wenn der Arbeitende aufgrund fehlender Handlungskompetenzen die Arbeitsaufgaben nicht erfüllen kann. Aber auch die Mehrdeutigkeit und die Unvereinbarkeit von Arbeitsaufgaben können Momente von Überforderung enthalten.

Tabelle 6: Aspekte quantitativer und qualitativer Über- und Unterforderung[67]

	Überforderung	Unterforderung
quantitativ	- Zeitdruck - Hetze - Akkord - zu viele Aufgaben	- zeitlich monoton - zu wenige Aufgaben
qualitativ	- Schwierigkeit - Kompliziertheit - Unklarheit von Anweisungen	- inhaltlich monoton - ungenutzte Fertigkeiten und Fähigkeiten

Lern- und Entwicklungsmöglichkeiten

Sie sind dann gegeben, wenn Arbeitsaufgaben so gestaltet sind, dass wiederholt Problemlösungen erforderlich sind, kreatives Denken verlangt wird und dafür erworbene Qualifikationen eingesetzt, aber auch neue erworben werden müssen. Grundsätzlich sind Lern- und Entwicklungsmöglichkeiten bei Tätigkeiten mit hohem Tätigkeitsspielraum (siehe oben) gegeben. Hierbei bleibt die allgemeine geistige Flexibilität erhalten; berufliche Qualifikationen werden weiterentwickelt.

Möglichkeiten der sozialen Interaktion

Möglichkeiten der Interaktion können sich zum einen durch die Kooperationsanforderungen der Arbeitsaufgabe in Form aufgabenbezogener Kommunikation ergeben, zum anderen bietet die soziale Situation aufgabenunabhängig Möglichkeiten sozialer

---

[67] modifiziert nach Udris, I. (1982), S. 120

Interaktion (aufgabenunspezifische soziale Kommunikation). Die gegebene soziale Interaktion bietet den Vorteil, dass schwierige Aufgaben kollektiv bewältigt werden können oder bei Arbeitsproblemen soziale Unterstützung in Anspruch genommen werden kann. Arbeitsaufgaben sind so zu gestalten, dass Kommunikation nicht nur ermöglicht, sondern zu einem gewissen Grade auch gefordert wird.

2.3.3 Die Person als Quelle der Gesundheit

Schließlich ist die arbeitende Person selbst eine wesentliche Quelle der Gesundheit. Zu den personalen (inneren) Ressourcen der Gesundheit – auch als Ressource „*ICH*" bezeichnet - zählen Einstellungen und Überzeugungen (belief systems), gesundheitserhaltende und -wiederherstellende Verhaltensmuster (Lebens-, Arbeits- und Bewältigungsstile) sowie individuelle Risikofaktoren einer Person. Im Einzelnen sollen folgende Persönlichkeitsmerkmale hervorgehoben werden:

- der Kohärenzsinn
- die „emotionale Intelligenz"
- Kontrollüberzeugungen
- der Optimismus
- der gesundheitsorientierte Lebensstil
- der Arbeitsstil, besonders das Typ-A-Verhalten

Kohärenzsinn

Der Kohärenzsinn (Sense of Coherence) – auch als Kohärenzgefühl bezeichnet - ist ein Merkmal einer Person, das kausal mit ihrer Position auf dem Gesundheits-Krankheits-Kontinuum (siehe vorn Bild 10) verbunden ist. Dies ist die Meinung von ANTONOVSKY[68], der schon als Pionier der modernen Gesundheitsforschung hervorgehoben wurde. Der Kohärenzsinn ist eine globale Lebensorientierung des Menschen, die sich darauf bezieht, in welchem Ausmaß man ein ausgeprägtes, andauerndes und dynamisches Gefühl des Vertrauens hat. Er ist durch drei Faktoren gekennzeichnet:

1. ***Verstehbarkeit***: Sie bezieht sich auf das Ausmaß, in welchem man interne und externe Anforderungen als sinnhaft wahrnimmt. Es ist also die Fähigkeit, die Realität angemessen zu beurteilen.

2. ***Handhabbarkeit***: Sie ist das Ausmaß, in dem man wahrnimmt, dass geeignete Ressourcen zur Verfügung stehen, um die Anforderungen bewältigen zu können. Dies betrifft besonders Ressourcen, die man selbst unter Kontrolle hat.

3. ***Bedeutsamkeit***: Man schätzt kognitiv-emotional die Bedeutsamkeit der Anforderungen oder allgemein der Lebensbereiche ein, die persönlich sehr wichtig sind, die einem „am Herzen liegen", die "Sinn machen". Man unterscheidet wichtige von unwichtigen Dingen im Leben wie in der Arbeit.

Der Kohärenzsinn drückt aus, in welchem Umfang man ein generalisiertes Gefühl des Vertrauens besitzt, dass (1) die Ereignisse in der eigenen Umwelt strukturiert, vorhersehbar und erklärbar sind, dass (2) Ressourcen verfügbar sind, um den aus diesen Ereignissen resultierenden Anforderungen gerecht zu werden, und dass (3) diese Anforderungen herausfordernd sowie eines Engagements wert sind.

---

[68] Antonovsky, A. (1990)

Emotionale Intelligenz

Die sog. *emotionale Intelligenz* ist seit dem Erscheinen des gleichnamigen Buches von Daniel GOLEMAN[69] in der Managementliteratur populär. Sie ist ein Oberbegriff für die *"emotionale Fähigkeit"* des Menschen. Der Begriff, welcher wissenschaftlich allerdings umstritten ist, drückt die allgemeine Fähigkeit aus, mit Gefühlen zum Zwecke eigenen Wohlbefindens umgehen zu können.

Zur „emotionalen Intelligenz" gehören nach GOLEMAN (ebenda, S. 379 f.) vor allem folgende **Kompetenzen** (siehe Bild 19):

1. *Selbstwahrnehmung*: Die Fähigkeit, eigene Gefühle differenziert wahrnehmen und bewerten zu können. Damit ist die Sensibilität für persönliche Gefühle, Stimmungen und Befindlichkeiten gemeint. Diese Fähigkeit ist unter Menschen sehr unterschiedlich ausgeprägt. Es gibt einerseits, was die Wahrnehmung eigener Gefühle betrifft, sensible Personen. Auf der anderen Seite gibt es Menschen, die diesbezüglich relativ wenig empfinden. Die Inkompetenz, eigene Gefühle zu erkennen und zu bezeichnen, wird in der Fachsprache als *"Alexithymie"* bezeichnet. Relativ viele (männliche) Manager neigen eher zur Unfähigkeit, eigene Gefühle differenziert wahrzunehmen und zu bewerten. Es fällt ihnen schwer, zwischen einzelnen Gefühlen sowie zwischen Gefühlen, Gedanken und Körperreaktionen zu unterscheiden. Es kann z. B. vorkommen, dass sie von einem flauen Gefühl im Magen, von Herzklopfen, Schwitzen und Benommenheit berichten, aber nicht wissen (wollen), dass sie Angst haben.

2. *Umgang mit Gefühlen*: Eine weitere wichtige Fähigkeit ist die Art und Weise des Umgangs mit Gefühlen, besonders mit negativen Gefühlen, was allgemein als *Emotionsregulation* bezeichnet wird. Hierbei geht es um die Bewältigung von Angst, Ärger, Aggressivität, Wut u. dgl. m.. Dafür bieten sich verschiedene Bewältigungsmethoden an. Sie reichen von der Entwicklung positiver Gedanken, die den negativen Gedanken, welche dem Ärger oder der Angst zugrunde liegen, entgegengesetzt sind, über Gesprächsgruppen bis hin zu Entspannungsmethoden (siehe ausführlich zum Stressmanagement Kapitel 3.3.).

3. *Kommunikation*: Wichtig ist das Mitteilen und Zeigen von Gefühlen. Die Fähigkeit zur Kommunikation von Gefühlen ist beispielsweise ein Problem für viele Manager, da es im rational ausgerichteten deutschen Wirtschaftsleben nicht üblich ist, Gefühle zu zeigen, geschweige denn negative Gefühle. Dies wird oft als persönliche Schwäche interpretiert.

4. *Empathie*: Sie ist die Fähigkeit, die Gefühle anderer Menschen zu verstehen, indem man sich in ihr Erleben hineinversetzt. Dies setzt die Kompetenz voraus, den Egozentrismus bezüglich der ausschließlichen Wahrnehmung eigener Gefühle zu überwinden.

5. *Gruppendynamik*: Sie ist die Fähigkeit, in und mit der Gruppe kommunizieren und kooperieren zu können. Diese Eigenschaft zeigt sich u. a. darin, wie man gruppendynamische Prozesse erkennt und auf sie gezielt Einfluss nimmt.

6. *Konfliktlösung*: Sie ist die Fähigkeit, intrapsychische und soziale Konflikte rechtzeitig zu erkennen und zu lösen, bevor sie eskalieren (siehe ausführlich Kapitel 3.5.).

---

[69] Goleman, D. (1997)

Bild 19: Dimensionen emotionaler Intelligenz nach Goleman

Kontrollüberzeugungen

Sie finden besonders in der Stressforschung Beachtung. Damit sind individuell reflektierte Möglichkeiten gemeint, auf subjektiv wichtige Ereignisse (Belastungen) einwirken zu können, d. h. diese kontrollieren zu können. Sie sind durch drei **Merkmale** bestimmt:

1. die Durchschaubarkeit,
2. die Vorhersehbarkeit,
3. die Beeinflussbarkeit.

Durchschaubarkeit heißt: Zusammenhänge werden erkannt und erlauben die Erklärung von Ereignissen, Handlungsergebnissen usw.. Dafür ein Beispiel: Wenn eine Störung im Produktionsprozess in ihren Zusammenhängen (Ursachen, Auswirkungen usw.) erkannt wird, dann ist diese gewiss weniger belastend als bei ihrer Unerklärbarkeit.

Vorhersehbarkeit heißt: Das belastende Ereignis kann gedanklich vorweggenommen, möglicherweise auch in seinen Auswirkungen kalkuliert werden. So können Hypothesen und Prognosen über den künftigen „Lauf der Dinge" getroffen werden. Dafür ein Beispiel: Wenn man von vornherein weiß, dass eine Störung in der Produktion auftreten wird, dann kann man sich auf diese gedanklich und emotional einstellen.

Beeinflussbarkeit heißt: Man kann auf das belastende Ereignis im Sinne eigener Zielvorstellungen Einfluss nehmen. Man kann es „in den Griff bekommen", man kann es im Idealfall bewältigen. Wenn man diese Kontrollüberzeugung hat, dann kann man ein Ereignis mit Stresspotential gelassener betrachten. Wenn man beispielsweise weiß, wie man die auftretende Störung in der Produktion beseitigen kann, dann wird sie weniger belasten.

Das Reflektieren unzureichender Kontrollmöglichkeiten oder ein erlebter Kontrollverlust („*Ich kann nichts machen*".) führt oft zu Stress, zur Angst oder gar zur Depression im Sinne der „gelernten Hilflosigkeit". Gelernte Hilflosigkeit drückt sich darin aus, dass die Person der Meinung ist, sie kann persönlich relevante Ereignisse durch eigenes Handeln nicht beeinflussen oder verhindern.

Optimismus

Dieser wird allgemein als positive Erwartungen im Hinblick auf zukünftige Entwicklungen, Ereignisse und besonders Ergebnisse (outcome expectancies) definiert. Es wird „*schon alles gut gehen*" angesichts von auftretenden Problemen und Schwierigkeiten. Optimisten sehen die Gegenwart überwiegend positiv („*Das Glas ist nicht halb leer, sondern halb voll.*") und blicken zuversichtlich in die Zukunft, was ihnen erlaubt, trotz auftretender Probleme ihren Einsatz zu verstärken und nicht vorschnell aufzugeben. Wenn die Zielerreichung jedoch unrealistisch ist, können sich Optimisten im Gegensatz zu Pessimisten schneller von diesen Zielen lösen und sich neuen zuwenden.

Generell gilt Optimismus als personale Ressource, welche der Gesundheit förderlich ist. Zahlreiche wissenschaftliche Studien zeigen, dass Optimisten sich gesünder verhalten, günstigere Bewältigungsstrategien einsetzen, einen besseren Krankheitsverlauf haben sowie eine höhere Lebensqualität aufweisen. Eine direkte Wirkung wird in physiologischen und neuroimmunologischen Reaktionen vermutet. Indirekt kann Optimismus die Gesundheit über positive Gefühle, situationsangemessenes Gesundheits- und Bewältigungsverhalten und erhaltende soziale Unterstützung fördern.

In einer bemerkenswerten Studie ist es gelungen, den Einfluss von Optimismus auf den Krankheitsverlauf nachzuweisen.[70] Sie analysierte den Genesungsprozess von Männern, welche sich einer Bypass-Operation* unterzogen hatten. Viermal wurden die Patienten untersucht: kurz vor der Operation, eine Woche danach, ein halbes Jahr später und fünf Jahre später. Optimismus war kurz vor der Operation gemessen worden. Schon während der Operation zeigten sich günstige physiologische Messwerte bei den Optimisten im Vergleich zu den Pessimisten. Eine Woche nach der Operation wurden Verhaltensunterschiede beobachtet; die Optimisten erholten sich schneller, verließen das Bett und liefen umher; sie waren zufriedener mit ihrer Situation. Sechs Monate nach der Operation hatte sich das Leben der Optimisten stärker normalisiert als das der Pessimisten; sie arbeiteten wieder ganztags und hatten ihre sportlichen und sonstigen Aktivitäten wieder aufgenommen. Nach fünf Jahren berichteten die Optimisten über eine höhere Lebensqualität; bei ihnen gab es mehr Ganztagsbeschäftigung, während die Pessimisten mehr Teilzeitbeschäftigungen nachgingen.

---

[70] nach Schwarzer, R. (1990) S. 16

Der gesundheitsorientierte Lebensstil

Dieser Lebensstil (lifestyle) oder das sog. Gesundheitsverhalten (health behavior) eines Menschen ist (im negativen Sinn) hauptsächlich durch psychologische Risikofaktoren gekennzeichnet. **Risikofaktoren** nehmen Einfluss auf die Gesundheit, indem sie diese mit größerer Wahrscheinlichkeit beeinträchtigen können. Es sind besonders

- die Bewegungsarmut,
- die falsche Ernährung,
- das Übergewicht
- der Alkohol-, Nikotin- und Medikamentenmissbrauch,
- das Schlafverhalten.

Bewegungsarmut

Die Bewegungsarmut ist ein Phänomen der zivilisierten Welt. Während unsere Vorfahren die Bewegung brauchten, um arbeiten und überleben zu können, ist der Mensch von heute in erster Linie ein „Sitzwesen". Dies trifft besonders auf den Arbeitsbereich zu. Da zurzeit solche Arbeitsformen wie PC-Arbeit, Telearbeit, Telekommunikation, Fahrtätigkeiten u. dgl. m. immer mehr zunehmen, ist der Arbeitende überwiegend an den Stuhl gebunden. Das Sitzen ist seine Hauptposition. Überdies wird der Mensch auch in der Freizeit immer bequemer, indem er passive, sitzende Tätigkeiten, wie z. B. das Fernsehen oder den Besuch von Sportveranstaltungen, bevorzugt. Durch das übermäßige Sitzen werden Herz und Kreislauf, der Fettstoffwechsel u. dgl. m. wenig aktiviert, die Rücken- und Gesäßmuskulatur wird einseitig belastet, Gelenke und Muskeln werden zu wenig in Anspruch genommen. Demzufolge ist die Bewegungsarmut ein wesentlicher Risikofaktor für die Gesundheit im Leben des Menschen. Zur Verminderung dieses Risikos am Arbeitsplatz sollten verstärkt u. a. Sport- und Bewegungsprogramme in die Arbeitswelt eingeführt werden.

Falsche Ernährung

Ein weiterer Risikofaktor ist die falsche Ernährung. Es ist allgemein bekannt, dass der Mensch in der Regel mehr isst als er für seine tägliche, oft bewegungsarme Arbeitstätigkeit benötigt. Dabei werden besonders zu viele tierische, aber zu wenige pflanzliche Fette zu sich genommen. Ferner trinken die meisten Menschen während eines Arbeitstages zu wenig und auch falsch (mindestens 2 Liter pro Tag, überwiegend Wasser, relativ wenig Kaffee, Fruchtsäfte oder Alkoholika). Die Meinung, dass nur der Mensch, welcher arbeitsbedingt schwitzt, viel trinken soll, ist längst überholt. Zur falschen Ernährung gehört ferner das Essverhalten. Unregelmäßiges Essen im Laufe eines Arbeitstages, eine unausgewogene Verteilung der Mengen bei den einzelnen Mahlzeiten und die fehlende Entspannung und Ruhe vor, beim und nach dem Essen sind gleichfalls gesundheitsabträglich.

Übergewicht

Eine wesentliche Folge von Bewegungsarmut und falscher Ernährung ist das Übergewicht. Nach Berechnungen der Deutschen Adipositas-Gesellschaft sind 40 Mio. der Deutschen übergewichtig, 16 Mio. sind krankhaft fettleibig. In einer IAS-Studie an 930 Führungskräften (823 Männer und 107 Frauen) waren 52 % der Männer übergewichtig.[71]

Übergewicht und Adipositas (Fettsucht) werden nach dem **Körper-Masse-Index** (Body Mass Index = BMI) bestimmt. Der BMI errechnet sich aus dem Gewicht (in Kilogramm) geteilt durch das Quadrat der Körpergröße (in Meter). Ein Beispiel: Bei einem Körpergewicht von 100 Kilogramm und einer Größe von 1,80 Metern ist der BMI wie folgt: $100 : 1,80^2 = 30,9$. Liegt der ermittelte Wert zwischen 18,5, und 25 ist das Gewicht normal, ab BMI 25 besteht Übergewicht, ab BMI 30 Fettsucht. Wenn man bedenkt, dass Übergewicht bzw. Fettsucht die Hauptursache für Bluthochdruck, Stoffwechsel- und Gerinnungsstörungen, für Herzkranzgefäßerkrankungen, Schlaganfall, Verschleißerscheinungen an Gelenken und Wirbelsäule ist, dann wird die Bedeutung dieses Risikofaktors transparent.

Schlafverhalten

Während auf den Risikofaktor „Alkohol-, Nikotin- und Medikamentenmißbrauch" im Kapitel 3.7. ausführlich eingegangen wird, soll hier das Schlafverhalten thematisiert werden (sie dazu auch Kapitel 2.1.1.). Grundsätzlich hat der „gute" Schlaf eine Erholungs- bzw. Regenerationsfunktion für den Menschen. Er ist also eine entscheidende Voraussetzung für die Leistungsfähigkeit und Gesundheit. Demgegenüber ist ein „schlechter" Schlaf, der sich in Ein- und/oder Durchschlafstörungen (Insomnien) zeigt, ein Risikofaktor. Der allgemeine Richtwert für ausreichenden Schlaf beträgt 6 ½ Stunden. Schlafstörungen treten häufiger als angenommen auf. In einer Repräsentativstudie in der deutschen Bevölkerung wiesen sechs Prozent der Stichprobe behandlungsbedürftige Ein- und Durchschlafstörungen auf.[72] Es wird geschätzt, dass jeder fünfte klinisch gesunde Bundesbürger darunter leidet (20 % der Bevölkerung). Frauen sind doppelt so häufig betroffen wie Männer. Schlafstörungen werden oft durch falsches Verhalten hervorgerufen oder verstärkt. Solche Verhaltensweisen sind z. B. psychisch stark belastende Tätigkeiten am Feierabend, das dadurch bedingte *„Nicht-abschalten-können"*, unregelmäßige Schlafzeiten mit wechselnder Schlafdauer, der Konsum von Alkohol oder die Einnahme von Medikamenten vor dem Schlafen. Sie führen zu Regulationsstörungen des komplexen Schlafvorgangs. Das heißt, die für den normalen Wach-Schlaf-Rhythmus verantwortlichen Hormone wie z. B. Kortison, Melatonin oder die Neuropeptide werden in der Produktion gestört. Demzufolge werden die einzelnen, aufeinanderfolgenden Schlafphasen - vom Einschlafen über Traum und Tiefschlafphasen bis zum Aufwachen – in ihrem normalen Verlauf gestört. Besonders die Einnahme von Alkohol und Schlafmitteln führt zur Unterdrückung der Traumphasen, wodurch der Schlaf nicht mehr gesund bzw. erholsam ist. Die regelmäßige Einnahme von Alkohol und Medikamenten im Kontext des Schlafes führt häufig zu chronischen Schlafstörungen. Die Folge ist die Tagesmüdigkeit, die zu mangelnder Aufmerksamkeit in der Arbeit und sogar zum sog. Sekundenschlaf am Steuer führt. Dadurch wird das Unfallrisiko signifikant erhöht.

---

[71] Pfeiffer, W. et al. (2001)
[72] siehe ausführlich Zulley, J. & B. Knab (2001)

Der Arbeitsstil, besonders das Typ-A-Verhalten

Eine wichtige personale Ressource der Gesundheit ist der persönliche Arbeitsstil. Darunter ist die habitualisierte (verfestigte) Art und Weise der Bewältigung von Arbeitsaufgaben zu verstehen. Hierbei geht es darum, wie eine Person die Arbeitsaufgaben bewertet, wie sie sich selbst Arbeitsaufgaben stellt, wie sie ihre Arbeit plant, wie sie sich Ziele setzt, wie sie versucht, diese Ziele zu erreichen, wie sie Erfolg oder Misserfolg erlebt, wie sie mit Wettbewerbssituationen in der Arbeit umgeht u. dgl. m.. Dabei fällt vor allem ein Verhaltenstyp auf, der in der Stressforschung als „Typ A" bezeichnet wird. Er wurde das erste Mal von den amerikanischen Herz-Kreislauf-Forschern FRIEDMAN & ROSENMAN[73] ausführlich beschrieben.

Der stressgefährdete **„Verhaltenstyp A"** ist vor allem durch folgende Persönlichkeitsmerkmale gekennzeichnet (siehe auch Bild 20):

- Er weist eine *ausgeprägte Leistungshaltung* auf. Besondere Kennzeichen sind eine übermäßige Arbeitsorientierung in seinem Leben, die Setzung vieler, z. T. hoher Arbeitsziele und die unverzügliche Setzung neuer Ziele nach erfolgter Zielerreichung. Das Arbeitsverhalten ist mit einem starken Streben nach Erfolg, Anerkennung und auch Macht verbunden. Diese Haltung gilt auch oft für den Freizeitbereich.

- Er ist durch eine überzogene *Arbeitsdynamik* bestimmt. Alles scheint bei ihm eilig und dringend. Typ A-Personen haben das Gefühl, ständig unter Zeitdruck zu stehen; sie haben den Drang, möglichst viele Arbeiten in kurzer Zeit zu schaffen; sie sind ungeduldig, häufig hektisch; sie sprechen und schreiben schnell u. v . a. m..

- Der Typ A zeigt ein *auffälliges soziales Verhalten*. Wesentliche Merkmale sind ein starkes Wettbewerbs- oder gar Rivalitätsverhalten sowie eine Aggressivität bei Auftritt sozialer Konflikte.

- Er ist auch durch ein *spezifisches Beanspruchungs- bzw. Stresserleben* auffällig. Gefühle der Ermüdung, des Stress oder der Erschöpfung bleiben oft und lange unterdrückt. Belastungen mit Stressfolgen werden oft nicht bewusst wahrgenommen oder vorhergesehen.

- Hinzu kommt eine *mangelhafte Entspannungs- und Erholungsfähigkeit*, die sich besonders in der Freizeit zeigt.

Es konnte festgestellt werden, dass bei ihm im Vergleich zum Verhaltenstyp B, der o. g. Eigenschaften nicht aufweist, eine doppelt so hohe Wahrscheinlichkeit gegeben ist, an koronaren Herzkrankheiten zu erkranken. Dieses Verhalten ist ebenfalls ein psychosozialer Risikofaktor bei anderen psychischen und psychosomatischen Störungen. An der Entstehung dieser Erkrankungen sollen besonders folgende Typ A - Komponenten beteiligt sein: die mangelnde Erholungsfähigkeit, die fehlende Fähigkeit, mit negativen Gefühlen wie Angst und Ärger angemessen umzugehen, und die Aggressivität bei Konflikten.

---

[73] siehe Friedman, M. & Rosenman, R. H. (1975), Myrtek, M. (2002)

Das Typ A-Verhalten ist ein ernstzunehmendes Gesundheitsrisiko. Deshalb sollte durch medizinisch-psychologische Interventionen Einfluss auf Typ A-Personen genommen werden. Das Ziel ist zunächst darin zu sehen, ihnen ihr Verhalten und dessen negative Auswirkungen auf die Gesundheit bewusst zu machen. Dabei geht es primär um die Veränderung entsprechender Einstellungen. Eine häufig praktizierte Methode ist dafür das Stressbewältigungstraining, in dem auch das Typ A-Verhalten problematisiert wird (siehe Kapitel 3.3.).

Für die PP in Organisationen hat der Typ A eine große Bedeutung, da er sich vor allem im Arbeitsbereich verwirklichen will. Eine große Anzahl von Managern ist zumindest durch einige typische Merkmale auffällig. Nach Schätzungen sollen 76 % der leitenden Angestellten in der Tendenz Typ A-Personen sein.

Bei der Betrachtung des gesundheitsschädigenden A-Verhaltens darf aber nicht übersehen werden, dass dieser Typ dem Leistungsideal der modernen Industriegesellschaft entspricht. Eine fatale Folge davon ist, dass er oft in seinem Verhalten bestätigt und sogar honoriert wird. Das heißt, der Verhaltenstyp A ist auch Opfer eines gesellschaftlichen Leistungsverständnisses, welches der Gesundheit entgegensteht. Insofern ist dieses Verständnis, über das leider besonders in erfolgsorientierten Unternehmen kaum kritisch reflektiert wird, sehr inhuman.

Der Verhaltenstyp A

Werte
- Gewissenhaft, hohe Standards, aber dabei wenig flexibel
- Will eher respektiert als beliebt sein, scheut sozial-emotionale Nähe
- Strebt nach Anerkennung und Macht besonders im Berufsleben
- Erlebt relativ viele Leistungsanforderungen als Herausforderung und Wettbewerbssituation
- Kennt abgesehen vom Sport wenige Gratifikationsquellen

Gedanken- und Wahrnehmungsstil
- Verfolgt simultan mehrere Linien
- Nimmt oft vorweg, was als nächstes kommt, was eine Person z. B. sagen wird und reagiert schon im voraus darauf
- Auch kleinere Hindernisse sind Herausforderungen, denen zu begegnen ist
- Ist ein ungenauer Beobachter von Details der physischen und sozialen Umgebung

Interpersonelle Beziehungen
- Selbstzentriert, schlechter Zuhörer
- Ärger ist leicht auslösbar, wird aber oft unterdrückt
- Ist ungeduldig gegenüber Mitarbeitern
- Ist insofern selbstbewusst, als er/sie annimmt, alles besser als die anderen zu machen

Kommunikationsstil
- Reagiert schnell, akzentuiert gesprochene Worte
- Redet sicher und mit Nachdruck
- Verschwendet keine Worte
- Kann beim Sprechen leichter Geschwindigkeit zulegen als verlangsamen
- Ärgert sich, wenn von Dingen, die ihn frustrieren, erzählt wird
- Häufig in der Mimik angespannt, nur kurzes Lächeln

Gesten und Bewegungen
- Fester Händedruck, schneller Schritt
- Gespannte Körperhaltung, energisch, abrupt
- Kann nicht still sitzen

Bild 20: Merkmale des Verhaltenstyps A

Die o. g. persönlichen Risikofaktoren wirken besonders krankheitserzeugend, wenn sie gemeinsam mit Stress auftreten (siehe dazu Bild 21).

Im BGM reicht es jedoch heute nicht mehr aus, sich auf das individuenzentrierte Risikofaktoren-Konzept zu beschränken. Im klassischen, medizinisch geprägten Gesundheitsmanagement spielte dieses Konzept eine dominante Rolle. Heute ist es ebenso notwendig, weitere psychologische Persönlichkeitsmerkmale und psychosoziale Faktoren aus Arbeit und Organisation – nicht nur das Typ A–Verhalten – mit einzubeziehen.

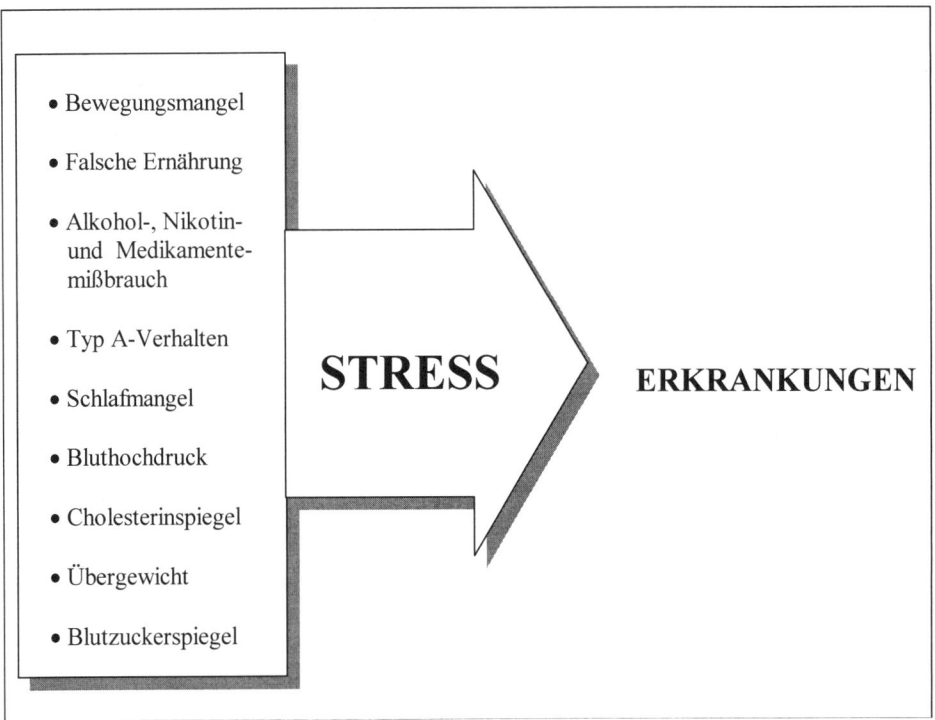

Bild 21: Risikofaktoren, Stress und Erkrankungen

KAPITEL 3

GESUNDHEITSMANAGEMENT IN DER ORGANISATION

Wenn Du einem geretteten Trinker begegnest,
dann begegnest Du einem Helden.
Es lauert in ihm schlafend der Todfeind.
Er bleibt behaftet mit seiner Schwäche und
setzt seinen Weg fort durch eine Welt der Trinksitten
in einer Umgebung, die ihn nicht versteht,
in einer Gesellschaft, die sich berechtigt hält,
in jämmerlicher Unwissenheit auf ihn herabzuschauen
als auf einen Menschen zweiter Klasse,
weil er es wagt, gegen den Alkoholstrom zu schwimmen.
Du sollst wissen: Er ist ein Mensch erster Klasse.

Friedrich von BODELSCHWINGH

(Siehe dazu ausführlich Kapitel 3.7.)

3.1. Die rechtlichen Grundlagen des Arbeitsschutzes

Arbeitsschutz ist spätestens seit dem Arbeitssicherheitsgesetz im Jahre 1973 für uns selbstverständlich. Am Beginn der Industrialisierung war es ganz anders: Mangelhafte Arbeitsräume, überlange Arbeitszeiten, Unfallgefahren, Kinderarbeit, Hungerlöhne und soziales Elend beherrschten den Arbeits- und Lebensalltag. Bis zum Arbeitsschutzgesetz im Jahre 1996 war es ein langer Weg, der durch Streiks, Aussperrung, Straßenkämpfe, Verfolgung, Gefängnisstrafen und schwarze Listen gekennzeichnet war. Denn die Interessen von Arbeitgeber und Arbeitnehmer waren sehr unterschiedlich. Die einen kämpften für bessere Lebens- und Arbeitsbedingungen, die anderen für höheren Profit oder für die hergebrachte staatliche Ordnung. Der AS in Deutschland hat deshalb eine lange Geschichte (siehe Kasten 13).

Kasten 13

Daten zum Arbeitsschutz

- 1839 Preußisches Regulativ zur Einschränkung der Kinderarbeit
- 1853 Ergänzungsgesetz zum Regulativ (Gewerbeaufsicht)
- 1884 Unfallversicherungsgesetz
- 1891 Arbeitsschutznovelle zur Gewerbeordnung
- 1920 Betriebsrätegesetz
- 1925 Berufskrankheitenverordnung
- 1952 Betriebsverfassungsgesetz
- 1960 Gesetz zum Schutz der arbeitenden Jugend
- 1968 Gesetz über technische Arbeitsmittel
- 1971 Arbeitsstoffverordnung
- 1973 Arbeitssicherheitsgesetz
- 1975 Arbeitsstättenverordnung
- 1994 Arbeitszeitgesetz
- 1996 Arbeitsschutzgesetz

Heute sind die Arbeitsbeziehungen weitgehend versachlicht. Arbeitgeber und Arbeitnehmer haben im Hinblick auf die Gestaltung der Arbeitswelt weitgehend einen Konsens gefunden. Die Globalisierung stellt neue Herausforderungen an den AS. Nun geht es beispielsweise darum, das Arbeitsschutzgesetz in allen EU-Ländern, auch den neuen und künftigen, effektiv im Sinne der Gesundheit und Sicherheit aller arbeitenden Menschen in Europa umzusetzen.

3.1.1 EG-Rahmenrichtlinie und Luxemburger Deklaration

EG-Rahmenrichtlinie

Den Entwicklungstendenzen in Wirtschaft und Arbeit und den neuen Rahmenbedingungen des Gesundheitsmanagements mussten auch die europäischen Legislativen mehr Beachtung schenken. Die Richtlinie des Rates vom 12. Juni 1989 über die Durchführung von Maßnahmen zur Verbesserung der Sicherheit und des Gesundheitsschutzes der Arbeitnehmer bei der Arbeit setzte erstmals ein modernes Verständnis des AGS europaweit durch. In diesem Kontext ist auch die Entwicklung des BGM zu sehen.

Kasten 14

Arbeitsschutzrecht

Darunter versteht man die Gesamtheit der Rechtsnormen, die dem Arbeitgeber öffentlich rechtliche Pflichten auferlegen, um die Arbeitnehmer oder Beschäftigten vor Gefahren zu schützen. „Öffentlich-rechtliche" Pflichten bedeuten, dass der Arbeitgeber in erster Linie gegenüber dem Staat und nicht gegenüber dem einzelnen Arbeitnehmer zur Einhaltung der Arbeitsschutzvorschriften verpflichtet ist. Der Verstoß gegen Arbeitsschutzvorschriften ist in der Regel mit Strafe bedroht.

Die Richtlinie des Rates (89/391/EWG) stützt sich auf den Vertrag zur Gründung der Europäischen Wirtschaftgemeinschaft (EWG), insbesondere auf Artikel 118 a EGV[75]. Dieser sieht vor, dass der Rat der Europäischen Gemeinschaft (heute: Europäische Union) durch Richtlinien Mindestvorschriften festlegt, die der Verbesserung der Arbeitsumwelt dienen und die Sicherheit und Gesundheit der Arbeitnehmer am Arbeitsplatz verbessern. Gemäß Artikel 118 a EGV ist es Aufgabe der Mitgliedstaaten, in ihrem Land den AGS von Arbeitnehmern zu erhöhen. Danach sind die Arbeitgeber europaweit verpflichtet, bei Berücksichtigung der in ihrem Unternehmen bestehenden Risiken über den neuesten Stand der Technik und über moderne wissenschaftliche Erkenntnisse der Arbeitsgestaltung zu informieren und diese an die Arbeitnehmervertretung weiterzugeben.

Die Integration des Arbeits- und Gesundheitsschutzes im Vertrag zur Gründung der Europäischen Wirtschaftgemeinschaft zeigt, welchen Stellenwert dieser für die europäischen Legislativen hat. Mit der Richtlinie 89/391/EWG wurde ein Paradigmenwechsel im AGS eingeleitet.

Die neue Sichtweise erkennt man schon im Artikel 1. Danach ist einerseits das Ziel die Verbesserung der Sicherheit und andererseits der Gesundheitsschutz am Arbeitsplatz. Es wird darauf hingewiesen, dass der Gesundheitsschutz sich nicht nur auf physische Belastungen und Gefahren beziehen kann. Vielmehr wird der Gesundheitsbegriff der WHO (siehe vorn) als Grundlage genommen und somit ebenfalls der psycho-soziale Gesundheitsschutz am Arbeitsplatz gefordert.

---

[75] Durch die konsolidierte Fassung des Vertrages von Amsterdam vom 8.4.1998 neue Artikelbezeichnung (Artikel 138).

Im Abschnitt II der Richtlinie geht es um die Pflichten des Arbeitgebers. Ein neuer rechtlicher Bestandteil für die meisten europäischen Länder sind die Artikel 10 bis 12. Dort wurde die Informations-, Unterweisungs- und Mitbestimmungspflicht der Arbeitnehmer ausdrücklich festgelegt.

Insgesamt gesehen ist die Richtlinie Ausgangspunkt für eine neue Sichtweise des Arbeits- und Gesundheitsschutzes im Betrieb. Die Pflichten von Arbeitgebern und -nehmern wurde auf europäischer Ebene geregelt - und die Mitgliedsstaaten verpflichtet, diese Richtlinie umzusetzen. Damit wurden die Voraussetzungen geschaffen für ein umfassendes BGM, das den AGS mit der Zielstellung der Gesundheitsförderung verbindet.

Die Luxemburger Deklaration

Die Luxemburger Deklaration zum betrieblichen Gesundheitsmanagement in Europa wurde von allen Mitgliedern des Europäischen Netzwerkes für betriebliche Gesundheitsförderung am 27. und 28. November 1997 in Luxemburg verabschiedet. Unter **BGM** versteht man hier alle gemeinsamen Maßnahmen von Arbeitgebern, Arbeitnehmern und Gesellschaft zur Verbesserung von Gesundheit und Wohlbefinden am Arbeitsplatz (siehe auch Kapitel 2.1.1.). Dies kann durch die Verknüpfung folgender **Ansätze** erreicht werden:

- Verbesserung der Arbeitsorganisation* und der Arbeitsbedingungen
- Förderung einer aktiven Mitarbeiterbeteiligung
- Stärkung persönlicher Kompetenzen.

Die Grundlage zum BGM bilden zwei Faktoren. Zum einen hat die o. g. EG-Rahmenrichtlinie (siehe oben) eine Neuorientierung des traditionellen Arbeitsschutzes in Gesetzgebung und Praxis eingeleitet. Zum anderen wächst die Bedeutung des Arbeitsplatzes als Handlungsfeld der öffentlichen Gesundheit (Public Health). Die EU ist also daran interessiert, gesunde Mitarbeiter in gesunden Unternehmen zu haben. Der zuständige Dienst der Europäischen Kommission hat deshalb eine Initiative zum Aufbau eines Europäischen Netzwerks für das BGM unterstützt. Diese Initiative steht im Einklang mit Artikel 129 des Vertrages zur Gründung der Europäischen Gemeinschaft und dem Aktionsprogramm der EU zur Gesundheitsförderung, -aufklärung, -erziehung und -ausbildung im Bereich der öffentlichen Gesundheit (Nr.645/96/EG). Die EU will mit dieser Deklaration die Mitgliedsstaaten ermutigen, dem BGM einen höheren Stellenwert einzuräumen.

3.1.2 Das Arbeitsschutzgesetz

Grundlage des deutschen Arbeitsschutzgesetzes ist die EG - Rahmenrichtlinie „Arbeitsschutz". Die Hauptintension der Richtlinie war, in allen Ländern ein einheitliches Arbeitsschutzgesetz zu kodifizieren, dass aktuellen Entwicklungstendenzen der Arbeit Rechnung trägt.

Das wichtigste Gesetz, welches als *die* verbindliche rechtliche Basis gegenwärtigen Gesundheitsmanagements in Organisationen anzusehen ist, stellt das **Arbeitsschutzgesetz (ArbSchG)** vom 21. August 1996 dar (BGBl. I, S. 1246) dar, zuletzt geändert durch Artikel 53 des Gesetzes vom 24. März 1997 (BGBl I, S. 594). Ausgehend von den Richtlinien der EU dient es dazu, den Gesundheitsschutz und die Sicherheit der Beschäftigten bei der Arbeit durch Maßnahmen des Arbeitsschutzes zu sichern und zu verbessern. Es gilt in allen Tätigkeitsbereichen bzw. in (fast) allen Bereichen organisierter Arbeit.

Im Folgenden sollen einige markante **Paragraphen** bzw. Sätze aus dem ArbSchG zitiert werden:[76]

§ 2: (1) Maßnahmen des Arbeitsschutzes im Sinne dieses Gesetzes sind Maßnahmen zur Verhütung von Unfällen bei der Arbeit *und arbeitsbedingten Gesundheitsgefahren einschließlich Maßnahmen der menschengerechten Gestaltung der Arbeit.*

§ 3: (1) Der Arbeitgeber ist verpflichtet, die erforderlichen Maßnahmen des Arbeitsschutzes unter Berücksichtigung der Umstände zu treffen, die Sicherheit und Gesundheit der Beschäftigten bei der Arbeit zu beeinflussen. Er hat die Maßnahmen auf ihre Wirksamkeit zu überprüfen und erforderlichenfalls sich ändernden Gegebenheiten anzupassen. Dabei hat er eine *Verbesserung von Sicherheit und Gesundheitsschutz* der Beschäftigten anzustreben.

§ 4: Der Arbeitgeber hat bei Maßnahmen des Arbeitsschutzes von folgenden allgemeinen Grundsätzen auszugehen:
Die Arbeit ist so zu gestalten, dass eine Gefährdung für Leben und Gesundheit möglichst vermieden und die verbleibende Gefährdung möglichst gering gehalten wird; *Gefahren sind an ihrer Quelle zu bekämpfen.*
Bei den Maßnahmen sind der Stand von Technik, Arbeitsmedizin und Hygiene sowie sonstige gesicherte arbeitswissenschaftliche Erkenntnisse zu berücksichtigen; Maßnahmen sind mit dem Ziel zu planen, Technik, *Arbeitsorganisation, sonstige Arbeitsbedingungen, soziale Beziehungen und Einfluss der Umwelt auf den Arbeitsplatz* sachgerecht zu verknüpfen.

§ 5: (1) Der Arbeitgeber hat durch eine Beurteilung der für die Beschäftigten mit ihrer Arbeit verbundenen Gefährdung zu ermitteln, welche Maßnahmen des Arbeitsschutzes erforderlich sind. Eine Gefährdung kann sich insbesondere ergeben durch die Gestaltung und die Einrichtung der Arbeitsstätte und des Arbeitsplatzes, physikalische, chemische und biologische Einwirkungen, die Gestaltung, die Auswahl und den Einsatz von Arbeitsmitteln, insbesondere von Arbeitsstoffen, Maschinen, Geräten und Anlagen sowie den Umgang damit, die Gestaltung von Arbeits- und Fertigungsverfahren, Arbeitsabläufen und Arbeitszeit und deren Zusammenwirken, unzureichende Qualifikation und Unterweisung der Beschäftigten.

§ 12: (1) Der Arbeitgeber hat die Beschäftigten über Sicherheit und Gesundheitsschutz bei der Arbeit während ihrer Arbeitszeit ausreichend und angemessen *zu unterweisen.*

§ 17: (1) Die *Beschäftigten* sind berechtigt, dem Arbeitgeber Vorschläge zu allen Fragen der Sicherheit und des Gesundheitsschutzes bei der Arbeit zu machen.

§ 21: (1) Die *Überwachung des Arbeitsschutzes* ist nach diesem Gesetz staatliche Aufgabe...Die Aufgaben und Befugnisse der Träger der gesetzlichen Unfallversicherung richten sich, soweit nichts anderes bestimmt ist, nach den Vorschriften des Sozialgesetzbuchs....

---

[76] Hervorhebungen von B.R.

Was ist neu im Arbeitsschutzgesetz?

Die Bekanntmachung des ArbSchG erfolgte am 07. August 1996; in Kraft trat es am 21. August 1996. Obwohl es also schon relativ lange bekannt ist, ist das Gesetz in vielen Unternehmen und Organisationen (mit mehr als 10 Beschäftigten) bisher nicht oder nur unzulänglich umgesetzt worden. Den AGS vernachlässigen selbst größere Unternehmen oder Organisationen. So gaben z. B. bei einer Befragung der IG Metall in Nordrhein - Westfalen[77] nur 48 % der Betriebsräte an, dass körperliche Gefährdungen ermittelt werden; bei psychischen Gefährdungen lag der Anteil nur bei 16 %. Die defizitäre Situation hat mehrere Gründe: teils ist es Unkenntnis, teils werden vom Arbeitgeber Kosten für Arbeitsschutzmaßnahmen befürchtet, teils wird der AS in seiner betriebswirtschaftlichen wie humanen Bedeutung unterschätzt.

Die unzureichende Umsetzung des ArbSchG ist bedauerlich, weil es viele moderne, progressive Regelungen aufweist:

- Es erfolgt die Ausweitung des Arbeitsschutzbegriffes auf die Verhütung *aller* arbeitsbedingten Gesundheitsgefahren (siehe § 2, Absatz 1).

- Die *umfassende* Arbeitgeberverantwortung ist festgelegt der (siehe § 3, Absatz 3).

- Es gilt für *alle Arbeitnehmer*, auch des öffentlichen Dienstes, wie z. B. für Lehrer, Krankenschwestern, Polizisten oder Erzieherinnen (siehe § 1, Absatz 1).

- Es besteht eine Pflicht zur *umfassenden Gefährdungsbeurteilung* (siehe § 5). Sie schließt auch die psychischen bzw. psychosozialen Belastungen in der Arbeit ein.

- Der Arbeitgeber ist auf der Grundlage der Gefährdungsbeurteilung verpflichtet, *Schutzmaßnahmen* festzulegen und umzusetzen.

- Gefährdungsbeurteilung und Schutzmaßnahmen sind *keine einmalige Aktion*, sondern sie sind regelmäßig durchzuführen und zu dokumentieren (siehe § 6, Absatz 1).

- Die Rechte der Beschäftigten bei der Umsetzung des ArbSchG sind wesentlich erweitert worden (siehe § 17).

- Moderne Erkenntnisse der Technik, Arbeitsmedizin* und sonstigen Arbeitswissenschaften, auch der Arbeitspsychologie*, sind bei der Gefährdungsbeurteilung und den Schutzmaßnahmen zu berücksichtigen (siehe § 4, 3.)

Zusammenfassend lässt sich konstatieren, dass das ArbSchG nicht nur die Arbeitssicherheit im „klassischen" Sinne und somit den technischen und medizinischen Arbeitsschutz beinhaltet, sondern die umfassende Gesundheitsvorsorge und die Gesundheitsförderung in Unternehmen fordert (siehe vorn Bild 6). Es geht somit weit über das Arbeitssicherheitsgesetz aus dem Jahre 1973 hinaus (siehe Tabelle 7). Dies hat Konsequenzen für den Arbeitgeber. Zum Beispiel haben sich die Fachingenieure bzw. Fachkräfte für Arbeitssicherheit und die Sicherheitsbeauftragten *umfassend* Aufgaben des Arbeitsschutzes zu widmen. Dies setzt jedoch Kenntnisse und Kompetenzen nicht nur in der technischen Arbeitsgestaltung, sondern ebenso in der Organisationsgestaltung bis hin zur psychologischen Arbeitsgestaltung voraus.

---

[77] nach " metall" 5/2002, S. 6

Tabelle 7: Vergleich traditioneller und präventiver Arbeitsschutz[78]

Arbeitsschutzmerkmal	Traditioneller Ansatz	Präventiver Ansatz
Zielrichtung	reaktives Handeln, Nachsorge	proaktives und präventives Handeln
Einbindung ins Unternehmen	AS-Abteilung, SIFA und Arbeitsmediziner	alle Führungskräfte und alle Mitarbeiter
Aufgaben des AS	Kontrolle und Beratung	Motivation, Beratung und Gestaltung
Handlungsansatz	Gesetze, Regelwerk	Ziel, Politik und Kultur des Unternehmens
Maßnahmenauslösung	Unfälle, Beanstandungen, Schäden	KVP, Gestaltungsdefizite
Interventionsrichtung	Erfüllung von Mindestanforderungen	Optimierung gesundheitsförderlicher Arbeitsbedingungen
Einbindung in die Organisation	AS als isolierter Aktionsbereich	AGS integrativer Bestandteil betrieblichen Managements
Paradigma	Pathogenese	Salutogenese

Die Gefährdungsbeurteilung als Kern des Arbeitsschutzes

Eine **Gefährdungsbeurteilung** ist die systematische und umfassende Untersuchung zur Ermittlung und Beurteilung von gesundheitlichen Gefährdungen an einem Arbeitsplatz, in einem Arbeitsbereich oder für eine Person bzw. Personengruppe. Es werden erfasst

1. die Gestaltung und die Einrichtung der Arbeitsstätte und des Arbeitsplatzes,
2. physikalische, chemische und biologische Einwirkungen,
3. die Gestaltung, die Auswahl und der Einsatz von Arbeitsmitteln, insbesondere von Arbeitsstoffen, Maschinen, Geräten und Anlagen sowie der Umgang damit,
4. die Gestaltung von Arbeits- und Fertigungsverfahren, Arbeitsabläufen und Arbeitszeit und deren Zusammenwirken,
5. die Qualifikation und Unterweisung der Beschäftigten.

Die **Vorteile** der Gefährdungsbeurteilung sind wie folgt:

- Durch sie erfolgt eine unverzügliche und wirksame Umsetzung des ArbSchG.
- Sie ist eine solide Ausgangsbasis für die Setzung von Prioritäten bei Maßnahmen des AGS.
- Sie führt zu einem erhöhten Gefährdungsbewusstsein bei allen Beteiligten, insbesondere bei den Mitarbeitern, wenn sie hinreichend einbezogen sind.
- Sie führt zu einer erhöhten Akzeptanz von Schutzmaßnahmen.

---

[78] nach Kuhn, K. (2000), S. 22

- Sie führt in der Konsequenz zur Senkung von arbeitsbedingten Erkrankungen und Fehlzeiten.

- Durch sie werden bei erfolgreicher Umsetzung von Schutzmaßnahmen Kosten eingespart. Das bedeutet: AS kostet zwar kurzfristig etwas, aber langfristig bringt er Gewinn.

Die Gefährdungsbeurteilung hat einen zentralen Stellen- und Funktionswert im methodischen Vorgehen. Denn umso umfassender mit validen diagnostischen Methoden die Gefährdungen bzw. Belastungen erfasst werden, desto zielgerichteter und wirkungsvoller können Maßnahmen des Arbeitsschutzes festgelegt, dokumentiert und umgesetzt werden (siehe Bild 22). Die Gefährdungsbeurteilung dient somit als entscheidende Basis für die Verbesserung von Arbeits- und Organisationsbedingungen im Betrieb.

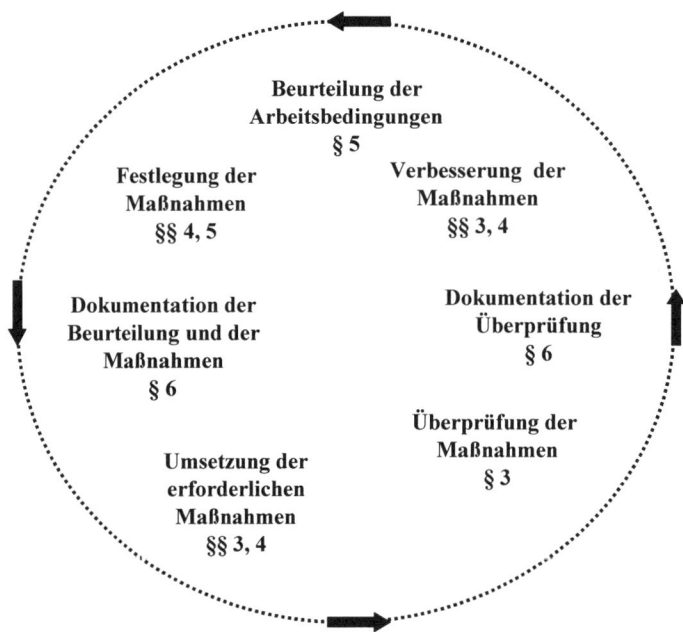

Bild 22: Schritte und Stellenwert der Gefährdungsbeurteilung

Bei der **Durchführung der Gefährdungsbeurteilung** gibt es jedoch zurzeit einige Probleme:

1. Der Stand der Umsetzung der Gefährdungsbeurteilung in Unternehmen ist, wie schon oben erwähnt, unzureichend. Zahlreiche Studien dazu belegen, dass das Arbeitsschutzgesetz nur sehr langsam umgesetzt wird.[79]

---

[79] vgl. Resch, M. (2003), S. 129 ff.

2. Die Qualität der durchgeführten Gefährdungsbeurteilungen ist weitgehend unbefriedigend. Man hat häufig den Eindruck, die Gefährdungsbeurteilung werde nur „per Gesetz", aber nicht nach wissenschaftlichen Kriterien durchgeführt. Bei solchen Gefährdungsbeurteilungen werden arbeitswissenschaftliche Verfahren relativ selten eingesetzt. Viele Checklisten sind oberflächlich; sie genügen keinesfalls den Güteanforderungen an diagnostische Methoden, d. h. der Objektivität*, Reliabilität* und Validität*.[80]

3. Gefährdungsbeurteilungen sind in der Tradition des technischen Arbeitsschutzes eher technisch, ergonomisch und ggf. noch medizinisch ausgerichtet. Dies ist einerseits plausibel, da hier die größten Erfahrungen vorliegen. Andererseits werden diese Ansätze dem *psychosozialen Inhalt* der Arbeit unzureichend gerecht.

4. Gefährdungsbeurteilungen sind zu wenig auf *psychische bzw. psychosoziale* Belastungen in der Arbeit orientiert. Der Anteil der Betriebe, die bereits eine Gefährdungsanalyse unter Berücksichtigung psychischer Belastungen durchgeführt haben, wird gegenwärtig auf 5 bis 15 % geschätzt. Dies ist der Fall, obwohl nach Einschätzung von Experten der „Stress" das Hauptproblem des Arbeitsschutzes der Zukunft sein wird (siehe dazu Bild 23).

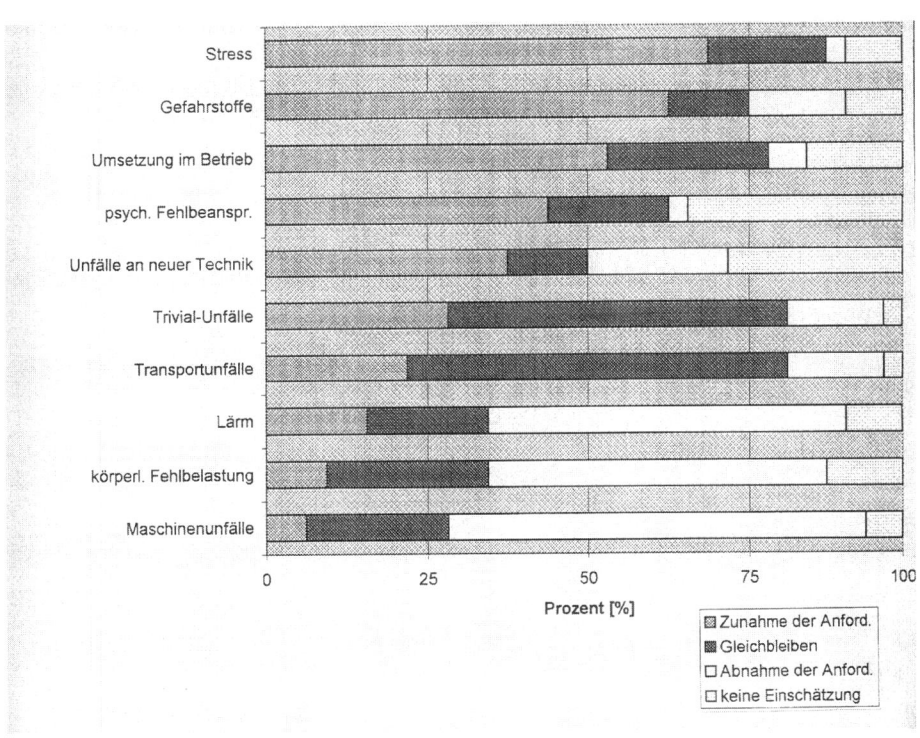

Bild 23: Arbeitsschutzprobleme der näheren Zukunft[81]

---

[80] vgl. auch Landau, K. in: *Arbeit & Ökologie-Briefe* Nr. 11 vom 6. Juni 2001, S. 5
[81] nach Raithel & Lehnert (1993)

Die **Vernachlässigung psychischer Belastungen** in der Gefährdungsbeurteilung hat vor allem zwei Gründe:

- Psychische Belastungen haben im AS als explizites Thema keine Tradition, weil dieser lange technisch-ergonomisch bestimmt war.

- Es fehlen ökonomische, für den Anwender (Sicherheitsfachkräfte, Betriebsärzte, Sicherheitsbeauftragte, Führungskräfte, Betriebsräte usw.) nutzbare psychodiagnostische Methoden, welche die psychischen Belastungen valide erfassen. Bekannte psychologische Methoden der Arbeitsanalyse und -bewertung, wie z. B. das Tätigkeitsbewertungssystem, das Verfahren zur Ermittlung von Regulationshindernissen in der Arbeit oder das Instrument zur stressbezogenen Arbeitsanalyse[82], eignen sich eher für Forschungsarbeiten oder psychologische Analysen der Arbeitstätigkeit als für in der Praxis geforderte Gefährdungsbeurteilungen[83].

3.1.4 Weitere wichtige Gesetze und Verordnungen

Arbeitssicherheitsgesetz

Ein weiteres Gesetz, welches für das BGM eine Bedeutung hat, ist das Gesetz über Betriebsärzte, Sicherheitsingenieure und andere Fachkräfte für Arbeitssicherheit, kurz *Arbeitssicherheitsgesetz* (Occupational Safety and Health Act). Es wurde am 12. Dezember 1973 verabschiedet und 1996 mit Inkrafttreten des ArbSchG geändert. Es kann als Vorläufer des ArbSchG angesehen werden. Nach dem ASiG gilt folgender Grundsatz (§ 1): *„Der Arbeitgeber hat nach Maßgabe dieses Gesetzes Betriebsärzte und Fachkräfte für Arbeitssicherheit zu bestellen. Diese sollen ihn beim Arbeitsschutz und bei der Unfallverhütung unterstützen. Damit soll erreicht werden, dass die dem Arbeitsschutz und der Unfallverhütung dienenden Vorschriften den besonderen Betriebsverhältnissen entsprechend angewandt werden, gesicherte arbeitsmedizinische und sicherheitstechnische Erkenntnisse zur Verbesserung des Arbeitsschutzes und der Unfallverhütung verwirklicht werden können, die dem Arbeitsschutz und der Unfallverhütung dienenden Maßnahmen einen möglichst hohen Wirkungsgrad erreichen."*

Im ASiG werden ergo die Pflichten der Arbeitgeber zur Bestellung von Betriebsärzten und Fachkräften für Arbeitssicherheit sowie die Pflicht der Gründung eines Koordinationsgremiums des innerbetrieblichen Arbeitsschutzes festgelegt. Somit werden die grundsätzlichen Strukturen der Organisation des betrieblichen Arbeitsschutzes bestimmt, indem es die Akteure, ihre Aufgaben und ihre Zusammenarbeit festlegt. Die Arbeitgeber erhalten eine fachlich qualifizierte Unterstützung.

---

[82] siehe zu den Verfahren z. B. Ulich, E. (1998)
[83] siehe z. B. Hamborg, K.C. & Schweppenhäußer, A. (1993)

Sozialgesetzbuch

Eine weitere wichtige rechtliche Grundlage ist das Sozialgesetzbuch (SGB). Das **SGB V**, insbesondere §§ 1 und 20, verpflichtet die Krankenkassen zur erweiterten Prävention und betrieblichen Gesundheitsförderung. Seitdem reichen ausschließlich verhaltensorientierte Maßnahmen, welche vorher den Schwerpunkt der Präventionsarbeit von Krankenkassen bildeten, nicht mehr aus. Die Krankenkassen erhielten somit eine aktive Rolle als Partner im AGS. Durch das im November 1999 vom Bundestag verabschiedete Gesetz zur GKV Gesundheitsrefom 2000 hat die von den Krankenkassen getragene Gesundheitsförderung auf der Grundlage des § 20 SGB V wieder einen erweiterten Handlungspielraum erhalten.

Interessant ist auch das **Sozialgesetzbuch VII**. Gleichzeitig mit dem ArbschG ist das „Siebte Buch" für das Sozialgesetzbuch (SGB VII) beschlossen worden, mit dem das Recht der gesetzlichen Unfallversicherung von der Reichsversicherungsordnung (RVO) in das Sozialgesetzbuch (SGB) überführt und zugleich aktualisiert wurde. Das Buch ist am 01. Januar 1997, während die Teile über die Prävention von Arbeitsunfällen, Berufskrankheiten und arbeitsbedingten Gesundheitsgefahren bereits zeitgleich mit dem Arbeitsschutzgesetz am 21. August 1996 in Kraft getreten sind. Im betrieblichen Arbeitsschutz gilt jetzt (siehe Kasten 15): Die Berufsgenossenschaften (BG) haben zusätzlich zur Unfall- und Berufskrankheitenverhütung die Aufgabe, *arbeitsbedingten Gesundheitsgefahren* vorzubeugen, den Ursachen solcher Gefahren nachzugehen und auf diesem Feld mit den Krankenkassen zusammenzuarbeiten. Der Präventionsauftrag der BG wurde also stark erweitert.

Sozialgesetzbuch Teil VII – Auszug

§ 1 *Prävention, Rehabilitation, Entschädigung*

Aufgabe der Unfallversicherung ist es...
1. mit allen geeigneten Mitteln Arbeitsunfälle und Berufskrankheiten sowie arbeitsbedingte Gesundheitsgefahren zu verhüten,

§ 14 *Präventionsgrundsatz*

(1) Die Unfallversicherungsträger haben mit allen geeigneten Mitteln für die Verhütung von Arbeitsunfällen, Berufskrankheiten und arbeitsbedingten Gesundheitsgefahren und für eine wirksame Erste Hilfe zu sorgen. Sie sollen dabei auch den Ursachen von arbeitsbedingten Gefahren für Leben und Gesundheit nachgehen.

(2) Bei der Verhütung arbeitsbedingter Gesundheitsgefahren arbeiten die Unfallversicherungsträger mit den Krankenkassen zusammen.

Verordnungen

Beachtenswert sind für den AS aus psychologischer Sicht ferner folgende Verordnungen, welche der Umsetzung entsprechender EG-Einzelrichtlinien dienen:

- *Arbeitsstättenverordnung (ArbStättV)*
  Sie bestimmt, wie Betriebe, Werkstätten, Büros und Verwaltungen, Lager und Läden gestaltet und ausgestattet sein müssen. Das betrifft beispielsweise die Arbeitsplatzgröße, die Beleuchtung, die Raumtemperatur und den Lärm (siehe ausführlich Kapitel 4.3.).

- *Bildschirmarbeitsverordnung (BildscharbV)*
  Durch sie werden notwendige Schutzbestimmungen für die Beschäftigten bei der Arbeit an Bildschirmgeräten zusammengefasst und alle Arbeitgeber zu ihrer Beachtung verpflichtet. Dies betrifft Mindestanforderungen an das Bildschirmgerät, den Arbeitsplatz und die Arbeitsumgebung sowie an die Softwareausstattung und die Arbeitsorganisation* (siehe Kapitel 4.3.2.).

- *Betriebssicherheitsverordnung* (**BetrSichV**)
  Bei der Benutzung von Arbeitsmitteln dürfen die Sicherheit und die Gesundheit der Beschäftigten nicht gefährdet werden. Diese Verordnung enthält daher entsprechende Schutzziele und Bestimmungen (siehe Kapitel 4.5.).

- *Maschinenverordnung*
  Sie fordert zum Gerätesicherheitsgesetz nach Anhang I der EG-Richtlinie für Maschinen, dass bei der Entwicklung und dem Bau von Maschinen als ein Grundsatz für die Sicherheit „*Belästigung, Ermüdung und psychische Belastung (Stress) des Bedienungspersonals unter Berücksichtigung der ergonomischen Prinzipien auf das mögliche Mindestmaß reduziert werden müssen*".

- *Arbeitszeitgesetz (ArbZG)*
  Es begrenzt die tägliche Höchstarbeitszeit und legt Mindestruhepausen während der Arbeitszeit sowie Mindestruhezeiten nach der Arbeit fest. Besonders geschützt sind Nachtarbeiter (siehe Kapitel 4.5.).

Ein Meilenstein im BGM war ebenfalls das **Betriebsverfassungsgesetz** (BetrVG) vom 15.01.1972, durch welches die Schutz- und Mitwirkungsrechte für Arbeitnehmer erweitert und unter Mitbestimmung des Betriebsrates die Unfallüberwachung und die Arbeitszeitregelungen verschärft wurden.

3.2. Gesundheitszirkel

3.2.1 Was ist ein Gesundheitszirkel?

Eine zentrale Methode betrieblichen Gesundheitsmanagements ist der Gesundheitszirkel (kurz: GZ). Er wird auch als *das* Modell zur Organisationsentwicklung unter dem Gesundheitsaspekt angesehen. Der GZ lässt sich wie folgt definieren:

Kasten 15

Gesundheitszirkel

- ist eine auf zeitlich befristete Dauer angelegte
- Kleingruppe,
- in der Arbeitende einer hierarchischen Ebene bzw. eines
- Arbeitsbereichs
- in regelmäßigen zeitlichen Abständen
- auf freiwilliger Basis zusammenkommen, um
- gesundheitsrelevante Themen des eigenen Arbeitsbereichs zu analysieren und
- unter Anleitung eines sachkompetenten Moderators und
- gegebenenfalls unter Einbeziehung von Gesundheitsexperten (z. B. Werksarzt, Sicherheitsfachkraft)
- mit Hilfe von Problemlösungs- und Kreativitätstechniken
- Lösungsvorschläge zu erarbeiten und zu präsentieren,
- diese Vorschläge selbständig oder im Instanzenweg umzusetzen und
- eine Ergebniskontrolle vorzunehmen.

In der Regel arbeitet ein Gesundheitszirkel längere Zeit zusammen, etwa ein bis zwei Jahre. Die exakte Dauer kann nicht vorgegeben werden, da sie in erster Linie von der Anzahl und Art zu lösender Probleme abhängig ist. Die Kleingruppe umfasst etwa 5 bis maximal 12 Mitglieder. Es sollten Arbeitende mit größerem Erfahrungswissen sein, die sich freiwillig alle 14 Tage oder mindestens einmal im Monat jeweils etwa 1 bis 1 1/2 Stunde treffen. Die Umsetzung der Lösungsvorschläge erfolgt selbständig oder - wenn dies nicht möglich ist - in Zusammenarbeit mit den für das definierte Problem zuständigen Abteilungen oder Personen.

Der betriebliche GZ ist als problembearbeitendes, im Idealfall als problemlösendes Instrument zu verstehen. Er dient der Vorbeugung oder Aufhebung gesundheitsbeeinträchtigender oder pathogener Organisationsstrukturen einschließlich Arbeitsbedingungen. Er ist i. e. S. ein Instrument zum BGM, i. w. S. zur Organisationsentwicklung. Der GZ kann innerhalb des KVP einen bedeutsamen Beitrag zur Entwicklung einer Organisation und ihres Personals leisten.

Gesundheitszirkel und Organisationsentwicklung

Der GZ trägt zur Organisationsentwicklung in folgender Weise bei (siehe dazu auch Kapitel 2.3.1.):

- Im GZ wirken überwiegend diejenigen Arbeitnehmer mit, welche die Organisation an der Basis repräsentieren. In ihm kommt das Erfahrungswissen der in erster Linie von gesundheitsrelevanten Schwachstellen der Organisation Betroffenen zum Tragen.

- Im GZ haben die Betroffenen als Mitwirkende die große Chance, über ihre Arbeit konstruktiv zu kommunizieren, indem Probleme und Lösungsvorschläge herausgearbeitet werden. Diese Kommunikation erfolgt gemeinsam mit Vorgesetzten, dem Betriebsrat, der Betriebsärztin und weiteren für die Arbeit der Betroffenen Verantwortlichen. Wenn die Ergebnisse des Gesundheitszirkels im Unternehmen transparent gemacht werden, führt dies zur weiteren Diskussion über Organisationsprobleme.

- Die Mitarbeit im GZ trägt zu einem ganzheitlichen Verständnis der eigenen Arbeit inkl. gesundheitsbeeinträchtigender Bedingungen bei. Während vorher die Mitwirkenden oft nur ihre tägliche persönliche Arbeit gesehen haben, erfahren sie im GZ Wesentliches über Zusammenhänge ihrer Arbeitstätigkeit in der Organisation. Damit wird das individuelle Problembewusstsein für die gesamte Organisation - als wesentliche Voraussetzung von Organisationsentwicklungsprozessen - entwickelt. In gleicher Weise finden bei den Betroffenen Lernprozesse statt, weil in Gesundheitszirkeln miteinander und voneinander gelernt wird.

In Anlehnung an den "Düsseldorfer Ansatz" lässt sich der GZ wie folgt charakterisieren:[83]

- *verhältnisorientiert*, denn das Ziel ist die Veränderung der Arbeits- und Organisationsverhältnisse;

- *mitarbeiterorientiert*, weil die Kommunikationsbasis das Erfahrungswissen der Mitarbeiter über die Arbeitsbelastungen ist;

- *belastungsorientiert*, da psychosoziale und ergonomische* Belastungen im Mittelpunkt der Diskussion stehen;

- *zielorientiert*, da am Ende der Gesundheitszirkelarbeit praktische Änderungsvorschläge und Maßnahmen stehen;

- *regelorientiert*, weil festgeschriebene Gesprächsregeln eine wesentliche Voraussetzung für eine effektive Kommunikation sind;

- *moderationsorientiert*, weil die Sitzungen unter Beachtung der Gesprächsregeln von einem Moderator geleitet werden.

---

[83] vgl. Slesina, W. (1994)

3.2.2 Ziele, Aufbau, Durchführung, Ablauf und Evaluation

Mit der Implementierung eines Gesundheitszirkels kann ein wesentlicher kollektiver Beitrag zur gesundheitsfördernden Gestaltung der Arbeitsverhältnisse geleistet werden. Dabei werden zwei **Hauptziele** angestrebt (siehe auch Kasten 14):

1. Es geht um die Identifikation von gesundheitlich bedeutsamen psychosozialen und ergonomischen Belastungen. Dies sind solche Belastungen, die mit großer Wahrscheinlichkeit negative Beanspruchungsreaktionen, besonders Arbeitsunzufriedenheit, Stress und Ermüdung, hervorrufen und langfristig zu körperlichen und psychischen Gesundheitsschäden führen.

2. Es werden Verbesserungsvorschläge zum Abbau der identifizierten Belastungen herausgearbeitet, die sodann in der Praxis möglichst schnell umgesetzt werden sollten.

Der **Aufbau** eines Gesundheitszirkels ist im Bild 24 zu sehen.

Die Durchführung eines Gesundheitszirkels kann nur mit Zustimmung der Unternehmensleitung erfolgen. Wie in jedem anderen Projekt drückt sich auch im GZ die Unternehmensphilosophie aus. Wenn die Gesundheit als zentraler Wert des Unternehmens angesehen wird, dann ergibt sich der GZ aus dieser Philosophie. Die Unternehmensleitung ist ferner für die Umsetzung der vorgeschlagenen Problemlösungen mitverantwortlich.

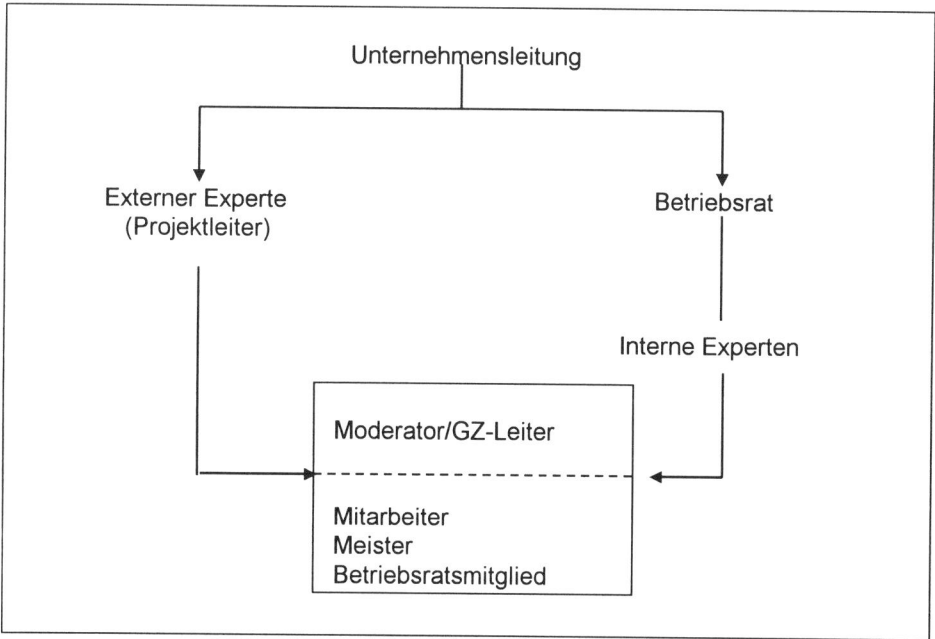

Bild 24: Aufbau des Gesundheitszirkels

Kasten 16

Gesundheitszirkel in der Mannheimer Verkehrsgesellschaft AG[84]

In der Zeit vom Juni 1995 bis Juli 1997 fand in der Mannheimer Verkehrsgesellschaft AG (MVG) ein GZ unter Leitung des Autors statt. Anlass des Zirkels, an dem sich Straßenbahn- und Linienomnibusfahrer, Mitglieder des Betriebsrates, der Schwerbehindertenvertreter und der Fahrdienstbeauftragte (Co-Moderator) beteiligten, waren der relativ hohe Krankenstand und eine vorausgegangene wissenschaftliche Studie zu den hohen psychischen Belastungen der Fahrer.

Im GZ wurden *33 Probleme* herausgearbeitet. Für 28 Probleme konnten Lösungsvorschläge erarbeitet werden. Es sind erfreulicher Weise 20 vom Zirkel vorgeschlagene Lösungen durch Veränderungsmaßnahmen in der Praxis effektiv umgesetzt worden.

Bei den *ergonomischen Problemen* sind u. a. folgende Lösungen zu verzeichnen:
- Die Verstellmöglichkeit der Fahrersitze wurde verbessert.
- Eine Blendung der Fahrer bei Nacht wurde durch Einbau einer Tönungsfolie aufgehoben.
- Eine Blendung der Fahrer bei Tag wurde durch Einbau von Sonnenrollos aufgehoben.
- Die Erkennung des Schalters für die Warnblinklichtanlage in Niederflurbussen wurde durch Umsetzung ins Armaturenbrett und farbliche Hervorhebung verbessert.
- Die Lesbarkeit des Zentralsteuergerätes wurde in allen Fahrzeugen durch Anbringung eines Blendschutzes verbessert.

Bei den *technischen Problemen* liegen u. a. folgende praktische Lösungen vor:
- Die hohe Geräuschentwicklung der Klimaanlage wurde durch Umrüstung des Fahrzeugs vermindert.
- Die wiederholte Ansage einer Haltestelle wurde durch Umprogrammieren des Ansagegeräts eingestellt.
- Die Reaktionen des Sollwertgebers für Beschleunigungs- und Bremskommandos wurden durch Softwareveränderung verbessert.

Alle genannten *Arbeitsumfeldprobleme* konnten gelöst bzw. umgesetzt werden:
- Es wurde am 01.01.1998 eine neue Dienstkleidung eingeführt.
- Durch Einrichtung eines zentralen Aufenthaltsraums am Paradeplatz erübrigt sich der Aufenthalt in den klimatisch schlechteren Aufenthaltsräumen an den Endstationen.
- Es wurden an allen Endstationen sanitäre Einrichtungen (Toilette, Waschbecken usw.) geschaffen.
- Es erfolgte eine bessere Abtrennung der Fahrerkabine gegenüber dem Fahrgastraum.

Folgende *Arbeitsorganisationsprobleme* sind in der Praxis bewältigt worden:
- Verspätungen gegenüber dem Fahrplan durch Fahrscheinverkauf bzw. Fahrscheinkontrollen ab 20 Uhr (Bus) sind durch Einstellung des Verkaufs bzw. durch Berücksichtigung der Kontrollen im neuen Fahrplan aufgehoben.
- Urlaubsanträge können von den Fahrem früher beantragt werden, und sie werden auch rechtzeitig genehmigt.
- Durch Einrichtung einer zentralen Ablösestelle fallen die zahlreichen, vom Wohnort unterschiedlich weit entfernten An- und Abtrittsorte für die Fahrer weg.
- Das Problem der kurzen Ruhezeiten zwischen zwei Diensten, besonders bei Verfügungsdiensten, wird durch rechtzeitige Information der Fahrer bzw. durch Absprache mit den Fahrern eingeschränkt.

Im Problembereich *Führung und Management* hat sich vor allem der Umgangston zwischen Fahrdienstbüro und Fahrem verbessert, da die Diensteinteilung nun direkt bei den Fahrem in der entsprechenden Abteilung erfolgt. Die von den Fahrem kritisierte "Überwachung" durch die Verkehrsmeister kann nicht aufgehoben werden, da diese gesetzlich vorgeschrieben ist. Schließlich wünschen sich die Teilnehmer eine größere Transparenz und mehr Kommunikation über die Zirkelarbeit unter Kollegen und im Unternehmen.

---

[84] siehe ausführlich Rudow, B. & P. Demuth (1997)

Der Betriebs-/Personalrat als Interessenvertreter der Mitarbeiter und intimer Kenner ihrer Arbeitsverhältnisse hat im GZ eine wichtige Stellung. Seine Einbeziehung ergibt sich aus der Verantwortung für den AGS und seinen spezifischen Struktur- und Verfahrenskenntnissen. Der Betriebs-/Personalrat hat dabei eine Doppelfunktion: Zum einen ist er direkt im GZ vertreten. Zum anderen ist er stets Ansprechpartner und Berater, besonders bei der Umsetzung von Verbesserungsvorschlägen in der Praxis.

Als interne Experten kommen in erster Linie der Betriebsarzt, eine Sicherheitsfachkraft oder alternativ ein Ergonom in Frage. Diese Experten haben die Aufgabe, (1) den Moderator bei speziellen Problemen der Gruppe zu beraten, (2) die Verbindung zwischen Unternehmensleitung und GZ herzustellen und (3) die Unternehmensphilosophie in den GZ zu transformieren. Sie überwachen die Vorbereitung, Durchführung und vor allem die Umsetzung der Lösungsvorschläge des Gesundheitszirkels und sind Ansprechpartner der Unternehmensleitung und des Moderators. Die internen Experten sind nach Bedarf temporäre Mitglieder des Gesundheitszirkels.

Der externe Experte ist i. d. R. der Unternehmensberater bei der Ein- und Durchführung des Gesundheitszirkels. Im Kontext damit verbundenen Aufgaben übernimmt er häufig die Projektleitung. Damit ist er Ansprechpartner aller am GZ-Konzept Beteiligten. Es ist empfehlenswert, dass er die Moderation zumindest in der ersten Phase der Zirkelarbeit übernimmt.

Der Moderator hat mehrere Aufgaben zu erfüllen: (1) Er wacht über die Beachtung der Gesprächsregeln durch die Teilnehmer. (2) Er ist zuständig für das schrittweise Vorgehen in der Gesundheitszirkelarbeit. (3) Er stimmt laufend die Arbeitsweise (Kooperationen, Maßnahmen, Termine usw.) des Zirkels mit der Gruppe ab. (4) Er wendet Problemlösungs-, Kreativitäts- und Visualisierungstechniken in angemessener Weise an. (5) Er nimmt ständig Einfluss auf gruppendynamische Prozesse. (6) Er hält Kontakt zu den internen und externen Experten und - wenn notwendig - zur Unternehmensleitung. Demgemäß hat der Moderator eine Schlüsselfunktion im GZ.

Es ist vorteilhaft, einen internen *und* einen externen **Moderator** bzw. Berater zu wählen. Die Vorteile des internen Moderators bestehen darin, dass er

- über detaillierte Kenntnisse der Aufbau- und Ablauforganisation des Unternehmens sowie der zu problematisierenden Tätigkeit verfügt,
- oft ein Vertrauensverhältnis zu den Zirkelteilnehmern hat,
- durch seine permanente Anwesenheit im Unternehmen auf kurzfristige oder unerwartet auftretende Probleme und Unstimmigkeiten unverzüglich Einfluss nehmen kann.

Die Vorteile des externen Moderators liegen darin, dass er

- über ein umfangreiches Expertenwissen verfügt (Expertenautorität),
- unvoreingenommen gegenüber den Werten und sozialen (Macht-) Strukturen im Unternehmen ist,
- sachdistanziert den im Zirkel thematisierten Problemen gegenübersteht.

Der **Gesamtablauf** des Gesundheitszirkels ist in mehrere Schritte gegliedert:

1. Vorbereitung,
2. Einführung,
3. Problemsammlung,
4. Problemstrukturierung,
5. Problemlösung und Präsentation,
6. Lösungsumsetzung durch Maßnahmen,
7. Kontrolle der Umsetzung der Maßnahmen,
8. Bestimmung der Effektivität der Maßnahmen (Evaluation).

In der Vorbereitung erfolgen die Absprache mit der Unternehmensleitung, die rechtzeitige Information und Einbeziehung des Betriebsrats, die Information und Auswahl der Mitarbeiter für die Teilnahme am GZ, die Festlegung der internen Experten und Moderatoren sowie die zeitliche und räumliche Planung.

Die Einführungsveranstaltung dient dazu, den Teilnehmern das Konzept des Gesundheitszirkels detailliert vorzustellen, die Aufgaben des Moderators und der Teilnehmer darzulegen, die Regeln der Zusammenarbeit und insbesondere der Kommunikation zu erläutern. Aufgabe des Moderators ist es, die Teilnehmer zu informieren, zu motivieren und von Beginn an auf die Gruppendynamik zu achten, indem jeder Teilnehmer in angemessener Weise aktiv in die Gruppenarbeit einbezogen wird.

In den Phasen der Problemsammlung und -strukturierung ist es das Ziel, die wesentlichen Probleme bzw. Belastungen herauszuarbeiten, in eine Rangreihe nach dem Belastungsgrad zu bringen und nach inhaltlichen Kriterien zu strukturieren. Die Sammlung der Probleme erfolgt mit Hilfe der Zuruf- und/oder Kartenabfrage. Bei der Gewichtung der Probleme nach dem Belastungsgrad, d. h. bei Unterscheidung von wichtigen und unwichtigen Problemen, findet die *Pareto-Analyse* Anwendung. Hierbei werden 20 % der Probleme herausgefiltert, die etwa 80 % der Gesamtbelastung ausmachen.

Zur **Problemstrukturierung** gehört auch die Ursachenanalyse. Dazu wird oft das *Ishikawa-Schema* benutzt. Es dient dazu, die Ursachen nach den Bereichen *Mensch*, *Maschine*, *Material* und *Methoden* zu bestimmen. Die Bereiche können nach Art der zu analysierenden Arbeitstätigkeit modifiziert oder ausdifferenziert werden.

Die **Problemlösung** erfolgt i. d. R. mit der **Brainstorming**-Methode. Mit ihrer Hilfe werden Problemlösungen nach vorgegebenen Regeln generiert:
- Das Ausgangsproblem muss für alle Teilnehmer eindeutig definiert und analysiert worden sein.
- Die Problemlösungsideen werden kommentarlos dokumentiert. Dabei gilt: Je origineller die Idee zur Problemlösung ist, desto besser ist sie.
- Alle Ideen werden schriftlich festgehalten.
- Das Verfahren ist abgeschlossen, wenn keine Problemlösungsvorschläge mehr kommen. Beginn und Ende des Brainstormings bestimmt der Moderator.

Die **Präsentation der Ergebnisse** des Gesundheitszirkels sollte dann erfolgen, wenn genügend Lösungsvorschläge für die wesentlichen Probleme vorliegen. An ihr sollten sich die für diese Probleme zuständigen internen Experten, Vertreter des Betriebsrats und der Unternehmensleitung beteiligen. Die Präsentation dient auch der ersten Diskussion zur Umsetzung der Problemlösungsvorschläge in der Praxis.

An der Kontrolle der **Umsetzung der Lösungsvorschläge** sind einerseits die Zirkelteilnehmer und andererseits die internen Experten und die Unternehmensleitung beteiligt. Da die Umsetzung nicht zuletzt aus wirtschaftlichen Gründen oft ein schwieriger Prozess ist, bedarf es hier des gemeinsamen Engagements aller Beteiligten.

Zur Auswertung der Arbeit des Gesundheitszirkels sollte ein Projektbericht zählen, der vom Projektleiter verfasst wird. Hier ist neben wesentlichen Aspekten zur Theorie und Praxis des Gesundheitszirkels auch eine erste Evaluation der Zirkelarbeit, die durch Befragung der Teilnehmer realisiert wird, zu berücksichtigen (siehe unten). Mittel- und langfristig zählen zur Evaluation messbare Effekte. Bei der Auswertung ist zu beachten, dass hierbei nicht nur die Zirkelarbeit i. e. S. thematisiert wird, sondern dass sie in das Gesundheitsprogramm, soweit vorhanden, des Unternehmens eingebettet wird. Dementsprechend sind Schlussfolgerungen zu ziehen.

Es gehört auch zur Unternehmenskultur, dass die Mitarbeit der Zirkelteilnehmer, die freiwillig erfolgt, während und besonders am Ende des Gesundheitszirkels in angemessener Weise vom Management gewürdigt wird.

Ein Problem ist die **Evaluation** eines Gesundheitszirkels. Dazu gibt es bislang kaum Erfahrungen. Diesen Mangel unterstreichen beispielsweise die diversen Artikel zum betrieblichen GZ bei WESTERMAYER & BÄHR[86]. Hier werden zwar viele Maßnahmen und Konzepte vorgestellt, aber empirische Studien mit wissenschaftlichem Anspruch fehlen. Das konstatierte Defizit weist darauf hin, dass die Evaluation von Gesundheitszirkeln schwierig ist. Die Problematik liegt vor allem in der Erfassbarkeit prozessualer Phänomene und Effekte des Zirkels. Hier sind hauptsächlich folgende *Probleme* gegeben:

- Effekte eines Gesundheitszirkels sind sowohl spezieller als auch allgemeiner Natur. Spezielle Effekte sind z. B. die verbesserte Dienst- bzw. Urlaubsplanung oder die Veränderung technischer Arbeitsbedingungen. Generelle Effekte, die für die Gesundheitsentwicklung gewiss eine noch größere Bedeutung haben, sind die Senkung des Krankenstands und der Dienstunfähigkeitsquote, die Verbesserung der Kommunikation und Kooperation sowie noch allgemeiner die Verbesserung des Organisationsklimas. Während einzelne Effekte relativ gut erfassbar sind, ist die Messung von generellen Effekten weitaus schwieriger, da (a) die kausalen Beziehungen zwischen der Arbeit des Gesundheitszirkels und den allgemeinen Effekten in der Organisation nicht eindeutig sind und (b) diese Effekte erst mittel- oder sogar langfristig eintreten. Außerdem liegen zu ihrer Diagnostik zumeist keine validen Methoden vor.

- Effekte eines Gesundheitszirkels treten kurz- oder langfristig auf. Während einzelne Effekte, die kurzfristig zu verzeichnen sind, relativ gut erfasst werden können, bedarf es für die Lösung einiger Probleme, welche in der Zirkeltätigkeit angeführt werden, aufgrund ihrer Komplexität relativ viel Zeit. Dementsprechend lassen sich komplexe Effekte nicht über kurze Zeit erfassen.

- Die Umsetzung bzw. praktische Realisierung von im Zirkel erarbeiteten Lösungsvorschlägen ist von verschiedenen Faktoren abhängig. Von wesentlicher Bedeutung ist dabei das Engagement der Unternehmensleitung. Auch das der internen Experten ist sehr wichtig. Neben dem Engagement von Leitungsinstanzen und Personen spielen weitere Faktoren, wie z. B. wirtschaftliche Gesichtspunkte, eine wichtige Rolle.

---

[86] Westermayer, G. & Bähr, B. (1994)

- Die Umsetzung anerkannter Problemlösungsvorschläge ist vom Engagement aller betroffenen Mitarbeiter abhängig. Wenn der GZ eine Einrichtung bleiben sollte, die zu wenig Beachtung und Akzeptanz in der gesamten Organisation findet oder wenig Ausstrahlung auf sie hat, so wäre es schwierig, notwendige Arbeitsgestaltungs- und Organisationsentwicklungsmaßnahmen zu realisieren.

- Schließlich hängt der Umsetzungsgrad der Lösungsvorschläge vom Engagement des Moderators, der beratenden Experten und der Teilnehmer selbst ab. Da die umsetzung von im GZ beschlossenen Maßnahmen oft ein schwieriger Prozess ist, bedarf es zumindest temporär eines großen Engagements besonders des Moderators.

Beispiel zur Evaluation

Da die Evaluation bislang recht selten vollzogen wurde, haben wir uns im GZ der MVG (siehe oben) bemüht, eine erste wissenschaftliche Bewertung der Arbeit des Gesundheitszirkels vorzunehmen. Es wurde eine Prozess- und insbesondere Ergebnisevaluation vollzogen.[87]

Dazu wurde eine Befragung der Zirkelteilnehmer mit Hilfe eines selbst entwickelten Fragebogens durchgeführt. Dieser enthielt 32 geschlossene Fragen, d. h. die Antwortstufen sind vorgegeben. Jede geschlossene Frage wurde durch mehrere offene Fragen ergänzt. Diese bezogen sich auf Ursachen, Gründe und Fakten zu den Antworten auf die geschlossenen Fragen. Die fünf Antwortstufen waren: "völlig ..." oder "überwiegend ..." oder "teil/teils ..." oder "etwas ..." oder "überhaupt nicht".

Die Fragen zur Bewertung des Gesundheitszirkels der MVG sind z. B.:

1. *Sind Sie der Meinung, dass im Gesundheitszirkel alle wesentlichen Arbeitsprobleme, die Sie belasten, angesprochen worden sind?*
2. *Sind Sie der Meinung, dass für die im Gesundheitszirkel genannten wesentlichen Probleme überzeugende Lösungsvorschläge herausgearbeitet worden sind?*
3. *Sind Sie der Meinung, dass die im Gesundheitszirkel erarbeiteten Problemlösungsvorschläge in der Praxis umgesetzt worden sind?*
4. *Haben Sie den Eindruck, dass die Ergebnisse der Arbeit des Gesundheitszirkels Ihren Kollegen/Kolleginnen bekannt sind?*
5. *Haben Sie den Eindruck, dass die Ergebnisse der Arbeit des Gesundheitszirkels Ihren Vorgesetzten bekannt sind?*
6. *Sind Sie der Meinung, dass durch die Arbeit des Gesundheitszirkels schon Arbeitsbelastungen abgebaut werden konnten?*
7. *Hat sich durch die Arbeit im Gesundheitszirkel das Verhältnis zu Ihren Vorgesetzten verbessert?*
8. *Hat sich Ihrer Meinung nach der Dialog zwischen den für die Belastungsprobleme zuständigen Abteilungen der MVG durch die Arbeit des Gesundheitszirkels verbessert?*
9. *Sind Sie der Meinung, dass die Arbeit des Gesundheitszirkels im Unternehmen ausreichend bekannt gemacht worden ist?*
10. *Wie sind Sie mit der Leitung und Moderation des Gesundheitszirkels zufrieden?*

---

[87] siehe ausführlich zur Evaluationsproblematik beim Gesundheitszirkel: Slesina, W. (2001)

11. *Sind Sie mit der Mitarbeit der für die Lösung der genannten Probleme zuständigen Abteilungen zufrieden?*
12. *Sind Sie der Meinung, dass der Gesundheitszirkel genügend Unterstützung durch die Vorgesetzten erhalten hat?*
13. *Hatten Sie den Eindruck, dass im Gesundheitszirkel Spannungen oder sogar Konflikte unter den Teilnehmern auftraten?*
14. *Hatten Sie im Verlaufe der Arbeit des Gesundheitszirkels auch mal den Eindruck, dass es nicht richtig vorangeht?*
15. *Sind Sie der Meinung, dass sich Ihr Verantwortungsbewusstsein für belastende Arbeitsprobleme und deren Auswirkungen durch die Mitarbeit im Gesundheitszirkel entwickelt hat?*
16. *Sind Sie der Meinung, dass sich Ihr Problembewusstsein für belastende Arbeitsprobleme durch die Mitarbeit im Gesundheitszirkel entwickelt hat?*
17. *Fühlten Sie sich in die Arbeit des Gesundheitszirkels während der gesamten Zeit richtig einbezogen?*
18. *Hat sich Ihre Mitarbeit im Gesundheitszirkel positiv auf Ihre Arbeitsmotivation in der täglichen Arbeit ausgewirkt?*
19. *Hatten Sie den Eindruck, dass die Teilnehmer des Gesundheitszirkels im Laufe der Zeit zu einem Team zusammengewachsen sind?*
20. *Wurden Ihre Erwartungen erfüllt, die Sie zu Beginn des Gesundheitszirkels hatten?*
21. *Würden Sie sich noch einmal, falls Bedarf besteht, an einem Gesundheitszirkel beteiligen?*
22. *Sind Sie der Meinung, dass die im Gesundheitszirkel genannten Probleme, welche bisher in der Praxis nicht gelöst wurden, in Zukunft noch gelöst werden?*
23. *Haben Sie durch die Teilnahme am Gesundheitszirkel gelernt, Ihre Arbeitsprobleme besser mitzuteilen?*
24. *Haben Sie durch die Teilnahme am Gesundheitszirkel die Meinungen anderer Kollegen besser kennen gelernt?*
25. *Sind Sie mit der Arbeit des Gesundheitszirkels insgesamt zufrieden?*
26. *Sollten weitere Gesundheitszirkel in der MVG zum Abbau von Belastungen und zur Verringerung des Krankenstands durchgeführt werden?*

3.3. Stress, Angst und ihre Bewältigung

Es gibt intuitive und empirische Gründe für die Annahme, dass die jeweilige Art, wie Menschen Stress bewältigen, noch wichtiger für Lebensmoral, soziale Anpassung und Gesundheit/Krankheit sind als die Häufigkeit und Schwere der Stressepisoden selbst.
(Richard S. LAZARUS, amerikanischer Pionier der psychologischen Stressforschung)

3.3.1 Was ist Stress? Was ist Angst?

Das Wort „Stress" wurde bereits im mittelalterlichen Englisch als Alltagsbegriff mit der Bedeutung von „äußerer Not und auferlegter Mühsal" verwendet. In die Fachliteratur wurde es erst 1914 von CANNON eingeführt und von SELYE[88] popularisiert. Es gibt zahlreiche Definitionen zum „Stress", auf deren Darstellung ich hier verzichten muss. Eine Normierung der Begriffe „Stressor" und „Stress" analog zu den Begriffen „Belastung" und „Beanspruchung" (siehe Kapitel 2.2.) gibt es nicht. In Anlehnung an die vorn erfolgte Begriffsbestimmung (siehe Kapitel 2.2.1, 2.2.3) sollen hier wesentliche Aspekte zusammenfassend angeführt werden (siehe dazu Bild 25):

- Stress ist ein Ungleichgewicht, bei dem kognitive Prozesse, insbesondere die Bewertung einer Belastung als unangenehm oder bedrohlich, eine wesentliche Rolle spielen.

- Stress ist ein Zustand erhöhter psychophysischer Aktiviertheit des Organismus.

- Stress tritt kurzzeitig und reversibel (akuter Stress) oder überdauernd und bedingt reversibel auf (Dauer- oder chronischer Stress).

- Stress zeigt sich in Verhaltensänderungen, Minderungen der kognitiven Leistungsfähigkeit besonders bei schwierigen Anforderungen, im subjektiven Erleben (Ärger, Wut, Zorn usw.) und in körperlichen Reaktionen (siehe Kasten 17).

Kasten 17

Erfassung von Stress

Stress in und durch die Arbeit kann in der Praxis u. a. mit Hilfe folgender Items* diagnostiziert werden:
  Bei meiner Arbeit
- treten Termin- und Zeitdruck auf
- gibt es häufig Störungen und Unterbrechungen
- bin ich mir unsicher, ob ich alles richtig mache
- fühle ich mich etwas überfordert
- habe ich Angst, dass ich meine Aufgaben nicht schaffe
- gibt es widersprüchliche Anforderungen
- habe ich zu hohe Verantwortung

---

[88] Selye, H. (1950)

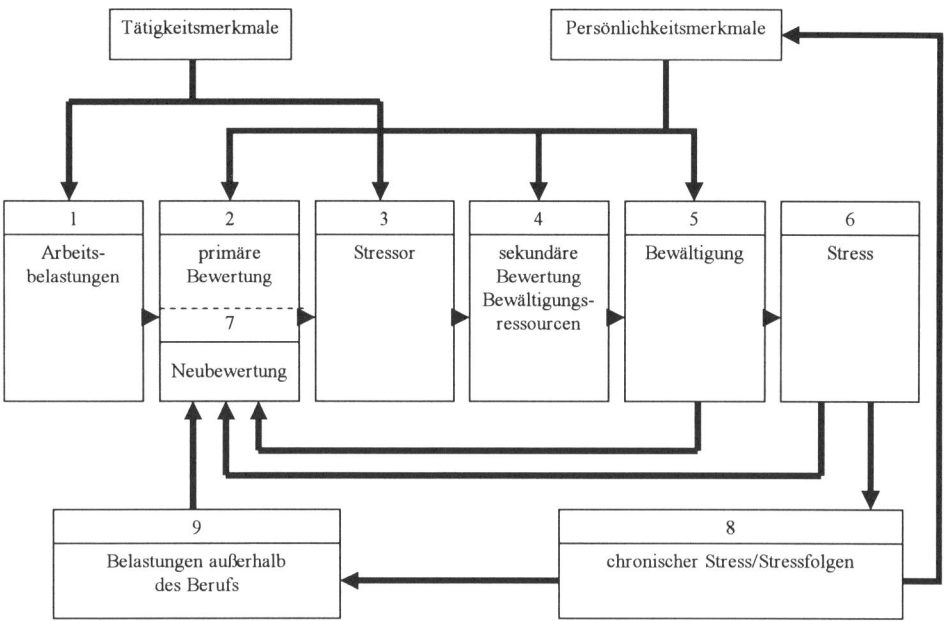

Bild 25: Der Stressprozess

Unter **Angst** (anxiety) als besondere Stressform ist die subjektive Wahrnehmung von (Arbeits-)Situationen als *Bedrohung* (threat) zu verstehen (allgemeine Definition: siehe Kasten 18). Es werden die **Zustandsangst** (state anxiety) und die **Dispositionsangst** (trait anxiety) unterschieden. Die Zustandsangst kennzeichnet einen zeitlich begrenzten Zustand in einer bedrohlichen Situation; die Dispositionsangst hingegen eine Persönlichkeitseigenschaft (Ängstlichkeit), welche sich überdauernd in vielen Situationen zeigt. Einerseits ist die (Zustands-)Angst etwas Normales oder ein Schutzmechanismus des Menschen, wenn sie in real bedrohlichen Situationen auftritt. Dieser Zustand ist jedoch abzugrenzen von der pathologischen Angst, wozu besonders die Phobien als psychische Störung zählen (siehe unten und Kapitel 2.2.1.). Bei ihnen liegt eine Furcht gegenüber bestimmten Objekten vor, d. h. die Quelle ist lokalisierbar.

Kasten 18

Die Angst

"Angst tritt immer dort auf, wo wir uns in einer Situation befinden, der wir nicht oder noch nicht gewachsen sind. Jede Entwicklung ist mit Angst verbunden..., die wir noch nicht und in der wir uns noch nicht erlebt haben.... Sie kommt am ehesten ins Bewusstsein...da, wo alte, vertraute Bahnen verlassen werden müssen, wo neue Aufgaben zu bewältigen oder Wandlungen fällig sind."[89]

---

[89] Riemann, F. (2000)

Nach PANSE & STEGMANN[90], welche verschiedene Arten der Angst bei Beschäftigten in der Wirtschaft untersuchten, steht die Angst um den Arbeitsplatz an erster Stelle. Danach folgen die Angst vor Krankheit und Unfall sowie die Angst vor Fehlern (siehe Bild 26).

Bild 26: Angstarten und ihre Ausprägung

Angstreaktionen treten auf drei Ebenen auf (vgl. Bild 27):

Subjektive Ebene

Dazu zählen Gedanken, Bewertungen oder Vorstellungen, die zusammengefasst als Bedrohungskognitionen bezeichnet werden, aber auch subjektiv wahrgenommene Emotionen und Körperempfindungen. Dafür einige Beispiele: „Ich verliere die Kontrolle."; „Ich könnte während einer Prüfung völlig versagen."; „Mein Herz rast"; „Ich ärgere mich."

Verhaltensebene

Dazu gehören Strategien der Vermeidung, der Flucht oder des Angriffes, aber auch Alkohol- und Tablettenkonsum. Beispiele sind etwa: das Hinausschieben einer Prüfung; Vermeiden des Treffens mit Kolleginnen und Kollegen, aggressives Verhalten gegenüber Vorgesetzten usw.

Physiologische Ebene

Hier ist eine ganze Reihe von physiologischen Reaktionen anzuführen, wie z. B. Veränderung des Herzschlags oder der Hormonproduktion (siehe dazu ausführlich Kapitel 2.2.3.).

---

[90] Panse, W. & W. Stegmann (1998)

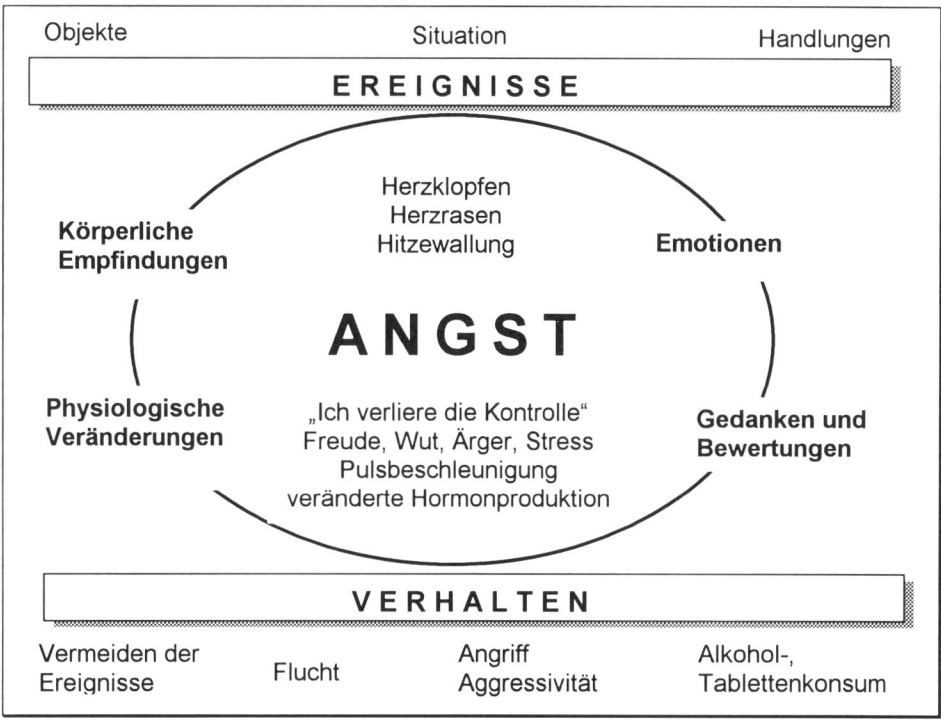

Bild 27: Angstreaktionen

Eine besondere Form der Angst ist die **Phobie** (phobia) (siehe dazu auch Kapitel 2.1.1.). Es ist die objektbezogene Angst. Phobien beziehen sich auf Ereignisse, Personen, Tiere oder Räume. Schätzungsweise haben etwa 8 - 10 % aller Personen in der industrialisierten westlichen Welt Phobien. Meist vergehen aber fünf bis sieben Jahre, ehe sie erstmals diagnostiziert werden. Die am häufigsten auftretende pathologische Angst ist die **Agoraphobie** (Platzphobie). Personen mit dieser Störung zeigen starke Angstreaktionen oder Panikattacken beim Aufenthalt auf Plätzen öffentlicher Zusammenkunft. Sie fürchten meist eine Vielzahl öffentlicher Orte und Menschenansammlungen, so z. B. die Benutzung von Verkehrsmitteln oder Fahrstühlen, Schlange stehen, Einkauf in Kaufhäusern oder Supermärkten, Besuch von Kinos, Theatern oder Gaststätten. Die permanente Furcht vor diesen Situationen führt zum Vermeidungsverhalten, d. h. die Betroffenen versuchen, solchen Situationen aus dem Weg zu gehen.

> **Kasten 19**
>
> **Angst**
>
> Ein typischer Angstanfall wird wie folgt beschrieben: „Plötzlich geht ein sehr merkwürdiges Gefühl durch meinen Körper. Dann werde ich nervös und mein Herz rast. Ich kriege keine Luft mehr, meine Hände werden richtig feucht vor Schweiß. Ich fühle mich, als ob ich Durchfall bekomme; es schüttelt mich. Oft erscheinen die Dinge um mich herum nicht so, wie sie sein sollten, als ob ich weit weg bin. Dann fürchte ich, dass ich total die Kontrolle verliere, ich denke ‚ich muss sterben', ‚ich kann nicht atmen', ‚ich werde es nicht schaffen'. Manchmal habe ich Angst, dass ich geisteskrank bin, dass ich damit nicht fertig werde…"

Was löst bei Agoraphobikern Angst aus? Wichtige Merkmale sind die Entfernung von „sicheren" Orten oder von Personen des Vertrauens sowie die Einengung der Bewegungsfreiheit. Eine Flucht aus solcher Situation wäre schwierig oder peinlich. Als interner Auslöser spielt auch die *„Angst vor der Angst"* eine wesentliche Rolle. Das heißt, die Personen denken stets, die Panikattacke kann jederzeit eintreten. Deshalb neigen sie dazu, sich abzusichern, z. B. durch ständige Verfügbarkeit von Medikamenten, durch die Telefonnummer des Therapeuten oder durch die Anwesenheit des Partners.

Im Gegensatz zu anderen Phobien, die meist in der Kindheit oder Jugend beginnen, setzen Agoraphobien und Angstanfälle i. d. R. erst im frühen Erwachsenenalter zwischen 20 und 30 Jahren ein. Der durchschnittliche Beginn ist etwa das 28. Lebensjahr. Die Störungen beginnen in mindestens 80% aller Fälle plötzlich mit einem Angstanfall an einem öffentlichen Ort. Der Beginn und auch das wiederholte Auftreten des Angstanfalls stehen oft im Zusammenhang mit stärkeren psychischen Belastungen und kritischen Lebensereignissen des Betroffenen.

Für die betriebliche Praxis ist die Agoraphobie von Bedeutung, da sie unter Mitarbeitern relativ häufig auftritt. Von allen Personen mit psychischen Störungen suchen diejenigen mit derartigen Angstanfällen am häufigsten ärztliche oder fachpsychologische Hilfe und verursachen somit hohe Kosten durch eine Vielzahl von Krankheitstagen sowie aufwendige Untersuchungen. Hinzu kommt, dass Agoraphobien und Angstanfälle häufig zu Folgeproblemen wie Depression oder Alkohol- und Medikamentenmissbrauch führen. Das Problem im Umgang mit Agoraphobikern besteht oft darin, dass diese schwierig erkennbar sind. Denn Betroffene zeigen sich nicht mit ihrer Symptomatik, vielmehr geben sie organische Erkrankungen (z. B. Herzprobleme) an, da ihnen die psychische Störung peinlich ist.

Eine weitere Gruppe von Phobien oder Ängsten, welche in Organisationen zu beachten sind, stellen **soziale Phobien** dar. Charakteristisch sind für sie Angstreaktionen in einem breiten Bereich sozialer Situationen. Solche Situationen können sein wöchentliche Gruppenmeetings, die Diskussion mit Vorgesetzten, das Treffen mit Kundengruppen, die Teilnahme an Fortbildungsseminaren oder die Behandlung beim Arzt. Oder die Sachbearbeiterin fürchtet ihren Chef, was sie wie folgt beschreibt: *„Sobald er das Büro betritt, fühle ich mich körperlich unwohl. Mein Herz rast, die Hände werden feucht und der Mund trocken. Am liebsten würde ich fliehen."*

Für diese Ängste ist neben der allgemeinen Symptomatik ein hohes Ausmaß an Vermeidung charakteristisch: Die Personen beteiligen sich kaum an sozialen Aktivitäten, zeigen wenige soziale Initiativen, leben oft scheu, zurückgezogen und einsam.

Sozialängste sind in den letzten Jahren zunehmend zu beobachten. Dies bemerkt auch der Psychiater Volker FAUST[91]: *"Die Sozialpsychologen stellen folgende Belastungen unserer Zeit zur Diskussion, die dafür verantwortlich sein könnten, dass Sozialängste in den letzten Jahren immer häufiger zu beobachten sind: die hohe Mobilität unserer Gesellschaft, die Brüchigkeit vieler Beziehungen und schließlich die Unsicherheit am Arbeitsplatz"*.

Ferner ist die **Aviophobie** (Flugangst) interessant. Sie tritt im Extrem als Panikattacke auf. Dabei handelt es sich um spezielle Bedrohungsgedanken, so etwa die Vorstellung, die Flügel des Flugzeuges könnten abbrechen, die Triebwerke könnten aussetzen, das Flugzeug könnte in der Luft explodieren und aus diesen oder anderen Gründen abstürzen. Typisch für Flugangst ist es auch, sich unangenehme Situationen in der Kabine auszumalen, beispielsweise sich im Flugzeug übergeben zu müssen und sich vor den Mitreisenden zu blamieren. Aviophobiker tendieren ebenfalls dazu, der kritischen Situation aus dem Wege zu gehen, d. h. den Flug gar nicht erst anzutreten. Da sie keine Möglichkeit kennen, die Angst abzuwenden, wenn sie erst einmal im Flugzeug sitzen, setzen sie sich der Situation gar nicht erst aus.

Die Aviophobie tritt nicht selten bei Managern auf, die häufig auf Dienstreisen das Flugzeug benutzen müssen. Deshalb sollte ihr besonders in größeren Unternehmen Aufmerksamkeit gewidmet werden. Bisher werden Kurse zum besseren Umgang mit der Flugangst von einigen Fluggesellschaften, z. B. der Deutschen Lufthansa AG, angeboten. Ferner existieren Selbsthilfeprogramme zur Bewältigung von Flugangst.[92] Interventionsmaßnahmen zu Ängsten verschiedenster Art sind aber auch in anderen, zumindest Großorganisationen empfehlenswert (siehe dazu auch Kapitel 3.3 und 3.6.).

3.3.2 Stress- und Angstbewältigung

Im Prozess von Belastung und Beanspruchung spielen *Bewältigungsprozesse* als sog. Moderatoren eine entscheidende Rolle (siehe Bild 25 und Kasten 20). Ob Stress, Burnout oder weitere negative Beanspruchungsreaktionen und -folgen eintreten, dies hängt weitgehend davon ab, wie Belastungen bewältigt werden können.

Kasten 20

Bewältigung

Darunter sind alle diejenigen Handlungen und psychischen Prozesse (Denken, Problemlösen, Einstellungsveränderung usw.) zu verstehen, die der Reduktion von solchen psychischen Belastungen dienen, welche negative Beanspruchungsreaktionen, vor allem Stress, hervorrufen.

Die **Bewältigung** (coping) ist auf psychische Belastungen gerichtet, welche (real oder potentiell) negative Beanspruchungsreaktionen hervorrufen. Real ist z. B. die psychische Belastung während eines Vortrags vor einem großen, unbekannten Publikum. Der

---

[91] Faust, V. (1999)
[92] Z. B. Müller-Ortstein, H. & H.-P. Baumeister (1997)

erfolgreichen Bewältigung dieser „stressigen" Situation können u. a. konkrete, vorher geplante *Handlungen* dienen, wie z. B. langsames Sprechen, tiefes Durchatmen in Sprechpausen, das Zeigen von interessanten Folien, das Einbeziehen des Publikums in den Vortrag durch Fragen usw.. Ferner könnte der Redner versuchen, *positiv zu denken*, indem er sich beispielsweise mit der Formel *„Ich schaffe es!"* selbst Mut macht (siehe dazu unten die Stressbewältigungsprogramme)

Es gibt zahlreiche Versuche, **Bewältigungsprozesse** zu klassifizieren. Grundsätzlich werden dabei zwei Kategorien unterschieden:

- die emotionsorientierte Bewältigung
- die problemorientierte Bewältigung.

Die *emotionsorientierte Bewältigung* umfasst eine Gruppe von kognitiven Strategien und Handlungen, welche dem Abbau von „Stress"gefühlen dienen. Es sind z. B. das Vermeiden von bestimmten Handlungen (z. B. Umgehung eines Streits beim Konflikt), das Bagatellisieren von „stressigen" Ereignissen (*„Es ist ja gar nicht so schlimm."*), das Distanzieren, d. h. das kritische Ereignis mit zeitlichem Abstand betrachten (*„Wie bewerte ich möglicherweise den gemachten Fehler in drei Wochen?"*) oder Sportaktivitäten oder Methoden systematischer Entspannung (siehe ausführlich Kapitel 3.3.). Ziel des emotionsorientierten Copings ist die Vorbeugung oder der schnelle Abbau von Stressgefühlen. Dabei spielen Entspannung und Erholung eine wesentliche Rolle.

Die *problemorientierte Bewältigung* ist direkt auf die Bewältigung bzw. Lösung des „stressigen" Ereignisses oder Problems orientiert. Es umfasst die genaue Wahrnehmung und Bestimmung des Problems, das Suchen von Lösungsstrategien, die Umsetzung von Lösungsstrategien in der Praxis, die Überprüfung der Effektivität von Lösungsstrategien usw. (siehe auch Kapitel 3.3.).

Fast täglich steht der Mensch vor der Aufgabe, irgendwelche belastenden Ereignisse zu bewältigen. Qualität und Wirksamkeit von Bewältigung zeigen sich auch in zahlreichen Situationen des Arbeitsalltags. Es gilt für die Planung von Arbeitsvorgängen, für die Lösung schwieriger fachlicher Probleme, für die Art und Weise des Umgangs mit sozialen Konflikten in der Arbeitswelt, für die Gestaltung der Beziehung zwischen Arbeit und Freizeit usw. usf.. Dies bedeutet: Indem der Mensch tagtäglich (mehr oder minder) erfolgreich versucht, seine Arbeitsbelastungen zu bewältigen, wird er selbst Gestalter seiner Belastungen und Beanspruchungen und damit auch seiner Gesundheit!

Kasten 21

Stressbewältigungskompetenz

Darunter soll die Kompetenz einer Person, mit stresserzeugenden psychischen Belastungen (Stressoren) einschließlich Stressreaktionen im Sinne der Gesundheit umgehen zu können, verstanden werden.

Stressmanagement ist

- *Stressprävention*, wenn es um die Vorbeugung akuter und chronischer Stressreaktionen geht,
- *Stressintervention*, wenn es um den Abbau von Stressreaktionen und -folgen sowie ihren Ursachen geht.

Stressmanagement besteht sowohl aus verhaltensorientierten (Handlungen, Operationen usw.) als auch intrapsychischen Bemühungen (z. B. Entspannung oder Einstellungsveränderung), mit höheren psychischen Belastungen fertig zu werden, d. h. sie zu meistern, zu tolerieren, zu reduzieren, zu minimieren usw.

Angstbewältigung ist Teil des Stressmanagements. Sie bezieht sich einerseits auf die Bewältigung von angsterzeugenden Ereignissen, andererseits auf den wirksamen Umgang mit Angstgefühlen und deren körperlichen Begleiterscheinungen.

Warum ist Stressmanagement im Arbeitsleben so wichtig?
Stress ist ein Phänomen, das in der Arbeit relativ häufig auftritt. Dabei gibt es Arbeitstätigkeiten, die durch die Struktur der Arbeitsaufgaben und/oder Arbeitsbedingungen ein höheres Stresspotential und somit ein höheres Gesundheitsrisiko aufweisen. Zu ihnen gehören die Tätigkeiten von Unternehmern, Straßenbahn- und Busfahrern (siehe GZ im Kapitel 3.2.), Lehrkräften (siehe Tabelle 4), Erzieherinnen, Piloten, Fluglotsen, Journalisten, Führungskräften, Ärzten, Krankenschwestern, Altenpflegern, Polizisten, Mitarbeitern des Sozialamtes mit Publikumsverkehr, Mitarbeitern in Call-Centern, Berufsmusikern, Sporttrainern, berufstätigen Frauen u. a. m..[93]

3.3.3 Methoden des Stressmanagements

Als **Stressmanagementmethoden oder –programme** werden allgemein personenbezogene Maßnahmen bezeichnen, die eine Verbesserung der individuellen Stressbewältigungskompetenz zum Ziel haben. Zum Stressmanagement gibt es zahlreiche Methoden (siehe Tabelle 8). Dazu zählen vor allem psychoregulative Ansätze. Es sind solche Methoden, bei deren gezielter Anwendung vegetative Funktionen und psychovegetative Abläufe sowie psychische Prozesse (begrenzt) willkürlich beeinflusst und gesteuert werden.

Man unterscheidet dabei Methoden

- die der emotionalen Selbstbeeinflussung dienen (z. B. Autogenes Training, Progressive Muskelrelaxation, Yoga),
- die der kognitiven Selbstbeinflussung dienen (z. B. Einstellungsänderung, positive Selbstinstruktion)
- die eine Kombination von Selbst- und Fremdbeeinflussung darstellen (z. B. Regulatives Musiktraining)
- die durch Fremdbeeinflussung wirken (z. B. Hypnose)
- die durch physische Konditionierung vegetative Funktionen und psychische Prozesse positiv beeinflussen (Sport, Jogging, Gartenarbeit usw.)
- die durch Medikation die Psyche beeinflussen.

---
[93] siehe dazu auch Biener, K. (1988)

Da hier Stressmanagement vor allem im BGM thematisiert wird, sollen klinisch-therapeutische Verfahren (Verhaltenstherapie*, Gesprächstherapie*, Psychoanalyse* usw.) unberücksichtigt bleiben; ungeachtet der Tatsache, dass einige im Folgenden dargestellte Methoden psychotherapeutischen Ansätzen entstammen (z. B. das systematische Problemlösen der kognitiven Verhaltenstherapie*). Ferner werden nur Methoden angeführt, welche wissenschaftlich unumstritten sind und im westlichen Kulturkreis hinreichend bekannt sind. (Deshalb wird z. B. das umstrittene "Neurolinguistische Programmieren" hier ausgespart, obwohl es in Managerkreisen - m. E. zu Unrecht – sehr populär ist.)

Tabelle 8: Methoden des Stressmanagements

Methoden der Stressprävention und –bewältigung	
Körperliche Aktivität - Sport - Tai Chi - „Körperliche" Hobbies - Sauna - Kneippkur - Massagen **Entspannung** - Autogenes Training - Progressive Muskelrelaxation - Regulatives Musiktraining - Atemtechniken - Isometrie - Hypnose	**Kognitives Training** - Einstellungsreflexion und -modifikation - Systematisches Problemlösen - Selbstinstruktion - Phantasiereisen **Verhaltenstraining** - Integratives Stressmanagement - Zeitmanagement - Selbstsicherheitstraining **Medikation** - Benzodiazepine - Antidepressiva - Betablocker

Körperliche Aktivität

Als körperliche Aktivität bietet sich vor allem der Sport an. Es kommen vor allem Sportarten in Frage, welche Ausdauer und Kondition entwickeln und das Befinden positiv beeinflussen. Dazu zählen:

- Schwimmen
- Radfahren
- Inline-Skating
- Jogging
- Walking
- Tanzen
- Tai Chi.

Die präventiven und stressreduzierenden Wirkungen von **Sport** sind in zahlreichen Studien belegt worden. Sie helfen, Herz, Kreislauf und Lunge zu aktivieren. Das Atemvolumen erhöht sich, die Herzkraft nimmt zu, die Pulsfrequenz sinkt. Dadurch kann stress(mit)bedingten Erkrankungen wie Bluthochdruck, Schlaganfall und Herzinfarkt vorgebeugt werden. Sport verbessert die Blutfettwerte, indem vor allem das sog. gute Cholesterin* (HDL) um vier bis sechs Prozent steigt. Der Fettstoffwechsel wird intensiviert (Verbrennung der Körperfette usw.) und das Gewicht reduziert. Der Körper (Muskulatur, Gefäße, Organe) wird besser mit Blut versorgt, auch das Gehirn, so dass die Denktätigkeit angeregt wird. Meistens klären sich durch Sport Gedanken auf. Durch das Gefühl, etwas geleistet oder sogar den „inneren Schweinehund" überwunden zu haben, steigt auch das Selbstvertrauen. Durch den Sport werden Endorphine, sog. Glückshormone freigesetzt, welche die Schmerzempfindlichkeit senken. Ausdauersport hilft besonders bei depressiven Verstimmungen und Ängsten.

Schwimmen ist ein guter Sport für mehr Ausdauer, Beweglichkeit und Kraft. Es stärkt den gesamten Organismus, senkt den Blutdruck, strafft das Bindegewebe und entlastet Wirbelsäule und Gelenke. Es sollte dreimal in der Woche 10 bis 15 Minuten lang praktiziert werden. Es ist vor allem denjenigen zu empfehlen, die abnehmen wollen. Denn im Wasser können auch schwergewichtige Menschen effektiv und gelenkschonend trainieren. Durch das *Radfahren* werden Bein-, Becken- Rücken- und Herzmuskulatur gestärkt und gleichzeitig die Gelenke verschont. Dabei werden ebenfalls Herz, Kreislauf und Atmung trainiert. Täglich 15 Minuten oder dreimal wöchentlich 30 Minuten Radfahren genügen. *Inline-Skating* (mit Stöcken: Nordic Blading) ist vor allem gelenkschonend, die Bewegungen sind harmonisch und rund. Es wird ein Training von dreimal pro Woche je 40 Minuten empfohlen. *Jogging* ist ein Ausdauersport, der bei Anfängern mit drei bis vier Trainingseinheiten von mindestens 30 Minuten pro Woche beginnen sollte. Die sanfte Form des Laufens ist das *Walking*, das besonders in den USA als Freizeitsport betrieben wird. Es bedeutet forciertes, zügiges Gehen mit betontem Armeinsatz. Der Vorteil gegenüber dem reinen Laufen besteht vor allem darin, dass (a) der ganze Körper beansprucht wird und (b) die Knie- und Hüftgelenke und Bänder weniger als beim Joggen belastet werden. Deshalb ist es in erster Linie für ältere Personen geeignet. Ansonsten sind die physiologischen und psychischen Effekte dem Joggen etwa vergleichbar.

Ferner ist das *Tanzen* hervorzuheben. Es entspannt körperlich, bringt in Schwung und gute Laune, steigert Kondition und Ausdauer, entwickelt die Körperbeherrschung und verhilft zu einem natürlichen Rhythmusgefühl. Wir konnten in einer Studie bei Studierenden der Betriebswirtschaftslehre der Universität Mannheim feststellen, dass diejenigen Studierenden, welche regelmäßig tanzen, im Vergleich zu anderen sporttreibenden Studierenden die geringsten Stress- und Burnout-Werte aufwiesen[94].

Schließlich soll das *Tai Chi* genannt werden. Die uralte chinesische Bewegungskunst schafft körperliche und seelische Ausgeglichenheit. Das Schattenboxen vermittelt Körperbewusstsein, reguliert den Atem und steigert zudem die Konzentrationsfähigkeit. Die Bewegungsausführung erfolgt langsam, fast zeitlupenartig, rund, kontinuierlich und harmonisch. Tai Chi ist besonders Personen zu empfehlen, denen oft die innere Ruhe fehlt, z. B. Managern (Typ A-Personen!). Man sollte etwa eine halbe bis eine Stunde täglich üben.

Wenn die o. g. Sportarten mit einer bestimmten Dauer und Intensität betrieben werden, kommt es zu einer Ausschüttung der Endorphine, d. h. der sog. Glückshormone. Sie tragen wesentlich zum Wohlbefinden durch aktiven Sport bei. Zudem wird durch Sport das vegetative Nervensystem günstig beeinflusst, indem ein „gesundes"

---

[94] siehe Rudow, B. (1994)

Gleichgewicht zwischen Sympathikus, zuständig für Aktivierung, und Parasympathikus, zuständig für Erholung und Regeneration, hergestellt wird. Weniger Stress, besserer Schlaf und eine entspannte Haltung sind die positiven Folgen.

Neben Sport bieten sich auch *körperliche Aktivitäten* an, die als Hobby betrieben werden, wie z. B. **Gartenarbeit**. Gemäß dem SCHILLER - Wort („Die Glocke")
"Von der Stirne heiß rinnen soll der Schweiß
soll das Werk den Meister loben"
tragen auch solche „körperlichen" Hobbies wesentlich zur physischen und psychischen Konditionierung bei. Hinzu kommt das Erfolgserlebnis durch sichtbare Arbeitsergebnisse, welche oft mit Stolz, Freude, Zufriedenheit und Anerkennung beim Schaffenden verbunden sind.

Sauna, Kneippkur und Massage

Die **Sauna** trägt durch Wechselbäder besonders zur Aktivierung des Herz-Kreislauf-Systems und durch intensives Schwitzen zur Entschlackung des Körpers bei. Ferner dient sie dem „Abschalten" nach geistiger Arbeit durch lockere Gespräche oder das Fallen-Lassens-Können. Die **Kneippkur** als klassische Methode dient vor allem der Aktivierung des Herz-Kreislauf-Systems und der Stärkung des Immunsystems. Die **Massage** erzeugt vor allem körperliche Entspannung und steigert das persönliche Körpergefühl, indem - oft stressbedingte - Verspannungen besonders im Schulter-Nacken-Bereich bewusster und differenzierter wahrgenommen und abgebaut werden.

Entspannungsmethoden

„Stress" ist mit Anspannung verbunden. In diesem Zustand ist der gesamte Organismus auf Leistung eingestellt. Die Leistungsbereitschaft umfasst alle Regulationssysteme von der Hirnrinde über tiefere Hirnregionen, Kreislauf, Atmung, Muskelspannung bis zum Hormonsystem. Jeder Zustand stressbedingter Anspannung (effort) bedarf nach bestimmter Zeit einer Ablösung durch Entspannung. Wenn Entspannung unter bestimmten Bedingungen nicht durch körperliche Aktivität, Erholungspausen, Ruhephasen u. dgl. m. erreicht werden kann, sind Methoden der *aktiven Selbstentspannung* zu empfehlen. Bei der Entspannung (relaxation) kommt es zu folgenden physiologischen Veränderungen:

- Verlangsamung und Gleichmäßigkeit der Atmung
- Reduktion des Sauerstoffverbrauchs
- Absinken der Herzfrequenz
- Zunahme des Hautwiderstandes
- Spannungsverlust der Skelettmuskulatur.

Entspannungsübungen dienen ferner als Hilfe zur Verbesserung der Verhaltenskontrolle. Sie haben das Ziel, Gefühle besser regulieren zu können bzw. stressrelevante Gefühle wie Angst, Ärger oder Wut aufzufangen oder abzubauen. Die Erfahrung, sich in kritischen Situationen besser kontrollieren zu können, fördert zudem das Selbstvertrauen und vermittelt Zuversicht, neue Handlungsmöglichkeiten erfolgreich zu erproben.

Autogenes Training

Der aktiven Selbstentspannung, die sich wesentlich von der Fremdsuggestion (z. B. bei Hypnose) unterscheidet, dienen verschiedenste Methoden. Am bekanntesten ist in Deutschland das Autogene Training (AT), das vom Berliner Nervenarzt Johannes Heinrich SCHULTZ 1936 entwickelt worden ist. Ziel des AT ist es, durch Konzentration den Zustand der Entspannung zu erreichen.[95] Hierbei nimmt der Mensch einen willkürlichen Einfluss auf sonst unwillkürliche Funktionen des Organismus. Durch gezielte Vorstellungen werden Prozesse in Organen (Muskeln, Blutgefäße, Herz, Atmung, Bauchorgane, Kopf) beeinflusst. Die Vorstellung erfolgt mit Hilfe bestimmter Formeln. Dabei gibt es folgende **Übungsphasen**:

1. Einleitungsphase (Ruhetönung) dient der allgemeinen Ruhefindung (z. B. mit der Formel *„Ich bin ganz ruhig"*)

2. Schwereübung; sie führt zur Muskelentspannung (z. B. mit der Formel *„Der rechte (linke) Arm ist ganz schwer"*)

3. Wärmeübung; sie bewirkt eine Entspannung der Gefäßmuskulatur und somit eine Gefäßerweiterung (z. B. mit der Formel *„Der rechte (linke) Arm ist ganz warm"*)

4. Herzübung steuert den Herzrhythmus (z. B. mit der Formel *„Herz schlägt ganz ruhig und gleichmäßig"*)

5. Atemübung vermittelt das passive Erleben des Eigenrhythmus der Atmung und beruhigt dadurch (z. B. mit der Formel *„Atmung ganz ruhig"*)

6. Bauch- oder Sonnengeflechtsübung wirkt krampflösend auf die Organe des Bauchraums (z. B. mit der Formel *„Bauch ist strömend warm"*)

7. Kopfübung führt zu Kühle und Klarheit des Kopfes (z. B. mit der Formel *„Stirn ist angenehm kühl"*)

Diese Formeln und die bewusste Wahrnehmung entsprechender Körperempfindungen (Ruhe, Schwere, Wärme, Kühle) werden unter Anleitung eines Experten (Arzt, Psychologe) erlernt.

Progressive Muskelrelaxation

Neben dem AT gewinnt die *Progressive Muskelrelaxation (PMR)* nach dem amerikanischen Arzt Edmund JACOBSON[96] als Entspannungsmethode immer mehr an Bedeutung, u. a. in Gesundheitsprojekten (siehe Kasten 22) oder im integrativen Stress-Management-Training (siehe unten). Bei der PMR geht es darum, eine höhere Sensibilität für Zustände der körperlichen wie seelischen Anspannung vs. Entspannung sowie damit verbundene Gefühle zu erreichen.[97] Dies erfolgt durch fortschreitendes (progressives) An- und Entspannen von Muskeln oder Muskelgruppen, durch ruhiges Atmen und durch die Vorstellung angenehmer Gedanken. Die An- und Entspannung der Muskulatur beginnt i. d. R. bei den Händen, setzt sich fort über die Arme, den Kopf, das Gesicht, über Brust bzw. Atmung, Bauch bis zu den Beinen. Gelernt wird dabei der bewusste Wechsel bzw. die bewusste Wahrneh-

---

[95] siehe ausführlich z. B. Haring, C. (1993) und Krampen, G. (1998)
[96] siehe ausführlich Bernstein, D. A. & Borkovec, T. D. (1992)
[97] siehe zum Trainingsprogramm Hofmann, E. (1999)

mung von Anspannung und Entspannung – etwa nach dem Motto: Nur wer Anspannung bewusst wahrnimmt, kann auch Entspannung empfinden. Die differenzierte Wahrnehmung des Wechsels von An- und Entspannung ist die Voraussetzung für die Bewältigung von Stresssituationen (= Anspannung) durch gezielte Entspannung. Das Verfahren kann in verschiedenen Formen durchgeführt werden, d. h. als Langform, bei der alle Muskeln einzeln angespannt und entspannt werden, oder als Kurzform, bei der eine komplexe An- und Entspannung von Muskelgruppen stattfindet.

Physische Effekte sind Entspannung und Vitalisierung. Auf der psychischen Ebene sind es Harmonisierung bzw. Stabilisierung sowie eine innere Gelassenheit und Ausgeglichenheit. Die PMR dient als Prävention oder Intervention bei nervösen Störungen, Schlafstörungen, Spannungskopfschmerzen, Migräne, Bluthochdruck, Phobien, usw.

Die PMR ist relativ schnell erlernbar, etwa innerhalb von sechs Wochen bei regelmäßigem, täglichem Üben. Sie weist einige Vorteile gegenüber dem AT auf. Ein Vorteil besteht ferner darin, dass ihre Anwendung im Alltag kein Ruheniveau wie das AT voraussetzt. Zudem spricht es gut, weil es sich aktiv auf die Muskulatur bezieht, „hektische" Typen an, denen es ansonsten schwer fällt, im Alltag abzuschalten.

Auf Grund o. g. Vorteile wird die PMR in Deutschland immer populärer. Das Verfahren ist seit 1987 in der kassenärztlichen Versorgung anerkannt und nach Indikation bei allen Kassen abrechenbar. Es sollte zumindest in der Anfangsphase unter professioneller Begleitung eines Arztes oder Diplompsychologen erlernt werden.

Kasten 22

**Gesundheitsprojekt „Powernapping" in der Stadtverwaltung Vechta
Entspannen während der Arbeitszeit** [98]

Jeder weiß aus eigener Erfahrung, dass die Leistungsfähigkeit in der Mittagszeit abnimmt. In den USA wird darauf schon längst reagiert. Ein „power nap" erhöht die Leistungsbereitschaft und -fähigkeit und wirkt sich somit positiv auf das Betriebsklima und auf das betriebswirtschaftliche Ergebnis aus. (Der Begriff steht für kurzes Mittagschlafen – englisch = nap.)

Dies war Grund genug für die Stadtverwaltung Vechta, Anfang 2000 gemeinsam mit der AOK ein Projekt „powernapping" einzuführen. Neben Ernährung und Bewegung ist eine wichtige Säule die Entspannung.

Viele der am Projekt beteiligten 73 Teilnehmer führen ihre erlernten Übungen heute im Arbeitsalltag durch: in dem vom Arbeitgeber zur Verfügung gestellten zwanzigminütigen Zeitfenster, zwischendurch oder am Feierabend. Deutlich bevorzugt werden dabei die Übungen zur PMR, die sowohl im Sitzen auf dem – ergonomisch gestalteten – Bürostuhl (mit freischwingender Rückenlehne) als auch im Liegen durchgeführt werden können.

---

[98] nach Gels, H. & Kathler, F. (2002)

Regulatives Musiktraining

Eine weitere Methode zur Entspannung ist das Regulative Musiktraining. Sie unterscheidet sich von zuvor genannten Entspannungsverfahren dadurch, dass sie nicht ausschließlich auf die Wahrnehmung und Beeinflussung von Körperfunktionen gerichtet ist, sondern in den Aufmerksamkeitsbereich neben dem Körper auch Gedanken, Gefühle und Stimmungen sowie die Wahrnehmung von Musik mit einbezieht. Dabei werden drei **Ziele** verfolgt:

- die Regulierung von Fehlspannung
- die Mobilisierung der Emotionalität und des Wohlbefindens
- die Aktivierung schöpferischer gedanklicher Prozesse.

Unter **Fehlspannung** sind unterschiedliche Störungen zu verstehen, die sich als Gereiztheit, Stimmungslabilität, innere Unruhe, Hektik, des Nichtloslassen-Könnens von belastenden Gedanken, Konzentrationsschwierigkeiten, als Kopfdruck, Kopfschmerzen, Herzklopfen, Muskelverspannung, Nacken-, Rücken-, Kreuz- oder Gliederschmerzen usw. zeigen. Diese Störungen können durch regulatives Musiktraining abgebaut werden. Die Beeinflussung von Fehlspannungen ist ganz eng an die Mobilisierung der Emotionalität und des Wohlbefindens gekoppelt. Denn gleichzeitig werden unsere Gefühle und Stimmungen positiv beeinflusst. Auf diese Weise ist ein Umschalten auf Entspannung möglich.

Die Aktivierung gedanklicher Prozesse ist sozusagen die Oberstufe. Sie vollzieht sich häufig in einem Zustand der geistigen Entspanntheit, welcher beim Musikhören oft gegeben ist. Die geistige Anregung erfolgt durch bestimmte Musikstücke.

Als **Musik** kommen zwei Gruppen in Frage: (1) Musik mit besinnlichem Charakter (langsame Tempi, liedhafte Melodik, ruhige Metrik mit geringen rhythmischen Akzentuierungen usw.), (2) Musik mit dramatischem oder aktivierendem Charakter (rasche, gegensätzliche Tempi, kontrastreiche Melodik, unruhige Metrik mit starken rhythmischen Akzentuierungen usw.).

Zur ersten gehören z. B.:
- Mozart: *Violinkonzert G-Dur KV 218, 2. Satz*
- Mozart: *Konzert für Flöte, Harfe und Orchester C-Dur KV 299, 2. Satz*
- Beethoven: *6. Sinfonie (Pastoralsinfonie) 1. Satz.*

Zur zweiten zählen z. B.:
- Beethoven: *Konzert für Klavier, Violine und Orchester, 1. Satz*
- Dvorak: *8. Sinfonie G-Dur, 1. Satz*
- Brahms: *Konzert für Klavier und Orchester B-Dur, 1. Satz.*

Atemtechniken

Sie spielen besonders in der **Bioenergetik*** eine Rolle. Dadurch soll der Einklang (Integrität) zwischen Körperhaltung, Bewegung, Atmung, Gefühl und Worten wieder hergestellt werden. Unter "Stress" neigen wir dazu, hochfrequent und flach zu atmen. Es besteht die Unfähigkeit, die eingeatmete Luft wieder völlig auszuatmen. Durch Atemtechniken lernt man, den Bewegungsablauf von Bauch- und Brustatmung besser zu koordinieren. Die entspannte Atmung setzt mit dem Einatmen im Unterleib ein und wandert nach oben zur Brust. Beim Ausatmen verläuft die Atmungswelle umgekehrt von der Brust zum Unterleib. Die konzentrierte Hinwendung auf den Atmungsvorgang trägt zur Entspannung bei.

Isometrische Übung

Trainiert werden sollte auch eine isometrische Übung, die von KASTNER[99] beschrieben wird. Sie besteht darin, bei Stresshormonausschüttungen, die man im eigenen Körper bemerken muss („Schmetterlinge im Bauch"), sämtliche Muskeln für ca. zwei Sekunden fest anzuspannen. Danach sollte die Muskulatur im Zwei-Sekunden-Rhythmus wieder losgelassen, wieder angespannt, losgelassen usw. werden. Je nach Stressintensität sollte dies zwischen 10- und 30mal geschehen. Man kann dies durchaus so gestalten, dass andere anwesende Personen es nicht bemerken. Wer sich beispielsweise in einer Sitzung über Kollegen ärgert, sollte sofort die Oberschenkelmuskulatur mindestens 10mal anspannen und wieder loslassen. Diese Methode des „Pumpens" hat mehrere Vorteile: Grundsätzlich ist sie einer körperlichen Aktivität vergleichbar. Ferner werden die Venentätigkeit und die Lymphdrainage, ein Teil des Immunsystems, unterstützt. Schließlich dient sie durch Abreagieren in kritischen Situationen der besseren Kommunikation.

Hypnose

Das Wort „Hypnose" wurde um 1850 von dem englischen Arzt James BRAID eingeführt und leitet sich von dem griechischen Wort „Hypnos" für Schlaf ab. Das Ziel der Selbsthypnose besteht darin, sich in eine **Trance** zu versetzen. Es ist ein Zustand, bei dem ein Teil unserer Wahrnehmung und der eigenen Handlungen vom Bewusstsein abgespalten und unbewusst registriert und durchgeführt wird. Dies wird zunächst in einer abgeschirmten Situation eingeübt. Die Trance wird als innere Ruhe erlebt und dient der „Entstressung". Diese Art der Hypnose ist scharf abzugrenzen von der *Showhypnose*, welche häufig die allgemeine Vorstellung in der Bevölkerung über Hypnose prägt.[100]

Kognitives Training

Zu den kognitiven Trainings zählen die Einstellungsreflexion und –modifikation, das systematische Problemlösen, die Selbstinstruktion und Phantasiereisen. Während nachfolgend die Einstellungen, die Selbstinstruktion und Phantasiereisen thematisiert werden, findet das systematische Problemlösen im Kontext des integrativen Stressmanagementtrainings Berücksichtigung (siehe unten).

Einstellungsreflexion und -modifikation

Im kognitiven Training haben Einstellungen (attitudes) eine grundlegende Bedeutung. Sie sind für die Bewertung und Bewältigung von psychischen Belastungen sehr wichtig. Von ihnen hängt es ab, ob eine Belastung, z. B. ein Konflikt mit dem Vorgesetzten, als Bedrohung oder Herausforderung bewertet wird. Oft sind berufsbezogene Einstellungen eine Quelle von „Stress". Einstellungen zu Kollegen, zur Leistung, zur Karriere, zur Kritik oder auch zu Erfolg vs. Misserfolg können mehr oder weniger rational sein. Oft ist letzteres der Fall. Dies gilt nicht nur für den Verhaltenstyp A (siehe Kapitel 2.3.), sondern für viele Menschen. Unrealistische oder sogar irrationale Einstellungen (= verfestigte Gedanken) sind z. B. folgende:

---

[99] siehe Kastner, M. (1994)
[100] siehe ausführlich zur wissenschaftlich fundierten, von jedem erlernbaren Hypnose: Revenstorf, D. & R. Zeyer (1997)

- Wenn ich *einen* Fehler mache, blamiere ich mich.
- In meiner Arbeit dürfen mir *keine* Fehler unterlaufen.
- Ich will mit *allen* Kollegen gut auskommen.
- Ich muss *immer* für meinen Betrieb da sein.
- Ich sollte *jedem* helfen, der mich um Hilfe bittet.
- Ich darf *keinen* Termin überziehen.

Solche Einstellungen sind oft Grundlage irrationalen Leistungs- und Sozialverhaltens. Stresserzeugend sind beispielsweise Einstellungen wie Perfektionismus, übertriebener, "ungesunder" Ehrgeiz, ausgeprägtes Rivalitätsdenken oder übermäßige soziale Einstellungen ("Helfer-Syndrom", „Freund von allen sein" usw.) im Arbeitsbereich. Es geht zunächst darum, das Unrealistische oder Irrationale dieser Einstellungen und die negativen Auswirkungen zu erkennen. Ist dies erfolgt, soll die Veränderung stresserzeugenden Einstellungen erfolgen.

Diesem kognitiven Ansatz liegt das Konzept der *Rational-emotiven Therapie* (RET) nach ELLIS [101] zugrunde. Ihr Kern ist die Theorie, dass individuelle "belief systems", d. h. Gedanken, Annahmen, Überzeugungen, sowohl die Wahrnehmung und Bewertung von (belastenden) Ereignissen als auch entsprechende emotionale und Verhaltensreaktionen beeinflussen.

Selbstinstruktion

Ein anderer kognitiver Ansatz zur Stressbewältigung ist die Methode der Selbstinstruktion, oft auch als *"Selbstinstruktionstraining (SIT)"* bezeichnet[102]. Hierbei ist das Anliegen, negative Gedanken, die oft in kritischen Situationen spontan auftreten, abzubauen und als Gegengewicht alternative positive Gedanken zu entwickeln. Es ist also durch Interventionen zu ändern, *"what clients say to themselves"* - und Stress hervorruft (siehe als Beispiel Kasten 23).

Kasten 23

STRESSERZEUGEND	STRESSREDUZIEREND
Wie konnte er dies nur zu mir sagen?	*Ich möchte gern wissen, warum er das gesagt hat. Ich werde mit ihm darüber reden.*
Er bringt mich auf die Palme!	*Ich kann ruhig bleiben, wenn ich will, weil ich meine Gefühle im Griff habe.*
	Ich kann mich entspannen, und dann werde ich dieses Problem besser lösen.

---

[101] siehe Ellis, A. (1979)
[102] siehe ausführlich Meichenbaum, D. (1991)

Zuerst soll der Klient durch Gespräche und Situationsanalysen die stresserzeugende Wirkung von negativen Selbstaussagen (Gedanken, Bewertungen, Selbstgespräche) erkennen. Dann werden positive Selbstinstruktionen herausgearbeitet und in Bezug auf verschiedene Belastungssituationen geübt. Solche Gedanken (siehe Kasten 23 oder *„Ich pack es!"*, *„In der Ruhe liegt die Kraft"*, *„Halt den Ball flach"* usw.) werden zunehmend verinnerlicht, indem sie sich immer wieder, besonders in Stresssituationen, bewusst gemacht werden (siehe auch unten zum BMT).

Phantasiereise

Phantasiereisen sind **gelenkte Tagträume**. In einem entspannten Zustand, häufig auch von leiser Hintergrundmusik begleitet, werden der Person Vorstellungsbilder angeboten, die sie weitgehend selbst ausgestalten kann. Auf der Reise soll man sich Zeit nehmen für die Welt der eigenen inneren Bilder. Jeder Mensch hat solche Bilder und erlebt diese in sehr unterschiedlicher Weise. Phantasiereisen können uns helfen, die eigenen Vorstellungen, Bilder und Phantasien intensiver zu erleben, positive und hilfreiche anstelle von unangenehmen und beängstigenden Bildern zu entwickeln und über dieses innere Erleben die Anforderungen der äußeren Wirklichkeit besser zu bewältigen. Sie erlauben uns, für eine kurze Zeit Abstand von den vielfältigen Reizen der Außenwelt zu nehmen und sich auf innere Bilder zu konzentrieren. Sie stellen gewissermaßen "Inseln der Ruhe" im Arbeitsalltag dar. Dabei fördern sie auch die emotionale Erlebnisfähigkeit als Ausgleich zum sehr rational bestimmten Arbeitsalltag. Sie fördern ferner die Selbsterfahrung, indem sie negative innere Bilder bewusst machen und gestatten, positive Bilder von sich und der Umwelt aufzubauen. So dienen sie der Entwicklung von Selbstvertrauen und Selbstsicherheit, z. B. in Prüfungssituationen (siehe Kasten 24).

Kasten 24

Positive Prüfung[103]

"Wenn du dich vor dieser Prüfung gut entspannst, wirst du sie erfolgreich schaffen. Setze dich dazu hin..., schließe deine Augen..., mache es dir noch ein wenig bequemer..., beobachte deinen Atem, wie er von selbst kommt... und geht...

Lass nun alle Sorgen oder negativen Gedanken vorbeiziehen..., lege sie irgendwo im Raum ab...Erlaube dir, ganz entspannt, ruhig und aufmerksam zu sein...Dein Kopf wird frei und klar. Alles, was du dir vorbereitet hast, ist in deinem Gehirn vorhanden...Du wirst alles finden, wenn du dich entspannst...
Stell' dir vor, wie du die Prüfung machst..., wie du "gut drauf" bist..., wie du ruhig und gezielt arbeitest....Genieße es richtig, wie du erfolgreich arbeitest..., wie du deine Arbeit abgibst..., und spüre das Selbstvertrauen..., und deinen Stolz..., diese positiven Gefühle..., und nimm sie jetzt mit in diesen Raum..., komm langsam..., in deinem Tempo..., wieder hierher zurück..., Du bewegst deine Finger... und öffnest deine Augen... Du fühlst dich erfrischt und ausgeruht und kannst mit einem positiven Gefühl diese Prüfung beginnen..."

---

[103] nach Teml, H. & H. Teml (1991) S. 93

Verhaltenstraining

Zu den Verhaltenstrainings zählen wir besonders das integrative Stressmanagement, das Zeitmanagement und das Selbstsicherheitstraining.

Ein integratives Stressmanagementtraining

Nach in der Fachliteratur dargestellten Erfahrungen, besonders in England und in den USA, sind zur Stressbewältigung integrative oder multimodale Trainingsansätze zu favorisieren. Dabei stehen nur solche Methoden zur Diskussion, welche wissenschaftlichen Kriterien genügen; denn die Palette von "Anti-Stress-Trainings" umfasst relativ viele Methoden, deren Effektivität bislang empirisch nicht hinreichend belegt ist. Diese reichen von autosuggestiven (z. B. das Neurolinguistische Programmieren*) über die Themenzentrierte Interaktion* und bioenergetische Methoden (z. B. Feldenkrais*) bis hin zu Aerobic*. Der Vorteil integrativer Ansätze besteht darin, dass sie nach dem Bausteinprinzip konstruiert sind und somit bewährte Einzelmethoden des Stressmanagements umfassen.[104]

Im Folgenden soll ein integratives, vom Autor entwickeltes und angewandtes Stressmanagementtraining oder - exakt formuliert – das **Belastungs-Management-Training (BMT)** vorgestellt werden. Dabei geht es nicht nur um die Bewältigung von Stress oder Angst i. e. S., sondern um den Umgang mit all denjenigen psychischen Belastungen, die negative Beanspruchungsreaktionen und -folgen, vor allem Stress und Burnout, hervorrufen. Dazu zählen äußere Belastungsfaktoren, aber auch die Selbstbelastung. Das Training weist logisch aufeinander folgende Bausteine auf (vgl. Tabelle 9).

1. Einführung in die Stressproblematik

Hier werden grundlegende theoretische Aspekte dargelegt. Ausgangspunkt ist das Belastungs-Beanspruchungs-Modell (siehe Kapitel 3.4.). Dabei werden psychische Belastungen oder "Stress" nicht dramatisiert, sondern als normales Phänomen der Arbeitstätigkeit herausgestellt. Ebenso wird betont, dass negative Beanspruchungsreaktionen, besonders Stress, zwangsläufig in der Arbeitstätigkeit auftreten. Problematisch wird es erst dann, wenn sie sich als Dauerstress oder Burnout chronifizieren. Ihre Auswirkungen auf die Leistungsfähigkeit und die Gesundheit werden problematisiert. Ferner weist der Kursleiter besonders auf die Vermittlerrolle individueller Bewertungs- und Bewältigungsprozesse hin. Hier soll den Teilnehmern bewusst gemacht werden, dass "Stress" kein fremdbestimmtes Schicksal ist, sondern es zum großen Teil an jedem selbst liegt, wieweit er sich ihm aussetzt - oder nicht.

In der Einführung erfolgt also die Vermittlung wesentlicher Grundlagen des Trainingskonzepts. Das Anliegen ist aber nicht nur die *Information*, sondern auch die *Motivierung* der Teilnehmer für eine *aktive* Mitarbeit. Sie sollen verstehen, dass das BMT nicht mit Unterricht vergleichbar ist, bei dem man eher passiv ist, sondern dass sie das Training als "*Hilfe zur Selbsthilfe*" mitgestalten, indem sie ihre Probleme einbringen, selbst üben, usw. . Es wird ein sog. Arbeitsbündnis zwischen Trainer und Klient angestrebt .[105]

---

[104] siehe auch Brengelmann, J. C. (1988), Kallus, K. W. (1994), Kretschmann, R. (2000), Kaluza, G. & Basler, H.-D. (1991)
[105] siehe Meichenbaum, D. (1991)

Tabelle 9: Das Belastungs-Management-Training

Bausteine	Methoden und Materialien
Einführung in Problematik	Lehrgespräch, Diskussion, ggf. Videofilm zur Stressproblematik
Progressive Muskelrelaxation	Demonstration, Übung, Einzelarbeit, Hausaufgabe, ggf. Lernpartnerschaft; Tonkassette
Identifikation von Belastungen: "Meine Belastungen"	Lehrgespräch, Diskussion; Metaplantechnik, Flipchart
Identifikation von Stressreaktionen: "Meine Stressreaktionen"	Lehrgespräch, Diskussion, ggf. imaginative Übungen; Flipchart
Bewältigung akuter Belastungssituationen	Lehrgespräch, Demonstration, Fallbeispiele, Rollenspiel
Reflexion berufsrelevanter Einstellungen	Lehrgespräch, Diskussion, Disputation, Einzelarbeit
Systematisches Problemlösen	Diskussion, Brainstorming, autonome Kleingruppen, Fallbeispiele
Belastungsausgleich in Freizeit	Lehrgespräch, autonome Kleingruppen; Fragebogen, Freizeitkalender
Transfer	Methoden nach Bedarf

2. Progressive Muskelrelaxation

Als Entspannungsübung wird die PMR vermittelt (siehe oben). Dabei werden neben Ablauf und Inhalt ihre Vorzüge gegenüber dem AT und vergleichbaren Methoden herausgestellt. Sie bestehen vor allem darin, dass die PMR schneller erlernbar ist und ihre Anwendung im Alltag nicht ein Ruheniveau wie beispielsweise das AT voraussetzt. Zudem werden besonders diejenigen Personen angesprochen, die motorisch gleichermaßen aktiv wie sensibel sind und deshalb unter "Stress" eher zu muskulären Verspannungen neigen.

Das Erlernen der PMR begleitet alle Sitzungen des Trainings. Das Üben ihrer Elemente stellt eine sog. Hausaufgabe über das gesamte Verhaltenstraining dar. In jeder Sitzung räumt der Kursleiter etwa 10 Minuten ein, um die Teilnehmer über ihre PMR-Erfahrungen berichten und diskutieren zu lassen.

3. Identifikation von Belastungen

Hier lernen die Trainingsteilnehmer, ihre Belastungen besser zu identifizieren ("*Meine Arbeitsbelastungen*"). Denn viele Menschen sind oft blind gegenüber ihren Belastungen und deren Auswirkungen. Mit dem Schlagwort "Stress" werden Belastungsfaktoren häufig mehr mystifiziert als differenziert wahrgenommen. Persönliche Belastungen werden oft als diffuse Problemwolke erlebt. Deshalb ist es ein wesentliches Anliegen, persönliche Belastungsfaktoren, die in und durch die Arbeitstätigkeit auftreten, differenziert zu definieren.

4. Identifikation von Stressreaktionen

Es besteht die Aufgabe, persönliche Stressreaktionen, welche bei den - vorher definierten - psychischen Belastungen auftreten, genauer zu bestimmen ("*Meine Stressreaktionen*"). Sie sollen bewusst(er) und differenziert wahrgenommen werden. Die Teilnehmer sollen lernen, dass sich ihr "Stress" in verschiedenartigen Reaktionen zeigen kann, d. h. als kognitive, emotionale, physiologische Reaktionen und im Verhalten. Nachdem die Identifikation zuerst vorwiegend reflektierend erfolgt, findet im zweiten Schritt die Selbstbeobachtung statt. Die Teilnehmer sollen sich dabei häufig auftretende und stärker belastende Arbeitssituationen gedanklich vorstellen und entsprechende Stressreaktionen differenziert wahrnehmen.

5. Bewältigung aktueller Stresssituationen

Es handelt sich um **Techniken kognitiver Umstrukturierung**, die vor allem bei kurzzeitigen, z. T. unvorhersehbaren Belastungen in der Arbeitstätigkeit effektiv angewandt werden können. Erstens findet eine Relativierung der negativen Momente einer Belastungssituation statt, indem nach positiven Bewertungsalternativen durch sozialen, zeitlichen oder sachlichen **Perspektivenwechsel** gesucht wird. Beispiel (für zeitlichen Perspektivenwechsel): *Ich werde das akute Problem "überschlafen". Mal sehen, wie es dann aussieht.* Zweitens wird ein **kleiner Handlungsplan** zur Bewältigung solcher Belastungen herausgearbeitet. Beispiel: *Ich bereite mich auf konflikthafte Situationen in einem schwierigen Gespräch vor, indem ich Reaktionsmöglichkeiten auf bestimmte Bemerkungen des Gesprächspartners plane.* Drittens werden situationsbezogene (positive) **Selbstinstruktionen** formuliert, die zum Abbau von Stressreaktionen beitragen können (siehe auch oben). Beispiel: *Ich sage mir bewusst in schwierigen Situationen "Du musst ruhig bleiben" oder "Eins nach dem Anderen" oder "In der Ruhe liegt die Kraft".*

6. Reflexion und Veränderung von Arbeitseinstellungen

Hier werden solche Einstellungen als Quelle von "Stress" reflektiert, welche für die Art und Weise der Arbeitstätigkeit, d. h. für den persönlichen Arbeitsstil eine Bedeutung haben (siehe auch oben). Es werden exemplarisch einstellungsbestimmende Gedanken vorgegeben, die Angst, Ärger, Wut, Depressivität usw. erzeugen können. Typisches Beispiel ist das stressrelevante Typ A-Verhalten (siehe Kapitel 2.3). Außerdem werden Einstellungen und zugrunde liegende Gedanken analysiert, welche das "*Helfer-Syndrom*" in den sog. Helferberufen ausmachen und oft für die Burnoutentwicklung bedeutsam sind (siehe dazu auch Kapitel 3.4.)[106].

Hierbei soll der Teilnehmer die Einstellungen erkennen, die seine Arbeitstätigkeit bestimmen und ggf. für die Entstehung von Stress mitverantwortlich sind. Demgemäß findet eine Disputation - etwa im Sinne des sokratischen Dialogs* - entsprechender, oft irrationaler Arbeitseinstellungen mit dem Ziel statt, über deren biografische Bedingtheit und mögliche Veränderungen stärker zu reflektieren. Die wesentlichen Schritte zur Einstellungsänderung sind in Tabelle 10 aufgeführt.

---

[106] vgl. Rudow, B. (1995)

Tabelle 10: Schritte zur Einstellungsänderung

Schritt 1	Identifikation persönlicher Arbeitseinstellungen durch Selbstbeobachtung und Hinterfragen von Einschätzungen, Gedanken und Selbstgesprächen
Schritt 2	Überprüfen der Situationsangemessenheit persönlicher Einstellungen und ihrer (negativen) Folgen
Schritt 3	Entwickeln alternativer Bewertungen und Prüfen ihrer Konsequenzen auf der Verhaltensebene

7. Systematisches Lösen beruflicher Probleme

Es wird hier davon ausgegangen, dass stresserzeugende Belastungen andauernde Probleme darstellen, die lösbar sind. Demgemäß werden Problemlösefertigkeiten (problem solving skills) eingeübt. Dafür werden solche Arbeitsprobleme ausgewählt, die wiederholt oder anhaltend auftreten. Für ihre Lösung werden, u. a. im Brainstorming*, Vorschläge gesammelt. Diese werden u. a. unter folgenden Fragen analysiert: 1. Wie realistisch sind sie? 2. Welche Bedeutung haben sie für die Problemlösung? (Es wird eine Rangreihe der Lösungvorschläge erarbeitet.) 3. Wie bzw. durch welche Schritte kann die Problemlösung in der Praxis vollzogen werden? 4. Wie effektiv waren die Lösungsschritte in der Praxis? (Siehe auch Tabelle 11.)

Zum systematischen Problemlösen gehört auch das **Zeitmanagement** bei der Bewältigung der zahlreichen, z. T. simultan auftretenden beruflichen Arbeitsaufgaben (siehe unten).

Tabelle 11: Schritte zur systematischen Problemlösung

Schritt 1	Erste Problemnennung
Schritt 2	Erweiterte Problembeschreibung
Schritt 3	Suche nach Lösungsstrategien
Schritt 4	Bewertung und Auswahl von Lösungsstrategien
Schritt 5	Aufstellen eines Handlungsplans
Schritt 6	Erarbeitung von Maßnahmen und ggf. Einüben von Fertigkeiten zur Umsetzung des Handlungsplans
Schritt 7	Umsetzung in die Praxis und Erprobung
Schritt 8	Korrektur oder Verbesserung des Handlungsplans nach Prüfung der Wirksamkeit

8. Belastungsausgleich in Freizeit

Hier wird die Freizeitgestaltung bzw. die Beziehung oder Balance zwischen Arbeit und Freizeit (Work-Life-Balance) angesprochen. Die zentrale Frage ist, wie durch eine effektive Freizeitgestaltung berufliche Belastungen und negative Auswirkungen, besonders Stress- und Ermüdungsphänomene, kompensiert werden können.

Es werden zunächst die gegenwärtig ausgeübten Freizeitaktivitäten analysiert. Als wesentliches Ergebnis nennen die Teilnehmer sodann die Aktivitäten, welche sie vernachlässigen und gern wieder aufnehmen würden. (Besonders wichtig sind in diesem Kontext soziale Beziehungen, welche als Unterstützung wirken können.) Über deren Realisierungsmöglichkeit wird diskutiert. Dabei kann ein Freizeittagebuch helfen, in das die angestrebten bzw. realisierten Aktivitäten eingetragen und nach verschiedenen Kriterien (Realisierungsgrad, Wohlbefinden, Aufwand usw.) eingeschätzt werden können.

9. Transfer

In der Transfersitzung, die etwa drei bis sechs Monate nach Beendigung des Kurses stattfindet, besteht das Hauptanliegen darin, sowohl über positive Effekte als auch über Probleme zu diskutieren, die bei Umsetzung der Trainingsinhalte in der Praxis auftraten. Die Teilnehmer tauschen ihre positiven und negativen Erfahrungen aus. Auf diese Weise kann u. a. ein Fehlverhalten beim persönlichen Stressmanagement vor allem durch Hinweise des Kursleiters sowie positive Beispiele der Teilnehmer korrigiert werden.

Zusätzlich zum BMT wird den Klienten, welche persönliche Probleme in der Trainingsgruppe nicht ansprechen möchten, eine psychologische Beratung oder **Gesundheitscoaching** angeboten.

Im BMT werden Lehrmethoden angewandt, die sich in der betrieblichen Weiterbildung bewährt haben. Es sind das Lehrgespräch, Diskussionen im Plenum, Kleingruppen- und Einzelarbeit, die Metaplantechnik*, Problemlösemethoden, Fragebögen, Fallbeispiele aus der Praxis, Rollenspiele u. a. m. (siehe Tabelle 9). Den Teilnehmern wird für das Training und darüber hinaus ein Manual zur Verfügung gestellt.

Das BMT ist eine *integrative* Methode, die mehrere **Vorteile** aufweist:

- Bei der Entwicklung wurde vom arbeitswissenschaftlichen Konzept zur Belastung und Bewältigung bzw. zum "Stress" ausgegangen (siehe Kapitel 2.2.). Dies ist ein Vorzug gegenüber vielen "Anti-Stress-Trainings", die überwiegend klinisch oder sehr pragmatisch orientiert sind, geschweige denn eine Konzeption zur Arbeitstätigkeit als Grundlage aufweisen.

- Das BMT entstammt in seinen Grundzügen der kognitiven Verhaltenstherapie (VT). Es wurden Elemente der Entspannung, des SIT, der Problemlösetherapie, der RET und des Trainings der sozialen Kompetenz integriert (siehe auch oben). Die VT ist derjenige therapeutische Ansatz, welcher gegenwärtig in Wissenschaft und Praxis die größte Akzeptanz findet. Sie gründet auf der kognitiven Lerntheorie* und kann positive Wirkungen bei der Behandlung von - oft stressbedingten - psychischen Störungen nachweisen. Die VT ist bei Wirksamkeitsprüfungen anderen Therapiemethoden überlegen.

- Das BMT berücksichtigt sowohl instrumentelle als auch palliative Bewältigungsstrategien. Instrumentelle Strategien umfassen konkrete Operationen oder Handlungen, palliative richten sich auf die Regulierung der eigenen Emotionen.

- Neben den Arbeitsproblemen wird ferner das Gesundheitsverhalten in der Freizeit thematisiert. Damit kann die Handlungsfähigkeit des Klienten vielseitig entwickelt werden.

- Das BMT wird in der Gruppe durchgeführt. Dies bietet eine Reihe von Vorteilen: Die Teilnehmer wirken gegenüber anderen als Modelle, es werden Erfahrungen ausgetauscht, gemeinsam Probleme gelöst, es entstehen soziale Konflikte, die zu bewältigen sind, usw. .

- Es sind BMT-Versionen für spezielle Berufs- oder Tätigkeitsgruppen (Lehrer, Führungskräfte usw.) entwickelt worden[107]. Dabei werden tätigkeitsspezifische Belastungen explizit berücksichtigt. Damit unterscheidet sich das Programm von vielen anderen, besonders klinisch orientierten "Anti-Stress-Trainings", die i. d. R. auf die Behandlung von "Stress" bei Patienten bezogen sind.

- Das BMT ist in Aufbau und Ablauf weitgehend strukturiert. Demgemäß erhält der Kursleiter entsprechende Materialien mit detaillierten Hinweisen zur Durchführung. Es ist also eine hohe Objektivität in der Durchführung gewährleistet.

- Durch die Strukturiertheit des Programms ist die Kursleitung von Psychologen, Pädagogen oder anderen ausgebildeten Trainern mit VT-Grundkenntnissen und Erfahrungen in der Gruppenarbeit mit Erwachsenen in relativ kurzer Zeit erlernbar.

- Das BMT ist zeitlich weniger aufwendig als viele andere Präventions- und Therapiemethoden. Was das Verhältnis von Kosten und Wirksamkeit, also die Effizienz betrifft, ist das BMT vorteilhaft.

- Da sich das BMT primär als Methode der Stressprävention und Gesundheitsförderung versteht, ist es für viele Berufsgruppen geeignet.

- Im Gegensatz zu vielen anderen Trainings ist das BMT evaluiert worden. Das heißt: Es wurden seine Effekte bei den Teilnehmern erfasst. Die Ergebnisse fielen u. a. bei Führungskräften durchaus positiv aus. Durch das Training konnten signifikant das Typ A-Verhalten (siehe Kapitel 2.3.3.), die Beschwerden, Burnout, Nervosität, das subjektive Arbeitsvolumen und die subjektive Arbeitsbelastung reduziert werden.

---

[107] z. B. Rudow, B. (1995), Rudow, B. (1996)

Zeitmanagement

Zeitmanagement (time management) verfolgt als Hauptziel die optimale Zeitplanung auf der Grundlage moderner Arbeitstechniken.[108] Individuelles Zeitmanagement heißt, sich selbst und seine Zeit zielorientiert zu planen und zu organisieren, so dass kein Zeitdruck oder „Stress" aufkommt. Es ist vor allem Selbstmanagement. Dabei sind folgende **Regeln** zu beachten:

- ✓ Vorher planen: Den Tag am Abend vorher planen. Das erleichtert den Start am nächsten Morgen.
- ✓ Immer schriftlich: Aktivitäten, Aufgaben und Termine im Zeitplaner notieren. Nur so behält man den Überblick.
- ✓ Zeitlimits setzen: Zeitbudgets wie Geldbudgets planen. Denn Zeit ist häufig noch „wertvoller" als Geld.
- ✓ Konzentrieren Sie sich auf Ihre Ziele.
- ✓ Setzen Sie Prioritäten.
- ✓ Beschränken Sie sich auf das Wesentliche.
- ✓ Legen Sie sich Termine und Fristen fest.
- ✓ Beachten Sie bei Ihrer Planung die 60 : 40 – Regel. Das heißt: Sie verplanen nur ca. 60 % Ihrer Arbeitszeit, die übrigen 40 % sind für Unvorhergesehenes zu reservieren.
- ✓ Berücksichtigen Sie bei der Zeitplanung Ihre persönliche Leistungskurve.
- ✓ Stellen Sie gleichartige Aufgaben en bloc zusammen.
- ✓ Delegieren Sie Aufgaben.

Es sind je nach Aufgabenstellung folgende **Prinzipien** beim Zeitmanagement zu prüfen:

> Das *Pareto-Prinzip*: Es besagt, dass etwa 20 % der Aufgaben größte Bedeutung und somit die Priorität bei der Erfüllung haben.

> Die *ABC-Analyse*: Sie geht davon aus, dass es sehr wichtige A-Aufgaben (ca. 15 %), wichtige B-Aufgaben (ca. 20 %) und weniger wichtige C-Aufgaben (ca. 65 %) gibt.

> Das *Eisenhower-Prinzip*: Hier erfolgt eine Einteilung der Aufgaben in vier Kategorien:
>   - A-Aufgaben: dringliche und wichtige Aufgaben
>   - B-Aufgaben: dringliche und weniger wichtige Aufgaben
>   - C-Aufgaben: weniger dringliche, aber wichtige Aufgaben
>   - D-Aufgaben: weniger dringliche und weniger wichtige Aufgaben.

Selbstsicherheitstraining

Selbst(un)sicherheit steht im Zusammenhang mit „Stress". Demzufolge ist das Selbstsicherheitstraining (assertiveness training) notwendiger Bestandteil individuellen Stressmanagements. Es kann separat angewendet werden, aber auch Bestandteil eines integrativen Stressmanagementtrainings sein.

---

[108] siehe ausführlich Beyer, G. (1992) und Seiwert, L. J. (1991)

Hierbei werden Verhaltensweisen trainiert, welche Selbstsicherheit anzeigen. Dabei gibt es drei **Hauptziele**:

1) Aufbau sozialer Fähigkeiten,
2) Abbau von sozialer Angst und Gehemmtheit,
3) Veränderungen von Kognitionen, d. h. der Einstellung zu sich selbst.

Zur ihrer Erreichung werden **Übungen zu Verhaltenselementen** durchgeführt:

- feste und angemessen laute Sprache
- Gestik und Mimik (z. B. Übereinstimmung von Gesagtem und Mimik)
- angemessener Augenkontakt
- Körperhaltung und Abstand
- absichtlicher und häufiger Gebrauch des Wortes "Ich"
- die Äußerung von Bitten, Wünschen und Forderungen
- die Ablehnung von Bitten und Forderungen (z. B. "Nein-Sagen-Können")
- Äußerung und Zustimmung bei Lob durch andere
- differenzierter Umgang mit Kritik
- Gefühle situationsangemessen äußern.

Medikation

Die Medikation sollte als letztes Mittel zur Stressbewältigung genutzt werden. Bei der Einnahme von stressreduzierenden Psychopharmaka ist stets zu beachten, dass sie nur der vorübergehenden Symptomreduzierung dient. Deshalb ist sie nur nach Absprache mit dem Arzt anzuraten. Die Einnahme sollte nur temporär im Zusammenhang mit anderen Maßnahmen oder situativ, z. B. bei sehr starker Prüfungsangst, erfolgen. Folgende **Medikamente** kommen in Frage:

Tranquilizer sind *Benzodiazepine*, z. B. mit den Handelsnamen *Valium, Lexotanil, Librium, Adumbran* und *Faustan*. Sie haben eine dämpfende Wirkung auf das Limbische System* und den Hypokampus*. Demzufolge sind sie sehr wirksam bei Ängsten, indem sie schnell zur Angstreduktion führen. Sie sind aber bei häufiger Anwendung weniger wirksam. Das Problem besteht vor allem darin, dass sie abhängig machen können (siehe zur Medikamentensucht Kapitel 3.7.1.). Zudem können Nebenwirkungen auftreten, wie z. B. Müdigkeit, Konzentrationsstörungen, Muskelschwäche und Benommenheit. Deshalb beeinträchtigen sie auch die Fahrtauglichkeit. Benzodiazepine können - richtig dosiert - in Belastungssituationen zum Abbau von Streßreaktionen beitragen. Sie sollten aber nur in Notsituationen eingenommen werden. Ihre individuelle Wirkung ist vor der kritischen Situation (z. B. Prüfungssituation) zu testen, damit es in ihr nicht zu unerwünschten Nebenwirkungen (z. B. Konzentrationsschwäche) kommt.

Betablocker schwächen Stressreaktionen ab, wie u. a. die akute Blutdruckerhöhung, Herzklopfen oder Erröten. Sie wirken schnell und werden oft nur kurzfristig zur Stressvorbeugung eingesetzt. Mögliche Nebenwirkungen können dennoch Schwindel, Benommenheit, Verwirrtheit und herabgesetzte Aufmerksamkeit bzw. Reaktionsfähigkeit sein. Betablocker sollten nur kurzzeitig bei Stresssituationen eingenommen werden. Ferner sind sie als Langzeitbehandlung bei Hypertonie (Bluthochdruck) angebracht. Ihre kurz- oder langfristige Einnahme (Häufigkeit, Dosis usw.) ist mit dem Arzt abzustimmen.

Antidepressiva wirken beruhigend und schlafanstoßend. Sie entfalten ihre volle Wirkung aber erst nach zwei bis drei Wochen. Ihre Einnahme macht nicht abhängig. Häufige Nebenwirkungen sind Mundtrockenheit, Schwindel durch leichte Blutdrucksenkung und Harnverhalt. Die Einnahme von Antidepressiva sollte bei Angsterkrankungen und depressiven Verstimmungen erfolgen. Sie können längerfristig helfen und beispielsweise wiederkehrende Angstanfälle verhindern. Aber auch bei ihrer Einnahme ist die ärztliche Konsultation nötig. Von einer unkritischen Selbstmedikation, wie auch bei den anderen Medikamenten, ist sehr abzuraten.

Die o. a. zahlreichen Stressmanagementtrainings zeigen, dass es nicht die ideale, für jeden Mitarbeiter in jeder Situation anwendbare und effektive Methode zur Stressbewältigung gibt. Erst das Angebot vielfältiger, besonders integrativer Bewältigungsmethoden nach dem „Cafeteria"-Prinzip* gibt dem Einzelnen die Chance, verschiedene Methoden zu prüfen und schließlich seine „richtige" Methode zu finden.

3.4. Burnout und Burnout-Prävention

Ein Mensch sagt und ist stolz darauf:
"Ich geh in meinen Pflichten auf!"
Doch bald darauf, nicht mehr so munter,
geht er in seinen Pflichten unter!
(Eugen ROTH)

3.4.1 Was ist Burnout?

Der Begriff *Burnout* (BO) oder *Ausbrennen* trat das erste Mal 1974 beim Psychoanalytiker Herbert J. FREUDENBERGER[109] auf. Allerdings wurde schon 1911 im „Oberpfälzer Schulanzeiger" eine Krankheit *Neurasthenie* bei Lehrern beschrieben, die burnoutähnliche Symptome aufwies. Seit dieser Zeit gewann Burnout auch als berufsbezogenes Problem zunehmend an Bedeutung. Populär wurde der Begriff in den 70er Jahren vor allem, weil das Phänomen durch stärkere gesellschaftliche und soziale Veränderungen vermehrt auftrat. Dabei wurde es nicht nur als Burnout bezeichnet, sondern auch als Stress, Entfremdung, Depression, Erschöpfung oder Neurasthenie. Seit den 80er Jahren findet man bei uns BO nicht nur in der Fachsprache, sondern durch die Medien ebenfalls in der Alltagssprache. Es handelt sich dabei um ein Phänomen, das durch die Zunahme psychischer Belastungen zumindest in der sog. Helferberufen ein Gesundheitsproblem darstellt.

Burnout – ein Phänomen der Helferberufe?

Grundsätzlich kann jeder von BO betroffen sein, aber es gibt Berufsgruppen, in denen dieses Phänomen häufiger auftritt. Es handelt sich dabei um helfende Berufsgruppen, die häufigen und intensiven Kontakt mit anderen Menschen haben. Denn BO entsteht vorzugsweise in solchen Tätigkeiten, die ein langzeitiges Engagement für andere Menschen in emotional belastenden Situationen erfordern. Die Situationen treten am häufigsten bei Krankenschwestern bzw. -pflegern, Altenpflegern, Lehrkräften, Erzieherinnen, Ärzten/Zahnärzten, Psychotherapeuten, Polizisten, Gefängnisangestellten oder Sozialarbeitern auf; denn hier wird überwiegend **soziale Emotionsarbeit** geleistet[110]. Davon betroffen sind aber auch Manager[111], Hausfrauen und weitere Personen, die eine Arbeit im Dienstleistungs-, Erziehungs- oder Servicebereich ausüben. Typisch für diese Tätigkeiten ist, dass sie einerseits ein großes persönliches Engagement fordern, andererseits aber dafür über die Zeit keine angemessene Anerkennung und Belohnung erfahren. Dieses Basisproblem wird als "berufliche Gratifikationskrise" bezeichnet[112]. „*Erst Feuer und Flamme – dann ausgebrannt wie ein Strohfeuer*", so etwa kann man das Schicksal der Betroffenen bezeichnen.

---

[109] Freudenberger, H. J. (1974)
[110] siehe ausführlich Zapf, D. et al. (1999)
[111] siehe ausführlich Kernen, H. (1999)
[112] siehe ausführlich Siegrist, J. (2002)

Burnoutgefährdete Berufsgruppen lassen sich beispielsweise anhand der Kontakthäufigkeit und -intensität zur Klientel bestimmen[113] (siehe Tabelle 12).

Tabelle 12: Klassifikation burnoutrelevanter Berufe

Häufigkeit des Kontaktes mit anderen Menschen		mäßiges BO-Risiko Verkaufsberater Manager `Sozialbeauftragter` Empfangschef	hohes BO-Risiko Praktischer Arzt Krankenschwester Lehrer Sozialarbeiter
	hoch		
	gering	geringes BO-Risiko Förster Ölraffinerieoperator Labortechniker Museumsmitarbeiter	mäßiges BO-Risiko öffentl. Verteidiger Feuerwehrmann Polizist Sanitäter
		gering	hoch
		Intensität des Kontaktes mit anderen Menschen	

Es stellt sich die Frage, ob mit *Burnout* ein Phänomen abgebildet wird, das sich wesentlich von anderen Beanspruchungsfolgen unterscheidet. Sie läuft auf seine theoretische Bestimmung hinaus, d. h. auf die Abgrenzung zu *Stress* und verwandten Begriffen wie *psychische Ermüdung, Depression, Arbeitszufriedenheit*, etc.. Die **Definition** ist nötig, da es bislang keine allgemein anerkannte Bestimmung von BO gibt. In der Alltagssprache wird das "Ausgebranntsein" häufig als Schirmbegriff für Erschöpfungszustände jedweder Art benutzt.

Was unter "Burnout" zu verstehen ist, dies kann anhand eines Artikels aus der *"Frankfurter Rundschau"* mit dem Titel *"Wenn ein Lehrer nicht mehr "durchhält" "* anschaulich demonstriert werden (siehe Kasten 25).

Aus diesem Fallbeispiel lassen sich folgende **Merkmale** ableiten:

(1) BO ist ein Phänomen, das sich über Jahre oder auch Jahrzehnte herausbildet. Es ist meistens ein schleichender *Prozess*, der vom Betroffenen nicht oder nur unzureichend reflektiert wird. Stress- oder Ermüdungsreaktionen werden oft als erste Burnoutsignale nicht wahrgenommen. BO ist demnach als eine Funktion der Berufstätigkeitsdauer oder des Dienstalters zu verstehen. Es können zwar schon Symptome in den ersten Berufsjahren als "Praxisschock" eintreten. Häufiger zeigt sich aber das Syndrom erst deutlich nach 15 bis 20 Berufsjahren, wie o. a. Beispiel mit Paul L. zeigt. Es ist einerseits ein individuelles Entwicklungsphänomen, andererseits aber auch ein Produkt beruflicher Sozialisation.

---

[113] modifiziert nach Cordes, C. L. & T. W. Dougherty (1993) S. 633

> **Kasten 25**
>
> **Fallbeispiel zu Burnout**
>
> "Paul L., 52 Jahre alt, unterrichtet Deutsch und Französisch an einem großen Gymnasium in Süddeutschland. Seine 9. Klasse hatte ihn mit Gejohle empfangen: 30 Jungen und Mädchen sangen in Sprechchören:
> "Paule, lass uns in Ruh
> Mach lieber die Schule zu
> Scheißschule
> Wir kennen nur Frust,
> Wir haben null Lust
> Auf den Schiller und dich
> Kapierste das nicht?"
>
> Als Paul L. vor 22 Jahren an diese Schule kommt, ist alles anders. Die Zeit des Einstiegs günstig: Aufbruchstimmung selbst in diesem eher konservativen Bundesland, Reformvorhaben, die auf eine "andere", eine bessere Schule zielen. Sein Gymnasium ist ein Glücksfall... Paul L., dem man jahrelang sogenannte "Problemklassen" zugeteilt hat, schafft es nicht mehr. Er ist inzwischen 46 Jahre alt. Diese Erfahrung trifft den Erfolgsgewohnten unverhältnismäßig hart. Er beginnt an sich zu zweifeln, ist taub für Tröstungen von Kollegen... Er versagt, er schafft es eben nicht... Immer häufiger muss er sich pädagogische und fachliche Fehler eingestehen. Schuldgefühle stellen sich ein."

(2) BO kann als *vierstufiger* **Prozess** beschrieben werden[114]:

1. *Enthusiasmus*: Die erste Phase ist durch große Hoffnungen und hohe Erwartungen gekennzeichnet, wobei die größten Risiken in der Überidentifikation mit dem Klienten (Patienten, Schüler, Kind, Mitarbeiter usw.) und in exzessiver, ineffektiver Verausgabung an Energie liegen. Hier ist der Helfer stark engagiert und fühlt sich verpflichtet gegenüber dem Klienten, indem er positive Veränderungen, d. h. Wachstum, Entwicklung und Lernfortschritte bei ihm erreichen will. Eine Grundbedingung von BO ist also eine hohe Arbeitsmotivation, die auf den Klienten fokussiert ist - die sog. *Helfermotivation*.

   Sollten die Helfermotive über längere Zeit nicht realisiert werden können, so tritt BO auf. Hinzu kommt eine zweite Grundbedingung: Menschen streben allgemein nach Vervollkommnung ihrer Tätigkeit und werden durch das Gefühl der eigenen Wirksamkeit bestärkt. Diese "effectance motivation" hat bei Helfern folgende Form: Der Erfolg der Klienten ist Voraussetzung für das Gefühl eigenen Wachstums bzw. der Selbstentfaltung. Dies bedeutet, dass nicht verwirklichte Helfermotive Zweifel an der eigenen Leistungsfähigkeit aufkommen lassen.

2. *Stagnation*: Es ist die Phase des "Festgefahrenseins". Sie ist gekennzeichnet durch große Bemühungen des Betroffenen bei gleichzeitiger Unzufriedenheit mit der Arbeitssituation wie z. B. mit Feierabend- und Wochenendarbeit, niedriger Bezahlung, mangelnden Aufstiegsmöglichkeiten, etc. und durch das wachsende Bewusstsein, dass persönliche Bedürfnisse in der Arbeit nicht befriedigt werden können.

---

[114] nach Edelwich, J. & Brodsky, A. (1984)

3. **Frustration**: Es ist die entscheidende Phase. Sie ist gekennzeichnet durch Gefühle von Machtlosigkeit, das Infragestellen der eigenen Effektivität und die Einschätzung, dass die Organisation den Klientenbedürfnissen nicht gerecht wird.

4. **Resignation**: Hier schützt sich der Betroffene vor weiterer Enttäuschung und Frustration durch Zynismus, emotionalen Rückzug und Vermeidung von Kontakten zu Klienten, Kollegen und auch Freunden und gibt schließlich seine Ideale auf.

Das Leitsymptom von Burnout ist die körperliche, geistige und besonders emotionale **Erschöpfung**. Körperliche Erschöpfung ist gekennzeichnet durch Energiemangel, chronische Ermüdung, Schwäche, erhöhte Krankheitsanfälligkeit, Kopfschmerzen, Appetitveränderungen und Schlafstörungen. Unter geistiger Erschöpfung werden negative Einstellungen zum Selbst, zum eigenen Leben und zu anderen Menschen verstanden. Zur emotionalen Erschöpfung gehören die Depressivität, Hilflosigkeit und Leere, Reizbarkeit, Entmutigung, Hoffnungslosigkeit und Verzweiflung; es ist das Gefühl des Ausgelaugtseins. Typische Aussagen sind:

- *"Ich fühle mich durch die Arbeit erschöpft."*
- *"Ich fühle mich am Ende eines Arbeitstages verbraucht."*
- *"Den ganzen Tag mit Menschen zu arbeiten, strengt mich sehr an."*

Ein *zweites* Burnoutsymptom ist die sog. **Depersonalisierung** (oder soziale Entfremdung). Sie zeigt sich in der Tendenz, Klienten als Objekte distanziert wahrzunehmen und demgemäß mit ihnen umzugehen. Gleichgültigkeit und Desinteresse oder gar Zynismus gegenüber Fragen und Problemen von ihnen treten auf. Aus dem Klienten wird zunehmend ein Name oder eine Nummer statt einer Persönlichkeit, die man achten sollte. Ein Beispiel dafür ist die Aussage des Arztes oder der Krankenschwester *"Der Blinddarm auf Zimmer 333"*. Weitere typische Items* sind:

- *"Ich habe das Gefühl, manche Klienten so zu behandeln, als wären sie Objekte."*
- *"Ich bin den Menschen gegenüber abgestumpfter geworden, seit ich diese Arbeit ausübe."*
- *"Ich befürchte, dass mich meine Arbeit weniger mitfühlend macht."*

BO ist *drittens* durch eine subjektive **Leistungsschwäche** gekennzeichnet, welche bis zur Leistungs- oder gar Arbeitsunfähigkeit gehen kann. Es ist das Gefühl, nicht mehr richtig leistungsfähig zu sein, den gestellten und auch den eigenen Ansprüchen nicht mehr zu genügen. Dafür sind typische Aussagen:

- *"Ich kann durch meine Arbeit keinen Einfluss mehr auf das Leben anderer Menschen ausüben."*
- *"Ich fühle mich ohne Energie."*
- *"Ich sehe keine Ziele mehr in meiner Arbeit."*

BO ist als *Syndrom* zu verstehen, in dem die Erschöpfung und die Depersonalisierung von besonderer Bedeutung sind. Darüber hinaus tritt die subjektive Leistungsschwäche auf, die überwiegend als Folge der Erschöpfung anzusehen ist. Weitere Folgen sind psychosomatische Beschwerden (Magen-Darm-, Herz-Kreislauf-Beschwerden, Essstörungen, Schlafstörungen usw.), Fehlzeiten am Arbeitsplatz und Ausstiegsabsichten (drop-out). BO ist eine Folge anhaltender Stress- und/oder Ermüdungszustände, wobei "Stress" ein besonderes Gewicht zu haben scheint. Es kann als Folge von Arbeitsstress - analog dem Drei-Phasen-Modell der Stressreaktion nach dem Pionier der physiologischen Stressforschung Hans SELYE[115] - verstanden werden, wobei die Erschöpfung in Beziehung zum Endstadium des Stresses gesetzt wird. BO tritt weniger als Folge von traumatischen Ereignissen, d. h. von einschneidenden, stark belastenden Lebensereignissen auf, sondern es ist vielmehr Folge von häufig oder anhaltend auftretenden täglichen Belastungen. Zusammenfassend sind Merkmale, Symptome bzw. Folgen von BO am Beispiel der Lehrerarbeit im Bild 28 dargestellt.

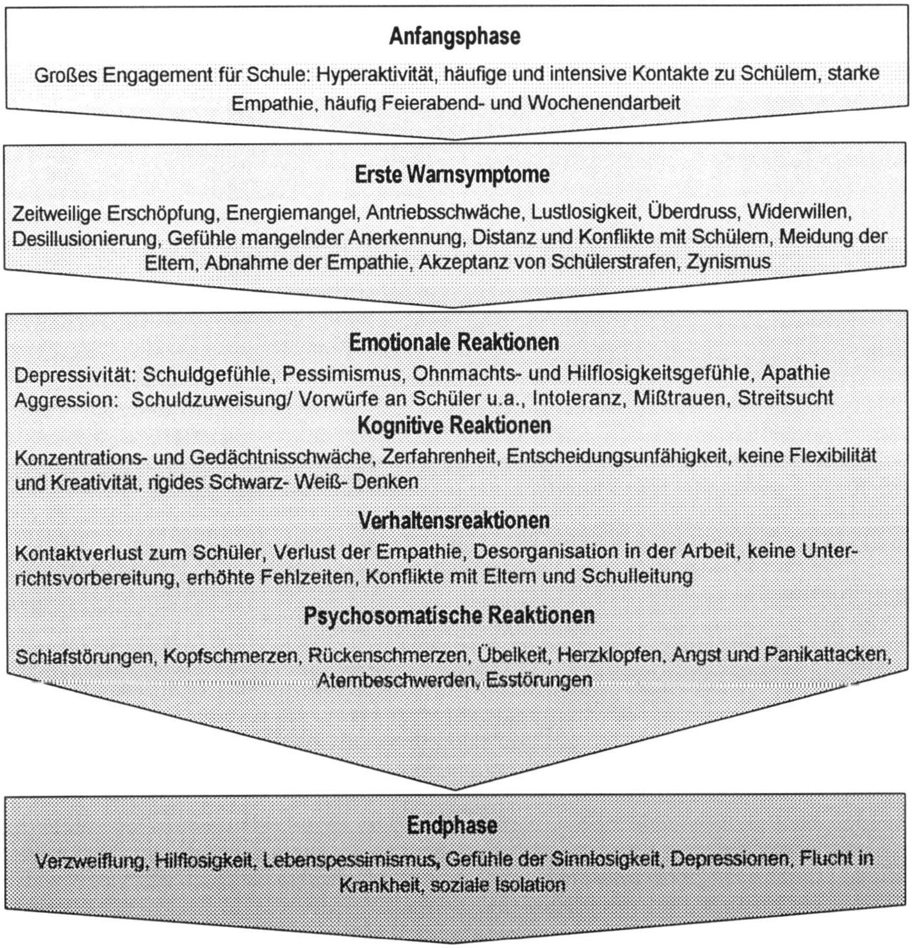

Anfangsphase
Großes Engagement für Schule: Hyperaktivität, häufige und intensive Kontakte zu Schülern, starke Empathie, häufig Feierabend- und Wochenendarbeit

Erste Warnsymptome
Zeitweilige Erschöpfung, Energiemangel, Antriebsschwäche, Lustlosigkeit, Überdruss, Widerwillen, Desillusionierung, Gefühle mangelnder Anerkennung, Distanz und Konflikte mit Schülern, Meidung der Eltern, Abnahme der Empathie, Akzeptanz von Schülerstrafen, Zynismus

Emotionale Reaktionen
Depressivität: Schuldgefühle, Pessimismus, Ohnmachts- und Hilflosigkeitsgefühle, Apathie
Aggression: Schuldzuweisung/ Vorwürfe an Schüler u.a., Intoleranz, Mißtrauen, Streitsucht

Kognitive Reaktionen
Konzentrations- und Gedächtnisschwäche, Zerfahrenheit, Entscheidungsunfähigkeit, keine Flexibilität und Kreativität, rigides Schwarz- Weiß- Denken

Verhaltensreaktionen
Kontaktverlust zum Schüler, Verlust der Empathie, Desorganisation in der Arbeit, keine Unterrichtsvorbereitung, erhöhte Fehlzeiten, Konflikte mit Eltern und Schulleitung

Psychosomatische Reaktionen
Schlafstörungen, Kopfschmerzen, Rückenschmerzen, Übelkeit, Herzklopfen, Angst und Panikattacken, Atembeschwerden, Esstörungen

Endphase
Verzweiflung, Hilflosigkeit, Lebenspessimismus, Gefühle der Sinnlosigkeit, Depressionen, Flucht in Krankheit, soziale Isolation

Bild 28: Phasen und Symptome von Burnout

---

[115] Selye, H. (1981)

Schließlich soll BO allgemein als **Lebenskrise** verstanden werden (siehe dazu Endphase im Bild 28). Das heißt: Helfer, die zum "Ausbrennen" neigen, haben z. B. das Studium der Psychologie, der Pädagogik, der Medizin oder der Sozialarbeit vor allem aus sozialen Motiven heraus aufgenommen. *"Die Liebe zu Kindern", "Die Arbeit mit Menschen", „Das Helfenwollen von Kranken, Alten oder Gescheiterten"* werden beispielsweise als solche genannt. Sie können im rauhen Arbeitsalltag auf Grund ihrer hohen sozialen Erwartungen jedoch schnell enttäuscht werden. Zudem kann im Laufe des Arbeitslebens eine Veränderung der Motive und Wertorientierungen zuungunsten des Berufs, z. B. durch Heirat, eintreten. So tritt früh im Berufsleben eine Krise ein, welche mit "*Praxisschock*" beschrieben wird.

Sinnerfüllung oder Sinnverlust bei einer Tätigkeit zeigen sich in bestimmten Emotionen und Kognitionen. Bei Sinnerfüllung treten Zufriedenheit und Freude auf, die im "*Flow-Erlebnis*" (siehe Kapitel 2.1.) gipfeln können; bei Sinnverlust treten typische BO-Emotionen auf. Ebenso treten bestimmte Kognitionen ein: Planlosigkeit in der Arbeitsplanung, schematisches Problemlösen, Nichtbeachten von Rückmeldungen durch Klienten, Kollegen, usw.. Die Sinnkrise ist mit Problemen in der Berufsidentitätsfindung verbunden. Bei Sinnverlust treten jedoch nicht nur Identitätsprobleme im ausgeübten Beruf auf, sondern es erfolgt die Infragestellung des gesamten Selbstkonzepts. Die Sinnkrise ist dann nicht nur eine Berufs-, sondern eine Lebenskrise.

Wie kann nun BO von anderen Beanspruchungsreaktionen und -folgen abgegrenzt werden? Die **Unterscheidungsmerkmale** sind wie folgt:

- BO stellt im Konzept der negativen Beanspruchungsreaktionen und -folgen ein übergreifendes Konzept dar. Es nimmt eine Schlüsselposition zwischen Gesundheit und Krankheit ein. Es vereint Symptome von Stress, Ermüdung, Sättigung, Angst, Arbeitsunzufriedenheit, usw. in sich. BO weist als *Syndrom* einen größeren, komplexeren Symptombereich als die übrigen, enger definierten negativen Beanspruchungsfolgen auf.

- Im Vergleich mit Ermüdung und Stress haben Burnoutsymptome eine andere Qualität. Während beim Stress emotionale Reaktionen (Ärger, Angst, Aggressivität usw.) auftreten, die sich aus dem Missverhältnis zwischen Anforderungen und Ansprüchen und individuellen Handlungsvoraussetzungen ergeben, ist bei BO die *gesamte* Person betroffen. Zentral sind hierbei solche Emotionen wie z. B. eine negative Grundstimmung, Selbstwertzweifel, Erschöpfung und Depersonalisierung. Der Betroffene weiß nicht mehr ein noch aus, weiß nicht mehr weiter, er schwankt zwischen Hoffnung und Verzweiflung, seine Stimmungen gehen auf und ab, er hat keine Beziehung mehr zur Klientel, eigene Möglichkeiten der Krisenbewältigung scheinen erschöpft zu sein.

- Im Vergleich zu anderen Beanspruchungsfolgen, speziell zum chronischen Stress und zur Übermüdung, ist BO eher ein *Entwicklungs- bzw. Sozialisationsphänomen*. Es entwickelt sich über Jahre oder Jahrzehnte in der Berufstätigkeit. Es tritt als Krise auf, die zumindest eine zeitweilige Stagnation der Persönlichkeitsentwicklung bedeutet.

- BO tritt bei *Arbeitstätigkeiten* auf, die verstärkt *sozial-interaktive Momente* aufweisen. Das Syndrom kann aber nicht nur auf Helfer-Berufe i. e. S. beschränkt bleiben. Es ist auch auf Tätigkeiten zu beziehen, die häufig sozial - interaktive Momente aufweisen, z. B. auf die Tätigkeit des Managers oder des Polizisten.

➢ BO ist aufgrund seiner *Schlüsselposition zwischen Gesundheit und Krankheit* stärker als andere Beanspruchungsfolgen im Kontext der psychischen Krankheit zu betrachten. Obgleich es per se keine arbeitsbedingte Erkrankung ist, enthält es zweifelsohne *pathogene* Symptome, die als psychische Gesundheitsstörung angesehen werden können. Von BO im Endstadium bis hin zur psychischen Krankheit ist es oft nur ein kleiner Schritt. Die Krankheit, z. B. die Depression, ist als mögliches (End-)Resultat eines langdauernden Burnoutprozesses zu sehen. Während beim BO Gefühle der Hilflosigkeit nur zeitweilig auftreten, sind sie bei einer Depression anhaltend und stabil.

3.4.2 Einflussfaktoren auf Burnout

Burnout wird einerseits von Persönlichkeitsmerkmalen und andererseits von Tätigkeits- bzw. Organisationsmerkmalen, also Arbeitsbedingungen beeinflusst. Über ihre Anteile gehen die Meinungen auseinander. Einige Forscher sind der Meinung, dass vorwiegend Arbeitsbedingungen bzw. -belastungen BO verursachen. Andere Autoren messen den Persönlichkeitsmerkmalen ebenso eine Bedeutung zu. Dabei wäre es aber falsch, von einer sog. Burnout-Persönlichkeit zu sprechen; denn BO bildet sich stets in der Wechselwirkung von Tätigkeits- bzw. Organisations- und Persönlichkeitsmerkmalen heraus, wobei deren Anteile von Individuum zu Individuum sehr unterschiedlich sein können.

Als burnoutbeeinflussende **Persönlichkeitsmerkmale** möchte ich besonders die berufsbezogene Motivation und entsprechende Handlungsziele sowie berufsbezogene Einstellungen hervorheben. Darüber hinaus sollten auch Persönlichkeitsmerkmale eine Rolle spielen, die schon an anderer Stelle dargestellt worden sind: Kontrollüberzeugungen, Bewältigungsstile, der Verhaltenstyp A, das Selbstbewusstsein und die emotionale Stabilität vs. Labilität. Ferner dürfte bei BO die Empathie relevant sein.

Die *berufsbezogene (Über-)Motivation* spielt in der Burnoutentwicklung eine Schlüsselrolle. Es sind besonders soziale Motive, die sich auf den Klienten beziehen. Sie sind bei burnoutgefährdeten Personen oft tätigkeitsbestimmend, durch sie kommt es häufig zu einer Überidentifikation mit dem Klienten und dessen Schicksal.

Ein weiterer Einflussfaktor sind *Einstellungen* zum Beruf. Sie äußern sich zum einen in Einstellungen zur eigenen Berufstätigkeit, indem z. B. die Lehrertätigkeit als *die* Berufung fürs Leben betrachtet wird. In dem Zusammenhang sind besonders die Rollenerwartungen beachtenswert. Der sehr klientenorientierte Lehrer, Manager oder Arzt sieht seine Rolle weniger als Wissensvermittler, Organisator oder Heiler, sondern vorwiegend als Helfer, Partner und Berater des Klienten. Dieses Rollenverständnis ist häufig mit der Erwartung positiver Rückmeldungen durch den Klienten verbunden. Die Rückmeldungen kommen aber häufig nicht wie erwartet, was über die Zeit durch das anhaltende Missverhältnis von Aufwand und Anerkennung oft eine "*Gratifikationskrise*" auslöst.[116]

---

[116] siehe ausführlich Siegrist, J. (1996)

Burnoutvorbeugend dürften besonders internale **Kontrollüberzeugungen** oder -erwartungen sein. Das heißt beispielsweise: Der Lehrer geht davon aus, dass besonders das Verhalten seiner Schüler weitgehend von ihm selbst abhängt; es ist eine Konsequenz seines eigenen Handelns. Die positiven oder negativen Verstärkungen schreibt er seinem eigenen Tun zu. Wenn der Lehrer sich jedoch überwiegend von externalen Kontrollüberzeugungen leiten lässt, dann scheint er eher burnoutgefährdet zu sein. Dies kann schließlich in "*gelernte Hilflosigkeit*"* übergehen, welche die Depression kennzeichnet und ein wesentliches Burnoutsymptom in der Endphase darstellt.

Merkmale des Selbstbewusstseins sind das **Selbstvertrauen** (hardiness) und die **Selbstsicherheit** (assertiveness). Die **emotionale Stabilität** und der **Verhaltenstyp A** sind ähnlich wie beim Stress wirksam. Zum Verhaltenstyp A können im Kontext von BO besonders solche Persönlichkeitsmerkmale wie die ausgeprägte *Arbeitsorientierung* (work-orientation) und starke *Arbeitsverbundenheit* (job-involvement) gezählt werden. Schließlich ist die **Empathie** (empathy) zu beachten. Personen mit ausgeprägter Empathie versetzen sich emotional stärker in die Probleme und in das Erleben ihrer Klienten, sie „fühlen und leiden" mit dem Schüler, dem Kind, dem Patienten oder dem Mitarbeiter, der Probleme hat. Sie sind dadurch eher burnoutgefährdet.

Bei den **Arbeits- und Organisationsmerkmalen** sind m. E. zu beachten (vgl. Bild 29):

- der Tätigkeits- und Handlungsspielraum,
- die Verantwortlichkeit
- die soziale Unterstützung
- die Rollenstruktur
- die psychische Belastung
- die Zieltransparenz und -sicherheit
- die Klientel
- die Organisationsgröße und -transparenz.

Der *Tätigkeits- und Handlungsspielraum* ist nicht nur für Stress, sondern ebenfalls für BO von Bedeutung (siehe dazu Kapitel 2.3.). Zum Beispiel beschreiben ENZMANN & KLEIBER[117] Einflüsse des wahrgenommenen Handlungsspielraums auf die Depersonalisierung.

Verantwortlichkeit ist wesentlicher Bestandteil des Berufsethos. Verantwortlichkeit für die Persönlichkeitsentwicklung des Schülers, für das Leben und Wohlbefinden des Patienten u. dgl. m. wird für den Beruf gefordert. Sie wird besonders von denjenigen Helfern erlebt, die aufgrund altruistisch-karitativer Motive sehr klientenzentriert denken, fühlen und handeln. Das Verantwortungsgefühl ist bei ihnen nicht nur zeitweilig, sondern permanent gegeben. Verantwortung wird aber in der gegenwärtigen Zeit nicht nur vom Helfer übernommen, sondern sie wird auch häufig an die Helfer "delegiert". So werden oft nicht mehr die Eltern, sondern die Lehrer für die Erziehung der Kinder verantwortlich gemacht. Oder der Arzt wird von den Patienten als "Wunderdoktor" angesehen, der schon heilen wird. Der Helfer wird hierbei in die Rolle der Ersatzmutter, des Ersatzvaters oder des Heilers gedrängt, welcher Versäumnisse in der Erziehung, im Gesundheitsverhalten usw. korrigieren soll. ENZMANN & KLEIBER (ebenda) stellten einen Zusammenhang zwischen „Überforderung durch Zeit- und Verantwortungsdruck" und der emotionalen Erschöpfung fest.

---

[117] Enzmann, D. & Kleiber, D. (1989)

Ein weiteres Tätigkeitsmerkmal ist die **Rollenstruktur**. Helferberufe sind oft durch Rollenkonflikte und -ambiguität gekennzeichnet, welche - wenn sie anhaltend sind - über Stress zum BO führen können (siehe ausführlich Kapitel 2.3.).

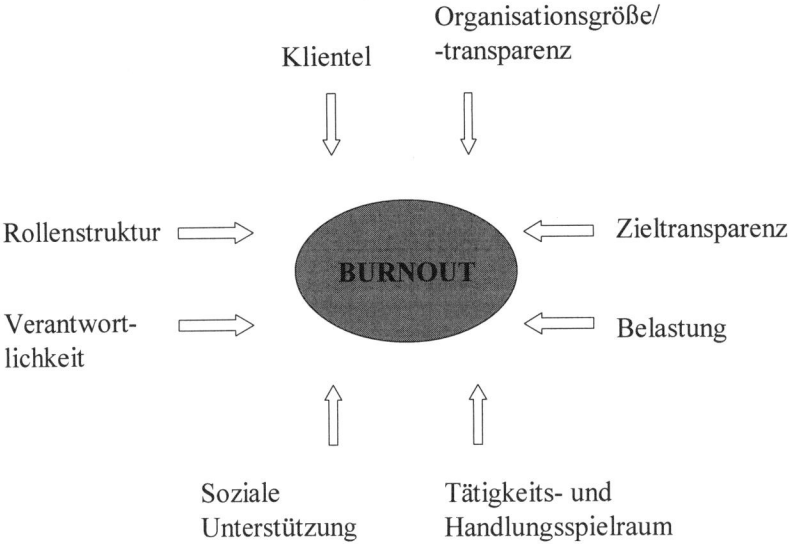

Bild 29: Burnoutbeeinflussende Arbeits- bzw. Organisationsmerkmale

Dass die psychische **Belastung** oder Überlastung ein burnoutförderndes Tätigkeits- bzw. Organisationsmerkmal sein kann, liegt nahe (siehe ausführlich Kapitel 4). Als Belastungsfaktoren kommen vor allem die Arbeitszeit inkl. Überstunden und Schichtarbeit, "stressige" Tagesereignisse, aber auch gravierende berufliche Ereignisse (z. B. Tod von Patienten) infrage. Unter ihnen wird der Zeitdruck als burnoutförderlich hervorgehoben.[118]

Die **Ziel(in)transparenz** spielt im Burnoutprozeß eine Rolle. Dabei sind vor allem Arbeitsziele (goals of work) interessant, d. h. definierte angestrebte Zustände, die durch die Erfüllung von Arbeitsaufgaben erreicht werden sollen. Sie sollten eindeutig definiert und transparent sein; anderenfalls führen sie zum unsicheren Verhalten. Dies ist z. B. ein Problem im Lehrerberuf. Während die Unterrichtsziele meistens bekannt sind, sieht es bei Erziehungszielen anders aus. Diese sind oft so allgemein formuliert, dass sie für den Lehrer keine unmittelbare Handlungsrelevanz haben können. Sie sind weder im Inhalt noch im Zeitpunkt eindeutig. Was die Arbeit mit dem Schüler betrifft, so kann der Lehrer höchstens (vage) Teilziele erreichen. Eigentlich wird er mit seiner Arbeit nie fertig, was bedeutet, dass er nie ein Endziel hat, dessen Erreichung ihm Erfolgserlebnisse beschert. Ferner können die Eltern, Freunde usw. des Schülers ebenfalls Einfluss auf die Erreichung solcher Ziele nehmen. Sie können die vom Lehrer gestellten Ziele durchkreuzen. Es ist also nicht nur eine Zielintransparenz, sondern auch eine Unsicherheit in der Zielverfolgung gegeben. Der Lehrer kann bei

---

[118] Enzmann, D., Kleiber, D. & Gusy, B. (1993), Büssing, A. & S. Schmitt (1998)

der Erreichung von Bildungs- und Erziehungszielen mit der griechischen Sagengestalt *Sisyphus* verglichen werden, die stets vergeblich versuchte, den Stein endgültig den Berg hinaufzurollen.

Die **Klientel** sollte ebenfalls Beachtung finden. Schwierige Schüler, Klassen oder gar Schulen, die durch Disziplin- und Leistungsprobleme gekennzeichnet sind und sich in sozialen Brennpunkten befinden, erschweren die Arbeit von Lehrkräften. Es ist plausibel, dass sich die Belastungen bzw. Probleme von Lehrkräften, die mit "normalen" Kindern arbeiten, von der Arbeit derjenigen in einer Schule im "sozialen Brennpunkt" sehr unterscheiden. Letztere sind eher burnoutgefährdet. Analoges trifft auf einen Arzt zu, der überwiegend ältere Menschen mit chronischen Beschwerden bzw. Erkrankungen und deshalb bei relativ geringen Therapiechancen behandeln muss. Zweifellos hat er weniger Erfolgserlebnisse als der Kollege, der aufgeklärte Patienten "im besten Alter" und "aus gutem Hause" als Stammpatienten hat.

Die **Organisationsgröße und -transparenz** kann eine weitere Burnoutquelle sein. Je größer ein Unternehmen ist, desto mehr Manager, Mitarbeiter, Kollegen, Schüler usw. gibt es, desto größer ist der Koordinationsaufwand, desto mehr Informationen gehen verloren, desto schwieriger ist oft die Abstimmung mit dem Management, mit Kollegen usw.. Aufgrund dieser Umstände hat der Mitarbeiter oft das Gefühl, nicht mehr als ein "*kleines Rädchen im großen Getriebe*" zu sein. In einer kaum überschaubaren Organisation, in der häufig auch eine stärkere Fluktuation gegeben ist, fehlen oft die vertrauten Partner. Dadurch ist oft die soziale Unterstützung durch Gespräche oder konkrete Hilfe bei Problemen geringer. Ferner weisen Großorganisationen eine geringere Transparenz bei Entscheidungsvorgängen, Informationsflüssen, Konflikten, Intrigen usw. auf. Dadurch verringern sich die individuellen Chancen, Einfluss auf wichtige Prozesse, Entscheidungen oder Reformen zu nehmen. Die Organisationsgröße korreliert positiv, wie wissenschaftlich bewiesen ist, mit Absentismus, Arbeitsunzufriedenheit und der Einstellung zum Unternehmen.

Es ist demnach davon auszugehen, dass durch erlebte Vereinsamung und Machtlosigkeit im "großen Getriebe" Burnoutsymptome wie z. B. soziale Entfremdung, fehlende informelle Gespräche, geringeres Engagement für Mitarbeiter, innere Kündigung oder "*Dienst nach Vorschrift*" verstärkt auftreten.

3.4.3 Wie kann Burnout gemessen werden?

Es wurden einige diagnostische Methoden zur Messung von BO entwickelt. Die bekannteste ist das "*Maslach Burnout Inventory*" (*MBI*), welches auch in deutschsprachigen Versionen vorliegt[119]. Diese Methode ist im deutschen Sprachraum an verschiedenen Berufsgruppen (Lehrer, Ärzte, Richter, Architekten usw.) wissenschaftlich überprüft worden. Dabei konnten die Zuverlässigkeit (Reliablität)* und Gültigkeit (Validität)*, u. a. signifikante Korrelationen zu psychosomatischen Beschwerden und zur Arbeitsunzufriedenheit, nachgewiesen werden.

---

[119] z. B. Büssing, A. & Perrar, K. M. (1992), Demerouti, E. & Nachreiner, F. (1996), Wegner, R. & Wein, Ch. (2002)

Hier soll beispielhaft die **Überdruss-Skala** (Tedium Scale) von PINES, ARONSON & KAFRY dargestellt werden[120] (siehe Kasten 26). Mit ihrer Hilfe wird das Erleben körperlicher, emotionaler und geistiger Erschöpfung diagnostiziert. Die Auswertung erfolgt, indem über alle Items – nach Umpolung einiger Items (3, 6, 19, 20) – die Summe gebildet wird. Mittels Division durch die Gesamtanzahl der Items (21) wird das arithmetische Mittel x berechnet. Das Ergebnis wird dann wie folgt interpretiert:

- Mittelwert x bis 3,00 = niedriges Burnout, das heißt: *nicht ausgebrannt*
- Mittelwert x zwischen 3,00 und 3,50 = mittleres Burnout, das heißt: *leicht ausgebrannt*
- Mittelwert x größer 3,50 = hohes Burnout, das heißt: *mittel bis stark ausgebrannt*. Bei einem Wert größer 5 liegt eine *akute Krise* vor.

Kasten 26

Überdruss-Skala

Es hat sich gezeigt, dass bei längerer Arbeit Gefühle des „Ausgebrannt-Seins" eintreten können, die sich besonders in Erschöpfungszuständen zeigen. In diesem Bogen sind einige dieser Gefühle aufgelistet. Wir bitten Sie, diese Gefühle danach einzuschätzen, wie oft Sie sie in letzter Zeit empfinden. Tragen Sie die jeweils entsprechende Zahl in die Zeile ein.

1	2	3	4	5	6	7
niemals	fast niemals	selten	manchmal	meistens	oft	immer

1. Ich bin müde ....
2. Ich fühle mich niedergeschlagen ....
3. Ich habe einen guten Tag ....
4. Ich bin körperlich erschöpft ....
5. Ich bin emotional erschöpft ....
6. Ich bin glücklich ....
7. Ich bin „erledigt" ....
8. Ich bin „ausgebrannt" ....
9. Ich bin unglücklich ....
10. Ich fühle mich abgearbeitet ....
11. Ich fühle mich wertlos ....
12. Ich fühle mich gefangen ....
13. Ich bin überdrüssig ....
14. Ich bin bekümmert ....
15. Ich bin über Andere verärgert oder enttäuscht ....
16. Ich fühle mich schwach ....
17. Ich fühle mich hoffnungslos ....
18. Ich fühle mich zurückgewiesen ....
19. Ich bin optimistisch ....
20. Ich fühle mich tatkräftig ....
21. Ich habe Angst ....

---

[120] Pines, A. M., Aronson, E. & Kafry, D. (1991); siehe auch Rudow (2000 b)

3.4.4 Burnout-Prävention

Durch die verschiedenen Erklärungsansätze von BO gibt es eine Menge von Einzelmaßnahmen zur Prävention und Intervention. Nach PAINE[121] kann diese in vier **Ebenen** eingeteilt werden:

- *Persönliche Ebene*: Das Individuum ist zu befähigen, mit täglichen Belastungen effektiver umzugehen.
- *Interpersonelle Ebene*: Besonders die Kollegen unterstützen sich untereinander und helfen sich gegenseitig, mit täglichen Belastungen besser fertig zu werden.
- *Arbeitsplatzebene*: Es erfolgen Veränderungen von Arbeitstätigkeit und -bedingungen, um Belastungen per se auszuschalten oder zu reduzieren.
- *Organisationsebene*: Es finden langfristige politische und strukturelle Veränderungen in der Organisation statt.

Burnoutvorbeugende und -reduzierende Methoden sind weitgehend identisch mit der Stressprävention und -intervention. Denn nach unserem Konzept führt vor allem anhaltender Arbeitsstress zu BO (siehe Kapitel 2.2.). Es sollen hier einige Methoden auf den vier Ebenen herausgehoben werden, die m. E. besonders für BO gelten (vgl. Bild 30).

Ebenen	Prävention	Intervention
Persönliche Ebene		
Interpersonelle Ebene		
Arbeitsplatz-Ebene		
Organisations-Ebene		

Bild 30: Ebenen der Burnout-Prävention und -Intervention

Auf der **persönlichen Ebene** dienen die rechtzeitige Problemerkennung durch Sensibilisierung für BO-Symptome sowie die Einstellungsreflexion und Zielsetzungen der Prävention. Bei der Problemerkennung geht es vor allem um die Erkennung des Belastungspotentials der Arbeitstätigkeit. Bei der Einstellungsreflexion handelt es sich in erster Linie um die ambivalente Wirkung des „Helfersyndroms". Bei den Zielsetzungen ist es die Erkennung und Verfolgung *realistischer* Ziele. Ferner ist das gezielte Selbstmanagement wichtig, z. B. Entspannung und effektive Arbeitsorganisation inkl. Zeitmanagement.

Auf der **interpersonellen Ebene** sollten (funktionierende) Teamarbeit, die kollegiale Supervision* und weitere Gesprächsgruppen angestrebt werden.

Auf der **Arbeitsplatzebene** sollten bei der Analyse und Gestaltung die Tätigkeitsmerkmale beachtet werden, welche besonders burnouterzeugend sind (siehe oben Bild 29).

---

[121] siehe ausführlich Paine, W. S. (1982)

Auf der **Organisationsebene** sind es solche Maßnahmen wie z. B. die Aus- sowie Fort- und Weiterbildung für Mitarbeiter und Management, in der *Burnout* als Curriculumsthema stärker berücksichtigt werden sollte, flexible Arbeitszeitmodelle für gefährdete Berufsgruppen (Teilzeitarbeit, Sabbatical, Time-out, usw.), arbeitsmedizinische und –psychologische Betreuung, berufsbegleitende Supervision* und ein gezieltes Coaching für die „Helfer".

3.5. Konflikte, Konfliktmanagement und Mobbing

Wenn zwei Menschen immer die gleiche Meinung haben, ist einer überflüssig.
(Winston CHURCHILL)

Nicht jene, die streiten, sind zu fürchten, sondern jene, die ausweichen.
(Marie von EBNER-ESCHENBACH)

3.5.1 Was ist ein Konflikt? Welche Konflikte gibt es?

Soziale Konflikte (social conflicts) treten dort auf, wo Menschen miteinander interagieren (Definition: siehe Kasten 27). Denn Menschen haben unterschiedliche, z. T. unvereinbare Bedürfnisse, Interessen, Ziele und Wertvorstellungen. Konflikte treten im Betrieb zwischen Organisationseinheiten (z. B. Abteilungen, Gruppen, Werkstätten), unter Führungskräften, zwischen Führungskräften und Mitarbeitern und häufig unter Mitarbeitern auf. Dabei findet ein "*Kampf der Motive*" statt. Konflikte können ergo zwischen Personen, zwischen Gruppen oder zwischen Organisationen auftreten. Sie können länger anhalten (latente Konflikte) oder nur kurzzeitig (manifeste Konflikte) sein.

Konflikte verursachen Störungen und Reibungsverluste im Arbeitsablauf; sie beeinträchtigen das Betriebsklima. Sie kosten also in der Konsequenz Geld, Zeit und „Nerven". Beim *Konfliktabbau* geht es um die Reduzierung oder - im Idealfall - um die Aufhebung einer angespannten oder konflikthaften Situation, in der zwei oder mehr Parteien versuchen, scheinbar oder tatsächlich unvereinbare Handlungsziele durchzusetzen.

Kasten 27

Sozialer Konflikt

...ist gegeben, wenn zwischen Parteien (Personen, Gruppen, Organisationen) Unvereinbarkeiten in den Bedürfnissen, Interessen, Zielen und Wertvorstellungen bestehen, welche zu Nachteilen mindestens einer Partei führen können.

Allgemein werden in unserer Kultur Konflikte als etwas Negatives, Unerwünschtes betrachtet. Die Folge davon ist, dass wir konfliktscheu sind, d. h. Konflikten eher ausweichen als dass wir eine Auseinandersetzung suchen. Demgemäß stellen sie einerseits oft eine emotionale Belastung dar. Andererseits können und sollten Konflikte als Herausforderung oder Chance begriffen werden. In dem Sinne haben Konflikte, wenn sie Aktivitäten hervorrufen oder sogar gelöst werden, eine klärende, motivierende oder sogar kreative Funktion im Unternehmen. Durch sie können bisher unbeachtete oder unterdrückte Probleme aufgezeigt und gelöst, Wege der Neuorientierung verfolgt, Selbsteinsicht und kreatives Denken gefördert werden. In diesem Sinne sind Konflikte positiv zu bewerten (siehe auch obige Zitate).

Indikatoren eines Konflikts

Wie kann man einen Konflikt erkennen? Dafür gibt es verschiedene Indikatoren, z. B.
- offensive Reaktionen, z. B. Wut und Aggressionen
- nonverbales Verhalten in Form des Gesichtsausdruckes oder Mimik
- direktes Ansprechen des Konfliktes
- Erzählungen von Betroffenen bzw. Unmutsäußerungen

- Resignatives Verhalten
- Vermeidung persönlicher Kontakte, z. B. nur noch Schriftverkehr
- starke Förmlichkeit in mündlicher und schriftlicher Kommunikation
- sich im Kreise drehende Diskussionen
- indirekte Redensarten, Randbemerkungen
- Abbruch der Zusammenarbeit, gegeneinander arbeiten
- schlechte Arbeitsergebnisse.

Oft sind bei einem akuten Konflikt mehrere Anzeichen zu konstatieren. Die negativen Auswirkungen von Konflikten in Organisationen werden von Führungskräften oft unterschätzt. Es sind u. a.

- eine ineffektive Arbeit der am Konflikt beteiligten Mitarbeiter und Gruppen,
- die soziale Isolation von oft wertvollen Mitarbeitern (sog. Querdenkern),
- fehlende Kreativität und Innovation, weil die Konfliktaustragung viel Energie und Zeit fordert,
- emotionale Belastungen - bis zur Hilflosigkeit gehend - von Mitarbeitern, was sich häufig im erhöhten Krankenstand zeigt,
- Beeinträchtigung des gesamten Betriebsklimas.

Arten von Konflikten

Grundsätzlich werden intra- und interpersonale Konflikte unterschieden. *Intrapersonale* **Konflikte** beziehen sich auf ein Individuum, welches in sich unvereinbare Motive und Handlungstendenzen aufweist. Hier ist das klassische Beispiel das Bild von *Buridans Esel* zwischen zwei Heuhaufen. Der Esel muss am Ende verhungern, da er sich nicht für das Fressen eines Heuhaufens entscheiden kann. In vergleichbarer Situation befinden wir uns öfter. Dies ist z. B. der Fall, wenn wir zu zwei Lieblingsspeisen, zu zwei interessanten Urlaubsorten, zu zwei attraktiven Arbeitsstellen oder zu zwei Personen die gleiche Affinität haben, uns aber für eins entscheiden müssen. Dies ist ein *Appetenz-Appetenz-Konflikt*. Zu dieser Konflikttypologie gehören ferner der *Aversions-Aversions-Konflikt* und der *Appetenz-Aversions-Konflikt*. Beim erstgenannten stehen zwei Objekte mit negativer Wertigkeit zur Auswahl. Dabei muss das „kleinere Übel" gewählt werden. Beim Appetenz-Aversions-Konflikt soll die Entscheidung für ein Objekt/eine Person erfolgen, das/die zugleich positive und negative Wertigkeiten aufweist, also für ein ambivalentes Ziel. Beispielsweise wirkt eine Person zugleich auf Grund positiver Merkmale anziehend und auf Grund negativer Merkmale abstoßend.

Im Arbeitsleben spielen oft **interpersonale oder soziale Konflikte** zwischen Personen oder Gruppen bzw. Parteien eine Rolle. Diese können jeweils nach Erscheinungsbild und/oder Ursachen bezeichnet werden, z. B. als:

- *Ziel-, Interessen- und Normenkonflikt* bei unvereinbaren Zielen, Interessen und Normen,
- *Verteilungs-, Beurteilungs- und Bewertungskonflikt* bei Knappheit der Güter als Konfliktursache bzw. bei unterschiedlicher Beurteilung und Bewertung von Sachverhalten,
- *interkultureller Konflikt* bei unvereinbaren Einstellungen zu Religion, Ritualen, Gewohnheiten, Partnerschaft usw.,
- *Machtkonflikt*, wenn zwei Parteien um Macht und Dominanz kämpfen,
- *hierarchischer Konflikt*, wenn z. B. ein Widerspruch zwischen Position und Kompe-

tenz besteht,
- *heißer vs. kalter Konflikt*, wenn entweder stark emotional oder rational der Konflikt ausgetragen wird,
- *politischer Konflikt* bei unvereinbaren politischen Interessen oder Zielen.

3.5.2 Konfliktverlauf und -eskalation

Der Konfliktverlauf ist vor allem durch Eskalation gekennzeichnet. Das heißt, ein Konflikt verstärkt sich zunehmend über die Zeit. Friedrich GLASL entwickelte ein Neun-Stufen-**Modell des Konfliktverlaufs**.[122] Es ist wie folgt darzustellen (siehe Bild 31):

1. Auf der ersten Stufe ist der Konflikt durch beidseitige Kooperationsbemühungen bei gelegentlichem Abgleiten in Reibungen und Spannungen gekennzeichnet.

2. Wird die erste Stufe nicht konstruktiv beendet, kommt es zu einer Polarisierung, bei der egoistische Standpunkte und die Reizbarkeit zunehmen. Bei Gruppenkonflikten wird das Zugehörigkeitsgefühl zur eigenen Partei stärker, die Loyalität der anderen Partei gegenüber schwächer.

3. In dieser Stufe treten erste provozierende Aktionen auf, welche die eigenen Ziele, Standpunkte u. dgl. m. stabilisieren und die des „Gegners" schwächen sollen.

4. Ab dieser Stufe wird von den Parteien die sog. Gewinner-Verlierer-Strategie verfolgt, wobei die Sorge um die eigene Reputation und die Suche nach Unterstützung durch Außenstehende im Vordergrund steht.

5. Hier findet der Kampf mit verlorenem Gesicht statt. Vertrauen ist nun nicht mehr vorhanden, "Schläge unter der Gürtellinie" werden ausgetauscht. Der „Gegner" soll gedemütigt werden.

6. Es beherrschen Drohstrategien den Konflikt.

7. Hier erfolgen systematische Zerstörungsschläge gegenüber der anderen Partei.

8. Nun finden gezielte Angriffe auf das „Nervensystem" des Gegners statt.

9. Zuletzt droht die totale Vernichtung, auch mit dem Preis der Selbstvernichtung.

Jeweils drei Stufen werden nach GLASL (ebenda) zu einer Phase wie folgt zusammengefasst:

1. Phase (Stufe 1 – 3): Wettbewerbsverhalten, Bereitschaft zu Kooperation und sachlicher Argumentation;

2. Phase (Stufe 4 – 6): Durchsetzung der eigenen Position, keine Kooperation, Anwendung der Gewinner-Verlierer-Strategie;

3. Phase (Stufe 7 – 9): keine Konfliktbewältigung, sondern gezielte Schädigung bis Vernichtung des „Gegners".

---

[122] siehe ausführlich Glasl, F. (1992)

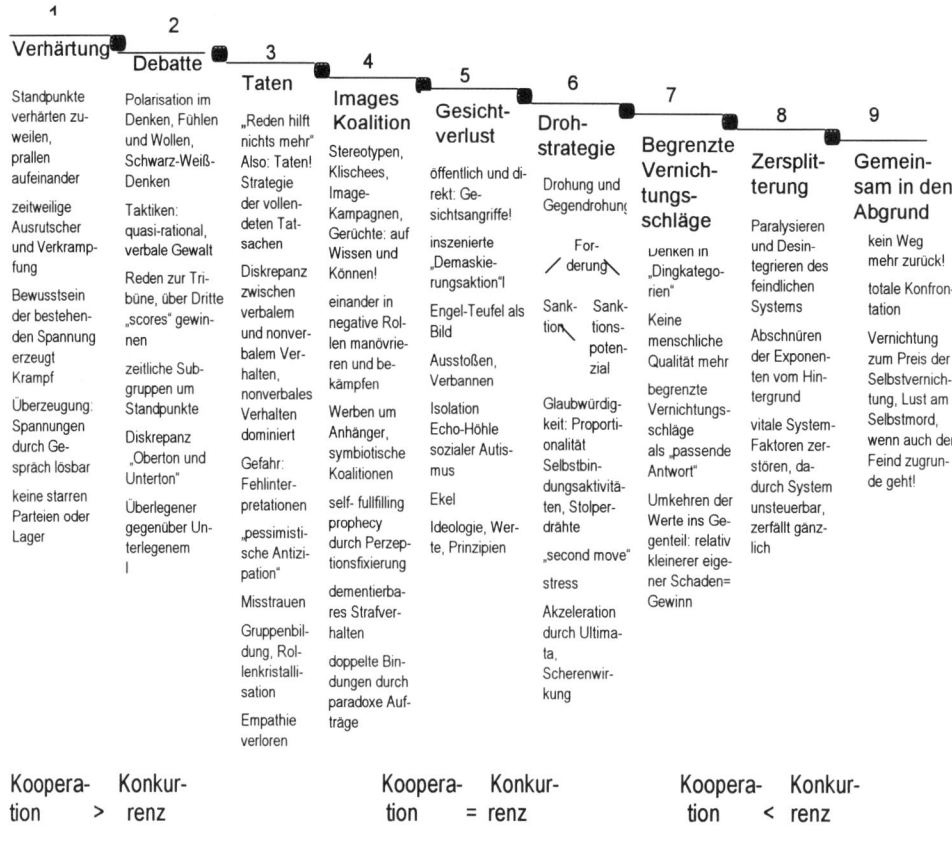

Bild 31: Stufen-Modell der Eskalation eines Konflikts

Die **Eskalation**, welche durch zunehmende Emotionalisierung gekennzeichnet ist, ist zu befürchten, wenn:

- der Konflikt von einer oder beiden Parteien nicht rechtzeitig erkannt, entschärft oder nicht ausgetragen wird,
- falsche Lösungsansätze gefunden werden,
- persönliche Beziehungen zwischen den Parteien massiv gestört sind,
- die Bereitschaft zur Einigung fehlt,
- wiederholt Demütigungen, Provokationen stattfinden bzw. von einer Partei so erlebt werden,
- sich eine oder beide Parteien in ihren Interessen, Werten, Zielen, usw. bedroht fühlen,
- ständige Kontakte (Crowding-Effekt*) und Zusammenarbeit nötig sind,
- "Stress", Zeit- und Termindruck gegeben sind.

3.5.3 Konfliktdiagnose und -analyse

Der erste Schritt im Konfliktmanagement ist die **Konfliktdiagnose**. Es geht um die Erkennung des Konfliktes, d. h. um seine Erscheinungsweise. Hierbei wird die Frage gestellt nach

        WER ? – Konfliktparteien
        WIE ? - Konfliktaktivitäten
        WAS ? – Konfliktinhalten.

Einzelfragen lauten z. B.: Um welche Streitfragen geht es den Konfliktparteien? Was ist der Streitgegenstand? Wie wird der Konflikt ausgetragen, überwiegend emotional oder mehr rational? Was spielt sich dabei gegenwärtig ab? Welche, wie viel Parteien einschließlich Personen streiten miteinander? Wie gehen die Konfliktparteien mit den gegenseitigen Beziehungen um? Seit wann besteht der Konflikt? Wie ist der Konfliktverlauf (siehe oben)? Wie sind die Auswirkungen des Konflikts für die Konfliktparteien, für beteiligte und weitere Personen oder Organisationen?

Bei der **Konfliktanalyse** besteht das Ziel darin, die Ursachen von Konflikten aufzudecken. Dabei können folgende bedeutsam sein:

- *Persönlichkeitsmerkmale* der Beteiligten (z. B. "narzistische Geltungssucht", Profilierungsdrang, Machtmotive, Arroganz, Ignoranz, Aggressivität, Unsicherheit, Frustrationsintoleranz, Misstrauen, hohe Leistungsmotivation)

- Starkes *Wettbewerbsverhalten* der Parteien (Rivalitätsdenken, Positionskämpfe usw.)

- *Kommunikations- und Informationsdefizite* (unzureichende Kommunikation, Missverständnisse, unzureichende Information einer Partei usw.)

- grundsätzliche *Unterschiede in Zielen, Einstellungen, Interessen, Werten oder Normen*

- *Sachzwänge* durch situative Bedingungen oder Arbeits- und Organisationsstrukturen (wenig Zeit zum Gespräch, keine klare Aufgaben- und Rollenverteilung, schlechte Arbeitsorganisation*, knappe finanzielle Ressourcen, fehlende Arbeitsmittel u. a. m.).

Nach einer Studie von BARON[123] spielen 14 mögliche Ursachen bei der Konfliktentstehung eine Rolle. Unter ihnen ist die **unzureichende Kommunikation** die Hauptursache von Konflikten in Organisationen (siehe Tabelle 13).

---

[123] siehe Baron, R. A. (1988)

Tabelle 13: Ursachen von Konflikten

Rang / Ursache für Konflikte
1. *Unzureichende Kommunikation*
2. Gegenseitige Abhängigkeit
3. Gefühl, ungerecht behandelt zu werden
4. Ambiguität wegen Verantwortung
5. Wenig Gebrauch von Kritik
6. Misstrauen
7. Unvereinbare Persönlichkeiten/Einstellungen
8. Kämpfe um Macht und Einfluss
9. Groll, Ärger, Empfindlichkeit
10. Gruppenmitgliedschaften
11. Auseinandersetzung über die Zuständigkeiten
12. Belohnungssysteme
13. Gesichtsverlust
14. Wettbewerb um knappe Ressourcen

3.5.4 Methoden des Konfliktmanagements

Das Konfliktmanagement bedient sich unterschiedlicher Methoden. Ihr Ziel ist der bessere Umgang bzw. der Abbau von Konflikten. Die Vorbeugung von Konflikten als Ziel des Gesundheitsmanagements ist deshalb so wichtig, weil besonders anhaltende, latente Konflikte einen signifikanten Einfluss auf die Gesundheit der Mitarbeiter und somit auf Fehlzeiten, auf Arbeitsmotivation, auf Betriebsklima, auf Fluktuation, auf das Unternehmensimage und in der Folge auf die Wirtschaftlichkeit einer Organisation haben.

Bei den Methoden sind grundsätzlich **konfliktvorbeugende und konfliktreduzierende Methoden** zu unterscheiden. Konfliktvorbeugend sind solche Methoden, welche darauf orientiert sind, potentielle Konflikte von vornherein zu verhindern. Konfliktreduzierende Methoden sind auf die Verminderung, auf die Vermeidung der Eskalation oder idealer Weise auf den vollständigen Abbau eines Konflikts orientiert. Bei konfliktreduzierenden Methoden können Methoden der Konfliktlösung und des Konfliktmanagements unterschieden werden. Bei der Konfliktlösung sollen die Quellen des Konflikts beseitigt werden, was zur Beseitigung des Konflikts führt. Beim Konfliktmanagement geht es darum, den Konfliktprozess zu beeinflussen, indem z. B. auf die (unvereinbaren) Einstellungen und Meinungen der Parteien Einfluss genommen wird.

Konfliktvorbeugende Methoden sind vor allem **Maßnahmen der *Organisationsgestaltung***. Hierbei geht es darum, betriebliche Strukturen, Regeln, Grundsätze und Rollen so zu gestalten, dass Konflikte nicht eskalieren können. Dazu gehören u. a.:

- klar definierte, aufeinander abgestimmte Stellen- und Funktionsbeschreibungen und Rollenverteilungen,

- ein nach festgelegten, transparenten Leistungskriterien ausgerichtetes und ausgewogenes Ent- und Belohnungssystem,

- eindeutig definierte, möglichst transparente Verhaltensregeln für alle Mitarbeiter der Organisation, z. B. durch ein Leitbild der Kommunikation und Zusammenarbeit,
- explizite Kompetenzregelungen für bestimmte Mitarbeiter- bzw. Führungsgruppen (schriftlich fixierte und allgemein anerkannte Entscheidungs- und Tätigkeitsbefugnisse usw.),
- Beseitigung der Regelung informeller Kompetenzen,
- Auswahl von Führungskräften auf Grundlage objektiver Leistungskriterien, z. B. durch ein Assessment-Center,
- eine offene, verständliche und widerspruchsfreie Informationspolitik,
- mit den Mitarbeitern vereinbarte, allgemein anerkannte und verbindliche Unternehmens- und daraus abgeleitete Abteilungs- bzw. Gruppenziele,
- mit den Führungskräften abgestimmte, allgemein bekannte und verbindliche Führungsgrundsätze.

Bei der Formalisierung* gilt, dass definierte Regeln, Grundsätze und Rollen soweit vorhanden sein sollten, dass sie einerseits keine Konflikte erzeugen, aber andererseits die Flexibilität der Organisation nicht einschränken. Maßnahmen der Organisationsgestaltung zur Konfliktvorbeugung sollten im Unternehmen die Priorität haben. In der betrieblichen Realität sieht es allerdings oft anders aus; denn an die Notwendigkeit von Konfliktmanagement wird häufig erst dann gedacht, wenn Konflikte eingetreten sind, die das Organisationsklima beeinträchtigen.

Bei den **konfliktbehandelnden Methoden** ist gleichfalls zwischen individuellen und organisationalen Methoden zu unterscheiden. Zuerst soll auf *individuelle Strategien der Konflikthandhabung* eingegangen werden. Dabei ist die Frage aufzuwerfen, welche Konfliktmanagement- bzw. Konfliktbewältigungsstrategien oder Konflikthandhabungsformen von Personen in Organisationen bevorzugt angewandt werden. Dazu soll eine empirische Studie (Interviews) von REGNET[123] bei Führungskräften zitiert werden (siehe Tabelle 14).

---

[123] siehe ausführlich Regnet, E. (2001)

Tabelle 14: Konfliktmanagementstrategien bei Führungskräften

Konfliktmanagement-strategien	Befragte Personen																		N
	1	2	3	4	5	6	7	8	9	10	11	12	13	14	15	16	17	18	
Aktion, Konflikt "durchziehen"	X																		2
Vermeidung, Rückzug, Flucht	X				X							X	X	X		X			6
Gewinner- Gewinner- Strategie				X					X										2
Gewinner- Verlierer- Strategie	X	X	X		X	X	X	X	X	X	X	X	X	X	X	X	X		12
Sachliche Lösung		X	X	X	X		X				X						X	X	8
Kompromiß		X	X									X							4
Intrapsychische Verarbeitung	X	X		X					X	X	X	X	X	X	X		X		11
sachliche, räumliche Trennung		X	X	X				X		X	X							X	7

X = hauptsächliche Strategie

Es sind folgende **Stile des Konfliktmanagements** angeführt:

- *Aktionen*: Hier wird auf den Konflikt rasch reagiert, um eine schnelle Lösung herbeiführen zu können.
- *Vermeidung, Rückzug, Flucht*: Hier wird versucht, den Konflikt zu umgehen, indem dieser delegiert, nachgegeben oder nichts getan ("ausgesessen") wird.
- *Gewinner-Gewinner-Strategie*: Hier wird eine gemeinsame Problemlösung angestrebt, die an den Interessen beider Parteien orientiert ist.
- *Gewinner-Verlierer-Strategie*: Hier wird eine Konfliktlösung angestrebt, die auf Grundlage von Macht und Autorität an den Interessen einer Partei orientiert ist.
- *Sachliche Lösung*: Hier wird eine sachliche, ruhige Art und Weise der Konfliktlösung angestrebt, die von negativen Emotionen weitgehend frei ist. Es erfolgen eine vernünftige Argumentation, der Versuch, das Problem rational zu lösen, negative Emotionen nicht aufkommen zu lassen usw..
- *Kompromiss*: Hier wird die Bereitschaft zum Einlenken und zur Teilbarkeit des Streitgegenstandes gezeigt.
- *Intrapsychische Verarbeitung*: Hier wird der Konflikt zunächst selbst verarbeitet, indem z. B. eigene Betroffenheit und Offenheit gezeigt wird, man sich nicht provozieren lässt usw. oder dieser durch physische Aktivitäten (Waldlauf, Krafttraining, Spaziergänge usw.) abgebaut wird.
- *Sachliche, räumliche Trennung*: Hier erfolgt eine sachliche oder räumliche Trennung der Konfliktparteien als letzte Maßnahme, wenn die Konfliktsituation nicht anders beigelegt werden kann.

Grundsätzlich kann man beim Konfliktmanagement die Gruppe der aktiv Handelnden von der unterscheiden, welche den Konflikt passiv durch Konfliktvermeidung, -unterdrückung oder -umgehung bewältigen will. Die Tabelle 14 zeigt, dass keine befragte Person nur eine Strategie präferiert. Dabei fällt jedoch auf, dass die viel gerühmte und gewiss effiziente *Gewinner-Gewinner-Strategie* den Führungskräften eher als unrealistisch erscheint. Gebräuchlicher ist leider im Management der Einsatz von Autorität und Macht, was sich vor allem in der häufig angegebenen *Gewinner-Verlierer-Strategie* zeigt.

Interessant ist, dass die von REGNET befragten Führungskräfte i. d. R. sich selbst als kompetent im Konfliktmanagement einschätzen; anderen Führungskräften und Mitarbeitern billigten sie diese Kompetenz aber nicht zu. Hier ist eine sog. Schere zwischen Selbst- und Fremdeinschätzung zu verzeichnen, was zudem konflikterzeugend oder -verstärkend sein kann.

Unter den Methoden der Konfliktbehandlung ist das **Konfliktgespräch** hervorzuheben. Hierbei geht es darum, einen Konflikt zu identifizieren, aufzuklären und zu lösen. Dabei können besonders die *Konfliktlotsen*, soweit in Unternehmen gegeben, helfen. Sie sind Anlaufstelle für Mitarbeiter, sprechen Konflikte offen an und helfen, Lösungen zu entwickeln, die vor Gericht kaum möglich wären. Bei schwer wiegenden Fällen schalten sie externe Experten wie Mediatoren ein (siehe unten).

Welche Bedingungen sollten gegeben sein, damit ein derartiges Gespräch zum Erfolg führt? Zunächst muss betont werden, dass ein Konfliktgespräch der Hilfe der betroffenen Parteien gilt - und nicht ihrer Kritik oder gar Vernichtung. Im Konfliktgespräch, das i. d. R. von Führungskräften oder Mitarbeitern des Personal- und Sozialwesens durchgeführt wird, sind bestimmte Verhaltensregeln für den Gesprächsführenden zu beachten.

Dafür einige Beispiele: Das Gesprächsambiente sollte angenehm sein; der Zeitplan sollte so gewählt werden, dass ausreichend Zeit für das Gespräch gegeben ist; denn die Diskussion von Konflikten kann bekanntlich sehr lange dauern.

Es gibt drei wichtige *Regeln* für das Konfliktgespräch:

- Aktiv zuhören!
- Aktives Sich-Einbringen!
- Kompromissfähigkeit!

Besonders wichtig ist es, mit den richtigen Worten und im rechten Augenblick eine *Rückmeldung bzw. Kritik* anzubringen. Dabei sollte folgendes beachtet werden:

- Zuerst positives Feedback geben. Das negative möglichst konstruktiv formulieren.
- Einzelne Kritikpunkte genau benennen - möglichst beschreibend und nicht wertend formulieren.
- Die Rückmeldung sollte auf ein begrenztes Verhalten bezogen sein, keinesfalls jedoch auf die gesamte Person oder das Gesamtverhalten.
- Im Zusammenhang mit Kritik möglichst auch konkrete und realisierbare Änderungsvorschläge machen.
- Rechtzeitig ein Feedback geben. Das heißt, die Kritik zum rechten Zeitpunkt anbringen, nicht erst später.

Außerdem sollten sog. *Killerphrasen*, d. h. Aussagen, mit denen eine oder beide Parteien kritisiert, diskriminiert oder abgestempelt werden, vermieden werden. Solche sind z. B.: *"Mit Euch haben wir ja schon lange Probleme."*, *"Ihr seid die Ewig-Gestrigen, welche nichts begreifen."*, *"Ihnen kann man sowieso nicht gerecht werden"*. Wichtig ist, dass das Konfliktgespräch einen positiven Ausklang hat. Ansonsten besteht die Gefahr, dass der Konflikt weiter schwelt oder gar eskaliert.

Bei der Anwendung von konfliktbehandelnden Methoden ist grundsätzlich das Eskalationsmodell von GLASL (siehe Bild 31) zu beachten. Je nach Stufe bzw. Phase des Konflikts sind unterschiedliche Interventionen angebracht. In der ersten Phase, welche durch Wettbewerbsverhalten, Bereitschaft zu Kooperation und sachlicher Argumentation bestimmt ist, ist ein Coaching beider Konfliktparteien einzeln und gemeinsam empfehlenswert. Hierbei sollten die kooperativen und kompetitiven Verhaltensweisen reflektiert und gemeinsame Ziele betont werden. In der nächsten Phase, welche durch Durchsetzung der eigenen Position, abnehmende Kooperationsbereitschaft und Anwendung der Gewinner-Verlierer-Strategie gekennzeichnet ist, sollte durch einen neutralen Berater (Mediator) versucht werden, den Streit zu schlichten und zu vermitteln. Hier ist also eine professionelle Mediation angebracht (siehe unten). Schwierig wird es in der dritten Phase des Konflikts, weil hier eine gezielte Schädigung bis Vernichtung des „Gegners" stattfindet. Hier geht es um juristische Belange. Demzufolge ist oft nur noch ein Schiedsverfahren als Intervention möglich.

Zur Erfassung von Konfliktbewältigungsstrategien gibt es **diagnostische Methoden**, z. B. die *Synthetische Beanspruchungsanalyse für die Bereiche Konflikt und Konfliktbewältigung in Organisationen (kurz: SynBA-3K)* nach GRÜN[125]. Das Verfahren ermöglicht eine Analyse innerbetrieblicher Konflikte bzw. Konfliktarten und der Strategien der Bewältigung und das Erkennen von Konfliktquellen. Damit bietet es die

---

[125] siehe ausführlich Grün, P. (1999)

Grundlage für die Ableitung von zielgerichteten Gestaltungsmaßnahmen und verhindert so die Anwendung von unspezifischen Interventionsstrategien bei der Konfliktbewältigung in Unternehmen. Es werden Bewertungs-, Verteilungs-, Kommunikations- und Rollenkonflikte erfasst. Als Konfliktbewältigungsstrategien werden die soziale Unterstützung, die Vermittlung durch eine dritte Person (Mediator) und die Bewältigungsstile nach BLAKE & MOUTON, d. h. *„die Meinung aller Beteiligten berücksichtigen", Kompromisse finden", „Durchsetzen einer Meinung", „Anpassen an eine andere Meinung"* und *„Vermeiden der Auseinandersetzung"*, berücksichtigt. Das Verfahren ist mit 26 Items* zeitökonomisch in der Anwendung.

Die Mediation

Sie ist eine moderne Konfliktmanagementmethode. Dieses in den USA seit den 70er Jahren praktizierte **Konfliktlösungsmodell** ist ein freiwilliges, von Gerichten unabhängiges Verfahren, in dem Streitparteien ihre unterschiedlichen Interessen mit Hilfe eines neutralen Vermittlers (Mediator oder Schlichter) offenlegen und ihre Standpunkte gegenseitig austauschen können. Das Ziel ist eine einvernehmliche, beide Seiten zufriedenstellende Lösung des Konflikts, die auch in schriftlicher Form als Vertrag festgehalten wird. Erfahrungen bestätigen dass diese mediativen Lösungen haltbarer und dauerhafter sind als Lösungen, die von "oben" vorgegeben werden oder gar gerichtlich erfolgen müssen. Die Mediation (mediation) kommt jedoch nur dann in Frage, wenn der Konflikt noch nicht zu stark eskaliert ist (nach dem o. a. Stufenmodell maximal bis zur Stufe 7). Die Wirtschaftsmediation gilt für Konflikte in allen wirtschaftlich relevanten Bereichen.

Die wichtigsten **Bestimmungsmerkmale** sind folgende:

1. *Freiwilligkeit* beinhaltet die freiwillige Teilnahme aller Konfliktbeteiligten, die freiwillige Durchführung und das freiwillige Akzeptieren des Mediationsergebnisses.

2. *Außergerichtlichkeit* bezieht sich auf die Verfahrensregeln und die Konfliktlösung. Während einer Mediation setzen alle anderen Konfliktlösungsverfahren aus; denn in einer Mediation handeln und entscheiden die Beteiligten.

3. Dies bedeutet wiederum, dass kein Dritter, weder ein Anwalt noch ein Richter o. ä., Entscheidungen treffen, sondern nur die Beteiligten selbst. Es erfolgen ergo nur *Entscheidungen durch die Konfliktbeteiligten*. Die Anwesenheit von Anwälten und Beratern ist gestattet, jedoch nur in beratender, nicht in entscheidender Funktion.

4. *Neutralität* verpflichtet den Mediator zur Unabhängigkeit und Fairness und unterstreicht noch einmal die Tatsache, dass auch er keine Entscheidungsgewalt besitzt. Seine Aufgaben liegen ausschließlich darin,
   - die Realität zu prüfen
   - die Kommunikation zu filtern
   - als aktiver Zuhörer zu fungieren
   - Konflikte kommunikativ zu deeskalieren
   - die Parteien zu unterstützen und motivieren
     mit einer Vielzahl rhetorischer Techniken.

5. **Kooperation** gilt als Gegenteil des Nullsummenspiels, welches häufig vor Gericht entsteht (Was des einen Verlust ist, ist des anderen Gewinn). Dabei möchte der Kläger etwas, was der Beklagte hat. Als Lösung gilt hingegen bei der Kooperation die Win-Win-Lösung, auch Kooperationsgewinn genannt. Hierbei heißt kooperieren, dass sich die Parteien zusammensetzen und ihre Interessen und Motive offenbaren, die hinter ihrer Unzufriedenheit und ihren Forderungen stehen.

Jedes Interesse kann durch mehrere „Positionen" befriedigt werden. Da in Streitigkeiten meist die Partei nur eine Position fordert, kann diese auch selten in Einklang mit der Position der Gegenpartei gebracht werden. Wenn jedoch die Parteien lediglich die Berücksichtigung ihrer Interessen fordern, so kann mit Kreativität der Konfliktparteien und Fachwissen des Mediators eine Vielzahl von Positionen entwickelt werden, die alle Interessen befriedigen.

Da jeder Streitgegenstand ein komplexes System ist, gibt es divergente Wertschätzungen der Parteien, was die Grundlage der Win-Win-Lösung darstellt. Daher gibt die eine Partei etwas her, was sie subjektiv geringer wertschätzt als die andere. Ebenso ist es bei der Gegenpartei.

Kasten 28

Die letzte Orange

Zwei Schwestern hegen den gleichen Anspruch auf die letzte Orange im Haus. Jede möchte sie ganz für sich haben. Einfachste Lösung wäre die Orange zu teilen. Diese Lösung ist jedoch nicht im Sinne der Mediation. Ein Mediator würde nach der Intention jeder Schwester fragen, weshalb sie die Orange möchte. Das Ergebnis wäre nach einigen Gesprächen vielleicht, dass die eine Schwester den Saft trinken möchte und die andere die Schale benötigt, um einen Kuchen zu backen. Daraufhin würde der Mediator die Schwestern auffordern, Lösungsmöglichkeiten vorzuschlagen. Eine Einigung folgt schnell.

Eine Mediation erfolgt in fünf **Phasen**:

Phase 1: **Einleitung**

- Es werden Vorbereitungen auf beiden Seiten getroffen.
- Es findet ein erstes Kontaktgespräche mit Beteiligten statt, um Informationen über den Konflikt zu sammeln. Dabei werden folgende Fragen angesprochen: Welche Probleme zeigen sich auf Seiten der Betroffenen? Welche Parteien bestimmen den Konflikt? Welche Aktivitäten wurden bisher zur Konfliktlösung unternommen?
- Es findet das Eröffnungstreffen unter Absprache aller Beteiligten statt. Dabei werden u. a. folgende Fragen thematisiert: Ist der Termin passend für alle Beteiligten? Ist der Ort günstig? Ist der Mediator Gastgeber? Wie ist die Sitzordnung? Schließlich erfolgt der Hinweis auf bestimmte Kommunikationsregeln und die Notwendigkeit ihrer Einhaltung.

Phase 2: **Stellungnahme jedes Einzelnen**

Jede Partei schildert den Konflikt aus der persönlichen Sicht. Häufig ist es die erste Möglichkeit der Beteiligten, offen darüber zu sprechen. Dabei hilft der Mediator durch Paraphrasieren*, auf die wichtigsten Konfliktpunkte zu kommen. Es werden die unterschiedlichen Konfliktperspektiven transparent gemacht. Alle genannten Konfliktpunkte werden gesammelt und nach ihrer Wichtigkeit geordnet. Der Mediator und die Konfliktparteien kristallisieren die Bereiche des Konsens und des Dissens heraus und beschließen, welche Konfliktpunkte zuerst erörtert werden sollen.

Phase 3: **Darlegung von Einzelinteressen**

Hier finden Einzelgespräche des Mediators mit den Parteien statt. Der Mediator analysiert mit jeder der Parteien dessen Zielvorstellungen und Bedürfnisse und wirbt dabei für ein wechselseitiges Verständnis der unterschiedlichen Standpunkte. Hierbei werden oft neue Informationen gewonnen, die in der Gruppe nicht genannt wurden. Der Mediator erkennt unter anderem, wie realistisch die Betroffenen den Konflikt und dessen Lösungsmöglichkeiten einschätzen.

Phase 4: **Ausarbeitung von Lösungsmöglichkeiten**

Es werden alle wesentlichen Lösungsmöglichkeiten zusammengetragen, i. d. R. mit Hilfe von Brainstorming*. Hierbei werden zunächst alle Lösungsvorschläge akzeptiert, auch unrealistische, um z. B. neue kreative Lösungen zu finden. Die Bewertung genannter Lösungsmöglichkeiten erfolgt vor allem unter dem Aspekt der Umsetzbarkeit in der Praxis. Schließlich bleiben wenige oder nur eine Lösung übrig.

Phase 5: **Verhandlungen über Vereinbarungen**

Der Mediator überprüft die in Frage kommende Lösung mit dem sog. SMART – Raster. Das heißt: Ist die Lösung
- *s*pezifisch?
- *m*essbar?
- *a*usführbar?
- *r*ealistisch?
- *t*ermingerecht?

Zum Abschluss wird die Vereinbarung außerhalb der Mediation von den Konfliktpartnern nochmals überprüft, sei es durch Experten wie Anwälte, Steuerberater, Therapeuten, Lehrer oder durch Familienangehörige und Freunde. Die vollständige, von allen akzeptierte Lösung wird sodann als Vertrag schriftlich fixiert und von den Streitparteien unterzeichnet.

Eine zentrale Funktion und neutrale Rolle haben folglich die **Mediatoren**. Es sind externe Experten, das heißt i. d. R. dafür ausgebildete Richter, Anwälte oder Psychologen. Der Mediator nimmt eine Schlüsselfunktion im gesamten Vorgehen ein. Dafür braucht er das Vertrauen von beiden Parteien. In mehreren meist ein- bis zweistündigen Sitzungen handelt der Mediator mit den Parteien die zu regelnden Punkte und die Reihenfolge der Bearbeitung aus. Der Weg soll von den leichteren zu den schwierigeren Konflikten führen, damit die Teilnehmer durch erste Erfolge motiviert werden. Der Mediator fördert und unterstützt stets das Nachdenken über alternative, bis dahin noch nicht angestellte Konfliktlösungen. Im Fokus der Diskussion stehen dann, die festgelegten Regelungsbereiche mit differenzierten Absprachen zu versehen. Die auf diesem Wege gefundenen Lösungen vermeiden, dass es am Ende des Prozesses Gewinner und Verlierer gibt.

Wesentlich im Mediationskonzept ist, dass die Parteien die Inhalte verantworten, während der Mediator die Verantwortung für den Prozess der Konfliktaufdeckung und -klärung trägt. In den meisten Mediationsverfahren benötigt daher der Mediator keine Fachkompetenz. Es ist sogar oft ein Vorteil, wenn er über kein fachliches Halbwissen verfügt und somit bei inhaltlichen Fragen neutral bleiben kann. Die einvernehmlich gefundenen Lösungen schlagen sich in schriftlichen Vereinbarungen nieder, die je nach Gegenstand rechtlich abgesichert werden können.

Die Mediation ist eine echte Alternative zum oft kostenaufwendigen Rechtsstreit. Im Jahr 2000 betrug der Wert an abgeschlossenen Mediationen rund 300 Mio. €. Mediiert wird überwiegend in den Branchen Energie, Versicherungen, Bau, Handel und IT*. Zum Beispiel hat *Motorola* schon vor zehn Jahren die Verpflichtung an seine Juristen herausgegeben, jeden Fall daraufhin zu prüfen, ob er auf andere Weise als gerichtlich beigelegt werden könne. Das Ergebnis: Die Kosten in der Rechtsabteilung konnten dadurch um zwei Drittel gesenkt werden.

Demzufolge sollte die Mediation in Organisationen eine größere Verbreitung finden. Die **Vorteile** bestehen u. a. darin,

- dass es bei der Konfliktlösung keine Verlierer mehr gibt und somit ein neuer Konflikt vermieden wird,
- dass sich eine neue Streitkultur im Unternehmen entwickelt,
- dass sich durch Konfliktlösungen die sozialen Beziehungen im Betrieb und damit das Betriebsklima verbessern,
- dass die durch Störungen der Arbeitsorganisation* verursachten Kosten geringer werden,
- dass kreatives Denken und innovatives Handeln im Unternehmen angeregt wird, indem originelle Lösungen gefunden werden.

Leider werden in Deutschland moderne Methoden des Konfliktmanagements, wie der Konfliktlotse oder die Mediation, besonders von KMU noch zu wenig genutzt. Wenn man bedenkt, welche Kosten sie dadurch einsparen könnten, so besteht gerade hier ein Nachholbedarf.

3.5.5 Mobbing als besondere Konfliktform

„ ‚Gelitten wie ein Hund' Mobbing und Intrigen beim Bundesverfassungsschutz: Ein enger Vertrauter des Präsidenten soll der Denunziant gewesen sein" (FOCUS 3/1999, S. 42 f.). „Mobbing bis zum Tod" (BILD am SONNTAG, 07. März 1999). Diese und ähnliche Berichte findet man bedauerlicher Weise zunehmend in unseren Medien. Sie weisen darauf hin, dass Mobbing in Organisationen, besonders in der Verwaltung, zunimmt. Die Opfer fühlen sich schikaniert und diskriminiert, angefeindet, belästigt, ausgegrenzt und tyrannisiert. Aktuell sind 2,7 % der Berufstätigen, d. h. mehr als eine Mio. Beschäftigte in Deutschland von Mobbing betroffen – wie der erste repräsentative deutsche „Mobbing-Report" kürzlich ergab.[126]

---

[126] siehe ausführlich Meschkutat, B. et al. (2003) und BAuA (2003)

Zur Aufklärung des brisanten Phänomens haben vor allem die Arbeiten des schwedischen Arbeitspsychologen Heinz LEYMANN beigetragen[127]. Es existiert noch keine einheitliche, international anerkannte Definition. Es lässt sich wie folgt bestimmen: **Mobbing** *(to mob = anpöbeln, jemanden bedrängen, angreifen, attackieren)* ist eine extreme Form des sozialen Konflikts oder ein sozialer Stressor, welcher auf die gezielte und systematische Schädigung einer oder weniger Personen gerichtet ist (siehe Kasten 29).

Kasten 29

Mobbing

... bedeutet, dass eine Person am Arbeitsplatz von Kollegen, Vorgesetzten oder Untergebenen schikaniert, belästigt, drangsaliert, beleidigt oder ausgegrenzt wird. Solche Ereignisse müssen systematisch, häufig und wiederholt auftreten (z. B. mindestens einmal pro Woche) und sich über einen längeren Zeitraum erstrecken (mindestens ein halbes Jahr). Es liegt eine feindselige Kommunikation bzw. Interaktion vor, welche eine Schädigung des Opfers zum Ziel hat.

Mobbing hat viele Erscheinungsformen. LEYMANN (ebenda) nennt fünf Kategorien von **Mobbinghandlungen**:

- Angriffe auf die Möglichkeiten, sich mitzuteilen
  Beispiele: Man wird ständig unterbrochen, angeschrieen oder laut beschimpft, man unterliegt ständiger Kritik an der Arbeit oder am Privatleben, man wird mit Telefonterror konfrontiert.

- Angriffe auf die sozialen Beziehungen
  Beispiele: Man spricht nicht mehr mit dem/der Betroffenen, man bekommt keine Antworten, man wird wie Luft behandelt.

- Auswirkungen auf das soziale Ansehen
  Beispiele: Hinter dem Rücken des/der Betroffenen wird schlecht über ihn/sie gesprochen, Gerüchte werden verbreitet, jemand wird lächerlich gemacht oder man mokiert sich über Behinderungen oder die Nationalität.

- Angriffe auf die Qualität der Berufs- und Lebenssituation
  Beispiele: Man weist dem/der Betroffenen keine Arbeitsaufgaben zu, man gibt ihm/ihr sinnlose Aufgaben, man beschäftigt jemanden weit unter oder über dem eigentlichen Können.

- Angriffe auf die Gesundheit
  Beispiele: Man zwingt dem/der Betroffenen zu gesundheitsschädigenden Arbeiten, droht mit körperlicher Gewalt usw..

---

[127] Leymann, H. (1993), Leymann, H. (1996a)

Mobbing am Arbeitsplatz wird zunehmend ein **betriebs- und volkswirtschaftliches Problem**, da es dem Unternehmen Verluste einbringt

- durch *Leistungsminderungen*: z. B. meinen Gemobbte, dass sie Mobbing als demotivierend (bis hin zur inneren Kündigung) und effektivitätsreduzierend erleben bzw. in ihrer Organisation nicht effizient gearbeitet wird; aber auch die Täter leisten weniger, da das Mobben Zeit und Kraft kostet,

- durch erhöhten *Krankenstand und Fehlzeiten*: Z. B. reagieren etwa 30 % aller Gemobbten mit psychosomatischen Störungen und langen Fehlzeiten; im Extremfall kommt es bei Mobbing sogar zu Suizidversuchen (10 % aller Suizidversuche sollen auf Mobbing zurückzuführen sein!),

- durch eine erhöhte *Fluktuation*; denn bei Mobbing-Opfern besteht häufig die Tendenz, den Mobbingangriffen auszuweichen, indem sie kündigen wollen,

- durch *Kündigungen, Versetzungen und Frühpensionierungen*: nur ca. 30 - 50 % der Mobbingopfer verbleiben an ihren Arbeitsplätzen, die übrigen wechseln in der Organisation den Arbeitsplatz oder kündigen; da Mobbingopfer häufig Beamte (Polizisten, Lehrer usw.) sind, gehen relativ viele vorzeitig in den Ruhestand,

- durch *Rechtsstreitigkeiten*: 55 % der Betroffenen in verschiedenen Stichproben gaben an, dass es zu Rechtsbrüchen und kostenaufwendigen gerichtlichen Verhandlungen gekommen wäre,

- durch *Imageverlust*; denn Informationen über Mobbing im Unternehmen werden besonders von den Opfern nach außen getragen.

Es ist zu bedenken, dass durch Mobbing große Kosten entstehen. Schätzungsweise sind es ca. 25.000 bis 75.000 € im Jahr je Betroffenen oder je nach Betriebsgröße zwischen 15 000 und 20 Mio. € im Jahr je Betrieb. Insgesamt soll Mobbing die deutsche Wirtschaft pro Jahr ca. 15 Mrd. € kosten. Medizinisch wird es als ein zunehmendes Gesundheitsproblem eingestuft. Denn leider scheint sich Mobbing, vor allem aufgrund knapper materieller und finanzieller Ressourcen, dem Abbau von Stellen, dem Wettbewerbsdruck, der zunehmenden Rivalität unter Mitarbeitern, usw. zu einem „üblen Volkssport" in nicht wenigen Organisationen zu entwickeln.

Aus der empirischen Forschung sind zahlreiche interessante **Fakten zum Mobbing** bekannt, die sich wie folgt zusammenfassen lassen:

- Das erste Auftreten von Mobbing erfolgt bei etwa einem Drittel der Gemobbten innerhalb der ersten sechs Monate am neuen Arbeitsplatz.

- Die Dauer von Mobbing erstreckt sich von 15 bis zu 47 Monaten. Das heißt: Es ist keineswegs eine Episode, sondern oft ein jahrelanger, zermürbender Prozess.

- An Mobbingfällen sind i. d. R. ein bis mehr als vier Mobbingtäter beteiligt.

- Mobbingtäter sind überwiegend Männer. Durchschnittlich waren etwa 30 % der Täter ausschließlich Männer, 11 % ausschließlich Frauen, an den übrigen Mobbinghandlungen waren beide Geschlechter beteiligt.

- Mobbingtäter sind zu ca. 44 % Kollegen, zu ca. 40 % nur Vorgesetzte, zu ca. 10 % Vorgesetzte *und* Kollegen und zu ca. 9 % Untergebene.

Wer sind nun die **Mobbing-Opfer**? Allgemein kann man sagen: Jeder Erwerbstätigke kann das Opfer von Mobbing werden. Häufig sind es aber Personen mit auffälligen Merkmalen. Dazu zählen vor allem

- Personen mit *geringen Betriebserfahrungen* (sog. *Einsteiger*). Nach ZAPF[128] begannen Mobbinghandlungen bei einem Drittel der Befragten schon in den ersten sechs Monaten, bei 12 % schon von Anfang an. Bei den Neulingen ist ein wesentlicher Mangel, dass sie die Mikropolitik des Unternehmens kaum kennen.

- Mobbingopfer sind überwiegend *Frauen*. In mehreren Studien sind fast immer zwei Drittel Frauen unter den Mobbingopfern.

- Mobbingopfer sind vor allem Mitarbeiter in der öffentlichen Verwaltung, in sozialen Einrichtungen (Altenheime, Kindergärten usw.), in Krankenhäusern, in Hochschulen und Schulen und im Kreditgewerbe. Mobbing ist also eher ein Problem in *staatlichen Organisationen*.

- *Personen mit auffälligen Persönlichkeitsmerkmalen*, d. h. mit Leistungsproblemen (über- oder unterdurchschnittliche Leistungen), mit einem mangelhaften Arbeitsverhalten (unpünktlich, viele Pausen, nachlässig usw.), mit fehlenden sozialen Kompetenzen (arrogant, distanzlos, launisch, egoistisch, wenig empathisch usw.), Nationalität (Osteuropäer, Türken, Araber usw.), Religion (Juden, Moslems usw.) oder mit einer auffälligen äußeren Erscheinung (Figur, Kleidung, Frisur, Haarfarbe usw.)

- *Personen mit neurotischen Tendenzen*, d. h. mit überdurchschnittlich ausgeprägter Sensibilität, Angst, Depressivität oder auch Aggressivität.

Mobbing-Opfer kann mit größerer Wahrscheinlichkeit jeder werden, der zum o. g. Personenkreis zählt. Potentielles Opfer soll mindestens jeder vierte Beschäftigte sein.

Als **Mobbingstrategien** der Täter, welche gegenüber dem Opfer Schädigungsabsichten verfolgen, sind folgende zu nennen:

- *Schikanierende Maßnahmen durch Führungskräfte*: Es erfolgt besonders die Übertragung schwieriger oder unangenehmer Arbeitsaufgaben und die Einschränkung von Handlungsspielräumen sowie der Entzug von Entscheidungskompetenzen.

- *Soziale Isolierung*: Man spricht nicht mehr mit der betroffenen Person und lässt sich nicht mehr ansprechen. Man schließt sie aus wichtigen Beratungen, Sitzungen u. dgl. m. aus. Man meidet die betroffene Person und grenzt sie aus.

- *Angriff auf die Person und ihre Privatsphäre*: Man macht die Person lächerlich, verbreitet Gerüchte über sie und reißt Witze über das Privatleben.

- *Verbale Drohungen bzw. verbale Aggression*: Man versucht die Person z. B. anzuschreien, zu kritisieren und zu demütigen.

- *Androhung oder Ausübung körperlicher Gewalt*.

Am häufigsten wird mit Gerüchten gemobbt, dann folgen etwa zu gleichen Anteilen o. g. Führungsverhalten, verbale Angriffe und die soziale Isolation.

---

[128] Zapf, D. (1999)

Gesundheitsstörungen oder **Erkrankungen** durch Mobbing zeigen sich bei den Opfern vor allen als psychosomatische Beschwerden wie Angespanntheit, Nervosität, Kopfschmerzen, Schlaflosigkeit und als depressive Verstimmungen. Ferner kommt es zu Angststörungen und zum posttraumatischen Stress-Syndrom. Letzteres ist dadurch gekennzeichnet, dass dem Opfer das traumatische Erlebnis* immer und immer wieder durch den Kopf geht und es kaum einen vernünftigen Gedanken fassen kann. Schließlich kann es u. U. sogar zum Selbstmord (Suizid) des Opfers durch anhaltendes Mobbing kommen. Im Februar 1999 wurde beispielsweise ein solcher bedauerlicher Fall bei einer jungen Polizistin in München bekannt (siehe obiges Zitat aus BILD am SONNTAG).

Aufgrund der gesundheitlichen Beeinträchtigungen und des zunehmenden Leidensdrucks begeben sich Mobbingopfer in ärztliche oder psychotherapeutische Behandlung. Es wird in der Literatur über 23 Krankheitstage bei Gemobbten im Vergleich zu 9 Tagen bei Nichtgemobbten berichtet. Über 50 % der befragten Mobbingopfer ließen sich innerhalb eines Jahres mehr als drei mal krank schreiben, 18 % sogar mehr als sechs mal. In der Mehrheit der Fälle betrug die durchschnittliche Krankheitszeit bzw. Fehlzeit pro Jahr mehr als zwei Monate.

Der **Mobbing-Verlauf** ist i. d. R. durch vier Phasen gekennzeichnet:

1. Phase: Am Anfang steht ein *akuter, nichtausgetragener, ungelöster Konflikt*. Es finden einzelne, meist verbale Attacken gegen Betroffene statt. Dies kann beispielsweise der Fall sein, wenn eine Nichtraucherin und ein Raucher zusammenarbeiten und auf beiden Seiten keine Bereitschaft besteht, auf die jeweiligen Wünsche einzugehen.

2. Phase: Wenn der akute Konflikt nicht gelöst werden kann, eskaliert er zunehmend und wird so zum *Dauerkonflikt*. Dabei breitet sich der Konflikt auch auf andere Bereiche aus und wird auf eine Person gerichtet. Er wird also generalisiert und personifiziert. Nun beginnt der Psychoterror oder Mobbing i. e. S.. Das heißt, der/die Täter gehen gezielt und systematisch mit oben genannten Mitteln gegen eine Person vor. Das Opfer wird schikaniert.

3. Phase: Hier erfolgen **Rechts- und Machtübergriffe**. Die Übertragung von intransparenten, unangenehmen Arbeitsaufgaben, Reglementierungen bezüglich Arbeitszeit und -ort, Ablehnung der Zusammenarbeit, Abmahnungen, Versetzung an einen anderen Arbeitsplatz mit geringen Anforderungen, Telefonterror und geringerer Bezahlung bis hin zur fristlosen Kündigung finden statt. Dadurch soll das Opfer fertiggemacht werden, was auch häufig gelingt. Beim Opfer stellen sich psychische und psychosomatische Krankheitssymptome ein, welche sich zunehmend verstärken.

4. Phase: Jetzt erfolgt der *Ausschluss aus der Arbeitswelt*. Beim Opfer treten anhaltende Leiden auf. Dadurch muss es medizinische und psychotherapeutische Behandlungen, die oft langzeitig sind, in Anspruch nehmen.

Leider ist dieser Leidensweg der Betroffenen nicht selten von ärztlichen und psychologischen Fehldiagnosen begleitet, indem z. B. die Ursachen überhaupt nicht erkannt oder bagatellisiert werden oder nur die Symptome behandelt werden. Dadurch gerät der/die Betroffene immer stärker in den Teufelskreis des Gemobbtwerdens.

Zur **Erkennung von Mobbing** oder Mobbingtendenzen in Organisationen können folgende Methoden angewandt werden:

- die Beobachtung und Dokumentation von Mobbing-Ereignissen

- das Mitarbeitergespräch, in dem bei Verdacht das Mobbingproblem unverzüglich thematisiert werden sollte,

- psychodiagnostische Methoden, wie z. B. der Betriebsklima-Fragebogen nach von ROSENSTIEL et al.[129], das „Leymann Inventory of Psychological Terrorization" (LIPT)[130] oder die Work-Harassment-Scale (WHS)[131].

Bei der **Behandlung von Mobbing** sind folgende *Schritte* zu vollziehen:

1. Problemanalyse

Hierbei findet eine systematische Ursachen- und Bedingungsanalyse statt. Die **Ursachen** können folgende sein:

- die *Person des Gemobbten*; zur Risikogruppe zählen Personen mit fehlender Betriebserfahrung, welche mit einer geringen Kenntnis der Mikropolitik im Unternehmen verbunden ist, mit fehlendem oder zu hohem Selbstbewusstsein, mit hoher Integrität und einem ausgeprägten Gerechtigkeitssinn, mit neurotischen Merkmalen wie Depression oder Ängstlichkeit, mit Naivität, usw.

- die *Person des Mobbers*; zur potentiellen Tätergruppe gehören Personen mit Inkompetenz im Umgang mit sozialen Konflikten, mit Selbstunsicherheit, mit übermäßigem Ehrgeiz und Machtstreben, mit Aggressivität und Feindseligkeit, geringer Frustrationstoleranz und Neid, mit ausgeprägtem Narzissmus* bei geringer Selbstkonzeptklarheit und anderen psychopathischen Zügen.

- die *Arbeitsgruppe* und das *Führungsverhalten* (autoritärer Führungsstil, Rollenkonflikte, "Stress", mangelhafte Arbeitsorganisation, intransparente Arbeitsaufgaben usw.)

- die *Organisation* (schlechtes Betriebs- und/oder Teamklima, fehlende soziale Unterstützung, schlechter Informationsfluss, ungünstige Vorgesetzten-Mitarbeiter-Konstellation, unklare Hierarchien und Regeln der Zusammenarbeit, fehlende ethische Werte im Unternehmen, geringe Chance auf alternativen Arbeitsplatz, Arbeitsplatzunsicherheit usw.).

2. Beratung des Mobbing-Opfers

Sie sollte von einem Experten (Psychologe, Arzt, Sozialarbeiter usw.) durchgeführt werden. Hierbei wird besonders auf die Möglichkeiten des Betroffenen zur Konfliktbewältigung (z. B. Veränderung des Verhaltens, von Einstellungen, Wechsel des Arbeitsplatzes) eingegangen.

---

[129] Rosenstiel, L. et al. (1983)
[130] Leymann, H. (1996b)
[131] Björkqvist & Östermann (1992)

3. Teilnahme an Gruppen

Der Gemobbte sollte sich an Selbsthilfegruppen beteiligen, in denen Betroffene gemeinsam beraten, wie sie ihr Problem lösen können. Darüber hinaus kann er je nach Bedarf an Verhaltenstrainings zur Entwicklung von Selbstmanagement- und sozialen Kompetenzen (Konfliktmanagement, Selbstsicherheit usw.) teilnehmen. Sollten schon psychische Störungen durch Mobbing zu verzeichnen sein, bietet sich die Teilnahme an einer Psychotherapiegruppe an.

4. Organisationsberatung

Hierbei wird davon ausgegangen, dass die Quellen des Mobbings hauptsächlich in der Organisation liegen. In diesem Fall sollte die Organisation durch externe Experten beraten und geschult werden. Dies ist bei folgenden Sachverhalten angebracht: häufig auftretendes Mobbing und dadurch verursachte Fehlzeiten, Fluktuation, Krankenstand, Kündigung, Imageverlust des Unternehmens usw.. Als Zielgruppe der Beratung oder Schulung kommen Führungskräfte, Personalexperten, Betriebsärzte, Betriebs-/Personalräte, Sozialarbeiter und weitere kompetente Mitarbeiter in Frage.

Als effektive persönliche **Bewältigungsstrategien** haben sich erwiesen[132]:

- *Grenzen setzen*: Die Betroffenen erkannten meist nach gravierenden Mobbingerfahrungen, dass sie die Situation am Arbeitsplatz keinesfalls länger hinnehmen können. Es wurde ihnen klar, dass es eine Frage des persönlichen Überlebens geworden war, Mobbing in jedem Fall abzustellen. Sie zogen also für sich eine klare Grenze und entschlossen sich, konsequent aus dem "üblen Spiel" auszusteigen. Auszusteigen bedeutet auch, nicht mehr so leicht angreifbar zu sein, nicht mehr auf Eskalationsangebote einzugehen, stattdessen wieder eigene Ziele zu verfolgen und nicht nur "Spielball" zu sein.

- *Persönliche Stabilisierung*: Um den für die Grenzsetzung (siehe oben) gefassten Entschluss durchzuführen zu können, war für die Betroffenen zunächst eine persönliche Stabilisierung nötig, denn Mobbing hinterlässt deutliche physische und psychische Wirkungen. Dies konnte z. B. durch längere Auszeiten (Krankschreibungen) und Psychotherapien unterstützt werden.

- *Objektive Veränderung der Arbeitsplatzsituation*: Aber nur wenn gleichzeitig mit o. a. Strategien eine objektive Veränderung der Arbeitsplatzsituation einherging, konnte Mobbing wirksam abgestellt werden. Nur wenn Mobber und Gemobbte arbeitsorganisatorisch getrennt wurden, wenn Vorgesetzte durch klare Weisungen eingeschritten sind, oder wenn sich am innerbetrieblichen Gefüge etwas Grundlegendes änderte, war dies möglich.

Unter den Einzelstrategien erwiesen sich für die Bewältigung von Mobbing effektiv: "*Gespräche mit Angreifern geführt*", "*Betriebs- oder Personalrat eingeschaltet*", "*häufigeres Fehlen am Arbeitsplatz*" und "*Kündigung auf eigenen Wunsch*". Bei beiden letztgenannten Strategien ist jedoch zu fragen, wie effektiv sie langfristig sind.

Zur **Mobbingprävention** ist es notwendig, dass eine Unternehmenskultur mit Normen und Werten gegen Mobbing entwickelt wird. Dazu gehören folgende **Aufgaben**:

---

[132] Knorz, C. & Zapf, D. (1996)

- Alle Beschäftigten müssen für die Mobbing-Problematik sensibilisiert werden.
- Umfang und Art des Problems müssen untersucht werden (siehe oben).
- Eine entsprechende Politik ist zu formulieren (siehe z. B. Kasten 30).
- Normen und Wertvorstellungen müssen auf allen Ebenen des Unternehmens in wirksamer Weise festgelegt werden, z. B. durch Mitarbeiterhandbücher, Besprechungen und Rundschreiben.
- Verantwortung und Kompetenz des Managements bei Konfliktbewältigung und Mobbingbekämpfung müssen entwickelt werden.
- Eine unabhängige Anlaufstelle für Mobbingopfer sollte eingerichtet werden.
- Die Beschäftigten sind in Gefährdungsbeurteilungen und vorbeugende Maßnahmen gegen Mobbing einzubeziehen.

Bei kritischer Betrachtung der Gesamtsituation von Mobbingopfern in Deutschland muss jedoch festgestellt werden, dass sie gegenwärtig noch unbefriedigend ist. Grundsätzlich ist Mobbing bisher kein juristischer Tatbestand, der in Arbeitsgesetzen geregelt ist. Deshalb ist es schwierig - trotz einiger gerichtlicher Urteile (siehe unten) -, Mobbinghandlungen juristisch als strafrelevantes Verhalten zu identifizieren. Ferner fehlen in Organisationen und Kommunen häufig kompetente Anlaufstellen, die professionell helfen können. Es gibt vor allem in kleineren Orten, geschweige denn in Unternehmen, kaum Selbsthilfegruppen. Auch die Beratung von Mobbingopfern wird über Krankenkassen kaum finanziert. Die Mobbing-Telefone leisten einiges, sind aber oft überlastet und nicht immer mit geschulten Ansprechpartnern besetzt. Hausärzte oder Allgemeinmediziner, bei denen Gemobbte oft zuerst professionelle Hilfe suchen, sind mit der Diagnose und besonders Therapie dieses Syndroms häufig überfordert.

Der Arbeitgeber ist verpflichtet, das allgemeine Persönlichkeitsrecht der Arbeitnehmer nicht selbst durch Eingriffe in deren Persönlichkeits- und Freiheitssphäre zu verletzen, diese vor Belästigungen zu schützen und die Arbeitnehmerpersönlichkeit zu fördern. Positive Ansätze zur Mobbingbekämpfung sind deshalb in einigen Organisationen/Unternehmen zu verzeichnen. So haben z. B. die *Landeshauptstadt München*, *das Bezirksamt Charlottenburg, die Universitätsklinik Hamburg-Eppendorf*, die *VW AG, Ciba Geigy*, die *Stadtverwaltung Friedrichshafen* und kürzlich die *Freie Hansestadt Bremen* eine **Dienst- oder Betriebsvereinbarung** abgeschlossen, mit der sie signalisieren, dass das Mobbingproblem ernst genommen wird. Beispielsweise wird in der Betriebsvereinbarung „*Partnerschaftliches Verhalten am Arbeitsplatz*" der *VW AG* das Thema „Mobbing" ausführlich beschrieben, die arbeitsrechtlichen Folgen von Verstößen gegen partnerschaftliches Verhalten werden festgelegt, und es werden sogar Empfehlungen für Reaktionen in bestimmten Mobbing-Fällen gegeben (siehe Kasten 30).

Wichtig ist es, betriebliche Anlaufstellen für Mitarbeiter mit arbeitsbedingten psychischen Problemen zu schaffen. Solche Stelle sollte mit einem geschulten Arbeitnehmer- und Arbeitgebervertreter besetzt werden. Daneben sollte eine dritte unabhängige und neutrale Person oder Institution, die vom Arbeitgeber und -nehmer gleichermaßen anerkannt ist, dieses Gremium ergänzen.

> **Kasten 30**
> **Fallbeispiel zum Mobbing**
>
> Herr S. ist Sachbearbeiter in einer großen Abteilung. Er ist der einzige Nichtraucher, und es ist ihm unangenehm, wenn in seinem Arbeitszimmer oder bei Besprechungen geraucht wird. Er bekommt dann Kopfschmerzen.
>
> Als er eine gemeinschaftliche Regelung vorschlägt, reagiert niemand darauf. Doch fortan wird er von allen wie Luft behandelt. Wenn Herr S. etwas Dienstliches fragt, bekommt er nun keine Antwort oder wird als dumm dargestellt.
>
> Die Situation wird immer unerträglicher. Herr S. beginnt an sich selbst zu zweifeln. Zu den Problemen am Arbeitsplatz kommen nun noch Beziehungsprobleme. Körper und Seele reagieren bald entsprechend. Er bekommt nervösen Hautausschlag und Magenbeschwerden. Immer häufiger meldet sich Herr S. krank. Seine Umgebung stempelt ihn als Versager ab. Die Situation für ihn in der Firma wird immer extremer, ohne dass eine Lösung in Sicht ist.
>
> Empfohlene Reaktionen:
> - Gleich zu Beginn des Psychoterrors die Situation offen ansprechen.
> - Die Ursache des Konflikts erkennen und offensiv eine gemeinsame Lösung angehen.
> - Vertrauensperson einschalten.
>
> Volkswagen AG 1997

Der **rechtliche Aspekt** von Mobbing war lange Zeit strittig, da Mobbinghandlungen oft weitgehend intransparent, kaum exakt identifizierbar und deshalb in ihrer juristischen Relevanz schwierig zu beurteilen sind. In letzter Zeit hat es aber einige Urteile gegeben, welche wegweisend für die Beurteilung von Mobbingfällen sind - und vor allem dem Recht von Mobbingopfern dienen:

- Das Thüringer Landesarbeitsgericht hat am 10. April 2001 ein exemplarisches Urteil zu einem Mobbingfall gefällt (siehe Thüringer Landesarbeitsgericht, Urteil vom 10.04.2001 - 5 Sa 403/2000 (ArbG Gera))[133]. Dabei kreierten die Richter erstmals eine rechtliche Definition, nach der unter Mobbing "*...fortgesetzte, aufeinander aufbauende oder ineinander übergreifende, der Anfeindung, Schikane oder Diskriminierung dienende Verhaltensweisen, die einer von der Rechtsordnung nicht gedeckten Zielsetzung förderlich sind*" zu verstehen ist. Nach dem Thüringer Urteil ist ein vorgefasster Plan nicht erforderlich. Eine Fortsetzung des Verhaltens unter schlichter Ausnutzung der Gelegenheiten ist ausreichend, um rechtlich von "Mobbing" sprechen zu können. Hierbei liegt ein wechselseitiger Eskalationsprozess mit einer klar erkennbaren Täter-Opfer-Beziehung vor.

- Am 16. August 2001 (Aktenzeichen 6SA415/2001) hat das Landesarbeitsgericht Rheinland - Pfalz in Mainz einen Mobber zum Schadenersatz verurteilt. 15.000 DM musste der Chef der Volksbank Grünstadt (Kreis Bad Dürkheim) an den früheren Leiter des Geldinstituts zahlen, weil er nach Aussage des Richters über Monate hinweg "*die persönliche Ehre und das berufliche Selbstverständnis des Mannes massiv verletzt*" habe. Das Opfer war nach einer Bankenfusion von seinem neuen Vorgesetzten systematisch kaltgestellt worden, indem er den Mann z. B. mit erniedrigenden und schikanösen Anweisungen traktierte, ihm die Sekretärin, den Schreibtisch und schließlich das Büro wegnahm.

---

[133] In: „Der Betrieb" 2001, S. 1204 ff.

Der gemobbte Arbeitnehmer kann gegen den Arbeitgeber Ansprüche auf Unterlassung, Schadensersatz und Schmerzensgeld geltend machen. Auch kann er seine Arbeitsleistung verweigern und vertragsgemäße Beschäftigung verlangen. Der Arbeitgeber sollte gegenüber dem Mobber mit Abmahnung, Versetzung oder (außerordentlicher) Kündigung reagieren. - Es gibt zahlreiche Ansprechstellen für Mobbingprobleme bzw. -opfer.

3.6. Gesundheitscoaching

3.6.1 Was ist Coaching bzw. Gesundheitscoaching?

Man unterscheidet externes und internes Coaching[134]. Das **externe Coaching** wird durch einen organisationsfremden professionellen Coach durchgeführt. Das **interne Coaching** findet im Rahmen der firmeneigenen Personalentwicklung und -pflege durch einen angestellten Coach oder einen dafür qualifizierten Vorgesetzten statt. Die ursprüngliche Bedeutung von „**Coach**" ist „Kutscher", dessen Aufgabe das Lenken und Betreuen der Pferde war. Später wurde der Begriff in die Welt des Sportes übertragen, denn der Trainer (auch Coach genannt) ist bestrebt, den Schützling oder das Team zu bestmöglicher Leistung zu führen. (Denken wir z. B. an das erfolgreiche "Tennisgespann" TIRIAC – BECKER.) Aus dem Sport wurde der Begriff in die US-Wirtschaft transformiert. Seit Mitte der 80er Jahre ist „Coaching" auch in Deutschland bekannt.

Coaching lässt sich als temporäre *„Hilfe zur Selbsthilfe"* definieren, wobei umfassende Maßnahmen zur Hilfe bei persönlichen und beruflichen Problemen, mithin gesundheitlichen Problemen, eingesetzt werden. Dabei ist es nicht vorrangige Aufgabe des Coachs, die Probleme des Klienten zu lösen, sondern ihm bei deren Lösung zu helfen. Gemeinsam wird an geeigneten Lösungen gearbeitet, wobei der Klient die Möglichkeiten sucht, der Coach den Prozess der Problemlösung initiiert und moderiert, die ausgewählten Alternativen bewertet und anschließend bei der Verwirklichung hilft. Der Coach agiert transparent, vertraulich, im Rahmen zuvor mit dem Klienten definierter „Spielregeln". Coaching ist oft der Anstoß zu einem persönlichen Entwicklungsprozess.

Coaching ist eine für erfolgreiches (Gesundheits-)Management unverzichtbare Methode, die erlernt und eingeübt werden muss. Deshalb ist es unerlässlich, dass der **Coach** bestimmte Anforderungen erfüllt. Dazu gehören zum einen Integrität, Neutralität, Sensibilität, analytisches und strategisches Denken, zielorientiertes Verhalten und ganzheitliche Beobachtungs- und Wahrnehmungsfähigkeit sowie zum anderen Empathie*, Wertschätzung, Konfliktbereitschaft und soziale Kompetenz. Es sind auch fachliche Voraussetzungen nötig, zu denen u. a. psychologisches bzw. psychotherapeutisches und betriebswirtschaftliches Know-how sowie rechtliche und organisationstheoretische Kenntnisse gehören.

Die drei wichtigsten **Coachingkonzepte** sind:

(1) *Einzelcoaching*

Es ist das populärste, am meisten praktizierte Coaching-Konzept. Zuerst waren Führungskräfte aus dem Topmanagement die Zielgruppe, jedoch wird mittlerweile die entsprechende Beratung auch für andere Führungskräfte angeboten und zunehmend nachgefragt. Prinzipiell ist Einzelcoaching nicht mehr auf bestimmte Zielgruppen fokussiert.

---

[134] siehe ausführlich z. B. Thomas, A. M. (1998), Rauen, Ch. (2002), Rückle, H. (2000)

Das Einzelcoaching zeichnet sich dadurch aus, dass sich ein Klient exklusiv von einem internen oder externen Coach beraten lässt. Seine Probleme werden umfassend und – sofern gewünscht – auch langfristig bearbeitet. In der partnerschaftlichen Beziehung zwischen Coach und Klient ist es möglich, berufliche wie persönliche Probleme zu besprechen und effektive Lösungen zu finden. Eine wesentliche Eigenschaft des Coaching ist die besondere Qualität der Beziehung zwischen Coach und Klient, welche sich u. a. durch Intimität und Neutralität auszeichnet.

Anliegen des Coaching ist die intensive Auseinandersetzung mit der Problemsituation des Klienten. Beim Einzelcoaching geht es darum, die Selbsterkenntnis und Problemlösekompetenz des Klienten in Bezug auf schwierige Lebens- einschließlich Arbeitssituationen zu fördern. Die Partner arbeiten an der problembezogenen sozialen, methodischen und fachlichen Kompetenz und insbesondere Selbstmanagementkompetenz des Klienten. Es wird das Ziel angestrebt, persönlich schwierige Situationen in eigener Verantwortung systemorientiert bearbeiten und lösen zu können, auf diese Weise zukünftigen beruflichen und ggf. privaten Anforderungen gerecht zu werden und dabei bislang nicht erkannte persönliche Potentiale (Fähigkeiten, Fertigkeiten, Kenntnisse usw.) zu nutzen.

Kasten 31

Fallbeispiel zum Einzelcoaching[135]

Bernd Brockmann hat wieder richtig Spaß an seinem Job. Seit der Chef der Vechtaer Sanitär- und Heizungstechnik GmbH sich nicht mehr auf jeden Termin einlässt, arbeitet er bewusster. Er fährt wieder auf Baustellen, spricht mit seinen Leuten, nimmt sich Zeit für sich selbst und seine Familie. Die „Tretmühlen"-Situation ist vorbei. Anfang 1999 sah das anders aus.

Da hatte der 50-Jährige sich so sehr in seiner Arbeit verstrickt, dass schon das kleinste Problem bei ihm Panik auslöste. Seine Familie bekam er kaum zu Gesicht und gesundheitlich ging es ihm immer schlechter. "*Ich war ein Sklave meiner Außenwelt geworden*" sagte Brockmann. Aus seiner Krise kam er erst heraus, als er sich dem Osnabrücker Coach Christoph RAUEN anvertraute.

---

(2) *Gruppencoaching*

Beim Gruppen-, Team- oder Systemcoaching handelt es sich um den Oberbegriff für sämtliche Verfahren, bei denen mehrere Personen zusammen gecoacht werden. Darunter fallen auch Maßnahmen für bestimmte Arten von Gruppen, z. B. Abteilungen oder Projektgruppen. Die Größe der Gruppe ist nicht unbedeutend, denn eine Gruppe besteht aus drei bis maximal 15 Personen. Arbeitet der Coach allein, so sollte er es vermeiden, die maximale Teilnehmerzahl zu überschreiten. Größere Gruppen sollten demnach aufgeteilt werden oder – sofern dies nicht möglich bzw. sinnvoll ist – von mehreren Coaches beraten werden. In einer Gruppe von Klienten ist der Coach mit einer vollkommen anderen Beziehungssituation als im Einzelcoaching konfrontiert, weil mehrere Personen verstanden und beraten werden wollen. Die Aufgabe des Coachs besteht meistens darin, Probleme und/oder Konflikte der Gruppe exakt zu definieren, sie den Gruppenmitglieder bewusst zu machen und zu deren Lösung beizutragen. Anlässe für

---

[135] nach „Impulse" Nov. 2000, S. 59

ein Gruppencoaching können u. a. sein: Konflikte zwischen Gruppenmitgliedern, Integration eines neuen Mitgliedes, strategische Ausrichtung der Gruppe, Vorbereitung auf neue Aufgaben und Herausforderungen, Leistungssteigerung der Gruppe oder das Erkennen von Stärken und Schwächen der einzelnen Gruppenmitglieder. Gruppencoaching kann entscheidend zur Entwicklung des Teams, der Abteilung u.dgl.m. beitragen, weil die „Hilfe zur Selbsthilfe" oft in entscheidenen kritischen Situationen erfolgt.

(3) *Selbstcoaching*

Darunter fasst man alle Verfahren zusammen, die ihren Anwender in die Lage versetzen sollen, die mit Coaching in Verbindung gebrachten Vorteile ohne die Hilfe eines Coachs zu erreichen. Schwerpunkte bilden dabei Methoden zur Analyse und Entwicklung der eigenen sozialen, methodischen und fachlichen Kompetenz. Dabei bedient sich das Selbstcoaching diverser Selbstmanagementtechniken, die zur Aktivierung bzw. optimalen Nutzung des eigenen Potentials geeignet sein sollen. Das Selbstcoaching ist oft das Ergebnis eines guten Coaching, weil dem Coach es gelungen ist, die Selbstregulationsfähigkeit seines Klienten derart zu stärken, dass er eine echte „Hilfe zur Selbsthilfe" geleistet und sich somit überflüssig gemacht hat.

Gesundheitscoaching (GC) stellt ein ganzheitliches Betreuungs- und Beratungskonzept für Personen mit andauernden Gesundheitsproblemen dar. Es ist i. d. R. Einzelcoaching. Aber auch das Gruppen- und Selbstcoaching können genutzt werden. Gruppencoaching bietet sich für Personen mit gleichen arbeitsbedingten Gesundheitsproblemen an, z. B. für Personen mit einem Bandscheibenvorfall; Selbstcoaching sollte stets dem Einzelcoaching folgen oder es begleiten.

Für GC kommen ergo Personen in Frage, die besonderen Belastungen, insbesondere psychischen Belastungen, dauerhaft oder temporär ausgesetzt sind. Solche Belastungen können beispielsweise sein:

- Konflikte mit Mitarbeitern oder Vorgesetzten,
- Qualitative oder quantitative Überforderung (siehe Kapitel 2.3.2.),
- Permanent gestörte Work-Life-Balance,
- Ängste bei neuen Projekten oder Veränderungsprozessen im Unternehmen,
- Konflikte mit Geschäftspartnern über Geschäftsstrategie, Unternehmensphilosophie, Arbeitsstil usw.,
- Kurzfristig bevorstehender Auslandsaufenthalt,
- Versetzung in einen anderen Arbeitsbereich,
- chronische Arbeitsüberlastungen.

Zielgruppe des GC sind oft Führungskräfte (siehe Kapitel 3.6.2), ferner Mitarbeiter mit wiederholten Fehlzeiten, mit körperlichen Leistungseinschränkungen (sog. Leistungsgewandelte – siehe ausführlich Kapitel 6.3.3.) oder auch Studenten mit Prüfungsangst[136].

---

[136] Messer, J. und G. Bensberg (1998)

> **Kasten 32**
>
> **„Wir coachen in Sachen Gesundheit"**
>
> So lautete der Titel des Beitrags in der VW-Zeitung „*autogramm*" vom März 2003 (S. 2).
> Die Volkswagen AG Wolfsburg hat das Gesundheitscoaching eingeführt. „*Gesundheitscoaching folgt der Erkenntnis, dass sich Gesundheit nicht mit dem Zeigefinger verordnen lässt. Vielmehr bedarf es künftig:*
> - *der frühzeitigen und eigenverantwortlichen Einbeziehung der betroffenen MitarbeiterInnen*
> - *einer ganzheitlichen und fürsorglichen Beratung unter Einbeziehung verschiedener Gesprächspartner und sozialer Netzwerke*
> - *einer aktiven Beteiligung der MitarbeiterInnen in Form einer gemeinsamen Maßnahmenvereinbarung und Kommittierung*
> - *der kontinuierlichen Erfolgskontrolle hinsichtlich der getroffenen Vereinbarungen und der gesetzten Ziele.*"
>
> Dazu einige Kommentare der Unterzeichner der Vereinbarung „Gesundheitscoaching":
> - „*Ein Gesundheitsstand auf hohem Niveau spielt eine wichtige Rolle für den Erhalt der Wettbewerbsfähigkeit...*" (Klaus VOLKERT, Vorsitzender des Gesamt- und Konzernbetriebsrates der VW AG)
> - „*In der qualitativen Personalarbeit ist in den letzten Jahren der Coachinggedanke 'Jeder Gute kann noch besser werden' im Rahmen des Gesundheitsmanagements aufgegriffen und nun erstmalig in Form einer Vereinbarung mit dem Betriebsrat geregelt worden.*" (Dr. Günther KOCH, Personalleiter Werk Wolfsburg)
> - „*Wir erwarten beim Gesundheitscoaching eine sensible und professionelle Vorgehensweise. Es darf nicht dazu kommen, dass Mitarbeiter Angst vor dem Krankwerden haben. Dem Kranken gilt auch künftig unsere ganze Fürsorge.*"
>   (Ulrich POHLING, Mitglied des Betriebsrates)

Bei der *VW AG Wolfsburg* richtet sich das Beratungs- und Betreuungsangebot an folgende Gruppen (siehe auch Kasten 32):
- → alle Mitarbeiter
- → betriebliche Vorgesetzte
- → Mitarbeiter der Personal Service Center*
- → Betriebsräte/Vertrauensleute
- → Leistungsgeminderte Mitarbeiter (siehe Kapitel 6.3.3.)
- → Langzeitkranke.

GC dient der Erweiterung des Gesundheitswissens, der Sensibilisierung für individuelle gesundheitliche Probleme und vor allem der Entwicklung der gesundheitsbezogenen Handlungs- und Problemlösekompetenz. Es stellt kein eigenständiges Element des BGM dar, sonders es erfolgt stets im Zusammenhang mit bewährten Instrumenten, wie z. B. mit dem Rückkehrgespräch im Fehlzeitenmanagement (siehe Kapitel 6.3.1).

Das GC-Programm besteht aus mehreren Stufen. Es umfasst einen Gesundheits-Check-up mit Erstellung eines individuellen Gesundheitsprofils wie auch Verhaltenstrainings und individuelle Beratungen. Schwerpunkt ist die professionelle Beratung der Mitarbeiter zu Fragen der Gesundheit und Gesundheitserhaltung unter besonderer Berücksichtigung der beruflichen Biografie des Betroffenen. Dabei kommt der aktiven und eigenverantwortlichen Beteiligung der Mitarbeiter eine besondere

Bedeutung zu. Die Beratung erfolgt unter Einbeziehung unterschiedlicher Partner, z. B. des Werkarztes, des Hausarztes, des Vorgesetzten, des Schwerbehindertenvertreters, des Suchtbeauftragten, der Krankenkasse oder auch des/der Lebenspartners oder -partnerin. Vorgesetzte, der Gesundheitsschutz, das Personalwesen und die Krankenkasse arbeiten beim Gesundheitscoaching eng zusammen.

Eine zentrale Stelle nimmt das **GC-Gespräch,** welches von einem geschulten Personalexperten oder –coach durchgeführt wird. In Vorbereitung auf das Gespräch erstellt der Coach ein sog. „Steuerungsblatt für das Personalwesen", welches die gesamte Gesundheitsbiographie des Mitarbeiters aufzeigt. Dazu gehören u. a. die Historie aller Krankheitsfälle und - tage für die Tätigkeitsdauer im Unternehmen seit Eintritt und eine Auflistung aller ergriffenen Maßnahmen seitens des Unternehmens, wie beispielsweise Rückkehr- und Fehlzeitengespräche, Hausbesuche, Sozialberatung und Termine vor der Arbeitsordnung* und im Gesundheitsschutz. Als weitere Grundlage dient ein Gesprächsprotokoll, welches neben den persönlichen Daten des Mitarbeiters auch die Anzahl der Krankheitsfälle in den letzten 12 Monaten und alle diesbezüglich geführten Gesundheitsgespräche mit Datum und Maßnahmenschlüssel, z. B. „11" für *angesprochen durch betrieblichen Vorgesetzten*" beinhaltet. Auf dem Protokoll wird vermerkt, ob die Fehlzeiten auf Krankheit, Kur, Unfall oder Sonstiges zurückzuführen sind. Auch arbeitsplatz- oder umfeldbedingte Ursachen werden notiert. Eine Möglichkeit des grafischen Überblicks der Fehlzeiten des Mitarbeiters bietet SAP/R3 durch die „Auswertung der An- und Abwesenheiten vgl. PD 32A", womit bis zu einem bestimmten Stichtag rückwirkend für mehrere Jahre alle Krankheitstage und -fälle summiert werden können. Damit während des Gespräches auch die Kosten für das Unternehmen durch Abwesenheit des Mitarbeiters benannt werden können, wird ferner mit Hilfe der Tarifgruppe und den Arbeitstagen pro Woche das Entgelt pro Krankheitstag ermittelt. Dafür benötigt man die Summe der Fehltage des laufenden Jahres, des Vorjahres und des Vorvorjahres.

Das GC-Gespräch sollte halbstrukturiert vom Personalexperten oder –coach geführt werden. Leitfaden und Protokoll liegen dem Gespräch zugrunde. Arbeits- und datenschutzrechtliche Bestimmungen sind strikt einzuhalten. Unter Zuhilfenahme verschiedener Quellen ist es möglich, bereits vor dem Gespräch wichtige Informationen über den Mitarbeiter zu erhalten. Dadurch kann die Einschätzung der Gesamtsituation wesentlich erleichtert und somit oft schneller eine kooperative Lösung gefunden werden. Neben den o. a. internen Arbeitssystemen können der betriebliche Vorgesetzte, der Betriebsrat, die Schwerbehindertenvertretung, der Werkarzt bzw. Psychologe, die Krankenkasse und die Rentenversicherungsträger Datenquellen sein.

Grundsätzlich sollte das Coachinggespräch in einer vertrauensvollen und ruhigen Atmosphäre stattfinden. Deshalb führt der Personalcoach das Gespräch allein mit dem Mitarbeiter. Zu Beginn wird der Mitarbeiter über Grund und Ziele bzw. Absichten des GC aufgeklärt. Die Chronologie bisher ergriffener Maßnahmen wird aufgezeigt und versucht, dem Mitarbeiter seine (Treue-)Pflicht als Arbeitnehmer, aber auch die Fürsorgepflicht des Arbeitgebers bewusst zu machen. Dem Betroffenen wird empfohlen, wie er seine Gesundheit durch individuelle Aktivitäten verbessern kann. Mit dem Prinzip der „Hilfe zur Selbsthilfe" soll das Gesundheitsbewusstsein geweckt bzw. gestärkt werden. Der Coach nimmt sich Zeit für persönliche Probleme und Anliegen, aber auch für kritische Bemerkungen des Mitarbeiters zum Unternehmen, Arbeitsplatz usw.. Dabei geht es primär darum, durch gezielte Maßnahmen eine speziell auf die Mitarbeiterbelange orientierte Hilfe zu leisten. Es sind dem Mitarbeiter betriebsinterne und -externe Hilfsangebote zu offerieren, die zur Wiederherstellung bzw. Erhaltung seiner Gesundheit beitragen können. Als Adressen für interne **Hilfsangebote** kommen z. B.

in Frage:
- → der Werkarzt
- → der Werkpsychologe
- → der Betriebsrat
- → die Frauenförderung sowie ggf.
- → die Schwerbehindertenvertretung

Mit dem Angebot werden diese Ziele verfolgt:
- → Lösung persönlicher und sozialer Problemen
- → Abbau von Kommunikationsstörungen
- → Entwicklung der Arbeitszufriedenheit
- → Gesundheitsstabilisierung und -förderung
- → Steigerung der Motivation
- → Wiedereingliederung in den Arbeitsprozess
- → Weitervermittlung an externe Einrichtungen.

Externe Einrichtungen, an die verwiesen werden kann, sind – falls im Betrieb nicht vorhanden - unter anderem

- Sportstudios oder Institute für Gesundheit mit Bewegungsprogrammen (Herz-Kreislauf-Training, Wirbelsäulengymnastik etc.), Entspannungskursen (Autogenes Training, Progressive Muskelrelaxation usw.), mit Kursen für gesunde Ernährung, Übergewichtige usw.,
- Selbsthilfegruppen (für Personen mit psychischen Störungen, Neurodermitiker, Gemobbte etc.),
- Psychotherapeuten (Gesprächs-, Verhaltenstherapie usw.),
- Sportvereine,
- Fachärzte,
- Krankenkassen.

Gesundheitsfördernde und -erhaltende Aktivitäten in einer externen Einrichtung sollten vom Unternehmen bei Inanspruchnahme bis zu 50 % der Teilnahmegebühren mitfinanziert werden.

Im Gespräch werden schließlich mit dem Mitarbeiter persönliche Ziele und notwendige Maßnahmen vereinbart, eine kontinuierliche Erfolgskontrolle festgelegt und die verabredete Vorgehensweise von beiden Seiten mit Unterschrift im Gesprächsprotokoll dokumentiert. Der Coach übergibt dem Mitarbeiter eine Kopie des Protokolls, das Original wird in der Personalakte abgelegt. Wurde eine Vorstellung beim Werkarzt vereinbart, erhält dieser ebenfalls eine Kopie. Die Unterschrift des Mitarbeiters drückt seine Bereitschaft aus, an seiner Gesundheit zu arbeiten und dabei in Kooperation mit dem Unternehmen zu treten. Sind arbeitsbedingte Ursachen für Fehlzeiten festgestellt worden, wird mit hoher Priorität daran gearbeitet, diese zu beheben. Der Mitarbeiter wird dem Werkarzt vorgestellt, um einen Zusammenhang zwischen Arbeitsplatz und Erkrankung herauszufinden; ggf. findet eine gemeinsame Arbeitsplatzbegehung statt.

Nach dem GC wird in regelmäßigen Abständen ein **Wirksamkeitscontrolling** durch das Personalwesen durchgeführt. Kommt es dabei innerhalb von 18 Monaten nach dem zweiten Fall zu einer erneuten Krankheit, tritt das **Nachcoaching** in Kraft. Das heißt: Anhand des „Steuerungsblattes für das Personalwesen" und des Protokolls vom ersten Gesundheitscoaching wird ein weiteres Gespräch mit dem Mitarbeiter geführt.

Unterlagen und Ablauf des Gespräches sind die gleichen wie im GC. Wird der Mitarbeiter nach dem Nachcoaching innerhalb der festgelegten 18 Monate wieder krank, ist es erforderlich, den Vorgang arbeitsrechtlich zu behandeln. Nun wird entschieden, ob eine negative Prognose hinsichtlich der Gesundheit des Mitarbeiters vorliegt. Falls es nötig ist, kommt es zur Untersuchung und Bewertung durch den Werkarzt.

3.6.2. Gesundheitscoaching für Führungskräfte

Eine Mitarbeitergruppe, für die GC besonders geeignet erscheint, sind die Führungskräfte. Zwar werden Manager im Allgemeinen für rationale Wesen gehalten, die ihre Emotionen ignorieren, ihre Entscheidungen auf Tatsachen gründen und ständig Gewinn und Leistung kalkulieren. Die Realität des Managers sieht aber oft anders aus. Auch eine Führungskraft hat Gefühle und demgemäß persönliche Probleme, die sie jedoch nicht zeigen darf, zumal wenn sie negativ oder schwierig sind. Deshalb benötigt sie mehr denn je Coaching. Nach einer 2002 durchgeführten Umfrage der Trigon Unternehmensberatung in Deutschland, Österreich und der Schweiz halten es 70 % der Führungskräfte für nützlich, bei Bedarf einen Coach in Anspruch zu nehmen.[137]

Beim GC für Führungskräfte ist von folgenden **Voraussetzungen** auszugehen:[138]

- Führungskräfte werden i. d. R. arbeitsmedizinisch wenig und psychologisch kaum betreut. HOFSTETTER [139] beklagte schon 1988, dass „Führungskräfte von der empirischen unsd theoretischen Forschung zur Pathologie der Arbeit weitgehend vernachlässigt" werden.

- Sie haben im BGM eine Vorbildrolle bei der Entwicklung des Gesundheitsbewusstseins und -verhaltens.

- Die hohen psychischen Anforderungen führen bei ihnen vor allem zu emotionalen Belastungen, welche psychische Störungen wie z. B. Angst und Depressivität hervorrufen. HOFSTETTER (ebenda) bezeichnete dieses Phänomen als „Die Leiden der Leitenden".

- Sie sind besonderen Belastungen ausgesetzt, z. B. quantitative und qualitative Überforderung, hohe Verantwortung für Menschen und Sachwerte, lange Arbeitszeiten (oft 60 Stunden und mehr pro Woche), Statusunsicherheit (erreichten Status halten und weiterentwickeln), Erfolgsdruck von außen, hohes persönliches Anspruchsniveau bezüglich Leistung und Erfolg, gestörte Work-Life-Balance, z. T. überdurchschnittliche körperliche Belastungen (z. B. bei zahlreichen Dienstreisen mit Hotelwechsel, Schlaflosigkeit, Zeitverschiebung usw.).

- Vorgesetzte können sich nur bedingt ihren Mitarbeitern oder übergeordneten Führungskräften anvertrauen, ohne befürchten zu müssen, dass besonders persönliche Probleme als Führungsschwäche ausgelegt werden.

- Persönliche Ansprüche, Motive und Ziele und äußere Bedingungen liegen oft über dem jeweiligen Leistungsvermögen. Einerseits ist das zwar der Motor für Höchstleistungen, andererseits werden dadurch permanente Spannungssituationen erzeugt, denen der Betroffene irgendwann nicht mehr gewachsen sein kann.

---

[137] siehe www.trigon.at
[138] vgl. z. B. Scholz, J. F. (1996); Baethge, M. et al. (1995); Hofstetter, H. (1988); Bröckermann, R. (1989)
[139] siehe Freimuth, J. (1999)

- Höhere Freiheitsgrade bei der Arbeitsausführung und größere individuelle Gestaltungsspielräume erlauben Führungskräften, einen erhöhten Alkohol- oder Medikamentenkonsum länger zu kaschieren. Auch lassen sich Leistungsunterschiede und veränderte Verhaltensweisen nicht so einfach einordnen und bewerten wie bei Mitarbeitern (handelt es sich z. B. nur um eine unproduktive Phase oder verbirgt sich dahinter ein weiterreichendes Problem?). Führungskräfte haben einen hohen sozialen Status und gelten als stark selbstgesteuert; der folgenlose Umgang mit Alkohol wird ihnen eher zugetraut.

Das Bild 32 zeigt, wie Belastungen von Führungskräften erlebt werden. Es ist zu erkennen, dass die *psychische Belastung* von Führungskräften wesentlich stärker als die physische erlebt wird.

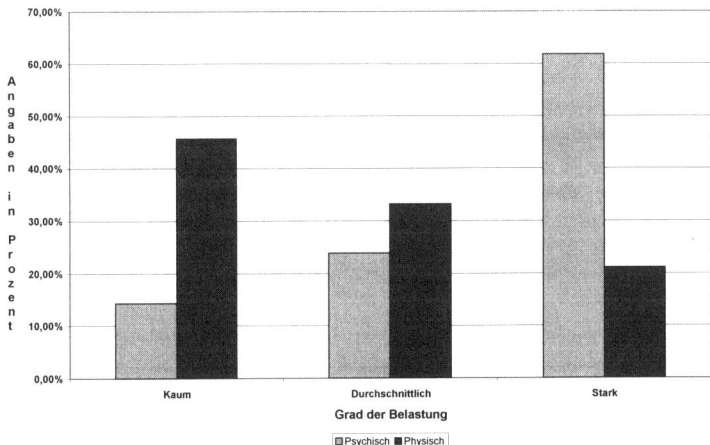

Bild 32: Belastungen von Führungskräften[140]

Das IAS Karlsruhe ermittelte auf Grundlage von 12.000 medizinischen Vorsorgeuntersuchungen bei Managern (Durchschnittsalter: 51 Jahre) folgende gesundheitliche Risikofaktoren (siehe auch Bild 29):[141]

- 85 % leiden an vegetativ-funktionellen Beschwerden wie Schlafproblemen, Herzrasen, Verdauungsstörungen und Magenschmerzen. Somit liegen sie weit über dem Durchschnitt in der Bevölkerung.
- 75 % weisen einen erhöhten Cholesterinspiegel auf. Dabei sind 25% der Werte gar so schlecht, dass eine ärztliche Behandlung dringend empfohlen wird.
- 73 % haben Wirbelsäulen- und Gelenkbeschwerden auf Grund fehlender Bewegung.
- 38 % weisen Übergewicht auf.
- 25 % weisen den Risikofaktor *Nikotinabusus** auf.
- 15 % haben erhöhten Blutdruck (Hypertonie).
- 15 % weisen Verdachtsmomente auf Krebs auf.

---

[140] nach Brandenburg, U. & Marschall, B. (1999) S. 256
[141] siehe ausführlich Cirè, L. & M. Kentner (1996)

All diese Risikofaktoren können einen Herzinfarkt, einen Schlaganfall, aber auch Krebs zur Folge haben. Wenn sie dann noch mehrfach, nicht einzeln auftreten sollten, so zählen Manager zu besonders gesundheitsgefährdeten Personen.

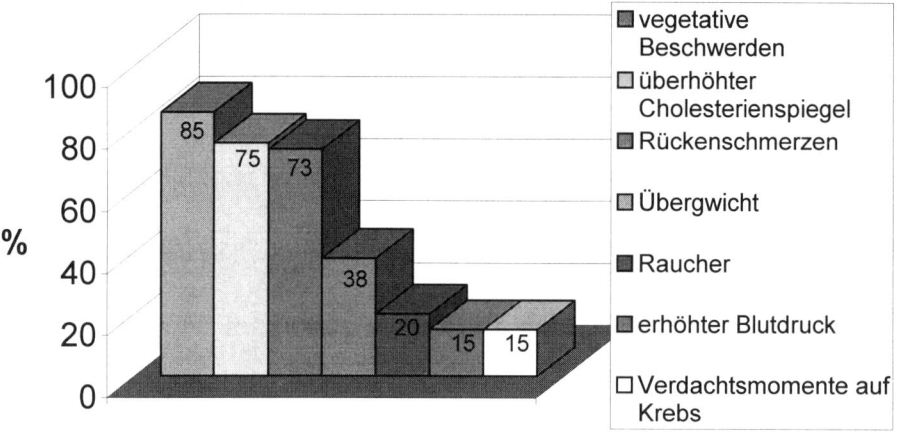

Bild 33: Risikofaktoren bei Managern

Ferner sollen relativ viele Manager ein Suchtproblem haben. Arbeits-, Medikamentensucht und insbesondere Alkoholmissbrauch treten recht häufig auf (siehe ausführlich Kapitel 3.7.).

Das **GC-Programm für Manager** sollte aus folgenden vier Stufen bestehen:[142]

Stufe 1

Es beginnt mit einem **Gesundheits-Check-up**. Diesen kann die Führungskraft alle zwei Jahre in Anspruch nehmen. Es umfasst eine ausführliche Anamnese sowie umfassende klinische Untersuchungen (Blut- und Urinuntersuchung, EKG, Hör- und Sehtest u.a.m.).

Stufe 2

Hier werden die Untersuchungsergebnisse zu einem individuellen Gesundheitsprofil zusammengefasst. Danach erfolgt auf Grundlage des Coachinggesprächs (siehe oben) die **Festlegung eines Gesundheitsplans**, der in Stufe 3 umgesetzt werden soll.

---

[142] in Anlehnung an das Konzept der Volkswagen AG

Stufe 3

Das **eigentliche Coaching** besteht aus drei Teilen und wird außerhalb des Unternehmens durchgeführt. Im Basisseminar (2 - 3 Tage) sollen die Teilnehmer dazu befähigt werden, aus ihrem individuellen Gesundheitsprofil und den Seminarinhalten einen persönlichen Weg der Gesundheitsvorsorge zu finden. Im Mittelpunkt dieses und eines Aufbauseminars (12 Monate später) stehen Maßnahmen bzw. Übungen zur Bewegung, Ernährung und Entspannung.

Der letzte Teil ist das Gruppen-Coaching. Dabei treffen sich die Führungskräfte mit ihren Lebenspartnern alle sechs Wochen für viereinhalb Stunden. Hierbei werden gesundheitliche Probleme bzw. Belastungen und Lösungsmöglichkeiten diskutiert.

Stufe 4

Der **Kontroll-Check-up** findet etwa ein Jahr nach dem Basisseminar statt. Hier wird festgestellt, ob und welche gesundheitlichen Verbesserungen eingetreten sind.

Mit der letzten Stufe ist das GC nicht beendet. Es wird vielmehr als Prozess betrachtet, der sich über die gesamte Tätigkeitsdauer im Unternehmen erstreckt.

3.7. Sucht und Suchtprävention

3.7.1 Das Suchtproblem

Es ist ein Brauch von Alters her, wer Sorgen hat, hat auch Likör.
(Wilhelm BUSCH)

Kasten 33
U-Bahn-Fahrgäste im Glück
Die Wagenführerin hatte 3,6 Promille im Blut[143]

Betrunken hat eine U-Bahn-Fahrerin in Berlin einen Zug gesteuert. Während eines Halts auf der Station Stadtmitte brach sie mit 3,6 Promille Alkohol im Blut im Führerstand zusammen... Nach Augenzeugenberichten war Fahrgästen aufgefallen, dass die U-Bahn stets abrupt bremste und anfuhr und der Zug nie vollständig am Bahnsteig zum Stehen kam. ... Ein Fahrgast habe sich beschwert, „dass die Dame offenkundig nicht mehr Herr der Lage ist". ... Die BVG kündigte Disziplinarmaßnahmen gegen die Frau an und will künftig auch ihre Beschäftigten im U-Bahn-Betrieb auf Alkohol im Dienst überprüfen.

Das o. g. Ereignis zeigt, dass Alkoholismus (alcoholism) in Unternehmen auftritt. Negative Folgen für das Unternehmen sind in diesem Beispiel die Beeinträchtigung der Leistungsfähigkeit der Mitarbeiterin, die Unzufriedenheit der Kunden und der Imageschaden für die Berliner Verkehrsgesellschaft (BVG). Nicht nur für die BVG ist Alkoholismus ein Problem, auch viele andere Unternehmen haben mit dem Suchtproblem zu tun. Dieses Phänomen ist besonders auf die zunehmenden psychischen Belastungen der Mitarbeiter zurückzuführen.

Das vorrangige Suchtmittel am Arbeitsplatz ist in Deutschland der Alkohol. Andere Süchte nehmen jedoch in ihrer Auftrittshäufigkeit ebenfalls zu: Medikamenten-, Nikotin-, Koffein-, Drogen-, Arbeits-, Spiel-, Kauf-, Ess-, Sex- und Internetsucht.

Den Anteil von Alkoholkranken in der Arbeitswelt schätzt die Deutsche Hauptstelle gegen Suchtgefahren (DHS) auf fünf Prozent. Bei ca. 30 Mio. Beschäftigten sind dies 1,5 Mio. mit einem Alkoholproblem. Weitere 10 % gelten als alkoholgefährdet. Das heißt: Jeder 7. Arbeitende hat ein Alkoholproblem. Mitarbeiter mit Alkoholproblemen gibt es in jedem Unternehmen und über alle Hierarchieebenen hinweg. Auf die Benennung bestimmter Risikoberufe und -gruppen wird mittlerweile verzichtet. Durch alkoholbedingte Krankheiten entstehen jährlich geschätzte Kosten von 20 Mrd. €.

Dazu kommen noch 150.000 Abhängige illegaler Drogen. Ferner gibt es ca. 7 Mio. starke Raucher mit einem Zigarettenkonsum von 20 und mehr Zigaretten pro Tag. Bei einem Großteil der Süchtigen steigt das Gesundheitsrisiko erheblich durch Mehrfachmissbrauch.

---

[143] nach „*Mannheimer Morgen*" am 25.01.1999

Alkoholismus und andere Süchte sind folglich ein Problem für viele Organisationen. Die notwendige Konsequenz ist eine intensive Personalpflege für Betroffene und vor allem ein BGM, das der wirksamen Vorbeugung von Süchten dient. Dabei dient besonders die Unfallverhütungsvorschrift (UVV) als rechtliche Grundlage (siehe Kasten 34).

Kasten 34

Unfallverhütungsvorschrift (UVV) "Allgemeine Vorschriften", BGV A 1
§ 38 *Genuss von Alkohol*

(1) Versicherte dürfen sich durch Alkohol nicht in einen Zustand versetzen, durch den sie sich selbst oder andere gefährden können.

(2) Versicherte, die infolge des Alkoholgenusses oder anderer berauschender Mittel nicht mehr in der Lage sind, ihre Arbeit ohne Gefahr für sich oder andere auszuführen, dürfen mit Arbeiten nicht beschäftigt werden.

Allerdings bagatellisieren oder negieren viele Organisationen dieses Problem. Besonders KMU haben keine Erfahrungen im wirksamen Umgang mit Alkoholismus und anderen Suchtproblemen. Der offensive Umgang mit Suchtproblemen sollte aber integraler Bestandteil der Fürsorgepflicht des Arbeitgebers sein.

3.7.2 Was ist eine Sucht? Welche Süchte gibt es?

Wesentliche Voraussetzung einer Suchtentwicklung ist der **Missbrauch**. Darunter versteht man die häufige, vom üblichen Gebrauch bzw. ursprünglich gesetzten Zweck abweichende Inanspruchnahme eines Mittels (z. B. Alkohol), eines Objekts (z. B. das Internet), einer Sache (z. B. die Arbeit) oder einer Person (z. B. bei Eifer- oder Sexsucht). Der Missbrauch führt häufig kurzfristig zu positiven Gefühlen oder zumindest zum Vermeiden von Befindensbeeinträchtigungen. Langfristig kommt es aber meistens zu gesundheitlichen Schädigungen.

Kasten 35

Sucht

Darunter ist die chronische Abhängigkeit einer Person von bestimmten Stoffen, Objekten oder Personen, insbesondere von Alkohol, Medikamenten oder Drogen, zu verstehen. Besonders charakteristisch ist der Kontrollverlust über das Verhalten gegenüber dem Suchtmittel bzw. -objekt, das eine zentrale Stellung in der Lebensgestaltung einnimmt. Es besteht dabei das Verlangen, die Dosis permanent zu steigern.

Weitere **Merkmale der Sucht** (addiction) sind:

- Toleranzerwerb oder Gewöhnung, d. h. Erhöhung der Toleranzgrenze gegenüber dem Suchtmittel
- Entwicklung körperlicher und/oder psychischer Abhängigkeit
- körperlicher und psychischer Leidensdruck bei Entzug
- Abstinenzunfähigkeit
- Interessenfokussierung auf Suchtmittelbeschaffung und -missbrauch
- körperliche und geistige Selbstschädigung
- Rückzug aus normalen Leben und soziale Isolation
- Beschaffungsprobleme und -kriminalität (besonders bei Drogen- und Spielsucht).

Alkoholismus

Hier soll der Alkoholismus im Fokus stehen, da er in der Gesellschaft wie im Wirtschaftsleben die "*Droge Nr. 1*" ist (siehe ausführlich Kapitel 3.7.3.). Unter Alkoholismus ist ausschließlich jene körperliche und psychische Abhängigkeit vom Alkohol zu verstehen, die *chronischen Alkoholmissbrauch* einschließt. Dabei ist grundsätzlich zwischen Alkoholabhängigkeit oder chronischem Alkoholmissbrauch (= Krankheit) und temporärem Alkoholmissbrauch zu unterscheiden.

Merkmale des Alkoholismus sind vor allem:

- das Bedürfnis nach täglicher Alkoholzufuhr (bei Männern mehr als 30 Gramm, bei Frauen mehr als 20 Gramm reinen Alkohol täglich),
- die Unfähigkeit, das Trinken zu reduzieren oder damit aufzuhören (Kontrollverlust),
- wiederholte (erfolglose) Bemühungen, durch Wechsel der Gewohnheiten oder Beschränkung des Trinkens auf bestimmte Tageszeiten, exzessives Trinken zu kontrollieren oder zu reduzieren,
- Trinktouren (tagsüber oder mindestens über zwei Tage anhaltende Intoxikation).

Drogensucht

Darunter ist die chronische Abhängigkeit von illegalen Drogen zu verstehen. Diese sind Haschisch und Marihuana, LSD, Kokain und Crack, Heroin sowie synthetische Drogen (siehe ausführlich Tabelle 15). Während seit etwa 1993 der Konsum der sog. harten Drogen (Kokain, Heroin) abnimmt, gewinnen die synthetischen Drogen (Amphetamine, Ecstasy usw.) an Bedeutung. Das heißt: Es ist gegenwärtig ein Trend von betäubenden hin zu leistungs- und stimmungssteigernden Drogen zu verzeichnen.

Ein typisches Merkmal der Drogensucht (drug addiction) ist der Stimmungswechsel. Dieser reicht von Rauschzuständen (bis zu Glücksgefühlen) bis hin - im fortgeschrittenen Stadium - zu Ängsten und Depressionen. Ferner treten oft Wahrnehmungsverzerrungen, Denkstörungen (bis zur geistigen Abwesenheit) sowie Sprachstörungen auf. Oft ist auch die Motorik gestört. Ein weiteres Merkmal ist die Geldknappheit auf Grund ständiger Suchtmittelbeschaffung. (Siehe zu den Details Tabelle 15) Entzugserscheinungen führen oft zur Beschaffungskriminalität. Besonders bei Heroinsüchtigen besteht die Gefahr der HIV-Infektion durch Spritzenaustausch und Sexualkontakte (ca. 30 % der Drogenabhängigen sind HIV-positiv!). Aber nicht nur "harte" Drogen sind gesundheitsgefährdend, sondern auch die "weichen" Drogen wie z. B. Ecstasy.

Dies zeigt eine wissenschaftliche Studie. In einer am Universitätskrankenhaus Hamburg-Eppendorf durchgeführten Studie (2000, Juni) wurden über einen Zeitraum von 21 Monaten 107 Jugendliche, welche regelmäßig oder gelegentlich Ecstasy eingenommen hatten (Versuchsgruppe), mit 52 Jugendlichen ohne Ecstasykonsum (Kontrollgruppe) verglichen. Dabei wurde bei den "schweren" Drogenkonsumenten eine erhebliche Beeinträchtigung der Persönlichkeitsstruktur festgestellt: Entwicklungs- und Identitätsstörungen, die mit einem Mangel an Selbstwahrnehmung, an sozialen Kontakten und am Interesse, sich sozial zu verhalten, einhergingen. Als weitere Folgen wurden bei Dauerkonsumenten Halluzinationen und Wahnvorstellungen festgestellt. Besondere Persönlichkeitsmerkmale waren bei den Ecstasy-Konsumenten eine sensible Persönlichkeit und eine "Ich-Schwäche".

Eine typische Drogensuchtkarriere, welche häufig durch die Einnahme mehrerer Drogen bestimmt ist, sieht etwa wie folgt aus (siehe auch Kasten 36): Der erste Konsum findet etwa im Alter von 14 – 16 Jahren statt. In die Drogenszene gelangt der Betroffene etwa mit 17 – 19 Jahren. Nach ca. drei bis sechs Jahren kommt dann die Therapie. Wesentliche Voraussetzung für diese Karriere ist oft die starke Bindung an eine soziale Bezugsgruppe (peer-group), in welcher Drogenkonsum positiv bewertet wird. Hinzu kommt nicht selten ein Gruppendruck, spätestens beim Ausstiegsversuch.

Kasten 36

Fallbeispiel zur Drogensucht[144]

Der Mitarbeiter begann im 13. Lebensjahr Haschisch und Alkohol zu konsumieren, probierte mit 14 LSD, mit 15 Amphetaminen und mit 20 Kokain und Heroin. Da er mit Heroin am besten seine Entzugserscheinungen beherrschen konnte, blieb er dabei. Mit 15 trat er als Auszubildender in das Unternehmen (BASF, B.R.) ein und wurde später auch übernommen. 1989 setzte sich der Vater sowohl mit dem Vorgesetzten als auch mit dem Werksärztlichen Dienst in Verbindung, da er seinen Sohn als Sicherheitsrisiko für das Unternehmen einstufte und eine Möglichkeit suchte, den Sohn vom Drogenkonsum wegzubekommen. Er lebte mit einer ebenfalls heroinabhängigen Freundin zusammen. Zwei seiner abhängigen Freunde hatten sich gerade umgebracht. Es bestanden erhebliche Schulden. Seine Leistungen am Arbeitsplatz waren aber gut. Es bestand bis dahin keine drogenbedingte Verhaltensauffälligkeit. Allerdings war es zu einer Häufung von Fehlzeiten gekommen.

Dann erklärte er sich zu einem Suchtheilverfahren bereit. Nach einem Monat kam es zum Therapieabbruch, Es gelang ihm jedoch, über einen Zeitraum von etwa einem Jahr abstinent zu bleiben bei medikamentengestützter Betreuung durch den Hausarzt. Danach kam es zum Rückfall, der sich am Arbeitsplatz dadurch äußerte, dass er während der Tätigkeit mehrfach einschlief. Eine stationäre Entgiftungsbehandlung war erforderlich. Um ihn weiterhin an seinem Arbeitsplatz einsetzten zu können, wurde vereinbart, dass er sich für sechs Monate bereit erklärt, spontanen Einbestellungen durch den Werksärztlichen Dienst zum Drogenscreen Folge zu leisten. Zeitgleich erfolgte über eine ambulante Beratungsstelle erneut die Einleitung zum Suchtheilverfahren. Er lebte zwischen Entzugserscheinungen (insgesamt mindestens 15 kurzfristige stationäre Entgiftungen) und depressiven Phasen und traute sich zeitweilig nicht auf die Straße aus Angst, "Stoff" angeboten zu bekommen.

---

[144] nach Kleinsorge, H. (2000)

> Wenig später wurde er als Langzeitabhängiger bei durchgemachter Hepatitis in ein Methadonprogramm aufgenommen. Mit einer täglichen Dosis von 40 mg Methadon nahm er seine Arbeit wieder auf. Es zeigte sich, dass bei versuchter Dosisreduktion Entzugserscheinungen auftraten mit zunehmender psychischer Instabilität.
>
> Nach einem Jahr kam es erneut zum Rückfall, wieder zu einer Entgiftungsbehandlung und auf Grund unentschuldigter Fehlzeiten zur Kündigung des Arbeitsverhältnisses mit der Möglichkeit der Wiedereinstellung nach erfolgreich abgeschlossener Behandlung. Nach einem Methadonentzug entschloss er sich, eine dreimonatige stationäre Therapie anzunehmen. Das hatte Erfolg. Seit fast einem Jahr arbeitet er wieder an seinem alten Arbeitsplatz. Die Kontakte zur Familie sind wieder hergestellt. Er lebt ein einer betreuten Wohngemeinschaft und ist weiterhin in ambulanter Therapie.

Es ist ein großes Problem, wie auch das o. a. Fallbeispiel zeigt, Drogensüchtige im Betrieb frühzeitig zu erkennen. Drogenwirkungen sind schwieriger wahrnehmbar als z. B. Alkoholeinwirkungen. Denn Drogen sind Stoffe mit unterschiedlichen Wirkungsspektren, unterschiedlicher Kinetik*, unterschiedlichen Halbwertzeiten* und daher in ihrer Wirkungsweise nicht vorhersehbar. Verschiedene Substanzen sind aber zweifellos aktivitätssteigernd und aggressionsfördernd. Daraus ergibt sich oft ein erhöhtes Unfall- und Gefährdungsrisiko.

Tabelle 15: Drogenarten und ihre Wirkung

Illegale Drogen	Wirkung	Risiken
Marihuana und Haschisch (Cannabisprodukte) Marihuana: getrocknete Blätter und Blütenstände Haschisch: zu Platten gepresstes Harz, auch Krümel oder Pulver Beide werden meist geraucht	- Veränderung der Sinneswahrnehmung, insbesondere des Farb- und Geräuschempfindens, des Raum- und Zeitgefühls - Geistige Abwesenheit, Konzentrationsmängel	- Gefahr der psych. Abhängigkeit - Apathie, Antriebslosigkeit - Persönlichkeitsveränderungen - Krebsrisiko - Unerwartete Rauschsymptome als Folge mehrtägiger Abbauphase des Wirkstoffs im Körper ("flash back")
LSD (Lysergsäurediäthylamid) Wirkstoff LSD in Trägermaterialien als "Trips" eingebettet: Fließpapierschnipsel mit Comics, winzige Partikel, Pillen oder Kapseln	- Veränderung der Sinneseindrücke und Hervorrufen von Sinnestäuschungen - Halluzinationen, Wahnvorstellungen	- Gefahr der psych. Abhängigkeit - "Horrortrips" mit massiven Angstzuständen und Neigungen zu Suizidhandlungen - unvermittelt auftretenden Rauschzustände ("flash back") noch Wochen u. Monate nach letztem LSD-Konsum
Kokain und Crack Kokain ist weißes, kristallines Pulver, wird meist geschnupft; Crack (Kokainbase) mit Hilfe von Basen (Ammoniak, Backpulver usw.) aus Kokain hergestellt, wird geraucht bzw. inhaliert	- Betäubung von Hunger-, Durst-, Kälte- und Müdigkeitsgefühl - intensives Gefühlsempfinden, Euphorie, Rede- u. Bewegungsdrang, übersteigertes Selbstwertgefühl - Angstzustände u. Depressionen (letzte Phase) - Schlagartiger Rauscheintritt bei Crack, der nur kurz anhält	- starke psych. Abhängigkeit mit schneller Dosissteigerung - Gefahr tiefer Depressionen, Halluzinationen und Wahnvorstellungen und somit Suizidneigung - Bereitschaft zu Gewalttätigkeiten und Aggressionshandlungen - Gefahr von Lungen- u. Gehirnschäden
Heroin Heroin ist meist braunes bis hellbeigefarbenes Pulver, das aus Rohopium (Saft der Schlafmohnkapsel) gewonnen wird	- beruhigend, einschläfernd, schmerzlindernd - Euphorieempfinden, Losgelöstheit - Starke psych. u. phys. Abhängigkeit - Quälende Entzugserscheinungen wie Nervosität, Schlaflosigkeit, Schweißausbrüche, Schüttelfrost, Erbrechen, schmerzhafte Krämpfe	- starkes Suchtgift - Atemlähmungen/Herzversagen bei Überdosierung - Infektionsgefahr durch nicht sterile Spritzen (AIDS, Hepatitis) - Organschäden durch gesundheitsgefährdende Strecksubstanzen - Körperlicher Verfall

Synthetische Drogen werden in illegalen Laboratorien auf chemischem Weg hergestellt. Gibt es als Pulver, Kapseln, Tabletten oder Flüssigkeiten, die überwiegend geschluckt werden.		
Amphetamine Sind in chemischer Struktur Adrenalin u. Dopamin ähnlich.	- je nach Art der Anwendung sehr unterschiedlich: von Euphorie u. Erregungszuständen bis zu halluzinogenetischen Effekten, Wahnvorstellungen, Psychosen u. paranoiden Zuständen - hemmungsabbauend, kontaktsteigernd, Berührungen werden intensiv erlebt - erhöhter Rede- u. Bewegungsdrang - Verlust des Hunger-, Durst- u. Müdigkeitsgefühls - Starke psych. Abhängigkeit mit Entzugssymptomen wie Niedergeschlagenheit, Depression und paranoiden Zuständen	- durch psych. Abhängigkeit bed. schnelle Dosierung - erhöhtes Risiko für Personen mit Bluthochdruck, Epilepsie, Diabetes u.a.m.
Ecstasy Wirkstoffe (Entactogene) sind chemische Verwandte des Amphetamins. Vollsynthetisch hergestellte Tabletten.	- sehr unterschiedlich, oft nicht vorhersehbar durch unterschiedl. Wirkstoffzusammensetzung - Erhöhung des Hormons "Serotonin", das zu Wohlgefühl ("Verliebtheitsgefühl") führt - Leistungssteigernd wie Adrenalin - Hemmungsabbauend, kontaktsteigernd, Berührungen werden intensiv erlebt - Verlust des Hunger-, Durst- und Müdigkeitsgefühls	- Überhitzung des Körpers (bis 41 C), verbunden mit extremen Flüssigkeitsverlust, stört Mineralhaushalt - Natürl. Serotoninproduktion nimmt ab, so dass "normale" Glücksgefühle nicht mehr erlebt werden. Folge ist Dosissteigerung - Schlafstörungen, Verwirrtheit, Konzentrationsprobleme, Leber- und Nierenschäden, Depressionen, Psychosen u. Hirnschäden

Medikamentensucht

Weit unauffälliger als Alkoholismus oder Nikotinsucht entwickeln sich der Medikamentenmissbrauch und schließlich die Medikamentenabhängigkeit. Ca. sechs bis acht Prozent aller vielverordneten Arzneimittel besitzen ein Suchtpotential. Es sind vor allem:

- Schmerzmittel (Analgetika), z. B. Morphine
- Beruhigungsmittel (Sedativa,Tranquilizer): Benzodiazepine wie z. B. Valium oder Librium
- Schlafmittel (Hypnotika)
- Psychostimulanzien oder Aufputschmittel, z. B. Amphetamine
- Anabolika (muskelaufbauende Präparate).

Etwa 2,9 Mio. Menschen in Deutschland sollen medikamentenabhängig oder abhängigkeitsgefährdet sein. Regelmäßiger Missbrauch führt gerade bei psychotropen Arzneimitteln (Mittel mit Wirkung auf die Psyche) zu Entzugserscheinungen wie z. B. Dauerkopfschmerz, Unruhe, Schlafstörungen und depressiven Verstimmungen. Diese legen eine erneute Einnahme nahe. So kann sich aus dem Missbrauch eine Abhängigkeit entwickeln. Das sollte bei der Verordnung solcher Mittel im Hinblick auf Dauer, Dosierung und Indikation sorgfältig berücksichtigt werden.

Merkmale der Medikamentensucht sind:

- Es ist eine zunehmende psychische, jedoch kaum eine körperliche Abhängigkeit zu verzeichnen.
- Der Beginn ist durchschnittlich bei etwa 40 Jahren. Vor allem Frauen ab dem 40. Lebensjahr, aber auch Männer ab dem 50. Lebensjahr sind zunehmend betroffen.
- Sie betrifft häufig emotional labile Personen, die oft "Stress" haben.
- Die Entwicklung ist sehr unauffällig. Der Zeitraum vom Beginn einer Abhängigkeit bis zum Kontakt mit entsprechenden Hilfsangeboten erstreckt sich in der Regel über mehrere Jahre.
- Sie ist eher ein Frauenproblem. Der Anteil an weiblichen Medikamentesüchtigen beträgt ca. 70 %.

Die Medikamentensucht lässt sich lange verbergen, denn meistens sind die Symptome für Außenstehende kaum zu erkennen. Der Missbrauch fällt nicht auf, weil es i. d. R. nicht schwer ist, sich mit Nachschub zu versorgen. Je mehr die Kontrolle über den Medikamentenkonsum verloren geht, desto mehr ähnelt das Verhalten dem von Abhängigen anderer Rauschmittel. Stimmungsschwankungen, soziale Isolation, Verheimlichungstendenzen und das Anlegen von Depots sind ebenfalls typisch für Medikamentenabhängige.

Arbeitssucht

Sie kann nicht schlicht als Phänomen einer leistungsorientierten Industriegesellschaft abgetan werden, sondern muss unter dem Gesundheitsaspekt sehr kritisch betrachtet werden. *"Erst tüchtig, dann süchtig"* - dies gilt oft für Arbeitssüchtige. In deutschsprachigen Ländern ist die Arbeitssucht (work addiction) eine unterschätzte Krankheit. Denn unter dem Einfluss kultureller und historischer Trends sowie der

Massenmedien entstanden Mythen über Arbeit bzw. Arbeitsverhalten, welche nicht haltbar sind. Solche sind z. B. "*Mein Beruf verlangt das*", "*Arbeit ist eine Tugend*", "*Der Fleißige ist der Macher oder Wohltäter*" oder "*Liebe zur Arbeit*".[145]

Die Auswirkungen werden oft unterschätzt, sie sind aber vielschichtig, nicht nur für Betroffene, sondern auch für das soziale Umfeld und das Unternehmen. Im Gegensatz zu angelsächsischen Staaten (USA, Kanada, England) ist die Arbeitssucht als psychische Störung - auch als „Workaholismus" (in Analogie zum Alkoholismus) beschrieben - bisher bei uns kaum ein Thema.

Merkmale sind folgende (siehe dazu auch Kasten 37): Arbeitssüchtige messen der Arbeit in ihrem Leben eine sehr große Bedeutung bei. Mit ihrer Arbeit sind sie aber häufig unzufrieden, weil sie der Meinung sind, nicht genug in guter Qualität geschafft zu haben. Sie leiden unter Entzugserscheinungen, wenn sie nicht wie gewohnt ihrer Arbeit nachgehen können. Ferner erleben sich Arbeitssüchtige als „genussunfähig" in der Freizeit; sie sind leicht erregbar, ständig in Hetze und vielfach angespannt (siehe Typ A-Verhalten). Arbeitssüchtige sind perfektionistisch und neigen durch einen hohen Anspruch an sich selbst dazu, sich zu überfordern. Dabei begleiten sie häufig Versagensängste und dementsprechend entwickeln sie ein starkes Kontrollbedürfnis. Schließlich sind Arbeitssüchtige wenig teamfähig, weil sie an den Fähigkeiten und Kompetenzen anderer grundsätzlich zweifeln.

Kasten 37

Fallbeispiel zur Arbeitssucht[146]

Für Nina Schuster (37) bedeutet Arbeit Selbständigkeit, Unabhängigkeit und Anerkennung. Mit 29 wird sie Steuerberaterin, stürzt sich mit aller Kraft in die Herausforderung. Sie hockt bis 22 Uhr im Büro, brütet auch zu Hause noch über Aktenbergen. Sie geht nicht mehr ins Kino, nicht mehr ins Theater, gönnt sich nicht mal mehr einen Stadtbummel mit ihrer Freundin. Nina Schuster hat auch aufgehört zu kochen, ordert stattdessen beim Pizza-Service – der liefert direkt an ihren Schreibtisch. Ihren Freund trifft sie gar nicht mehr – denn das würde Zeit kosten. Und die braucht sie für ihren Job. Die Beziehung zerbricht, Nina Schuster nimmt es in Kauf.

Arbeitssucht ist durch Rigidität (Starrsinn) und Zwangshaftigkeit in der Arbeitsplanung und –ausführung gekennzeichnet. Dafür zahlen die Betroffenen einen hohen Preis. Der kanadische Organisationspsychologe Harald TAYLOR hat es so zusammengefasst:

- Der Arbeitssüchtige arbeitet während der regulären Arbeitszeit weniger effektiv, da er die Abend- und Nachtstunden als „Ausweich"zeit für unerledigte Arbeiten nutzt.
- Mit wachsender Arbeitszeit kommt es zu einem Verlust an Aufnahme- und Verarbeitungsleistung; die Aufgaben werden zunehmend ineffektiver erledigt.
- Es kommt zu Zeitverlusten für wesentliche andere Tätigkeiten (Planung, Innovation, Erholung usw.).
- Eine zunehmende Inbalance zwischen Arbeitszeit und Freizeit entsteht.
- Arbeitssucht verhindert die Entwicklung in der Arbeit erwünschter Kompetenzen wie Delegationsfähigkeit, Verantwortungsabgabe, Kommunikation und Kooperation, Teamarbeit usw.

---

[145] siehe dazu ausführlich Robinson, B. (2000)
[146] „*Bild am Sonntag*" am 28. März 1999

Die Arbeitssucht verläuft in vier **Phasen**:

1. Hier kreisen die Gedanken mehr und mehr um die Arbeit. Private Beziehungen verlieren an Bedeutung. Erste Schuldgefühle kommen auf, der Betroffene beginnt heimlich zu arbeiten.
2. In dieser kritischen Phase sucht der Süchtige nach Ausreden für seine viele Arbeit. Er fokussiert zunehmend sein ganzes Leben auf die Arbeit.
3. In der chronischen Phase reißt der Süchtige immer mehr Aufgaben an sich, arbeitet aber dabei unkontrolliert und ungezielt. Außerhalb des Jobs interessiert ihn kaum noch etwas.
4. In der Endphase kommt es zu einem Einbruch in der Leistungsfähigkeit und im Befinden, kurzum zum Burnout. Erschöpfungszustände und psychosomatische Symptome wie z. B. Magengeschwüre, Bluthochdruck, Schlaflosigkeit, Kopfschmerzen, Angstzustände und depressive Verstimmungen treten auf.

Nach WAGNER-LINK[147] sind folgende **Typen von Arbeitssüchtigen** zu unterscheiden:

- *Der zwanghaft Arbeitssüchtige*

Er hat keine anderen Interessen als die Arbeit, ist oft humorlos und brüsk. Er erscheint bei der Arbeit als erster und geht als letzter. Er strebt Perfektionismus an. Er pflegt kaum soziale Beziehungen; sie sind ihm oft sogar lästig.

- *Der vielseitige Arbeitssüchtige*

Auch ihm bedeutet Arbeit sehr viel. Aber seine Aktivitäten schließen andere Felder mit ein, z. B. das Engagement in Verbänden, Politik und gesellschaftlichen Institutionen. Dabei werden jedoch Hobbys zwangsläufig zur Arbeit.

- *Der "Hans Dampf in allen Gassen"*

Er "tanzt gleichzeitig auf vielen Hochzeiten" in Arbeit und Freizeit. Dabei verzettelt er sich oft. Das heißt: Er begeistert sich für viele Dinge, ist aber in der Tat unstrukturiert und bringt relativ wenige Sachen zum Abschluss.

- *Das "fleißige Lieschen"*

Sie arbeitet stets vor sich hin, oft in untergeordneter Position. Sie erlaubt sich keine Pausen, hilft immer, scheut vor keiner Arbeit zurück, leidet still vor sich hin, beklagt sich jedoch nur selten über zu viel Arbeit.

- *Der spontan Arbeitssüchtige*

Er verhält sich scheinbar normal - bis er spontan einen Arbeitsanfall bekommt. Dann arbeitet er sehr intensiv, aber nicht beständig. Diese Arbeitsanfälle wiederholen sich, mal kurz, mal länger anhaltend.

Besonders gefährdet sind zwei Personengruppen. Die Gruppe der "echten Workaholics" rekrutiert sich i. d. R. aus dem Kreis der Führungskräfte. Da Führungskräfte keine fixen Arbeitszeiten haben, selbständig agieren können, oft Verantwortung und Entscheidungen allein tragen, kommen sie in die Rolle des selbständigen Unternehmers, der *"immer für seinen Betrieb da sein muss"*. Eine andere gefährdete Gruppe sind die Mitarbeiter, welche nicht *"nein"* sagen können und deshalb mit Arbeitsaufgaben von Vorgesetzten und Kollegen überladen werden.

---

[147] Siehe Wagner-Link, A. (2000), S. 24 f.

Auf Grund o. g. Merkmale und Effekte verursacht arbeitssüchtiges Verhalten mittel- und langfristig erhebliche Kosten für ein Unternehmen. Demzufolge sollte der Arbeitgeber daran interessiert sein, solche Mitarbeiter zu identifizieren und ihnen wirksame Hilfen anzubieten. Dies könnte z. B. erfolgen durch klare Aufgabenstellung, Vereinbarung realistischer Ziele, verstärkte Gruppenarbeit, gezielte Karriereplanung (die Transparenz und Sicherheit dem Mitarbeiter vermitteln soll) oder durch Gesundheitscoaching und Stressbewältigungsprogramme (siehe dazu Kapitel 3.3. und 3.6.).

Es gibt in Deutschland bisher wenige Unternehmen, die sich mit dem Phänomen der Arbeitssucht aktiv auseinandersetzen. Ein positives Beispiel ist die SIEMENS AG, welche das Problem, z. B. in der Mitarbeiterzeitung "*Siemens Welt*", öffentlich gemacht hat.

Internetsucht

Der Begriff *Internetsucht* (internet addiction) wurde vom New Yorker Psychiater Ivan GOLDBERG geprägt. Seitdem die "*New York Times*" im Februar 1995 über die Gefahr der Internet- oder Online-Sucht aufklärte, nahmen Untersuchungen zu diesem Thema rapide zu. Die Internetsucht ist wie z. B. die Arbeitssucht eine nichtstoffgebundene Abhängigkeit. Man spricht auch vom Internet-Abhängigkeits-Syndrom (IAS).

Es gibt jedoch bisher keine verbindliche Symptomatik zum IAS. Als hauptsächliche **Symptome** werden oft genannt:

- Unwiderstehlicher Zwang zum Einloggen (siehe auch Kasten 38)
- weniger als fünf Stunden Schlaf, damit die Person mehr im Internet sein kann
- Fokussierung des persönlichen Lebens auf das Internet und somit Einschränkung normaler sozialer Aktivitäten (Absage von Einladungen, Vernachlässigung freundschaftlicher Beziehungen usw.)
- Verlust der Kontrolle über die Zeit des Surfens im Netz,
- ständiges Denken an das Internet, verbunden mit Entzugserscheinungen wie z. B. Unruhe und Nervosität, wenn er/sie "offline" ist
- mehrmaliger vergeblicher Versuch, persönliche Internetaktiväten zu reduzieren (Kontrollverlust).

Kasten 38

Fallbeispiel zur Internetsucht

Ich stand morgens mit geschwollenen Augen auf, schleppte mich an den Rechner und schaute nach, ob ich E-Mails bekommen hatte. Danach ging ich nicht ins Badezimmer, sondern blieb am PC und surfte in den Chatraum. Ein wohltuendes Gefühl umgab mich und schottete mich von der Außenwelt ab. Allein der Gedanke an eine Tätigkeit fernab meines Rechners kam mir absurd vor. Ob Arbeit oder Urlaub - ohne meinen Rechner war ich verloren.

nach Gabriele FARKE, ehem. Internetsüchtige und Autorin von 2 Büchern[148]

Das **IAS** ist dann gegeben, wenn Personen mehr als 34 Stunden pro Woche im Netz verbringen. Die Gefahr besteht vor allem im Rückzug aus der Realität in eine virtuelle Welt, die oft einer Scheinwelt gleichkommt. Da viele Jugendliche davon betroffen sind,

---

[148] Farke, G. "Sehnsucht Internet" und "Hexenkuss.de"

kann dadurch die Persönlichkeitsentwicklung wesentlich beeinträchtigt werden. Es treten ferner finanzielle (exorbitante Telefonkosten!) und in der Konsequenz gesundheitliche Probleme (Schlafstörungen, Sehstörungen, Rückenschmerzen, Nervosität, Unruhe usw.) auf.

Nach einer Studie an der Humboldt-Universität zu Berlin zeigten 3,18 % der ca. 3.000 Teilnehmer das IAS.[149] Diese Personen verbringen zumindest 34 Stunden in der Woche im Netz. Betroffen sind insbesondere Jugendliche, d. h. 8,2 % der Jungen und 6 % der Mädchen unter 18 Jahren. Stärker betroffen sind Personen aus niedrigeren sozialen Statusgruppen und Personen ohne festen Lebenspartner (Singles). Bis zum Alter von 30 Jahren sind vor allem Männer süchtig. Danach sind es eher Frauen. Ferner zeigen Arbeitslose mit über 12 Prozent Süchtigen ein problematisches Internetverhalten. Sie nutzen insgesamt häufiger Chat- und Kommunikationssysteme, spielen häufiger über das Netz und beschäftigen sich stärker mit Downloads (fast ausschließlich Musik).

Es sollen 4,6 % aller Internetnutzer süchtig, etwa 12 % gefährdet sein[150]. In den USA, wo die Internetnutzung weitaus verbreiteter als in Deutschland ist, sollen schon sechs bis sieben Prozent - mit zunehmender Tendenz - onlinesüchtig sein.[151]

Während in den USA das IAS als Krankheit bzw. psychische Störung anerkannt ist, findet sie in deutschsprachigen Ländern noch wenig Verständnis. Im Jahre 1999 wurde von Gabriele FARKE in Langenfeld (Rheinland) der bundesweit erste Verein "Hilfe zur Selbsthilfe für Online-Süchtige (HSO)" gegründet (siehe auch Kasten 38).

Es gibt bislang wenige Institutionen, welche sich dem Problem aktiv widmen. Beispiele sind die Universitäten Zürich und München. In Zürich gibt es einen Bereich „Online-Sucht" in der sozialpsychologischen Beratungsstelle "Offene Tür Zürich". Sie organisierte die erste Selbsthilfegruppe. Ziel ist es, den Betroffenen dabei zu helfen, wieder einen bewussten, selbstbestimmten und kontrollierten Umgang mit dem Internet zu erreichen. An der Psychiatrischen Universitätsklinik der Universität München wurde die "Münchener Ambulanz für Internet-Abhängige" eingerichtet.

Die Prävention und Intervention von IAS sollte aber nicht nur ein Anliegen von Hochschulen, sondern auch von Unternehmen sein. Nicht nur die Auszubildenden sind eine Risikogruppe, sondern viele Mitarbeiter, besonders junge Manager; denn die Hauptnutzer des Internets sind zwischen 20 und 40 Jahren alt, im Durchschnitt 33 Jahre. Obwohl die Forschung zu den psychologischen und betriebswirtschaftlichen Auswirkungen des IAS noch am Anfang steht, sollte sie von Unternehmen nicht nur als ein Zukunftsproblem angesehen und somit verdrängt werden. Da das Internetzeitalter erst begonnen hat, wird zwangsläufig auch das Problem der Internetsucht in Organisationen zunehmen. Dem sollte frühzeitig vorgebeugt werden.

---

[149] Jerusalem, M. (1999)
[150] Zimmerl, H. D. & B. Panosch (1999) und Seemann, O. et al. (1999)
[151] Young, K. (1999)

3.7.3 Der Alkoholismus als Hauptproblem

Alkoholismus ist eine Krankheit. 1968 wurde diese Sucht vom Bundessozialgericht (BSG) als solche anerkannt. Das BSG übernahm in seinem Urteil tendenziell die WHO-Definition von 1952, *„...wonach Alkoholiker dann als exzessive Trinker eingestuft werden, wenn deren Abhängigkeit vom Alkohol einen solchen Grad erreicht hat, dass sie deutliche geistige Störungen oder Konflikte in ihrer körperlichen und geistigen Verfassung, ihren mitmenschlichen Beziehungen, ihren sozialen und wirtschaftlichen Funktionen aufweisen oder Anzeichen einer solchen Entwicklung zeigen."*

Alkoholismus hat erhebliche Auswirkungen auf Verhalten, Gesundheit und Arbeitsfähigkeit der Beschäftigten. Der Mitarbeiter mit Alkoholproblemen ist identifizierbar, wenn man Auffälligkeiten in seinem Verhalten bewusst wahrnimmt (siehe Kasten 38).

Kasten 38

Verhaltensauffälligkeiten der Mitarbeiter mit Alkoholproblemen

- häufige Fehlzeiten aus Gründen, die oft unklar bleiben, insbesondere am Wochenende oder am Wochenanfang
- Entschuldigung durch Dritte
- kurzfristige Urlaubswünsche (häufig nur ein Tag), um Kurzerkrankungen zu verdecken
- häufige Kurzerkrankungen, soweit ohne ärztliche Krankschreibung zulässig
- überproportionale Beteiligung an Arbeits- und/oder Wegeunfällen
- Konzentrationsmangel
- mangelnde Sorgfalt
- Verschlechterung der manuellen Geschicklichkeit
- generelle Minderleistung mit periodischen Überaktivitäten
- Restalkohol bei Arbeitsbeginn (Fahne), Alkoholkonsum während der Arbeitszeit
- starker Alkoholkonsum bei geduldeten Anlässen mit „privatem" Charakter
- Diskrepanz zwischen Selbst- und Fremdeinschätzung bezogen auf Leistungsfähigkeit und Arbeitsverhalten
- zunehmende Vergesslichkeit, Gedächtnislücken
- zitternde Hände, Schwitzen
- häufiges Verschwinden vom Arbeitsplatz
- Nichteinhaltung vereinbarter Termine
- häufiges Zuspätkommen
- überempfindliches Reagieren auf Kritik

Auswirkungen von Alkoholismus

(1) *Leistungsfähigkeit*

Die Leistungsfähigkeit eines Mitarbeiters mit Alkoholproblemen liegt etwa 25 % unter der von „Normalen". Die Beeinträchtigung zeigt sich wie folgt:

- das Arbeitstempo lässt nach
- die Leistungsmängel nehmen zu
- das quantitative Ergebnis sinkt
- die Arbeitsqualität sinkt.

Alkohol beeinträchtigt schon in geringen Mengen die Leistungsfähigkeit:

- Bereits 0,2 Promille beeinflussen die Leistungsfähigkeit, lassen die Risikobereitschaft ansteigen, verschlechtern die Wahrnehmung.
- Ab 0,5 Promille lässt die Konzentration nach, wird die Reaktionszeit verlängert, nimmt die Selbstüberschätzung zu; die Unfallgefährdung ist doppelt so hoch wie im nüchternen Zustand.
- Bei 0,8 Promille ist die Unfallgefährdung viermal so hoch.
- Ab 1 Promille ist die Leistungsfähigkeit erheblich beeinträchtigt, wird das Blickfeld verengt (Tunnelblick), treten Gleichgewichtsstörungen auf und ist die Sprache verwaschen.

(2) **Verhalten**

Alkoholiker zeigen in vielen Lebensbereichen Risikoverhalten. Dies drückt sich wie folgt aus:

- Alkoholkranke Mitarbeiter sind 3,5mal häufiger in Betriebsunfälle verwickelt als gesunde Mitarbeiter.
- 10 bis 30 % der Betriebsunfälle (z. B. Maschinenbedienungsfehler) passieren unter Alkoholeinfluss.
- Alkoholkranke zeigen verstärkt kriminelles Verhalten (Körperverletzungen, Sachbeschädigungen, Sexualdelikte, Verkehrsdelikte, Verkehrsunfallflucht usw.)
- Alkoholkranke neigen verstärkt zu Suizidhandlungen (ca. 25 % der Suizidtoten sind Alkoholiker).

(3) **Befinden**

Alkoholiker haben über die Zeit bedeutsame körperliche, psychische und soziale Befindensbeeinträchtigungen. Es sind vor allem Stimmungsschwankungen in kurzen Zeiträumen, körperliches Unwohlsein vor allem in Entzugsphasen, aber auch Depressionen, die nicht selten zum Suizid führen (siehe oben).

(4) **Sozialverhalten**

Auf Grund des unberechenbaren Verhaltens und der Stimmungsschwankungen treten beim Alkoholiker oft soziale Konflikte auf, die im Extrem bis zu Gewalttätigkeiten gehen können. Akzeptanz-, Autoritäts- und Rollenverluste sind oft damit verbunden. Da es beim Alkoholiker zunehmend zu sozialen Problemen mit dem Partner, den Kindern, Kollegen usw. kommt, zeigt er häufig Verhaltenstendenzen zur sozialen Isolierung bis hin zur Vereinsamung. Dies führt oft zur Auflösung sozialer Bindungen und Kontakte, sei es in der Familie, im Freundeskreis oder in der Arbeitswelt.

(5) **Gesundheit**

Etwa 2,5 Mio. Menschen in Deutschland sind alkoholkrank. Zahlreiche Erkrankungen, vor allem Leberschäden, ferner Herz-Kreislauf-Störungen, Erkrankungen der oberen Verdauungswege, des Magens (Gastritis*, Geschwüre und Blutungen) und Darms (Entzündungen und Blutungen), des Nervensystems (Zitterleiden, Nervenentzündungen, Delirium tremens*, Hirnschäden) und psychische Störungen (Depression, Schlafstörungen, Impotenz usw.), entstehen durch chronischen Alkoholmissbrauch oder werden dadurch verstärkt. Ein Fünftel aller akuten Krankenhausaufnahmen steht in einem mehr oder weniger direkten Zusammenhang mit Alkoholmissbrauch. Die durchschnittliche Lebenserwartung von Alkoholikern ist signifikant geringer.

Ca. 40.000 Menschen sterben jährlich an den Folgen des Alkoholismus. Alkoholiker sterben etwa neunmal häufiger an Leberzirrhose, zweimal häufiger an Krebserkrankungen des Magens und der oberen Verdauungswege und dreimal häufiger an den Folgen von Unfällen. Ein Fünftel aller Verkehrsopfer sind dem Alkohol zuzuschreiben.

(6) **Unternehmen**

Durch Alkoholismus kommt es häufig zu einer Verschlechterung des Gruppen- und Betriebsklimas. Denn es treten soziale Konflikte mit dem Betroffenen, unter Kollegen (Co-Alkoholiker vs. Nicht-Co-Alkoholiker), in der Beziehung zu Vorgesetzten usw. auf. Ferner nehmen der Krankenstand und somit Fehlzeiten zu. Alkoholkranke Mitarbeiter fehlen häufiger entschuldigt oder unentschuldigt. Sie sind infolge ihrer Rauschzustände oder den direkten und indirekten Folgen von körperlichen Alkoholfolgeschäden (z. B. Stoffwechselstörungen, Herz-Kreislauf-Probleme, Erkrankungen an Hals und Mund oder Magen und Darm, Verletzungen durch Unfälle) wesentlich öfter arbeitsunfähig als gesunde Mitarbeiter.
Alkoholkranke Mitarbeiter
- sind 2,5mal häufiger krank
- bleiben 16mal häufiger vom Arbeitsplatz fern (Zuspätkommen, kurzfristiges Entfernen vom Arbeitsplatz, verlängerte Pausen)
- fehlen 1,4mal länger nach Unfällen

als ihre gesunden Kollegen.

Auffällig sind insbesondere Kurzerkrankungen, verspäteter Arbeitsantritt, wiederholte kurzzeitige Abwesenheiten vom Arbeitsplatz während der Arbeitszeit und das vorzeitige Verlassen des Arbeitsplatzes. Zudem benötigen Alkoholiker etwa 1,5mal so viel Zeit, um sich von ihren Krankheiten zu erholen.

Diese Erscheinungen sind in der Konsequenz ein bedeutsamer Kostenfaktor für das Unternehmen.

Co-Alkoholismus als suchtstabilisierender Faktor

Co-abhängig sind Personen, die den Abhängigen durch ihr Verhalten davor schützen, die volle Wirkung seines Alkoholkonsums und damit verbundene Konsequenzen in vollem Umfang zu erfahren. Als solche sind alle Personen zu zählen, die dem Betroffenen einen großen Teil seiner Eigenverantwortlichkeit abnehmen (siehe Bild 34). Das können Freunde sein, die das Problem ignorieren, Partner, die bemüht sind, zu vertuschen, Kollegen, die verharmlosen, der Personalchef, der duldet oder auch der Arzt. Durch ihr Verhalten tragen sie zur Selbsttäuschung des Alkoholikers bei, so dass sein Trinkverhalten zunehmend zum Problem des Helfenden wird. Dieses Verhalten ist suchtfördernd, weil es dem Abhängigen ermöglicht, die Schuld für sein Verhalten anderen oder den Verhältnissen zuzuschreiben. Der Abhängige übernimmt keine Eigenverantwortung für sich und seine Situation, sondern hat eine Rechtfertigung für sein Trinkverhalten.

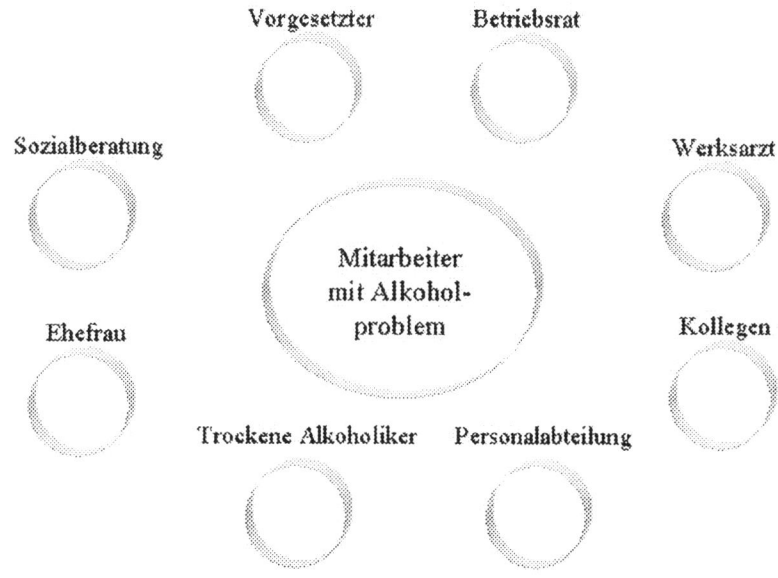

Bild 34: Mögliche Co-Alkoholiker

Co-Alkoholiker ist jeder Beschäftigte, der es dem Alkoholiker ermöglicht, gegenüber den Vorgesetzten und anderen Mitarbeitern den Eindruck zu erwecken, seinen Dienstpflichten nachkommen zu können. Er handelt dabei aus mangelnder Kenntnis um das Wesen der Alkoholabhängigkeit und in bester Absicht. Der Co-Alkoholiker ist bereit, die Folgen alkoholbedingten Fehlverhaltens von Kollegen zu beseitigen, mitzutragen und zu decken.

Beispiele für Co-Alkoholismus:

- Ein Mitarbeiter übernimmt für den offensichtlich durch Alkohol beeinträchtigten Kollegen von diesem zu führende Telefongespräche oder nimmt dessen Termine wahr.

- Bei der Suche eines Aktenvermerks im Zimmer seiner Sekretärin entdeckt der Vorgesetzte hinter einem Ordner eine angebrochene Flasche Kognak. Von Zeit zu Zeit ist ihm bei seiner Mitarbeiterin eine leichte Alkoholfahne bereits aufgefallen. Er stellt den Ordner wieder an seinen Platz. Führt er kein Gespräch über seinen Verdacht möglicher Alkoholprobleme mit seiner Sekretärin, ist er Co-Alkoholiker. Diese Rolle würde er aber schon dadurch verweigen, dass er den Ordner nicht mehr an seinen Platz zurückstellt. Der Sekretärin wird dadurch klar, dass jemand nicht bereit ist, den offensichtlichen Gebrauch von Alkohol während der Dienstzeit zuzudecken.

Typische Verhaltensweisen von co-abhängigen Mitarbeitern sind:

– *Zudecken*: Der Mitarbeiter will sich heraushalten, nicht einbeziehen lassen, unbeteiligt sein. Er will es sich mit niemandem verderben.

– *Verheimlichen*: Der Mitarbeiter verheimlicht Auffälligkeiten, die er am Kollegen bemerkt hat; Häufigkeit und Schwere von Fehlverhalten werden heruntergespielt oder versucht zu erklären.

– *Leugnen*: Der Mitarbeiter leugnet alles, was ein Hinweis auf eine bestehende Abhängigkeit sein könnte (z. B. Alkoholfahne).

Zu den **Scheinhilfen** gehören z. B.:

- finanzielle Aushilfen
- Unterstützung bei betrieblichen Pflichten
- frühzeitiges Nachhauseschicken
- Empfehlung guter Ärzte
- Nichtstun.

Problemsuche
Gemeinsam mit dem Abhängigen wird nach Problemen gesucht, die zum Trinken geführt haben. Es wird versucht, diese Probleme zu lösen. Das Verhältnis von Ursache und Wirkung wird dabei auf den Kopf gestellt. Der Alkoholabhängige trinkt nicht, weil er im Betrieb oder zu Hause Probleme hat, sondern er hat Probleme, weil er trinkt.

Kumpanei
Hierbei soll nicht dem Abhängigen „geholfen" werden, sondern der Abhängige dient dem eigenen Nutzen des Nichtabhängigen, z. B. verrichtet der Abhängige willig Tätigkeiten, die niemand ausführen will. Für solche Hilfsdienste wird der Abhängige von den Kollegen hinsichtlich seiner Sucht gedeckt.

Linderung - Aufhebung des Leidensdrucks
Der Abhängige steht unter einem ständigen Leidensdruck, was sich Angstzuständen, Schuldgefühlen, Depressionen bis hin zu Selbstmordgedanken und -versuchen zeigt. Dieser Leidensdruck ist i. d. R. die einzige Chance für den Abhän-

gigen, zu einer Umkehr zu gelangen - und Verantwortung für sich selbst zu übernehmen. Das heißt, der Abhängige muss die Folgen seines Tuns - soweit das möglich ist - selbst beseitigen, z. B. in finanziellen Notsituationen allein gelassen werden, Erbrochenes selbst beseitigen oder seinen Arbeitgeber bei Krankheit persönlich anrufen. Der Nichtabhängige darf dem Abhängigen nicht die Verantwortung für sich selbst abnehmen.

Distanzverlust
Distanzverlust besagt, dass der Nichtabhängige das Problem des Abhängigen zu seinem eigenen gemacht hat. Das ist ein längerer Prozess, der unmerklich verläuft und vom Bewusstsein des Einbezogenen in seiner Tragweite kaum realisiert wird. Gefühle und unterschwellige Stimmungslagen spielen hier eine entscheidende Rolle. Der Nichtabhängige gibt dem Abhängigen Ratschläge. Irgendwann ist der Zustand erreicht, wo der Nichtabhängige für den Abhängigen verantwortlich handelt. Dieser Prozess ist gleichbedeutend mit einem weitgehenden Distanzverlust.

Beim Co-Alkoholismus gibt es drei **Phasen**:

(1) *Erklärungs- und Beschützerphase*

Die Alkoholkrankheit wird von den Co-Alkoholikern naiv bezüglich der Ursachen, Erscheinungsformen und Behandlungsmöglichkeiten interpretiert. Co-Alkoholiker neigen dazu, das Verhalten des Alkoholkranken zu entschuldigen und letztendlich zu decken. Dadurch helfen sie dem Kranken nicht, sondern stabilisieren sogar seinen Zustand.

(2) *Kontrollphase*

Nachdem die "Hilfen" der Co-Alkoholiker wenig Erfolg gebracht haben, erfolgt eine Kontrolle der Verhaltensweisen des Betroffenen. Es wird versucht, mittels Auflagen und Kontrollen, sein Verhalten zu beeinflussen und zu reglementieren. Es wird z. B. verstärkt geachtet auf einen pünktlichen Arbeitsbeginn und darauf, dass kein Alkohol weder in den Pausen noch zum Mittagessen konsumiert wird.

(3) *Anklagephase*

Nun kommt das „Fass zum Überlaufen". Das oft jahrelange Auf und Ab von Hoffnungen, Enttäuschungen, Frustrationen und Selbstzweifel entlädt sich und mündet in die Anklagephase. Da sich auch durch die Kontrolle das Trinkverhalten des Alkoholikers nicht verändert hat, wird nun ihm die Schuld für das Versagen zugeschrieben. Er wird für sein Fehlverhalten kritisiert.

3.7.4 Ursachen der Sucht

Die Ursachen für Suchtverhalten sind vielschichtig. Sie reichen von Erfahrungen in der frühen Kindheit und Lernprozessen in der Herkunftsfamilie über aktuelle soziale Lebensbedingungen bis hin zu einer gewissen, noch nicht hinreichend geklärten organischen Disposition. Häufig tritt Suchtverhalten erst in einer späteren Lebensphase auf und wird u. U. durch ein einschneidendes Lebensereignis ausgelöst.

Auf die ursprünglichen Ursachen von Suchtverhalten hat der Betrieb keinen Einfluss. Es gibt aber eine Reihe von betrieblichen Bedingungen, die den Alkoholkonsum am Arbeitsplatz fördern können. Insbesondere hohe psychische Belastungen mit Auswirkung auf die Gesundheit führen zu „Stress" am Arbeitsplatz. Alkohol, Drogen oder Medikamente werden dann oft als Mittel zur Lösung des Problems eingesetzt.

Die Arbeitswelt spielt für Alkoholmissbrauch eine wichtige Rolle; recht viele Faktoren kommen als Bedingung in der Entwicklung oder Stabilisierung von Alkoholismus in Frage. Das Spektrum betrieblicher Risikofaktoren reicht von der Verfügbarkeit alkoholischer Getränke über die Trinkkultur und die fehlende Prävention im Unternehmen bis hin zu den Arbeitsbelastungen, besonders die Überforderung. Das Risiko des Alkoholmissbrauchs am Arbeitsplatz steigt dann, wenn diese Faktoren gemeinsam mit der Risiko-Persönlichkeit (Disposition zum Trinken) auftreten (siehe Bild 35).

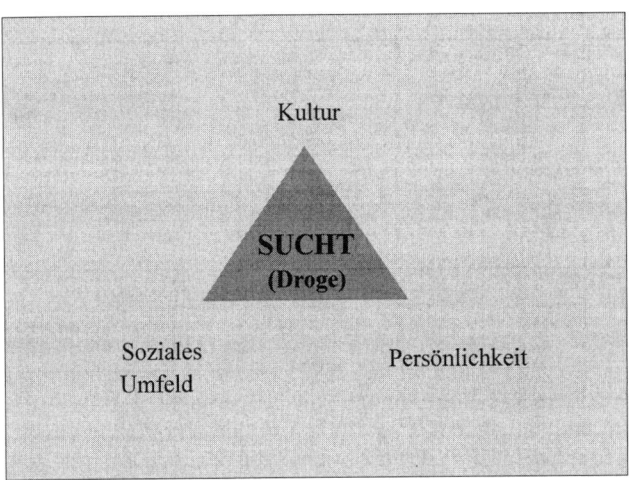

Bild 35: Ursachenbereiche von Sucht

3.7.5 Maßnahmen gegen Sucht

Auch die Maßnahmen betrieblicher Suchtbekämpfung unterteilen sich in Prävention und Intervention. **Prävention** umfasst alle Maßnahmen und Methoden der Arbeits- und Organisationsgestaltung, die der Vorbeugung von Alkoholmissbrauch dienen. Dazu gehören folgende:

Arbeitsgestaltung
Die gesundheitsgerechte Arbeitsgestaltung bezieht sich auf die Vermeidung aller belastenden Arbeitsaufgaben und -bedingungen, welche Alkoholkonsum am Arbeitsplatz begünstigen können.

Management
Es ist ein offensiver Umgang mit Alkoholismus notwendig. Die Suchtprävention sollte als unternehmenskultureller Aspekt und als Imagefaktor behandelt werden. Die fatale Meinung, dass Alkoholprobleme einen Makel für das Unternehmen darstellen, ist zu überwinden.

Vorgesetzte
Die Vorbildwirkung bezüglich (Nicht-)Alkoholgenuss bei Dienstbesprechungen, Betriebsfeiern und anderen Anlässen ist nötig. Vorgesetzte sind Vorbilder und Multiplikatoren für die Trinkkultur im Unternehmen.

Mitarbeiter
Die Mitwirkung aller Mitarbeiter ist wichtig, da sie sich im unmittelbaren Umfeld des Abhängigen bewegen und engen Kontakt zu ihm haben. Mitarbeiter erkennen häufig als erste ein Alkoholproblem. Was können/sollen sie in diesem Fall tun? Sie können Scheinhilfen verweigern (kein Co-Alkoholismus!). Sie können den Abhängigen bei der Aufdeckung von förderlichen Bedingungen helfen. Sie sollen keine Anklagen und Vorwürfe erheben, z. B. solche, die Abhängige oft aus dem privaten Umfeld kennen.

Die größte Chance der Prävention liegt im Betrieb in der **Verhaltensbeeinflussung der nichtabhängigen Bezugspersonen**. Dafür sind folgende Maßnahmen hilfreich:

Information und Aufklärung

Die Gesundheitsaufklärung verfolgt das Ziel, die Beschäftigten umfassend zu informieren und für ein entsprechendes Gesundheitsverhalten zu motivieren. Es werden als Zielgruppen abstinente und nichtabhängige Personen, schwache Alkoholkonsumenten und besonders Azubis angesprochen. Durch den offenen und offensiven Umgang mit diesem heiklen Problem wird es enttabuisiert (Alkoholismus als Krankheit!) und Betroffene werden somit nicht (mehr) diskriminiert.

Dabei sollten folgende Grundargumente betont werden:

- Alkoholismus ist eine fortschreitende, unheilbare Krankheit mit tödlichem Ausgang und keine Charakterschwäche.
- Alkoholismus kann nur durch völlige Abstinenz zum Stillstand gebracht werden.
- Anzeichen einer vorhandenen oder beginnenden Krankheit sind rechtzeitig zu erkennen und richtig zu interpretieren.

Weitere Methoden der Suchtprävention sind:

- Betriebsversammlung zum Thema "Alkoholismus und weitere Suchtprobleme"
- Beiträge in der Betriebszeitung zur Suchtproblematik
- Broschüren der Betriebskrankenkasse (BKK), Berufsgenossenschaft (BG) usw.
- Flyers und Rundschreiben
- Plakataktionen
- Videos über Suchtprobleme (z. B. in Teamsitzungen)
- Kampagnen, z. B. unter dem Motto „Mach' Dich fit ohne Sprit!" oder "7 Wochen ohne ..."
- Durchführung einer "Woche der Arbeitssicherheit" mit besonderer Berücksichtigung des Alkoholismus
- Aktionen in der Mittagspause (Verteilen von Prospekten, Einsatz von Animateu-

ren usw.)
- Informationsveranstaltungen oder Vorträge zur Suchtproblematik
- Schulung der Multiplikatoren (Führungskräfte, Personalexperten, Betriebs- bzw. Personalräte u. a. m.)
- Besuch einer Suchtklinik
- Teamgespräche zum Thema "Sucht"
- Aufklärung über die rechtlichen Aspekte bzw. Konsequenzen der Suchtproblematik
- Implementierung einer Suchtberatung (Nominierung von offiziellen Suchthelfern usw.) im Betrieb
- Azubi-Woche zur Alkoholproblematik.

Die **Betriebs- oder Dienstvereinbarung** ist ein Regelwerk, das die Vorgehensweise und Hilfsleistungen des Unternehmens bei Suchtproblemen, besonders Alkoholismus, beschreibt und verbindlich festlegt. Sie ist

– ein klares, transparentes Hilfsangebot für alle Beschäftigten. Allen Betriebsangehörigen, die dazu aufgerufen sind, bei der Bewältigung der Alkoholabhängigkeit von Kollegen mitzuwirken, wird ein Handlungsrahmen vorgegeben.
– eine Handlungsgrundlage, die „ungeliebte" Interventionen abstützt.

Die Betriebs- oder Dienstvereinbarung
– bietet dem Vorgesetzten Handlungssicherheit
– legt eine individuell gestaffelte und konsequente Maßnahmestruktur fest. Verfahrensregeln vermitteln Handlungssicherheit für die nichtabhängigen Mitarbeiter und Vorgesetzten und forcieren die notwendigen Hilfestellungen für den Alkoholabhängigen im Betrieb.
– trägt zum Abbau von Diskriminierung bei. Die Gleichbehandlung aller Alkoholabhängigen im Betrieb ist schriftlich fixiert.
– Der Angst von Mitarbeitern, sich dem Verdacht des Denunziantentums oder sogar des Mobbings gegenüber dem Abhängigen auszusetzen, wird die Grundlage entzogen.

Eine Betriebs- oder Dienstvereinbarung sollte vor allem folgende Punkte aufweisen:

- gesetzlicher Bezug: UVV § 38 (siehe Kasten 34)
- Partner der Betriebsvereinbarung: Geschäftsleitung und Betriebsrat
- Geltungsbereich: alle Arbeitnehmer des Betriebes einschließlich Auszubildenden
- Ziele: Richtlinie für alle, Gleichbehandlung aller Arbeitnehmer, Arbeitssicherheit, Alkoholprävention, Hilfsangebot für Suchtkranke
- vollständiges oder teilweises Alkoholverbot in Bezug auf bestimmte Arbeitsplätze und –bereiche (siehe auch unten): Verbot von Alkoholverkauf, Nüchternheitsgebot, Konsequenzen aus Alkoholgenuss u. a. m.
- Hilfsangebote: Suchtberatungsstelle, Arbeitskreis „Suchthilfe", Selbsthilfegruppen u. dgl. m.
- Interventionsmaßnahmen: Schritte und Handlungen des Vorgesetzten bei Auftritt von Alkoholismus (siehe Ausführungen zum Stufenplan der Intervention),
- Schlussbestimmungen: Zeitpunkt der Streichung aus Personalakte bei Abstinenz des Alkoholikers, keine Nachteile für abstinente Alkoholiker, Zeitpunkt des Inkrafttretens und Kündigungsfrist der Vereinbarung.

Alkoholverbot - ja oder nein?

Alkoholverbot verhindert nicht die Entwicklung einer Abhängigkeit bzw. trägt nicht zum Abbruch einer bestehenden Abhängigkeit bei. Ob Alkohol im Unternehmen generell verboten wird, sollte davon abhängen, welche Konsequenzen Alkoholkonsum grundsätzlich in der Arbeit haben kann. Für Arbeitsplätze mit hohem Gefahrenpotential ist ein striktes Alkoholverbot nötig. In anderen Fällen könnte Alkoholverbot unerwünschte Folgen haben (z. B. heimliches Trinken). Zu klären ist auch, wie mit besonderen Anlässen, z. B. Einstand, Ausstand, „runde" Geburtstage, Beförderungen oder Auszeichnungen, umgegangen wird. Ebenso sollte die Geschäftsführung überlegen, wie „spendierfreudig" sie bei Alkohol sein kann.

Intervention

Die innerbetriebliche Intervention sollte in erster Linie Hilfsangebote für den Betroffenen umfassen. Sie sind immer als Hilfe zur Selbsthilfe anzulegen. Alles, was einen Abhängigen dazu bringen kann, die Verantwortung für sich zu übernehmen oder dieses zumindest zu versuchen, ist als Hilfsangebot zu verstehen. Sämtliche durchzuführenden Maßnahmen bestimmen sich nach arbeitsrechtlichen Erfordernissen; denn für den Kündigungsfall wird zwischen Alkoholmissbrauch und Alkoholabhängigkeit unterschieden. Der nicht alkoholabhängige Mitarbeiter, der angetrunken zur Arbeit erscheint oder in diesem Zustand Pflichtverletzungen begeht, muss zunächst abgemahnt werden. Bei Wiederholung kann eine verhaltensbedingte Kündigung ausgesprochen werden. Bei extremem Fehlverhalten, z. B. alkoholbedingten Straftaten, kann auch fristlos gekündigt werden. Die Alkoholabhängigkeit nimmt den Unternehmer durch die Anerkennung von Alkoholismus als Krankheit in die Fürsorgepflicht. Bevor hier gekündigt werden kann, muss dem Abhängigen mindestens einmal die Chance zu einer Entziehungskur eingeräumt werden.

Sollte Alkoholmissbrauch am Arbeitsplatz (chronische Alkoholiker, Problemtrinker) festgestellt werden, so ist das Ziel "kontrolliertesTrinken", die Entwöhnung oder (bei chronischem Alkoholismus) die völlige Alkoholabstinenz. Dabei sollte zunächst der Vorgesetzte aktiv werden und eine Gesprächsreihe initiieren: die so genannte Interventionskette oder den Stufenplan. Insbesondere das erste Gespräch fällt vielen Vorgesetzten schwer. Nachfolgend sind wichtige Hinweise zusammengestellt, wie ein Stufenplan zur Suchtbekämpfung aufgebaut sein kann und was bei der Durchführung des ersten Gespräches zu beachten ist (vgl. Bild 36).

1. Vertrauliches Vier-Augen-Gespräch

Das erste Gespräch findet nur zwischen dem unmittelbaren Vorgesetzten und dem betroffenen Mitarbeiter statt. Der Vorgesetzte informiert den Mitarbeiter über die Vertraulichkeit des Gespräches. Gesprächsinhalte sind:

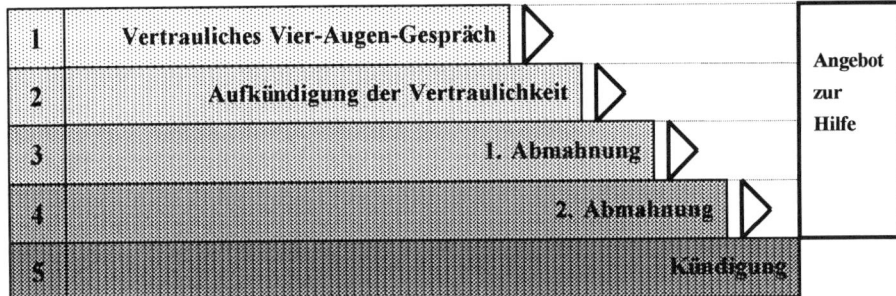

Bild 36: Stufenplan zur Suchtbekämpfung im Betrieb[152]

- Auffälligkeiten anhand konkreter Fakten (Minderleistungen, Fehlverhalten, Alkohol"fahne" usw.)
- Mitarbeiter auffordern, Minderleistung und/oder Fehlverhalten abzustellen
- Vermutung äußern, dass es einen Zusammenhang mit Alkoholmissbrauch gibt
- auf externe Hilfsangebote und ggf. auf die betriebliche Suchtberatung hinweisen
- Ankündigung arbeitsrechtlicher Konsequenzen, wenn Auffälligkeiten nicht abgestellt werden
- Hinweis, dass das Gespräch zunächst vertraulich bleibt
- feste Vereinbarung treffen (was soll bis wann abgestellt bzw. verändert werden) und Termin für nächstes Gespräch festlegen (in 4 bis 6 Wochen).

Folgende Bedingungen sind zu beachten:

- Gespräch nur dann führen, wenn der Mitarbeiter nüchtern ist
- Gespräch positiv beginnen
- Gesprächsführung nicht aus der Hand nehmen lassen
- *persönlichen* Eindruck und Sorgen schildern
- an Fakten halten, keine Behauptungen aufstellen
- die Würde des Mitarbeiters wahren
- Entgegnungen des Mitarbeiters unter Anteilnahme wahrnehmen, aber nicht kommentieren, interpretieren oder diskutieren
- möglichst keine Fragen stellen, diese verleiten zu Diskussionen, die vom eigentlichen Thema wegführen
- Gespräch situationsangemessen positiv beenden.

Sollte der Mitarbeiter zum neuen Termin die Auffälligkeiten abgestellt haben und sich sonst nichts ereignet hat, was den Verdacht eines Alkoholproblems erhärtet, bleibt das Gespräch vertraulich.

2. Folgegespräche und Abmahnungen

Wurden die Auffälligkeiten nicht abgestellt, muss die Vertraulichkeit durch den unmittelbaren Vorgesetzten aufgekündigt werden. Für weitere Gespräche und Maßnahmen, die je nach den Gegebenheiten im Unternehmen differenziert sein können, sind die Personalabteilung, ein Suchthelfer, der Betriebsarzt und der Betriebsrat heranzuziehen bzw. zu informieren.

---

[152] in Anlehnung an Hallmaier, R. (1997)

Gesprächsinhalte sind folgende:

- bisher geführte Gespräche
- Vorfälle und Beobachtungen seit dem letzten Gespräch
- Mitarbeiter – je nach erreichter Stufe innerhalb des Stufenplanes – entsprechend eindringlich auffordern, die Auffälligkeiten abzustellen
- nochmals auf Hilfsangebote hinweisen
- Mitarbeiter eindringlich auffordern, Beratung und weitere Hilfen in Anspruch zu nehmen und sich behandeln zu lassen
- bei 2. Abmahnung darauf bestehen, dass Nachweis über in Anspruch genommene Beratung erbracht werden muss
- darauf hinweisen, dass der Verlust des Arbeitsplatzes droht bzw. nach der 2. Abmahnung unmittelbar bevorsteht, wenn der Mitarbeiter sich nicht in Behandlung begibt
- Gespräch wieder mit Terminvereinbarung beenden (in ca. 4 bis 6 Wochen).

3. Kündigung

Wenn alle Gespräche, Hilfsangebote und Abmahnungen keine Verhaltensänderung beim Abhängigen bewirkt haben, kann dem Mitarbeiter gekündigt werden. Am Kündigungsgespräch nehmen neben dem unmittelbaren Vorgesetzten Vertreter der Personalabteilung und des Betriebsrates teil. Auf der Grundlage bisher geführter Gespräche, Vorfälle und Beobachtungen wird dem Mitarbeiter dargestellt, dass eine weitere Zusammenarbeit nicht möglich ist und dass jetzt die Kündigung erfolgen muss. Insbesondere in größeren Betrieben gibt es Modelle, bei denen ein entlassener Mitarbeiter nach erfolgreicher Therapie und anschließender Abstinenz von mindestens sechs Monaten wieder an seinem alten Arbeitsplatz eingestellt wurde. Die Möglichkeit der Wiedereinstellung wird im Einzelfall geprüft und erfolgt zunächst befristet. Die Aussicht auf Wiedereinstellung kann für den Abhängigen motivierend wirken, sein Alkoholproblem zu bewältigen.

Therapie des Alkoholismus

Sollten o. a. Maßnahmen innerbetrieblicher Intervention durch Führungskräfte, Suchtberater und weitere Experten nicht erfolgreich sein, ist eine medizinisch-psychologische *Therapie* erforderlich. Sie kann als ambulante Behandlung beim Facharzt oder Psychologen, in einer Spezialabteilung des Allgemeinkrankenhauses oder in einer Fachklinik stattfinden. Die Therapie verläuft in vier **Phasen**:

1. Motivation zur Therapie,
2. Entzug bzw. Entgiftung des Körpers,
3. Entwöhnung bezüglich des Trinkens (Abstinenz),
4. Nachsorge.

Ein Therapieziel besteht darin, den Alkohol von bestimmten Funktionen, wie Spannungs- und Stressreduktion, zum Erreichen von Selbstsicherheit usw. zu entkoppeln. Daneben soll ein geänderter Trinkstil erlernt werden (nur zu bestimmten Zeiten, kleine Mengen, bestimmte Sorten zu trinken, Alkohol nicht als Durstlöscher einsetzen etc.). Ein wichtiger Bestandteil ist die Nachsorge. Denn hier geht es vor allem um das Üben der neuen Rolle als abstinenter ("trockener") Alkoholiker und das Stabilisieren von alkoholinkompatiblen, alternativen Verhaltensweisen. Hauptanliegen ist die Verhinderung eines Rückfalls.

Alkoholproblem bei Führungskräften

Führungskräfte sind vom Alkoholproblem ebenso betroffen wie andere Beschäftigte. Erhöhter Alkoholkonsum bei ihnen fällt aber nicht so schnell auf, da ihre Tätigkeiten von erhöhten Freiheitsgraden gekennzeichnet sind. Kontrollen finden längst nicht so oft wie bei Mitarbeitern statt.

Erfahrungsberichte von Kliniken und Beratern geben Hinweise auf Alkoholprobleme von Führungskräften.[153] Folgende Ursachen wurden festgestellt:

- die Trinkkultur bei Führungskräften, d. h. sie werden während der Arbeit häufiger mit Alkoholangeboten konfrontiert. Insbesondere dann, wenn es um Abschlüsse, Feiern von Arbeitserfolgen, Empfängen und Kundenkontakten geht, wird Alkohol häufig als unverzichtbar angesehen.
- Insbesondere wegen der geringen sozialen Kontrolle ist die Wahrnehmungsschwelle für Alkoholprobleme bei Vorgesetzten heraufgesetzt.
- die psychischen Belastungen von Führungskräften (siehe ausführlich Kapitel 3.6.).

Alkoholismus bei Führungskräften ist deshalb problematisch, weil Fehlleistungen und -entscheidungen von ihnen je nach Position weitreichende Folgen haben und den Betrieb materiell und ideell erheblich schädigen können. Hinzu kommt die Vorbildfunktion von Vorgesetzten. Mit ihren Trinksitten und –stilen prägen sie die betriebliche Kultur. Das Verhalten der Führungskraft hat Einfluss auf deren gesamten personellen Verantwortungsbereich.

Die Intervention bei alkoholgefährdeten oder –abhängigen Führungskräften gestaltet sich oft schwieriger als bei Mitarbeitern. Die soziale Kontrolle über Personen auf gleicher Ebene fällt den meisten Vorgesetzten schwerer als gegenüber Mitarbeitern. Außerdem verringert sich mit steigender Position die Zahl jener, die das Problem thematisieren können.

Stufenverfahren, wie sie für Mitarbeiter angewendet werden, passen meist nicht in die Arbeits- und Lebenssituation von Führungskräften. Durch betriebliche Präventionsprogramme werden Führungskräfte i. d. R. schlecht erreicht. In vielen Fällen wird daher ein von JOHNSON vorgeschlagenes Interventionsmodell angewandt. Die wesentlichen Bezugspersonen der Führungskraft (aus dem unmittelbaren Arbeitsumfeld sowie Angehörige) bereiten - häufig unter Beteiligung externer Berater - ein Interventionsgespräch vor. Das Beratungs- und Behandlungsangebot wird vorher festgelegt; der Betroffene wird mit dem Problem konfrontiert und hat wenig Zeit und Spielraum zum Ausweichen.

Kampf gegen Alkohol als Führungsaufgabe

Aufgrund der wirtschaftlichen und humanen Schäden sollte die Auseinandersetzung mit dem Thema „Alkohol am Arbeitsplatz" in die Personalpflege integriert sein. Das zu veranlassen, ist Aufgabe der Geschäftsführung bzw. des Unternehmers. Besonders wichtig ist es, die gewählten Maßnahmen allen Betriebsangehörigen bekannt zu geben und dann auch anzuwenden. Dabei muss ein Zusammenhang zwischen Hilfsangeboten und Maßnahmen bestehen. Ein ausgeschlagenes Hilfsangebot muss eine bestimmte Maßnahme (Sanktion) nach sich ziehen.

---

[153] siehe z. B. Fuchs, R., Ludwig, R. & Rummel, M. (1998)

Häufig ist es sinnvoll, einen Arbeitskreis „Sucht" zu gründen, der sich aus Vertretern der Personalabteilung, des Betriebsrates sowie der sozialen und betriebsärztlichen Dienste zusammensetzt. Seine Aufgabe besteht nicht darin, Einzelfälle zu behandeln, sondern in der Erarbeitung und ständigen Entwicklung eines Betreuungsprogramms sowie in der Kontaktfindung und -pflege zu öffentlichen und privaten Trägern der Suchtkrankenhilfe. Der Arbeitskreis ist keine Voraussetzung für die Wirksamkeit eines Betreuungsprogramms, da es von der Geschäftsführung bestimmt wird. Aber er unterstützt und entlastet die Geschäftsführung im Umgang mit dem Suchtproblem.

3.8. Arbeitssicherheit

Zum neuen Jahr. Wird's besser? Wird's schlimmer?" fragt man alljährlich. Seien wir ehrlich: Leben ist immer lebensgefährlich.
(Erich KÄSTNER)

Das Verhüten von Unfällen darf nicht als eine Vorschrift des Gesetzes aufgefasst werden, sondern als ein Gebot menschlicher Verpflichtungen und wirtschaftlicher Vernunft.
(Werner von SIEMENS, 1880)

Kasten 40

Der Untergang der „Titanic"

Das größte Schiffsunglück aller Zeiten aus dem Jahre 1912 beschäftigt auch heute noch, wie nicht zuletzt Filme zeigen, die Menschen. Es war auf *menschliches Versagen* zurückzuführen:

Mit hoher Geschwindigkeit fuhr die "Titanic" in stockfinsterer Nacht durch ein Treibeisfeld im Nordatlantik. Um 23.40 Uhr schlägt das Schicksal zu. Hätten die zwei Männer im Ausguck den Eisberg nur 30 Sekunden früher gesehen, hätte der Luxusliner die Karambolage noch vermeiden können. In dieser Zeit hätte das Schiff weitere dreihundert Meter zurücklegen können. So rammt der Eisberg das Schiff und schlitzt es längsseit vom Bug so auf, dass es nach zweieinhalb Stunden sinkt. Ein Frontalzusammenstoß hätte die "Titanic" zwar schwer beschädigt, aber sie wäre wahrscheinlich gesunken.

Das Unglück war vermeidbar. Seit dem Morgen liefen Funkwarnungen wegen Packeis und Eisbergen auf der "Titanic" ein, die alle ignoriert wurden. Der entscheidende Funkspruch, mit der Meldung, dass sich ein Eisberg direkt auf der Route der "Titanic" befindet, wurde vom Funker brüsk abgewiesen, da der Kollege auf dem anderen Schiff einer anderen Funkgesellschaft angehörte.

"*Sie kann doch nicht sinken*", war Kapitän Smith eine Stunde nach dem Zusammenstoß immer noch überzeugt. Viele weigerten sich, in die Boote zu steigen, denn sie waren sicher, dass der Luxusdampfer nicht untergehen würde. Ein Klumpen Eis sollte das Wunderwerk der Technik in den Abgrund reißen?

Besonders tragisch ist die Tatsache, dass alle hätten überleben können, wenn genügend Rettungsboote an Bord gewesen wären.

3.8.1 Grundlagen zur Arbeitssicherheit

Ausgehend vom ArbSchG, ASiG (siehe Kapitel 3.1.) und der UVV sind Maßnahmen zur Erhöhung der Arbeitssicherheit gleichermaßen Bestandteil und Ziel des Arbeitsschutzes im Betrieb (siehe vorn Bild 6). Der Gedanke der Arbeitssicherheit hat im menschlichen Dasein eine lange Tradition. Schon in der Bibel heißt es (Vers 8, Kapitel 22 im 5. Buch Moses): "*Wenn du ein neues Haus baust, so mache ein Geländer, eine Lehne darum auf deinem Dache, auf dass du nicht Blutschuld auf dein Haus ladest, wenn jemand herabfällt.*" Leider wird jedoch *Sicherheit* den Menschen oft erst bewusst, nachdem ein Unglück geschehen ist. Dies war beim Untergang der "Titanic" der Fall (siehe Kasten 40), aber auch schon 1666 beim Londoner Großbrand; erst danach begann man mit der

Ausbildung von Feuerwehrleuten und dem Aufstellen von Hydranten. Auch Henry FORD führte als erster Autohersteller Sicherheitsglas ein, nachdem einer seiner Mitarbeiter durch die Frontscheibe geschleudert und schwer verletzt wurde.

Im Jahr 1999 ereigneten sich in Deutschland durchschnittlich 41 Arbeitsunfälle je 1.000 Vollbeschäftigten. 1990 waren es noch 54. Erfasst werden dabei alle meldepflichtigen Unfälle. 1999 waren es insgesamt 1, 56 Mio. Arbeits- und Wegeunfälle während der Arbeitszeit. Während die Anzahl der Arbeitsunfälle seit 1993 stetig abnahm, ist hingegen ein Anstieg der Wegeunfälle zu verzeichnen. 1999 waren in Deutschland 2.148 tödliche Arbeits- und Wegeunfälle zu beklagen.

Arbeitssicherheit (work safety) kennzeichnet einen Zustand, bei dem der Mensch im Arbeitsprozess vor Unfällen geschützt ist, d. h. ein weitgehend gefahrenfreier Zustand ist gegeben.[154] Arbeitssicherheit kann auch als Ziel der Arbeitsgestaltung definiert werden (siehe Kasten 41).

Kasten 41

Arbeitssicherheit

... ist ein Ziel der Arbeitsgestaltung mit technischer, organisatorischer und subjektiver Komponente. Sie ist gegeben, wenn relativ wenige oder im Idealfall keine Unfälle auftreten bzw. die Wahrscheinlichkeit des Auftritts von Unfällen oder Beinahe-Unfällen sehr gering ist.

Weitere **wichtige Begriffe** sind

- die arbeitsbedingte Gefährdung
- der Unfall (accident)
- der Arbeitsunfall (occupational accident)
- der Wegeunfall
- der tödliche Unfall
- der Bagatell- und Beinaheunfall.

Bei der **arbeitsbedingten Gefährdung** geraten Personen in den Einflussbereich von Gefahrenträgern. Beim **Unfall** liegt eine direkte, unerwartete Konfrontation von Gefahrenträgern mit Personen mit nachfolgenden Schäden von Personen, Sachwerten und/oder der Umwelt vor. Ein Arbeitsunfall ist bei der Berufsgenossenschaft anzuzeigen, wenn eine versicherte Person durch einen Unfall getötet oder so verletzt wird, dass sie stirbt oder für mehr als drei Tage völlig oder teilweise arbeitsunfähig ist. Ein **Arbeitsunfall** ist ein Unfall, den eine versicherte Person bei der Ausübung ihrer versicherten Tätigkeit innerhalb oder außerhalb der Arbeitsstätte, z. B. auch im Straßenverkehr, erleidet. Ein **Wegeunfall** ist ein Unfall, den einer versicherten Person auf dem Weg zwischen Wohnung und dem Ort einer versicherten Tätigkeit erleidet. Beim **tödlichen Unfall** tritt der Tod sofort oder innerhalb von 30 Tagen nach dem Unfall ein. Seit 1994 werden die Fälle mit Todesfolge im Berichtsjahr erfasst. Zum Unfall i. w. S. zählen der **Bagatellunfall**, bei dem kleinere Schäden auftreten, und der **Beinahe-Unfall**, der keinen Schaden an Personen, Sachwerten oder der Umwelt verursacht, aber mit großer Wahrscheinlichkeit unter bestimmten Bedingungen zum Unfall geführt hätte.

---

[154] vgl. Skiba, R. (2000), S. 575

Bedingungen der Arbeitssicherheit

Um Arbeitssicherheit für alle Mitarbeiter gewährleisten zu können, bedarf es der Beachtung technischer (**T**), organisatorischer (**O**) und personaler (**P**) Bedingungen (siehe Bild 37).

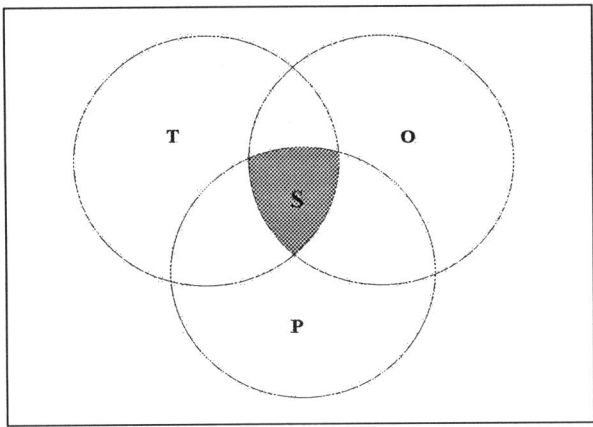

Bild 37: TOP-Modell zur Arbeitssicherheit

"Menschliches Versagen" als Unfallursache?

Mehr oder weniger spektakuläre Unfälle in der menschlichen Geschichte belegen, z. B. der Untergang der "Titanic" 1912 (Kasten 40), die Katastrophe am Atomreaktor von Tschernobyl 1986, das Unglück an der Wuppertaler Schwebebahn (Kasten 42) oder die Flugzeugkatastrophe in Las Palmas auf Teneriffa am 27. März 1977, als zwei Jumbos beim Start aufeinanderprallten mit der Folge von 583 Toten, dass die Hauptursache der subjektive Faktor ist, d. h. der *Mensch*. Liest man Unfallereignisse in Zeitungen oder betrachtet man Unfallstatistiken, so wird unisono festgestellt, dass ein Großteil der Unfälle auf "menschliches Versagen" zurückgeführt wird. Dies sollte aber nicht dazu verleiten, die Ursachen von Unfällen auf die "Risikopersönlichkeit" zu reduzieren. Vielmehr wird der Mensch in seinem Sicherheitsverhalten von zahlreichen Faktoren beeinflusst. Es sind z. B. folgende Fragen bei Unfallanalysen aufzuwerfen:

- Gab es Wissenslücken bei den in den Unfall involvierten Personen?
- Lag eine situationsbezogene kognitive Überforderung vor?
- Traten Ermüdungserscheinungen auf?
- Wurden widersprüchliche oder sogar falsche Informationen mitgeteilt?

Solche Fragen zeigen uns, dass viele Faktoren bei einem Unfall eine Rolle spielen können. Tatsache ist jedoch, dass der subjektive Faktor oder das Verhalten des Menschen dabei eine zentrale Stellung hat. Dieser ist aber stets im Kontext vieler Bedingungen des Unfallgeschehens zu sehen. Das Zusammenwirken subjektiver und objektiver Bedingungen ist häufig für einen Unfall bedeutsam. Besonders hier bewegt sich der Mensch im Spannungsfeld von Arbeit, Technik und Umwelt.

Sicherheitswidriges Verhalten ist auf vier **Ursachenbereiche** zurückzuführen:

1. *Nicht-Wissen*: Ca. 20 % aller Fehlhandlungen werden von Berufsanfängern und Neueingestellten wegen fehlender Erfahrung, Unterweisung oder Warnung begangen.

2. *Nicht-Können*: Ca. 10 % aller Fehlhandlungen sind Folge von Ablenkung, Überforderung, mangelnder Eignung, Ermüdung usw..

3. *Nicht-Wollen*: In ca. 70 % der Fehlhandlungen wird ein Risiko trotz Wissen um die Gefahr und das eigentlich sichere Verhalten eingegangen. Es fehlt das Gefahrenbewusstsein, was sich negativ auf die Motivation zum sicherheitsgerechten Verhalten auswirkt.

4. *Nicht-Dürfen*: Es sind aber auch äußere Rahmenbedingungen, die sicheres oder sicherheitswidriges Verhalten fördern. Dazu zählen beispielsweise die Sicherheitskultur, das Führungsverhalten der Vorgesetzten, die Qualität der Unterweisungen, die Gestaltung von Arbeitsbedingungen.

Kasten 42

Die abgestürzte Schwebebahn in Wuppertal

Am 12. April 1999 um 5.46 Uhr prallte der Frühzug der Wuppertaler Schwebebahn gegen eine Stahlkralle, die am Gleis *vergessen* worden war, und stürzte ab. Der Nimbus des "sichersten Verkehrsmittels der Welt" war damit dahin. Die "Titanic" konnte nicht sinken, die Schwebebahn nicht abstürzen", heißt es im "Der Spiegel" (38/2000).

Fünf Passagiere kamen ums Leben. 45 Personen erlitten zum Teil schwerste, unheilbare Verletzungen. Der unfallbedingte Tod und die Verletzungen von Menschen ist ein schwerwiegender Verlust, doch ebenso bestürzend ist wieder einmal die Erkenntnis, dass etwas Unmögliches durch menschliches Fehlverhalten passieren kann.

3.8.2 Arbeitssicherheitsmanagement

Das Anliegen von safety management besteht nach dem TOP-Modell darin, Technik, Organisation und Person in ihrer Wechselwirkung so zu gestalten, dass - im Idealfall - keine Unfälle auftreten.

Technisches Sicherheitsmanagement

Es wird bestimmt durch die klassischen Routinen, Instrumente und Sichtweisen der Unfallverhütung und der Sicherheitstechnik, verstärkt auch durch das Gefahrstoffmanagement. Im Vergleich dazu ist die Einflussnahme auf die ergonomische Qualität von Arbeitsplatz, auf Arbeitsorganisation und -ablauf unterentwickelt.

Dem **technischen Arbeitsschutz** ist auch gegenwärtig ein hoher Stellenwert einzuräumen. Maschinen, Einrichtungen und Verfahren sind so zu gestalten, dass sich beim bestimmungsgemäßen Einsatz keine Unfälle ereignen können. Das heißt z. B.:

- Gegenstände müssen sicher funktionieren, z. B. durch sicherheitstechnische Verriegelung.
- Gegenstände müssen sicherheitsgerecht gestaltet sein, z. B. durch Anpassung der Bedienelemente von Maschinen an die menschlichen Fähigkeiten.
- Gegenstände müssen frei von gefährlichen Emissionen auf die Arbeitsumwelt und die außerbetriebliche Umwelt sein, z. B. frei von schädigenden Staubemissionen.
- Die gegenständliche Arbeitsumwelt muss sicherheitsgerecht sein, z. B. durch ausreichende Beleuchtung.

Schwerpunkte technischer Arbeitssicherheit sind:

- *Funktionssicherheit:* Sicherheit vor Gefahren durch mangelnde Funktion eines Bauteils oder technischen Systems
- *Gestaltungssicherheit:* Sicherheit vor Gefahren durch mangelhafte Anpassung eines Bauteils oder technischen Systems an die physischen und psychischen Eigenschaften des Menschen
- *Emissionssicherheit:* Sicherheit vor Gefahren durch Umwelteinwirkungen eines Bauteils oder technischen Systems

Die Grundforderung an die technische Gestaltung von Arbeitssystemen ist die nach gefahrloser Technik oder unbedingt wirkender Sicherheitstechnik[155] (siehe Bild 38).

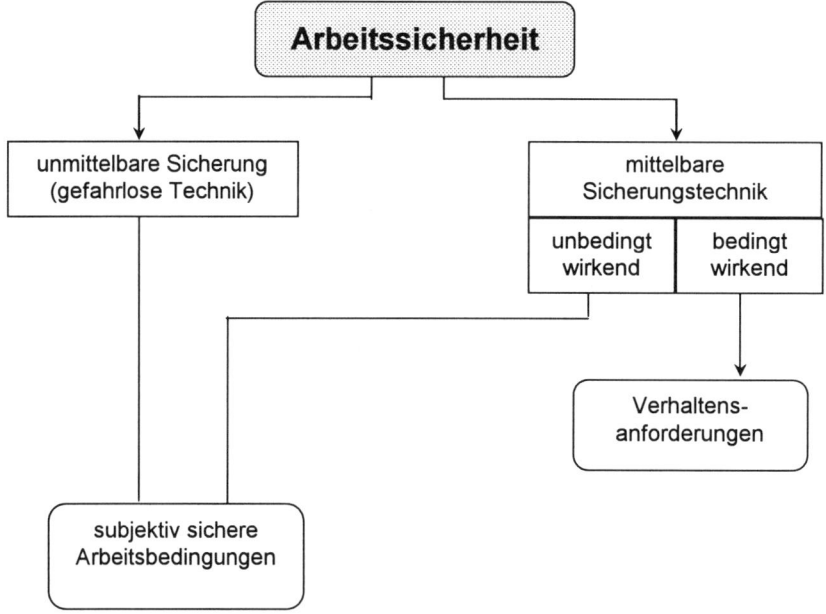

Bild 38: Grundforderung an die technische Gestaltung von Arbeitssystemen

---

[155] vgl. Luczak, H. (1998)

3.8.3 Psychologie der Arbeitssicherheit

Warum eigentlich den Umweg gehen, wenn die Abkürzung direkt über die Bahngleise doch schneller zum Parkplatz führt? Wozu eigentlich die Schutzbrille beim Schweißen aufsetzen, wenn man die Arbeit „mal eben schnell" erledigen will? Warum die Leiter holen, wenn man an die Ware aus dem hohen Regal mit dem Stuhl rankommt? - Diese und ähnliche Fragen führen uns zur Psychologie der Arbeits(un)sicherheit.

Dem humanen Faktor kommt gegenwärtig im Sicherheitsmanagement eine besondere Bedeutung zu. Das auf Gefahren bezogene Verhalten ist integraler Bestandteil des Arbeitsverhaltens. Demzufolge hat die Arbeits-, Betriebs- und Organisationspsychologie* eine besondere Aufgabe im Arbeitssicherheitsmanagement zu erfüllen. Sie ist nicht nur notwendige Ergänzung zum technischen Arbeitsschutz, sondern wird zunehmend zum eigenständigen Gebiet in der betrieblichen Sicherheitsarbeit und -forschung. Will man im Unternehmen „Total Safety Management" (in Analogie zu TQM) anstreben, so ist die Psychologie der Arbeitssicherheit unerlässlich.

Bei der Entwicklung der Psychologie der Arbeitssicherheit und ihrer Etablierung in der betrieblichen Praxis Deutschlands erwarb sich Professor Dr. Carl GRAF HOYOS von der TU München große Verdienste[156]. Mit seinen Arbeiten trug er entscheidend zur Überwindung - auch heute noch unter Praktikern weit verbreiteter - pauschaler Ansätze zur Beschreibung und Erklärung des Sicherheitsverhaltens bzw. "menschlichen Versagens" bei.

Aufgabe der **Psychologie der Arbeitssicherheit** ist die Beschreibung, Erklärung, Analyse und Beeinflussung des menschlichen Verhaltens in Bezug auf Gefahren am Arbeitsplatz und auf dem Weg zur Arbeit. Sie ist deshalb in der heutigen Zeit so wichtig, weil schätzungsweise ca. 70 % aller Unfälle in Unternehmen *verhaltensbedingte* Ursachen haben. Psychologisches Sicherheitsmanagement verfolgt als Hauptziel ein sicheres Mensch-Maschine-System (vorwiegend in der Industrie) oder Mensch-Umwelt-System (vorwiegend im Dienstleistungsbereich). Dabei geht es zum einen um die Prävention von sicherheitswidrigem Verhalten, das in vielfältigster Form auftritt (siehe dazu Tabelle 16).

Tabelle 16: Probleme der Arbeitssicherheit[157]

Probleme der Arbeitssicherheit im Unternehmen
➢ Unbefugte Benutzung des Gabelstaplers durch fehlende Einweisung, fehlenden Staplerschein u.a.m. ➢ Hubwagenrennen, -surfen, Gabelstaplerrennen usw. von Mitarbeitern ➢ Zu schnell fahrende Gabelstapler ➢ Gabelstapler, Kommissionierer (bei Einlagerung von Waren usw.) und Kunden kreuzen sich ➢ Missachtung sicherheitstechnischer Regeln bei Benutzung von Flurförderfahrzeugen ➢ Verkehrs- und Fluchtwege sind zugestellt ➢ Verkehrswege im schlechten Zustand, mit schlechter Beleuchtung usw.

---

[156] siehe z. B. Hoyos, C. Graf & G. Wenninger (1995), Hoyos, C. Graf (1990), Hoyos, C. Graf (1980)
[157] Diese Sicherheitsprobleme wurden in vom Autor geleiteten Seminaren zur Psychologie der Arbeitssicherheit in Berufsgenossenschaften genannt.

- Schadhafte Fußböden und Wege am Arbeitsplatz
- Keine sicheren Verkehrswege, besonders im Winter (fehlende Streuung usw.)
- Unzureichende Lagerkapazität
- Mangelnde Aufklärung und Unterweisung der Mitarbeiter durch Vorgesetzte
- Fehlende Vorbildfunktion der Vorgesetzten im Sicherheitsverhalten
- Stress, Hektik, Zeitdruck, Unter- und Überforderung, Monotonie am Arbeitsplatz
- Nichteinhalten der Pausenzeiten bei Kraftfahrern
- Ermüdung, Konzentrationsprobleme usw. der Mitarbeiter durch Überstunden
- Alkohol- und Drogenkonsum am Arbeitsplatz
- Schlechtes Klima (Hitze, Kälte, Zugluft, Luftfeuchtigkeit usw.) durch mangelhafte Be- und Entlüftung am Arbeitsplatz
- Absteigen der Mitarbeiter von Transportfahrzeugen auf unbekanntes Gelände
- Unzureichende Ladungssicherheit auf LKW
- Verwendung von Stühlen, Tischen u.a.m. als Leiter
- unsachgemäßes Anstellen von unzweckmäßigen Leitern (Leiter am falschen Ort, dem Untergrund nicht angepasst, Bockleiter als Anlegeleiter, alte Holzleiter usw.)
- Keine PSA beim Umgang mit Chemikalien, z. B. beim Abfüllen von Säure
- Unzureichende Unterweisung bei Fremdfirmen (Kontraktoren, z.B. für Wartung, Reinigung) und Leiharbeitern
- Persönliche Schutzausrüstung ist unbequem, fehlt, wird vom Arbeitgeber nicht zur Verfügung gestellt oder vom Mitarbeiter nicht genutzt (Anzüge, Brille, Schuhe, Handschuhe, Ohrenstöpsel usw.)
- Kommunikations- und Konzentrationsprobleme durch Lärm
- Fehlendes Budget für Arbeitssicherheitsmaßnahmen
- Fehlende Einstellung und Motivation der Mitarbeiter zur Arbeitssicherheit
- Unsachgemäße Lagerung von Waren, z. B. Bandstahl

Zum anderen geht es um die *psychologische Arbeitsgestaltung*, welche der Vorbeugung von Fehlhandlungen dient. **Fehlhandlungen** sind beispielsweise Stolpern, Fehlgreifen, Versprechen, Verschreiben, Verrechnungen, Verplanen, Versäumen einer Handlung, Vergessen von Handlungen, Übersehen von Informationen, Verwechseln im Sinne der falschen Zuordnung von Signalen zu Reaktionen, Unterlassen von Handlungen, Verwechseln von Informationen sowie Gewohnheits- und Erwartungsfehler. Sie führen oft zu Unfällen und Havarien mit Sach- und/oder Personenschäden. In den USA wird ein jährlicher Verlust von ca. 77 Mrd. Dollar allein auf Grund ermüdungsbedingter Unfälle geschätzt.

Dies gilt auch für den Großteil der Flugzeugunfälle. Mit zunehmender Perfektion ist die Zahl der überwiegend technisch verursachten Unfälle in den letzten Jahrzehnten deutlich zurückgegangen. Umso auffälliger sind aber die Fälle "menschlichen Versagens". Sie betragen etwa 70 bis 80 % und bleiben seit Jahren auf diesem Niveau.

Psychologisches Sicherheitsmanagement umfasst personen-, arbeits- und organisationsbezogene Maßnahmen. In der Vergangenheit dominierten personenbezogene Maßnahmen, die das "*menschliche Versagen*" bei Unfällen fokussierten. Dieses Versagen" wurde oft der „Unfällerpersönlichkeit" zugeschrieben. Dabei wurde von der Annahme ausgegangen, dass es bestimmte Personen gibt, die in gefährlichen Situationen mit großer Wahrscheinlichkeit Fehlverhalten zeigen, das zu Unfällen führt. *„Tatsächlich ist es aber auch mit sehr differenzierten und aufwendigen Methoden – die insbesondere zu berücksichtigen hatten, dass Unfälle statistisch gesehen <seltene Ereignisse> darstellen – nicht gelungen, zeitüberdauernde Unfallneigungen nachzuweisen, die mit be-*

stimmten Persönlichkeitsmerkmalen systematisch verknüpft sind."*158* Demzufolge ist nötig, neben personenbezogenen ebenso arbeits- und organisationsbezogene Ansätze zu berücksichtigen, d. h. von der einseitigen personenorientierten zur *systemorientierten* Betrachtung der Arbeitssicherheit inkl. von Unfällen überzugehen.

Hauptaufgaben der Psychologie der Arbeitssicherheit

Als solche können genannt werden:

- Arbeitsanalyse,
- Arbeitsgestaltung,
- Analyse individuellen Sicherheitsverhaltens,
- Entwicklung des Führungsverhaltens,
- Schulung und Beratung,
- Integration in Ausbildung,
- Einrichtung von Sicherheitszirkeln,
- Implementierung einer Sicherheitskultur.

I. *Arbeitsanalyse*

Kern der *Arbeitsanalyse** ist nach dem ArbSchG die Gefährdungsbeurteilung. Dazu zählt i. e. S. die **Sicherheitsdiagnose**. Sie umfasst die Diagnose und Bewertung von Arbeitssituationen mit Gefährdungspotential. Zur wissenschaftlich fundierten psychologischen Analyse wurde von der Gruppe um GRAF HOYOS der "*Fragebogen zur Sicherheitsdiagnose (FSD)*" entwickelt[159]. Mit dem FSD können bereits bestehende ebenso wie in Planung befindliche Arbeitsplätze und -systeme analysiert werden. Es ist ein Instrument für die präventive Sicherheitsarbeit, es kann aber auch zur Unfallursachenanalyse herangezogen werden. Gegenstand von Beobachtungen und Befragungen mit dem FSD sind das Ausmaß der am Arbeitsplatz bestehenden Gefährdungen und die sicherheitskritischen Bedingungen unmittelbar am Arbeitsplatz wie im Betrieb. Dabei wird von 10 Gefahrentypen ausgegangen:

- vom Menschen ausgehende Gefahren (30, 2 %)
- Gefahrstoffe (13,8 %)
- Gefahren an stationären Maschinen und Anlagen (12,8 %)
- sich schnell auf Personen zubewegende mechanische Gefahren (12,1 %)
- sonstige Gefahren (Lärm, Naturereignisse, Tiere usw.) (9,7 %)
- Gefahren als Ladeenergien (9,6 %)
- Gefahren als thermische Energien (7,5 %)
- Gefahren als Druckenergien (1,5 %)
- Gefahren als elektromagnetische Energien (1,4 %)
- Gefahren als Strahlungsenergien (1,3 %).

(In Klammer ist der Anteil der Einzelgefahr an den 2.373 erfassten Gefahren angegeben.)

Ferner wird im FSD diagnostiziert, welche Anforderungen die Gefahren an den Arbeitenden stellen. Dies betrifft z. B. das Wahrnehmen und Bewerten sowie das Beurteilen und Vorhersehen von Gefahren.

---

[158] Ulich, E. (1998), S. 333
[159] siehe ausführlich Hoyos C. Graf & F. Ruppert (1993)

II. Arbeitsgestaltung

Hierbei ist das Anliegen die Schaffung von solchen Arbeitsaufgaben und -bedingungen, bei denen die Wahrscheinlichkeit von Fehlhandlungen und Unfällen gering ist. Das heißt, die Arbeitsanforderungen inkl. Technik müssen so beschaffen sein, dass sie den menschlichen Leistungsvoraussetzungen entsprechen. Dies ist besonders Aufgabe der Ergonomie* und Arbeitspsychologie* in Zusammenarbeit mit technischen Disziplinen.

Arbeitssicherheit ist vor allem durch die menschliche Zuverlässigkeit in Mensch-Maschine-Systemen gegeben. Ziel psychologischer Arbeitsgestaltung ist die Vermeidung von Fehlhandlungen verschiedenster Art. Mensch-Maschine-Systeme sind nicht selten durch Gestaltungsmängel an der Maschine beeinträchtigt, wie beispielhaft die Tabelle 17 zeigt.

Tabelle 17: Gestaltungsmängel in den Warten amerikanischer Kraftwerke[160]

Gestaltungsmangel	Anteil
Anordnung der Informationsgeber und Bedienstellen unklar, unlogisch, zu komplex	34 %
Fehlende Bezeichnung von oder Trennung zwischen Anzeigen	13 %
Unangemessene Informationsform (ungeeigneter Anzeigetyp, unleserliche Anzeigen)	13 %
Ungenügende oder falsche Beschriftung	9 %
Anordnung von Informationen außerhalb des primären Sehfeldes der Bediener	8%
Inkompatible Skalen	6%
Unzuverlässige Ausrüstungsteile (Messgeräte, Rechner)	6%
Geräte mit Anfälligkeit für artifizielle Auslösungen	6%
Seltene Mängelarten	Rest

Bei der **sicherheitsgerechten Arbeitsgestaltung** sind folgende Aufgabenbereiche zu beachten:

(1) Gestaltung von Arbeitsaufgaben
(2) Gestaltung von Arbeitsbedingungen
(3) Gestaltung von Arbeitsmitteln
(4) Gestaltung von Arbeitsschutzausrüstungen

Ad 1: Gestaltung von Arbeitsaufgaben

Arbeitsaufgaben sind so zu gestalten, dass sie den Leistungsvoraussetzungen des Menschen entsprechen. Beispielsweise sollten Aufgaben nicht zu komplex sein, da sie zur qualitativen Überforderung führen können. Zu einfache Aufgaben führen hingegen

---

[160] nach Hacker, W. (1986), S. 438 f.

oft zur qualitativen Unterforderung, was eine "Überforderung durch Unterforderung" bedeutet. Mehrfachaufgaben stellen oft eine quantitative Überforderung dar, und unvorhersehbare Aufgaben in der Arbeit führen oft zum "Stress".

Ursachen von Fehlhandlungen sind hierbei folgende:

- *Mengenmäßige Überforderung der Mentalkapazität*
Die Kapazität dessen, was Menschen zuverlässig pro Zeiteinheit an Informationen aufnehmen und verarbeiten können, ist begrenzt. Streng genommen gibt es keine echte geistige Doppeltätigkeit, sondern nur ein mehr oder weniger gut koordiniertes schnelles Wechseln zwischen geistigen Aktivitäten. Bei mehr als 50 % von 2.373 untersuchten Unfällen in der Wirtschaft war aber eine Aufmerksamkeitsteilung zwischen der Arbeitstätigkeit und der Gefahrenvermeidung, d. h. eine geistige Doppeltätigkeit erforderlich. Noch schwieriger ist die Aufmerksamkeitsteilung unter Zeitdruck (siehe dazu Kästen 42 und 43).

Kasten 43

Flugzeugunglück über dem Bodensee

Diese Situation war sehr wahrscheinlich auch beim Flugzeugunglück am 01. Juli 2002 über dem Bodensee, als zwei Maschinen durch Berührung aus etwa 11.000 Meter Höhe abstürzten, gegeben. Bei diesem Unglück hatte der Fluglotse in den letzten 15 Minuten vor dem Crash Kontakt zu insgesamt 15 Maschinen. Durch das Überangebot an Informationen war der Fluglotse schlicht überfordert[161].

- *Zeitliche Überforderung der Mentalkapazität*
Die anhaltende aufmerksame Zuwendung zu einem Umgebungsausschnitt ist umso kürzere Zeit möglich, je kleiner und weniger veränderlich dieser Ausschnitt ist. Wachheit bei einförmigem Reizangebot ist eine Überforderung durch Unterforderung. Die Daueraufmerksamkeit ist kaum für eine knappe Stunde mit hinreichend zuverlässiger Signalerfassung möglich. Vielmehr ist die Forderung nach konzentrierter Zuwendung zu Details gerade ein Mittel zur Erzeugung von Schläfrigkeit.

- *Arbeitsgestalterische Verstöße gegen Verhaltensstereotype (Populationsstereotype)*
Alle Menschen reagieren teils angeborener, teils erlernter Maßen auf bestimmte Informationen mit festen, eben stereotypen Verhaltensweisen. Widerspricht die tatsächlich erforderliche Reaktion dem Stereotyp, so dominiert dieser, d. h. eine Fehlhandlung entsteht. Hupt es beispielsweise beim Betreten einer Londoner Fahrbahn plötzlich rechts neben ihm, so reißt der Kontinentaleuropäer den Kopf nach links; das war falsch, er gerät von rechts unter die Räder. Deutlicher auf die betriebliche Arbeitssicherheit bezogen: Das Wartenpersonal des Atomkraftwerks Harrisburg interpretierte *Rot* als Kennzeichnung der Heißdampf- und *Blau* als Kennzeichnung der Kühlwasserleitungen. Das war falsch: *Rot* bedeutete dort Kühlwasser.

- *Gedächtnisüberforderungen*
Einerseits ist die menschliche Behaltenskapazität prinzipiell unbegrenzt, andererseits liegt jedoch die Grenze im Erinnerungsdefizit: Sicherer Gedächtnisbesitz wird nicht mit Selbstverständlichkeit zum erforderlichen Handlungszeitpunkt aktiviert. Ein Beispiel: Sogar ausgeruhte junge Erwachsene erfüllen bei einfachen Aufgaben über höchstens 90 Minuten etwa 25 % ihrer Aufträge nicht, weil sie nicht rechtzeitig "daran gedacht haben", ohne dass sie diese Aufträge dabei vergessen hatten. Aus Unfallanalysen ist bekannt, dass Betroffene an ihnen wohl bekannte Sachverhalte - etwa das Verbot des Aufenthalts unter schwebenden Lasten - "nicht denken", d. h. dass sie ihnen nicht situationsgerecht einfallen. Ar-

---

[161] siehe auch "FOCUS" 33/2002, S. 42 ff.

beitsschutzstrategien, die auf ein zeitgerechtes Erinnern aufbauen wollten, wären daher wirkungslos, weil sie eine nicht mit Sicherheit realisierbare geistige Leistung unterstellen würden. Das scheint jedoch nicht daran zu hindern, sie etikettenschwindlerisch als Schutzstrategie regelmäßig einzusetzen.

♦ *Urteilsüberforderungen*
Eine der häufig misslingenden geistigen Leistungen ist das Abschätzen von Wahrscheinlichkeiten, in der Arbeitssicherheit von Risikowahrscheinlichkeiten. Zutreffende Risikowahrnehmungen können hochbedeutsame Fehlhandlungs-, Schadens- und Unfallquellen sein; denn die Gefahrenexposition verhält sich umgekehrt proportional zur Gefahrenwahrnehmung. Leider sind Menschen nicht in der Lage, Risikowahrscheinlichkeiten zuverlässig zu schätzen: Bei häufig ausgeführten Tätigkeiten werden die Risiken deutlich unterschätzt. Beispielsweise unterschätzen Gerüstbauer die objektiven Unfallhäufigkeiten auf Gerüsten drastisch, überschätzen jedoch die auf den von ihnen seltener benutzten Leitern. Umgekehrt ist es bei Malern.

♦ *Aufmerksamkeitsüberforderungen*
Entgegen vielen Lehrbuchaussagen ist das Fehlen von Risiko- bzw. Sicherheitsbewusstsein der gesunde Normalzustand. Warum? Wesentliche Teile der Arbeit laufen unter relativ gleich bleibenden Bedingungen ab. Alle Lebewesen nutzen die Gleichförmigkeit gesetzmäßig zum Erlernen entlastende Routineprozesse, der sog. psychischen Automatismen. Bei veränderten Handlungsbedingungen werden sie jedoch zu Fehlhandlungsquellen: Objektiv gegebene Handlungsalternativen werden nicht mehr bewusst (aufmerksam) erwogen. Je geübter oder routinehafter Tätigkeiten sind, desto wahrscheinlicher entstehen damit Fehlhandlungen bei Bedingungswechsel, d. h. die sog. Automatisierungsfehler.

Ad 2: **Gestaltung von Arbeitsbedingungen**

Die Gestaltung sicherheitsrelevanter Arbeitsbedingungen betrifft zunächst allgemeine Bedingungen wie z. B. Ordnung und Sauberkeit am Arbeitsplatz. Dazu trägt insbesondere das Verhalten von Personen bei. Dafür einige Beispiele: Es ist der Arbeitsplatz regelmäßig zu reinigen; es ist keine verschmutzte Arbeitskleidung zu tragen, es sind spitze Werkzeuge nicht in den Taschen der Arbeitsanzüge zu tragen (siehe auch Kasten 44).

Kasten 44

SOS-Aktionen

Im VW-Werk Kassel werden seit einigen Jahren SOS-Aktionen (*Sauberkeit + Ordnung = Sicherheit*) durchgeführt. Nach der **5-S-Methode** werden Selbstdisziplin, Standardisierung, Reinigung, Aufräumen und Aussortieren - dafür stehen die 5 S im Japanischen - angestrebt. Im ersten Schritt zeigen die Mitarbeiter überflüssigen Betriebsmitteln die „rote Karte". Das so erfasste Material wird im zweiten Schritt aussortiert. In dritten Schritt werden die Maschinen gereinigt. *„Durch das Reinigen haben wir bis dahin unbekannte Mängel an der Anlage entdeckt und zu einem großen Teil ...abgestellt."* Im nächsten Schritt wurde die Frage aufgeworfen: *Was muss getan werden, um den sauberen Zustand der Maschinen bzw. der Anlage zu erhalten?* Es wurde ein Maßnahmenkatalog für eine verbesserte Wartung der Anlage aufgestellt. Außerdem wurde ein detaillierter Reinigungsplan entworfen.

Nach VW-Zeitung vom 05. Dezember 2002 (Hervorhebungen – B. R.)

Ferner zählen dazu physikalische Bedingungen wie besonders das Klima, der Lärm, die Beleuchtung, die Farben und auch Vibrationen (siehe Kapitel 4.4.). Des Weiteren kommen zeitliche Bedingungen in Betracht, wie z. B. Nachtarbeit, Zeitdauer und Pausenregelung (siehe Kapitel 4.5.). Dazu zählen auch soziale Bedingungen, wie z. B. Mehrpersonen-Arbeitsplätze, die Möglichkeit von Kommunikation und Kooperation sowie die soziale Unterstützung am Arbeitsplatz (siehe Kapitel 2.3. und 4.2.).

Zu den sicherheitsrelevanten Arbeitsbedingungen gehört besonders die **Sicherheitskennzeichnung**. Darunter versteht man die Anwendung von Zeichen, die durch Farbe, Form und Bild auf dem Schild auf Gefahren, Gebote und Verbote im Betrieb deutlich hinweisen. Die BG-Vorschrift unterscheidet u. a. zwischen:

- *Verbotszeichen*: Sie untersagen gefährdendes oder gefahrenträchtiges Verhalten, z. B. *„Rauchen verboten"*;
- *Warnzeichen*: Sie warnen vor einem Risiko oder einer Gefahr, z. B. Warnung vor Fräswellen;
- *Gebotszeichen*: Sie schreiben ein bestimmtes Verhalten vor, z. B. *„Atemschutz benutzen"*;
- *Rettungszeichen*: Mit ihnen werden Rettungswege oder Notausgänge gekennzeichnet, z. B. *„Erste Hilfe"* oder *„Notausgang"*;
- *Brandschutzzeichen*: Sie weisen auf Notwendigkeiten der Brandgefahrenvorbeugung oder –bekämpfung hin, z. B. *„Feuerlöschgerät"*;
- *Kombinationszeichen* bieten die Möglichkeit, schwierige Sicherheitsaussagen sichtbar zu machen wie z. B. das Verbot der Benutzung eines Aufzuges im Brandfall.

Ad 3: Gestaltung von Arbeitsmitteln

Sie ist ebenfalls unter dem Sicherheitsaspekt zu beachten (siehe ausführlich Kapitel 4.6.). Dafür einige Beispiele: Arbeitsmittel müssen benutzerfreundlich sein. Arbeitsmittel ohne Spitzen und Grat sind sachgerecht zu verwenden. Es sind keine defekten Arbeitsmittel zu nutzen. Sie sollten ferner Kontrastfarben zum Hintergrund aufweisen.

Ad 4: Gestaltung von Arbeitsschutzausrüstungen

Bei vielen Arbeitsvorgängen mit potentiellen Unfallrisiken ist die *persönliche Schutzausrüstung (PSA)* zu tragen. Dazu zählen vor allem Handschutz (Sicherheitshandschuhe), Fußschutz (Sicherheitsschuhe), Gehörschutz, Hitzeschutz, Atemschutz und Kopfschutz (Sicherheitshelm). Sie sollen vor schädigenden Einwirkungen bei der Arbeit schützen. Ihre ergonomische und ästhetische Gestaltung, Eignung für die Gefährdungssituation, Anpassung an individuelle Anforderungen, Hygiene sowie ihre sichere Funktion sind bei der Auswahl zu beachten. Die PSA sollte nicht nur funktional, sondern für den Träger auch bequem und optisch ansprechend sein. Damit werden ihre Akzeptanz und somit die Motivation zum Tragen erhöht.

III.   *Analyse individuellen Sicherheitsverhaltens*

Von welchen Persönlichkeitsbedingungen hängt die menschliche Zuverlässigkeit ab? Wir gehen zwar nicht vom Konzept der „Unfällerpersönlichkeit" aus (siehe oben), jedoch gibt es Persönlichkeitsmerkmale, welche die Wahrscheinlichkeit eines Unfalls unter bestimmten Bedingungen erhöhen. Dies bemerkt auch GRAF HOYOS: *„Nicht vom Tisch wischen kann man aber die erdrückende Fülle von Befunden, denen zufolge* *bestimmte Personvariablen mit dem Erleiden von Unfällen einhergehen, d.h. es gibt immer Bedingungen in der Person, die Unfälle begünstigen, die aber weder immer wirksam noch unabhängig von situativen Bedingungen sind."*[162]

Grundsätzlich ist festzustellen, dass menschliches Verhalten nur zum geringen Teil bewusst reguliert wird (siehe Kasten 45). Dies ist einerseits nötig und vorteilhaft für den Menschen, andererseits ein Problem für das Sicherheitsverhalten. Zum Beispiel kann automatisiertes Handeln unter veränderten Arbeitsbedingungen zu einem Risiko werden.

Kasten 45

Handlungsarten und Folgerungen für sicherheitsgerechtes Verhalten

Bewusstes Handeln heißt: Es wird eine Situation wahrgenommen, die Handlungsmöglichkeiten werden abgeschätzt und dann bewusst eine Entscheidung getroffen. Auf diese Art erlernen Menschen neue Fertigkeiten und lernen neu bzw. um, wenn Situationsveränderungen dies erfordern. Diese Art des Handelns erfordert hohe selektive Aufmerksamkeit und Konzentration, so dass andere Situationsbedingungen, z. B. Gefahren, nicht wahrgenommen werden können. - Der Anteil bewussten Verhaltens am Gesamtverhalten wird mit 10 - 15 % geschätzt.

Automatisiertes Handeln heißt: Verhaltensweisen laufen gewohnheitsgemäß ab. Aufmerksamkeit, Konzentration und das Denken sind nur noch im geringen Maße nötig, weil das Verhalten gut gelernt wurde. Bei unvorhergesehenen Ereignissen muss allerdings auf bewusstes Handeln umgeschaltet werden, was oft schwer fällt. Problematisch wird es, wenn eine Arbeitssituation sich etwas verändert. Solche Veränderungen werden oft nicht rechtzeitig erkannt. Es entstehen sog. Automatisierungsfehler (siehe oben). - Der Anteil automatisierten Verhaltens am Gesamtverhalten wird mit 55 - 75 % geschätzt.

Reflexe sind nicht erlernt, sondern angeboren und stabil im Verhalten. Vorteilhaft ist, dass sich der Mensch besonders in Gefahrensituationen durch reflexartige Reaktionen schützt bzw. in Sicherheit bringt. Zum Beispiel schützt er die Augen mit der Hand bei einem grellen Lichtstrahl. - Dieser Anteil am Gesamtverhalten wird mit 10 - 35 % geschätzt.

Individuelle oder personale Einflussfaktoren auf das Sicherheitsverhalten sind folgende (vgl. Bild 39):

- die Wahrnehmung und Bewertung von Gefahren
- die Einstellungen zur Arbeitssicherheit
- die Motivation zum Sicherheitsverhalten
- die Erfahrung mit Gefahren
- das Wissen um Gefahren
- die Stimmung
- die emotionale Stabilität vs. Labilität.

---

[162] Hoyos, C. Graf (1980), S. 174

Bild 39: Individuelle Einflussfaktoren auf das Sicherheitsverhalten

Wahrnehmung und Bewertung von Gefahren

Sicherheitsverhalten ist das Ergebnis eines psychischen Prozesses. Am Anfang steht dabei das Wahrnehmen und Erkennen von Gefahren (Gefahrenkognition). Individuelle Bedingungen der Gefahrenwahrnehmung und –erkennung sind z. B. die unterschiedliche Funktionsfähigkeit der Sinnesorgane, unterschiedliche Wahrnehmungsschwellen, der aktuelle Wachheits- vs. Ermüdungszustand oder der tagesbiologische Rhythmus. Ein Grundproblem besteht darin, dass es Gefahren gibt, die sehr anschaulich sind, wie z. B. offenes Feuer, tiefe Abgründe, schwere Lasten, die über der Person schweben oder spitze Gegenstände. Es gibt aber auch zahlreiche Gefahren, die nicht anschaulich sind. Das heißt: Sie können von uns als solche oft gar nicht oder nicht rechtzeitig erkannt werden.

Im zweiten Schritt erfolgt die Bewertung der Arbeitssituation. Wir schätzen ein, ob eine oder keine Gefährdung vorliegt. Auch hierbei unterliegt der Mensch oft Täuschungen; denn Gefahren werden oft unter- oder überschätzt. Die große Anzahl auftretender Stolper-, Sturz- und Rutschunfälle zeigt uns, dass Gefahren beispielsweise beim "normalen" Gehen oder Treppensteigen, d. h. bei Routinetätigkeiten oft unterschätzt, hingegen anschauliche Gefahren überschätzt werden.

Die Bewertung von Gefahren hängt von diesen Faktoren ab:
- vom Bekanntheitsgrad der (gefährlichen) Arbeitssituation
- von der Vertrautheit der Arbeitssituation
- von der Sensibilität gegenüber Gefahren inkl. Signalen.

Oft werden Gefahren im Arbeitsalltag aus dem Bewusstsein verdrängt (siehe dazu Kasten 46). Dabei spielen der Gedanke der Unverwundbarkeit oder die Illusion der Unverletzbarkeit ("*Mir passiert schon nichts.*") oder die Gruppenmeinung bzw. -norm ("*Uns ist hier noch nichts passiert.*") eine wesentliche Rolle. Zur Begründung dieser Illusion wird gern auf Statistiken, welche die geringe Wahrscheinlichkeit eines Unfalleintritts belegen sollen, oder/und auf die hohe technische Sicherheit verwiesen. Ferner erschweren oder verhindern versteckte gefährliche Arbeits- und Umgebungsbedingungen sowie schlecht erkennbare Sicherheitskennzeichen eine realitätsangemessene Bewertung der Gefahr.

Einstellungen zur Arbeitssicherheit

Darunter soll die Art und Weise verstanden werden, wie sich eine Person mit seinen Gedanken (kognitive Komponente), Gefühlen (affektive Komponente) und Verhaltensweisen (konative Komponente) auf einen Gegenstand richtet. Dabei besteht die Bereitschaft, das Objekt positiv oder negativ bzw. als persönlich bedeutsam oder nicht bedeutsam zu bewerten. Dies gilt auch für Gefahren in der Arbeit. Arbeitssicherheit kann persönlich als bedeutsam für das eigene Leben und die eigene Gesundheit, als wichtig für den Betrieb usw. bewertet werden. Voraussetzungen für die Herausbildung notwendiger Einstellungen sind das Wissen um Gefahren sowie seinen Ursachen und Bedingungen in der Arbeit (kognitive Komponente), das Erleben einer Gefahr (affektive Komponente) und das Erlernen von Sicherheitsverhalten beispielsweise durch Sicherheitstrainings.

Motivation zum Sicherheitsverhalten

Darunter sind allgemein die Motive oder Beweggründe der Person für sicherheitsgerechtes Verhalten zu verstehen. Nach TRIMPOP[163] sind grundsätzlich die extrinsisch-hierarchische und die partizipativ-intrinsische Motivation zu unterscheiden. - Da die Motivierung von Mitarbeitern eine wesentliche Führungsaufgabe ist, wird auf diesen Aspekt unten ausführlicher eingegangen.

Erfahrungen mit Gefahren

Es ist eine bekannte Tatsache, dass der Mensch erst dann ein Sicherheitsbewusstsein entwickelt, wenn er Erfahrungen mit Gefahren gemacht hat, beispielsweise durch erlebte Unfälle oder Beinahe-Unfälle (siehe auch Kasten 45). Erst „*ein gebranntes Kind scheut das Feuer*". Besonders auf Grund solcher Erfahrungen hat jeder Mensch ein bestimmtes im Gedächtnis gespeichertes „*inneres Gefahrenmodell*". Per se hat der Mensch kein ausgeprägtes Gefahrenbewusstsein, zumal Gefahren oft wenig anschaulich sind und der Mensch für Gefahren keine spezifischen Sinnesorgane hat. Dies bestätigt sich auch in Unfallstatistiken, welche belegen, dass Mitarbeiter mit geringer Betriebserfahrung stärker dazu neigen, (verhaltensbedingte) Unfälle zu verursachen. Die Entwicklung des Gefahrenbewusstseins beruht also auf individuellen Lernprozessen, d. h. durch erlebte Gefährdungen findet eine klassische Konditionierung hat, indem auf bestimmte Reize (Gefahren) adäquate Reaktionen folgen.

---

[163] Trimpop, R. (1996), S. 452 f.

> **Kasten 46**
>
> **Sicherheitsbewusstsein durch Erfahrung**
>
> Beim Skifahren in den Alpen brach sich Michael SCHANZE, der Entertainer im deutschen Fernsehen, einen Rückenwirbel. Querschnittslähmung drohte. So verbrachte er die letzten Monate in einem Korsett. *Friederike Gerling* sprach mit dem 54-Jährigen:[164]
> Frage: *Wie geht es Ihnen?*
> Michael Schanze: *Inzwischen wieder ganz gut.*
> *Wann geht's zur Reha?*
> *Ich fange jetzt damit an, aber ganz vorsichtig. Steht auf dem Rezept.*
> *Hat Sie der Unfall verändert?*
> *Ich bin ins Grübeln gekommen. Ein Steinchen aus dem Mosaik "Mir kann nichts passieren" ist herausgebröselt.*

Wissen um Gefahren

Das Wissen um Gefahren sowie ihre Bedingungen und Ursachen spielen im individuellen Sicherheitsverhalten ebenfalls eine Rolle. Es sollte in erster Linie mit Hilfe der *Unterweisung* vermittelt werden. Inhalte der Sicherheitsunterweisung, die mindestens einmal jährlich erfolgen muss, sind alle anfallenden Tätigkeiten für den Mitarbeiter inkl. aller bestehenden Gefahren für sich selbst, für Kollegen, für die Umwelt, für die Qualität und für die Anlage. Ferner tragen zur Wissenserweiterung alle weiteren Formen des Sicherheitsgesprächs und allgemein der Kommunikation zur Arbeitssicherheit im Unternehmen bei (siehe unten). Dabei reicht es aber nicht aus, sicherheitsrelevantes Wissen per Vorschrift zu vermitteln, sonders es sollte dabei der erlebnispädagogische Aspekt berücksichtigt werden, indem Gefahren z. B. anschaulich per Video aufgezeigt werden.

Die Stimmung

Die aktuelle Stimmung oder die „persönliche Tagesform" ist ein wesentlicher situativer Faktor im Verhalten. In Bezug auf die Arbeitssicherheit hat sie eine besondere Bedeutung, da eine negative Stimmung (Stress, Ärger, Wut, Depressivität usw.), hervorgerufen durch Konflikte, Überforderung, Schlafdefizite u. a. m., Fehlhandlungen begünstigen kann.

Die emotionale Stabilität

Sie ist eine wichtige Ressource individueller Arbeitssicherheit. Das von EYSENCK & EYSENCK[165] ausführlich beschriebene Persönlichkeitsmerkmal **_Emotionale Stabilität vs. Labilität_** ist definiert als die habituelle (verfestigte) Neigung einer Person, negative Emotionen, d. h. Ärger, Angst, Depressivität, Schuldgefühle oder Gefühle der Selbstunsicherheit, selten (Stabilität) oder relativ häufig (Labilität oder Neurotizismus*) zu erleben. Es kann davon ausgegangen werden, dass auf Grund dieser Neigung bei diesen Personen auch die Wahrscheinlichkeit höher ist, unter bestimmten Arbeitsbedingungen einen Unfall oder Bagatell-Unfall zu begehen. Dies gilt insbesondere für die häufig auftretenden Stolper-, Sturz- und Rutschunfälle.

---

[164] nach „*Leipziger Volkszeitung*" vom 07.06.01
[165] siehe z. B. Eysenck, H.-J. & Eysenck, M. W. (1985)

IV. Entwicklung des Führungsverhaltens

Eine zentrale Stellung bei der Durchsetzung von Sicherheitsmaßnahmen nehmen die Führungskräfte ein. Demzufolge sollte die Arbeitssicherheit integraler Bestandteil von Management- bzw. Führungskonzepten des Unternehmens sein. Sicherheitsmanagement sollte eine *Führungsaufgabe* hoher Priorität sein. Denn Führungskräfte sollten Experten und Multiplikatoren im Sicherheitsmanagement sein. Dies ist jedoch in Betrieben häufig nicht der Fall. Bei einer erstaunlichen Anzahl von leitenden Führungskräften wurden drastische Unterschätzungen von Gefahren im Unternehmen festgestellt.[166]

Das Grundanliegen der Personalführung besteht darin, Einfluss auf das Sicherheitsverhalten der Mitarbeiter zu nehmen. Dazu zählen vor allem folgende **Aufgaben**:

- Vorbild für alle Mitarbeiter im Sicherheitsverhalten zu sein,
- die Auswahl geeigneter Mitarbeiter für Arbeitstätigkeiten in Gefahrenbereichen,
- die Information der Mitarbeiter über gesetzliche Vorschriften, Unfallquellen usw. in Gesprächen, besonders in der Unterweisung,
- die Motivierung der Mitarbeiter zum Sicherheitsverhalten,
- die Aufsicht über die Beachtung von Sicherheitsvorschriften bzw. die Kontrolle der Erfüllung von Sicherheitsmaßnahmen (Kontrollpflicht),
- die Erteilung von Sanktionen bei sicherheitswidrigem Arbeitsverhalten,
- die Anerkennung von Mitarbeitern für das gezeigte Sicherheitsverhalten,
- der Erfahrungsaustausch mit Sicherheitsexperten,
- die Delegation und Kontrolle von Einzelaufgaben zur Arbeitssicherheit an unterstellte Führungskräfte, Sicherheitsexperten oder Mitarbeiter,
- die Analyse eines Unfalls inklusive Bagatellunfalls *und* Beinahe-Unfalls.

Eine zentrale Stellung im sicherheitsbezogenen Führungsverhalten nimmt das **Sicherheitsgespräch** ein. Dabei gibt es mehrere Formen:

- *Spontane Gespräche*: Hier finden die Gespräche ohne Vorbereitung und Planung statt. Es ist oft ein konkreter Anlass, der die Möglichkeit bietet, über Arbeitssicherheit mit Mitarbeitern zu sprechen.
- *Kurzgespräche*: In einem Kurzgespräch wird in der Regel ein zuvor ausgewähltes Thema innerhalb eines bestimmten Zeitrahmens (z. B. fünf Minuten), an einem bestimmten Ort (in einer ruhigen Ecke möglichst nah am Arbeitsplatz), vor einer kleinen Anzahl Personen (die unmittelbar vom Thema betroffen sind) erörtert.
- *Unterweisungen*: Jeder Unternehmer ist verpflichtet, die Beschäftigten vor Aufnahme ihrer Tätigkeit und danach in regelmäßigen Abständen (mindestens einmal jährlich) über Unfallgefahren und deren Vorbeugung zu unterweisen. Unterweisungen sind ergo grundsätzlich Aufgabe des Vorgesetzten. Die Unterweisung soll vor allem erreichen, dass die Beschäftigten Gefahren besser wahrnehmen und erkennen und sich umsichtiger in sicherheitskritischen Situationen verhalten. Anlässe für eine Unterweisung bestehen neben der Vorschrift (einmal im Jahr) bei neu eingeführten Arbeitsverfahren, Unfällen, Störfällen oder kritischen Ereignissen sowie bei auffälligen sicherheitswidrigen Verhaltensweisen. In die Unterweisung sollen anschauliche Demonstrationen, z. B. durch Filme oder Videos, einbezogen werden. Denn es geht hierbei nicht nur um wichtige Informationen, sondern um die Veranschaulichung von Gefahren sowie die Motivation zum Sicherheitsverhalten.

---

[166] vgl. Burkardt, F. & I. Colin (1997)

Ein Sicherheitsgespräch kann tätigkeits-, ereignis- oder vorschriftsorientiert geführt werden. *Tätigkeitsbezogene* Gespräche fokussieren das Arbeitshandeln und benennen für alle Teilhandlungen Gefährdungen (siehe Tabelle 18). *Ereignisorientierte* Gespräche beziehen sich auf kritische Ereignisse, Beinahe-Unfälle, wahrgenommene Gefahren etc.. *Vorschriftsorientierte* Gespräche lehnen sich an Unfallverhütungsvorschriften, betriebliche Sicherheitsbestimmungen usw. an.

Motivierung der Mitarbeiter

Da die Motivierung zur Arbeitssicherheit besonders wichtig ist, möchte ich nun näher auf diese Führungsaufgabe eingehen.

Unter der ***extrinsisch-hierarchischen Motivation*** ist die Belohnung von Sicherheitsverhalten oder die Bestrafung von sicherheitswidrigem Verhalten zu verstehen (siehe Tabelle 19).

Tabelle 19: Anreize, Ziele und Maßnahmen zur Arbeitssicherheit bei extrinsisch-hierarchischer Motivation

Anreiz (Motivator)	Ziele der Motivationsmaßnahme	Maßnahme (Beispiele)
Belohnung	Förderung der Vorteile sicherheitsgerechten Verhaltens	Lob oder Prämie für weniger Unfälle
Wegnahme von Bestrafung	Verringerung der Nachteile sicherheitsgerechten Verhaltens	bequeme Schutzkleidung
Wegnahme von Bestrafung	Verringerung der Vorteile sicherheitswidrigen Verhaltens	Verhinderung von Wegabkürzungen
Bestrafung	Aufzeigen der Nachteile sicherheitswidrigen Verhaltens	Tadel oder Geldverlust (keine Prämie usw.)

Bei diesen Maßnahmen werden die Mitarbeiter zur Einhaltung des Sicherheitsverhaltens aufgefordert. Dadurch ist aber ihr Verhalten eher fremdbestimmt. Dieses Problem kann überwunden werden, indem die Mitarbeiter vor Ort in die Planung, Umsetzung und Kontrolle der Arbeitssicherheit im Unternehmen einbezogen werden, d. h. partizipativ-intrinsisch motiviert werden (siehe Tabelle 20).

Tabelle 18: Inhalte eines tätigkeitsorientierten Sicherheitsgesprächs – am Beispiel Materialtransport[167]

	Problem	Handlungsanleitung
1. Einstieg		
- Voraussetzungen klären (z. B. sind Neulinge dabei?)		
- Kritische Ereignisse (eigene Beobachtungen etc.)		
2. Gefährdungen aus der Umgebung		
Gefährdung (G)		
G1: Produktionsmitarbeiter treten aus den Anlagen heraus	Sie verkennen die Möglichkeiten des Staplers (Bremsweg)	Mit Produktion reden; Kritische Stellen identifizieren
G2: Andere Versorgungsfahrzeuge im Arbeitssystem	Räumliche Enge, viele Knotenpunkte	Versorgungsströme kennen; Logistik prüfen
G3: Kranverkehr	Kooperation mit Kranfahrern viele Zeichengeber	Regelung der Verantwortlichkeit für die Verständigung
3. Gefährdungen aus Tätigkeiten (T)	**Gefährdung (G)**	**Handlungsanleitung**
T1: volle Behälter abfahren	G4 Verkanten der Behälter auf Gestell; G5 Rückwärtsfahren durch Enge	Bremsen der Gestelle anziehen; Genaue Planung der Abstellbereiche
T2: Transportbehälter zusammenklappen	G6 Unfallgefahr durch fehlende Bolzen	Verantwortlichen für die Bolzenreparatur benennen
T3: Restbleche entfernen	G7 Scharfe Kanten in Verbindung mit ölverschmierten Handschuhen (Schnittverletzung)	Rechtzeitiger Handschuhwechsel
4. Zusammenfassung und Diskussion		
- Zielvereinbarung und Anregungen zum Weiterarbeiten		

---

[167] nach BAuA (1997), S. 15

Tabelle 20: Anreize, Ziele und Maßnahmen zur Arbeitssicherheit bei partizipativ-intrinsischer Motivation

Anreiz (Motivator)	Ziele der Motivationsmaßnahme	Maßnahmen (Beispiele)
Beteiligung an Sicherheitsplanung und -durchführung	Entwicklung von Eigenverantwortung für Sicherheit	Einrichtung von Sicherheitszirkeln
Einbeziehung der Sicherheit in die Beurteilung	Entwicklung von Stolz auf erbrachte Sicherheitsleistung	Erarbeitung eines entsprechenden Beurteilungssystems
Einbindung der Mitarbeiter in den betrieblichen AGS	Identifikation mit Zielen des betrieblichen AGS	Schaffung einer Sicherheitskultur
Belohnung von Sicherheitsaktivitäten	Aktive, selbständige Suchen nach Gefahrenquellen	Mitwirkung bei Gefährdungsanalyse und -beurteilung

Als **Methoden** für die Motivierung zur Arbeitssicherheit können eingesetzt werden:

- Gespräche, vor allem die Unterweisung (siehe oben)
- Sicherheitswettbewerbe (safety challenges) mit Anreizen, z. B. Gruppen- oder Einzelprämien, Bonusscheine (u. a. Benzingutschein), Preise, Incentives usw.
- positive Feedbacks: Lob, öffentliche Anerkennung (z. B. in Betriebszeitung) usw.
- negative Feedbacks: Sanktionen, Unfallstatistiken usw.
- Sicherheitsaktionen von Mitarbeitern (siehe Kasten 47)
- Schulung und Beratung
- Beteiligung der Mitarbeiter am Sicherheitszirkel (siehe unten)
- Maßnahmen der Arbeits- und Organisationsgestaltung (siehe oben).

Kasten 47

Sicherheitsprüfung durch alle Mitarbeiter

Die Symalit GmbH, Werk Lotte, Zulieferer für die Automobilindustrie mit 55 Beschäftigten, konnte durch ständige Schärfung des Sicherheitsbewusstseins aller Mitarbeiter und die kontinuierliche Überprüfung der Betriebsmittel und Verfahrensschritte erreichen, dass seit nunmehr 9 Jahren keine meldepflichtigen Unfälle angezeigt werden mussten.

Dieser Erfolg stellte sich ein, nachdem die Mitarbeiter zur systematischen Sicherheitsarbeit motiviert worden waren. Sie beobachten ihr eigenes und das Verhalten ihrer Kollegen, überprüfen und bemühen sich, sich sicherheitsgerecht zu verhalten. Initiiert und begleitet wurde diese Selbstüberprüfung im Laufe der Jahre durch mehrere Sicherheitswochen, in denen eine sog. "*Rote-Punkt-Aktion*" stattfand, die wie folgt aussah:
Jeder Mitarbeiter erhält drei rote selbstklebende Markierungspunkte, die er auf solche Stellen klebt, an denen er nach persönlicher Meinung einen Sicherheitsmangel wahrnimmt. Die markierten Bereiche werden protokolliert und fotografiert, die Mängel werden beseitigt und danach dieselbe Stelle erneut fotografiert. Dann werden beide Fotos am schwarzen Brett ausgehängt.

Der Vorteil dieser Methode besteht darin, dass alle Mitarbeiter in die betriebliche Sicherheitsarbeit einbezogen werden. Sie sind als Experten und potentiell Betroffene gefragt, was zweifelsohne ihre Motivation für Arbeitssicherheit erhöht.

V. Schulung und Beratung

Zielgruppen sind vor allem Führungskräfte und betriebliche Sicherheitsexperten (Sicherheits-fachkräfte, -beauftragte), Betriebsärzte, betriebliche Ausbilder, Betriebs- bzw. Personalräte sowie Technische Aufsichts- bzw. Gewerbeaufsichtsbeamte und in Gefahrenbereichen tätige Mitarbeiter (Gabelstaplerfahrer, Höhenarbeiter usw.). Ihnen sollten alle Kenntnisse und Kompetenzen systematisch und planmäßig vermittelt werden, die nötig sind, um Gefahren zu erkennen und um mit ihnen sicher umzugehen. Hauptanliegen ist die Entwicklung des Sicherheitsverhaltens als Bestandteil beruflicher Handlungskompetenz. Dafür kommen in erster Linie Unterweisungen in Frage. Dies kann aber nicht nur mit „obligatorischen" Unterweisungen erreicht werden. Wirksamer sind verhaltensorientierte Konzepte. Hierfür kommen besonders die handlungsorientierte Sicherheitsunterweisung, die moderierte Gruppenbesprechung und das Sicherheitstraining in Frage. Dabei wird sensibilisiert, informiert, instruiert, eingeübt, überprüft, wiederholt und Einfluss auf entsprechende Einstellungen und Verhalten genommen.

Schulungen zur Arbeitssicherheit sollten integraler Bestandteil der Personalentwicklung sein. Eine wichtige Aufgabe übernehmen dabei die Berufsgenossenschaften, welche eine zentrale Stellung in der Sicherheitsausbildung von Führungskräften, Sicherheitsexperten und Betriebsräten haben[168].

Im gleichen Kontext ist die *Beratung* zu sehen. Sie ist besonders Aufgabe der Sicherheitsfachkräfte im Unternehmen.

VI. Einrichtung von Sicherheitszirkeln

Der Sicherheitszirkel ist die wichtigste gruppenorientierte Maßnahme zur Erhöhung der Arbeitssicherheit.[169] Er ist - wie der Gesundheitszirkel (siehe Kapitel 3.3) - ein Forum, in dem Sicherheitsprobleme kollektiv benannt und gelöst werden. Der Vorteil besteht hier darin, dass die Mitarbeiter in die Erkennung und Lösung dieser Probleme einbezogen werden. Dadurch wird ihre Akzeptanz von Sicherheitsmaßnahmen erhöht. Zudem werden die Mitarbeiter partizipativ-intrinsisch motiviert, indem sie Eigenverantwortung übernehmen (siehe oben Tabelle 19).

VII. Integration in Ausbildung

„*Mit Sicherheit fängt die Ausbildung an*" – so heißt ein Beitrag im Jahresbericht 2002 „Arbeitssicherheit" der VW AG Wolfsburg. Man kann mit der Vermittlung von Wissen zur Arbeitssicherheit und mit der Entwicklung des Sicherheitsbewusstseins nicht früh genug im Unternehmen beginnen. In altersangemessener Weise sollten den Auszubildenden für sie relevante Aspekte zur Arbeitssicherheit vermittelt werden mit dem Ziel, das Sicherheitsverhalten zu entwickeln. Dies gilt nicht nur für Gefahren am Arbeitsplatz, sondern auch für den Weg zur Arbeit.

---

[168] siehe u.a. Wenninger, G. & H. Nold (1995)
[169] siehe z. B. Nold, H. (1993), S. 105 ff.

VIII. Implementierung einer Sicherheitskultur

Die Sicherheitskultur ist – als integraler Bestandteil der Gesundheitskultur - der sog. Geist aller o. g. Aufgaben. Darunter ist die Summe der Überzeugungen, Regeln, Normen und Werte, die das Typische und Einmalige des Unternehmens in Bezug auf Arbeitssicherheit ausmachen, zu verstehen. Sicherheitskultur ist Resultat wie Voraussetzung der Arbeitssicherheit. Sie ist als Unternehmensziel wie als Unternehmenswert aufzufassen und weist vor allem folgende **Indikatoren** auf:

- *Unternehmenspolitik*, welche sich durch Sicherheitsgrundsätze, -strategien oder –leitlinien (siehe Kasten 48) sowie durch entsprechende Veranstaltungen (Sicherheitswettbewerbe, Aktion "Woche der Arbeitssicherheit", Kampagnen gegen Suchtmittelgebrauch etc.) auszeichnet,

- *Aufbau* (Position der Sicherheitsabteilung in der Unternehmenshierarchie, Größe und Struktur der Sicherheitsabteilung usw.) und *Ablauf* (Analysemethoden, Leistungs-, Kontroll- und Gratifikationssysteme usw.) *der Sicherheitsorganisation* im Betrieb,

- *Personalführung*, welche Arbeitssicherheit permanent thematisiert, darüber informiert und die Mitarbeiter motiviert (siehe oben),

- *Kommunikation* im Unternehmen über Arbeitssicherheit (siehe oben),

- *Corporate Identity*, d. h. einheitliche Darstellung der Arbeitssicherheit nach innen und außen durch Logo, Leben der Grundsätze usw..

Die Entwicklung und Implementierung der Sicherheitskultur ist ein langfristiger und permanenter Prozess, der von Führungskräften und Mitarbeitern gemeinsam vollzogen werden muss.

Bei der Implementierung einer Sicherheitskultur in Unternehmen können die Berufsgenossenschaften einen wesentlichen Beitrag leisten. Zum Beispiel haben sie im Frühjahr des Jahres 2003 eine große Kampagne gegen Stolper-, Sturz- und Rutschunfälle gestartet. Eines der Ziele der „*Aktion: Sicherer Auftritt*" ist es, die Zahl dieser Unfälle innerhalb der nächsten zwei Jahre um 15 Prozent zu senken. Dies ist wichtig, da jeder fünfte Unfall in der gewerblichen Wirtschaft ein solcher ist. Die Kosten für die Berufsgenossenschaften betragen ca. 330 Mio. € pro Jahr.

Kasten 48

Grundsätze zur Arbeitssicherheit

Arbeitssicherheit ist kein statischer Zustand, sondern ein ständiger Prozess. Es bedarf immer wieder neuer Anstrengungen jedes einzelnen Mitarbeiters und Kontraktors*, Tag für Tag ein Höchstmaß an persönlicher Sicherheit zu gewährleisten. Ein unfallfreies Arbeitsumfeld ist nur zu erreichen, wenn die QHSE-Grundsätze (Quality-Health-Safety-Environment-Grundsätze - B. R.) tatsächlich mit Leben erfüllt werden.

Es ist ein erklärtes Ziel der Deutschen Shell AG, dass bei allen Aktivitäten der Sicherheit der Mitarbeiter sowie der Kontraktoren absoluter Vorgang eingeräumt wird. Dieses bedeutet nicht nur, dass die einschlägigen Gesetze und Verhaltensregeln befolgt werden, sondern beinhaltet auch die innerbetriebliche Weiterentwicklung von Schutzmaßnahmen.

Geschäftlicher Erfolg und Arbeitssicherheit sind untrennbar miteinander verbunden. In Zweifelsfällen hat immer die Sicherheit Vorrang. Auf dieser Grundlage verfolgen wir ein Null-Unfall-Ziel, dem wir auf unterschiedlichsten Wegen möglichst nahe kommen wollen. Das setzt vor allem voraus, dass alle Tätigkeiten
- vorher durchdacht,
- sicher gestaltet und
- umsichtig ausgeführt werden.

Der Vorstand hat die Arbeitssicherheit zu einem maßgeblichen Unternehmensziel erklärt. Er schafft die organisatorischen Voraussetzungen des Arbeitsschutzes, stellt die sachlichen Mittel bereit, überwacht die Durchführung, betrachtet jeden Unfall als einen Fehler der Unternehmensorganisation und handelt entsprechend.

Alle Führungskräfte sind in ihren Bereichen für die Arbeitssicherheit direkt verantwortlich. Sie sollen ihren Mitarbeitern Vorbild sein und durch ihr persönliches Engagement ein Umfeld schaffen, in dem jeder Mitarbeiter motiviert zum gemeinsamen Arbeitssicherheitsziel beitragen kann.

Auch die Mitarbeiter tragen Verantwortung für die eigene Sicherheit und die ihrer Kollegen. Dazu müssen sie alle Sicherheitsanweisungen und -vorschriften befolgen, stets geeignete Werkzeuge und Geräte benutzen, sicherheitsrelevante Ereignisse sofort melden und sich aktiv an der Verbesserung der Sicherheit beteiligen.

Sowohl Führungskräfte als auch Mitarbeiter sind aufgerufen, dazu beizutragen, dass die im Unternehmen tätigen Kontraktoren die QHSE-Grundsätze ebenfalls verstehen und einhalten.

Aus "Qualität, Gesundheitsschutz, Arbeitssicherheit und Umweltschutz" der Deutschen Shell AG, 1997

KAPITEL 4

GESUNDHEITSMANAGEMENT IN DER ARBEIT

Arbeit ist des Bürgers Zierde
(Friedrich SCHILLER in „Lied von der Glocke")

Omnia vincit labor –
Die Arbeit besiegt alles

Im Anfang war die Arbeit! Nimm die Hand, ...
... deines Denkens kühne Flügel verdankst du ihr.
(Johannes R. BECHER)

4.1. Gesundheitsgerechte Arbeitsgestaltung

4.1.1 Kriterien bzw. Ziele gesundheitsgerechter Arbeitsgestaltung

Unter Arbeit (work) verstehen wir eine zweckgebundene, zielorientierte und motivgeleitete menschliche Tätigkeit zur Erstellung eines Produktes oder einer Dienstleistung. Sie wird in unserer arbeitsteiligen Gesellschaft vorwiegend als Erwerbsarbeit verstanden. Menschliche Tätigkeit findet überwiegend in Arbeitssystemen statt. Die Wechselwirkung von sozialen und technischen Komponenten findet im Konzept des soziotechnischen Systems besondere Berücksichtigung (siehe Bild 40).[170] Es ist ein offenes und dynamisches System, d. h. es erhält Inputs aus der Umwelt und gibt Outputs an die Umwelt ab.

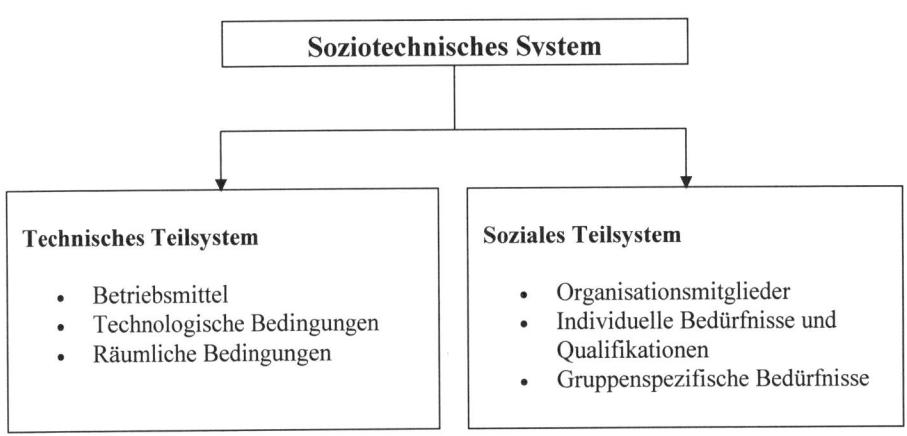

Bild 40: Das soziotechnische System

Arbeitsgestaltung (work design oder job design) wird allgemein als das Schaffen von Bedingungen für das Zusammenwirken von Mensch, Technik und Organisation im Arbeitssystem verstanden. Ziel ist die optimale Beschaffenheit und das optimale Zusammenwirken von Arbeitsperson, Arbeitsaufgabe, Arbeitsplatz, Arbeitsumwelt, Arbeitsmittel und Arbeitsorganisation* (siehe Bild 42). In der DIN EN ISO 10075-2 vom Juni 2000 (S. 3) heißt es beispielsweise: *„Bei der Gestaltung von Arbeitssystemen sollte stets bedacht werden, dass Arbeit aus einer Kombination von Aufgaben besteht, die mit bestimmten technischen Arbeitsmitteln in einer bestimmten Arbeitsumgebung und innerhalb einer bestimmten Organisationsstruktur ausgeführt werden. Daher bietet jede dieser Komponenten Möglichkeiten, die Gestaltung des Arbeitssystems im Hinblick auf psychische Arbeitsbelastung zu beeinflussen."*

---

[170] vgl. Ulich, E. (1998), S. 174 ff.

Nach dem Betriebsverfassungsgesetz (BetrVG § 90) sind „*gesicherte arbeitswissenschaftliche Erkenntnisse über die menschengerechte Gestaltung der Arbeit*" zu berücksichtigen und können gegenüber dem Arbeitgeber eingefordert werden. Zur menschengerechten Arbeitsgestaltung zählen auch wesentliche Aspekte der Gesundheit.

Die **humane Qualität der Arbeit** oder Humanisierung der Arbeit (humanization of work) wird aus arbeitswissenschaftlicher Sicht durch folgende Kriterien oder Ziele definiert (vgl. Bild 41):[171]

- Ausführbarkeit,
- Schädigungslosigkeit,
- Beeinträchtigungsfreiheit
- Persönlichkeitsförderlichkeit.

Ausführbarkeit

Eine Arbeit soll *zuverlässig, dauerhaft und forderungsgerecht* ausführbar sein. Die Ausführbarkeit bezieht sich vor allem auf die anthropometrische* Arbeitsgestaltung, welche sich mit den Körpermaßen, mit dem Bewegungs- und Sehraum und auch den Körperkräften in Bezug auf Arbeitsplatz und -anforderungen befasst. Die Körpermaße, beispielsweise der Greifraum bei Montagearbeiten, der Sehraum, beispielsweise, um zwei Anzeigen gleichzeitig zu sehen, oder die Körperkräfte bei Hebearbeiten können unzureichend sein, um die Aufgabe bewältigen zu können. Bezüglich der Ausführbarkeit einer Arbeitstätigkeit sind besonders die ergonomischen* Normen zu den Arbeitsmitteln, zum Arbeitsplatz, zum Arbeitsraum und zur Arbeitsumweltgestaltung zu beachten.

Schädigungslosigkeit

Die Arbeit soll *schädigungslos* sein, d. h. auch langfristig ohne gesundheitliche Schäden ausführbar sein. Wenn dies nicht gegeben ist, treten z. B. (anerkannte) Berufskrankheiten ein. Eine Gesundheitsschädigung ist auch dann gegeben, wenn Unfälle auftreten. Ursachen dafür können ungünstige Körperhaltungen, beispielsweise durch unergonomische Büromöbel, aber auch Lärm, schlechte Beleuchtung, Vibrationen oder toxische Stoffe (zu hohe MAK-Werte*) sein. – Auf derartige Phänomene beziehen sich die klassischen Arbeitsschutzverordnungen.

Beeinträchtigungsfreiheit

Die Beeinträchtigungsfreiheit (oder Zumutbarkeit) heißt: Eine Arbeit ist ohne Befindens- oder psycho-physiologische Beeinträchtigungen ausführbar. Beeinträchtigungen des Wohlbefindens sind z. B. Stress, Sättigung, Ermüdung, Monotonie oder Burnout und psychosomatische Beschwerden, wie z. B. des Herz-Kreislauf- oder Magen-Darm-Systems (siehe dazu Kapitel 2.1.1).

Persönlichkeitsförderlichkeit

Das höchste Ziel humaner Arbeitsgestaltung ist die Persönlichkeits- inkl. Gesundheitsförderlichkeit. Damit ist gemeint, dass dem Menschen in der Arbeit Möglichkeiten für selbständige und schöpferische Tätigkeiten zu geben sind, dass seine Kompetenzen gefördert werden, dass seine Potentiale sich entfalten können, dass Lernprozesse angeregt werden u. dgl. m.. Alle diese Arbeitsmerkmale und entsprechende Arbeitsaufga-

---

[171] nach Hacker, W. (1998) und Ulich, E. (1998)

ben sollen dazu beitragen, dass der Mensch in der Arbeit nicht nur keinen Schaden nimmt, sondern sich als *gesunde Persönlichkeit* optimal entwickeln kann (siehe auch Kasten 49).

Kasten 49

Humane Arbeit

Eine Arbeit kann als *human* bezeichnet werden, wenn sie
- die Gesundheit des Arbeitenden nicht schädigt
- das psychosoziale Befinden des Arbeitenden nicht beeinträchtigt
- den Bedürfnissen und Qualifikationen des Arbeitenden entspricht
- eine Einflussnahme des Arbeitenden auf das Arbeitssystem ermöglicht
- zur Entwicklung der Persönlichkeit im Sinne der Entfaltung ihrer Potentiale und der Förderung ihrer Kompetenzen beiträgt.

Die angeführten Bewertungskriterien sind gleichzeitig als Ziele *humaner Arbeitsgestaltung* anzusehen. Sie tragen nicht nur zur Prävention von Berufserkrankungen, Unfällen oder sonstigen arbeitsbedingten Erkrankungen bei, sondern sie leisten einen wesentlichen Beitrag zur Entwicklung des Befindens, der Handlungskompetenz, der Persönlichkeit - und somit zur Gesundheit im umfassenden Sinne.

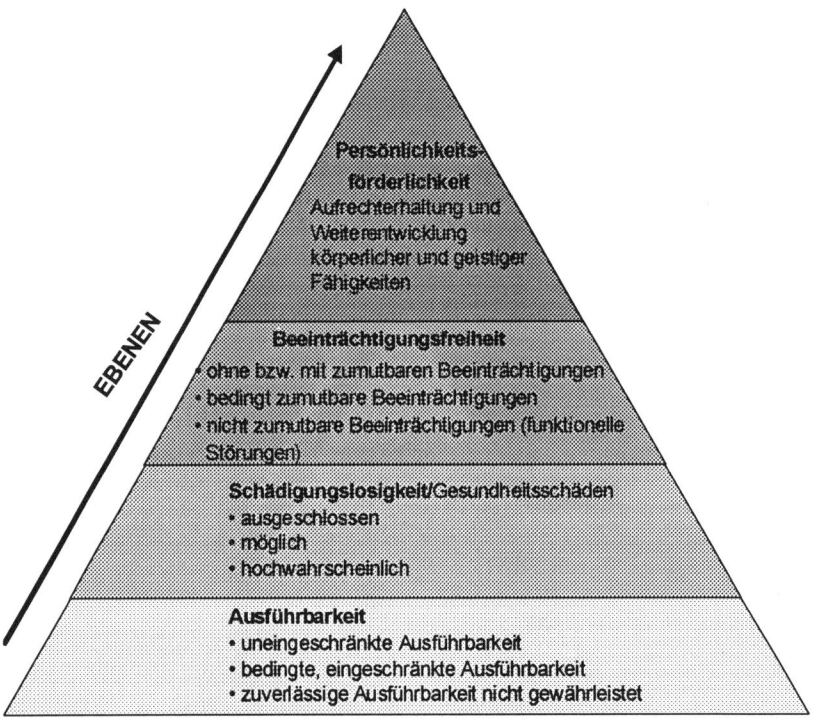

Bild 41: Kriterien bzw. Ziele humaner Arbeitsgestaltung

4.1.2 Strategien gesundheitsgerechter Arbeitsgestaltung

Humane Arbeitsgestaltung kann mit Hilfe unterschiedlicher Strategien vollzogen werden. Grundsätzlich unterscheiden wir die korrektive, präventive und prospektive Arbeitsgestaltung (vgl. Tabelle 21).

Tabelle 21: Ziele unterschiedlicher Strategien der Arbeitsgestaltung

Strategien	Ziele
Korrektive Arbeitsgestaltung	Korrektur erkannter Mängel
Präventive Arbeitsgestaltung	Vorwegnehmende Vermeidung gesundheitlicher Schädigungen und Beeinträchtigungen
Prospektive Arbeitsgestaltung	Schaffung von Möglichkeiten der Persönlichkeitsentwicklung

Korrektive Arbeitsgestaltung ist das nachträgliche Korrigieren bereits vorhandener Arbeitsstrukturen und -systeme. Sie wird immer dann erforderlich sein, wenn ergonomische*, physiologische, psychologische, sicherheitstechnische oder rechtliche Anforderungen von Planern, Konstrukteuren, Anlagenherstellern, Softwareentwicklern, Organisatoren und anderen zuständigen Instanzen/Personen nicht oder unzureichend berücksichtigt worden sind. **Beispiele** für korrektive Arbeitsgestaltung sind: das nachträgliche Anbringen von Filtern zur Vermeidung von Spiegelungen auf dem Bildschirm, das Verschalen einer Betriebseinrichtung aufgrund von Lärmerzeugung, die Beschaffung ergonomisch* gestalteter Arbeitsstühle, nachdem Nacken- oder Rückenbeschwerden festgestellt worden sind.

Physische, psychophysische und psychosoziale Schädigungen oder Beeinträchtigungen können weitgehend vermieden werden, wenn die Strategie der **präventiven Arbeitsgestaltung** gewählt wird. Hierbei werden arbeitswissenschaftliche* Konzepte und Regeln bereits im Stadium des Entwurfs von Arbeitssystemen und Arbeitsabläufen berücksichtigt. Das heißt: Es erfolgt eine gedankliche Vorwegnahme möglicher Schädigungen der Gesundheit oder Beeinträchtigungen des Wohlbefindens spätestens zu dem Zeitpunkt, an dem die Funktionsteilung zwischen Mensch und Maschine festgelegt wird. **Beispiele** dafür sind etwa: Entwicklung von technischen Arbeitsverfahren, die geeignet sind, Belastungen durch Lärm von vornherein zu vermeiden; Entwicklung von Maschinen mit integrierten Sicherheitseinrichtungen, damit keine Unfälle auftreten; räumliche Trennung von PC und Drucker, damit Beeinträchtigungen der Konzentration und Kommunikation durch Lärm von vornherein vermieden werden können.

Die Forderung nach persönlichkeitsförderlicher Arbeit verlangt darüber hinaus die Strategie der **prospektiven Arbeitsgestaltung** (prospective job design). Damit ist das bewusste Schaffen von Möglichkeiten der Persönlichkeitsentwicklung schon im Stadium der Planung bzw. des Entwurfs von Arbeitssystemen gemeint, indem vor allem objektive Handlungs- und Gestaltungsspielräume geschaffen werden. Hierfür sind **Beispiele**: Angebot verschiedener Dialog-, Unterstützungs- oder Bildaufbauformen, zwischen denen die Benutzer wählen können; Entwicklung programmierbarer Software-Systeme, die die Benutzer ihren Qualifikationen und Bedürfnissen entsprechend nutzen und anpassen können; Angebot verschiedener Formen der Arbeitsteilung, zwischen denen die Operateure an CNC-Werkzeugmaschinen wählen und sie gegebenenfalls verändern können.

Am besten wäre es, wenn die Gesundheit der Beschäftigten schon bei der Projektierung von Arbeitstätigkeiten und -plätzen berücksichtigt wird. Leider ist dies in der betrieblichen Praxis meistens nicht der Fall. Vielmehr werden oft erst die negativen Auswirkungen der Arbeit auf den Menschen im realen Arbeitsvollzug erkannt. Die Feststellung von gesundheitsbeeinträchtigenden Belastungen, z. B. im Rahmen der Gefährdungsbeurteilung, macht auf alle Fälle eine **korrektive Arbeitsgestaltung** erforderlich. Dabei sind nicht nur Fachleute (Arbeitswissenschaftler, Mediziner, Ingenieure usw.) gefragt, sondern auch die unmittelbar Betroffenen, die Arbeitenden "vor Ort". Sie sind aufgrund ihres Erfahrungswissens ebenso Experten wie sog. Fachleute. Dem wird Rechnung getragen, indem sie ihre Erfahrungen z. B. im Gesundheitszirkel mitteilen und somit Arbeitsgestaltungsmaßnahmen initiieren. Besser wäre es jedoch, den präventiven und prospektiven Ansatz zu verfolgen. Dadurch könnten von vornherein Kosten für Unternehmen und die gesamte Volkswirtschaft eingespart werden, welche z. B. durch einen erhöhten Krankenstand entstehen.

Die **Vorteile der prospektiven Arbeitsgestaltung** liegen im Verhüten einer teuren „Überautomatisierung", in einer verbesserten Tätigkeitsgestaltung, in einer günstigeren Nutzung der verfügbaren Ressourcen, im Abbau von psychischen und physischen Fehlbelastungen, in einer erhöhten Fehlertoleranz des Produktionssystems sowie in einer besseren Bewältigung von dynamischen Bedingungen und unvorsehbaren Störungen im Produktionsprozess. Dabei sind vor allem die humanen und organisationalen Aspekte zu beachten. Beispielsweise konnte in einer wissenschaftlichen Studie festgestellt werden, dass in Großbritannien bei 80 – 90 % der eingeführten Informationstechnologien die erwarteten Ziele nicht erreicht werden konnten. Die Hauptursache wird darin gesehen, dass eine zu starke Technikorientierung verfolgt wurde und die humanen Ziele nicht genügend in die Automatisierungsvorhaben eingebettet wurden.[172]

4.1.3 Konzept gesundheitsgerechter Arbeitsgestaltung

Die Arbeitstätigkeit ist in erster Linie durch die **Arbeitsaufgaben** (work task) bestimmt. Bei VOLPERT heißt es z. B.: "*Der Charakter eines 'Schnittpunktes' zwischen Organisation und Individuum macht die Arbeitsaufgabe zum psychologisch relevantesten Teil der vorgegebenen Arbeitsbedingungen.*"[173] Aus arbeitspsychologischer Sicht kommt der Gestaltung von Arbeitsaufgaben eine besondere Bedeutung zu (siehe ausführlich Kapitel 4.2.). Sie können als Schnittpunkt zwischen technischen und organisatorischen Anforderungen und menschlichen Fähigkeiten angesehen werden. Durch Aufgaben wird genauer festgelegt, an welchen Gegenständen unter welchen Bedingungen welche Veränderungen mit welchen Mitteln auf welchen Wegen von wem vorgenommen werden sollen. Die Gestaltung von Arbeitaufgaben bestimmt somit wesentlich Arbeitsinhalt und –ablauf. ULICH[174] spricht demzufolge auch vom „Primat der Aufgabe" bei der Arbeitsgestaltung. Diese Gestaltung hat Vorrang vor der Gestaltung von Arbeitsmitteln und Technik.

---

[172] siehe dazu Clegg, C. et al. (1997)
[173] Volpert, W. (1987) S. 14
[174] siehe Ulich, E. (1998)

Gesundheitsgerechte Arbeitsgestaltung

Deshalb ist die gesundheitsgerechte Gestaltung von Arbeitsaufgaben die zentrale Aufgabenstellung in der psychologischen Arbeitsgestaltung. Denn besonders mit den Arbeitsaufgaben hat sich der Mensch (Arbeitsperson) auseinanderzusetzen. Dies erfolgt stets unter bestimmten Ausführungsbedingungen (siehe Bild 42). Zu ihnen zählen vor allem
- der Arbeitsplatz
- die Arbeitsumgebung (als Teil der Arbeitsumwelt)
- die Arbeitsorganisation*, besonders die Arbeitszeit
- die Arbeitsmittel.

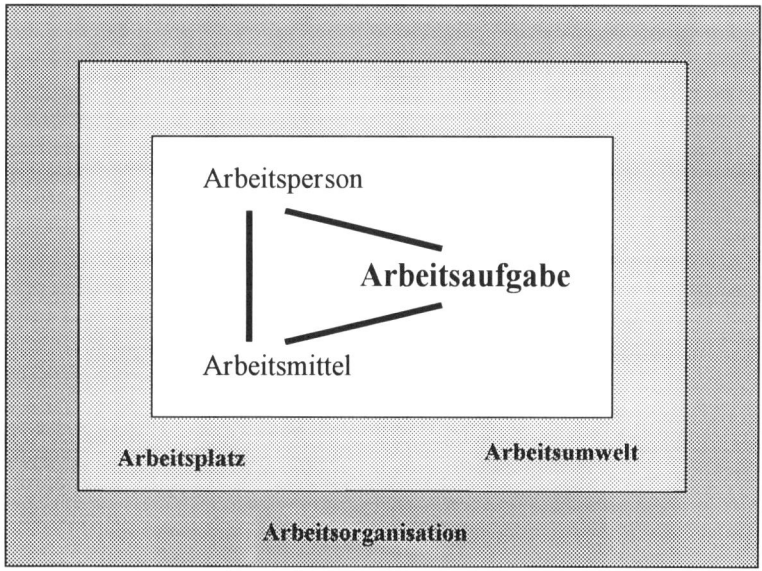

Bild 42: Gegenstände der Arbeitsgestaltung[175]

4.2 Gestaltung von Arbeitsaufgaben

4.2.1 Das Motivationspotential von Arbeitsaufgaben

Arbeitsaufgaben, die Mitarbeiter zu erfüllen haben, beeinflussen auch ihre Motivation. Sie sollten deshalb möglichst motivationsförderlich sein. Ein grundlegendes Modell zur Bestimmung und Gestaltung des Motivationspotentials von Arbeitsaufgaben stellt das „**Job Characteristics Model**" von HACKMAN & OLDHAM[176] dar. Demnach sind folgende Aufgabenmerkmale in bestimmter Verknüpfung für Erlebniszustände und Arbeitsmotivation und –zufriedenheit wichtig (siehe auch Kapitel 2.3.2, Kasten 50 und Bild 43):

---

[175] modifiziert nach Nullmeier, E. (1995) S. 13
[176] Hackman, J. R. & Oldham, G. R. (1975)

- Die **Anforderungsvielfalt** ist durch das Ausmaß bestimmt, in welchem eine Aufgabe inhaltlich verschiedene Anforderungen an die arbeitende Person stellt.

- Die **Ganzheitlichkeit** ist dadurch gekennzeichnet, wieweit eine Arbeit die Erfüllung von vollständigen und geschlossenen, nicht weiter zerstückelten Aufgaben ermöglicht.

- Die **Bedeutsamkeit** einer Arbeitsaufgabe ist durch die Wichtigkeit derselben für das Leben und die Arbeit anderer Personen definiert.

- Die **Autonomie** schließt vorrangig den Handlungs- und Entscheidungsspielraum bei der Aufgabenerfüllung ein, d. h. die Möglichkeit, die Arbeit in weitgehender Selbständigkeit zu organisieren.

- Die **Rückmeldung** über die Aufgabenerfüllung erfolgt in Form von transparenten Arbeitsergebnissen, der Anerkennung durch Vorgesetzte und Kollegen usw..

Kasten 50

$$\text{Kennwert des Motivations-Potentials} = \frac{\text{Anforderungsvielfalt} + \text{Ganzheitlichkeit} + \text{Bedeutsamkeit}}{3} \times \text{Autonomie} \times \text{Rückmeldung}$$

Die Formel lässt erkennen, dass für die Anforderungsvielfalt, Ganzheitlichkeit und Bedeutsamkeit der Aufgabe aufgrund ihrer additiven Verknüpfung kompensatorische Ausgleichsmöglichkeiten bestehen, während Autonomie und Rückmeldung als unabdingbare Voraussetzungen für das Entstehen hoher intrinsischer Arbeitsmotivation angesehen werden.

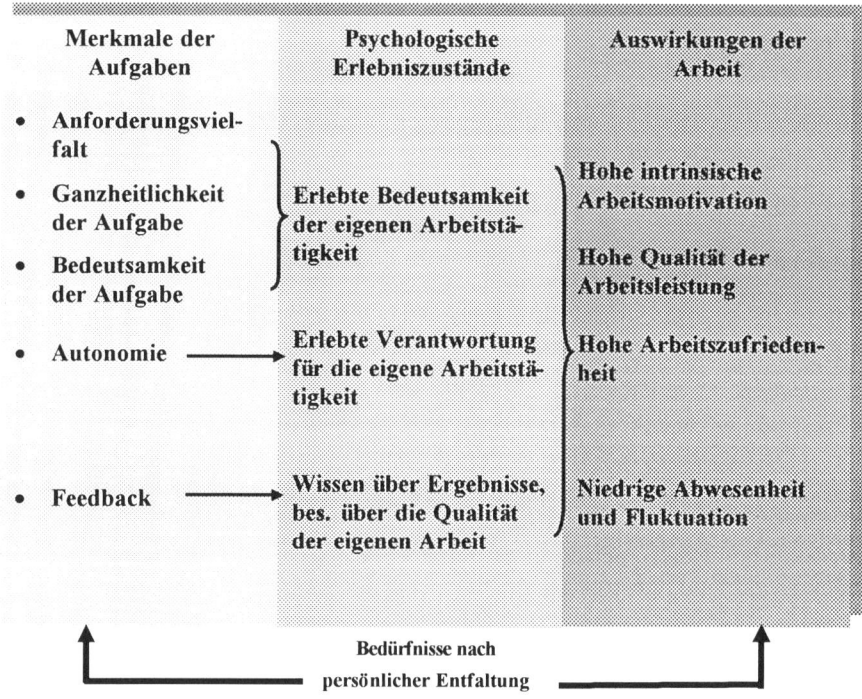

Bild 43: Aufgabenmerkmale und ihre Auswirkungen auf die Person

Gemäß o. a. Aufgabenmerkmale lassen sich folgende Aspekte für die **Gestaltung von Arbeitsaufgaben** ableiten:

Die *Anforderungsvielfalt* ist gegeben, wenn eine angemessene Vielfalt von Fähigkeiten, Fertigkeiten und Aktivitäten zur Aufgabenerfüllung eingesetzt werden kann. Dies setzt voraus, dass sich täglich oder mindestens mehrmals wöchentlich Arbeiten mit unterschiedlichen körperlichen und geistigen Anforderungen abwechseln. Es ist ein Wechsel zwischen Routinetätigkeiten und anspruchsvollen geistigen Aufgaben, zwischen Tätigkeiten am Bildschirm und handschriftlichen Arbeiten, Lesen, Nachschlagen, etc., zwischen sitzender und stehende Körperhaltung sowie Bewegung anzustreben. So ist z. B. die Bildschirmarbeit auf die Hälfte der täglichen Arbeitszeit zu beschränken.

Bei fehlender Anforderungsvielfalt, d. h. bei ständig gleichartigen Aufgaben treten Monotonieerscheinungen auf. Ferner wird die geistige Flexibilität durch solche Aufgaben nicht gefördert. Außerdem gehen sie oft mit einseitiger Belastung des Bewegungsapparates und der Sinnesorgane einher und begünstigen somit die Herausbildung psychosomatischer Gesundheitsstörungen.

Die *Ganzheitlichkeit* oder Vollständigkeit der Arbeitsaufgabe ermöglicht, dass der Arbeitende den Anteil seiner Tätigkeit am Gesamtprodukt erkennt und sich eine Rückmeldung über den Arbeitsfortschritt aus der Tätigkeit selbst ergibt. Sie umfasst planende, vorbereitende, ausführende und kontrollierende Teilaufgaben. Wichtig ist dabei vor allem, dass die Person weitgehend selbstständig ihre Arbeit planen, in übergreifende Zusammenhänge einordnen und sich Ziele setzen kann. Schritte ganzheitlicher Aufgabenerfüllung sind folgende:

1. Aus allgemeinen Vorgaben über Termine oder zur Arbeitsqualität werden eigenständig Zwischentermine oder Teilziele zur Qualität abgeleitet.
2. Die Arbeitsmittel für die Erfüllung der Arbeitsaufgabe werden eigenständig ausgewählt.
3. Die Reihenfolge der Arbeitsschritte wird eigenständig bestimmt.
4. Die Arbeitsschritte werden selbst vollzogen.
5. Die Überprüfung der Arbeitsergebnisse erfolgt eigenständig, z. B. durch Gespräche mit Kunden oder durch ihre Präsentation.

Bedeutsamkeit

Die Bedeutsamkeit einer Arbeitsaufgabe steht im engen Zusammenhang mit ihrem Sinn (siehe Kapitel 2.3.2). Sie bezieht sich auf

- den gesellschaftlichen Kontext (*Wie wichtig ist meine Tätigkeit für die Gesellschaft?*)
- den sozialen Kontext (*Wie wichtig ist meine Tätigkeit für andere Menschen?*)
- den Systemkontext (*Wie wichtig ist meine Tätigkeit für die Gesamtfunktion des Systems?*)
- auf den individuellen Kontext. (*Wie wichtig ist meine Tätigkeit für mich?*)

Wichtig ist in der Arbeitsgestaltung, dass der Person o. a. Kontexte seiner Tätigkeit durch Kommunikation, Information, Anerkennung, Ergebnispräsentation usw. transparent gemacht werden.

Die **Autonomie** wird durch die Stellung von solchen Arbeitsaufgaben erreicht, welche dem Arbeitenden ermöglichen, diese weitestgehend eigenständig zu erfüllen. Hiermit sind also die Möglichkeiten der Selbstregulation gemeint. Dies gilt u. a. für die Reihenfolge der Arbeitsschritte, für das Arbeitstempo und für die Auswahl der Arbeitsmittel. Es sind Arbeitsaufgaben mit Dispositions- und Entscheidungsmöglichkeiten für die arbeitende Person. Sie tragen zur Entwicklung des Selbstwertgefühls und zur Bereitschaft zur Übernahme von Verantwortung bei. Einschränkungen der Autonomie durch einengende Vorschriften oder eine starke Abhängigkeit vom technischen System können die intrinsische Motivation wesentlich mindern

Die Gestaltung der Arbeitsaufgabe sollte ausreichende **Rückmeldung** über die Aufgabenerfüllung für den Arbeitenden vorsehen. Soziale Rückmeldungen oder auch soziale Rückendeckung (siehe Kasten 51) erfolgen i. d. R. durch Vorgesetzte und Kollegen. Dies setzt voraus, dass in der Arbeit Transparenz und Kommunikationsmöglichkeiten gegeben sind. Denn Rückmeldungen über die Qualität der Arbeit sind nur dann möglich, wenn der Arbeitsprozess und das Arbeitsergebnis erkennbar und einschätzbar sind.

4.2.2 Das Belastungspotential von Arbeitsaufgaben

Die o. a. Aufgabenmerkmale aus dem „Job Characteristics Modell" haben insbesondere eine Bedeutung für das Motivationspotential von Arbeitstätigkeiten. Darüber hinaus gibt es zwei Basismerkmale von Arbeitsaufgaben, die vor allem für das Stress- und somit Gesundheits(risiko)potential der Arbeitstätigkeit ausschlaggebend sind. Es sind die **Intensität/Schwierigkeit der Arbeitsanforderungen** (job demands) und der **Handlungs-/Entscheidungsspielraum** (HES) (decision latitude, control). Sie finden vor allem in dem Zwei-Komponenten-Modell oder Job Demand-Control-Modell von KARASEK[176] Berücksichtigung (siehe Bild 44).

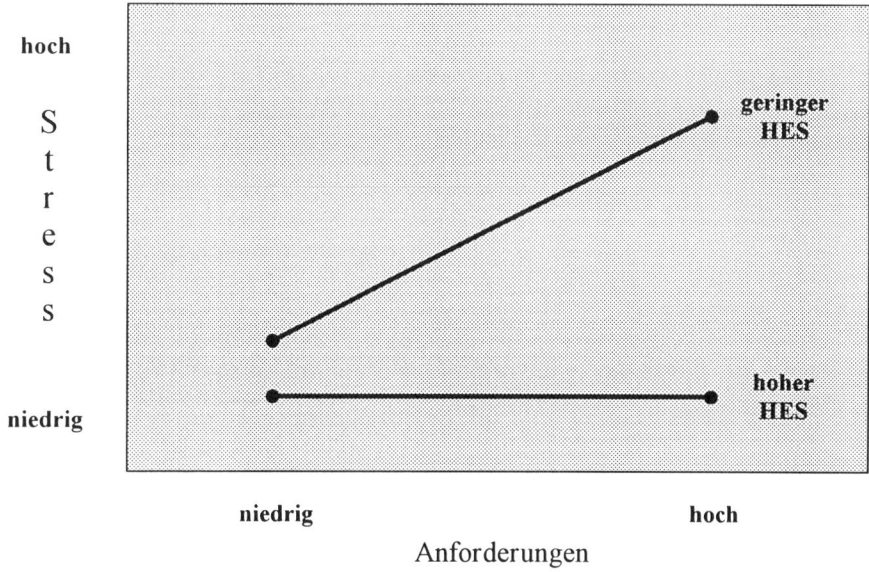

Bild 44: Das Zwei-Komponenten-Modell von KARASEK

Es können nach diesem Modell je nach Ausprägung der Komponenten oder Merkmale vier psychologische **Arbeitszustände** auftreten:

- hohe Schwierigkeit/Intensität - hoher Handlungs-/Entscheidungsspielraum
  (= aktive Arbeit)
- niedrige Schwierigkeit/Intensität und geringer Handlungs-/Entscheidungsspielraum (= passive Arbeit)
- niedrige Schwierigkeit/Intensität und hoher Handlungs-/Entscheidungsspielraum
  (= niedriger Job-Stress)
- hohe Schwierigkeit/Intensität - geringer Handlungs-/Entscheidungsspielraum
  (= hoher Job-Stress).

---

[176] Karasek, R. A. (1979) und Karasek, R. A. & T. Theorell (1990)

Folgende Effekte bezüglich Befinden und Gesundheit sind zu verzeichnen: Ein Anstieg der erlebten Anforderungsintensität/Schwierigkeit ist i. d. R. mit negativem Befinden und psychosomatischen Beschwerden verbunden. Ein Anstieg des erlebten Handlungs-/Entscheidungsspielraums ist überwiegend mit positiven Auswirkungen auf Befinden und Gesundheit verbunden.

Besonders interessant ist jedoch die Wechselwirkung. Denn eine erhöhte Anforderungsintensität, die mit höherem Handlungs-/Entscheidungsspielraum einhergeht (aktive Arbeit), führt zu wesentlich geringeren gesundheitlichen Risiken als die gleiche Intensität bei eingeschränkten Spielräumen. Letzterer Arbeitszustand führt häufig, wie in wissenschaftlichen Studien erkannt wurde, zur Erschöpfung, zur Depressivität, zu einer geringeren Arbeitszufriedenheit, zum verstärkten Medikamentenkonsum und zu mehr Fehlzeiten. Darüber hinaus gibt es Querschnitts- und Längsschnittstudien*, die belegen, dass die Kombination "Hohe Schwierigkeit/Anforderungsintensität – geringer Handlungsspielraum" für die Herausbildung von Herz-Kreislauf-Beschwerden (Brustschmerzen, Atemnot, Hypertonie, Herzschmerzen) mit verantwortlich ist (siehe Bild 45).

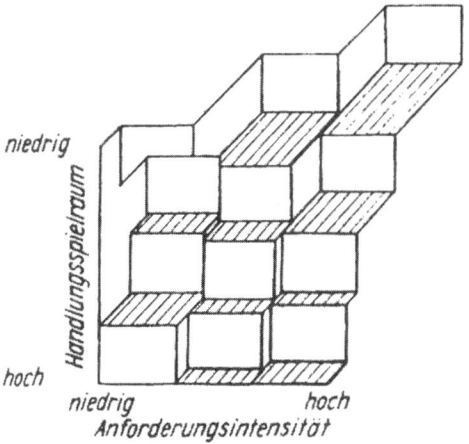

Bild 45: Ausprägung von Herz-Kreislauf-Beschwerden in Abhängigkeit von der Anforderungsintensität und dem Umfang des Handlungsspielraumes[178]

Ferner konnte jüngst in einer beeindruckenden Langzeitstudie in den USA über 24 Jahre festgestellt werden, dass besonders passive Arbeit, d. h. niedrige Schwierigkeit/Anforderungsintensität mit geringen Handlungsspielräumen, die Mortalitätswahrscheinlichkeit signifikant erhöht. Das bedeutet: Anspruchslose und passive Arbeit ist über längere Dauer lebensgefährdend. Und dies etwa in gleicher Weise wie anhaltende Arbeitslosigkeit.[179]

---

[178] nach Karasek, R. A. et al. (1981)
[179] Amick III, B. C. et al. (2002)

Die o. a. Sachverhalte sind bei der Gestaltung von Arbeitsaufgaben zu beachten. Optimal für Belastung und Gesundheit sind Arbeitsaufgaben mit kognitiven Anforderungen mittlerer Schwierigkeit/Intensität (keine Über- oder Unterforderung) bei höherem Handlungs-/Entscheidungsspielraum.

Der Wert des Zwei-Komponenten-Modells von KARASEK und entsprechender Studien besteht darin, dass das Belastungs- bzw. Stresspotential und das Gesundheitsrisiko von Arbeitstätigkeiten bereits anhand von zwei markanten Aufgabenmerkmalen (Komponenten) zu erkennen ist. Bei einer solchen negativen Arbeitssituation nimmt auch die AU zu, wie jüngst eine Studie zeigte.[180] Auf Grund seines großen Funktionswertes für die Erklärung von arbeitsbedingten Erkrankungen hat das Modell 1995 Eingang in die sozialpolitischen Empfehlungen der EU zur Verbesserung der Lebens- und Arbeitsbedingungen gefunden.

Diagnostik von Aufgabenmerkmalen

Hierfür gibt es zahlreiche arbeitspsychologische Methoden. Für die Praxis sind u. a. folgende von Bedeutung:[181]

- **Job Diagnostic Survey (JDS)** von HACKMAN & OLDHAM: Er erfasst die Aufgabenmerkmale, welche oben angeführt worden sind.

- **Subjektive Arbeitsanalyse (SAA)**: Dieses Verfahren von UDRIS & ALIOTH soll die subjektive Wahrnehmung der Arbeitssituation durch die Beschäftigten erfassen. Es werden u. a. der Handlungsspielraum, die Transparenz der Arbeitsaufgabe, die soziale Transparenz, die Verantwortung für die gemeinsame Aufgabe, die soziale Unterstützung durch Kollegen und die Arbeitsbelastung (quantitative und qualitative Überforderung) diagnostiziert.

- **Salutogenetische Subjektive Arbeitsanalyse (SALSA)** von RIMANN & UDRIS[182]: Der Fragebogen baut auf dem SAA auf. Ausgehend vom Ressourcenkonzept der Gesundheit nach ANTONOVSKY (siehe Kapitel 2.1.) werden Merkmale von Arbeitsaufgaben, Arbeitsbelastungen sowie organisationale und soziale Ressourcen erfasst. SALSA ist ein beachtenswertes Verfahren, da es u. a. einen expliziten Bezug zur Gesundheit aufweist und ökonomisch in der Anwendung ist (Durchführungszeit ca. 15 Minuten, EDV-Auswertung).

- **Kurz-Fragebogen zur Arbeitsanalyse (KFZA)**: Der von PRÜMPER et al. entwickelte Bogen, der wesentliche Aufgabenmerkmale aus anderen, feinanalytischen Verfahren berücksichtigt, ist besonders für Erst- oder Grobanalysen in der Praxis geeignet (siehe ausführlich im Kasten 51).

- **Fragebogen zum Erleben von Intensität und Tätigkeitsspielraum in der Arbeit (FIT)**[183]: Der Fragebogen von P. RICHTER et al. erfasst die dem KARASEK-Modell (siehe oben) zugrunde liegenden Aufgabenmerkmale. Er dient der orientierenden Arbeitsanalyse zur Feststellung von Fehlbelastungen und arbeitsbedingtem Gesundheitsrisiko.

---

[180] siehe Friedel, H. (2002)
[181] siehe ausführlich Ulich, E. (1998), Dunckel, H. (1999), Resch, M. (2003), Kauffeld, S. & S. Grote (1999)
[182] Rimann, M. & I. Udris (1997)
[183] Richter, P. et al. (2000)

Kasten 51

Kurzfragebogen zur Arbeitsanalyse (KFZA)[184]

Der KFZA dient der Arbeitsanalyse von verschiedensten Arbeitstätigkeiten in der Industrie. Es ist ein Screening-Instrument für die Bewertung von Arbeitstätigkeiten nach psychologischen Kriterien. Es erlaubt einen ökonomischen Einsatz wie eine ökonomische Auswertung. Die Ergebnisse werden von Arbeits- und Organisationspsychologen in kommunizierbarer Form Betriebspraktikern vorgelegt. Aus den Ergebnissen werden Gestaltungsmaßnahmen abgeleitet.

Der KFZA besteht aus elf empirisch ermittelten **Dimensionen**:

- *Handlungsspielraum*
  Hier wird die Möglichkeit, eigene Entscheidungen in Bezug auf Arbeitsverfahren, Verwendung von Arbeitsmitteln und die zeitliche Organisation der Arbeit zu treffen, erfasst.
- *Vielseitigkeit*
  Sie entspricht dem Grad des Einsatzes von Fähigkeiten und Fertigkeiten zur Bewältigung der Aufgaben und zum Treffen von Entscheidungen.
- *Ganzheitlichkeit*
  Hierunter wird die Möglichkeit verstanden, den Anteil der Tätigkeit am Gesamtprodukt zu erkennen sowie die Möglichkeit, am Arbeitsergebnis die Qualität der eigenen Leistung zu beurteilen.
- *Soziale Rückendeckung*
  Hier wird die Qualität der sozialen Interaktion mit Kollegen und Vorgesetzten erfasst. Die Dimension besteht aus drei Komponenten: soziale Unterstützung, soziale Kohäsion und Rollenkonflikt.
- *Zusammenarbeit*
  Hier werden wichtige Aspekte einer reibungslosen Zusammenarbeit erfasst.
- *Qualitative Arbeitsbelastung*
  Sie entsteht dann, wenn die Ziel- und Planformulierung zur Erledigung von Arbeitsaufgaben so kompliziert ist, dass sie die Leistungsvoraussetzungen des Arbeitenden überfordert.
- *Quantitative Arbeitsbelastung*
  Hiermit ist das zu bewältigende Arbeitsvolumen gemeint, das zur quantitativen Überforderung und Zeitdruck führen kann.
- *Arbeitsunterbrechungen*
  Damit sind Unterbrechungen bei der Ausübung der Arbeitstätigkeit gemeint.
- *Umgebungsbelastungen*
  Sie beschreiben die physikalisch-technologische Umgebung des Arbeitsplatzes.
- *Information und Mitsprache*
  Hiermit wird die betriebliche Informationspolitik sowie die Möglichkeit zur Mitsprache der Mitarbeiter bei Veränderungen erfasst.
- *Betriebliche Leistungen*
  Darunter werden neben der Beurteilung des Entlohnungssystems insbesondere Weiterbildungs- und Aufstiegsmöglichkeiten verstanden.

---

[184] siehe ausführlich Prümper, J., K. Hartmannsgruber & M. Frese (1995)

4.2.3 Arbeitsbereicherung, -erweiterung und -wechsel

Der Arbeitsinhalt ist für die Leistungsfähigkeit, Motivation und Gesundheit ein entscheidender Faktor. Ziel seiner Gestaltung ist es, die negativen Auswirkungen der wissenschaftlichen Betriebsführung nach TAYLOR zu überwinden. Durch Methoden partizipativer Arbeitsgestaltung
- werden die horizontale und vertikale Arbeitsteilung und die damit oft verbundene Spezialisierung reduziert. Die durch Arbeitsteilung bedingte Monotonie und deren negative Folgeerscheinungen, u. a. Unzufriedenheit, Desinteresse und Langeweile, können somit vermieden werden.
- wird die Trennung von Hand- und Kopfarbeit überwunden.

Im Einzelnen sind dadurch folgende Vorteile gegeben:

- Sicherung von Aufgaben- und Belastungswechseln
- Schaffung eines besseren Überblicks über Zusammenhänge im Betrieb
- Erhöhung des Selbstwertgefühls
- Erhöhung der Arbeitszufriedenheit und –motivation
- Erhöhung der Flexibilität der Mitarbeiter
- Abbau sozialer Isolierung und Schaffung sozialer Unterstützung.

Im Folgenden sollen die **Methoden partizipativer Arbeitsgestaltung** dargestellt werden. Es gibt neben der Gruppenarbeit (siehe nächstes Kapitel) drei wesentliche Methoden (siehe dazu Bild 46 und Bild 47):

- Job Enrichment (Arbeitsbereicherung)
- Job Enlargement (Arbeitserweiterung)
- Job Rotation (Arbeitsplatzwechsel)

	Univariate Arbeitssituation	Multivariate Arbeitssituation
Quantitative Aufgabenerweiterung	Job Enlargement	Job Rotation
Qualitative Aufgabenerweiterung	Job Enrichment	Gruppenarbeit

Bild 46: Methoden partizipativer Arbeitsgestaltung

Job Enrichment

Hierbei geht es um die Erweiterung der Arbeitsausführung i. e. S. um zugehörige Planungs-, Entscheidungs- und Kontrollaufgaben. Es erfolgt eine vertikale, *qualitative* **Aufgabenerweiterung**. Das kognitive Anforderungsniveau erhöht sich dabei, weil vollständige Tätigkeiten vollzogen werden können (siehe dazu Kapitel 2.3.2.). Das heißt, es werden sinnvolle, in sich abgeschlossene und damit überprüfbare Aufgaben erfüllt. Ziele der Arbeitsbereicherung sind

- die Erweiterung des Entscheidungs- und Kontrollspielraumes
- die Vergrößerung der Autonomie und Verantwortung
- die Erhöhung der kognitiven Anforderungsniveaus
- die Förderung der Persönlichkeit.

Job Enrichment findet sich häufiger in der Fertigung und auch im Bürobereich.[185] Beispielsweise übernehmen Operateure ganzheitliche Aufgaben von der Arbeitsplanung über Montage und Qualitätskontrolle bis hin zur Instandhaltung.

Job Enlargement

Bei diesem Konzept, erstmals 1943 von IBM eingeführt, handelt es sich um die **quantitative Aufgabenerweiterung** durch die Übertragung weiterer, meist strukturell gleichartiger bzw. ähnlicher Arbeitsaufgaben. Dafür zwei Beispiele: (1) Es werden die Aufgaben an zwei Fließbandstationen zu einer zusammengefasst. (2) Es erfolgt die Erweiterung der Bildschirmarbeit durch solche Aufgaben wie z. B. Telefonieren, Kopieren, Botengänge. Bei der Aufgabenerweiterung bleibt das Anforderungsniveau relativ konstant; aber die Tätigkeit wird abwechslungsreicher und interessanter.

Ziele von Job Enlargement sind

- die Übernahme unterschiedlicher Tätigkeiten am Arbeitsplatz
- die Vergrößerung des Handlungsspielraumes
- die Aufhebung bzw. die Vorbeugung zu starker Spezialisierung
- die Vermeidung von Routine und Monotonie.

Job Rotation

Beim systematischen Tätigkeitswechsel erfüllen die Beschäftigten in vorgeschriebener oder in selbstgewählter Zeit- und Reihenfolge an verschiedenen Arbeitsplätzen derselben Qualifikationsstufe ihre Arbeitsaufgaben. Es erfolgt also ein **Arbeitsplatz- und Aufgabenwechsel**. Das heißt: Monotone oder einseitig belastende Tätigkeiten werden nur einige Stunden ausgeführt, danach wird die Tätigkeit gewechselt. Beispiele dafür sind: Eine Kassiererin füllt die Regale auf oder übernimmt die Verkaufstheke, eine Datentypistin wechselt zur Registratur oder Poststelle.

Ziele sind die:

- Verringerung der Monotonie
- Abbau anhaltender einseitiger körperlicher Belastungen (z. B. der Überkopfarbeit in der Automontage)
- Entwicklung der geistigen Flexibilität
- Erweiterung der Handlungskompetenz und des Wissens durch Lernprozesse bei den verschiedenen Tätigkeiten.

Job Rotation erfolgt in verschiedenen **Formen**:

(a) Bei der systematischen Ausbildung (training on the job) wird in kürzeren Abständen die Tätigkeit gewechselt, um so die verschiedenen Aufgaben bzw. Teiltätigkeiten innerhalb eines umfassenden Arbeitsprozesses kennen zu lernen.

---

[185] siehe dazu ausführlich Ulich, E. & Baitsch, Ch. (1987)

(b) Bei der Ausbildung von Managementnachwuchs lernt dieser durch die Ausübung verschiedenster Tätigkeiten in unterschiedlichen Unternehmensbereichen die Aufbau- und Ablauforganisation des Unternehmens besser zu verstehen.

(c) Innerhalb einer Arbeitsgruppe werden nach einem festgelegten Verteilungsplan regelmäßig die Tätigkeiten gewechselt.

(d) Um bei Personalausfällen rasch reagieren zu können, bilden die Unternehmen zusätzlich sog. Springer aus, die an verschiedenen Plätzen arbeiten können.

Job Rotation hat mehrere **Vorteile**:

- Der Arbeitende erlangt einen Überblick über das Betriebsgeschehen.
- Es erfolgt eine Qualifikation am Arbeitsplatz.
- Ein Arbeitsplatzwechsel im Unternehmen kann leichter realisiert werden.
- Die Arbeitszufriedenheit wird erhöht.

Im Bild 47 werden die o. a. drei Methoden der Arbeitsstrukturierung anschaulich dargestellt.

Zusammenfassend lässt sich feststellen, dass die angeführten drei Konzepte partizipativer Arbeitsgestaltung – besonders Job Enrichment – sich, wie auch zahlreiche Evaluationstudien zeigen, positiv auf das Betriebsklima, auf die Arbeitszufriedenheit sowie auf die Fehlzeiten- und Fluktuationsreduktion auswirken.

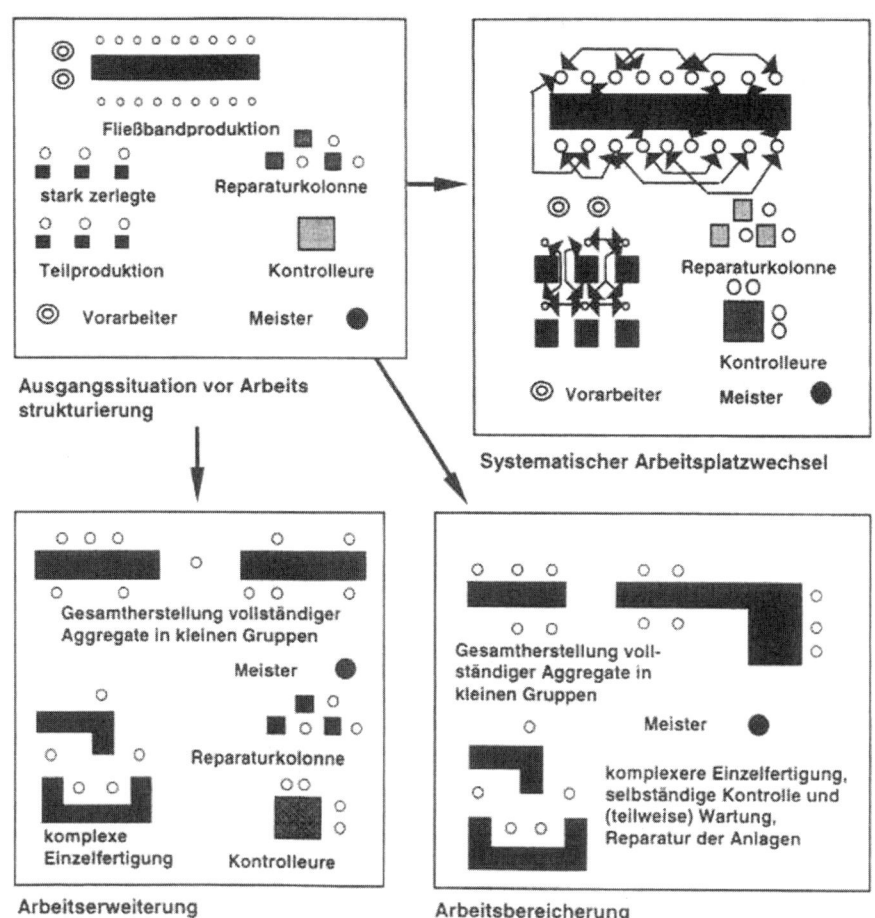

Bild 47: Methoden partizipativer Arbeitsgestaltung[186]

---

[186] nach Kieser, A. und Kubicek, H. (1992)

4.2.4 Gruppenarbeit

> **Kasten 52**
>
> **Gruppe und Gruppenarbeit**
>
> Unter einer **Gruppe** (team) sind zwei oder mehr Personen zu verstehen, die über eine gewisse Zeit miteinander agieren, gemeinsam Ziele verfolgen und eine Gruppenstruktur mit Rollen und Normen aufweisen.
>
> **Gruppenarbeit** (team work) ist eine Arbeitsform, bei der mehrere Arbeitende eine Arbeitsaufgabe gemeinsam erfüllen, dazu gemeinsame Zielstellungen verfolgen, eine Ordnung ihres Zusammenwirkens aufweisen und in Kommunikation miteinander stehen.

In der deutschsprachigen Managementliteratur findet sich auch der *Team*begriff, z. B. in Form von Teamarbeit, -fähigkeit und -entwicklung. Das **Team** wird oft als eine Sonderform der Gruppe verstanden, weil hier Kooperation und Kommunikation besonders intensiv sind, was sich in einem ausgeprägten Wir-Gefühl ausdrückt.

Merkmale der Gruppenarbeit sind[187]:

- *Gruppengröße*: Nach Erfahrungen aus der Kleingruppenforschung beträgt die optimale Gruppengröße 5 - 7 Mitglieder. Eine Gruppengröße bis zur magischen Zahl "7" erlaubt überschaubare face-to-face-Beziehungen. Dabei gelingen Kommunikations- und Kooperationsprozesse unter aktiver Beteiligung aller Mitglieder am besten. Bei der Bildung einer Gruppe ist aber stets der Arbeitsauftrag zu beachten. In Abhängigkeit von seinem Umfang sollte die optimale Gruppengröße festgelegt werden.

- *Zeitdauer*: In der Regel sind bei Gruppenarbeit dauerhafte, über längere Zeit anhaltende Formen der Zusammenarbeit gemeint. Gruppen können, wie z. B. teilautonome Arbeitsgruppen, kontinuierlich zusammenarbeiten oder sich nur, wie z. B. beim Gesundheitszirkel, zu bestimmten Zeiten treffen. Grundsätzlich ist davon auszugehen, dass eine gewisse Zeit der Zusammenarbeit zur Herausbildung von Regeln, Normen und Wir-Gefühl erforderlich ist.

- *Arbeitsauftrag/-aufgaben*: Art und Umfang von Arbeitsauftrag und daraus resultierende Arbeitsaufgaben beeinflussen wesentlich den Charakter der Gruppenarbeit. Aber nicht jede Aufgabe empfiehlt sich für Gruppenarbeit. Besonders geeignet erscheinen komplexe, teilbare und innovative Aufgaben mittlerer Schwierigkeit.

- *Ziele*: Sie leiten sich aus den Gruppenaufgaben ab und bestimmen vor allem die Richtung der Zusammenarbeit.

- *Regeln, Normen und Werte*: Sie bestimmen die Art und Weise der Zusammenarbeit und die Grundorientierung der Gruppe.

- *Rollenverteilung*: Sie drückt aus, wer welche Funktion in der Gruppe übernimmt und für welche Teilaufgabe zuständig ist. Demgemäß sind die Erwartungen der Gruppenmitglieder an das Verhalten des Einzelnen.

---

[187] siehe auch Antoni, C. (1996) und Rosenstiel, L. (1992)

- *Kooperation und Kommunikation*: Das Ausmaß der Zusammenarbeit wird wesentlich davon beeinflusst, inwieweit die Aufgaben der Gruppe eine gemeinsame Planung, Durchführung und Steuerung erfordern. Je mehr Aufgaben gemeinsam bearbeitet werden, desto stärker sind die Kooperation und Kommunikation.

- *Wir-Gefühl bzw. Kohäsion*: Darunter wird das Ausmaß wechselseitiger positiver Gefühle verstanden. Diese Gefühle machen den Gemeinschafts- oder Teamgeist der Arbeitsgruppe aus.

Formen der Gruppenarbeit

Zurzeit können besonders fünf **Grundformen** genannt werden: Qualitätszirkel, Projektgruppen, klassische Arbeitsgruppen, Fertigungsteams und teilautonome Arbeitsgruppen (siehe Bild 48).[188]

Qualitätszirkel (quality circles) sind ein Oberbegriff für kleine Gruppen von Mitarbeitern einer hierarchischen Ebene, die sich regelmäßig auf freiwilliger Grundlage treffen, um selbstbenannte Probleme aus ihrem Arbeitsbereich lösen zu können. Der vorn dargestellte Gesundheitszirkel ist eine spezifische Version des Qualitätszirkels (siehe Kapitel 3.3.)

Projektgruppen sind zeitlich befristete, nicht dauerhaft in die Arbeitsorganisation integrierte Gruppen, die aus Experten verschiedener Arbeitsbereiche zusammengesetzt werden, um vorgegebene Problemstellungen zu lösen.

Als *klassische Arbeitsgruppen* werden solche bezeichnet, die funktions- und arbeitsteilig organisiert sind. Eine Gruppe von Mitarbeitern ist hier einem Vorgesetzten unterstellt und bearbeitet nach seinen Anweisungen einen gemeinsamen Arbeitsauftrag.

Bei *Fertigungsteams* sind im Unterschied zu klassischen Arbeitsgruppen indirekte Funktionen, wie z. B. die Qualitätssicherung, in die Gruppen integriert. Die Arbeitsabläufe werden jedoch vom Vorgesetzten gesteuert.

Bei *teilautonomen Gruppenarbeit* übernimmt die Gruppe eigenverantwortlich ganzheitliche Aufgaben oder vollständige Tätigkeiten (siehe dazu Bild 49). D. h. die Mitarbeiter übernehmen direkte und indirekte Tätigkeiten und steuern sich innerhalb der mit dem Vorgesetzten vereinbarten Rahmenbedingungen selbst. Hierbei erweitert sich nicht nur der individuelle Handlungsspielraum der Mitglieder durch Job Enrichment, Job Enlargement und Job Rotation (siehe oben), sondern auch der *kollektive Handlungsspielraum*. Weil dieser soziotechnische Ansatz über die anderen o. g. Methoden partizipativer Arbeitsgestaltung noch hinausgeht, steht er im Zentrum humaner Arbeitsgestaltung.

---

[188] nach Antoni, C. (1996), S. 14

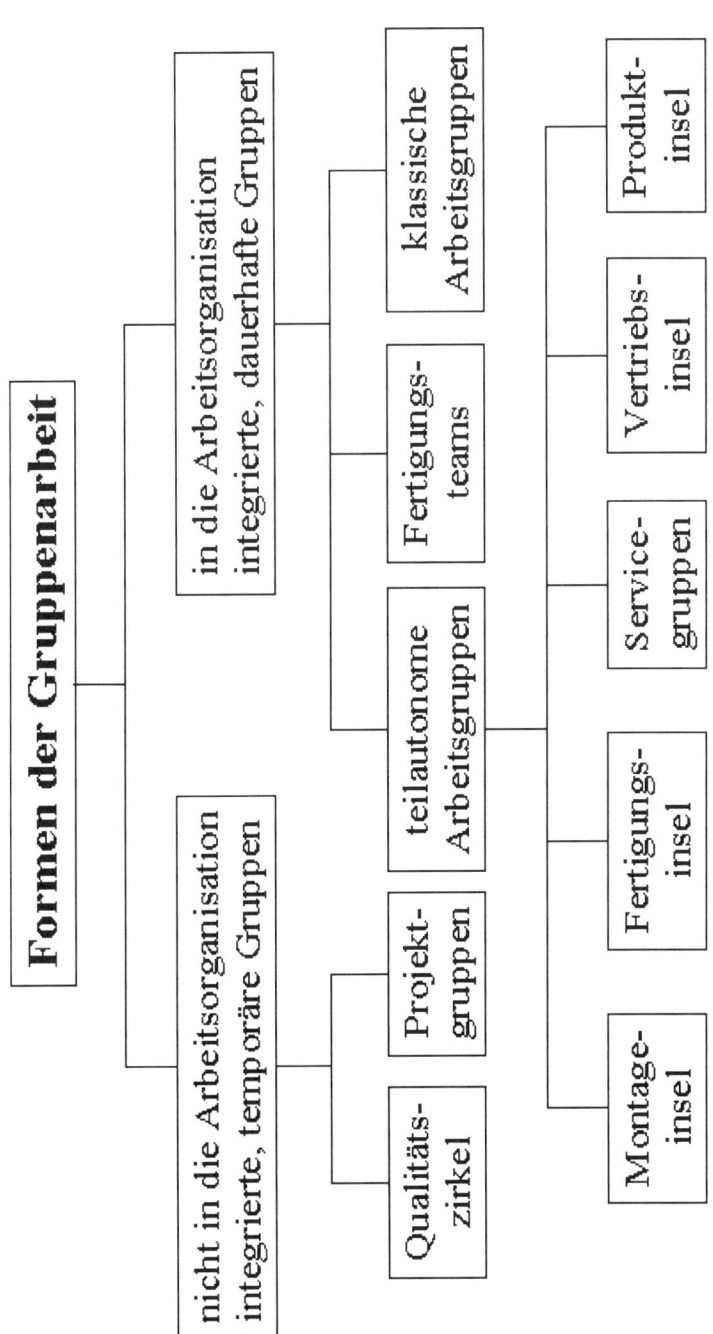

Bild 48: Formen der Gruppenarbeit

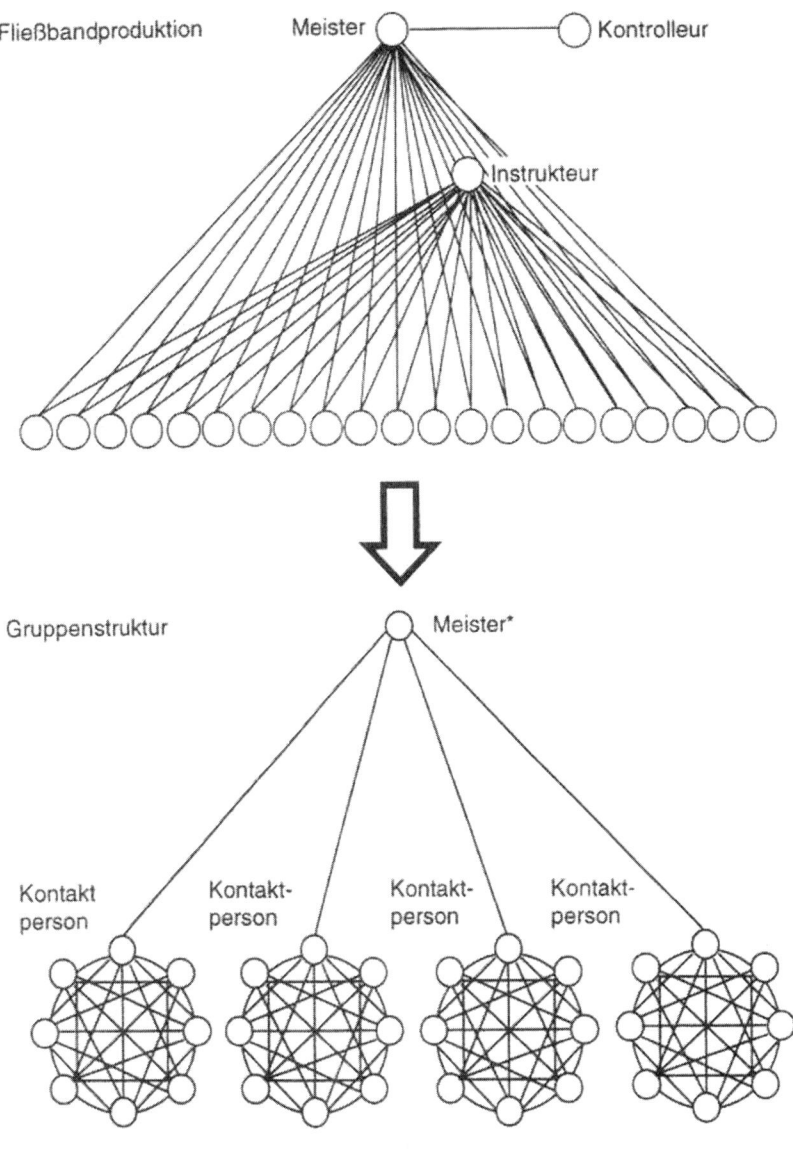

Bild 49: Übergang von Fließbandarbeit zur teilautonomen Gruppenarbeit[189]

---

[189] siehe Ulich, E. (1998) S. 211

Ziele der Gruppenarbeit

Es besteht kein Zweifel mehr darüber, dass Gruppenarbeit eine Arbeitsorganisation der Zukunft ist. Deshalb sind viele Unternehmen bemüht, Gruppenarbeit als Form neuer Arbeitsorganisation schrittweise und flächendeckend einzuführen. Dies sollte auch unter dem Aspekt der Gesundheit und Sicherheit getan werden.

Mit der Gruppenarbeit werden folgende **Ziele** angestrebt:

- Erhöhung der Wirtschaftlichkeit (Effizienz) der Arbeitsprozesse,
- Verbesserung der Qualität inkl. Kundenorientierung,
- Erhöhung der Mitarbeiterbeteiligung an Arbeitsorganisation,
- Entwicklung der Arbeitsmotivation und -zufriedenheit der Mitarbeiter,
- Reduzierung von Fehlzeiten und des Krankenstandes,
- Entwicklung von Teamkompetenz,
- Verbesserung des Gruppen- und Betriebsklimas,
- Abbau von Ermüdung und Monotonie am Arbeitsplatz.

Gruppenarbeit, gleich welcher Art und Qualität, ist zwar für viele Unternehmen die "Zauberformel" für betriebliche Umstrukturierung geworden, aber an der wissenschaftlichen Analyse von humanen und betriebswirtschaftlichen Effekten fehlt es zumeist. Bei ihrer Implementierung werden in der Praxis viele Fehler gemacht. Denn unter dem modernen Begriff oder auch Schlagwort "Gruppenarbeit" laufen viele Gruppen, die wegen ungenügender Vorbereitung, fehlender Autonomie, unzureichender fachlicher oder sozialer Kompetenz, fehlender Qualifikation des Gruppensprechers oder aufgabenunangemessener Gruppengröße vom arbeitswissenschaftlichen Idealbild weit entfernt sind. Der betriebswirtschaftliche und humane Erfolg von Gruppenarbeit, welcher nicht per se mit dem Leistungsvorteil der Gruppe begründet werden kann, beruht aber auf der Ausschöpfung aller arbeitsorganisatorischen und Mitarbeiterpotentiale.

Die flächendeckende **Implementierung von Gruppenarbeit** steht in den meisten Unternehmen noch aus. Sie ist aber notwendig, da sie große Potentiale für die Leistungsfähigkeit und Gesundheit des Unternehmens bieten. Gruppenarbeit ist dann erfolgreich, wenn u. a. folgende *Voraussetzungen* erfüllt sind:[190]

- das Team ist als Regelkreis zur Erreichung vereinbarter, visualisierter und vom ihm beeinflussbarer Ziele zu definieren;
- das Team ist dem Benchmarking* von gestellten Leistungszielen und der Verantwortung für ihre Umsetzung auszusetzen;
- Teams sind in überschaubaren Arbeitsbereichen mit der Chance zur sichtbaren Aufgabenerfüllung und gegenseitigen Unterstützung zu bilden;
- Qualifikation und Job Rotation im Team sind an die Erfüllung der jeweiligen Leistungsstandards zu knüpfen;
- die Teamdynamik ist durch Koordinatoren, regelmäßige Teamgespräche, KVP-Workshops, flexiblen Mitarbeitereinsatz und kritische Reflexion der Produktivitätsziele kontinuierlich zu fördern.

Die besondere Aufmerksamkeit gilt der **Beziehung zwischen Gruppenarbeit und dem AGS**. In der diesbezüglichen Untersuchung der Gruppenarbeit liegt ein wesentliches Potential des betrieblichen Gesundheitsmanagements. Dies gilt sowohl im Hinblick auf betriebswirtschaftliche als auch auf Humaneffekte. Im engeren Sinne ist das Ziel die

---

[190] siehe auch Hartz, P. (1996)

Senkung des Krankenstandes; i. w. S. sind die qualitative Entwicklung der Mitarbeiterbeteiligung an der Arbeitsorganisation, die Entwicklung von Arbeitsmotivation und Arbeitszufriedenheit sowie die Verbesserung von Team- und Betriebsklima die Ziele. Ein grundlegendes wissenschaftliches Anliegen ist dabei die qualitäts-, wirtschaftlichkeits-, leistungs- und gesundheitsbezogene Evaluation der Gruppenarbeit auf der Grundlage von Prozeß- (Prozeßevaluation) und Ergebnisvariablen (Ergebnisevaluation). Tatsache ist jedoch, dass gesundheitsrelevante Ziele bei Zielvorgaben oder -vereinbarungen im Rahmen von Gruppenarbeit bislang kaum beachtet werden.

Bedingungen der Gruppenarbeit

Wesentliche Bedingungen der Gruppenarbeit, welche bei ihrer Implementierung zu beachten sind, sind folgende:

1.   Input-Variablen

- technologische Bedingungen
- Funktionen, die in Gruppe integriert sind: z. B. Wartung, Einrichtung, Qualitätsprüfung
- Kompetenz der Gruppe für gruppeninterne Regelungen, z. B. Urlaubs-/Vertretungsplanung, Wahl des Gruppensprechers
- personalpolitische Rahmenbedingungen, wie z. B. Entlohnungssystem
- Gruppengröße
- Leistungsvoraussetzungen der Gruppenmitglieder, z. B. Qualifikationsniveau, fachliche Kompetenz, Teamfähigkeit der Mitglieder, psychische Belastbarkeit, Einstellungen und Motive zur oder Erfahrungen mit Gruppenarbeit
- demografische Merkmale der Gruppenmitglieder, z. B. Alter und Geschlecht

2.   Prozessvariablen

- Steuerung von Gruppenprozessen und Selbstregulation, z. B. durch Gruppenbesprechungen
- Aufgabenmerkmale, z. B. Anforderungsvielfalt, Ganzheitlichkeit der Aufgaben, Autonomie, Feedbacks
- Aufgabenverteilung und -anfall
- soziometrische Struktur der Gruppe, d. h. emotionale Beziehungen zwischen den Gruppenmitgliedern
- Qualität der Kooperation und Kommunikation in der Gruppe
- Informationsgrad und –fluss in der Gruppe
- soziale Unterstützung in und für die Gruppe
- Zusammenarbeit mit anderen Gruppen und gegenseitige Unterstützung
- Führungsstil der Vorgesetzten

3.   Output-Variablen

- Teamklima
- Arbeitszufriedenheit
- Krankenstand
- Fehlzeiten
- Betriebswirtschaftliche Kennziffern, z. B. Qualität, Produktionsmenge, Maschinenlaufzeit

Anhand o. a. Variablen wird deutlich, welche Vielzahl von Einflussfaktoren bei den Auswirkungen von Gruppenarbeit auf Wohlbefinden und Gesundheit zu berücksichtigen sind.

Effekte der Gruppenarbeit

Grundsätzlich kann man nicht von einem Leistungs- und Gesundheitsvorteil der Arbeit im Team ausgehen. *„At their best, teams are ideal structures for generating und sharing knowledge, enhancing performance and improving satisfaction".*[191] Leider sieht die Praxis häufig nicht so ideal aus, was nachgewiesene Effekte von Gruppenarbeit betrifft. Während betriebswirtschaftliche Auswirkungen besonders teilautonomer Arbeitsgruppen häufiger untersucht worden sind (siehe Tabelle 22), spielen humane Auswirkungen eine untergeordnete Rolle.

Tabelle 22: Effekte von Gruppenarbeit[192]

Output-Variablen	Effekt
Bestände	- 30,3%, -45%, -50%
Lieferzeit	- 19%
Produktivität	+ 22%
Rüstzeit	- 25%
Termintreue	+ 46%
Nacharbeit	- 28,6%
Fehlzeiten	- 2%
Krankenstand	- 4,9%
Personalkosten (indirekt)	- 50%, -37,3%, -11%
Flächenbedarf	- 32%
Verbrauchs-/Hilfsstoffe	- 16,7%

Humane Effekte sind indirekt ablesbar aus dem Krankenstand und den Fehlzeiten, welche sich ebenfalls auffällig verringert haben. Ferner konnten durchweg positive Auswirkungen der teilautonomen Gruppenarbeit auf die Arbeitszufriedenheit festgestellt werden. In einzelnen Studien wurden auch positive Effekte auf die psychische Gesundheit konstatiert.[193]

Die bisher vorliegenden empirischen Studien zeigen aber, dass man bei Gruppenarbeit nicht von vornherein von einem *Gesundheitsvorteil* ausgehen kann.[194] Dargestellte Effekte auf die psychische Gesundheit sind teilweise widersprüchlich. Es kann sogar das Gegenteil eintreten, wenn Gruppenarbeit im Unternehmen "von oben" nicht sachgerecht eingeführt wird. Damit sie in der betrieblichen Praxis die in sie gesetzten Hoffnungen erfüllt und auch zu einer besseren Gesundheit der Beschäftigten beiträgt, sollte ihre Implementierung nicht ohne detaillierte Prüfung der notwendigen Voraussetzungen und Bedingungen für erfolgreiche Gruppenarbeit (siehe oben) erfolgen. Dabei ist auch zu prüfen, ob und welches Gruppenarbeitsmodell sich am ehesten und effektivsten in das Unternehmenskonzept integrieren lässt. Denn Mitarbeiter erleben die Einführung häufig nicht als Chance für die persönliche Entwicklung, für das Wohlbefinden oder gar für die Gesundheit, sondern als Bedrohung. Sie befürchten, dass ihre vielfältig erprobten und

---

[191] Tannenbaum, S., Salas, E. and Cannon-Bowers, J. (1996), S. 504
[192] nach Lemke, St. & Knauth, P.(1997)
[193] siehe Antoni, C. (1997)
[194] siehe auch Musshafen, S., Maaß, W. & A. Zober (2000).

bewährten Verhaltensweisen und Kompetenzen nun nicht mehr ausreichen, den neuartigen Anforderungen der Gruppenarbeit gerecht zu werden. Dies führt nicht selten zu Verunsicherung und Angst. Vergleichbare Reaktionen treten häufig ebenfalls bei Führungskräften auf, weil sie es nicht gelernt haben, mit solchen Gruppen erfolgreich umzugehen. Demzufolge ist es wichtig, dass Gruppenarbeit gemeinsam von Management und Mitarbeitern inkl. Betriebsrat gründlich vorbereitet und erst dann eingeführt wird.

4.3 Gestaltung des Arbeitsplatzes

Der Arbeitsplatz (workplace) ist unter Berücksichtigung anthropometrischer*, arbeitsphysiologischer*, arbeitspsychologischer*, bewegungstechnischer, informationstechnischer und sicherheitsrelevanter Aspekte zu gestalten. Rechtliche Grundlage der gesundheitsgerechten Gestaltung von Arbeitsplatz und -umwelt ist besonders die **Arbeitsstättenverordnung** (working places regulation). Auf Grund der Übergangsvorschriften nach § 56 gilt sie nur eingeschränkt, wenn die Arbeitsstätte vor dem 20. Dezember 1996 errichtet bzw. mit ihrer Errichtung begonnen wurde.

Arbeitsstätten sind nach der ArbStättV

- Arbeitsräume in Gebäuden einschließlich Ausbildungsstätten,
- Arbeitsplätze auf dem Betriebsgelände im Freien, ausgenommen Felder, Wälder und sonstige Flächen, die zu einem land- oder forstwirtschaftlichen Betrieb gehören und außerhalb seiner bebauten Flächen liegen,
- Baustellen,
- Verkaufsstände im Freien, die im Zusammenhang mit Ladengeschäften stehen,
- Wasserfahrzeuge und schwimmende Anlagen auf Binnengewässern.

Zur Arbeitsstätte gehören:

1. Verkehrswege,
2. Lager-, Maschinen- und Nebenräume,
3. Pausen-, Bereitschafts-, Liegeräume und Räume für körperliche Ausgleichsübungen,
4. Umkleide-, Wasch- und Toilettenräume (Sanitärräume),
5. Sanitätsräume.

Im § 3 Ziff. 1 ArbStättV heißt es: *„Der Arbeitgeber hat...*

1. *die Arbeitsstätte nach dieser Verordnung, den sonst geltenden Arbeitsschutz- und Unfallverhütungsvorschriften und nach den allgemein anerkannten sicherheitstechnischen, arbeitsmedizinischen* und arbeitshygienischen* Regeln sowie den sonstigen gesicherten arbeitswissenschaftlichen* Erkenntnissen einzurichten und zu betreiben,*

2. *den in der Arbeitsstätte beschäftigten Arbeitnehmern die Räume und Einrichtungen zur Verfügung zu stellen, die in dieser Verordnung vorgeschrieben sind."*

4.3.1 Büroarbeitsplatz

> **Kasten 53**
>
> **Mängel am Büroarbeitsplatz**
>
> In Deutschland arbeiten ca. 9 Mio. Arbeitnehmer im Büro. Unter allen Erwerbstätigen arbeiten die meisten in Büro- und kaufmännischen Berufen. Etwas 50 % aller Arbeitsplätze sind im Büro. Jeder dritte Büroarbeitsplatz in Deutschland hat aber Mängel. Das geht aus einer Umfrage hervor, die im Jahre 2001 im Auftrag des Deutschen Büromöbelforums Düsseldorf durchgeführt wurde.[195] Telefonische Befragungen in 609 Organisationen (Unternehmen, Handwerksbetriebe, öffentliche Verwaltung usw.) ergaben, dass Bildschirme häufig falsch (zu hoch oder mit Direktblendung) aufgestellt sind (29 %) und Bürostühle oft Mängel aufweisen (27 %). An jedem fünften Schreibtisch waren Klima, Akustik oder Lichtverhältnisse zu beanstanden. Vor allem in Handwerksbetrieben und Unternehmen der New Economy seien ergonomische* und sicherheitstechnische Mängel festgestellt worden.

Demzufolge stellt sich die Frage, ob arbeitswissenschaftliche Erkenntnisse nicht für das Büro gelten. Denn hier meint man oft immer noch, dass Tisch, Stuhl und PC als Einrichtung genügen. Und entsprechend sieht es leider häufig aus (siehe Kasten 53). Dabei hat ein modernes Raumkonzept viele Vorteile. Die wichtigsten Vorteile sind:

- mehr Kommunikation
- effektivere Abläufe
- reduzierte Durchlaufzeiten
- geringere Störeinflüsse
- bessere Nutzung vorhandener Arbeitsmittel
- erhöhte Wirtschaftlichkeit des Bürobetriebs
- höhere Motivation der Mitarbeiter
- höhere Arbeitszufriedenheit der Mitarbeiter
- besseres Image gegenüber Partnern und Kunden
- geringerer Krankenstand
- höhere Verweildauer am Arbeitsplatz
- geringere Fehlerquote, z. B. durch bessere Beleuchtung.

---

[195] Siehe „Personalführung", Heft 9 (2002), S. 63

Büroformen

Wir unterscheiden die klassischen Büroformen „Zellenbüro" (Einzelbüro, Einzelzimmer usw.) und „Großraumbüro" (Bürolandschaft) sowie die modernen Formen „Gruppenbüro" (Gruppenraum, Teamraum usw.) einschließlich Mehrpersonenbüro (2 – 6 Mitarbeiter) und „Kombibüro" (Mischbüro). Durch den Wandel zur Informationsgesellschaft mit Internet und weltweiter Vernetzung werden statische Büroarbeitsplätze zunehmend durch flexible Systemkonfigurationen abgelöst.

Die Büroform bestimmt, in welchem Verhältnis die Mitarbeiter zueinander und zum Gebäude stehen. Kommunikations-, Konzentrations- und Bewegungsmöglichkeiten, Umweltbedingungen (Klima, Beleuchtung, Farben) sowie die Akzeptanz des Arbeitsplatzes durch die Mitarbeiter sind wesentlich für Wohlbefinden und Gesundheit im Büroalltag.

Zellenbüro

Die älteste Büroform weist als Richt- oder Mindestwert 8 bis 10 m² (Büroarbeitsplatz), 10 m² (BAP) oder 12 m² (Mischarbeitsplatz) auf. Es ist ein geschlossener Raum für ein bis drei Arbeitsplätze. Er eignet sich für klar abgegrenzte Sachbearbeitertätigkeiten mit wenig Kontakt zu den Mitarbeitern. Als wesentliche Vorteile können genannt werden:

- gute visuelle und akustische Abschirmung gegenüber Außenreizen
- Arbeitsplatzablage meist gut geregelt
- Relative Gleichwertigkeit der Arbeitsplätze
- Kontakt zur Außenwelt und Tageslichteinfall durch Fenster
- Möglichkeit der individuellen Gestaltung des Arbeitsplatzes

Wesentliche Nachteile für den Mitarbeiter sind:

- Kommunikation und Koordination mit Kollegen ist erschwert
- Informationsdefizite durch eingeschränkte Kommunikation
- Bewegungsmangel durch Fixierung auf Arbeitsplatz (Arbeitsmittel sind im Greifraum des Mitarbeiters).

Großraumbüro

Darunter verstehen wir die organisatorische und räumliche Zusammenfassung von Arbeitsplätzen auf ca. 400 – 5000 m². Oft erfolgt eine Gliederung durch Stellwände bzw. Raumgliederungssysteme. Heute sind es meist nur noch kleinere Einheiten von mehreren 100 m².

Als Vorteile können angeführt werden:

- Das Großraumbüro ist für alle Tätigkeiten, die eine intensive Zusammenarbeit erfordern, geeignet. Denn Kommunikation und Informationsaustausch sind einfacher möglich.
- Es sind kurze Wege für die Mitarbeiter.
- Es gibt, da alle Arbeitsplätze relativ gleichwertig sind, keine Rang- und Statusprobleme.
- Es ist eine Anteilnahme am Gesamtgeschehen möglich.

Es überwiegen aus Arbeitnehmersicht aber die Nachteile:

- Oft fehlt die räumliche Distanz zwischen benachbarten Arbeitsplätzen.
- Es fehlt der Kontakt zur Außenwelt, da Stellwände den Blick durchs Fenster verhindern.
- Es ist dominiert die künstliche Beleuchtung, abgesehen von Arbeitsplätzen in der Fensterzone.
- Konzentration und Aufmerksamkeit sind durch optische und akustische Störungen eingeschränkt.
- Die individuelle Gestaltung des Arbeitsplatzes ist nur sehr begrenzt möglich.
- Das Klima wird durch raumtechnische Anlagen, aber nicht individuell reguliert.
- Es ist eine Einschränkung persönlicher Verhaltensweisen und die Übernahme großraumkonformer Verhaltensmuster gegeben (leises Reden, keine lauten Ausrufe usw.)
- Es gibt den Verlust an Privatheit, da nur geringe Möglichkeiten bestehen, sich mal zurückzuziehen.

Gruppenbüro

Es wurde in den 70er Jahren entwickelt, damit die Vorteile von Zellen- und Großraumbüro genutzt und die Nachteile dieser Büroformen weitgehend kompensiert werden. Das Büro weist 3 – 25 Arbeitsplätze auf, die auf fensternahe Raumeinheiten verteilt sind. Die Gliederung erfolgt durch Stellwände bzw. Raumgliederungssysteme. Der Richtwert beträgt für den Büroarbeitsplatz 12 bis 15 m², für den Bildschirmarbeitsplatz 15 m² und für den Mischarbeitsplatz 15 m².

Die Vorteile für Mitarbeiter sind folgende:

- Die Ablauforganisation ist durch bessere Kommunikation und Koordinationsmöglichkeiten effizienter als im Zellen- oder Großraumbüro.
- Es ist einerseits eine Privatsphäre, andererseits aber auch Kontakt zu Kollegen gegeben.
- Die Aufteilung der Arbeitsplätze entspricht weitgehend dem tatsächlichen Kommunikationsbedarf.
- Das Klima kann weitgehend individuell durch Fensternähe geregelt werden.

Es gibt jedoch auch einige Nachteile:

- Konzentration und Aufmerksamkeit können durch störende Geräuschquellen eingeschränkt sein.
- Es ist eine differenzierte Abstimmung zwischen Allgemein- und Arbeitsplatzklima nötig. (Beispiel: Ein Mitarbeiter „möchte es wärmer, der andere kälter".)

Kombibüro

Es ist eine Mischung aus Einzelbüros entlang der Fassade und Multifunktionszone (Besprechungszone, Serviceeinrichtungen, Archiv, Cafeteria usw.). Die Trennung von Büros und Mittelbereich erfolgt meist durch Glaswände und –türen.
Es weist folgende **Vorteile** auf:

- Es ist eine hohe Transparenz gegeben. (*"Man sieht vieles, man kann aber auch selbst stets gesehen werden".*)
- Die Arbeitsplätze sind bezüglich Ausstattung und Charakteristika relativ gleichwertig.

- Es erfolgt ein Tageslichteinfall, auch für die Mittelzone.
- Vielfältige Bewegungsmöglichkeiten sind durch das Pendelnkönnen zwischen Arbeitsplatz, Besprechungsraum, Cafeteria usw. vorhanden.
- Die notwendige, unverzügliche Kommunikation und Kooperation sind durch die Nähe der Besprechungsräume möglich.
- Es ist auch informelle* Kommunikation durch Cafeteria u.a.m. möglich.
- Die Einzelbüros sind akustisch abgeschirmt.

Es können aber auch folgende Probleme auftreten:

- Die hohe optische Transparenz setzt eine offene Unternehmenskultur und flache Hierarchien voraus. Wenn diese nicht gegeben sind, kann die Transparenz zu Konflikten führen.
- Durch die Transparenz ist ein Verlust an Privatheit zu verzeichnen.

Das Kombi-Büro ist ein wichtiger Schritt hin zu einer neuen Zweckbestimmung des Büros als Business-Bereich für zeitlich und räumlich ungebundene Formen der Prozessorganisation. Es löst das Dilemma zwischen den Vor- und Nachteilen o. g. Büroformen. Das Business-Büro ist ein Modell der Zukunft, welches eine hohe Eigenverantwortlichkeit, Autonomie, Teamfähigkeit der Mitarbeiter und selbststeuernde Teams voraussetzt. Wenn diese Voraussetzungen erfüllt sind, dann wird die Arbeit in solchem Büro auch zu Wohlbefinden und Gesundheit der Beschäftigten beitragen.

Arbeitsorganisation im Büro

Es sind folgende **Formen der Arbeitsorganisation** im Büro zu unterscheiden:

- *Einzelarbeit*

Sie ist vor allem durch eine hohe Arbeitsteilung gekennzeichnet. Ihr Inhaltsbereich, die Arbeitsabfolge und der Verantwortungsbereich sind deutlich umrissen und z. T. stark eingeschränkt. Der Vorgesetzte übernimmt meistens die Koordination und Kontrolle der Aufgabenerfüllung.

- *Raumverband*

Hier sind mehrere Mitarbeiter in einem Großraumbüro tätig. Sie sind ebenfalls arbeitsteilig organisiert. Der Vorgesetzte ist in den Verband integriert. Die Zusammenführung mehrerer Personen gestattet eine bessere Kommunikation unter ihnen, bedeutet aber auch einen Anstieg des Lärmpegels, höhere Konzentration der Mitarbeiter, etc.

- *Gruppenarbeit*

Die Gruppenarbeit gilt nicht nur für die Produktion, sondern auch für das Büro (siehe dazu ausführlich Kapitel 4.2.) Dazu zählen teilautonome Gruppen, Projekt- und Problemlösegruppen.

Klima im Büro

Wandtemperatur, Aktivitätsgrad des Beschäftigten und Aufenthaltsdauer im Büro bestimmen mit, wann eine **thermische Behaglichkeit** (thermal comfort) erlebt wird. Wir benötigen ein gemäßigtes, aber doch "reizvolles" Klima. Zu große Temperaturunterschiede sollten ebenso wie ein zu gleichförmiges Klima vermieden werden.

> **Kasten 54**
>
> **Das behagliche Büroklima**
>
> Für Bürotätigkeiten gilt eine empfohlene **Raumtemperatur** von 21 - 22 °C, mindestens aber 20° C. Bei hohen Außentemperaturen sollten 26° C nicht überschritten werden. Größere Temperaturschwankungen sind zu vermeiden, die Differenz zwischen Boden und Wandtemperatur sollte nicht höher als 4° C betragen. Eine relative **Luftfeuchtigkeit** zwischen 50 - 65 % ist akzeptabel, bei Klimaanlagen 70 % (bei 22°). Das hilft auch elektrostatische Aufladungen zu vermeiden. Eine **Luftgeschwindigkeit** von 0,1 bis 0,15 m/s gilt als angenehm und wird gefordert. Werte über 0,2 m/s sind zu vermeiden. Durch Zugluft fühlt man sich unbehaglich.

Bei der **Gestaltung des Büroklimas** sind folgende Faktoren zu beachten (siehe auch Kasten 54):

Sonnenschutz

Fenster sind mit verstellbaren Lichtschutzeinrichtungen auszustatten. Sie verhindern, außen angebracht, im Sommer effektiver die Aufheizung des Raumes. Sonnenschutz sollte individuell einstellbar sein, je nach Einstrahlung und persönlichem Lichtbedarf. Wird durchscheinendes oder helleres Material verwendet, lässt sich das "Kellergefühl" verhindern, das bei vollständig geschlossenen Metalljalousien entsteht.

EDV-Geräte

Arbeitsmittel dürfen nicht zu einer erhöhten Wärmebelastung führen. EDV-Geräte mit Energiespareinrichtungen sind deshalb empfehlenswert. Bei der Aufstellung muss auf eine gute Belüftung geachtet werden, damit es nicht zu Wärmestaus kommt. Sind EDV-Geräte in größerer Anzahl vorhanden und führen zu erhöhter Wärmebelastung, müssen höhere Flächenbedarfswerte für einen Bildschirmarbeitsplatz berücksichtigt werden.

Luftqualität

Durch Mindestraumgröße und Lüftungsmöglichkeiten muss für einen ausreichenden Luftaustausch in Büroräumen gesorgt werden.

Gesundheitsgefahren

Ein schlechtes Raumklima belastet die Gesundheit. Es kann Erkältungskrankheiten, Bindehautentzündungen, trockene Schleimhäute, Allergien, Übelkeit und Schwindelgefühle verursachen. Auch Konzentrationsstörungen und Ermüdungserscheinungen können mit klimatischen Bedingungen zusammenhängen.

Beleuchtung im Büro

Beleuchtungsniveau

Eine zu starke oder grelle Beleuchtung erschwert die visuelle Wahrnehmung am Bildschirm. Die Sehschärfe nimmt ab, wenn es nicht hell genug ist. Die Beleuchtungsstärke, gemessen in Lux (lx), soll ausreichend groß sein, ohne den Raum und die Bildschirmumgebung zu stark auszuleuchten. Am BAP reicht eine Beleuchtung in Arbeitstischhöhe von etwa 500 lx.

Beleuchtungsstärke

Es gelten dabei folgende Richtwerte:

- 300 lx für Arbeitsplätze in Fensternähe,
- 500 lx für Arbeitsplätze in Büroräumen und an Bildschirmarbeitsplätzen,
- größer als 500 lx für besondere Aufgaben, wie z. B. bei CAD*
- 750 bis 1000 lx in Großraumbüros.

Ältere Mitarbeiter benötigen eine höhere Beleuchtungsstärke am Arbeitsplatz, da die Sehfähigkeit nachlässt. Auch die Blendempfindlichkeit nimmt mit dem Alter zu. Das erfordert individuelle Beleuchtungsverhältnisse. Die Bildschirmarbeitsverordnung verlangt, dass die Beleuchtung dem individuellen Sehvermögen anzupassen ist.

Kontraste bzw. Leuchtdichten

Der Raum sollte möglichst gleichmäßig hell sein, um die Adaptionsfähigkeit des Auges nicht übermäßig zu beanspruchen. Zu hohe Kontraste können ebenso vorzeitig ermüden wie ein kontrastloser, monotoner Raumeindruck. Auf dem Bildschirm haben auch kleinste Reflexe große Bedeutung, weil man unbewusst die Körperhaltung einnimmt, durch die man ihnen am besten ausweichen kann. Aus einer dadurch bedingten Fehl- und Zwangshaltung können Muskelverspannungen im Schulter-Nacken-Arm-Bereich sowie Kopfschmerzen und Rückenprobleme resultieren. Blendungen ermüden und belasten die Augen.

Es wird eine Kombination aus indirekter gleichmäßiger Raumausleuchtung und geeigneten Arbeitsplatzleuchten für die individuelle Lichtgestaltung empfohlen. Das kann auch aus ökologischen und Kostengründen günstiger sein. Energiesparlampen sind zu empfehlen.

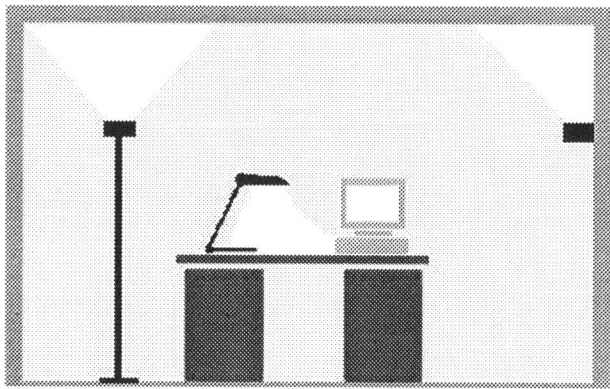

Bild 50: Indirekt-Beleuchtung plus Arbeitsplatzleuchte[196]

Farben im Büro

Wenn Mitarbeiter an Farbbildschirmen arbeiten, muss auf die richtige Auswahl der Töne geachtet werden, denn hier können Gesundheitsgefahren lauern. Farben sollten auch im Büro generell sparsam verwendet werden. Die DIN 66 234, Teil 5 rät zu sparsamen, konsistenten und wohl überlegten Farbeinsatz. Zu viel Farbe erzeugt Unübersichtlichkeit und vermindert die Wahrnehmung. Dabei sind Erkenntnisse der Farbenlehre und -psychologie zu berücksichtigen (siehe ausführlich Kapitel 4.4.4.).

Für die **farbliche Gestaltung** des Büroraums empfehlen sich:

- schwach gesättigte Farben für den Raum
- helle Farbtöne für das Mobiliar
- einfarbige und helle Vorhänge bzw. Jalousien
  Sie sind weißen, dunklen oder grellen Farbflächen vorzuziehen.

4.3.2 Bildschirm-Arbeitsplatz

Der moderne Arbeitsplatz ist der BAP. *„Bildschirmarbeitsplätze haben in zunehmendem Maße an Verbreitung und Bedeutung gewonnen. Auch für sie gibt es dezidierte Gestaltungsmerkmale. Sie betreffen Hardware, Software, sonstige Arbeitsmittel sowie die Arbeitsumgebung."*[197]

Rechtliche Grundlagen der BAP-Gestaltung sind vor allem

- die EU-Bildschirmrichtlinie
- die Bildschirmarbeitsverordnung BSchArbV (12/1996) (siehe Kasten 56)
- die DIN EN ISO 9241 „Ergonomische Anforderungen für Bürotätigkeiten mit Bildschirmgeräten".

---

[196] aus Ergonomic-Institut Berlin (1995)
[197] Scholz, C. (1994), S. 344

> **Kasten 55**
>
> **Gesundheitsbeschwerden am Bildschirmarbeitsplatz**
>
> In einer betrieblichen Erhebung mit dem Fragebogen GESBI (Gesundheit am BAP) wurden 592 Beschäftigte der öffentlichen Verwaltung untersucht.[198] Die vorwiegenden Tätigkeiten waren Sachbearbeitung, Datenerfassung und -verschlüsselung, bürotechnische Dienste und Programmierung. Es zeigte sich, dass über zwei Drittel der Befragten häufiger Gesundheitsbeschwerden während und nach der Arbeit haben. Am häufigsten wurden Beschwerden des Stütz- und Bewegungsapparates, Augenbeschwerden und nervöse Beschwerden (vorzeitige Müdigkeit/Mattigkeit, Erschöpfung, innere Unruhe/Anspannung, etc.) genannt. Die weiblichen Beschäftigten, welche eher geringer qualifizierte Tätigkeiten ausübten, gaben durchweg mehr Gesundheitsbeschwerden an als die männlichen (z. B. Schulter-Nacken-Beschwerden: Frauen 63 %, Männer 31 %).

Begriff, Komponenten und Typen des Bildschirmarbeitsplatzes

Der **BAP** ist nach der BildscharbV *„...ein Arbeitsplatz mit einem Bildschirmgerät, welcher ausgestattet sein kann mit*

- *Einrichtungen zur Erfassung von Daten*
- *Software, die den Beschäftigten bei Ausführung ihrer Arbeitsaufgaben zur Verfügung steht*
- *Zusatzgeräten und Elementen, die zum Betreiben oder Benutzen des Bildschirmgerätes gehören oder*
- *sonstigen Arbeitsmitteln*

sowie die unmittelbare Arbeitsumgebung."

Keine Bildschirmarbeitsplätze sind demnach u.a. Bildschirme für den ortsveränderlichen Gebrauch (z. B. Notebook, Laptop), sofern sie nicht regelmäßig an einem Arbeitsplatz eingesetzt werden, Schreibmaschinen klassischer Bauart mit einem Display, Bedienerplätze von Maschinen oder Fahrerplätze von Fahrzeugen mit Bildschirmgeräten.

Bildschirmarbeitsplätze sind z. B. folgende[199]:

- Computergestützte Erfassung von Überweisungsbelegen durch Datenerfasser/innen in einer Bank,
- Computergestützte Schadensabwicklung bei einer Versicherung
- Textverarbeitung im Sekretariat,
- Programmierarbeitsplatz in einem Softwarehaus,
- Computergestütztes Konstruieren in einem Automobilwerk (CAD),
- Prozessüberwachung in der chemischen Industrie,
- Arbeitsplätze für Bildbearbeitung in einer Werbeagentur,
- Computergesteuerte Werkzeugmaschinen im Anlagenbau,
- Regie- und Schnittarbeitsplätze beim Fernsehen.

---

[198] siehe „Amtliche Mitteilungen der BAuA" 3/98
[199] z. B. Richenhagen, G., Prümper, J. & Wagner, J. (2002)

Komponenten eines BAP sind:

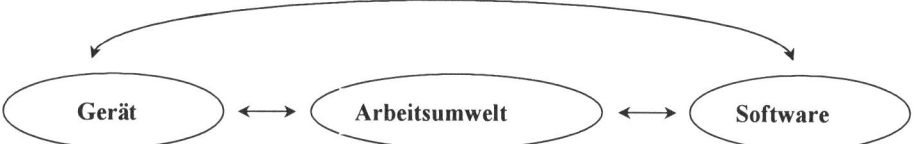

- Bildschirm
- Tastatur
- Einrichtungen zum Erfassen und Eingeben von Daten (z. B. Daten, Rollkugel)
- Diskettenlaufwerk
- Modem
- Drucker
- Arbeitstisch
- Stuhl
- Fußstütze
- Stehpult
- Vorlagenhalter

- Lärm
- Klima
- Beleuchtung
- Platzbedarf
- Strahlung

- Textverarbeitung
- Datenbank
- Grafik
- Tabellenkalkulation

Tabelle 23: Typen von Bildschirmarbeitsplätzen

Typen	Kurze Arbeitsbeschreibung
• Datenerfassung	sehr hohe Eingaberaten; eintönige Arbeitsinhalte
• Computergestützte Sachbearbeitung	Mischtätigkeit, da keine reine Bildschirmtätigkeit; oft keine ausreichende Übung in Bedienung
• Grafischer Arbeitsplatz	Anspruchsvollere Arbeitsaufgaben; oft hoher Erfolgsdruck; lange Wartezeiten am Gerät
• Textverarbeitung	Unterschiedliche Arbeitsaufgaben; hohe Ansprüche an Qualität der Dokumente
• Prozesssteuerung	Bildschirm ist eines von vielen Anzeigegeräten; Problem der Daueraufmerksamkeit, da selten Störfälle; hohe psychische Beanspruchung
• Bildbearbeitung	relativ neuer Bildschirmarbeitsplatz: Fotos und Videos werden eingelesen, bearbeitet, weiter gegeben

Alle Bildschirmarbeitsplätze, die nach dem 31.12.1992 neu eingerichtet wurden, müssen den in der EU-Bildschirm-Richtlinie formulierten Mindestbestimmungen genügen, es sei denn der Arbeitgeber kann auf andere Art und Weise ein gleiches oder höheres Sicherheits- und Gesundheitsniveau realisieren. Für Bildschirmarbeitsplätze, die vor dem genannten Datum eingerichtet wurden, gelten die Mindestbestimmungen nach dem 31.12.1996 in gleicher Weise.

Neu in der EU-Richtlinie ist die Darstellung der **Arbeitsaufgaben**. Ihre Gestaltung gehört zu einer guten Anordnung des Bildschirmarbeitsplatzes, zumal die Arbeitsaufgaben weitgehend die einzusetzende Technik bestimmen. (Allerdings findet man in der Praxis häufig das umgekehrte Vorgehen.)

Belastungen und gesundheitliche Gefährdungen

Es können am BAP vor allem folgende **Belastungsfaktoren** auftreten:

- Flimmern des Bildschirms
- Schlechte Zeichenqualität
- Unangemessene Entfernung von Bildschirm und Auge
- Blendungen und Spiegelungen
- Monotone Arbeitsaufgaben
- Lange Arbeitszeit am Bildschirm (mehr als 4 Stunden)
- Keine oder zu geringe regelmäßige Pausen
- Fehlende oder ungeeignete Brille

Hauptsächlich belasten die kognitive Unterforderung (z. B. bei anhaltender Dateneingabe), die Monotonie durch repetitive Aufgaben (z. B. wiederholte Eingabe gleicher Daten), die qualitative Überforderung durch zu schwierige Aufgaben am Bildschirm, die quantitative Überforderung durch zu viele Aufgaben am BAP, unvollständige Informationen, schlecht funktionierende Computersysteme (z. B. lange Systemantwortzeiten*), häufige Arbeitsunterbrechungen (z. B. durch Telefonanrufe), ein geringer Handlungs- und Entscheidungsspielraum bei der Aufgabenerfüllung, fehlende soziale Kontakte (bis hin zur sozialen Isolation) und schlechte Umweltbedingungen (Lärm, mangelnde Beleuchtung, Helligkeitskontraste usw.).

Psychosomatische Beschwerden durch Bildschirmarbeit sind folgende:

- Augenbeschwerden
- Kopfschmerzen
- Muskel - Skelett – Beschwerden
- nervöse Beschwerden
- weitere Beschwerden

Zu den *Augenbeschwerden* gehören das Augenbrennen, das Tränen der Augen, die Rötung der Augenlider, Lidflattern, Verschwommensehen, die Wahrnehmung doppelter oder flimmernder Bilder, die Wahrnehmung veränderter Farben und zeitweilige Kurzsichtigkeit. *Ursachen für die Beschwerden* sind die besonderen Anforderungen an die optische Wahrnehmung, vor allem

- der häufige Blickwechsel zwischen unterschiedlichen Arbeitsmitteln (Tastatur, Arbeitsvorlage, Bildschirm) in nahen bis mittleren Sehabständen
- die Distanz- und Schärfeeinstellung auf das Sehobjekt im Nahbereich (Akkommodation)
- die Einstellungen auf verschiedene Helligkeiten (Adaption*).

Kopfschmerzen umfassen den Spannungs- und Migränekopfschmerz sowie den Kopfschmerz durch anhaltende Sehtätigkeit. Wenn die Augenbeanspruchung direkt erfolgt, kann es eher zu Kopfschmerzen durch die Sehtätigkeit kommen; wenn eine indirekte Augenbeanspruchung stattfindet, dann ist oft der Spannungskopfschmerz durch einseitige Kopf- und Körperhaltung gegeben. Als Belastungsfaktoren kommen in Frage: die Daueraufmerksamkeit über mehrere Stunden, die ungünstige Gestaltung der Informationen, die starke Inanspruchnahme des Kurzzeitgedächtnisses, häufige, z. T. abrupte Kopfbewegungen und eine einseitige Körperhaltung.

Zu den **Muskel-Skelett-Beschwerden** zählen wir schmerzhafte Einschränkung der Bewegungsfreiheit, schmerzende Muskelpartien, schmerzhafte Sehnenansatzstellen und Veränderungen des Bewegungsmusters, die zu einer Verstärkung von Schmerzen führen. Diese Körperpartien sind von den Schmerzen besonders betroffen: Nacken, Schulter, Rücken, Kopf/Stirn, Arme und Hände.

Ursachen für diese Beschwerden sind fehlender Beinfreiraum durch ergonomisch* ungünstig gestaltete Tische und Stühle, ungünstige Rumpf-, Arm-, Beinstellung mit hoher statistischer Belastung bei ausgeprägter Bewegungsarmut, eingeschränkter Bewegungsraum am BAP, wiederholende Bewegungsabläufe (z. B. bei der Datenerfassung), ergonomisch* ungünstig gestaltete Tastatur und Maus, ungünstige Sehvoraussetzungen, zu lange tägliche Arbeitszeit am Bildschirm (mehr als 4 Stunden) und zu geringe oder keine regelmäßigen Pausen.

Nervöse Beschwerden sind vor allem die Unruhe und Reizbarkeit, Konzentrationsstörungen und die rasche Ermüdung. Sie entstehen weniger durch ergonomische* Bedingungen, sondern eher durch arbeitsorganisatorische Aspekte wie z. B. durch Zeitdruck, zu wenige Pausen, isoliertes Arbeiten ohne soziale Kontakte, fehlende Bewegung am Arbeitsplatz sowie durch Dauer und Intensität der Bildschirmarbeit.

Weitere Beschwerden, die am BAP auftreten können, sind Verdauungsbeschwerden durch zu langes Sitzen und falsche Ernährung, Herz-Kreislauf-Störungen durch anhaltende psychische Beanspruchung, oft verbunden mit Leistungs- und Erfolgsdruck, und die Inaktivität bestimmter Muskeln durch einseitige körperliche Beanspruchung.

In einer Studie von JUNGHANNS et al.[200] wurden folgende Gesundheitsbeschwerden (mit entsprechender Auftrittshäufigkeit in %) bei computergestützter Büroarbeit von 557 Beschäftigten der öffentlichen Verwaltung mit Hilfe des GESBI (siehe unten) ermittelt:

1.	Schulter- und Nackenschmerzen	49,2 %
2.	Rücken- und Kreuzbeschwerden	37,3 %
3.	Kopfschmerzen	35,4 %
4.	Augenbeschwerden	29,8 %
5.	Vorzeitige Müdigkeit/Mattigkeit	26,6 %
6.	Sehschärfeveränderungen	25,9 %
7.	Lustlosigkeit	25,9 %
8.	Erschöpfung	24,8 %
9.	Innere Unruhe/Anspannung	24,6 %
10.	Konzentrationsstörungen	21,5 %
11.	Reizbarkeit	18,9 %
12.	Magenbeschwerden	17,1 %
13.	Beschwerden an Händen, Armen, Beinen	16,5 %
14.	Schlafstörungen	14,9 %
15.	Geräuschempfindlichkeit	13,6 %
16.	Niedergeschlagenheit	10,8 %
17.	Hautrötungen	9,5 %

---

[200] Junghanns, G., Ullsberger, P. & M. Ertel (1999) S. 20

18.	Herzdruck	7,4 %
19.	Herzklopfen	6,5 %
20.	Schwindelgefühle	5,4 %
21.	Appetitlosigkeit/Völlegefühl	5,0 %
22.	Atemnot	4,8 %
23.	Händezittern	2,7 %

Analyse und Gestaltung von Bildschirmarbeitsplätzen

Die BildscharbV verlangt vom Arbeitgeber, dass

- BAP auf gesundheitliche Belastungen für die Beschäftigten analysiert werden,
- dabei eine mögliche Gefährdung des Sehvermögens sowie körperliche Probleme und psychische Belastungen zu ermitteln und zu beurteilen sind,
- die Beschäftigten über gesundheitliche Risiken am BAP aufgeklärt und informiert werden,
- Schutzmaßnahmen zu planen, durchzuführen und zu evaluieren sind.

Gestaltungsziele sind vor allem folgende (siehe auch Kasten 56):

➢ Gesundheitsstörungen und Erkrankungen durch Bildschirmarbeit vorzubeugen (Prävention),
➢ das Befinden, besonders die Arbeitszufriedenheit der Beschäftigten zu fördern (Gesundheitsförderung),
➢ die Leistungsfähigkeit und Leistungsbereitschaft (Motivation) der Beschäftigten zu erhalten sowie
➢ unvorhersehbare Folgekosten für den Unternehmer zu reduzieren.

Kasten 56

BildscharbV § 5

Der Arbeitgeber hat die Tätigkeit der Beschäftigten so zu organisieren, dass die tägliche Arbeit an Bildschirmgeräten regelmäßig durch andere Tätigkeiten oder durch Pausen unterbrochen wird, die jeweils die Belastung durch die Arbeit am Bildschirmgerät verringern.

Für die gesundheitsorientierte **Arbeitsanalyse** bei Bildschirmarbeit wurden mehrere bedingungs- oder personenbezogene Methoden entwickelt [201], z. B.

- das *ABETO-Verfahren* (Arbeitsplatzbeurteilung nach BildscharbV und EU-Richtlinie der TBS Oberhausen),
- das *ASCA-Modul Bildschirmarbeit* (Arbeitsschutz und sicherheitstechnischer Check in Anlagen – Modul für Bildschirmarbeit des Hessischen Sozialministeriums),
- der *BiFra* (Bildschirmfragebogen),

---

[201] siehe als Überblick Resch, M. (2003)

- der *BEBA* (Psychische Belastungen bei Büroarbeit),
- der *GESBI* (Fragebogen „Gesundheit am Bildschirmarbeitsplatz"),
- die *BALY*-Methode.

Alle o. g. Verfahren weisen Vor- und Nachteile auf. Hier soll kurz die BALY-Methode vorgestellt werden, da sie eine Feinanalyse ermöglicht [202]. **BALY** bedeutet *B*eteiligungsorientierte *A*rbeitsana*ly*se. Sie hat das Anliegen, Unternehmen bei der Umsetzung der Richtlinien des Gesundheitsschutzes an Bildschirmarbeitsplätzen zu unterstützen. Es ist ein Verfahren zur Beurteilung der Arbeitsplätze durch die Beschäftigten hinsichtlich belastender und gesundheitsförderlicher Aspekte. Es weist folgende Merkmale auf:

1. Es ist ein *beteiligungsorientiertes* Verfahren.
2. Es integriert die *Qualifikation und Erfahrungen der Beschäftigten* in den Prozess der Arbeitsanalyse und –gestaltung.
3. Es ist ein *bedingungsbezogenes* Verfahren.
4. Es handelt es sich um einen *praxisgerechten* Leitfaden.

Die Vorteile liegen also nahe:

- Die Beschäftigten werden über Gefährdungen bzw. Belastungen am BAP aufgeklärt.
- Die Beschäftigten werden über gesundheitsförderliche Arbeitsgestaltung informiert.
- Die Beschäftigten erfahren, wie ein ergonomisch eingerichteter BAP aussieht.
- Dieses Wissen befähigt sie, ihren eigenen BAP auf Mängel hin zu überprüfen.
- Dadurch können sie realistische Gestaltungsvorschläge entwickeln.
- Die Akzeptanz der Verbesserungsvorschläge durch die Beschäftigten ist gewährleistet.

Grundsätzlich setzt das beteiligungsorientierte Vorgehen bei BALY einen betrieblichen Konsens voraus. Es setzt an den realen Arbeitsbedingungen im Betrieb an. Dabei werden gesundheitsgefährdende Belastungsschwerpunkte analysiert. Grundanliegen ist die Entwicklung von Gestaltungshinweisen auf der Ebene des einzelnen Arbeitsplatzes. Es wird in folgenden Schritten vorgegangen:

1. Einrichtung einer Projektgruppe

Ihre Aufgabe ist die Planung, Organisation und Koordination aller Schritte bei der Durchführung der Arbeitsplatzanalyse. Sie entscheidet über die Umsetzung der Schutzmaßnahmen. Zur Projektgruppe sollten gehören: Vertreter der Geschäftsleitung, Betriebs- /Personalrat, Abteilung EDV-Organisation, Fachkraft für Arbeitssicherheit und Betriebsarzt.

2. Information der Beschäftigten

Vor Beginn der ersten Arbeitsplatzanalysen werden die Beschäftigten in einer Betriebsversammlung oder in einer Sonderveranstaltung über die Ziele, das ausgewählte Analyseverfahren und über die einzelnen Schritte informiert.

---

[202] siehe ausführlich Kreutner, U. & Johst, B. (1997)

3. Auswahl der Bildschirmarbeitsplätze

Kriterien für die Auswahl von Bildschirmarbeitsplätzen sind der Interventionsbedarf und das Präventionspotential. Dabei erfolgt zunächst eine Grobanalyse z. B. mit Hilfe einer Inventarliste, die dem Überblick über alle Bildschirmarbeitsplätze dient. Sodann werden Bildschirmarbeitsplätze der einzelnen Abteilungen „unter die Lupe" genommen.

4. Arbeitsplatzanalyse

Arbeitsplatzanalysen werden im Workshop mit ca. 10 Teilnehmern durchgeführt. Am 1. Workshoptag werden die Beschäftigten darüber informiert, wie aus ergonomischer Sicht *Arbeitsumgebung* und *Arbeitsmittel* gestaltet sein sollten. Sodann analysieren die Beschäftigte ihre Arbeitsplätze anhand des Fragebogens zur Arbeitsumgebung und zu Arbeitsmitteln. Die festgestellten Mängel werden zusammengefasst und gemeinsam Gestaltungsvorschläge erarbeitet. Am 2. Workshoptag werden die Beschäftigten über humane Arbeitsgestaltung informiert. Sie analysieren ihre *Arbeitsaufgaben* und die *Arbeitsorganisation** im Hinblick auf Regulationshindernisse, Störungen, Handlungsspielraum, Zeitspielraum und kommunikative Erfordernisse. Schließlich werden gemeinsam Gestaltungsvorschläge erarbeitet.

5. Dokumentation – Maßnahmenkatalog – Umsetzung

A. *Dokumentation der Ergebnisse*
   Es wird ein schriftlicher Bericht vom Workshopmoderator angefertigt. Dabei werden die Analyseergebnisse aus den Fragebögen dokumentiert.
B. *Maßnahmenplanung*
   Ein Plan von Arbeitsschutzmaßnahmen wird der Projektgruppe unter Berücksichtigung der kurz-, mittel- und langfristigen Gestaltungsvorschläge und der Verantwortlichkeiten vorgestellt.
C. *Begleitung des Umsetzungsprozesses*
   Die Projektgruppe lässt sich von den Verantwortlichen Bericht erstatten. Bei Umsetzung von Maßnahmen werden diese in der Dokumentation festgehalten. Der Umsetzungsprozess wird kontinuierlich fortgeschrieben.
D. *Rückmeldung der Ergebnisse*
   Es erfolgt laufend eine Rückmeldung über die Maßnahmenplanung und den Umsetzungsprozess gegenüber den Beschäftigten.

Weitere wichtige Aspekte zur gesundheitsgerechten Analyse und Gestaltung des BAP sind im Kasten 57 und im Bild 51 angeführt.

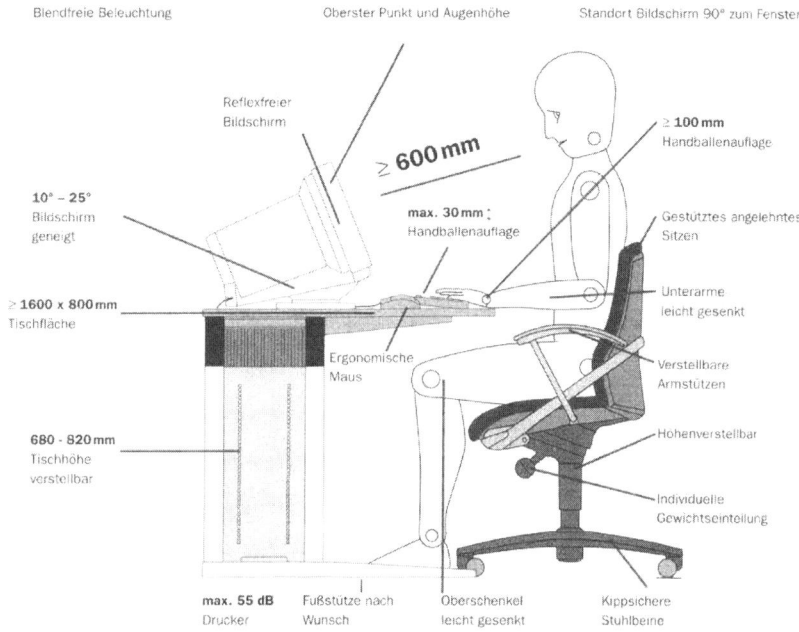

Bild 51: Der ergonomisch optimal gestaltete Bildschirmarbeitsplatz [203]

Es treten drei **BAP-Mängel** am häufigsten auf:

- Bildschirm steht zu hoch
- Bildschirm steht zu nah
- Bildschirm steht zu stark über Eck.

Hier kann recht schnell durch folgende **Maßnahmen** Abhilfe geschaffen werden:

- Der Bildschirm sollte so platziert sein, dass sich die Oberkante des Bildschirms maximal in Augenhöhe, besser etwas tiefer, befindet. Dafür wird er (a) ohne Tischregal direkt auf den Arbeitstisch gestellt oder (b) auf einen getrennten Untersatz gestellt. Oder der Kleinrechner wird nicht unter dem Bildschirm, sondern an anderer Stelle, z. B. in Aufhängevorrichtung an der Seite des Schreibtischs eingeschoben.

- Der Bildschirm sollte mindestens 50 cm und höchstens 70 cm vom Auge entfernt aufgestellt sein (siehe auch Kasten 57). Zur richtigen Positionierung des Bildschirms kann die Tischtiefe durch ein Zusatzbrett oder einen Zwischentisch vergrößert werden. Oder der Bildschirm wird auf einen getrennten Untersatz hinter dem Arbeitstisch gestellt. Dabei ist zu beachten, dass keine zu großen Sehentfernungen entstehen. Die gegenüber liegenden Arbeitsplätze werden zueinander versetzt angeordnet, so dass die Bildschirme „nebeneinander" stehen.

---

[203] nach Handbuch „Lebensraum Büro" (1997)

- Damit der Bildschirm nicht zu stark über Eck steht, sollte seine Anordnung gerade im Blickfeld stehen, wenn es die Tischtiefe erlaubt. Ferner wäre dafür eine Lösung der Flachbildschirm.

Kasten 57

Gesundheits-Check am Bildschirmarbeitsplatz

Beträgt der Abstand zwischen Augen und Bildschirm, Augen und Vorlage jeweils zwischen 50 und 70 Zentimetern?
Bei Bildschirmen ab 17 Zoll und bei größeren Schriftzeichen (größer als 4 Millimeter) ist ein Sehabstand zum Bildschirm von 60 bis 80 Zentimetern zu empfehlen.

Sind die Zeichen auf dem Bildschirm ausreichend groß und eindeutig lesbar?
Die Großbuchstaben auf dem Bildschirm sollen bei einem Mindestsehabstand von 50 Zentimetern etwa drei Millimeter groß sein.

Ist das Monitorbild flimmerfrei, stabil und ohne störende Reflexblendung?
Schauen Sie bitte zehn Zentimeter neben den Bildschirm und beobachten sie ihn, ohne die Augen zu bewegen. Wenn Sie dann ein Flimmern wahrnehmen, versuchen Sie über Helligkeit und Kontrast das Bild flimmerfrei einzustellen, ohne dass die Schärfe in Mitleidenschaft gezogen wird. Gelingt das nicht, liegt es an der Grafikkarte, am Bildschirm oder an der Software (Bildschirmtreiber).

Ist die Tischhöhe der Körpergröße angepasst?
Empfohlen wird eine Tischhöhe von 72 cm. Oberarme und Unterarme sollten einen Winkel von 90 Grad oder mehr bilden. Dies gilt auch für Ober- und Unterschenkel. Die Füße sollten mit der ganzen Fläche aufgestellt sein. Ggf. ist besonders bei kleinen Personen eine Fußstütze bereitzustellen.

Ist der Stuhl kippsicher und fahrbar? 5 Füße und 5 Rollen sollte der Stuhl aufweisen.

Ist der Stuhl höhenverstellbar (42 – 53 cm), und lässt sich die Rückenlehne in Höhe und Neigung verstellen? Ist „dynamisches" Sitzen möglich? Die häufige Änderung der Sitzhaltung ist zu empfehlen. Nutzen Sie die ganze Sitzfläche, damit Ihr Rücken immer abgestützt ist.

Steht die Tastatur fünf bis zehn Zentimeter von der Tischkante entfernt? Ist die Tastatur neigbar? Die Tastatur sollte diesen Abstand haben, damit die Handballen gut aufliegen können. Anderenfalls verspannen die Muskeln in Schultern und Nacken.

Fällt das Licht von der Seite auf Ihren Arbeitsplatz? Wie ist die Beleuchtung am Arbeitsplatz?
Stellen Sie Ihren Bildschirm mit Blickrichtung parallel zum Fenster auf und achten Sie darauf, dass das Licht von der Seite auf Ihren Arbeitsplatz fällt. Weder dürfen Sie in Richtung Fenster blicken, wenn Sie auf den Bildschirm schauen, noch darf sich ein Fenster oder eine Leuchte im Bildschirm oder auf der Arbeitsplatte spiegeln. Regeln Sie den Tageslichteinfall ggf. mit Jalousien o.ä.. Ihre Arbeitsplatzleuchte sollte nur dann eingeschaltet werden, wenn die allgemeine Beleuchtung nicht ausreicht.

Beträgt die Bewegungsfläche am Arbeitsplatz mindestens 1,5 m²? Sie sollten zur Entlastung der Bandscheiben zwischendurch aufstehen und sich bewegen.

Ist die verwendete Software für Ihre Arbeitsaufgaben geeignet? Durch eine aufgabenangemessene Software sparen Sie viel Aufwand, Zeit und Ärger.

Flachbildschirme (TFT- Monitore) haben gegenüber herkömmlichen Bildschirmen nicht nur den Vorteil der Platzersparnis oder des geringen Gewichts. Ihre **Vorzüge** sind aus der Sicht des Arbeits- und Gesundheitsschutzes folgende:

- flimmerfreies Bild
- empfohlener Mindestabstand von 50 cm kann am Schreibtisch erreicht werden
- strahlungsfrei
- geringe Wärmeentwicklung und somit besseres Raumklima
- scharfes und kontrastreiches Bild, auch an den Rändern
- keine Verzerrungen an den Bildschirmkanten
- nur geringe Reflexionen.

Kasten 58

Ergonomische Werte für einen Flachbildschirm

- Reaktionszeit von 30 ms. Bei Werten darüber kann es zu störenden Geisterbildern und Schlieren kommen.
- Helligkeit: Der Grundwert liegt bei 200 cd/m².*
- Kontrastverhältnis: Das Verhältnis der Helligkeit aller weißen zu allen schwarzen Pixeln* sollte 200:1 betragen.

Auch die dauerhafte Nutzung der **Tastatur** kann gesundheitliche Schäden hervorrufen. Am BAP ist sie das am häufigsten genutzte Eingabemittel. Die Ursachen der Belastungen für Hände und Unterarme liegen in der intensiven Tastaturnutzung durch schnelle und nahezu kraftlose Muskelgruppen der Finger. Durch die häufige Wiederholung stereotyper Bewegungen werden Erkrankungen wie beispielsweise Sehnenscheidenentzündungen, Schulter-Arm-Syndrom usw. ausgelöst. Langfristig kann sich daraus ein **RSI-Syndrom** (Repetitive Strain Injury) entwickeln.

Folgende Anforderungen werden an die *Gestaltung* gestellt [204] (siehe auch Kasten 57):

- Die Tastatur muss vom Bildschirm getrennt aufstellbar sein.
- Die Arbeitsfläche vor der Tastatur muss ein Auflegen der Hände ermöglichen.
- Die Tastatur muss hinsichtlich der Neigung verstellbar sein.
- Die Oberfläche der Tastatur muss reflexionsarm sein.
- Form und Anschlag der Tasten müssen eine ergonomische Bedienung ermöglichen.
- Die Beschriftung der Tasten muss sich vom Untergrund deutlich abheben und bei normaler Arbeitshaltung lesbar sein.
- Die Tastatur sollte bei deren Benutzung nicht rutschen.
- Die Tastatur sollte sich beim Schreiben nicht durchdrücken.
- Für die häufige oder ausschließliche Eingabe von Zahlen ist ein getrennt aufzustellender Ziffernblock vorzusehen.

Die **Maus** ist ein wichtiges Eingabegerät. Für ihre ergonomische Gestaltung existieren noch keine Normen. Grundsätzlich sollte die Größe und Form der Maus der Anatomie der Hand entsprechen. Anderenfalls kann die Arbeit mit ihr Ermüdungserscheinungen sowie Beschwerden und Erkrankungen im Hand-Arm-Muskel-Bereich verursachen. Die wichtigsten *Gestaltungsempfehlungen* sind folgende:

---

[204] vgl. Ferreira, Y. (2002)

- Der Teil der Maus, der dem Handballen zugewandt liegt, sollte rund geformt sein.
- Die Mausoberseite ist in der Mitte gewölbt und die vordere Maushälfte niedriger als die hintere.
- Die Maus entspricht im Umfang der Handgröße.
- Für eine bessere Feinmotorik sorgt eine Rollkugel, die im vorderen unteren Gehäusebereich untergebracht ist.
- Die Maustasten sind leicht zu erreichen und ohne hohen Kraftauswand zu bedienen.

Im Kontext der Bildschirmarbeit soll ein besonderer, neu entwickelter **Bildschirmschoner** nicht unerwähnt bleiben[205]. Er bietet nützliche Informationen und Anleitungen zu den Themen *Sehen* und *Augenentlastung* bei Bildschirmarbeit, richtige Einstellung des Monitors, gute Platzierung des Bildschirms und Augenentspannungsübungen. Auf nette Weise erinnert er immer wieder daran, die kurzen Übungen für die Augen durchzuführen. Die Übungen sind leicht erlernbar und überall praktizierbar. Ausführliche Informationen erhält man auf Wunsch über eine Hilfetaste.

Schließlich sind die wichtigsten Anforderungen an den **Drucker** folgende:

1. Drucker sollen separat und nicht auf Arbeitstischen stehen. Dadurch wird vermieden, dass sich Vibrationen übertragen. Außerdem wirkt sich dies günstiger auf die Geräuschentwicklung und den Platzbedarf aus. Drucker sollen von vorne zu bedienen sein. Das betrifft die Ein-Aus-Schaltung, den Papiereinzug, usw..

2. Um Blendungen zu vermeiden, soll der Glanzgrad des Druckergehäuses matt bis seidenmatt und die Farbe hell (Reflexionsgrad zwischen 20 % und 50 %) sein.

3. Recyclingpapier, das der DIN-Norm 19309 entspricht, sollte gut durch den Drucker laufen.

4. Lärmarme Geräte sollen bevorzugt werden. Der „*Blaue Umweltengel*" legt eine maximale Geräuschabgabe im Leerlauf von Arbeitsplatzrechnern von 48 dB (A) zugrunde. Laser- und Tintenstrahldrucker sollten einen maximalen Schallleistungspegel von 55 dB (A) haben.

Weitere Checklisten zu Büro- und Bildschirmarbeitsplatzelementen sind beispielsweise bei FRIELING[206] zu finden.

Die Gesundheit am BAP hängt aber nicht nur, wie es oft dargestellt wird, von ergonomischen Faktoren ab. In einer Studie an der BAuA konnte beispielsweise festgestellt werden, dass neben der ergonomischen Gestaltung tätigkeitsbezogene, arbeitsorganisatorische und psychosoziale Faktoren ebenso wichtig sind.[207] Eine erhebliche Bedeutung für Gesundheit und Wohlbefinden haben auch bei Bildschirmarbeit folgende Faktoren: Handlungs- und Entscheidungsspielräume in der Arbeit, Zeitdruck, Überforderung durch die Arbeitsmenge (quantitative Überforderung), ausreichende Erholungspausen während der Arbeit, Unterstützung durch Arbeitskollegen, Anerkennung der Arbeitsleistung und berufliche Entwicklungsmöglichkeiten. Aus solchen Ergebnissen lassen sich Prioritäten für arbeitsgestalterische bzw. gesundheitsfördernde Maßnahmen am BAP ableiten. Grundsätzlich ist der ausschließlichen Bildschirmarbeit die **Mischarbeit** vorzuziehen. Dies heißt: Es werden mehrere, unterschiedliche Arbeitsaufgaben in bestimmter Zeit erfüllt - was die Bildschirmarbeitsverordnung vorschreibt (siehe Kasten 56). Dafür werden *Job Rotation, Job Enlargement* und *Job Enrichment* genutzt (siehe Kapitel 4.1.).

---

[205] siehe auch Winter, A. (2002)
[206] Frieling, E. (2002)
[207] Ertel, M. et al. (1997)

4.4 Gestaltung der Arbeitsumgebung

Der Arbeitsplatz steht in enger Wechselbeziehung mit der Arbeitsumgebung (work environment). Grundlage für eine gesundheitsförderliche Gestaltung der Arbeitsumgebung ist die Kenntnis der Umgebungseinflüsse, die auf den Menschen am Arbeitsplatz einwirken oder auch von ihm erzeugt werden. Man unterscheidet grob:

- *physikalische* und *chemische Einflüsse*, d. h. Beleuchtung, Lärm, mechanische Schwingungen, Klima, giftige Gase und Dämpfe, Strahlungsbelastung, Staub, Schmutz und Nässe

- *soziale und zeitliche Einflüsse.*

Die Einflüsse können eine unterschiedliche Wirkung haben, abhängig davon, in welcher Situation und mit welcher Intensität und Dauer sie auf den Menschen einwirken. Neben den Sinnesorganen sind hauptsächlich das Zentralnervensystem, das vegetative Nervensystem und das damit eng verbundene Herz-Kreislaufsystem sowie das Muskel-Skelett-System beeinflusst. Umgebungseinflüsse, beispielsweise die Farbe im Arbeitsraum oder die Güte der Beleuchtung, können anregend und leistungssteigernd, aber auch befindensbeeinträchtigend und dauerhaft krankheitserzeugend wirken.

In den nächsten Abschnitten soll auf die „klassischen" physikalischen Arbeitsbedingungen, d. h. Lärm, Klima, Licht und Beleuchtung und die Farben, ausführlicher eingegangen werden. Sie machen i. e. S. die Arbeitsumgebung aus.

4.4.1 Lärm

Es liegt im Stillesein eine wunderbare Macht der Klärung, der Reinigung, der Sammlung auf das Wesentliche.
(Dietrich BONHOEFFER)

In Deutschland sind aber etwa 5 Mio. Arbeitnehmer während der Arbeit gesundheitsschädlichem, insbesondere gehörgefährdendem Lärm von mehr als 85 dB (A) ausgesetzt. Jedes Jahr werden ca. 10.000 neue Fälle der Berufskrankheit *Lärmschwerhörigkeit* angezeigt, ca. 6.000 neue Fälle erstmals anerkannt und ca. 1.000 Fälle erstmals entschädigt. Lärm begünstigt auch die Entstehung von *Tinnitus**, einer Krankheit, die bei Personen mit Lärmexposition zunimmt. Dies sind alarmierende Fakten, welche für Arbeitnehmer einen Schutz vor Lärm fordern, zumal der Gedanke des Lärmschutzes bei den Menschen schon sehr alt ist (siehe Kasten 59).

Kasten 59

Früher Lärmschutz

Bereits im 6. Jahrhundert v. Chr. wurden in der altgriechischen Stadt Sybaris Lärm verursachende Tätigkeiten innerhalb des Stadtgebietes untersagt. Das erste Gesetz zum Lärmschutz betraf vor allem Handwerker wie Zimmerer und Schmiede, aber auch Hahnengeschrei war verboten. Mit diesen Maßnahmen sollte die ungestörte Nachtruhe gesichert werden.[208]

---

[208] aus Richardson, M. (2000)

Was ist Lärm?

Der Begriff Lärm (noise) entstammt der Umgangssprache und steht für den wertfreien physikalischen Begriff des *Schalls*. Er enthält bereits die subjektive Bewertung des Schallereignisses durch den Betroffenen. **Lärm** ist ein Geräusch (Schall), das belästigt, stört, unerwünscht ist, unangenehm ist und im Extrem das Gehör schädigt. Dabei handelt es sich um Schwingungen der Luft. Die Wirkungen auf den Menschen sind einerseits abhängig von den physikalischen Kenngrößen *Frequenz, Schalldruckpegel, Impulshaltigkeit* und *Dauer* der Einwirkung und andererseits von der individuellen Disposition, der Bewertung und dem subjektiven Erleben des Geräuschs abhängig. Lärm ist also dann gegeben, wenn das Geräusch im wahrsten Sinne des Wortes "*auf die Nerven geht*". Der gemessene **Schallpegel – Dezibel* oder dB (A)** – gibt an, wie laut das Geräusch bzw. der Schall vom menschlichen Ohr empfunden wird. Die Kenngröße für Lärmbelastung am Arbeitsplatz ist der maximal zulässige *Beurteilungspegel*. Er stellt die durchschnittliche Geräuschbelastung während eines Arbeitstages oder 8 Stunden dar und berücksichtigt alle am Arbeitsplatz hörbaren Geräusche.

Es wird häufig zwischen **akutem und chronischem Lärm** unterschieden. Beim akuten Lärm ist es die Wucht des Schalls, der das Trommelfell, die Gehörknöchelchen oder die empfindliche Hörschnecke im Innenohr schädigt. Beim chronischen Lärm führen dauernde laute Geräusche zu einer ständigen Überreizung und allmählich zu einer Schädigung der Sinneszellen.

Lärmwirkungen

Eine **Lärmgefährdung** ist diejenige Einwirkung von Lärm auf Arbeitspersonen, die zur Beeinträchtigung der Gesundheit, insbesondere zu Gehörschädigungen und Herz-Kreislauf-Erkrankungen und/oder zu einer erhöhten Unfallgefahr führt. Dabei unterscheidet man Wirkungen, die sich ausschließlich auf das Ohr (aural) bzw. auf den übrigen Organismus (extraaural) erstrecken.

Tabelle 24: Lautstärke und psychophysische Reaktionen

Schallpegel	Verursacher (Beispiel)	Psychophysische Reaktionen
0 dB (A)	Hörschwelle	-
10 dB (A)	Rauschen im Laub	Wahrnehmung durch Ohr
30 dB (A)	Ticken einer Uhr	Psych. Reaktionen; u. U. Schlafstörungen
40 db (A)	Leises Gespräch	u. U. Lern- u. Konzentrationsstörungen
60 dB (A)	Gespräche im Büro	vegetative Reaktionen, z.B. situative Blutdruckerhöhung
85 dB (A)	Handbohrmaschine	Gehörschäden bei Dauerexposition
100 db (A)	Autohupe	Risiko für Herz-Kreislauferkrankungen
120 dB (A)	Presslufthammer, Steinsäge	Schmerzgrenze; Gehörschäden bei kurzer Einwirkung
160 dB (A)	Explosion	Verbrennungen, Krämpfe, Lähmungen, u.U. Tod

Eine schwerwiegende Folge *auraler Wirkungen* des Lärms ist die **Lärmschwerhörigkeit** (noise-induced hearing impairment). Sie ist nach wie vor die am häufigsten auftretende Berufskrankheit bei Männern. Die Lärmschwerhörigkeit ist als Innenohrschwerhörigkeit irreparabel, weil die defekten Sinneszellen nicht ersetzbar sind. Ferner besteht die Gefahr eines Hörsturzes. Es ist ein plötzlich auftretender Hörverlust entweder nach mehrstündiger Schallüberlastung (z. B. Rockkonzert), durch sehr hohen Impulsschall (Knall), oder auf Grund anderer Ursachen, z. B. Stress. Dabei werden die Nervenzellen nicht mehr mit Blut und damit nicht mit Sauerstoff versorgt. Mit entsprechenden Schädigungen ist bei genügend langer Einwirkung ab 85 dB (A) oder bei wiederholten Pegelspitzen über 85 dB (A) zu rechnen (siehe Tabelle 24). Deshalb ist die Grenze des Zumutbaren eine Schallbelastung von 85 dB (A) über 8 Stunden.

Die gesundheitliche Relevanz *extraauraler Lärmeffekte* wird derzeit noch kontrovers diskutiert. Tatsache ist, dass Lärm das Auftreten solcher Erkrankungen (Bluthochdruck, Herz-Kreislauf-Erkrankungen, vegetative Störungen, psychische Erkrankungen, Infekte) beeinflussen kann, bei denen grundsätzlich eine Beeinflussung durch "Lärmstress" in Frage kommt. Dabei spielen nicht nur hohe Schallpegel (gewerblicher Bereich), sondern auch niedrigere Schallpegel unter 85 dB (A), wie sie i. d. R. bei Arbeiten im Bürobereich auftreten, eine Rolle. Sie stellen eine subjektive Belastung dar, da lärmbedingte Beanspruchungsreaktionen wie Aggressivität, Wut, Nervosität und Ärger von deutlichen vegetativen Reaktionen begleitet werden. Es sind die Erhöhung des Blutdrucks, die Beschleunigung der Herztätigkeit, die Verengung von Blutgefäßen und die Veränderung des Atemrhythmus. Ferner kommt es auch bei niedrigeren Schallpegeln zu Leistungsminderungen.

Lärmquellen

In Fertigungsbereichen der Industrie, auf Baustellen, in Handwerksbetrieben etc. ist Lärm in gehörschädigenden Dimensionen - über 85 dB (A) - zu erwarten. Dies ist z. B. der Fall bei (alten) Pressen in der Automobilindustrie. Hier sind es der Umformvorgang und der Pressenantrieb, welche den Lärm verursachen. In Verwaltungen und Büros haben wir es mit deutlich geringeren Schallpegeln zu tun, die das Gehör nicht schädigen. Die Lärmgrenze beträgt hier 55 dB (A). Dies ist nicht gesundheitsschädigend, hat aber negative psychosoziale Auswirkungen, beispielsweise Störungen bei persönlicher Kommunikation (Gespräch mit Kollegen, Telefonieren usw.).

Lärmschutz

Rechtliche Grundlagen des Lärmschutzes (noise protection) sind die ArbStättV (siehe Kasten 60), DIN 4109, 33410, DIN EN ISO 3741, 7779 und UVV VBG 121. Unter **Lärmschutz** ist die Gesamtheit der Maßnahmen zu verstehen, um negative Beanspruchungsreaktionen und –folgen durch Lärm zu vermeiden. Es sind technische, arbeitsorganisatorische, persönliche und arbeitsmedizinische Maßnahmen. Sie dienen dazu,

(1) Lärmentstehung zu verhindern,
(2) Lärmausbreitung zu verhindern,
(3) Lärmquelle und Arbeitsperson räumlich zu trennen,
(4) persönliche Gehörschutzmittel zu tragen.

> **Kasten 60**
>
> **ArbStättV § 15: Schutz gegen Lärm**
>
> In Arbeitsräumen ist der Schallpegel so niedrig zu halten, wie es nach der Art des Betriebs möglich ist. Der Beurteilungspegel am Arbeitsplatz in Arbeitsräumen darf auch unter Berücksichtigung der von außen einwirkenden Geräusche höchstens betragen:
>
> (1) bei überwiegend geistigen Tätigkeiten 55 dB (A),
>
> (2) bei einfachen oder überwiegend mechanisierten Bürotätigkeiten und vergleichbaren Tätigkeiten 70 dB (A),
>
> (3) bei allen sonstigen Tätigkeiten 85 dB (A); soweit dieser Beurteilungspegel nach der betrieblich möglichen Lärmminderung zumutbarerweise nicht einzuhalten ist, darf er bis zu 5 dB (A) überschritten werden.

Technische Maßnahmen sind folgende:

- der Einsatz leiser Geräte
- der Einsatz von Arbeitsmitteln, die der modernen Technik der Lärmminderung entsprechen,
- die Unterbringung lauter Arbeitsmittel in separaten Räumen
- (z. B. Kopierer, Drucker, Faxgeräte, Schneidemaschinen usw.)
- der Einsatz von Lärmschutzmaßnahmen
- (Trennwand, Schutzhaube, Schutzgehäuse etc.)
- die Verwendung lärmdämpfender Materialien (z. B. Kunststoff statt Blech)

Arbeitsorganisatorische Maßnahmen sind:

- die zeitliche Trennung von Geräuschentwicklung und Anwesenheit des Mitarbeiters,
- die zeitliche Trennung von lärmintensiven und konzentrativen Arbeiten,
- die Umstellung der Produktion auf lärmarme Technologien und Arbeitsverfahren,
- Bereitstellung von modernem Gehörschutz (Gehörschutzstöpsel im Ohr, Kapselgehörschützer über Ohr, Schallschutzhelme über Kopf, Schallschutzanzüge über Körper).

Persönliche Maßnahmen sind z. B.:

- das Tragen von modernem Gehörschutz
- das Vermeiden des Aufenthalts in Lärmbereichen
- die Inanspruchnahme von Lärmvorsorgeuntersuchungen (wer in Lärmbereichen arbeitet, muss sein Gehör alle drei Jahre beim Werkarzt überprüfen lassen).

4.4.2 Klima

Das Klima (climate) ist durch folgende **Größen** definiert:

- *Lufttemperatur* (°C),
- *relative Luftfeuchtigkeit* (%),
- *Luftgeschwindigkeit* (m/s),
- *Wärmestrahlung* oder Strahlungstemperatur der Umgebung (°C)
- *Luftqualität* (Sauerstoffanteil, Verunreinigung usw.).

Diese Größen beeinflussen sich gegenseitig und wirken als Ganzes auf den Menschen ein. Das Klima an industriellen bzw. gewerblichen und Büro-Arbeitsplätzen wird durch Arbeitstechnik und weitere Anlagen wesentlich mitbeeinflusst. Die Temperaturschwankungen können erheblich sein: von –35 °C in Tiefkühlräumen hin zu Hitzearbeitsplätzen (z. B. an Hochöfen).

Bei der Klimagestaltung sind als **rechtliche Grundlagen** die ArbStättV § 5, 6, 9, 16, die ASR 5, 6 und DIN 1956-2 zu beachten. In der ArbStättV sind z. B. folgende allgemeine Anforderungen formuliert:

§ 5 *Lüftung*: In Arbeitsräumen muss während der Arbeitszeit ausreichend gesundheitlich zuträgliche Atemluft vorhanden sein.

§ 6 *Raumtemperaturen*: In Arbeitsräumen muss während der Arbeitszeit gesundheitlich zuträgliche Raumtemperatur vorhanden sein. Für die einzelnen Arbeitsstätten sind die Raumtemperaturen exakt definiert (siehe auch unten).

Ein behagliches Raumklima fördert das Wohlbefinden während der Arbeit. Der Mensch empfindet einen Klimazustand als behaglich, wenn er mit der Lufttemperatur, -feuchtigkeit, -bewegung und Wärmeabstrahlung zufrieden sind und weder wärmere noch kältere, weder trockenere noch feuchtere Raumluft wünscht.

Die **thermische Behaglichkeit** (thermal comfort) ist am Arbeitsplatz bei optimalen Klimabedingungen gegeben. Sie wird von drei Komponenten beeinflusst:

- vom Menschen selbst (Alter, Geschlecht, Bekleidung, körperliche Aktivität, Stimmung, Akklimatisationsgrad)
- durch den Raum und seine Ausstattung sowie die Abstrahlung von Wärme oder Kälte von den Umschließungsflächen
- durch Lufttemperatur, -feuchtigkeit, -geschwindigkeit und -qualität.

Klimatische Belastungsfaktoren sind:

- zu hohe oder niedrige Temperatur
- zu hohe oder niedrige Luftfeuchtigkeit
- zu große Luftgeschwindigkeit
- zu geringe Luftwechselrate
- Schadstoffe (Benzol*, Formaldehyd*, Trichlorethylen*), Zigarettenrauch, Ozongehalt* in der Luft.

4.4.2 Klima

Das Klima (climate) ist durch folgende **Größen** definiert:

- *Lufttemperatur* (°C),
- *relative Luftfeuchtigkeit* (%),
- *Luftgeschwindigkeit* (m/s),
- *Wärmestrahlung* oder Strahlungstemperatur der Umgebung (°C)
- *Luftqualität* (Sauerstoffanteil, Verunreinigung usw.).

Diese Größen beeinflussen sich gegenseitig und wirken als Ganzes auf den Menschen ein. Das Klima an industriellen bzw. gewerblichen und Büro-Arbeitsplätzen wird durch Arbeitstechnik und weitere Anlagen wesentlich mitbeeinflusst. Die Temperaturschwankungen können erheblich sein: von –35 °C in Tiefkühlräumen hin zu Hitzearbeitsplätzen (z. B. an Hochöfen).

Bei der Klimagestaltung sind als **rechtliche Grundlagen** die ArbStättV § 5, 6, 9, 16, die ASR 5, 6 und DIN 1956-2 zu beachten. In der ArbStättV sind z. B. folgende allgemeine Anforderungen formuliert:

§ 5 *Lüftung*: In Arbeitsräumen muss während der Arbeitszeit ausreichend gesundheitlich zuträgliche Atemluft vorhanden sein.

§ 6 *Raumtemperaturen*: In Arbeitsräumen muss während der Arbeitszeit gesundheitlich zuträgliche Raumtemperatur vorhanden sein. Für die einzelnen Arbeitsstätten sind die Raumtemperaturen exakt definiert (siehe auch unten).

Ein behagliches Raumklima fördert das Wohlbefinden während der Arbeit. Der Mensch empfindet einen Klimazustand als behaglich, wenn er mit der Lufttemperatur, -feuchtigkeit, -bewegung und Wärmeabstrahlung zufrieden sind und weder wärmere noch kältere, weder trockenere noch feuchtere Raumluft wünscht.

Die **thermische Behaglichkeit** (thermal comfort) ist am Arbeitsplatz bei optimalen Klimabedingungen gegeben. Sie wird von drei Komponenten beeinflusst:

- vom Menschen selbst (Alter, Geschlecht, Bekleidung, körperliche Aktivität, Stimmung, Akklimatisationsgrad)
- durch den Raum und seine Ausstattung sowie die Abstrahlung von Wärme oder Kälte von den Umschließungsflächen
- durch Lufttemperatur, -feuchtigkeit, -geschwindigkeit und -qualität.

Klimatische Belastungsfaktoren sind:

- zu hohe oder niedrige Temperatur
- zu hohe oder niedrige Luftfeuchtigkeit
- zu große Luftgeschwindigkeit
- zu geringe Luftwechselrate
- Schadstoffe (Benzol*, Formaldehyd*, Trichlorethylen*), Zigarettenrauch, Ozongehalt* in der Luft.

> **Kasten 61**
>
> **Richtwerte für das Klima** an verschiedenen Arbeitsplätzen
>
> ➢ bei *sitzender geistiger Arbeit* (z. B. Büro-, Überwachungstätigkeit)
>   Lufttemperatur 20-23 °C, Luftfeuchtigkeit 40–70 %,
>   max. Luftgeschwindigkeit 0,1 m/s
>
> ➢ bei *sitzender leichter Arbeit* (z. B. Sortieren, Steuertätigkeit)
>   Lufttemperatur 19-20 °C, Luftfeuchtigkeit 40–70 %,
>   max. Luftgeschwindigkeit 0,1 m/s
>
> ➢ bei *stehende leichter Arbeit* (z. B. Drehen, Fräsen)
>   Lufttemperatur 17-18 °C, Luftfeuchtigkeit 40-70 %,
>   max. Luftgeschwindigkeit 0,2 m/s
>
> ➢ bei *stehender schwerer Arbeit* (z. B. Montage schwerer Teile)
>   Lufttemperatur 12-17 °C, Luftfeuchtigkeit 30-70 %,
>   max. Luftgeschwindigkeit 0,4 m/s
>
> ➢ bei *sehr schwerer Arbeit* (z. B. Transport schwerer Lasten von Hand)
>   Lufttemperatur 12-16 °C, Luftfeuchtigkeit 30-70 %,
>   max. Luftgeschwindigkeit o,5 m/s

Klimaschutz

Können die klimatischen Bedingungen am Arbeitsplatz nicht verbessert werden, so bieten sich Schutzmaßnahmen an. Diese können ansetzen

- am Arbeitsplatz (technische Schutzmaßnahmen),
- an der Arbeitsorganisation (Gestaltung von Arbeitszeit und Pausen),
- am Menschen (physiologische Schutzmaßnahmen),
- an der Person (persönliche Schutzmaßnahmen).

Technische Schutzmaßnahmen dienen dazu, die Ausbreitung von Wärmestrahlung zu verhindern, beispielsweise durch Schutzschirme mit blanken Metalloberflächen, durch Wasserschleier, durch absorbierende bzw. reflektierende Glasoberflächen oder durch Isolierung von Gebäudeteilen.

Arbeitsorganisatorische Schutzmaßnahmen gelten vor allem der Gestaltung von Arbeitszeit und Pausen. Dabei kann z. B. im Sommer der tägliche Schichtbeginn vorverlegt werden. Weiterhin können Pausen an einem klimatisch neutralen Ort vorgesehen werden.

Physiologische Schutzmaßnahmen sind zunächst Eignungsuntersuchungen für Hitze- und Kältearbeiten (siehe auch Berufsgenossenschaftliche Grundsätze G 21 Kältearbeiten und G 30 Hitzearbeiten). Ferner können durch richtige Ernährung, vor allem durch die Einnahme von Getränken, Störungen des Wasser- und Salzhaushaltes des Körpers vermieden werden.

Persönliche Schutzmaßnahmen betreffen das Tragen von Schutzanzügen oder von Kopf- und Gesichtsschutz bei Arbeiten unter klimatischen Extrembedingungen.

4.4.3 Licht und Beleuchtung

*Das Licht ist da,
und die Farben umgeben uns;
allein, trügen wir kein Licht
und keine Farben in unserem Auge,
so würden wir außer uns
dergleichen nicht wahrnehmen.*
(Johann Wolfgang von GOETHE)

Das Auge ist das wichtigste Sinnesorgan zur Aufnahme von Informationen. Die natürliche und auch heute noch wichtigste Lichtquelle ist das Tageslicht. Beim Einsatz einer künstlichen Beleuchtung beeinflusst die Lichtqualität unser Auge bezüglich Helligkeitsempfinden, Sehschärfe, Tiefensehen, Farbwahrnehmung, Adaption* und Akkomodation*.

Licht und Beleuchtung sind ausschlaggebend für die Arbeitsleistung, für die Sicherheit im Arbeitsbereich sowie für das Wohlbefinden der Beschäftigten am Arbeitsplatz. Die lichttechnischen und ergonomischen* Anforderungen verlangen Raumbeleuchtungen, die keine Unfall- und sonstigen Gesundheitsgefahren auftreten lassen, weder blenden noch Reflexe auf Arbeitsmitteln, z. B. auf Bildschirm, Tastatur und Arbeitsfläche, erzeugen. Beispielsweise sind immer noch ca. 80 % der Bildschirmarbeitsplätze in Deutschland schlecht beleuchtet [212].

Rechtliche Grundlagen sind: DIN 5034 Tageslicht in Innenräumen Teil 1 und Teil 2, DIN 5035 „Beleuchtung mit künstlichem Licht" Teile 1, 2, 7 und 8 mit lichttechnischen Vorgaben, die BildscharbV mit Forderungen zur ergonomischen Arbeitsplatzgestaltung sowie die ArbstättV § 7, 8 und die Arbeitsstättenrichtlinien ASR 7/1, 7/3.

Was sind Licht und Beleuchtung?

Licht (luminous) ist die Strahlung elektromagnetischer Wellen, die nach Eintritt in das Auge eine Hellempfindung hervorruft. Im Wellenbereich zwischen 380 nm und 780 nm wird Strahlung für das menschliche Auge sichtbar. Gütemerkmale der **Beleuchtung** (lighting) sind die Beleuchtungsstärke, die Leuchtdichte, die Blendung, die Lichtrichtung/Schattigkeit und die Lichtfarbe. Das wichtigste Merkmal, die **Beleuchtungsstärke** (luminous intensity) wird in Lux (lx) gemessen. Sie ist das Licht, das auf eine bestimmte Fläche auftrifft. Unser Auge kann Beleuchtungsstärken von 0,2 lx (klare Mondnacht) bis ca. 100.000 lx (sonniger Sommertag) wahrnehmen.

---

[212] nach BAuA (2002)

Gestaltung der Arbeitsumgebung 281

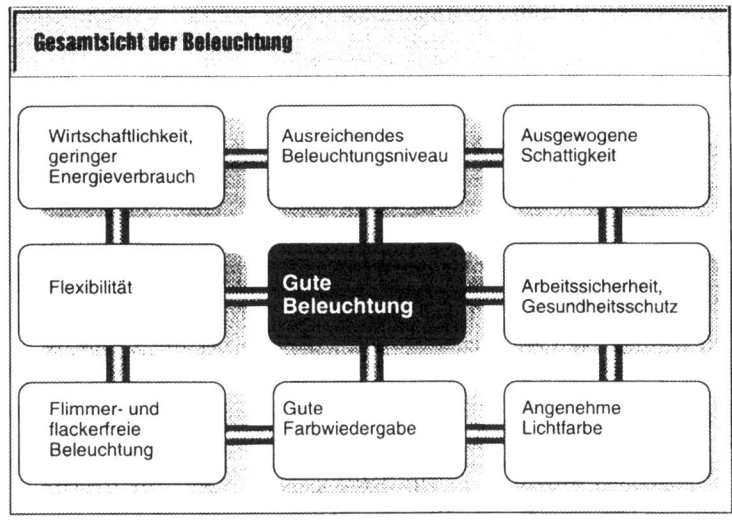

Bild 52: Zusammenhänge der Beleuchtung [213]

Belastungsfaktoren sind

- eine falsche Anordnung der Leuchtmittel (Spiegelungen, Blendungen und Reflexionen)
- eine falsche Beleuchtungsstärke (zu hell/ dunkel)
- eine falsche Beleuchtungsqualität (fehlendes Tageslicht)
- eine falsche Lichtfarbe (schlechte Farbwiedergabe)
- zu hohe Leuchtdichteunterschiede im Arbeitsfeld.

Gesundheitsgefahren durch falsche Beleuchtung sind

- Augenprobleme, z. B. Bindehautreizung, Augenjucken, Brennen, trockene Augen
- Kopfschmerzen
- anhaltende Anspannung („Stress")
- Asthenoptische Beschwerden (jede Art von Beschwerden im ganzen Körper)
- Fehl- und Zwangshaltung mit Muskelverspannungen.

Gestaltung von Licht und Beleuchtung

Dafür sind folgende **Grundsätze** zu beachten:

- Tageslicht ist als Gesundheitsfaktor zu nutzen, blendfrei in den Raum zu lenken und als indirekte Beleuchtung einzusetzen.
- Der Raum sollte möglichst gleichmäßig ausgeleuchtet sein, um die Anpassungsfähigkeit des Auges an Hell-Dunkel-Kontraste nicht zu überfordern.

---

[213] aus: ORGA- Handbuch „Büro" 4/1996, S. 89

- Spiegelungen, Reflexionen und Blendungen sind zu vermeiden. Dazu sind z. B. folgende Maßnahmen nötig: entspiegelte Prismenbeleuchtung, die parallel zum Fenster und zur Blickrichtung angeordnet sein sollen; individuell verstellbare Lichtschutzvorrichtungen, die freie Aussicht nach außen gewähren; matte und seidenmatte Farben bzw. Oberflächen für Wände, Decken, Arbeitsflächen und Mobiliar, die Reflexionen weitgehend verhindern; die blend- und reflexionsfreie Positionierung der Bildschirme.

- Gute Kontraste sind auf der Arbeitsfläche zu schaffen. Zwischen der hellsten und dunkelsten Fläche im unmittelbaren Arbeitsbereich (z. B. Bildschirm/Arbeitsfläche) sollte das Verhältnis 3:1, zwischen Arbeitsplatz und weiterer Umgebung nicht mehr als 10:1 betragen.

- Empfohlen werden am BAP mindestens 500 lx. In Großraumbüros sollte die Beleuchtungsstärke zwischen 750 und 1000 lx liegen (siehe ausführlich Tabelle 25). Als optimal hat sich eine Mischung aus Allgemeinbeleuchtung und individuell einstellbarer Einzelplatzbeleuchtung erwiesen.

- Eine sensorgesteuerte Lichtregelung in Abhängigkeit von den Tageslichtverhältnissen im Raum ist zu empfehlen.

Tabelle 25: Erforderliche Beleuchtungsstärken [214]

Art des Raumes bzw. Tätigkeit (Beispiele)	Lux (lx)
Lagerräume für gleichartiges oder großteiliges Lagergut Verkehrswege für Personen Produktions- und verfahrenstechnische Anlagen ohne manuelle Eingriffe (Fernbedienung)	50
Treppen, Fahrtreppen Kesselhaus, Maschinenhallen Verfahrens- und Produktionsanlagen mit gelegentlichem manuellem Eingriff Lagerräume mit Suchaufgaben	100
Ständig besetzte Arbeitsplätze in verfahrenstechnischen Anlagen Arbeitsplätze an Mischern, Öfen, Zerkleinerern Verarbeitung schwerer Bleche (ab 5 mm), Gießhallen Räume mit Publikumsverkehr in Büros Lagerräume mit Leseaufgaben	200
Kfz-Werkstätten Laboratorien in der chemischen Industrie Emaillieren, Formen einfacher Teile Schweißen, Verarbeitung leichter Bleche (bis 5 mm) Buchbindearbeit	300
Büroräume, Küchen, Sanitätsräume Reparaturwerkstätten für Radio, Fernsehen, Apparate, Maschinen Spinnen, Sticken, Weben, Zuschneiden, Nähen Vergolden, Prägen, Arbeiten an Druckmaschinen	500

---

[214] nach BG.Arbeitsgemeinschaft der Metallberufsgenossenschaften (1999) S. 45

Vergolden, Prägen, Arbeiten an Druckmaschinen Arbeiten an Holzbearbeitungsmaschinen, Modelltischlerei Montage kleiner Motoren und Maschinen, Karosserien Metallbearbeitung mit Genauigkeit 0,1 mm, Drehen, Fräsen	
Grossraumbüros mit hoher Reflexion, Lackiererei Schleifen optischer Gläser, Gravieren Anreiß- und Kontrollplätze in der Metallverarbeitung Handdruck, Papiersortierung	750
Farbkontrolle, Farbprüfung, Qualitätskontrolle Werkzeug-, Lehren- und Vorrichtungsbau, Feinstmontage Grossraumbüros mit mittlerer Reflexion	1000
Optiker- und Uhrmacherwerkstatt, Montage elektronischer Bauteile Farbkontrolle bei Mehrfachdruck, Kunststopfen	1500

4.4.4 Farben

Kasten 62

Triptychon im Karlsruher Unternehmen PI

Im Eingangsbereich des modernen mittelständischen Unternehmens Physik Instrumente (PI) in Karlsruhe, welches technologisch führende Produkte der Mikro- und Nanostelltechnik entwickelt und produziert, ist an den Wänden das Triptychon* „Evolution" zu sehen. Es wurde von Professor Walter PILS geschaffen. Die Grundidee ist die symbolhafte Darstellung der Weiterführung einer Idee technischer Entwicklung von den ersten Anfängen vor etwa 30 Jahren, als PI gegründet wurde, bis zum heutigen Stand. Die Komposition ist weder geschlossen noch begrenzt, sondern nach allen Seiten offen und erweiterungsfähig. Auffallende Symbolfigur ist der weiße Kreis als Zeichen für Einheit und Vollkommenheit, für die Urkraft, die alles bewegt, für das Absolute. Im Bereich magischer Praktiken gilt der Kreis als Schutz gegen Dämonen.

Interessant ist die Farbensymbolik, über die der Maler schreibt:

Weiß ist nach meinem Empfinden die Fülle und Vollkommenheit und die Summe aller Erfahrungen...

Blau, die Farbe des Himmels und des Meeres, signalisiert Weite, Sanftheit und Weichheit im Gegensatz zu den warmen Farben.

Gelb, es kommt in hell strahlenden Nuancen der Sonne am nächsten...
Die Farbkomposition *Weiß – Gelb – Blau* erzeugt im Eingangsbereich von PI eine weite, vornehm zurückhaltende, unaufdringlich großzügige, aber durchaus präsente Grundstimmung.

Die Farbe (color) macht unser Leben lebendiger und freundlicher, oder wie es in einem Zitat heißt: *"Farben sind das Lächeln der Natur "*. (J. HUNT). Unsere Umwelt lernen wir vorwiegend durch v i s u e l l e S i n n e s e i n d r ü c k e (ca. 80 %) kennen. Visuelle Informationen sind stets Farbinformationen. Formen werden nur dadurch erkannt, dass Farbunterschiede vorhanden sind. Ca. 40 % aller Informationen, die der Mensch aufnimmt, sind Informationen über Farben. Farberlebnisse sind mit anderen Sinneserlebnissen verknüpft, mit dem akustischen Sinn, dem Tastsinn, dem Geruchssinn, dem Geschmackssinn und dem Warm- bzw. Kaltsinn. Farben sind weit mehr als bloß Mittel zur künstlerischen Ausschmückung architektonischer Gegebenheiten im Unternehmen.

Vorrangiges Ziel der Farbgestaltung in der Arbeitswelt ist es, das Wohlbefinden, die Gesundheit und die Sicherheit der Beschäftigten zu fördern. Die Farbgebung dient längerfristig auch betriebswirtschaftlichen Effekten; denn die „richtige" Farbe erzeugt eine positive Stimmung und hat somit Einfluss auf die Leistungsfähigkeit aller Arbeitenden.

Die Missachtung wahrnehmungspsychologischer Erkenntnisse zur farblichen Gestaltung in der Arbeitswelt führt nicht selten zu ernsthaften Befindens- und Gesundheitsproblemen wie Monotonie, Depressivität, Demotivation oder sogar zu psychosomatischen Beschwerden. Oft sind Farbwirkungen auf die menschliche Psyche eher unbewusst und werden dadurch zu wenig, mithin in der Arbeit, reflektiert.

Was ist Farbe?

Sie ist eine **Sinnesempfindung**, die von elektromagnetischen Wellen zwischen 380 und 780 nm (Nanometer*) ausgelöst wird. Dabei haben die sichtbaren Farben folgende Wellenlängen:

- *Violett*:   380 bis 450 nm
- *Blau*:   465 bis 485 nm
- *Grün*:   490 bis 560 nm
- *Gelb*:   571 bis 590 nm
- *Rot/Rotorange*: 620 bis 780 nm.

Drei Merkmale bestimmen die **Farbwahrnehmung** (color perception):
- Farbton,
- Sättigung des Farbtons
- Helligkeit des Farbeindrucks.

Der *Farbton* ist z. B. Rot. Unbunte (schwarz und weiß) und graue Farben haben eine geringere *Sättigung*. Die Helligkeit wird durch seinen Reflexionswert bestimmt. Je homogener ein Licht, je einheitlicher die Wellenlänge der Lichtstrahlung, umso gesättigter ist die Farbe. Der Farbton ist die eigentliche Qualität der Farbe. Das menschliche Auge vermag etwa 160 Farbtöne zu unterscheiden.

Funktionen von Farben

Sie haben folgende Funktionen in der Arbeitswelt:

- *Verbesserung der Wahrnehmung:* Durch bessere Unterscheidbarkeit des Arbeitsgutes werden die Augen geschont (z. B. die farbliche Hervorhebung des Arbeitsmittels vom Hintergrund).

- *Verringerung der Monotonie:* Durch Abbau von Monotonie (z. B. farbige Räume) werden Leistungsbereitschaft gesteigert und Ermüdung vermieden.

- *Förderung des Befindens:* Farben schaffen besseren Kontakt und bessere Einsicht in das Arbeitsganze durch Visualisierung und Assoziationshilfen. Die subjektive Beeinträchtigung durch Umgebungseinflüsse wie z. B. Lärm, Gerüche, Temperaturen kann etwas kompensiert werden.
- *Erhöhung der Arbeitssicherheit:* Durch Einsatz von Sicherheits- und Ordnungsfarben werden Unfallgefahren und Verwechslungsmöglichkeiten herabgesetzt.
- *Schaffung von Ordnung:* Beim Arbeitsfluss, bei der Lagerung, beim Transport, im Verkehr usw. sind Farben ein wichtiger Ordnungsfaktor.
- *Förderung der Orientierung:* Farb- und Formzeichen sind wichtige Informationshilfen. Beispiele sind die Raumgliederung durch verschiedene Farbbezirke, die Kennzeichnungen unterschiedlicher Funktionen (auch an Maschinen) durch Farben oder die Verwendung von Symbolen für Gefahren.
- *Förderung der Erholung:* Eine energieaufbauende Farb- und Lichtumgebung z. B. in Pausenräumen kann den Erholungseffekt entscheidend unterstützen.
- *Förderung der Ästhetik:* Farben fördern den ästhetischen Eindruck von Unternehmensgebäuden und -räumen.

Farben haben im Alltagsdenken, bei der Gestaltung von Unternehmensbereichen (siehe Kasten 62), bei der Gestaltung des Unternehmenslogos oder bei der Moderation von Workshops oft eine **symbolische Bedeutung** für Stimmungen, Ideen oder Persönlichkeitsmerkmale - etwa im folgenden Sinne:

➢ *Gelb* als leichte, warme und behagliche Farbe gilt primär als Symbol des Lichts, der Sonne, des Goldes und der Reife. Sie steht ferner für Weisheit und Kreativität, aber auch für Eifersucht.
➢ *Orange* soll Gesundheit symbolisieren, daneben Rücksichtslosigkeit und Stolz.
➢ *Blau* als kalte, passive Farbe vermittelt Ruhe, Konzentration, ist Denken, Inspiration und Treue. Nach dem Herder-Lexikon ist es „*die Farbe des Himmels, der Ferne, des Wassers, meist transparent, rein, immateriell, Farbe des Göttlichen, der Wahrheit, der Treue, auch Farbe des Irrealen, Fantastischen; Keuschheitssymbol, Farbe des Mantels der Maria*".
➢ *Grün* als Farbe der Mitte vermittelt Gleichgewicht, symbolisiert Ausgeglichenheit und Ruhe, steht für Natur.
➢ *Rot* als dynamische, kraftvolle Farbe steht für Erregung, aber auch für Tatkraft, Spannung und Aggression.
➢ *Weiß* ist die Farbe des Lichts, der Einheit, Jungfräulichkeit und der Vollkommenheit; es steht für das Absolute, den Anfang wie für das Ende und das Göttliche.

Wirkungen von Farben

Sie sind äußerst vielschichtig und lassen sich demzufolge nicht auf Formeln wie "*Rot regt an*" oder "*Blau beruhigt*" reduzieren. Physische und psychische Wirkungen hängen stark von der Materialbezogenheit, den Lichtverhältnissen oder von der Individualität des Wahrnehmenden ab. Alter, Geschlecht, physische und psychische Verfassung, besondere Lebenssituationen und persönliche Erfahrungen sind dabei ausschlaggebend. Farben haben großen Einfluss auf unser Wohlbefinden. Sie ziehen die Aufmerksamkeit auf sich. Sie lösen beim Betrachter Gefühle und Assoziationen aus und können zu unbewussten Reaktionen führen. Farben haben auch Symbolcharakter (siehe oben). In den einzelnen Kulturkreisen gibt es Unterschiede in der Symbolzuordnung von Farben, die durch die unterschiedlichen Lebensweisen bedingt sind. Einzelne Farben haben ihre besonderen psychischen Wirkungen, die zwar interindividuell verschieden stark, aber meistens gleicher Art sind. Die wichtigsten sind die Distanz- und Temperaturtäuschungen und die Auswirkungen auf die allgemeine Stimmungslage. Allgemein gibt es folgende Wirkungen:

- dunkle Farben wirken eher düster, bedrückend und demotivierend; sie erschweren Sauberkeit und absorbieren Licht;
- helle Farben wirken leicht, freundlich und aufheiternd; sie verbreiten mehr Licht, hellen die Räume auf und stehen für Reinlichkeit;
- reine, gesättigte Farbtöne wirken dominant; entsättigte hingegen zurückhaltend;
- zarte Farben vermitteln den Eindruck von Empfindlichkeit;
- warme Farben schaffen Nähe, kalte dagegen Distanz;
- viele Farben beunruhigen und verwirren sogar.

Farbgestaltung

Nach DIN 66 234, Teil 5 sollten Farben sparsam und wohl überlegt in der Arbeitswelt eingesetzt werden. Sie werden dann sinnvoll eingesetzt, wenn sie die Aussage einer Gestaltung unterstützen. Sehr komplexe Farbmuster erschweren die Informationsaufnahme und –verarbeitung. Höchstens drei bis fünf Blickfänge am Arbeitsplatz und eine eher zurückhaltende Farbgestaltung ist ein arbeitswissenschaftlicher Grundsatz. Dabei kommt es auch auf das Zusammenwirken von Farbe und Form an. Die gewählten Farben sollten für das Auge des Betrachters angenehm sein und seine Aufmerksamkeit wecken.

Farben dienen der Unterstützung einer Aussage, Grundidee oder Botschaft. Bei ihrer Wahl sind drei wichtige Fragen zu stellen:

1. Wer soll mit den Farben angesprochen werden? Welche Zielgruppe soll erreicht werden (Jugendliche? Ältere Mitarbeiter? Frauen? etc.)?
2. Welcher Eindruck soll vermittelt werden?
3. Was soll mit der Farbgestaltung erreicht werden?

Als **Gestaltungsmittel** stehen *Farbharmonien*, *Farbkontraste* und *Farbklänge* zur Verfügung. Farbharmonien, beispielsweise benachbarte Farbtöne wie Rot und Grün, haben eine angenehme Wirkung auf den Betrachter. Farbkontraste heben hervor, verdeutlichen Unterschiede und erwecken die Aufmerksamkeit. Dies ist z. B. bei schwarzer Schrift auf weißem Grund der Fall. Farbklänge stellen Kombinationen aus mehreren Farben (3- oder 4-Farbklang) dar.

Bei der **Raumfarbgebung** ist zu beachten, ob die Arbeit eher monoton ist, oder ob sie hohe Anforderungen an Aufmerksamkeit und Konzentration stellt. Überwiegend monotone Arbeit erfordert die Anwendung anregender Farbelemente. Konzentrierte Arbeit erfordert hingegen eine zurückhaltende Farbgebung, um Ablenkung und beunruhigende Faktoren zu vermeiden. Zum Beispiel sollte das Mobiliar im Büro eher schwach gesättigte Farben und helle Farbtöne aufweisen. Grundsätzlich sollten hier Farben sparsam verwendet und sorgfältig abgestimmt werden.

Größere Flächen (Wände, Decken, Möbel usw.) sollten nicht mit einer anregenden, leuchtenden oder grellen Farbe versehen werden. Sie beansprucht das Auge einseitig und führt zu Nachbildern. Der Raum würde zu bunt und unruhig erscheinen. Denn dominante Farben geben die herrschende Grundstimmung an. Je größer die Fläche ist, desto heller bzw. entsättigter sollte die Farbe sein.

Einzelne **Elemente** des Raumes (Säulen, Türen, Trennungsflächen, usw.) können mit gesättigten, anregenden Farben gestaltet werden. Sie erfüllen damit oft eine Gliederungs- und Gruppierungsfunktion, um die oftmals verwirrende Vielfalt der Vorgänge, Abläufe, Raum- und Architekturelemente soweit wie möglich zu ordnen und diese Ordnung visuell erfassbar zu gestalten.

Kleinere Flächen, die *Blickfänge* (wichtige Knöpfe, Hebel, Griffe u. a. m.) darstellen sollen, sind durch kontrastierende, leuchtende Farben zu gestalten. Dadurch werden Maschinenteile besser erkennbar, ihre Wahrnehmungszeit verkürzt sich und eine mögliche Ablenkung durch Suchen z. B. von Handgriffen ist gering. Auf Schalttafeln oder Anzeigeinstrumenten erzielt man z. B. mit *Schwarz* und *Gelb* den besten Kontrast.

Dem Signal- und Aufforderungscharakter kommen die **Sicherheits- und Ordnungsfarben** nach (siehe Kasten 63). Hier kommen die vier U r f a r b e n zum Einsatz. Sie bringen eine optimale Auffälligkeit mit. Dabei führen häufig gemachte Erfahrungen zu einer sicheren Assoziation, so dass eine Farbe in bestimmten Situationen automatisch zu angemessenen Reaktionen führt. Je besser diese Farben von der Umgebung abgesetzt sind, desto eher werden sie wahrgenommen.

Kasten 63		
*Sicherheits*farbe	Rot:	Halt! Unmittelbare Gefahr!
	Gelb:	Vorsicht! mögliche Gefahr!
	Grün:	Gefahrlosigkeit, freier Weg, erste Hilfe
*Ordnungs*farbe	Blau:	Sicherheitstechnische Hinweise, Gebote und betriebliche Anordnungen

Dass in diesem Zusammenhang scheinbar banale, in ihren Auswirkungen möglicherweise jedoch entscheidende menschliche Gewohnheiten bzw. Verhaltensweisen zu berücksichtigen sind, zeigt anschaulich ein Bericht über das Kernkraftwerk *Three Mile Island*: „Im Kontrollraum gab es einen Temperaturschreiber mit zwei Stiften. Einer zeichnete die Temperatur des kalten Wassers auf – in *rot* – der andere die Temperatur des heißen Dampfes – in *blau*. Da jedoch die meisten Menschen *rot* mit *heiß* und *blau* mit *kalt* assoziieren, brachte das Bedienungspersonal ein Schild mit der Aufschrift an: „Nicht vergessen – *Rot* ist *Kalt*". - Die Designer hatten bei der Planung die *Menschen* völlig vergessen, die diese Schaltpulte bedienen müssen."[215]

---

[215] nach Senders, J. W. (1980), S. 73 (Hervorhebungen – B. R.)

Farben am Bildschirm

Die Auswahl der Farben am BAP hängt von der Anwendung ab. Dabei sind folgende **Grundsätze** zu beachten:

- Für Textverarbeitung ist die *Positivdarstellung* mit dunklen Zeichen auf hellem Hintergrund zu wählen.

- Außer Schwarz und Weiß sollten maximal *sechs verschiedene Farbtöne* verwendet werden. Sehr komplexe Farbmuster erschweren die Informationsaufnahme.

- Für große Flächen bzw. Hintergründe empfehlen sich helle, wenig gesättigte Farben. Dunkle oder stark gesättigte Farben erzeugen bei längerer Betrachtung Nachbilder. Helle Hintergründe verringern auch die Anpassungsvorgänge des Auges, das zwischen Papiervorlage und Monitor den Blick wechseln muss.

- Wenn die Zeichen selbst farbig sein sollen, sind möglichst dunkle gesättigte Farben zu wählen, z. B. Rot auf hellem Grün oder sattes Grün auf hellem Magenta. Auf Blau ist zu verzichten, denn das Auge nimmt es schlecht wahr.

- Es sind Farbkombinationen zu vermeiden, die von Menschen mit Farbschwächen schlecht oder gar nicht erkannt werden können.

- Farben sind konsequent zu nutzen. Die gleiche Farbe sollte stets die gleiche Bedeutung haben. Dies erleichtert die Orientierung. Innerhalb eines Sachverhalts sollte mit Abstufungen einer Farbe gearbeitet werden.

Belastungen und Gesundheitsgefahren

Farbiges Licht wird aufgrund der unterschiedlichen Wellenlänge in der Augenlinse verschieden stark gebrochen und daher als unterschiedlich weit entfernt wahrgenommen. Das Auge muss eine höhere Akkomodation* leisten als beim Schwarzweiß- oder Graustufenmonitor. Außerdem können bei einem Farbmonitor die Helligkeitsniveaus zwischen Bildschirm und Umgebung stärker ausfallen. Dies belastet das Auge zusätzlich. Die Pupillenöffnung muss sich dem jeweils anvisierten Objekt anpassen (Adaption*).

Eine unergonomische, d. h. grellbunte und kontrastarme Farbwahl bei der Bildschirmgestaltung hat gesundheitsgefährdende Auswirkungen. Arbeitsmedizinische Untersuchungen zeigten, dass sich während der Arbeit mit derartigen Farbzusammenstellungen die Lidschlagfrequenz* des Auges signifikant erhöht. Das ist ein klares Belastungszeichen. Es findet eine Reizüberflutung statt. Ferner verspannt sich dabei zunehmend die Hals- und Rückenmuskulatur. Der Stütz- und Bewegungsapparat spielt beim *RSI-Syndrom* * eine große Rolle. Eine falsche Farbwahl am Bildschirm kann verstärkend auf diese Krankheit wirken.

4.5. Gestaltung der Arbeitszeit

Die „Kolonnengesellschaft" hat ausgedient, in der die meisten Arbeitnehmer im Zeit-Gleichschritt morgens zur Arbeit gingen und abends zurückkehrten. Erinnert sei an die ersten Bilder des Films „Moderne Zeiten" mit Charly CHAPLIN: Hier wechseln Scharen von Arbeitnehmern, die durch ein Fabriktor gehen, mit Schafherden - Ausdruck der Anonymität und Massengesellschaft.

Heute ist dies anders. Nur noch 15 % der Beschäftigten arbeiten unter Normalarbeitszeitstandards. Dieser Anteil bezieht sich auf eine Vollzeitbeschäftigung mit einer wöchentlichen Arbeitszeit zwischen 35 und 40 Stunden, die sich auf fünf Tage verteilt, in der Lage nicht variiert und montags bis freitags tagsüber ausgeübt wird. 85 % der Beschäftigten sind in flexibler Arbeitszeit tätig. Untersuchungen über Arbeitszeitpräferenzen belegen, dass die dem Normalarbeitsverhältnis zugrundeliegenden Annahmen häufig nicht mit den Wünschen und Bedürfnissen der Arbeitnehmer übereinstimmen (siehe Kasten 61). Gefordert ist deshalb eine Humanisierung der Arbeit(szeit). Soziale Ziele spielen dabei dieselbe Rolle wie ökonomische Ziele (siehe dazu Bild 53). Die **Sozialverträglichkeit** der Arbeitszeit wird durch folgende Kriterien bestimmt: Beschäftigungssicherheit, Einkommen, gesundheitliche Belastungen, die Möglichkeit zur Teilhabe am sozialen Leben sowie der mit der Arbeitszeit verbundene Autonomiegrad der Beschäftigten.

Ein bemerkenswertes Beispiel für arbeitnehmerfreundliche flexible Arbeitszeitgestaltung soll im Folgenden skizziert werden:[216]

In der Verwaltungsabteilung eines Betriebes der Nahrungsmittelindustrie berichteten die Mitarbeiter im Rahmen einer Befragung von schweren Konflikten im Team, räumlicher Enge und massivem Zeitdruck während des Monatsabschlusses. Einige Mitarbeiter gaben an, in den Tagen vor dem Monatsabschluss an Durchschlafstörungen zu leiden, andere berichten von Kopfschmerzen und Migräne. Die genauere Analyse ergab, dass auf Wunsch der Verwaltungsleiterin eine *feste Arbeitszeit* von 8.00 bis 17.00 Uhr bestand. In dieser Zeit sollte die Arbeit erledigt werden, Überstunden wurden nicht gern gesehen und nur auf sehr kompliziertem Wege ausgeglichen. Während des Monatsabschlusses reichte diese Zeit aber nicht aus, für die zusätzlich eingesetzten Aushilfen waren keine Arbeitsplätze vorhanden. Zeitdruck und räumliche Enge verstärkten vorhandene Konflikte. Die Einführung einer Gleitzeitregelung (Arbeitszeit zwischen 6.00 und 20.00 Uhr möglich) entzerrte die Situation erheblich. Die Mitarbeiter können jetzt dann, wenn viel zu tun ist, länger arbeiten und geleistete Mehrarbeit nach dem Monatsabschluss auf unbürokratische Weise ausgleichen. Die Möglichkeit, an den Tagesrandzeiten zu arbeiten, kommt vielen der überwiegend weiblichen Teilzeit- und Aushilfskräfte entgegen und wird viel genutzt. Die Zeitautonomie wird also erhöht, der Zeitdruck vermindert.

---

[216] nach Landgraf-Rütten, A. (2001)

> **Ziele bei der Flexibilisierung von Arbeits- und Betriebszeiten**
>
> *Ökonomische Ziele*
>
> - Verbesserung der Betriebsmittelnutzung
> - Reduktion der Kapitalkosten
> - Produktivitätssteigerung
> - Verbesserte Reaktionsfähigkeit am Markt
> - Durchlaufzeitreduktion
> - Bestandsreduktion
> - Qualitätssteigerung
> - Entwicklung der Kundenorientierung
>
> *Soziale Ziele*
>
> - Attraktivität der Arbeitstätigkeit
> - Motivation der Mitarbeiter
> - Arbeits- und Lebenszufriedenheit der Mitarbeiter
> - Stärkere Berücksichtigung von Mitarbeiterinteressen
> - Abbau von Arbeitslosigkeit
> - Sicherung bestehender Arbeitsplätze
> - Schaffung von Arbeitsplätzen für leistungsbehinderte Mitarbeiter

Bild 53: Ziele der Flexibilisierung von Arbeits- und Betriebszeiten

Nach dem Arbeitszeitgesetz (§ 2 Abs. 1) versteht man als **Arbeitszeit** (working time) allgemein *„die Zeit vom Beginn bis zum Ende der Arbeit ohne Ruhepausen"*. BLUM[217] bestimmt sie etwas anders: *„Unter Arbeitszeit ist diejenige Zeit zu verstehen, die ein Individuum für Erwerbsarbeit aufwendet bzw. für den Arbeitserfüllungsprozess (betriebliche Leistungserstellung und –verwertung) der Unternehmung zur Verfügung stellt."*

In der Arbeitszeitpolitik wird versucht, auf die verschiedenen, meist unterschiedlichen Interessen von Arbeitgebern und Arbeitnehmern einzugehen. Grundsätzlich liegen die Interessen der Arbeitgeber in einer möglichst intensiven Nutzung der Arbeitskraft und der Betriebsmittel. Die Interessen der Arbeitnehmer liegen vorwiegend in der Humanisierung der Arbeitsbedingungen. Dazu gehört auch der Schutz vor solchen Fehlbelastungen (Über- und Unterforderung), welche zu Stress, Ermüdung, Sättigung und im „worst case" zu Burnout führen können. Denn all diese Faktoren stellen eine Beeinträchtigung des Wohlbefindens dar und führen letztendlich zur Demotivation der Beschäftigten in der Arbeit.

---

[217] siehe Blum, A. (1999) S. 32

Merkmale der Arbeitszeit

Nach BÜSSING & SEIFERT[218] werden drei Merkmale unterschieden. Dabei steht die **Dauer** im Vordergrund. Typisches Beispiel für ihre Variation ist die Verkürzung der Arbeitszeit, d. h. die Teilzeit. Teilzeitarbeit ist zu 90 % immer noch Frauenarbeit. Männer streben nach Vollzeitarbeit und einer normalen Berufskarriere. Auch wenn private Betreuungspflichten vorhanden sind, sehen Männer meist keinen Anlass, ihre Arbeitszeit zu verkürzen.

Das zweite Merkmal ist die **Lage**. Hier sind die Kriterien beispielsweise der Arbeitsbeginn, das Arbeitsende, Schicht- oder Wochenendarbeit. Schichtarbeit ist eine Arbeitsform, die von wenigen Arbeitnehmern gewünscht wird (2 %). Von den Beschäftigten in Schichtarbeit wünscht sich fast die Hälfte (46 %), diese aufzugeben und normal zu arbeiten. Auch aus arbeitswissenschaftlicher Sicht gibt es genügend Argumente gegen Schichtarbeit (siehe ausführlich unten).

Das dritte Merkmal ist die **Verteilung**. Es werden dabei die gleichförmige oder *starre Arbeitszeit* (Normalarbeitszeit) und die *flexible Arbeitszeit* unterschieden. Bei der Verteilung ist die Planbarkeit ihrer Arbeitszeit für die Beschäftigten sehr wichtig. Dabei soll die Arbeitszeit jedoch keineswegs starr sein, um individuelle Bedürfnisse, Wünsche und Interessen in der Freizeit realisieren zu können. Die *Gleitzeit* ist hier eine gute Lösung. Bei *Teilzeitarbeit* ist der Vormittag sehr beliebt, wohingegen bei Unternehmern die ganztägige Besetzung von Arbeitsplätzen bevorzugt wird.

Weiterhin unterscheiden o. g. Autoren die Autonomie, die Flexibilisierung und die Regulierung. Die **Autonomie** wird definiert als die individuelle und/oder kollektive Einflussmöglichkeit von den Beschäftigten auf Dauer, Lage und Verteilung ihrer Arbeitszeit. Sie ist eine wesentliche Ressource der Gesundheit. Die **Flexibilität** resultiert oft aus den betrieblichen Anforderungen an die Arbeitszeit und kommt den Autonomiebestrebungen der Mitarbeiter selten entgegen. Unter **Regulierung** versteht man staatliche Maßnahmen, welche die rechtlichen und organisationalen Rahmenbedingungen der Arbeitszeit schaffen.

Arbeitszeit und Belastungen

Belastungen durch die Dauer

Dauer, Lage und Verteilung der Arbeitszeit haben Einfluss auf die Zahl der Beschäftigten. Je kürzer die Arbeitszeit ist, desto mehr Beschäftigte können arbeiten (siehe das Modell der 4-Tage-Woche bei VW Wolfsburg). Je kürzer die Menschen arbeiten, desto effektiver sind sie häufig. Denn mit zunehmender Arbeitszeit steigt die physische wie psychische Belastung, wobei hierbei die Arbeitsintensität ebenfalls zu beachten ist.

Jedoch können Arbeitszeitverkürzungen auch problematische Auswirkungen haben, und zwar die

- erschwerte Arbeitsaufnahme zu Beginn der Woche nach einem verlängerten Wochenende
- erhöhte Arbeitsbelastung durch die Verschiebung des Verhältnisses zwischen der Zeit, in der tatsächlich gearbeitet wird, und der arbeitsfreien Zeit während des Arbeitstages, ohne die Wochenarbeitsstunden zu verringern

---

[218] Büssing, A. & Seifert, H. (1995) S. 82-87

- Verschlechterung des sozialen Klimas durch geringere Kommunikation unter Mitarbeitern sowie zwischen Management und Belegschaft
- Ausübung einer zweiten Tätigkeit am Wochenende und damit verbundene Belastungen.

Die Verkürzung der Arbeitszeit führt oft auch zur höheren Arbeitsintensität, z. B. werden Erholungspausen reduziert und Zeitdruck entsteht. Es wird schnell und weniger sorgfältig gearbeitet. Beispielsweise wird bei Störungen im Arbeitsablauf die Suche nach Fehlern verfrüht abgebrochen. Es werden mehr Risikohandlungen begangen. Die Fehlerhäufigkeit nimmt zu, Sicherheitsvorschriften und -vorkehrungen werden weniger beachtet (z. B. Reparatur an laufenden Maschinen), etc..

Belastungen durch die Lage

Der Einfluss der Lage der Arbeitszeit auf Belastungen ist gleichfalls gegeben. Wird die Arbeitszeit durch Ausdehnung der Betriebszeiten in für den Betrieb meist günstigere Zeiten verlagert (Nacht- oder Wochenendarbeit), so werden damit Kosten gesenkt. Für die Beschäftigten stellt aber vor allem die Nachtarbeit eine besondere Belastung dar, da sie nicht dem menschlichen Biorhythmus entspricht (siehe Bild 54). Auf Dauer macht Nachtarbeit krank. Schichtarbeit birgt zahlreiche Belastungen für den menschlichen Körper (siehe dazu unten). Die Arbeit an Sonn- und Feiertagen sowie am Wochenende hat zwar keine Auswirkungen auf den Biorhythmus des Menschen, ist jedoch für Familie und Sozialleben eine große Belastung.

Belastung durch die Verteilung

Gleiches gilt für die Verteilung der Arbeitszeit. Bei flexibler Arbeitszeit kann diese gut an Schwankungen der Nachfrage angepasst werden. Dies wiederum senkt Kosten. Auf der Arbeitnehmerseite jedoch können zu starke Anpassung an betriebswirtschaftliche Erfordernisse zu Konflikten mit privaten Zeitbedarfen führen.

4.5.1 Arbeitszeitmodelle und ihre Auswirkungen

Man unterscheidet *starre, beschränkt flexible, flexible* sowie *selbstbestimmte Arbeitszeitmodelle* (working time models) (siehe Tabelle 26).

Starre Arbeitszeit

Bei diesen Modellen liegen sowohl die chronometrische (Dauer) als auch die chronologische Bezugsgröße (Lage) fest und sind weder vom Arbeitgeber noch Arbeitnehmer veränderbar. Dies ist z. B. bei Schichtarbeit der Fall. RUTENFRANZ[219] definiert diese wie folgt: „*Arbeit zu konstant ungewöhnlicher Tageszeit oder zu wechselnder Tageszeit wird als Schichtarbeitszeit bezeichnet.*" Dabei kann man zwei Formen unterscheiden:
- Arbeit zu konstanter (ungewöhnlicher) Tageszeit (permanente Schichtsysteme)
- Arbeit zu wechselnder Tageszeit (Wechselschichtsysteme).

Permanente Schichtsysteme unterteilt man in Dauerfrüh-, Dauerspät- oder Dauernachtschicht, Wechselschichtsysteme in Systeme ohne und mit Nachtarbeit. Es gibt wirtschaftliche, technologische und soziale Gründe für Schichtarbeit.

---

[219] Rutenfranz, J. (1978) S. 11

Wirtschaftliche Gründe lassen sich z. B. anhand der Computerindustrie erklären. Der Bedarf an Computerchips ist groß. Nur durch Massenfertigung kann man wirtschaftlich arbeiten. Aus diesem Grund wird rund um die Uhr produziert. Bei den technologischen Gründen ist das ähnlich. Als Beispiel sollen hier chemische Großanlagen dienen. Diese kann man nicht einfach (ohne Kostenmehraufwand) nachts abschalten. Man ist gezwungen, sie auch nachts zu fahren. In Krankenhäusern, bei Polizei, Feuerwehr, Bahn, etc. muss man im Schichtsystem arbeiten, um die Versorgung der Bevölkerung zu sichern. Arbeitszeitflexibilisierung ist hier nur bis zu einem bestimmten Grad möglich.

Tabelle 26: Arbeitszeitmodelle[220]

Starre Arbeitszeit	Beschränkt flexible Arbeitszeit	Flexible Arbeitszeit			Selbstbestimmte Arbeitszeit
		Dynamische Arbeitszeit	Gleitende Arbeitszeit	Variable Arbeitszeit	
		Flexibilität bzgl. Chronometrie (Dauer)	Flexibilität bzgl. Chronologie (Lage)	Flexibilität bzgl. Chronometrie und Chronologie	Trennung von Betriebs- und Arbeitsstätte
Permanente Schichtsysteme	Überarbeit / Mehrarbeit	Gleitender Übergang in den Ruhestand	Gleitender Arbeitstag	Jahresarbeitszeitvertrag	Heimarbeit
Wechselschichtsysteme		Generelle Arbeitszeitverkürzung	Gleitende Arbeitswoche	Lebensarbeitszeitvertrag	Telearbeit
		Teilzeit-beschäftigung	Baukastensystem	Freie Arbeitszeit	Heimarbeitsplatz
		Bandbreitenmodell	Sabbaticals	Tandemarbeit	
				Job Sharing	
				KAPOVAZ	
				Amorphe Arbeitszeit	

Schichtarbeit ist diejenige, welche die Beschäftigten am stärksten belastet, weil die Phasenlage von Arbeits- und Erholungszeiten verschoben ist. Die normale Zeitstruktur der biologischen Tagesrhythmik wird gestört. Dies kann unter Einfluss von individuellen Eigenschaften des Beschäftigten (Alter, Persönlichkeitstyp, Wohnbedingungen, Verständnis der Angehörigen, persönliche Verhaltensweisen) zu einer überdurchschnittlich hohen Beanspruchung führen. In der EU leisten derzeit etwa

---

[220] in Anlehnung an Frieling, E. & Sonntag, K.-H. (1997) und Wildemann, H. (1991)

20 % der Beschäftigten Schichtarbeit, wobei die **Nachtarbeit** eine besondere Belastung darstellt. Sie wird gemäß ArbZG verstanden als eine Arbeitstätigkeit, die mehr als zwei Stunden innerhalb des Zeitraumes zwischen 23 und 6 Uhr (Nachtzeit) umfasst. Von den 36,6 Mio. Erwerbstätigen in Deutschland arbeiteten nach Angaben de statistischen Bundesamtes im Mai 2000 rund 2,67 Mio. Menschen (etwa 7 %) ständig oder regelmäßig nachts. Hiervon sind etwa 29 % Frauen und 71 % Männer.

Schichtarbeitende, besonders in Nachtschicht, sind oft auf sich allein gestellt und stehen demzufolge unter hohem Verantwortungsdruck (z. B. Pflegepersonal im Krankenhaus). Die meist für die Tagschicht konzipierte Gestaltung des Arbeitsplatzes und seiner Umgebung lässt häufig zu wünschen übrig; so sind z. B. die Lichtverhältnisse meist deutlich schlechter als am Tage (z. B. in Verkehrsberufen). Hinzu kommen psychosoziale Belastungen aus dem privaten Bereich (siehe unten). Den höheren Belastungen steht eine reduzierte physiologische und psychische Leistungsbereitschaft gegenüber. Die Leistungsreserven sind schneller aufgebraucht, Überforderungen sind eher zu erwarten.

Negative Beanspruchungsfolgen sind folgende:

Die meisten Schichtarbeiter klagen über **Schlafstörungen**. Diese beziehen sich auf Schlafdauer und -qualität. In einer Analyse von 9.480 Tagesverläufen von 1.230 Schichtarbeitern kam man zum Ergebnis, dass der Tagschlaf mit ca. 6 Stunden immer kürzer ist als der Nachtschlaf.[221] Außerdem ist der Tagschlaf qualitativ schlechter. Dies ist zu erklären: Der Mensch ist ein tagaktives Wesen (siehe Bild ...). Seine Organfunktionen sind tagsüber auf „aktiv", nachts dagegen auf „erholen" eingestellt. Ferner wird der Tagschlaf durch Lärm, Helligkeit und soziale Einflüsse gestört. Es ist die Tendenz zu verzeichnen, dass im Zusammenhang mit Wechselschicht (mit Nachtschicht) und Dauernachtschicht von Schichtarbeitern häufiger über Schlafstörungen geklagt wird als von Tag- und Zweischichtarbeitern. Sie klagten ferner über Nervosität, Unruhe, Hektik, Anspannung, Gereiztheit und Alpträume als Folge der Schlafstörungen. Beispielsweise weisen Krankenschwestern bei Nachtschicht mit einer 1,8-fachen Wahrscheinlichkeit eine schlechte Schlafqualität auf.[222]

Bei Schichtarbeitern treten häufiger **Appetitstörungen** auf. Es wird vermutet, dass sich die Verschiebung des Schlafes und damit auch unregelmäßige Mahlzeiten negativ auf den Appetit auswirken. Durch unregelmäßige Nahrungsaufnahme können sich langfristig Magen- und Darmkrankheiten (Geschwüre) herausbilden.

---

[221] Knauth, P. et al. (1980)
[222] siehe Gold, D. R. et al. (1992)

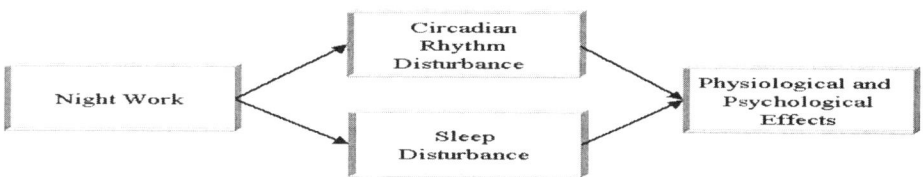

Bild 54: Auswirkungen der Nachtarbeit[223]

Beeinträchtigung der Leistungsfähigkeit und Unfallrisiko

Die „klassische" Leistungskurve des Menschen richtet sich nach dem natürlichen Biorhythmus (siehe Bild 55). Es ist zu erkennen, dass der Mensch sein Tageshoch zwischen 10 und 12 Uhr hat. Danach fällt es leicht ab und erreicht gegen 15 Uhr ein Tief. Hier liegt aber die durchschnittliche Leistungsbereitschaft immer noch über 100 %. Nach 15 Uhr steigt sie wieder an, bis ca. 18 - 19 Uhr. Hier liegt das zweite Tageshoch. Ab hier fällt die Leistungsbereitschaft deutlich ab und erreicht etwa um 3 Uhr das Leistungstief, das nur bei ca. 20% der Durchschnittsleistung liegt. An diesem Bild ist zu erkennen, dass besonders Nachtschicht durch eine geringere Leistungsbereitschaft geprägt ist. Dies heißt auch: Aufmerksamkeits- und Konzentrationsdefizite und dadurch erhöhte Fehlhandlungen, die häufig zu Unfällen führen. Aus Unfallstatistiken lässt sich ableiten, dass die tägliche Arbeitszeit acht Stunden nicht überschreiten sollte, da nach der achten Arbeitsstunde die Wahrscheinlichkeit eines Arbeitsunfalls signifikant ansteigt. Dies gilt besonders für Nachtarbeit, da hierbei verstärkt Ermüdungserscheinungen auftreten. Besonders in den Morgenstunden steigt dadurch das Unfallrisiko.

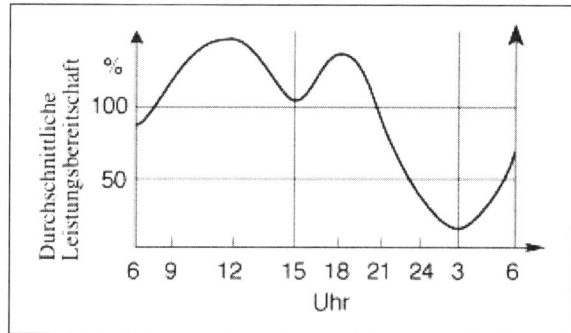

Bild 55: Die Tages-Leistungskurve des Menschen

---

[223] nach Spector, P. (1996), S. 279

Allgemein kann festgestellt werden: Liegen lange und unregelmäßige Arbeitszeiten, Überstunden, Termindruck und Schichtarbeit vor, so erhöht sich die Wahrscheinlichkeit von Mängeln im Bewältigungsverhalten von kritischen Arbeitssituationen und damit auch die Wahrscheinlichkeit von Unfällen und gesundheitlicher Beeinträchtigung. Unfälle häufen sich besonders gegen Ende des Arbeitstages und bei Überstunden. Überstunden gehören jedoch zum Alltag vieler Beschäftigten. Durch die zeitliche Belastung nimmt die Bereitschaft zum Risikoverhalten, zur unzureichenden Wahrnehmung von Gefährdungspotential und insgesamt zum mangelhaften Gefahrenmanagement zu. Gründe dafür sind oft die psychische Ermüdung und erschwerte Konzentration, aber auch Mängel in Organisation und Kommunikation.

Probleme im sozialen Bereich

Bei Schichtarbeitern treten häufiger soziale Konflikte auf. Da die Lage der Freizeit des Schichtarbeiters oftmals von der Freizeit seiner sozialen Umwelt abweicht, ergeben sich Probleme. Diese treten besonders im familiären Bereich auf, z. B. bei der Erziehung von schulpflichtigen Kindern, durch Erschwerung der Kontakte zu Freunden und Verwandten usw. Noch problematischer wird es, wenn der Ehepartner auch im Schichtbetrieb tätig ist.

Auf Grund o. g. Gesundheitsprobleme geben 20 bis 30 % der Arbeitenden innerhalb der ersten 2 bis 3 Jahre die Schichtarbeit wieder auf, wobei Störungen des Schlafes und der Magen-Darm-Funktion dominieren. Langfristig kann die Schichtarbeit, wie epidemiologische* Untersuchungen zeigen, zur Entwicklung kardiovaskulärer Erkrankungen* beitragen.

Gestaltung von Schicht- und Nachtarbeit

Es lassen sich folgende arbeitswissenschaftliche **Grundsätze** bei der Gestaltung von Schicht- (shift work) und Nachtarbeit (night work) ableiten:[224]

- Wechselschichten sind permanenten Nachtschichten vorzuziehen. Sie sollten schnell vorwärts rotierend gestaltet werden.

- Die Anzahl der aufeinander folgenden Nachtschichten sollte möglichst gering sein (kurze Schichtblöcke), möglichst nicht mehr als drei.

- Nach einer Nachtschichtphase sollten möglichst 24 Stunden arbeitsfreie Zeit folgen.

- Geblockte Wochenendfreizeiten sind besser als einzelne freie Tage am Wochenende.

- Die Schichtdauer sollte von der Arbeitsschwere abhängig sein. Bei ungleichen Schichtlängen sollte die Nachtschicht kürzer sein.

- Schichtpläne sollten vorhersehbar und überschaubar sein.

- Ältere Menschen ab etwa dem 40. Lebensjahr sind eher für permanente Frühschichten als für Wechsel- oder Nachtschichten geeignet.

---

[224] siehe ausführlich HVBG (2002) und BAuA (2000)

- Nachts nimmt die Leistungsfähigkeit des Menschen bei körperlicher Arbeit stärker als bei geistiger Arbeit ab. Demgemäß sollten fehlerkritische und körperlich schwere Tätigkeiten möglichst tagsüber und nicht nachts verrichtet werden.

- Nacht- und Schichtarbeiter sollten physisch und psychisch fit bleiben. Ein angemessenes Freizeit-, Schlaf- und Ernährungsverhalten, die Aufrechterhaltung sozialer Kontakte und die Pflege geistig anregender Hobbys können dazu beitragen.

- Biochemische Parameter bestimmen neben einigen exogenen Faktoren die circadane Rhythmik und wirken sich so auf Leistung und Sicherheit des Menschen aus. Eine Beeinflussung der endogenen Zeitgeber durch die Einnahme entsprechend hormonal wirkender Medikamente ist nicht zu empfehlen.

Nachtarbeitnehmer gemäß § 6 Abs. 3 ArbZG unterliegen einem besonderen AGS. Anhaltspunkte zur Durchführung arbeitsmedizinischer Untersuchungen bei ihnen sind vom Ausschuss ARBEITSMEDIZIN beim HVBG, Arbeitsgruppe 1.10 „Nachtschichtarbeit" in Zusammenarbeit mit dem Länderausschuss für Arbeitsschutz und Sicherheitstechnik (LASI) erarbeitet worden.[225]

Die individuelle zirkadiane Phasenlage, d. h. Phasen von Aktivierung und Deaktivierung, spielt bei der Bewältigung von Schichtarbeit eine wesentliche Rolle. Sog. Morgentypen – sie gehen auch an freien Tagen früher ins Bett und stehen zeitig auf - entwickeln bei Nachtarbeit, sog. Abendtypen bei Frühschichten erhebliche Schlafdefizite. Deshalb sollte auch der individuelle Chronotyp bei der Zuweisung von Schichtarbeit berücksichtigt werden.[226]

Beschränkt flexible Arbeitszeit

Das Modell basiert im Wesentlichen auf dem Modell der starren Arbeitszeit. Die Flexibilisierung liegt darin, dass neben der starren Arbeitszeit zusätzlich Überarbeit bzw. Mehrarbeit geleistet wird. Als **Überarbeit** bezeichnet man die geleistete Arbeit, die über die gesetzliche Arbeitszeit hinausgeht. **Mehrarbeit** dagegen beschreibt die geleistete Arbeit, die über die regelmäßig betriebliche Arbeitszeit geleistet wird. Besonders die Überarbeitung stellt ein Gesundheitsrisiko dar. Übermüdung, Nervosität, Gereiztheit und Lustlosigkeit bis hin zum Burnout sind oft die negativen Folgen. Nach einer Umfrage gaben 1999 ca. 63 % der Beschäftigten an (9 % mehr als 1995), gern die Überstundenarbeit reduzieren oder ganz aufgeben zu wollen. Die überwiegend ablehnende Haltung durchzieht gleichermaßen alle beruflichen Statusgruppen. Gut zwei Drittel (68 %) der Befragten geben an, dass die Überstundenarbeit durch betriebliche oder arbeitsorganisatorische Zwänge hervorgerufen wird.[227]

---

[225] ebenda (S. 166)
[226] siehe ausführlich Griefahn, B. (2002)
[227] Groß, H. & Munz, E. (2000)

Flexible Arbeitszeit

Als **flexible** oder **offene Arbeitszeit** bezeichnet man Modelle, die am Arbeitsanfall orientiert sind. Arbeitszeit soll dann von den Mitarbeitern eingebracht werden, wenn sie betriebsbedingt benötigt wird. Dabei besteht das Interesse darin, Leerlaufzeiten möglichst zu vermeiden und Arbeitskräfte dann einzusetzen, wenn sie benötigt werden, ohne Überstunden ansetzen zu müssen.

Die Basis echter flexibler Arbeitszeitmodelle ist jedoch eine Bedarfsanalyse. Arbeitszeitmanagement wird in flexiblen Systemen zur Führungsaufgabe, die Transparenz und Kooperationsfähigkeit mit den Mitarbeitern voraussetzt.

Neben dem Belastungsaspekt stellen dabei die Zufriedenheit und die Motivation der Beschäftigten ein Problem dar. Priorität in flexiblen Systemen kommt meistens der Produktion bzw. der Serviceleistung zu, d. h. es werden die persönlichen Arbeitszeitwünsche der Mitarbeiter nur soweit berücksichtigt, wie sie mit den betrieblichen Interessen vereinbar sind. Kurzfristiger Arbeitseinsatz und/oder überlange Schicht- und Dienstzeiten können bei den Mitarbeitern zu Unzufriedenheit und sinkender Motivation führen. Damit sind auch gesundheitliche Probleme verbunden.

In einer kürzlich durchgeführten Repräsentativ-Befragung des BAT-Freizeitforschungsinstituts in Hamburg unter Leitung von Professor H. W. OPASCHOWSKI wurde u. a. festgestellt, dass die meisten Arbeitnehmer eher einer geregelten Arbeitszeit nachgehen möchten. Erklärt wird dieses Ergebnis vor allem mit den Grundbedürfnissen nach Sicherheit und Geborgenheit des Menschen. Bei einer übermäßigen Flexibilität der Arbeitszeit kann er aus dem Gleichgewicht geraten.

Man unterscheidet drei **Formen der flexiblen Arbeitszeit**. So können sie offen für eine Abwandlung entweder in der Dauer (Chronometrie), in der Lage (Chronologie) oder in beidem sein.

Dynamische Arbeitszeit

Sie zeichnet sich dadurch aus, dass eine Flexibilität bezüglich der Chronometrie (Dauer) besteht. Die bekanntesten Modelle sind hierbei:

Gleitender Übergang in den Ruhestand / Flexible Altersgrenze

Die Ruhestandsgrenzen werden hierbei nicht mehr ausschließlich vom kalendarischen Alter bestimmt. Innerhalb eines gewissen Spielraums können die Beschäftigten eigenverantwortlich bestimmen, wann sie die erwerbswirtschaftliche Arbeit einstellen wollen. Der Austritt aus dem Erwerbsleben soll nicht abrupt, sondern gleitend, schrittweise erfolgen. Der Arbeitnehmer kann seine Arbeitszeit über einen längeren Zeitraum verkürzen und von der Vollzeit über die Teilzeit in den Ruhestand „gleiten". Die Gefahr des „Pensionsschocks" wird somit umgangen. Praktizierte Regelungen sehen z. B. vor, dass der Arbeitnehmer ab dem 55. Lebensjahr nur noch 35, ab dem 60. nur noch 30 Stunden wöchentlich tätig ist.

Generelle Arbeitszeitverkürzung (Kurzarbeit)

Die Herabsetzung der tariflichen oder betrieblichen Arbeitszeit bei entsprechender Kürzung des Arbeitsentgelts zum Zwecke der vorübergehenden Arbeitsstreckung, nennt man Arbeitszeitverkürzung. In der heutigen Zeit wird die Arbeitszeitverkürzung vor allem dazu benutzt, die Arbeitslosigkeit zu bekämpfen.

Teilzeitbeschäftigung

Sie liegt dann vor, wenn die individuell vereinbarte Arbeitszeit geringer ist als die regelmäßige Arbeitszeit vergleichbarer Vollzeitkräfte. Vorteile sind die bessere Vereinbarkeit zwischen beruflichen und privaten Interessen, die Anpassung an gesundheitliche Bedingungen, die Erweiterung der Freizeitblöcke und vor allem die Berücksichtigung der Arbeitsschwere und Ermüdung des Menschen.

Santa-Clara-Modell (Bandbreitenmodell)

Dieses Modell der Arbeitszeitflexibilisierung ist benannt nach der Stadt in Kalifornien, in der es zum ersten Mal angewendet wurde. Hier können die Arbeitnehmer aus der Bandbreite des Arbeitsvolumens, des täglichen, wöchentlichen, monatlichen und jährlichen Arbeitszeitraumes nach ihren Bedürfnissen ihren Arbeitsvertrag ausgestalten.

Gleitende Arbeitszeit

Sie ist eine nicht auf bestimmte Anfangs- und Endtermine festgelegte Arbeitszeit. Sie ist eine arbeitsorganisatorische Regelung, bei der die Beschäftigten innerhalb bestimmter festgelegter Zeitspannen Arbeitsbeginn und Arbeitsende, somit die Lage der Arbeitszeit, selbst bestimmen können (Flexibilität in der Chronologie). Ziele sind die Erhöhung der individuellen Spielräume in der Tages- und Wochengestaltung und die Entlastung des Berufsverkehrs. Die Modelle reichen von der Gestaltung der täglichen (gleitender Arbeitstag) über die wöchentliche (gleitende Arbeitswoche) bis zur jährlichen Arbeitszeit (Sabbaticals).

Gleitender Arbeitstag / Gleitende Arbeitswoche

Der gleitende Arbeitstag bzw. die gleitende Arbeitswoche sind Formen der gleitenden Arbeitszeit, bei der die Arbeitnehmer täglich neu innerhalb vorgesehener Zeitspannen ihr Arbeitsende bestimmen. Bei der gleitenden Arbeitswoche besteht jedoch die Verpflichtung, die Ist-Arbeitszeit innerhalb einer Woche der Soll-Arbeitszeit anzugleichen. Die Anwendung findet z. B. bei durchlaufender Arbeitsweise zur Vermeidung technisch nicht vertretbarer Produktionsunterbrechungen (Hochöfen und Kokereien oder Stahlindustrie) statt. Die gleitende Arbeitszeit setzt sich zusammen aus der Gleitzeit (z. B. von 7.00 - 9.00 Uhr und von 15.00 - 19.00 Uhr) und der Kernzeit, in welcher der Arbeitnehmer im Betrieb anwesend sein muss.

Modulararbeitszeit / Baukastensystem

Dieses Modell dient zugleich der Erweiterung der täglichen Betriebszeit und der Arbeitszeitflexibilisierung. Bei der Modulararbeitszeit wird das Konzept der Aneinanderreihung von Teilschichten konsequent durchgeführt, wobei mehr als zwei Teilschichten gleicher oder unterschiedlicher Länge (Arbeitsmodule) mit festgelegtem Beginn und Ende die gesamte Betriebszeit ergeben. Ein Mitarbeiter kann täglich ein oder mehrere und täglich wechselnde Arbeitsmodule belegen. Die Abstimmung erfolgt im Ausgleich mit den betrieblichen Notwendigkeiten. Sie soll ein Menü aus Wunsch- und auferlegten Modulen sein. Die Mitarbeiter können ihre Module auch untereinander abstimmen. Länge, Lage und Gliederung der Arbeitszeitmodule werden von den gesetzlichen, tariflichen und betrieblichen Arbeitszeitvorschriften mitbestimmt.

Sabbaticals

Dieses Modell besagt, dass alle sieben Jahre ein sog. Sabbatjahr eingelegt werden kann, während das rechtliche Arbeitsverhältnis bestehen bleibt. In der Praxis werden auch andere Periodisierungen gewählt, denen größtenteils kürzere Zeiten zugrunde liegen. Wesentliche Vorteile sind:

- die Schaffung zusätzlicher Flexibilität und Autonomie für Auszeiten
- die Möglichkeit zur Weiterbildung
- die Möglichkeit für soziales Engagement
- mehr Zeit für Partner und Familie
- die Möglichkeit von Entspannung und intensiver Erholung (Burnout-Prävention)
- die Gelegenheit zu kreativen Arbeiten, z. B. im Rahmen beruflicher Qualifikation.

Variable Arbeitszeit

Hier liegt die Flexibilität sowohl in der Chronometrie als auch in der Chronologie. Das heißt, die Dauer und die Lage sind nicht explizit festgelegt. Die wichtigsten Formen sind im Folgenden beschrieben:

Jahresarbeitszeitvertrag

Bei diesem Modell wird die Dauer der Arbeitszeit auf Jahresbasis festgelegt und zu Beginn eines jeden Jahres fixiert. Die Verteilung des Kontingents an abzuarbeitender Arbeitszeit während des Arbeitsjahres wird zwischen Arbeitgeber und -nehmer flexibel gestaltet.

Lebensarbeitszeitvertrag

Derartige Modelle erweitern die Perspektive auf das gesamte Erwerbsleben. So können Arbeitszeitguthaben gebildet und Jahre später verbraucht werden. Damit sind Lebensarbeitszeitmodelle eine Weiterführung der Jahresarbeitszeit[228]. Solche Modelle mit einem kürzeren Zeithorizont können je nach Ausprägung auch mit *Mehrjahresarbeitszeit* umschrieben werden. Die generelle Zielsetzung von Modellen zur Lebensarbeitszeit besteht darin, zusätzliche Zeitflexibilität und Zeitautonomie sowohl für Arbeitnehmer als auch für Arbeitgeber zu schaffen. Sie eröffnen die Chance, die starre, lineare Abfolge von Ausbildung, Berufstätigkeit und Pensionierung aufzulockern.

Freie Arbeitszeit / Freischicht

Unter Freischicht kann man die Gewährung von Freizeit zum Ausgleich von Mehr- oder Überarbeit verstehen. Mehr- und Überarbeit kann vorübergehend anfallen oder aber auch aufgrund einer vertraglichen Verkürzung der Wochenarbeitszeit bei gleichzeitiger Beibehaltung des ungekürzten Rhythmuses (z. B. 40 Wochenstunden) entstehen. Mit der Verkürzung der individuellen Arbeitszeit entsteht so eine Vielzahl von Freischichten, wenn eine betriebliche Arbeitszeit von täglich acht bzw. wöchentlich 40 Stunden z. B. aus produktionstechnischen Gründen beibehalten werden soll.

---

[228] vgl. Baillod, J. (1999)

Tandemarbeit
Hierbei bilden zwei oder mehr Mitarbeiter ein Arbeitsteam, das über eine bestimmte vorgegebene Arbeitszeit präsenzpflichtig ist. Die Beschäftigten können in beliebiger Reihenfolge und Zeitverteilung nacheinander ihre Aufgaben erfüllen. Grundsätzlich vertreten sich die Mitarbeiter gegenseitig. Das Modell findet man hauptsächlich im Dienstleistungsgewerbe.

Job Sharing
Dieses Modell beruht auf Arbeitsplatzteilung. Ein Arbeitgeber vereinbart mit zwei oder mehreren Arbeitnehmern, dass sich diese die Arbeitszeit an einem Arbeitsplatz teilen. Es gibt folgende Versionen:

- Job Sharing i. e. S.
Ein Arbeitnehmer verpflichtet sich aufgrund seines Arbeitsvertrages, den ihm zugewiesenen Arbeitsplatz in Abstimmung mit anderen am gleichen Arbeitsplatz Beschäftigten im Rahmen eines vorher aufgestellten Arbeitszeitplanes während der betriebsüblichen Arbeitszeit – aber alternierend – zu besetzen. Dies bedeutet, dass im Job Sharing im engeren Sinne die Arbeitnehmer selbst darüber bestimmen, wer zu welcher Arbeitszeit den Arbeitsplatz einnimmt. Eine besondere Vereinbarung mit dem Arbeitgeber hierüber braucht nicht getroffen zu werden.

- Job Pairing
Die Arbeitnehmer haben sich verpflichtet, die Arbeit zusammen zu erledigen und sich, soweit erforderlich, zu informieren und die wesentlichen Entscheidungen gemeinsam zu treffen.

- Job Splitting
Ein Vollzeitarbeitsplatz wird in zwei Teilzeitarbeitsplätze aufgeteilt.

- Split Level sharing
Hier besteht eine funktionale Arbeitsplatzteilung. Die Arbeit wird nach Arbeitsinhalten (funktional) aufgeteilt; dadurch sind Arbeitsplätze mit unterschiedlichen fachlichen Qualifikationsniveaus möglich. Voraussetzung dafür ist jedoch, dass die Arbeitsaufgaben teilbar sein müssen (z. B. in der Finanzbuchhaltung). Der Vorteil für die Beschäftigten liegt darin, dass sie die Arbeitszeit persönlich gestalten können. Allerdings gibt es auch einen Nachteil. Da sich mehrere Arbeitnehmer einen Arbeitsplatz teilen, kann es zu Konflikten zwischen ihnen kommen. Dies kann im schlimmsten Fall bis hin zu Mobbing führen.

KAPOVAZ
Es bedeutet „*kapazitätsorientierte variable Arbeitszeit*". Dem Arbeitgeber wird aufgrund des Einzelarbeitsvertrages das Recht eingeräumt, die Arbeitsleistung des Arbeitnehmers entsprechend den real gegebenen betrieblichen Erfordernissen festzusetzen. Es erfolgt somit eine Anpassung der Arbeitszeit an den Arbeitsanfall kraft eines einseitigen Leistungsbestimmungsrechtes des Arbeitgebers. Bei KAPOVAZ wird zugleich im Einzelarbeitsvertrag die insgesamt geschuldete Arbeitszeit des Arbeitnehmers im Voraus festgelegt. Hierbei können unterschiedliche Bezugszeiträume (Woche oder Monat) vereinbart werden. Dieses Modell findet man hauptsächlich im Einzelhandel sowie bei Flugbegleitern. Es ist für die Arbeitnehmer vorteilhaft, die nur in einem beschränkten Umfang einer konkreten Tätigkeit nachgehen und relativ frei über ihre Zeit verfügen wollen.

Amorphe Arbeitszeit

Bei einer „amorphen", d. h. gestaltlosen Arbeitszeit wird ausschließlich das Volumen der dem Arbeitgeber geschuldeten Arbeitszeit festgelegt. Die konkrete Lage und Dauer werden hingegen offen gelassen. Neben dem Arbeitszeitkontingent (= Arbeitsstunden) muss vertraglich vereinbart werden, in welchem Zeitraum der Arbeitnehmer seine Arbeitsleistung zu erbringen hat. Dazu gibt es je nach individueller Vereinbarung unterschiedliche Modelle. Der große Vorteil für den Arbeitnehmer ist dabei die Zeitsouveränität.

Selbstbestimmte Arbeitszeit

Hier liegt eine Trennung von Betriebs- und Arbeitsstätte vor. Dadurch ordnet man sie nicht den traditionellen, flexiblen Arbeitszeitmodellen zu, obwohl die selbstbestimmte Arbeitszeit in ihrem Wesen der variablen Arbeitszeit gleichkommt. Es eröffnet sowohl eine Flexibilität bezüglich Chronometrie als auch Chronologie. Man unterscheidet drei Arten: die Heimarbeit, die Telearbeit als spezielle Form der Heimarbeit und den Heimarbeitsplatz.

Heimarbeit / Telearbeit

Der Heimarbeiter erbringt seine Arbeit in einer eigenen Betriebsstätte. Es gibt keine persönliche Abhängigkeit vom Auftraggeber. Die Telearbeit ist kommunikationstechnisch gestützte Heimarbeit bei Büroaufgaben, d. h. sie ist eine Arbeit, die zu Hause am BAP geleistet wird. Heimarbeiter sind über ein Netzwerk mit allen für die einzelnen Tätigkeiten benötigten Kommunikationspartnern verbunden. Telearbeit hat heute noch keine größere Bedeutung, die Prognosen für die Zukunft sind unterschiedlich. Ihre Einführung ist sozialpolitisch umstritten, da der Telearbeiter gemäß Vertragsverhältnis Selbständiger, Arbeitnehmer, Heimarbeiter oder eine arbeitnehmerähnliche Person sein kann.

Heimarbeitsplatz

Der Arbeitnehmer kann bestimmte Arbeitsleistungen auch außerhalb seines Betriebes erledigen. Die Vorteile der selbstbestimmten Arbeitszeit sind für den Arbeitnehmer die hohe Zeitsouveränität und die Möglichkeit, persönlichen Interessen und Verpflichtungen besser nachzugehen. Aber es gibt auch Nachteile. Die größte Gefahr liegt in der Tendenz zur sozialen Isolation. So ist die Kommunikation mit Arbeitskollegen sehr eingeschränkt. Außerdem besteht zwar keine persönliche, aber dennoch eine wirtschaftliche Abhängigkeit vom Unternehmer bei gleichzeitig fehlenden Alternativen.

Anwendung und Evaluation von Arbeitszeitmodellen

Die Anwendung von Arbeitszeitmodellen in die Praxis erweist sich als schwierig. Es gibt kein Universalmodell. Ein Arbeitszeitmodell ist vielmehr ein unternehmensspezifisches Gebilde, welches von vielen Faktoren (Branche, Mitarbeiter, Marktsituation, usw.) abhängig ist.

Ein interessantes Beispiel zur variablen Arbeitszeitgestaltung ist die FIFO-Flex-Methode (siehe Kasten 64).[229]

Kasten 64

Die FIFO-Flex-Methode

Die Methode wird in einem mittelständischen deutschen Unternehmen der Baumaschinenindustrie praktiziert. Das Unternehmen beschäftigt 850 Mitarbeiter, davon 350 in der Fertigung, für welche dieses Arbeitszeitmodell Anwendung findet.

Die Ziele sind folgende: schneller auf wechselnde Kundenwünsche eingehen zu können, die Durchlaufzeit zu senken und die Lieferbereitschaft zu erhöhen. Für die Mitarbeiter bedeutet das: Sie können ihre Arbeitszeit einteilen und den Notwendigkeiten der Fertigung anpassen. Somit entstehen keine „Leerlaufzeiten" und kein Zeitdruck.

Das Modell sieht vor, dass für jeden Mitarbeiter eine individuelle Arbeitszeit festgelegt ist. Man geht dabei von 36 +/- 6 Stunden pro Woche aus. Je nach abteilungsspezifischen oder betrieblichen Erfordernissen ergibt sich eine Wochenarbeitszeit von 30 - 42 Stunden. Die jeweiligen Plus- oder Minusstunden werden in einem Flexikonto gutgeschrieben. Überstunden oder Mehrarbeit werden ebenfalls gutgeschrieben. Das Flexikonto darf maximal 156 Plus- oder Minusstunden haben. Der Ausgleich zwischen Plus- und Minusstunden erfolgt auf dem Flexikonto nach dem FIFO-Prinzip (First In – First Out). Dies heißt: Ein Zeitplus wird mit dem ältesten Zeitminus und ein Zeitminus mit dem ältesten Zeitplus verrechnet. In einem rollierenden System mit monatlicher Fortschiebung müssen die Arbeitszeiten in 18 Monaten ausgeglichen sein. Ist das Flexikonto vor Ablauf der 18 Monate im Plus ausgeschöpft, können trotzdem weitere Arbeitsstunden geleistet werden. Die Arbeitsstunden, die mehr gearbeitet werden, werden unverzüglich im Folgemonat ohne Zuschläge ausbezahlt. Ist die maximale Anzahl von 156 Minusstunden erreicht, dürfen keine weiteren Minusstunden angeordnet werden. Dies wird durch Personaleinsatzplanung, Produktionsplanung sowie u. U. weitergehende Personalmaßnahmen verwirklicht. Es besteht unter Berücksichtigung der betrieblichen Lage auch die Möglichkeit, Plusstunden mit Freizeit zu verrechnen. Diese Freistunden werden immer mit den zuerst aufgebauten Plusstunden verrechnet.

Der große Vorteil der FIFO-Flex-Methode gegenüber der gleitenden Arbeitszeit besteht darin, dass nicht unkontrollierte „Stundenberge" der Mitarbeiter entstehen, die immer weiter geschoben werden. „Stundenberge" resultieren daraus, dass Mitarbeiter sich „Sicherheitsstunden" anlegen, die am Zyklusende nicht kurzfristig abgebaut werden können. Bei der FIFO-Flex-Methode kann jeder Beschäftigte selbst in jeder Periode entscheiden, was mit seinen Stunden passiert. So wird der Druck zum Aufbau oder zur Ausbezahlung von Überstunden vermindert; denn eine längerfristige Planung zum Auf- oder Abbau des Flexikontos ist möglich.

Arbeitszeitflexibilisierung kann also als Mittel zur Steigerung der Beschäftigung, zur Stabilisierung der Wettbewerbsfähigkeit von Unternehmen und zur Entwicklung von Wohlbefinden und Gesundheit der Mitarbeiter eingesetzt werden. Weiterhin kann dadurch die Zeitsouveränität der Beschäftigten ermöglicht bzw. gestärkt werden.

---

[229] vgl. Huber, W. (1997)

Im Zuge der Humanisierung der Arbeit gilt: Arbeitszeiten sind so zu gestalten, dass die Beschäftigten ihre Arbeitsaufgaben andauernd optimal, d. h. ohne Fehlhandlungen und Unfälle, erfüllen können. Gesundheitliche Schädigungen oder Befindensbeeinträchtigungen sind von vornherein zu verhindern. Ferner sollen die Mitarbeiter so souverän Einfluss auf Lage, Dauer und Verteilung ihrer Arbeitszeit nehmen können, dass eine aktive, gesunde Freizeitgestaltung und eine dauerhafte Teilnahme am sozialen Leben gewährleistet sind.

Bei der **Evaluation** von Arbeitszeitmodellen wurden bislang überwiegend arbeitsphysiologische Untersuchungen zu körperlichen Effekten durchgeführt. Psychologische Auswirkungen wurden bislang relativ wenig erfasst. Ein wesentlicher Indikator für „gesunde Arbeitszeit" ist aus psychologischer Sicht die ***Arbeitszufriedenheit***, welche in jüngster Zeit besonders von FERREIRA untersucht worden ist.[230] Die Erhebung der Arbeitszufriedenheit zur Beurteilung eines (neuen) Arbeitszeitmodells bietet sich aus folgenden Gründen an:

- Arbeitszufriedenheit weist einen engen korrelativen Zusammenhang beispielsweise zu Fluktuation und Absentismus auf.
- Eine Messung der Arbeitszufriedenheit vor und nach Einführung eines neuen Arbeitszeitmodells lässt Schwachpunkte in der Gestaltung des Modells erkennen.
- Die Mitarbeiter fühlen sich bei Erhebungen der Arbeitszufriedenheit im Kontext der Arbeitszeit in den Prozess der Einführung eines neuen Modells eingebunden.

Zur Messung der Arbeitszufriedenheit in Bezug auf die Arbeitszeit wurde am Institut für Arbeitswissenschaft der TU Darmstadt das ***Arbeitszufriedenheits-Inventar (AZI)*** entwickelt. Damit wurde ein Fragebogen (42 Items*) geschaffen, der Aussagen über das Gestaltungspotential am Arbeitszeitregime ermöglicht. Da das AZI noch weitere Vorzüge aufweist (Zeitökonomie in der Durchführung, Möglichkeit der Wiederholungsmessung, etc.), ist es für den Praxiseinsatz gut geeignet. Beispielsweise hat es sich bei Arbeitszeitstudien am Frankfurter Flughafen (FAG) bewährt. Das AZI eignet sich auch für die Prüfung von Arbeitszeitmodellen in kleinen und mittelständischen Unternehmen.

4.5.2 Arbeitszeiten und Erholung

Arbeitspausen und Erholzeiten sind erforderlich, wenn die Leistungsgrenzen bei körperlicher und geistiger Arbeit überschritten und die arbeitsbedingte körperliche und/oder psychische Ermüdung oder Übermüdung reduziert oder von vornherein verhindert werden soll (siehe zur Ermüdung Kapitel 2.2.). Dies ist z. B. im Sinne des amerikanischen Schriftstellers J. E. STEINBECK, der einmal formulierte: *Die Kunst des Ausruhens ist ein Teil der Kunst des Arbeitens.*

Bei der **Gestaltung von Arbeitspausen** sind folgende arbeitswissenschaftliche Grundsätze zu beachten:

- Bei der Pausenlänge und Pausenanzahl werden im Allgemeinen viele und kurze gegenüber wenigen und langen Pausen bevorzugt. Durch Kurzpausen wird ein exponentielles Anwachsen der Ermüdung verhindert.

---

[230] siehe Ferreira, Y. (2001)

- Die Länge der Erholungszeiten hängt von der Intensität und Dauer der vorausgegangenen Belastung sowie von individuellen Leistungsvoraussetzungen ab.

- Es ist in der Industrie empfehlenswert, ca. 15 % der gesamten Arbeitszeit als Pausenzeit zu nutzen. Bei körperlich schwerer Arbeit kann eine Pausenzeit von 20 – 30 % sinnvoll sein.

- Bei anhaltend einförmigen manuellen und/oder mental belastenden Tätigkeiten ohne Unterbrechung (z. B. bei Bildschirmarbeit) sind „versteckte Pausen", in denen der Arbeitende z. B. aufräumt, telefoniert oder Büromaterial holt, angebracht.

- Bei der Festlegung von Pausen sollten die Beschäftigten weitgehend mitbestimmen, da die Leistungsfähigkeit sich im Laufe des Tages ändert und individuellen Schwankungen unterliegt.

Neben erholungswirksam gestalteten Arbeitspausen ist es erforderlich, die **Freizeit** zwischen zwei Arbeitsphasen ebenso zu gestalten. Dies ist umso wichtiger, weil Arbeitszeit und Freizeit sich immer mehr vermischen. Hierbei geht es um die *Work-Life-Balance*. Denn besonders in der Freizeit ist der psychischen Übermüdung vorzubeugen.

Für die **Erholung von der Arbeit** sind drei Phasen zu beachten:[231]

1. *Distanzierungsphase*
   Es ist zunächst erforderlich, von der Arbeit und ihren Belastungen Abstand zu gewinnen. Dies sollte physisch (etwa durch Jogging nach der Arbeit), kognitiv (geistiges Abschalten beispielsweise durch Beschäftigung mit Kreuzworträtsel) und emotional („den Ärger abschütteln") erfolgen.

2. *Regenerationsphase*
   Erst jetzt ist es möglich, die „leeren Energieakkus wieder aufzuladen", die Muskeln zu entspannen, die Gedanken neu zu ordnen und emotionale Ausgeglichenheit zu erreichen.

3. *Orientierungsphase*
   Die Regenerationsphase sollte nicht abrupt beendet werden. Es ist sinnvoll, Körper und Psyche wieder langsam auf die neuerliche Arbeitsbelastung vorzubereiten. Denn dem Organismus gelingt es schwer, von „0" (= Erholung) auf „100" (= Arbeit) kurzzeitig umschalten.

Werden diese drei Phasen nicht eingehalten, gelingt das Umschalten von (Arbeits-)Belastung auf Erholung und von Erholung auf (Arbeits-)Belastung kaum.

---

[231] siehe dazu Allmer, H. (1996)

4.6. Gestaltung von Arbeitsmitteln

Rechtliche Grundlage für die gesundheitsgerechte Gestaltung von Arbeitsmitteln war bis 03. Oktober 2002 die **Arbeitsmittelbenutzungsverordnung** (AMBV). *Arbeitsmittel* (working equipments) im Sinne dieser Verordnung und der EU-Richtlinie 89/655/EWG - Mindestvorschrift - sind Maschinen, Geräte, Werkzeuge, Anlagen, Apparate, Einrichtungen oder Organisationsmittel, die bei der Arbeit benutzt werden. Gefahrenbereich im Sinne dieser Verordnung ist der räumliche Bereich innerhalb oder im Umkreis eines Arbeitsmittels, in dem die Sicherheit oder Gesundheit der sich darin aufhaltenden Beschäftigten gefährdet ist.

Des Weiteren ist bei der Gestaltung von Arbeitsmitteln das **Gesetz über technische Arbeitsmittel** *(Gerätesicherheitsgesetz GSG)* zu beachten. Das GSG wendet sich an Hersteller und Importeure von technischen Arbeitsmitteln. § 3 verlangt, dass Arbeitsmittel nur dann in den Verkehr gebracht werden dürfen, wenn sie nach den allgemein anerkannten Regeln der Technik sowie den Arbeitsschutz- und Unfallverhütungsvorschriften so beschaffen sind, dass die Benutzer oder Dritte bei ihrer bestimmungsgemäßen Verwendung gegen Gefahren aller Art für Leben und Gesundheit soweit geschützt sind, wie es die Art der bestimmungsmäßigen Verwendung gestattet.

Die o. a. Arbeitsmittelbenutzungsverordnung wurde in die „Verordnung über Sicherheit und Gesundheitsschutz bei der Bereitstellung von Arbeitsmitteln und deren Benutzung bei der Arbeit, über die Sicherheit beim Betrieb überwachungsbedürftiger Anlagen und über die Organisation des betrieblichen Arbeitsschutzes" – kurz **Betriebssicherheitsverordnung** (BetrSichV) – integriert. Die Verordnung, welche am 03. Oktober 2002 in Kraft getreten ist, legt die Anforderungen fest für

- die Bereitstellung von Arbeitsmitteln durch den Arbeitgeber,
- die Benutzung von Arbeitsmitteln durch Beschäftigte bei der Arbeit,
- den Betrieb von Anlagen, insbesondere überwachungsbedürftige Anlagen.

Mit der BetrSichV ist ein umfassendes Schutzkonzept entstanden, welches auf alle von Arbeitsmitteln ausgehende Gefährdungen anwendbar ist.

4.6.1 Arten von Arbeitsmitteln

Je nach Arbeitssystem mit seinen speziellen Aufgaben und Anforderungen reicht die Spannweite der Arbeitsmittel von klassischen Handwerkzeugen über programmgesteuerte bis hin zu rechnergestützten Arbeitsmitteln (Computer/ Software).

Unter Berücksichtigung ergonomischer* und auch psychologischer Gestaltungsgrundsätze sind bereits bei der Konstruktion von Arbeitsmitteln – im Sinne der projektiven/präventiven Arbeitsgestaltung - Belastungen und negative Beanspruchungsreaktionen auf ein Mindestmaß zu reduzieren.

Im System MENSCH - MASCHINE spielt die Schnittstelle eine entscheidende Rolle. Vom Mensch zur Maschine ist es die *Wahrnehmung* aller Informationen, die auf Anzeigegeräten dargeboten werden. Von Maschine zum Mensch ist es die *Handhabung* der Bedienelemente, welche die Maschine steuern.

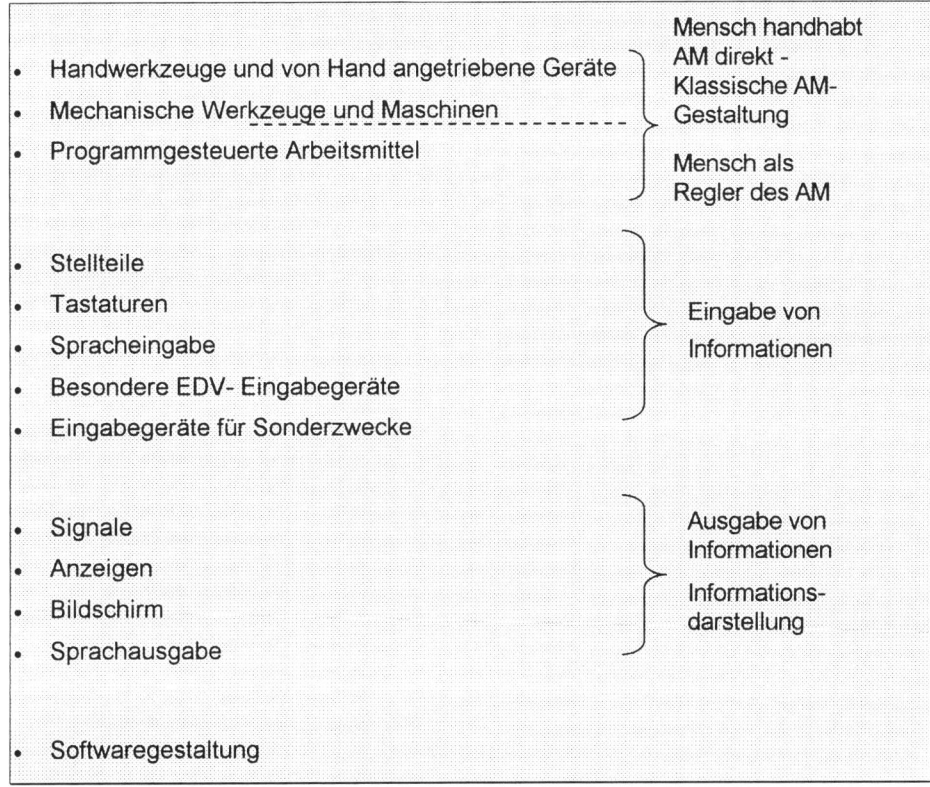

Bild 56: Arbeitsmittel (AM)

4.6.2 Gestaltung von Arbeitsmitteln

An die Gestaltung von Arbeitsmitteln werden folgende grundlegende **Anforderungen** gestellt:[232]

- Sie sollen dazu dienen, das gewünschte Arbeitsergebnis leichter zu erreichen als dies ohne diese Arbeitsmittel möglich wäre (Aufgabenangemessenheit).

- Die Benutzung von Arbeitsmitteln soll zu keinen negativen Auswirkungen auf Wohlbefinden und Gesundheit führen (Prävention).

- Die Benutzung von Arbeitsmitteln soll keine Gefährdung beim Menschen hervorrufen (Arbeitssicherheit).

- Die Anwendung von Arbeitsmitteln sollen für die Arbeitsperson in ihren Auswirkungen vorhersehbar und kontrollierbar sein (Kontrollbewusstsein).

- Arbeitsmittel sollen den Menschen in seiner Arbeitstätigkeit unterstützen, aber nicht ersetzen (Werkzeugfunktion).

---

[232] in Anlehnung an Nullmeier, E. (1995) S. 34

- Arbeitsmittel sollen für häufige Aufgaben leichter anzuwenden sein als für seltene Aufgaben (Anwendungshäufigkeit).

- Arbeitsmittel sollen bei der Aufgabenerfüllung möglichst flexibel einsetzbar sein (Anwendungsflexibilität).

Als **Beispiele** für die gesundheitsgerechte Gestaltung von Arbeitsmitteln sollen skizziert werden:

- Handwerkzeuge und von Hand angetriebene Geräte
- Stellteile
- Anzeigen
- Software

Handwerkzeuge und von Hand angetriebene Geräte

Handwerkzeuge sind die ältesten Arbeitsmittel des Menschen. Trotz der Entwicklung der Technik sind sie auch heute noch unentbehrlich. Folgende Handwerkzeuge sind nach wie vor wichtig: Hammer, Meißel, Schraubendreher, Schraubenschlüssel, Zangen und Sägen.

Die Gestaltung handgeführter Arbeitsmittel zielt einerseits auf die Verringerung von Unfallrisiken durch Erhöhung der Bediensicherheit und andererseits auf die Verringerung der Belastung des Menschen und damit auf die Gesundheit. Kurzum: Mit ergonomisch gestaltetem Handwerkzeug arbeitet man

- sorgfältiger und schneller
- mit geringerem Kraftaufwand
- mit geringerer Belastung von Muskeln und Sehnen
- mit geringerer Verletzungsgefahr.

Die Berücksichtigung von Anatomie*, Physiologie* sowie Biomechanik* des Hand-Arm-Systems gilt als Voraussetzung zur Vermeidung von Berufs- und arbeitsbedingten Erkrankungen.

Folgende **Gestaltungsschritte** sind zu berücksichtigen:

1. Grobanalyse
- Analyse der Arbeitsaufgabe
- Analyse der Körperstellung/ -haltung
- Analyse der Bewegungsmöglichkeiten des Hand-Arm-Systems
- Analyse der Anpassung von Funktionseinrichtungen des Arbeitsmittels an die Bewegungsmöglichkeiten des Hand-Arm-Systems

2. Feinanalyse
- Handhaltung
- Greifart (Kontakt-, Zufassungs-, Umfassungsgriff)
- Kopplungsart zwischen Hand und Gegenstand
  (Form- und Reibschluss)

3. Gestaltung der Arbeitsmittel-Handseite
- Form/ Farbe
- Abmessung
- Material
- Oberfläche

Je bequemer das Werkzeug gestaltet ist, desto leichter lässt sich der Arbeitsprozess vollziehen. Die „Schnittstelle" ist der Griffbereich, indem das Werkzeug gehalten bzw. geführt wird. Griffe, welche der Anatomie der Hand nicht angepasst sind oder der Biomechanik der Handarbeit zu wenig Rechnung tragen, können die Leistung beeinträchtigen und gelegentlich zu Gesundheitsschäden führen. Handbeugungen nach unten, Handabwinkelungen nach außen/innen sind möglichst zu vermeiden, da sie – täglich, häufig wiederholt - zu Sehnenscheidenentzündungen führen können. Bei manuellen Arbeiten sollte die Hand möglichst in der Längsachse des Vorderarmes gehalten werden.

Wenn diese Gestaltungsaspekte nicht beachtet werden, kann das **Carpaltunnel-Syndrom (CTS)** auftreten. Es zeigt sich als Schmerz in der Hand, durch Kribbeln und Prickeln, Taubheitsgefühl und Empfindungslosigkeit in Daumen, Zeige- und Mittelfinger sowie der Innenseite des Ringfingers. Diese Erkrankung tritt häufiger auf und ist weiter verbreitet, als viele Menschen glauben. Vor allem tritt sie auf in Berufen mit immer wiederkehrenden (Dreh-)Bewegungen im Handgelenk. Zum Beispiel kann es bei Elektrikern die falsche Haltung des Schraubendrehers sein, in einem anderen Beruf der ungünstige Griff des Cuttermessers, beim Anstreichen die angespannte Handhabung der Quaste, am Fließband eine andere immer wiederkehrende Handbewegung. Auch die fehlende Handablage an der PC-Tastatur oder sogar falsch eingestellte Lenker von Auto und Fahrrad erhöhen das CTS-Risiko.

Stellteile

Nach DIN 33401 sind **Stellteile** Elemente an Arbeitsmitteln, die während des Stellvorganges eine Veränderung des Informations-, Energie- und/ oder Stoffflusses bzw. einer Position bewirken. Synonyme Begriffe sind Bedienteile oder unmittelbare Eingabesysteme.

Tabelle 27: Beispiel für Stellteile

Stellweg	**Rotatorisch**	
Bewegung	Drehen	Schwenken
	Kurbel	Schalthebel
	Handrad	Kippschalter
	Drehknopf	

Was ist bei der **Gestaltung von Stellteilen** zu beachten?

- Stellteile müssen dem stellenden Körperteil (Finger, Hand, Hand-Arm-System, Fuß) entsprechen. Sie müssen dessen physiologischen und anthropometrischen Voraussetzungen gerecht werden. Dies gilt für die Größe, Form (z. B. geeignete Griffausbildung), Lage und Anordnung der Stellteile.

- Stellteile müssen der Arbeitsaufgabe angepasst sein. In Abhängigkeit davon sind z. B. folgende Aspekte zu beachten: zwei Stellungen (Schalten) oder stufenloses Stellen, schnelles Einstellen (Geschwindigkeit) oder genaues Einstellen (Genauigkeit), Festhalten am Stellteil; höhere (Gesamtfußauflage, z. B. Pedal) oder geringe Stellkraft (Kontaktgriff durch Finger, z. B. Druckknopf).

- die *Größe* des Stellteils

- *Abstand* zwischen Stellteilen; z. B. geringer Platzbedarf; gleichzeitiges einhändiges oder zweihändiges Bedienen mehrerer Stellteile

- *Betätigungswiderstände,* z. B. zur Verhinderung unbeabsichtigten Stellens

- *Stellteilkontaktfläche* (Oberflächengestaltung), z. B. sollen Form und/ oder Material ein Abgleiten verhindern oder Stellungen sollen durch Beschriftung, Farbe oder Bildzeichen gut erkennbar sein.

Ein wichtiges Kriterium bei der Anordnung von Stellteilen ist die **Kompatibilität,** d. h. die Erwartung des Bedieners von Stellteilen muss mit den tatsächlichen Effekten, die über diese ausgelöst werden, übereinstimmen. Bei Drehknöpfen erwartet man beispielsweise, dass eine Drehung nach rechts *Zunahme* und eine nach links *Abnahme* bedeutet. Ein Hebel, der von oben nach unten geschoben wird, schaltet aus, verringert oder reduziert. Beim Einsatz von mehreren Stellteilen an einem System ist es sinnvoll, alle Bedienelemente gleichsinnig anzuordnen. Ist dies nicht der Fall, vergrößert sich insbesondere unter Zeitdruck die Gefahr der Fehlbedienung bzw. -handlung.

Die Wirksamkeit von Verhaltensstereotypen kann man an sich selbst beobachten, wenn man ein neues Auto fährt und unter Zeitdruck z. B. den Rückwärtsgang sucht. Durch die fahrzeugspezifische Stellteilgestaltung wird die Stereotypenbildung erschwert. In Stresssituationen verfällt man leicht in alte Bediengewohnheiten, die zu Fehlern führen.

Anzeigen

Unter Anzeigen versteht man technische Einrichtungen oder Informationsausgabegeräte, die den menschlichen Sinnesorganen Informationen über technische Zusammenhänge darbieten. In der Regel handelt es sich um optische Anzeigen.

Was ist bei der **Gestaltung von Anzeigen** zu beachten?

- Anzeigen sollten entsprechend ihrer Bedeutung für den zu überwachenden oder zu steuernden Arbeitsablauf *im Sehbereich* des Menschen angeordnet werden.

- Anzeigen mit zusammengehörenden Informationen sollten in einer *logischen Reihenfolge* (nämlich in der Reihenfolge des Ablesens oder Abfragens) von links nach rechts oder von oben nach unten angeordnet werden.

- Betriebzustandsanzeigen (normal – außergewöhnlich – Gefahr) sind *einheitlich* zu gestalten, d. h. vergleichbare Betriebszustände sollten entweder durch gleiche Zeigerstellung oder durch gleiche Farbcodierung angezeigt werden.

- Die Zunahme von Werten auf Anzeigenskalen sollte im *Uhrzeigersinn*, von links nach rechts oder von unten nach oben erfolgen.

- Es sollten möglichst *standardisierte Anordnungen* (falls vorhanden in standardisierten Schalttafeln) erfolgen.

- Faktoren zur *Umrechnung von angezeigten Werten* sollten nur wenn unbedingt erforderlich, und nur in Zehnerpotenzen vorgesehen werden.

Tabelle 28: Anwendungsbereiche für Analog- und Digitalanzeigen[233]

Anwendung	Digitalanzeiger	Analoganzeiger	
		Bewegter Zeiger	Bewegte Skala
Quantitative Ablesung	Gut Fehler- und Ablesezeit minimal	Mäßig	Mäßig
Qualitative Ablesung	Ungünstig Positionsänderung wird schlecht gemerkt	Gut Aus der Zeigerstellung ist die Richtung der Veränderung gut abschätzbar	Ungünstig Ohne Ablesen der Ziffern ist die Erfassung der Veränderung nur schlecht möglich
Einstellen von Werten	Gut, wenn die Werte sich nicht schnell ändern; die Werte können genau eingestellt werden	Gut Eindeutige Beziehung zwischen Bewegung des Zeigers und Richtung der Änderung: Schnelle Einstellung möglich	Mäßig Mißverständliche Beziehung zur Bewegung des Bedienelementes; schwer ablesbar bei schneller Änderung
Regeln	Ungünstig Für Überwachungsaufgaben fehlen Stellungsänderungen	Gut Die Zeigerstellung ist leicht zu Überwachen	Mäßig Für Überwachungsaufgaben fehlen auffällige Stellungsänderungen

Eine optimale Gestaltung von Anzeigen ist nur in Abhängigkeit von der gestellten Arbeitsaufgabe möglich und zu bewerten. Die erforderliche Ablesegenauigkeit und – geschwindigkeit wird durch die Ziffernart und –größe ebenso beeinflusst wie durch die Anordnung.

An einem ergonomiegerechten Arbeitsplatz sind die Beziehungen zwischen Stellteilen und Anzeigen, wie oben schon erwähnt, *kompatibel* gestaltet. Besonders zu berücksichtigen ist die Beanspruchung der Augen. Bei Bildschirmanzeigen konzentrieren sich deshalb die Gestaltungsbemühungen auf Grafik, Farbe, Schriftgröße, -art, dynamische Ablaufgestaltung, die inhaltliche Informationsaufbereitung und die Dialoggestaltung (siehe dazu Kapitel 4.3.2.).

Software

Die **Dialoggestaltung** beschäftigt sich mit der *Benutzungsschnittstelle*, die Benutzer und Computersystem verbindet. Die DIN 66234, T8 „Grundsätze ergonomischer Dialoggestaltung" beschreibt ein Dialogsystem als einen Ablauf, *„bei dem der Benutzer zur Abwicklung einer Arbeitsaufgabe [...] Daten eingibt und jeweils Rückmeldung über die Verarbeitung dieser Daten erhält"*.

---

[233] nach Frieling, E. & Sonntag, K-H. (1999), S.332

Ähnlich wie bei der Hardware-Ergonomie geht es also um die Anpassung von technischen Systemen - hier Software - an die Kompetenzen des Menschen (und nicht umgekehrt!). Besonders sind dabei die kognitiven Fähigkeiten des Menschen zu beachten, damit die Gesundheit, die Sicherheit, das Wohlbefinden und Leistungsfähigkeit erhalten und gefördert werden können. Denn mangelhafte Softwaregestaltung führt zu erhöhten psychischen Belastungen, zu Kopfschmerzen und Augenflimmern, zu Stress und Zeitdruck und bei längerer Dauer auch zu körperlichen Beschwerden. Aus diesem Grund gehört die Software-Ergonomie zu den rechtsverbindlichen Mindestanforderungen, die bei Bildschirmarbeitsplätzen eingehalten werden müssen (siehe auch Kapitel 4.3.2.). Dabei sind folgende **Anforderungen** zu beachten:[234]

- *Gebrauchstauglichkeit*: Das Ausmaß, in dem ein Produkt durch bestimmte Benutzer in einem bestimmten Nutzungskonzept genutzt werden kann, um bestimmte Ziele effektiv, effizient und mit Zufriedenheit zu erreichen.

- *Arbeitsqualität*: Das Ausmaß, in dem bestimmte Ziele in einem bestimmten Arbeitssystem effektiv, effizient und mit Zufriedenheit erreicht werden können.

- *Effektivität*: Die Genauigkeit und Vollständigkeit, mit der Benutzer ein bestimmtes Ziel erreichen.

- *Effizienz*: Der im Verhältnis zur Genauigkeit und Vollständigkeit eingesetzte Aufwand, mit dem Benutzer ein bestimmtes Ziel erreichen.

- *Zufriedenheit*: Beeinträchtigungsfreiheit und Akzeptanz der Nutzung.

Die **Leitlinien zur Gestaltung der Software** sind in DIN EN ISO 9241 Teile 10 - 17 aufgeführt. Dabei sind drei große Gestaltungsbereiche zu beachten:

- *Masken*: Gestaltung von Informationen auf dem Bildschirm durch Farben, Schrift, grafische Elemente wie Schaltflächen, Icons, etc.

- *Menüs*: Hier werden besonders Wissen über die Erwartungen und Denkweisen der Benutzer vorausgesetzt.

- *Dialoge*: Es ist der Dialog mit dem System. Dies betrifft z. b. die Tatenkombinationen, Tab-Wege, Schaltflächenanordnungen. Hier ist die Ökonomie von Bedeutung.

Die Norm, Teil 10, legte die "*Grundsätze der Dialoggestaltung*" fest (siehe Kasten 65).

---

[234] vgl. Triebe, J. K. & Wittstock, M. (1998)

> **Kasten 65**
>
> **Sieben Grundsätze der Dialoggestaltung**
>
> - Aufgabenangemessenheit
> - Selbstbeschreibungsfähigkeit
> - Erwartungskonformität
> - Steuerbarkeit
> - Fehlertoleranz
> - Individualisierbarkeit
> - Lernförderlichkeit

Aufgabenangemessenheit
Ein Dialog ist aufgabenangemessen, wenn er den Benutzer unterstützt, seine Arbeitsaufgabe effektiv und effizient zu erledigen und den Benutzer durch die Art der Dialogführung nicht belastet. Dialoge und Bedienabläufe sollten so auf die Aufgabe zugeschnitten sein, dass das Arbeitsziel möglichst gut erreicht werden kann, wobei der Zeitaufwand und die mentale Anstrengung so gering wie möglich und die Anzahl benötigter Arbeitsschritte so klein wie möglich sein sollten.

Selbstbeschreibungsfähigkeit
Ein Dialog ist selbstbeschreibungsfähig, wenn jeder einzelne Dialogschritt durch Rückmeldung des Dialogsystems unmittelbar verständlich ist oder dem Benutzer auf Anfrage erklärt wird. Selbstbeschreibungsfähigkeit wird erzielt, wenn der Benutzer durch die Gestaltung der Informationen auf dem Bildschirm in der Lage ist, sich im Programm zurechtzufinden und dieses zu verstehen. Er sollte sich stets darüber im Klaren sein können, wo er sich gerade im System befindet, wie er dorthin gekommen ist und was er als nächstes tun muss, um sein Arbeitsziel zu erreichen. Systemzustände sollen jederzeit eindeutig erkennbar und interpretierbar sein (Nutzer bei längeren Antwortzeiten informieren). Alle Objekte von Interesse sind sichtbar (Fenster, Icons) und Operationen werden durch direkte Manipulation der Objekte durchgeführt (Verschieben einer Datei in den Papierkorb, Aufblähen eines vollen Papierkorbes, Dateien aus dem Papierkorb herausholbar).

Erwartungskonformität
Ein Dialog ist erwartungskonform, wenn er konsistent ist und den Merkmalen des Benutzers entspricht, z. B. seinen Kenntnissen aus dem Arbeitsgebiet, seiner Ausbildung und seiner Erfahrung sowie den allgemein anerkannten Konventionen. Dieser Grundsatz bezieht sich auf die Konsistenz sowohl innerhalb von Anwendungen als auch darauf, dass das System so funktioniert, wie es der Benutzer erwartet. Dies hängt stark von der Erfahrung mit anderen Systemen oder Geräten ab.

Steuerbarkeit
Ein Dialog ist steuerbar, wenn der Benutzer in der Lage ist, den Dialogablauf zu starten sowie seine Richtung und Geschwindigkeit zu beeinflussen, bis das Ziel erreicht ist. Der Benutzer muss die Möglichkeit haben, ein Programm zu beeinflussen. Die Beeinflussbarkeit innerhalb eines Programms bezieht sich dabei auf einzelne Dialogelemente, welche die Richtung eines Dialogs bestimmen und auf die freie Gestaltung von Arbeitsabläufen, so auf

- die Nutzung von Menüs oder Kommandos
- die leichte Modifizierung des Menüs
- Möglichkeit der Zusammenfassung von Befehlen und Erstellung von Makros zur Gestaltung individueller Dialogformen
- Auswahl zwischen Maus oder Tastatur (Arbeitsmittel) als Eingabegeräte.

Fehlertoleranz
Ein Dialog ist fehlertolerant, wenn das beabsichtigte Arbeitsergebnis trotz erkennbar fehlerhafter Eingaben entweder mit keinem oder mit minimalem Korrekturaufwand seitens des Benutzers erreicht werden kann. Das Programm sollte Fehler erkennen und dem Benutzer Möglichkeiten zum Korrigieren bereitstellen soll. Dies bedeutet, dass Fehler hervorgehoben und mit Meldungstexten erklärt werden. Auf der anderen Seite kann das Programm "helfen", den Korrekturaufwand zu minimieren bzw. Fehler ganz zu vermeiden. Beispiele dafür sind:

- Verändern einer Eingabe statt Neueingabe
- verständliche Systemantwort, die Lernprozesse fördert
- Vermeidung eines unkontrollierten Beendens des Arbeitsprogrammes.

Individualisierbarkeit
Ein Dialog ist individualisierbar, wenn das Dialogsystem Anpassungen an die Erfordernisse der Arbeitsaufgabe sowie an die individuellen Fähigkeiten und Präferenzen des Benutzers zulässt. Dies bezieht sich auf die im System vorhandenen Möglichkeiten, Dialog bzw. Oberfläche nach eigenen Bedürfnissen abzuändern. Hierbei kommen sowohl bedienungs- als auch aufgabenbezogene Einstell- bzw. Anpassungsmöglichkeiten in Frage.

Lernförderlichkeit
Ein Dialog ist lernförderlich, wenn er den Benutzer beim Erlernen des Dialogsystems unterstützt und anleitet. Dieser Grundsatz zielt darauf ab, den Umgang mit dem Programm und das Erlernen des Programms mittels inhaltlicher und struktureller Gestaltung der Oberfläche bzw. der Bedienabläufe zu erleichtern.

Es gibt u. a. folgende **Methoden zur Prüfung der Softwarequalität**[235]:

- ISONORM-Fragebogen nach PRÜMPER & ANFT,
- IsoMetries nach GEDIGA, HAMBORG & WILLUMEIT,
- ERGONOMIC Verfahren nach CAKIR & CAKIR.

Beispielsweise prüft der erstgenannte Fragebogen die sieben Dialoggrundsätze nach ISO 9241-10 (siehe Kasten 65). Zu ihnen werden jeweils fünf Paare von Aussagen formuliert, die man von „–3" bis „+3" beantworten kann. Die Aussagen sind verständlich formuliert. Der zeitliche Aufwand für die Durchführung ist relativ gering (ca. 10 – 20 Minuten). Die Methode kann verwendet werden, um Schwachstellen bei vorhandener oder zu entwickelnder Software zu ermitteln.

Die *benutzerorientierte* Gestaltung der Benutzungsschnittstelle verlangt eine gute Zusammenarbeit von Psychologie und Informatik. Die Informatik ist für die Umsetzung ergonomischer Gestaltungsempfehlungen auf programmtechnischer Ebene zuständig. Die Möglichkeiten, Farben einzustellen oder Eingabefelder mit einem be-

---

[235] siehe ausführlich Cakir, A. (2002)

stimmten benutzerfreundlichen Dialog zu versehen, muss letztlich vom Entwickler realisiert werden. Die Psychologie analysiert, wie das Verhalten und Erleben des Benutzers mit seinen Einstellungen, Erwartungen und Fähigkeiten durch die Software beeinflusst wird.

4.7. Ein Beispiel für gesundheitsgerechte Arbeitsgestaltung

Bei der gesundheitsgerechten Arbeitsgestaltung sind ergo, wie die Ausführungen in diesem Kapitel gezeigt haben, verschiedene Ebenen zu beachten, von der Aufgabengestaltung über die Gestaltung von Arbeitsplatz, -umgebung und -mitteln bis hin zur zeitlichen Organisation der Arbeit. Am folgenden Beispiel soll zusammenfassend demonstriert werden, was bei Vorbeugung der negativen Beanspruchungsreaktionen *Ermüdung, Monotonie, Sättigung* und *Stress* (siehe dazu Kapitel 2.2.3) arbeitsgestalterisch zu beachten ist.

Tabelle 29: Arbeitsgestaltung zur Vorbeugung negativer Beanspruchungsreaktionen

Gestaltungsebene	*Ermüdung*	*Monotonie*	*Sättigung*	*Stress*
Aufgaben	Senkung der Aufgabenschwierigkeit Vermeidung simultaner Aufgabenerfüllung	Aufgabenvariabilität	Setzung von Unterzielen Aufgabenbereicherung	Stellung transparenter Aufgaben
Arbeitsmittel	Eindeutige Informationsdarstellung	Vermeiden maschinen bestimmten Arbeitstempos	Ermöglichen individueller Ausführungsweisen	Geben von Entscheidungshilfen durch weitere Informationen
Arbeitsumgebung	Bessere Beleuchtung	Mehr Farben	Vermeidung eintöniger Umgebungsreize	Transparente Gestaltung des Arbeitsplatzes
Arbeitsorganisation	Aufgabenbereicherung	Aufgabenwechsel	Geben von Feedbacks zum Arbeitsergebnis	Schaffung sozialer Unterstützung
Arbeitszeit	Verkürzung der Arbeitszeit/Tag	Einführung von Gleitzeit	Einführung von Kurzpausen	Vermeidung von Zeitdruck

KAPITEL 5

FÜHRUNG UND GESUNDHEIT

Im Palazzo Publico der toskanischen Stadt Siena ist im "Saal der Neun" (Sala die Nove) ein Freskenzyklus von Ambrogio LORENZETTI zu besichtigen. Auf drei Wänden dieses Saals schildert der Maler überaus plastisch die Folgen der "guten" und der "schlechten" Stadtregierung. Der Bildausschnitt über die "gute" Regierung zeigt gepflegte Häuser, blühende Gärten, eifrig dem Handeln nachgehende Bürger, die miteinander feiern und sich des Lebens freuen. Der Bildausschnitt über die "schlechte" Regierung zeigt auf ebenso eindrucksvolle, ja drastische Weise deren Auswirkungen wie Armut, Mord und Totschlag in einer ruinösen Stadt.

Der in diesem Freskenzyklus dargestellte Zusammenhang zwischen guter Führung, Motivation und Wohlbefinden hat allgemeine Gültigkeit. "Gesund" ist eine Organisation dann, wenn die Führung dafür einiges tut.

5.1 Gesundheitsmanagement als Führungsaufgabe

Die Arbeitsgruppe um Ivars UDRIS führte im Rahmen des SALUTE-Projekts* Interviews mit über 20 Personalchefs, Betriebsleitern, Direktoren und anderen Verantwortlichen dieser Betriebe durch.[236] Die Hauptfrage war: *„Wer ist für die Gesundheit der Angestellten verantwortlich?"* Die Grundaussage der Antwort war: *„Primär sind die Angestellten für ihre Gesundheit selbst verantwortlich."*

Diese Meinung der Führungskräfte zeigte sich dann auch bei der Befragung von Angestellten:

- 54 % der Angestellten äußern, dass *„wenig bzw. selten"* und weitere 21 %, dass *„gar nichts bzw. nie"* in puncto Vermeidung von Gesundheitsrisiken durch gute Gestaltung des Arbeitsplatzes getan wird.

- Lediglich 15 % geben an, dass der Betrieb *„recht viel bzw. häufig"* Informationen über Gesundheitsrisiken vermittelt. D. h. für 85 % der Befragten fehlen diese Informationen.

- 53 % der Befragten geben an, dass in ihrem Betrieb *„recht viel bzw. häufig"* eine günstige Arbeitszeit- und Pausenregelung existiert. Für 47 % passiert diesbezüglich *„gar nichts bzw. nie"* oder *„wenig bzw. selten"*.

Anhand dieser Befragungsergebnisse wird deutlich, dass die Gesundheit überwiegend *nicht* als Führungsaufgabe verstanden wird. Aber: Gesundheitsmanagement ist im Sinne der Fürsorgepflicht als originäre Führungsaufgabe zu verstehen! Die Führungskräfte einer Organisation müssen ein sachkundiges, glaubwürdiges und dauerhaftes Interesse an den Zielen, Instrumenten, Maßnahmen und Ergebnissen des BGM haben. Dies gilt in zweifacher Hinsicht: Einerseits ist Gesundheitsmanagement eine Führungsaufgabe, andererseits ist so zu führen, dass die Gesundheit der Mitarbeiter bewahrt und entwickelt wird. Hierbei gilt für die Führungskraft das Motto: "*I care for myself and for my people.*"

Dies gilt nicht nur für Großunternehmen, in denen diese Aufgabe (mehr oder minder gut) erfüllt wird, sondern auch für KMU sowie für herkömmliche Non-Profit-Organisationen (Schule, Pflegeheim, Krankenhaus, Kindertageseinrichtungen usw.), in denen sie häufig vernachlässigt wird. Hier wird oft noch zu wenig verstanden, dass gesunde und leistungsfähige Mitarbeiter ein wichtiger Wettbewerbsfaktor sind. Denn ein effizientes Gesundheitsmanagement bringt auch den kleineren und mittleren Unternehmen und Non-Profit-Organisationen wirtschaftliche Vorteile.

Kasten 66

Personalführung

... ist bewusste, absichtliche und zielgerichtete Einflussnahme auf das Verhalten von Mitarbeitern. Personalführung im Gesundheitsmanagement umfasst alle diejenigen Führungsaktivitäten, welche im weitesten Sinne auf die Gesundheit der Mitarbeiter fokussiert sind.

---

[236] siehe Udris, I., M. Rimann & K. Thalmann (1994), S. 200

Personalführung (leadership) ist zielgerichtete Einflussnahme des Führenden auf den Geführten (siehe Kasten 66). Dabei kann das Führen gesund oder krank machen. Im Bild 57 wird dieser Zusammenhang dargestellt.

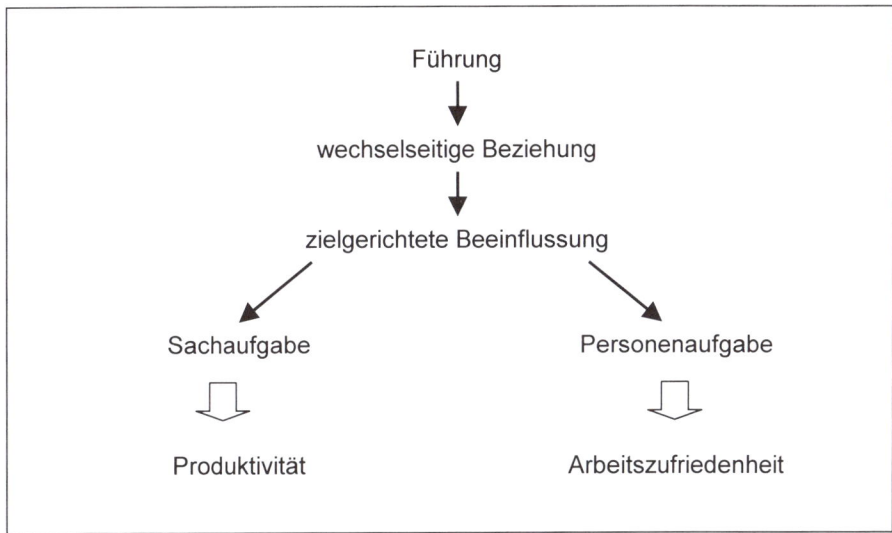

Bild 57: Führungsaufgaben[237]

Es ist zu erkennen, dass Führungsaufgaben grundsätzlich aus Sach- und Personenaufgaben bestehen. Allerdings wird in den meisten Unternehmen mehr Wert auf Sachaufgaben, jedoch viel zu wenig Wert auf Personenaufgaben gelegt.

Demnach gilt es für die Führungskraft, auf das gesundheitsbezogene Verhalten der Mitarbeiter zielgerichtet Einfluss zu nehmen. Dafür benötigt jede Führungskraft ein bestimmtes Bewusstsein und Wissen über die Beziehung zwischen Führungsstil und Gesundheit. Ferner ist es erforderlich, dass die Führungskraft das eigene Wissen über Gesundheit im Betrieb zielgerichtet und wirksam bei der Implementierung von Maßnahmen und Methoden des Gesundheitsmanagements im Betrieb einsetzt.

Die Wahrnehmung und Umsetzung von Gesundheit als Führungsaufgabe ist eine grundlegende Bedingung erfolgreichen Gesundheitsmanagements, wenn man sich die Auswirkungen des Führungsverhaltens auf verschiedene Faktoren der Arbeit und Organisation betrachtet (siehe Bild 58).

---

[237] nach Nieder, P. (2000) S. 153

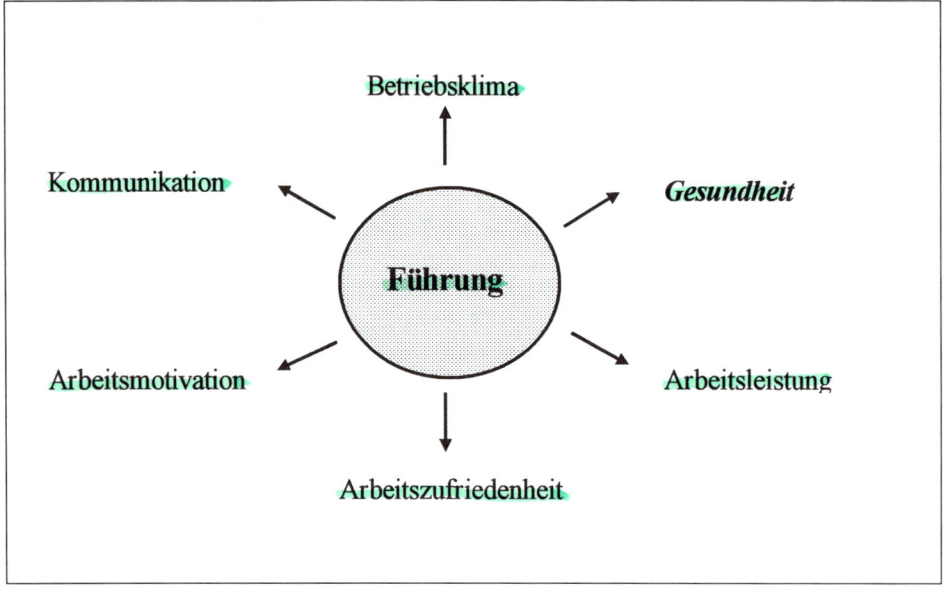

Bild 58: Auswirkungen des Führungsverhaltens

Führungsaufgaben im Gesundheitsmanagement

1. Vermittlung von Wissen zu Gesundheit und Sicherheit

Das Wissen um Ursachen, Bedingungen und Erscheinungsformen von Gesundheit und Sicherheit im Allgemeinen und insbesondere der persönlichen Gesundheit ist eine notwendige Bedingung für das Gesundheitsverhalten. Es kann vermittelt werden durch Maßnahmen der Gesundheitsaufklärung, wie z. B. Vorträge, Plakate oder Broschüren zu gesundheitsrelevanten Themen. Dafür kommen Themen wie z. B. die gesunde Ernährung, Sport und körperliche Fitness, Stress und Herz-Kreislauf-Erkrankungen, Bildschirmarbeit und Lärm in Frage. Gesundheitswissen ist für alle Arbeitenden sehr wichtig. Besondere Bedeutung hat es aber für die sog. Risikogruppen, wie z. B. Jugendliche, Schwangere, Stress- und Lärmexponierte, ältere Mitarbeiter und Leistungsgewandelte bzw. Behinderte (Rheuma, Allergie, Bandscheibenvorfall, Multiple Sklerose, Arthrose, Alkoholismus, Ängste und Depression, Übergewichtige u. a. m.).

2. Entwicklung von Einstellungen zu Gesundheit und Sicherheit

Solche Einstellungen setzen voraus, dass Gesundheit als zentraler Lebenswert erkannt wird. Dazu gehören u. a. folgende:

- Einstellung zum eigenen Körper, welche auch als "Körperbewusstsein" bezeichnet wird,
- Einstellung zur persönlichen Ernährung, welche vom "guten Essen als Lebensqualität und Wohlstandsindikator" bis hin zur bewussten Vollwerternährung reicht,

- Einstellung zum Sport, welche sich erstreckt von der Auffassung "*Sport ist Mord*" bis hin zur Meinung, dass aktives Sporttreiben eine entscheidende Voraussetzung für körperliche und geistige Gesundheit ist,
- Einstellung zum persönlichen Gewicht, welche sich in der bewussten Reflexion und Einhaltung eines gesunden und funktionellen Körpergewichts ausdrückt,
- Einstellung zur Arbeit, welche von der Erlebnisorientierung (etwa: "*Arbeit soll Spaß machen*") bis zur gesundheitsgefährdenden Arbeitssucht reicht.
- Einstellung zur Freizeit, welche zur Erholung und Entspannung oder für zusätzliche Arbeitsaktivitäten genutzt werden kann,
- Einstellung zu persönlichen Krankheitssymptomen, ggf. auch zu körperlichen Behinderungen (Herz-Kreislauf-Beschwerden, Magenbeschwerden, erhöhter Blutdruck, Gicht usw.), welche bagatellisiert oder als Alarmsignal des Körpers wahrgenommen werden können,
- Einstellung zu potentiellen Arbeits- und Wegeunfällen, welche sich im Gefahrenbewusstsein äußert.

Diese Einstellungen sollten Thema betrieblicher Gesundheitsaufklärung sein. Dabei reicht es nicht aus, Gesundheitseinstellungen allgemein zum Thema zu erheben, sondern es bedarf der kritischen Auseinandersetzung der Mitarbeiter mit den persönlichen Einstellungen. Dies kann vor allem gezielt und systematisch in Seminaren stattfinden. Bei den Einstellungen zur Gesundheit spielen besonders Risikoeinschätzungen bezüglich des Auftritts persönlicher Erkrankungen eine Rolle, die oft nicht rationalen Überlegungen folgen, sondern von soziokulturellen Faktoren und kollektiven Meinungen beeinflusst werden. Demzufolge hat das Unternehmen die Aufgabe, Meinungen, Überzeugungen und Normen auszubilden, welche die persönlichen Vorteile bzw. persönlichen Risiken von Gesundheit bzw. Krankheit transparent machen.

3. Entwicklung des Gesundheits- und Sicherheitsverhaltens

Gesundheitswissen und -einstellungen – die Sicherheit einbegriffen - sind notwendige Bedingungen für gesundheitsbewusstes Verhalten. Gesundheitswirksam werden sie aber erst dann, wenn sie in die Tat umgesetzt werden, d. h. in das *Gesundheitsverhalten* der Organisationsmitglieder. Es hängt einerseits von dem entsprechenden Wissen und den Einstellungen ab, andererseits tragen die Organisationen die Verantwortung, Einrichtungen und Foren für gesundheitsbewusstes Verhalten ihrer Mitarbeiter zu schaffen. Derartige Einrichtungen sind z. B. Fitnessräume, Sauna, Wellnesszentrum, Schwimmbad, Sportplatz, Einrichtungen für sog. Risikogruppen, u. a. für ältere oder leistungsgewandelte Mitarbeiter, oder Meditationsstätten (Besinnungsräume, Kapelle). Foren zur Entwicklung des Gesundheitsverhaltens sind Gesundheitskurse verschiedenster Art, in denen nicht nur über Gesundheit allgemein gesprochen wird, sondern einschlägige Kompetenzen (Bewältigungsstrategien, Problemlösetechniken, Entspannungstechniken etc.) vermittelt werden. Dies sind u. a. Kurse zum Stress- und Konfliktmanagement, zur Entspannung, zur Fitness, zur Rückenschulung oder zur Ernährung.

Der Weg zum Gesundheitsverhalten ist jedoch nicht so einfach, wie viele Gesundheitskampagnen es oft versprechen.[238] Der schwierige Weg kann mit Hilfe des **Motivationsmodell**s nach HECKHAUSEN[239] verdeutlicht werden (vgl. Bild 59).

---

[238] siehe ausführlich Schwarzer, R. (1992)
[239] Heckhausen, H. (1989)

Die motivationale Phase beginnt mit Wünschen oder Befürchtungen, die durch situative Bedingungen, aber auch durch Bewusstwerdung geweckt werden. Es wird erwogen, ob ein bestimmtes Ziel, z. B. das Aufhören mit dem Rauchen, persönlich bedeutsam ist und die Wahrscheinlichkeit, es zu erreichen, relativ groß oder gering ist. Solche Abwägungsprozesse führen zu einer resultierenden Motivationstendenz, die in der Entscheidung besteht, man sollte etwas Bestimmtes tun oder unterlassen. Damit ist aber noch keine Handlung initiiert; denn die Motivationstendenz muss noch in eine Intention oder einen Vorsatz überführt werden. Die Intentions- oder Absichtsbildung vollzieht sich in einer verpflichtenden Festlegung ("Ich will das wirklich."), wenn das Handlungsergebnis unter Berücksichtigung der Umstände oder auch der eigenen Kompetenzen realisierbar erscheint. Das eigentliche Gesundheitsverhalten oder -handeln beginnt jedoch erst dann, wenn die Gelegenheit für eine Realisierung wahrgenommen wird.

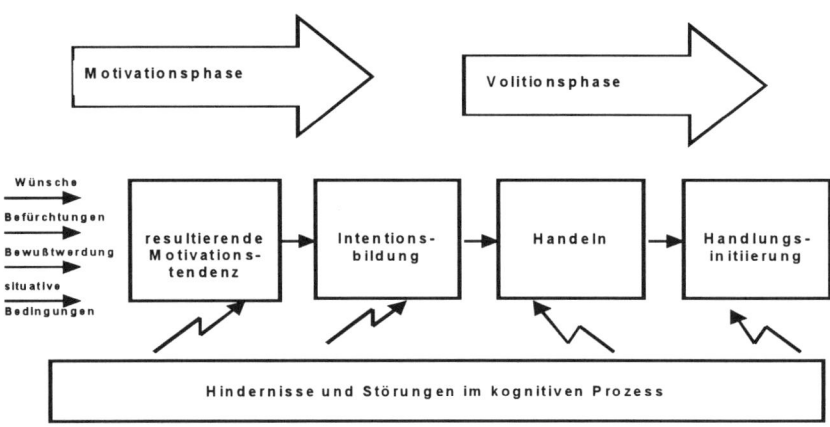

Bild 59: Von der Motivation zum Gesundheitsverhalten

Welche Hindernisse und Störungen können nun im Prozess bis zum Gesundheitsverhalten auftreten? Der Wunsch oder das Motiv, gesund zu sein und zu bleiben und Krankheiten zu vermeiden, ist der erste Schritt zum Gesundheitsverhalten. Dieser Schritt erfolgt insbesondere durch die Wahrnehmung, dass (a) eine Gesundheitsbedrohung schwerwiegend erscheint und (b) die subjektive Verletzbarkeit und die Auftrittswahrscheinlichkeit einer Krankheit hoch eingeschätzt werden. Diese Wahrnehmung kann durch Selbstwahrnehmung des eigenen Körpers (z. B. Beschwerden) oder durch externe Informationen (z. B. von nahestehenden Personen oder den Medien) erfolgen. In der Regel erfolgt der erste Schritt auf Grund von wahrgenommenen Beschwerden oder durch das Verhalten nahestehender Personen (z. B. hat die Freundin aufgehört zu rauchen). Diesbezüglich ist kritisch festzustellen, dass Medien, Führungskräfte oder Gesundheitsexperten im Betrieb bislang einen geringen Einfluss auf den ersten Schritt im Gesundheitsverhalten haben.

4. Gesundheits- und sicherheitsgerechte Gestaltung von Arbeit und Organisation

Neben personenbezogenen Zielstellungen ist die humane Gestaltung von Arbeit und Organisation eine wichtige Führungsaufgabe (siehe ausführlich Kapitel 3 und 4). Arbeitsaufgaben, Arbeitsumwelt, Arbeitsmittel und Arbeitsorganisation sind so zu gestalten, dass durch den Arbeitsvollzug keine gesundheitlichen Schäden auftreten oder im Idealfall sogar die Gesundheit gefördert wird. Beispielsweise hat die SIEMENS AG ein sog. **Arbeitsplatzprogramm** eingeführt. Es beginnt mit einer Begehung des Arbeitsplatzes, um sich einen Eindruck von den Arbeitsbedingungen zu machen und diese zu analysieren. Es geht insbesondere darum, Risikofaktoren am Arbeitsplatz zu erkennen und dementsprechend Veränderungen vorzunehmen. Gleichzeitig lernen die Arbeitenden gesundes Verhalten am Arbeitsplatz. Das heißt, der verhaltens- und verhältnisbezogene Ansatz werden in diesem Programm gleichermaßen verfolgt.

Führungskräfte haben Maßnahmen im Gesundheitsmanagement zu initiieren. Die Durchführung erfolgt i. d. R. sodann per Delegation durch kompetente Fachkräfte, welche häufig in einem Arbeitskreis „Gesundheit" konzentriert sind. Eine weitere wichtige Aufgabe ist die Kontrolle der Durchführung der Maßnahmen durch Vorgesetzte. Zur Kontrolle zählt im weiteren Sinne auch die Bewertung (Evaluation) der in der Praxis umgesetzten Maßnahmen unter humanen und wirtschaftlichen Aspekten.

5. Schaffung sozialer Bedingungen

Soziale Bedingungen bilden den Rahmen der Gesundheitskultur in Organisationen. Demgemäß hat die Sozialpolitik einen wesentlichen Einfluss auf die Gesundheit der Mitglieder. Wesentliche gesundheitsfördernde Bedingungen sind die soziale Sicherheit (Kündigungsschutz, Altersversorgung usw.), die Chancengleichheit von Männern und Frauen in der beruflichen Karriere, Qualifikations- und Aufstiegsmöglichkeiten für alle Mitarbeiter, die Einhaltung gesetzlicher Vorschriften (siehe Kapitel 3.1), Fürsorgemaßnahmen (regelmäßige Gespräche, Hausbesuche u. a. m.), die medizinische und psychologische Betreuung (Betriebsarzt, Sanitätsstellen, Rettungswesen, psychosoziale Beratungsstellen usw.) und nicht zuletzt tariflich vereinbarte Entlohnungen.

Beispielsweise schafft die Volkswagen AG mitarbeiterfreundliche soziale Bedingungen im Rahmen von „Corporate Social Responsibility". HARTZ meint dazu:[240] „Dabei verstehen wir Corporate Social Responsibility... als etwas qualitativ anderes.... Die Globalisierung hat uns gelehrt, uns am „Shareholder Value" auszurichten. Betrachten wir die Stakeholder*, die den Unternehmenserfolg maßgeblich beeinflussen, so kommt dem Mitarbeiter zweifellos besondere Bedeutung zu. Seine Förderung nennen wir den „Workholder Value". Zur Steigerung des Workholder Values müssen wir den Menschen Chancen bieten für lebenslanges Lernen, Chancen zur Beschäftigungsfähigkeit, Chancen ihr Leben selbstverantwortlich zu gestalten. Mitarbeiter mit ihrem Wissen und ihrer Kompetenz sind zur wichtigsten Unternehmensressource geworden... Nur ein steigender Unternehmenswert ermöglicht soziale Verantwortung, und nur mit sozialer Verantwortung garantieren wir nachhaltig unseren Unternehmenserfolg. Dies ist die Philosophie von Volkswagen und Leitlinie für die Zukunft. Die Zukunftsfähigkeit unserer Geschäftsideen, unserer Produkte und Dienstleistungen und die Sicherung der Beschäftigungsfähigkeit unserer Mitarbeiter sind entscheidende Grundlagen unser Corporate Social Responsibility."

---

[240] http//www.volkswagen-ag.de/german/defaultIE.html s., 06.01.03

Die gegebenen sozialen Bedingungen sollten nicht als Selbstverständlichkeit einer Organisation angesehen werden, sondern sie sind den Mitgliedern permanent bewusst zu machen. Auf diese Weise können sie stärker verhaltenswirksam werden, nicht zuletzt im Sinne der Gesundheit aller Beschäftigten.

5.2. Wer ist zuständig für Gesundheitsmanagement?

5.2.1 Partner der Führungskraft im Unternehmen

Gesundheitsmanagement ist ein **gesamtunternehmerisches Anliegen**. Während in traditioneller Weise alle Aufgaben zur Gesundheit - besser zur Krankheit - der Medizin zugeordnet werden, ist das **BGM Aufgabe verschiedenster Bereiche oder Abteilungen bzw. Personen im Unternehmen,** die sich oft in einem Arbeitskreis *Gesundheit* vereinigen (siehe Kapitel 6). **Betriebsinterne Partner der Führungskraft** sind folgende:

- Der ***Betriebsärztliche Dienst*** *ist* für alle medizinischen Aufgaben im Rahmen des BGM zuständig. Eine besondere Aufgabe erfüllen Betriebsärzte nach dem ASiG (§ 3). Sie haben den Arbeitgeber beim Arbeitsschutz und bei der Unfallverhütung in allen wichtigen Fragen des Gesundheitsschutzes zu unterstützen. Sie beraten den Arbeitgeber nach dem ASiG in „...arbeitsphysiologischen, arbeitspsychologischen und sonstigen ergonomischen sowie arbeitshygienischen Fragen"

- Das ***Personalwesen*** hat im BGM insofern eine übergeordnete Stellung hat, als sie alle diesbezüglichen Organisations- und Verwaltungsaufgaben übernimmt. Eine zentrale Aufgabe ist die Dokumentation und Analyse von Fehlzeiten.

- Das ***Sozialwesen*** hat die Aufgabe, eine Sozialpolitik und Sozialberatung zu betreiben, welche vor allem im Dienste der Gesundheitserhaltung und Gesundheitsförderung steht.

- Die ***Arbeitsgestaltung bzw. -organisation***, in der Arbeitswissenschaftler (Techniker, Ergonomen, Arbeitspsychologen, -soziologen usw.) tätig sind, ist für die gesundheitsschützende und -förderliche Arbeitsgestaltung zuständig.

- Fachkräfte für ***Arbeitssicherheit*** (SIFA) nehmen ihre Verpflichtung gemäß §§ 5 und 6 des ASiG und der BG-Vorschrift BGV A 6 wahr. Nach modernem Arbeitsschutzverständnis gehören dazu die Prävention von Unfällen, Berufskrankheiten und arbeitsbedingte Gesundheitsgefahren. Ziele, die durch die SIFA erreicht werden sollen, sind:

    - ➢ Anwendung der AS- und UVV-Vorschriften entsprechend denbesonderen Betriebsverhältnissen
    - ➢ Verwirklichung gesicherter arbeitsmedizinischer und sicherheitstechnischer Erkenntnisse zur Verbesserung des Arbeitsschutzes und der Unfallverhütung,
    - ➢ Erreichung eines möglichst hohen Wirkungsgrades der dem AS und der Unfallverhütung dienenden Maßnahmen.

    Die Aufgaben des Sicherheitsbeauftragten, welcher nach § 22 SGB VII bestellt wurde, bestehen in der Unterstützung des Arbeitgebers bzw. der jeweiligen Führungskraft im betrieblichen AGS, beispielsweise bei

    - der Planung, Ausführung und Unterhaltung von Betriebsanlagen,

- der Beschaffung von Arbeitsmitteln und PSA
- der Gestaltung von Arbeitsplätzen und –verfahren
- der Untersuchung von Unfällen.

Nach dem ArbSchG gelten Sicherheitsingenieure, Sicherheitstechniker und Sicherheitsmeister als Fachkräfte für Arbeitssicherheit, wenn sie erfolgreich an einem anerkannten Ausbildungslehrgang teilgenommen haben.

- **Sicherheitsbeauftragte** sind Beschäftigte, die den Unternehmer bei der Durchführung des AGS unterstützen. Sie sollen insbesondere Arbeitsplätze in ihrem Arbeitsumfeld beobachten, ob die vorgeschriebenen Schutzvorrichtungen und –ausrüstungen vorhanden sind. Es ist ein Ehrenamt, sie haben keine Weisungsbefugnis oder Aufsichtsfunktion; sie sollen kollegial auf ihre Kollegen einwirken. Ab 20 Mitarbeitern muss unter Mitwirkung des Betriebs- bzw. Personalrates mindestens ein Sicherheitsbeauftragter bestellt werden (siehe § 22 SGB VII). Nach modernem Arbeitsschutzverständnis kann der Sicherheitsbeauftragte in Organisationen auch als *Gesundheitsbeauftragter* bezeichnet werden.

- Der **Betriebs-/Personalrat** vertritt alle gesundheits- und sicherheitsrelevanten Interessen der Arbeitnehmer. Grundlage seiner Mitwirkung ist das Betriebsverfassungsgesetz (§ 87 Abs. 1, § 88 Abs. 1, § 89 Abs. 1, § 90 Abs. 2).

- **Betriebsbeauftragte**, insbesondere **Schwerbehindertenvertreter**, sind für den Gesundheitsschutz dieser Mitarbeitergruppe verantwortlich. Hier geht es insbesondere um die Berücksichtigung der besonderen Situation behinderter oder leistungsgewandelter Mitarbeiter bei der Integration in die Arbeit bzw. bei der Besetzung und Gestaltung von Arbeitsplätzen.

- Die **Betriebsleitung**, d. h. die Führungskräfte aus dem Topmanagement, sind zuständig für grundlegende und strategische Fragen und Entscheidungen im Gesundheitsmanagement. Sie sind nach dem ArbSchG (§ 3) für die Gesundheit und Sicherheit der Beschäftigten bei der Arbeit verantwortlich. Ihre Aufmerksamkeit gilt dabei der Übereinstimmung von Organisationszielen, der Organisationsphilosophie und den Gesundheitsmaßnahmen.

- Die **Betriebskrankenkasse**, welche es überwiegend in größeren Unternehmen gibt, ist nicht nur für Krankenstandsstatistiken und -analysen, damit verbundene Kosten usw. zuständig, sondern ebenfalls für die Prävention und Gesundheitsförderung (§ 20 des SGB V). Sie hat z. B. Spezialgebiete wie Diabetes, Pflegekasse, Sucht, Krankenhaus, Psychotherapie, Hilfsmittel und Rehabilitation. Die BKK unterbreitet ferner Angebote für alle Mitarbeiter zur Ernährungsberatung, zur Rückenschule, zur Physiotherapie, zum Stressmanagement, usw..

5.2.2 Externe Partner im Gesundheitsmanagement

Arbeitsmedizinische Betreuung

Das Arbeitssicherheitsgesetz fordert die arbeitsmedizinische Betreuung aller Beschäftigten durch qualifizierte Arbeitsmediziner oder Betriebsärzte. Der zeitliche Aufwand richtet sich dabei nach der Anzahl der im Unternehmen beschäftigten Mitarbeiter sowie nach der zugehörigen Branche. Auf Grund der geringen Einsatzstunden müssen kleinere Organisationen ihren Bedarf über externe Betreuung sicherstellen.

Sicherheitstechnische Betreuung

Das Arbeitssicherheitsgesetz und die Vorschriften der Berufsgenossenschaften fordern die sicherheitstechnische Betreuung aller Betriebe unabhängig von der Betriebsgröße, d. h. schon ab einem Mitarbeiter. Große Betriebe verfügen über sicherheitstechnische Stabsabteilungen oder ausgebildete Sicherheitsingenieure. In KMU sind Fachkräfte für Arbeitssicherheit tätig. In Kleinbetrieben bis etwa 50 Beschäftigte sind eigene Fachkräfte aufgrund der geringen Einsatzzeiten die Ausnahme.

Die Beratungskompetenz im Rahmen der sicherheitstechnischen Betreuung sollte sich nicht nur auf die klassische Verhütung von Unfällen und Berufskrankheiten beschränken, sondern sich gemäß dem Arbeitsschutzgesetz auf alle arbeitsbedingten Gesundheitsgefahren inklusive psychischer Belastungen beziehen. Hierbei sind jedoch zurzeit in der sicherheitstechnischen Betreuung noch gravierende Defizite zu verzeichnen. Es gibt in Deutschland ein flächendeckendes Angebot sicherheitstechnischer Beratungsbüros.

Berufsgenossenschaften/Unfallkassen

Grundlage der Tätigkeit von Berufsgenossenschaften und Unfallkassen (zuständig für den öffentlichen Dienst) ist das Sozialgesetzbuch VII (siehe Kapitel 3.1). Hier ist festgelegt, dass Arbeitsunfälle und Berufskrankheiten sowie arbeitsbedingte Gesundheitsgefahren zu verhüten sind. Bei der Prävention psychischer Belastungen und Gefährdungen ist das Niveau der Berufsgenossenschaften und Unfallkassen sehr unterschiedlich. Fortschrittlich sind hier z. B. die Süddeutsche Metall-Berufsgenossenschaft (SMBG), die BG Chemie oder die Bundesunfallkasse (BUK), welche Prüflisten zur differenzierten Erfassung psychischer Belastungen entwickelt haben.

Krankenkassen

Die gesetzlichen Krankenkassen spielen in der betrieblichen Prävention und Gesundheitsförderung nach wie vor eine entscheidende Rolle. Dafür ist die rechtliche Grundlage der § 20 des SGB V. In der Neufassung des § 20 (2000) dürfen die Kassen für Maßnahmen der Gesundheitsförderung pro versichertes Mitglied nicht mehr als 2,5 €/ Jahr aufwenden. Die betriebliche Gesundheitsförderung nach § 20 Abs. 2 bezieht sich vor allem auf arbeitsbedingte körperliche Belastungen, auf die Betriebsverpflegung, auf psychosozialen Stress und auf Genuss- und Suchtmittelkonsum. Beim psychosozialen Stress sind insbesondere die Präventionsmaßnahmen „Stressmanagement" und „Gesundheitsgerechte Mitarbeiterführung" zu nennen.

Bis 1996 haben die gesetzlichen Krankenkassen, vor allem die Allgemeine Ortskrankenkasse (AOK), die Techniker-Krankenkasse (TK), die Deutsche Angestellten-Krankenkasse (DAK) und die Barmer, einen bedeutsamen Beitrag zur Prävention und Intervention bei psychischen Belastungen geleistet. Es ist zu wünschen, dass in Kooperation mit den Unfallversicherungsträgern trotz der zurzeit gegebenen monetären Restriktionen bewährte Maßnahmen der Prävention und Gesundheitsförderung reaktiviert und auch neue Ansätze erschlossen werden.

Staatliche Arbeitsschutzverwaltungen

Der staatliche Arbeitsschutz ist Aufgabe der Bundesländer. Hier gibt es besondere Arbeitsschutzbehörden: die Ämter für Arbeitsschutz oder Gewerbeaufsichtsämter. Ihre Hauptaufgabe ist die Überwachung der Einhaltung der gesetzlichen Vorschriften.

Gewerkschaften

Die Gewerkschaften sind als Interessenvertreter der Arbeitnehmer zuständig für humane Arbeitsplätze und –bedingungen. Dabei ist das Betriebsverfassungsgesetz die wesentliche rechtliche Grundlage dar. Einen modernen Fokus stellen die psychischen Belastungen und Gefährdungen dar. Um dieser Aufgabe besser gerecht werden zu können, wurden vom Deutschen Gewerkschaftsbund beispielsweise die Technologie-Beratungs-Stellen (TBS) gegründet. Sie sind Beratungs- und Informationszentren für Betriebs- bzw. Personalräte bei allen Fragen humaner Arbeitsgestaltung. Ferner hat z. B. die IG Metall umfassende betriebliche Handlungshilfen zur Gestaltung von Arbeitsplätzen entwickelt. Besonders hervorzuheben sind z. B. die Arbeitshilfe „Runter mit dem Dauerstress!", welche arbeitswissenschaftliche Basiskenntnisse, Hilfen für die Gefährdungsbeurteilung, die aktuelle Rechtlage und auch Präsentationsvorlagen für Betriebsräte und weitere Arbeitsschutzexperten enthält, oder die Broschüre zur Bildschirmarbeitsverordnung.[241]

5.3. Führungsgrundsätze im Gesundheitsmanagement

Führungsgrundsätze (basic beliefs of leadership) – auch als Führungsrichtlinien, -leitlinien oder -prinzipien bezeichnet – verfolgen das Ziel, eine generelle Ausrichtung der Personalführung im Unternehmen vorzugeben (siehe Kasten 67). Sie sind oft Bestandteil von Unternehmensleitbildern. Die Adressatengruppe sind in erster Linie die Manager.

Führungsgrundsätze weisen folgende zentrale **Merkmale** auf:

1. Sie sind präskriptive *Verhaltenserwartungen*. Den Führungskräften wird ein bestimmtes Verhalten mehr oder weniger verbindlich nahegelegt.

2. Sie sind *normativ*. Sie sind auf ein Verhalten, das an den Wertvorstellungen der Unternehmensführung und dem Zweck des Unternehmens orientiert ist, ausgerichtet.

3. Sie sind *überdauernd*, aber zeitlich nicht unbegrenzt, weil sie auch verändert werden können.

4. Sie sind sachlich generalisiert, indem versucht wird, *konsistente Anforderungen* (Rechte und Pflichten) an alle Führungskräfte bzw. an alle Rollen, die Führungskräfte innehaben, zu stellen.

5. Sie sind i. d. R. *schriftlich fixiert*, offiziell verabschiedet und im Unternehmen öffentlich bekannt gemacht worden.

Für die Führungskräfte bedeuten sie eine Orientierung für das eigene Verhalten sowie eine Entlastung von Rechtfertigungszwängen gegenüber Mitarbeitern. Ebenso erfährt damit das Verhalten der Mitarbeiter eine Reglementierung, was aber auch eine Absicherung gegenüber willkürlichen Forderungen vom Management bedeutet.

---

[241] siehe IG Metall ((Hrsg.), Gesünder arbeiten, Nr. 6, Juni 2000; IG Metall (1997) Die neue Bildschirmarbeitsverordnung

> **Kasten 67**
>
> **Führungsgrundsätze**
>
> Sie beschreiben und normieren die Führungsbeziehungen zwischen Vorgesetzten und Mitarbeitern innerhalb einer werteorientierten Führungskonzeption. Sie stellen vor allem Erwartungen bzw. Normen an das Verhalten der Führungskräfte dar, welche meistens schriftlich fixiert und längere Zeit gültig sind.

Führungsgrundsätze im BGM basieren auf den allgemeinen Führungsgrundsätzen des Unternehmens. Sie haben verschiedene Funktionen. Sehr häufig begleiten sie eine Organisationsentwicklung bzw. Neuorganisation des Unternehmens, indem mit ihrer Hilfe besonders das Verhalten von Führungskräften bei der Bewältigung der neuen Aufgaben des Gesundheitsmanagements, der Personalpflege und des Arbeitsschutzes systematisch gesteuert und koordiniert wird. Hierbei spielen sie auch oft bei Einführung eines partizipativen Führungsstils als eine Art von Gebrauchsanweisung eine Rolle. Neben der strukturellen Organisationsentwicklung und –steuerung ist ein weiteres Anliegen die Organisationsdarstellung. Denn Führungsgrundsätze haben eine Deklarationsfunktion, die nach außen (PR, Personalmarketing, Gewinnung des Vertrauens von Kunden usw.) und auch nach innen (Mitarbeiterinformation) gerichtet ist. Dabei wird demonstriert, welchen großen Wert die Gesundheit der Mitarbeiter für das Unternehmen hat. Denn Führungsgrundsätze haben eine Symbolfunktion für die Grundwerte des Unternehmens und sorgen somit für das notwendige „Vertrauenskapital" in die Unternehmensführung.

Ein Hauptanliegen, aber oft auch ein Problem ist die **Umsetzung von Führungsgrundsätzen**. Führungsgrundsätze im BGM können nicht nur im Sinne der PR-Funktion Hochglanzbroschüre sein, sondern sie sollen sich im Verhalten besonders von Führungskräften zeigen, kurzum: sie sollen von allen Organisationsmitgliedern ge- und erlebt werden. Damit dieses hohe Ziel erreicht werden kann, bedarf es der Beachtung folgender Punkte:

- *Partizipation*: In die Formulierung und Einführung von Führungsgrundsätzen sollten möglichst viele Organisationsmitglieder, möglichst in öffentlicher Diskussion, einbezogen werden.

- *Anpassung*: Führungsgrundsätze sind kein Dogma für „alle Zeiten" eines Unternehmens, sondern sie sind den sich über die Zeit ändernden Organisationsbedingungen (strategische Orientierung, technologischer Entwicklungsstand, Krankenstand usw.) anzupassen und demgemäß weiterzuentwickeln.

- *Abstimmung*: Im Rahmen einer ganzheitlichen Personalführung sind Führungsgrundsätze zum Gesundheitsmanagement mit anderen personalwirtschaftlichen Steuerungsinstrumenten abzustimmen und ggf. zu verbinden, u. a. mit Personalbeurteilungsverfahren, Anreiz- und Vergütungssystemen oder Förder- und Entwicklungsprogrammen.

- *Integration*: Führungsgrundsätze zum BGM sollten in das Unternehmensleitbild integriert sein.

Damit die Lücke zwischen dem Anspruch, der mit den Führungsgrundsätzen im BGM erhoben wird, und Unternehmens- bzw. Führungsrealität nicht unüberwindbar groß wird, ist es für alle Führungskräfte und auch Mitarbeiter wichtig, o. g. Punkte stets zu verfolgen.

Für das Führungsverhalten im Kontext des Gesundheitsmanagements sollten allgemein verbindliche Führungsgrundsätze formuliert werden. Beispielhaft seien genannt:

- Alle Mitarbeiter sind am Gesundheitsmanagement verantwortlich zu beteiligen. Dadurch soll erreicht werden, dass Initiative und Engagement von Mitarbeitern im Gesundheitsmanagement gefördert werden.

- Gesundheitsmanagement ist nicht sporadisch, sondern konsequent und kontinuierlich zu betreiben.

- Die Mitarbeiter sind für Aufgaben des Gesundheitsmanagements zu sensibilisieren. Die Weiterbildung soll auch der Entwicklung des Gesundheitsbewusstseins, des Gesundheitswissens und besonders des Gesundheitsverhaltens dienen.

- Der Vorgesetzte hat zu prüfen, welche Aufgaben im Gesundheitsmanagement sowie der zu ihrer Lösung erforderlichen Entscheidungsbefugnisse auf die Mitarbeiter übertragen werden können.

- Bei allen Fragen des Gesundheitsmanagements erfolgt eine vertrauensvolle und gute Zusammenarbeit mit den Mitarbeitern. Sie zeigt sich vorrangig in einer wechselseitigen offenen Information, Kommunikation und Unterstützung.

- Der Vorgesetzte vereinbart mit den Mitarbeitern Ziele im BGM. Diese beziehen sich in erster Linie auf den Kranken- bzw. Gesundheitsstand in der Arbeitsgruppe und in der Abteilung.

- Das Arbeitsverhalten, besonders das Anwesenheits-/ Abwesenheitsverhalten, wird vom Vorgesetzten beurteilt. Jede Beurteilung setzt eine sachliche Prüfung der Sachverhalte und Einflussfaktoren voraus. Der Mitarbeiter wird dazu gehört.

- Die Beurteilung ist die Grundlage für die Steuerung des künftigen Arbeitsverhaltens, besonders des Anwesenheitsverhaltens. Sollte das sog. motivationsbedingte Abwesenheitsverhalten auffällig sein, sind angemessene Disziplinarmaßnahmen und Sanktionen durch den Vorgesetzten vorzunehmen.

- Der Vorgesetzte motiviert die Mitarbeiter zum Anwesenheitsverhalten. Dies erfolgt vor allem mittels regelmäßiger Kommunikation des Kranken- oder Gesundheitsstandes und seiner Einflussfaktoren, wie z. B. der Rückkehr- und Fehlzeitengespräche.

- Der Vorgesetzte hat die Aufgabe, seine Mitarbeiter und Teams in allen wichtigen Fragen zur Gesundheit und zum Gesundheitsmanagement einschließlich Arbeitssicherheit zu beraten.

5.4. Worauf hat die Führungskraft zu achten?

Gesundheitsmanagement ist für Führungskräfte oft ein neues, umfangreiches und komplexes Aufgabengebiet, welches nicht immer leicht überschaubar und erfüllbar ist. Das vorliegende Buch soll insgesamt ein Leitfaden für die Tätigkeit von Führungskräften im Gesundheitsmanagement sein. Zur ersten Orientierung werden jedoch im Folgenden wichtige Fragen aufgeworfen, welchen sich jede Führungskraft stellen sollte. Mit ihnen soll sie auf Schwerpunkte im BGM hingewiesen werden. Dabei lehnen wir uns an die Gliederung vorliegenden Buches an.

Organisation und Gesundheit?

- Wie weit werden die *rechtlichen Grundlagen* des Gesundheitsmanagements und Arbeitsschutzes, besonders das Arbeitsschutzgesetz, das Arbeitssicherheitsgesetz und die Unfallverhütungsvorschriften, im Unternehmen beachtet? Wie weit kennen die Mitarbeiter die rechtlichen Grundlagen?

- Wie ist die *Aufbau- und Ablauforganisation* des Unternehmens auf ein effektives Gesundheitsmanagement ausgerichtet?

- Gibt es ein *Leitbild* zum Gesundheitsmanagement? Wenn ja, wie wird das Leitbild in die Praxis umgesetzt? Ist das Leitbild Bestandteil gelebter Unternehmenskultur?

- Gibt es im Unternehmen eine *Vision*, klar definierte *Ziele*, eine *Strategie* und *Führungsgrundsätze* zum Gesundheitsmanagement?

- Gibt es eine *Arbeitsgruppe* oder ein Team "Gesundheit", welches eine Steuer-, Koordinierungs- und Initiativfunktion bei allen Fragen zur Gesundheit im Unternehmen hat?

- Ist Gesundheit bzw. Gesundheitsmanagement ein *transparentes Thema* im Unternehmen, über das die Mitarbeiter informiert werden, das kommuniziert wird und das in seiner Bedeutung geschätzt wird?

- Welche *Partner* hat das Unternehmen im Gesundheitsmanagement? Sind es die Berufsgenossenschaft, die Krankenkasse, das Technische Gewerbeaufsichtsamt, arbeitsmedizinische* Institutionen, Beratungsbüros zur Arbeitssicherheit, die Gewerkschaften, die Wissenschaft u. a. m.?

- Wie werden die *Mitarbeiter* in das Gesundheitsmanagement aktiv einbezogen? Sollte z. B. ein *Gesundheitszirkel* zur Erkennung und Lösung wichtiger gesundheitsrelevanter Probleme im Betrieb oder in bestimmten Arbeitsbereichen gebildet werden?

- Wie ist der *Betriebs- oder Personalrat* am Gesundheitsmanagement beteiligt? Ist dieser aktiv und kreativ im Gesundheitsmanagement tätig? Oder ist dieser nur dogmatisch "Hüter der Gesetze" für die Arbeitnehmer?

- Wie wird das Arbeitsschutzgesetz im Unternehmen umgesetzt? Wie oft finden *Unterweisungen zur Arbeitssicherheit* statt? Welche Gefährdungsbeurteilungen wurden oder werden durchgeführt? Welche Maßnahmen sind auf Grundlage der Gefährdungsbeurteilung durchgeführt worden oder geplant?

- Werden *arbeitsmedizinische Vorsorgeuntersuchungen* durchgeführt?

- Was wird im Unternehmen getan, um den *Krankenstand* zu senken? Gibt es ein Programm oder Maßnahmen zur Senkung von Fehlzeiten, das erfolgreich angewandt wird? Werden z. B. Rückkehrgespräche mit den Mitarbeitern durchgeführt?
- Was tut das Unternehmen zur *Erkennung von psychischen Belastungen* oder "Stress" und seinen Ursachen im Unternehmen? Gibt es Maßnahmen oder sogar ein Programm zur Vorbeugung oder zum Abbau von "Stress" im Unternehmen?
- Treten bei Führungskräften und/oder Mitarbeitern *Burnout*-Phänomene auf? Was wird dafür getan, Burnout vorzubeugen oder abzubauen?
- Welche *Konflikte* treten im Unternehmen häufiger auf? Wie werden diese Konflikte identifiziert und gelöst? Was wird im Management getan, die Konflikte durch organisationsbezogene Maßnahmen zu lösen? Sind die Führungskräfte in der Lage, Konfliktgespräche effektiv zu führen?
- Treten im Unternehmen *Mobbing*erscheinungen auf? Was wird gegen Mobbing getan?
- Gibt es im Unternehmen eine *Supervision* und ein *Gesundheitscoaching* für Führungskräfte und /oder Mitarbeiter?
- Gibt es im Unternehmen bekannte Anlaufstellen oder Ansprechpartner bei Gesundheitsproblemen jedweder Art? Wie weit ist die Tätigkeit des Betriebsarztes/arbeitsmedizinischen Dienstes auf die Erkennung, Vorbeugung und Therapie von arbeitsbedingten körperlichen *und* psychischen Erkrankungen ausgerichtet? Gibt es eine *psychosoziale Beratung* bei Mobbing, Sucht oder anderen persönlichen Problemen?
- Gibt es im Unternehmen *Betriebs-/Dienstvereinbarungen* zum Gesundheitsmanagement, Arbeitsschutz, Fehlzeiten-, Suchtproblem und/oder Mobbing?
- Gibt es im Betrieb ein *Budget* für Gesundheitsmanagement?

Führung und Gesundheit?

- Erfüllen die Führungskräfte ihre *Fürsorgepflicht* gegenüber ihren Mitarbeitern? Sind sie handlungskompetent, motiviert und sensibel genug für diese Führungsaufgabe?
- Wird das Gesundheitsmanagement als *Führungsaufgabe* wahrgenommen?
- Welche Rolle spielen Führungskräfte bei der Initiierung von Maßnahmen zur betrieblichen Gesundheitsförderung?
- Sind die Führungskräfte *Vorbild* im Gesundheits- und Sicherheitsverhalten?
- Inwieweit wirken die Führungskräfte aktiv mit bei der Umsetzung des Gesundheitsmanagements, z. B. in Projektgruppen oder in Gesundheitszirkel?
- Sind die Führungskräfte in der *Durchführung von gesundheitsbezogenen Mitarbeitergesprächen* (Rückkehr-, Konfliktgespräch usw.) geschult? Führen sie solche Gespräche bei Bedarf durch?
- Wissen die Führungskräfte, was sie beim Auftreten von *Alkoholismus* oder weiteren Suchtproblemen unter Mitarbeitern tun sollen?

- Wie setzen die Führungskräfte den Arbeitsschutz um? Wie oft werden Unterweisungen durchgeführt und auch kontrolliert? Wie oft und wie werden Unfälle oder Beinaheunfälle ausgewertet?

- Wie weit können Führungskräfte *arbeitsbedingte Fehlbelastungen* (Über- und Unterforderung) und deren negative Folgen für Leistungsfähigkeit und Gesundheit erkennen und vermeiden? Sind sie zum Thema "Arbeitsbelastungen und Gesundheit" hinreichend geschult worden?

Arbeit und Gesundheit?

- Sind die Arbeitsplätze und -tätigkeiten ausführbar, schädigungslos, nicht befindensbeeinträchtigend und persönlichkeitsförderlich gestaltet? Gibt es im Unternehmen noch Arbeitstätigkeiten mit körperlichen und/oder psychischen Fehlbelastungen (Unter- oder Überforderung)?

- Werden die Mitarbeiter gemäß ihren Qualifikationen, ihrer körperlichen und psychischen Leistungsfähigkeit (Fähigkeiten, Fertigkeiten, usw.) und ihrer Motivation eingesetzt?

- Sind die *Arbeitsaufgaben* so gestaltet, dass sie den Mitarbeiter motivieren, ihm Handlungs- und Entscheidungsspielräume und Verantwortlichkeiten einräumen?

- Wie ist die *Arbeitsumwelt* gestaltet? Gibt es Arbeitsplätze mit gesundheitsschädigendem und befindensbeeinträchtigendem Lärm, Klima oder befindensbeeinträchtigenden Farben oder Lichtverhältnissen?

- Sind die *Arbeitsabläufe* optimal und durchschaubar? Sind die Verantwortlichkeiten dabei eindeutig festgelegt?

- Sind die *Arbeitsmittel* einschließlich PC ergonomiegerecht und modern gestaltet?

- Ist die *Arbeits- einschließlich Pausenzeit* flexibel, belastungsoptimal und motivierend für den Mitarbeiter gestaltet?

- Sind die *Arbeitsanweisungen* verständlich und eindeutig formuliert?

KAPITEL 6

GESUNDHEITSPROGRAMME IN UNTERNEHMEN

Healthy People = Healthy Company
(Motto des Gesundheitsprogramms von DuPont)

Gesund in der Stadtwirtschaft Halle arbeiten

- Je gesünder die Mitarbeiter, desto gesünder das Unternehmen.
- Nur gesunde Mitarbeiter sind leistungsfähig.
- Wir brauchen ansteckende Gesundheit.

Motto des Seminars für alle Führungskräfte Mai 2001 – Juli 2002

6.1. Aufgabenstellungen und Qualitätskriterien für betriebliches Gesundheitsmanagement

Ein betriebliches Gesundheitsprogramm trägt nur dann zur Erfüllung ökonomischer und humaner Ziele im Unternehmen bei, wenn es unter Berücksichtigung betriebsspezifischer Problemfelder und der Kooperation mit den Beschäftigten in die Unternehmensstrategie integriert wird. Dies setzt voraus, dass sich die Unternehmensführung die Erhaltung und Förderung der Gesundheit ihrer Mitarbeiter in einem langfristigen Prozess zur Aufgabe macht.

Die wesentlichen Aufgabenstellungen sowie den Zusammenhang zwischen Unternehmenserfolg und gesundheitsförderlichen Maßnahmen kann man wie folgt darstellen (siehe Bild 60).

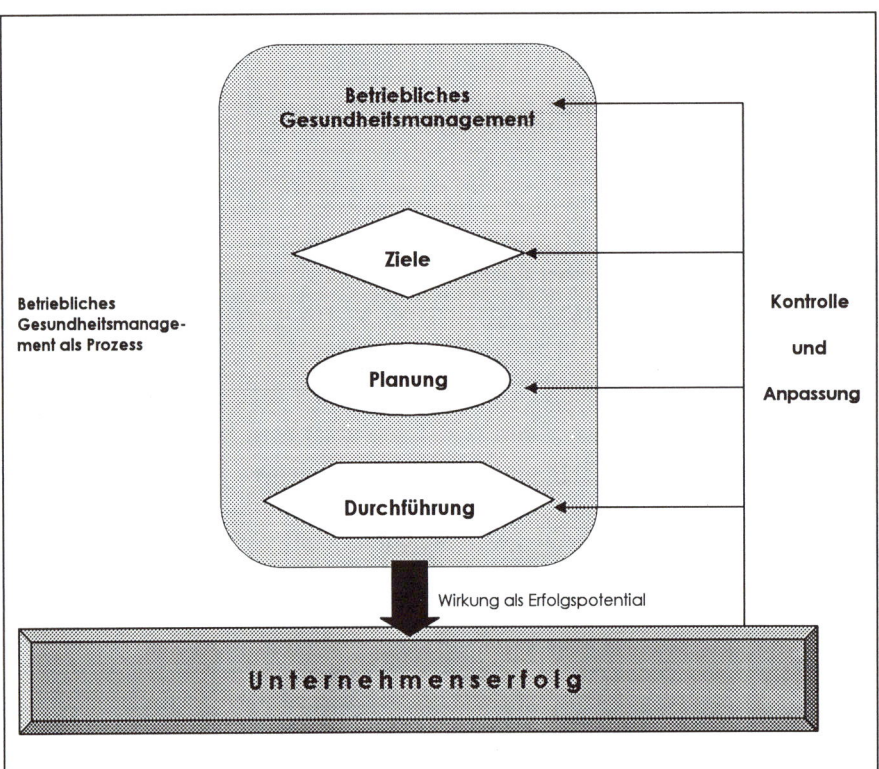

Bild 60: Aufgaben und Zusammenhang von Unternehmenserfolg und BGM

Die Umsetzung des Gesundheitsmanagements im Unternehmen ist als *permanenter Prozess* zu verstehen, wobei eine flexible Anpassung an sich verändernde betriebliche Bedingungen notwendig ist.

Das europaweite Projekt „*Erfolgsfaktoren und Qualität betrieblicher Gesundheitsförderung*", das vom Europäischen Netzwerk Betriebliche Gesundheitsförderung* (ENWHP) koordiniert wird, hat einen Katalog mit Qualitätskriterien entwickelt. Ziel ist es, die nationalen und internationalen Ansätze vergleichbar zu machen. Sie dienen als Richtschnur für die Bewertung von Unternehmen und ihrer Maßnahmen zum BGM. Dabei ist anzumerken, dass auch solche Unternehmen positiv bewertet werden, die aktuell nur einem Teil der Kriterien entsprechen, aber erkennen lassen, dass sie sich in einem Entwicklungsprozess hinsichtlich einzelner Kriterien befinden.

Folgende **Qualitätskriterien** dienen – in Anlehnung an das *Modell der European Foundation for Quality Management (EFQM)* - dem Benchmarking* von betrieblichen Gesundheitsprogrammen:[242]

1. Kriterium: Betriebliches Gesundheitsmanagement und Unternehmenspolitik

„*Gesundheitsförderliche Organisationen berücksichtigen Gesundheitsfragen ausdrücklich in ihren langfristigen Zielen und stellen sicher, dass diese Ziele auch zum Bestandteil der alltäglichen Führungspraxis werden.*"[243]

Zu diesem Kriterium gehören vor allem

- eine schriftlich fixierte Politik zum Gesundheitsmanagement (z. B. Leitlinien, Führungsgrundsätze, Betriebsvereinbarungen)
- entsprechende materiellen und personelle Ressourcen
- Gesundheit als Bestandteil der Aus- und Fortbildung von Führungskräften.

2. Kriterium: Personalwesen und Arbeitsorganisation

Organisationen mit einem qualitätsorientierten Managementsystem in Bezug auf Gesundheit gewährleisten durch geeignete Maßnahmen des Personalwesens und der Arbeitsorganisation, dass

- alle Mitarbeiter über notwendige Kompetenzen zur Bewältigung von Arbeitsaufgaben verfügen
- die Arbeitsaufgaben so gestaltet werden, dass bei den Mitarbeitern Unter- und Überforderung vermieden wird
- Entwicklungsmöglichkeiten für die Mitarbeiter im Rahmen der Arbeitsorganisation bestehen
- geeignete Programme zur Wiedereingliederung von leistungsgewandelten Mitarbeitern gegeben sind
- ein positives Arbeitsklima durch Vorgesetzte gefördert wird

3. Kriterium: Planungsqualität

Die Planung von Maßnahmen des betrieblichen Gesundheitsmanagements muss auf einem klaren Konzept basieren, das fortlaufend überprüft, verbessert und allen Mitarbeitern bekannt gemacht wird. Dabei geht es vor allem um Angaben zu Arbeitsbelastungen und Gesundheitsbeschwerden der Mitarbeiter, Analyse von Arbeitunfällen und um die Analyse von krankheitsbedingten Fehlzeiten."[244]

---

[242] Breucker, G. (2001), S. 135 ff.
[243] BKK-Bundesverband (1999) S. 5
[244] BKK- Bundesverband (1999) S. 7

Einzelkriterien sind:

- flächendeckende Umsetzung von BGM-Maßnahmen
- Ableitung von Maßnahmen auf der Grundlage von regelmäßig aktualisierten Ist-Analysen
- BGM-Maßnahmen werden ausreichend intern kommuniziert.

4. Kriterium: Soziale Verantwortung

Gesundheitsmanagement schließt auch ein, ob und wie Organisationen ihrer Verantwortung im Umgang mit den natürlichen Ressourcen gerecht werden. Hierzu zählen zwei Kriterien:

- schädigende Umwelteinflüsse werden vermieden
- Unterstützung von gesundheitsbezogenen, sozialen, kulturellen und fürsorglichen Initiativen.

5. Kriterium: Die Organisation bzw. Umsetzung des betrieblichen Gesundheitsmanagements

BGM umfasst Maßnahmen zur gesundheitsgerechten Arbeitsgestaltung und Unterstützung gesundheitsgerechten Verhaltens. Erfolgreich ist sie dann, wenn diese Maßnahmen dauerhaft miteinander verknüpft sind und systematisch durchgeführt werden. Einzelkriterien sind:
- Existenz eines Steuerkreises, in dem alle entscheidenden betrieblichen Akteure eingebunden sind. Dieser plant, überwacht und entscheidet über alle durchgeführten Maßnahmen.
- Systematische Erhebung von Informationen im Rahmen der Planung
- Festlegung von Zielgruppen und quantifizierbaren Zielen für durchzuführende Maßnahmen
- Kombination von Maßnahmen zur gesundheitsgerechten Arbeits- und Organisationsgestaltung mit Maßnahmen zur Förderung gesundheitsgerechten Verhaltens.

6. Kriterium: Ergebnisqualität des betrieblichen Gesundheitsmanagements

Dabei werden Nachweise über folgende Einzelkriterien verlangt:

- Beitrag des BGM zur Mitarbeiterzufriedenheit
- Beitrag des BGM zur Kundenzufriedenheit
- Beitrag des BGM zur Senkung von Krankenstand und Unfallhäufigkeit,
- Beitrag des BGM zur Nutzung betrieblicher Gesundheitsangebote (Rauchen, Suchtproblem, Rückenerkrankungen, usw.),
- Beitrag des BGM zur Senkung der Fluktuation
- Beitrag des BGM zum wirtschaftlichen Erfolg des Unternehmens.[245]

Die o.g. Kriterien zeigen, dass das Europäische Netzwerk den Ansatz einer Integration in ein Qualitätsmanagementsystem über die letzten Jahre systematisch verfolgt hat. Das Evaluationsmodell wird zurzeit auf seine Praxistauglichkeit hin geprüft und auf dieser Grundlage ggf. verändert. Allerdings sind die vorgestellten Ansätze

---

[245] Ebenda

hauptsächlich für den Bereich von mittleren und Großunternehmen entwickelt worden, weil hier meistens die notwendige Infrastruktur für die Implementierung von BGM-Programmen gegeben ist. Das angeführte Qualitätsmodell muss für den KMU-Bereich überdacht werden.

6.2. Anlässe und Schritte eines Gesundheitsprogramms

Anlässe zur Entwicklung des Gesundheitsmanagements im Unternehmen können z. B. folgende sein:

- die Einführung des Arbeitsschutzes auf der Grundlage des ArbSchG (siehe dazu Kapitel 3.1.3.),
- die Feststellung von gravierenden Belastungs- und Gesundheitsproblemen in bestimmten Arbeitsbereichen,
- ein hoher Krankenstand und gehäuft auftretende Fehlzeiten,
- die Einführung neuer Technologien (z. B. verstärkte Einführung von Bildschirm- oder Roboterarbeitsplätzen),
- wesentlichen Änderungen in der Organisationsstruktur durch Organisationsentwicklungskonzepte wie z. B. Business Process Reengineering oder TQM,
- gehäuftes Auftreten von Unfällen oder Beinaheunfällen,
- Auftreten von akuten psychosozialen Belastungen (z. B. Mobbing).

BGM ist als permanenter Prozess zu verstehen, der folgende **Schritte** beinhaltet (vgl. Bild 62):[246]

Schritt 1:   ***Bildung eines Arbeitskreises oder Teams „Gesundheit"***
Der Arbeitskreis oder das Team hat eine Steuer-, Koordinations-, Informations- und Initiativfunktion bei allen Fragen und Vorhaben zum AGS im Unternehmen (vgl. Bild 61).

Schritt 2:   ***Identifikation von Problembereichen***
Problembereiche zur Gesundheit können durch Krankenstandszahlen, Mitarbeiterbefragungen, Anwendung von Siebtests (oder Screenings), Gesundheits-Checks, Arbeitsstudien, Befragung des Betriebs- oder Personalrats, Hinweise von Experten usw. identifiziert werden. Für die Identifikation bietet sich ferner der Gesundheitsbericht an. Er sollte eine wichtige Basis für Gesundheitsaktivitäten im Betrieb sein.

---

[246] siehe dazu auch Bullinger, H.-J. & M. Schmauder (1998)

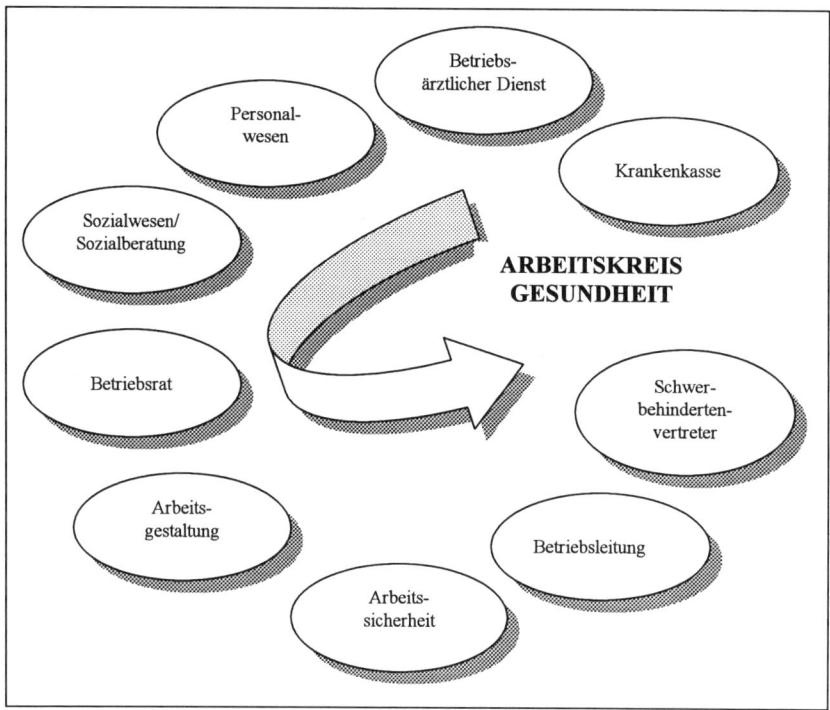

Bild 61: Arbeitskreis Gesundheit

Schritt 3: **Definition von Arbeitsprogramm und -bereich**
Es empfiehlt sich, mit dem Gesundheitsmanagement in einem Arbeitsbereich oder in einer Abteilung zu beginnen, hier Erfahrungen zu sammeln und es dann schrittweise auszuweiten. Bei dieser Vorgehensweise können Erfahrungen genutzt werden und man ist nicht mit einer unübersichtlichen Anzahl von Einflussfaktoren und Problemen konfrontiert. Der ausgewählte Bereich muss im Hinblick auf alle Ursachen, die zu Gesundheitsbeeinträchtigungen und Erkrankungen führen, analysiert und bewertet werden.

Schritt 4: **Analyse und Bewertung von Arbeitsaufgaben und -bedingungen**
Im Kern steht nach dem ArbSchG die Gefährdungsbeurteilung. Diese setzt eine valide Diagnostik von Belastungen in der Arbeit voraus. Die Erfassung von Belastungen mit anschließender Gefährdungsbeurteilung sollte *arbeitsbereichsbezogen* sein, wenn alle dort Beschäftigten etwa gleichen Gefährdungen oder Belastungen ausgesetzt sind (z. B. Lärm, Klima, Beleuchtung usw.). Sie sollte *tätigkeitsbezogen* sein, wenn bei gleichartigen Tätigkeiten besondere Gefährdungen oder Belastungen auftreten (z. B. bei Einführung von Bildschirmarbeit). Bei gleichartigen Tätigkeiten ist die Beurteilung einer Tätigkeit ausreichend. Sie sollte bei Bedarf auch *personenbezogen* sein, wenn einzelne Mitarbeiter besonderen Gefährdungen/Belastungen ausgesetzt sind (z. B. bei Mobbing oder bei besonders schutzbedürftigen Mitarbeitern).

Zur Erfassung und Bewertung von Belastungen bzw. Gefährdungen können folgende Methoden genutzt werden:

- Prüflisten zur Befragung von Mitarbeitern
- Checklisten für Arbeitsschutzexperten (Betriebsärzte, SIFA, Sicherheitsbeauftragte usw.)
- Interviews mit weiteren Experten (Führungskräfte, Betriebsrat usw.)
- Workshops mit Mitarbeitern
- Krankheitsdaten- und Unfallanalysen
- physikalische, medizinische bzw. physiologische und/oder psychologische Messungen.

Für die Erstanalyse und -bewertung von gesundheitsgefährdenden Belastungen bieten sich häufig Checklisten an, welche von Arbeitsschutzexperten, Berufsgenossenschaften, Unfallkassen, Gewerkschaften, Ministerien usw. entwickelt worden sind.[247] Das Problem besteht hierbei jedoch oft darin, dass diese Checklisten auf die Erfassung körperlicher Belastungen und physikalisch-technischer Arbeitsbedingungen fokussiert sind, jedoch weniger auf psychische Arbeitsbelastungen. Checklisten zur Erfassung psychischer Belastungen werden aber erfreulicher Weise in letzter Zeit zunehmend entwickelt.[248] Da sie jedoch nicht immer von Fachpsychologen erstellt worden sind, ist ihr theoretisch-methodologisches Niveau sehr unterschiedlich. Dabei wird nicht selten von relativ einfachen, teilweise naiven Annahmen zur Problematik der psychischen Belastung am Arbeitsplatz ausgegangen.

Halbstandardisierte Interviews und/oder Workshops mit Mitarbeitern ausgewählter Bereiche dienen der Feinanalyse von Gefährdungen/Belastungen. Ausgehend von vorher ermittelten Problembereichen können hier die Gefährdungen/Belastungen genauer identifiziert sowie ihre Ursachen erkundet werden.

Krankheitsdaten, soweit zugänglich, und Unfalldaten sind ein weiterer analytischer Zugang zu den Gefährdungen/Belastungen. Physikalische Messungen sind angebracht, wenn subjektive Aussagen der Mitarbeiter zu objektivieren sind (z. B. bei Lärm). Messungen des Blutdrucks, der Herzschlagfrequenz oder des Cholesterinspiegels während der Arbeitstätigkeit sind vor allem dann erforderlich, wenn es um die exakte Bestimmung von vorwiegend tätigkeitsbedingten physiologischen Beanspruchungsreaktionen bei Gruppen oder Einzelpersonen geht. Psychologische Messungen dienen beispielsweise der Diagnostik des Organisationsklimas mit Hilfe eines Fragebogens, der Analyse von Tätigkeitsbedingungen durch arbeitsanalytische Methoden oder der Erfassung psychosomatischer Beschwerden mittels entsprechender Beschwerdenlisten.

Die Bewertung der Gefährdung – auch als Risikobewertung bezeichnet – sollte in erster Linie durch Experten erfolgen. Dabei kann folgende Bewertung der Arbeitsbedingungen vorgenommen werden:

---

[247] z. B. Kohstall & Lerch (2001), GEW Baden-Württemberg (2001) BUK (1997), IG Metall (2000)
[248] BUK (2001), Rudow, B. (2000), Altenburg, P. (1996), LASI LV 28 (2002), AUVA (1999)

- Rang 1: Gefährdung
- Rang 2: wahrscheinliche Gefährdung
- Rang 3: keine oder geringe Gefährdung

Die Bewertung erfolgt nach der Wahrscheinlichkeit des Eintritts einer Gesundheitsstörung oder Erkrankung durch Arbeitsbelastungen.

Schritt 5: **Festlegung von Schutzzielen**

Schutzziele bestimmen den Soll-Zustand der Gesundheit der Mitarbeiter; sie drücken Forderungen und Vorgaben aus. Sie sind i. d. R. in Gesetzen, Verordnungen, Unfallverhütungsvorschriften, Normen u. ä. enthalten. Ein Hauptziel ist die Verminderung leistungsbeeinträchtigender und gesundheitsschädigender Arbeitsbelastungen sein. Die Einzelziele sollten möglichst konkret formuliert werden, damit bei der Wirkungskontrolle (siehe Schritt 7) der Grad der Zielerreichung recht exakt angegeben werden kann.

Schritt 6: **Ableitung von Arbeitsschutzmaßnahmen**

Hier kommen folgende Maßnahmen in Frage (siehe ausführlich Abschnitt 6.2.2.):

- technische Maßnahmen (z. B. Einbau von lärmisolierenden Wänden oder die Abschirmung von Gefahrstellen),
- arbeitsorganisatorische Maßnahmen (z. B. Veränderung der Arbeitszeiten oder der Arbeitsaufgaben) und
- personenbezogene Maßnahmen (z. B. Coaching, Trainings).

Gemäß dem Primat der Verhältnisprävention sollten organisatorische Maßnahmen, d. h. Maßnahmen der Arbeits- und Organisationsgestaltung in Bezug auf die verschiedensten Belastungs- bzw. Gefährdungsfaktoren den Vorrang haben. Maßnahmen der Personalpflege, d. h. personenbezogene Maßnahmen sind dann notwendig, wenn durch die Veränderung von Arbeitsplätzen bzw. –bedingungen kein bedeutsamer Abbau von individuellen Belastungen und Beanspruchungsreaktionen erfolgt ist.

Schritt 7: **Durchführung von Maßnahmen**

Hier ist zu klären, *wer* für die Realisierung der Maßnahmen verantwortlich ist, *wer* sie durchführt und *wann* und *wie* die Maßnahmen durchgeführt werden. Damit werden die Prioritäten festgelegt, die sich aus der Gefährdungsbeurteilung ergeben. Maßnahmen können sowohl zeitlich begrenzt als auch permanent durchgeführt werden. In einem Gesundheitszirkel können beispielsweise die festgelegten Maßnahmen bereits während der Durchführung kontrolliert, evaluiert und ggf. korrigiert werden (siehe dazu auch Kapitel 3.3.).

Schritt 8: **Kontrolle der Wirksamkeit/ Evaluation**

Die Wirksamkeit durchgeführter Maßnahmen kann z. B. durch regelmäßige schriftliche oder mündliche Befragungen der Mitarbeiter (sog. Feedback-Surveys) überprüft werden. Auch ein über längere Zeit laufender Gesundheitszirkel oder der Gesundheitsbericht kann zur Evaluation von Schutzmaßnahmen genutzt werden. Das Kontrollergebnis ist ebenfalls zu dokumentieren. Sollte die Wirksamkeit einzelner Schutzmaßnahmen nicht ausreichend sein, so sind diese zu verbessern oder weitere Maßnahmen festzulegen.

Schritt 9: *Generalisierung der Maßnahmen*

Nach der positiv ausgefallenen Evaluation durchgeführter Maßnahmen inkl. Methoden können diese auf weitere Unternehmensbereiche übertragen werden.

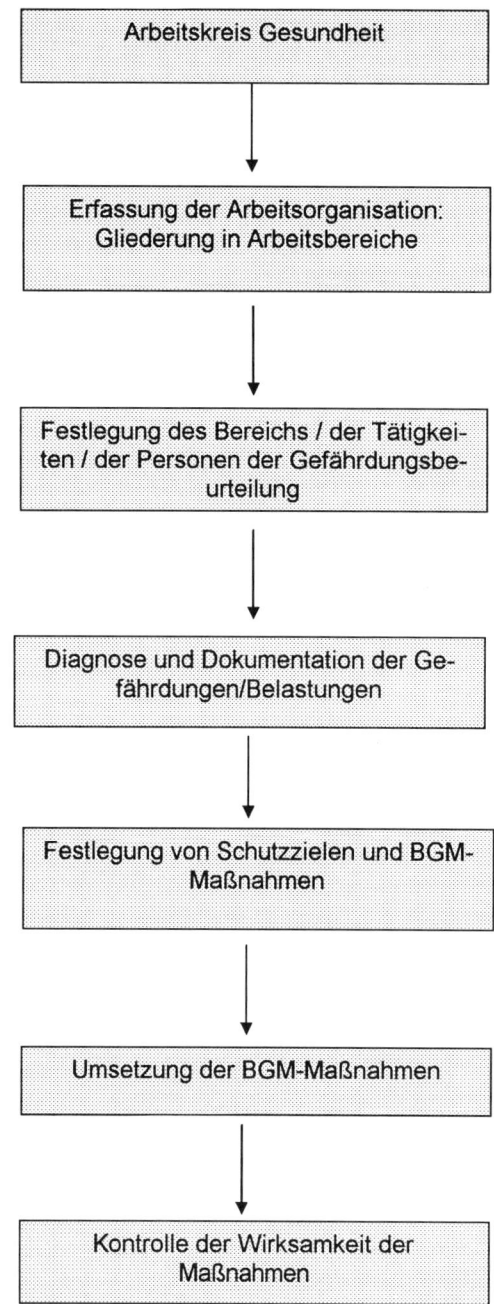

Bild 62: Schritte des betrieblichen Gesundheitsmanagements

6.3 Bausteine eines Gesundheitsprogramms

6.3.1 Leitbild zur Gesundheit

Das Leitbild (mission statement) - auch als Leitlinien oder Grundsätze bezeichnet - hat eine grundlegende Bedeutung, u. a. im BGM, für Management und Mitarbeiter im Unternehmen (siehe Kasten 68). Im Rahmen der Standortbestimmung zum BGM kommt dem Leitbild eine wichtige Rolle zu. Es hat drei **Funktionen:**

- *Motivationsfunktion*, d. h. ein Leitbild erhöht die Identifikation des Mitarbeiters mit dem BGM seines Unternehmens. Zudem kommt der Vision im Leitbild eine motivierende Funktion zu.

- *Legitimationsfunktion*, d. h. das Leitbild hilft, das BGM nach außen und besonders innen zu rechtfertigen.

- *Orientierungsfunktion*, d. h. das Leitbild hat eine handlungsorientierende Funktion bei allen Fragen zum BGM.

Kasten 68

Leitbild

Es definiert allgemeingültige Grundsätze und das dem unternehmerischen Handeln zugrunde liegende Wertesystem im betrieblichen Gesundheitsmanagement. Es ist ein realistisches Idealbild für Management und Mitarbeiter des Unternehmens.

Mit dem Leitbild zur Gesundheit werden folgende **Ziele** angestrebt:

- Es dient der allgemeinen *Selbstverständigung* über Werte, Grundsätze, Inhalte, Ziele, etc. des BGM, indem darüber im Unternehmen permanent kommuniziert wird.

- Es fördert die gezielte *Kommunikation mit der Umwelt*, bei der Gesundheit als Wert transparent werden soll. Somit ist es Bestandteil der Öffentlichkeitsarbeit des Unternehmens.

- Es ist Bestandteil von *Corporate Identity*, d. h. von Corporate Communication, Corporate Design und Corporate Attitude.

- Es dient der *Entwicklung von Management und Führung* im Hinblick auf Gesundheitsbewusstsein und vorbildliches Gesundheitsverhalten (siehe ausführlich Kapitel 5).

- Es dient der *Personalentwicklung und –pflege*, indem Gesundheitsthemen beispielsweise in Weiterbildungsveranstaltungen thematisiert werden.

- Es dient der *Vorbeugung von Konflikten*, da mit dem Leitbild ein Regelwerk für den einheitlichen Umgang mit gesundheitsrelevanten Themen geschaffen ist.

- Es dient der *Kontrolle und Sanktion* des Gesundheitsverhaltens von Management und Mitarbeitern.

Somit ist das Leitbild zur Gesundheit integrativer Bestandteil der Unternehmenspolitik, -philosophie und –kultur.

Das Leitbild zur Gesundheit hat folgende **Aufgaben**:

- Gesundheit wird als Wert und Ziel des Unternehmens propagiert.
- Es ist ein Ideal, das anzustreben ist. In dem Sinne dient es auch dem Benchmarking mit anderen Unternehmen zum BGM.
- Bestimmte operationalisierbare Fakten, wie z. B. Prozentzahlen zum Kranken- vs. Gesundheitsstand als Zielgröße, werden im Leitbild konkretisiert.
- Es dient der gezielten und systematischen *Realisierung von Maßnahmen* des BGM, weil beispielsweise mit dem Leitbild eine Strategie inkl. einzelner Schritte und Ziele formuliert ist.

Das Leitbild zur Gesundheit sollte folgende **Module** aufweisen:

Unternehmensvisionen

Die Vision ist allgemein ein ideales Zukunftsbild. Solche Vision des BGM könnte beispielsweise sein:

- Gesundheitsstand von 97 % im Jahre 2007,
- das beste Unternehmen im Konzern beim Gesundheitsstand („Best in Class"),
- Gesundheitspass für alle Führungskräfte und Mitarbeiter,
- Arbeitsplätze, die nicht krank machen
- Sensibilisierung und Aktivierung *aller* Mitarbeiter für das BGM,
- das Unternehmen als Vorbild und Consultingzentrum für BGM in der Region.

Mission, Auftrag und Werte

Das BGM hat sich in die allgemeine Mission und den Auftrag von Staat, Land oder anderen Trägern des Unternehmens einzuordnen. Dabei werden die besonderen Werte des Unternehmens im BGM betont, z. B. erreichte Ziele wie Professionalität, Wissenschaftlichkeit oder Tradition des BGM im Unternehmen.

Unternehmensziele

Ausgehend von der Vision sollten hier konkrete, zumindest mittelfristig erreichbare Ziele formuliert werden. Sie sind so zu definieren, dass sich daraus BGM-Ziele für einzelne Abteilungen und weitere Unternehmensbereiche ableiten lassen. Beispiele dafür sind: ein konkreter Gesundheitsstand für ein bestimmtes Jahr oder konkrete Vorhaben wie z. B. :

- Einführung eines GZ oder
- Einführung der Rückenschule oder
- Einführung der Suchtberatung oder
- Durchführung von Gefährdungsbeurteilungen an allen Arbeitsplätzen
- verbesserte Kommunikation mit Krankenkassen und niedergelassenen Ärzten in Region.

Management- und Führungsgrundsätze

Hier werden die wesentlichen Grundsätze zum BGM formuliert. Ausgehend von den Prinzipien der Eigenverantwortung, Subsidiarität und Solidarität (siehe Kapitel 1.2.) sind es beispielsweise:[249]

- „permanenter, offener Dialog mit allen Beteiligten
- aktive Einbeziehung der Mitarbeiter
- prospektive Mitgestaltung der Arbeitswelt
- problem- und zielgruppenorientierte Arbeit
- ganzheitliche Ausrichtung
- permanente Überprüfung und innovative Weiterentwicklung
- konsequente Berücksichtigung von Kosten-Nutzen-Aspekten."

Weitere Führungsgrundsätze sind im Kapitel 5 ausführlich dargestellt.

Verhaltensgrundsätze

Sie sollen für alle Führungskräfte und Mitarbeiter gelten. Die Verhaltensweisen betreffen z. B. das Nichttrinken von Alkohol, das Rauchen auf vorbestimmten Plätzen, die Inanspruchnahme von Gesundheitschecks und das Tragen von PSA an bestimmten Arbeitsplätzen, welche zu Grundsätzen erhoben werden.

Ein Leitbild zur Gesundheit soll allgemein- und langfristig gültig, umfassend, klar formuliert, konsistent und vor allem realisierbar sein. Das Wichtigste ist aber: Es muss von Management und Mitarbeitern er- und gelebt werden.

6.3.2 Ansätze und Maßnahmen des betrieblichen Gesundheitsmanagements

Es gibt methodisch drei Hauptansätze im BGM: die Organisation, die Arbeitsstruktur und die Person. Die Auswahl der Maßnahmen sollte stets erfolgen nach den Kriterien:

- ➢ der Bedarfsgerechtigkeit
- ➢ der Akzeptanz durch die Beschäftigten
- ➢ der wissenschaftlichen Fundiertheit
- ➢ der Wirtschaftlichkeit.

Im Einzelnen können verschiedenste Maßnahmen durchgeführt werden (siehe Tabellen 30 - 32).

---

[249] nach Leitbild zum Gesundheitsmanagement bei der VOLKSWAGEN AG (1999)

Tabelle 30: Organisationsbezogene Maßnahmen des BGM

	Gesundheitsförderliche Maßnahmen	Gesundheitserhaltende Maßnahmen
O R G A N I S A T I O N	Arbeitskreis Gesundheit	Arbeitsplatzsicherheit
	Leitbild	Arbeitsplätze für Mitarbeiter mit Leistungseinschränkungen (Leistungsgewandelte)
	Führungsgrundsätze/ Führungsstil	
	Gruppenarbeit	Selbsthilfegruppen
	Gesundheitszirkel	Konfliktmanagement
	Kommunikationsstil	Unfallschutz
	Transparenz in Organisation und Entscheidung	Unterweisungen
		Anti-Mobbing
	Anreizsysteme	Lärmbekämpfung
	Karrierechancen	Gesundheitsverträgliche Schichtsysteme
	Flexible Arbeitszeitmodelle	
	Teamcoaching	
	Teamaktivitäten	
	Sport- und Bewegungsprogramm	
	Außerdienstliche Aktivitäten und Events	
	Soziale Maßnahmen	
	Räumlichkeiten (Kantine, Kommunikationsplätze, Entspannungsräume, usw.)	
	Unternehmensgebäude und -anlagen (Architektur, Farben, Wege, Sitzbänke, Bepflanzung, usw.)	

Tabelle 31: Arbeitsbezogene Maßnahmen des BGM

	Gesundheitsförderliche Maßnahmen	Gesundheitserhaltende Maßnahmen
A R B E I T	Autonomie bei Aufgabenerfüllung Ganzheitlichkeit der Arbeitsaufgabe Sinnhaftigkeit der Arbeitsaufgabe Tätigkeitsspielräume Anforderungsvielfalt Übertragung von Verantwortung Lern- und Entwicklungspotentiale am Arbeitsplatz Aufgabenbezogene Kooperation/ Kommunikation Arbeitsumfeldgestaltung (Beleuchtung, Farben, Klima usw.)	Vermeidung von psychischen Fehlbelastungen (Über- und Unterforderung) Vermeidung einseitiger körperlicher Anforderungen / Zwangshaltungen gesundheitsgerechte Arbeitsmittel Schutz vor physikalischen und chemischen Gefährdungen am Arbeitsplatz Gestaltung erholungswirksamer Pausen Gestaltung zuverlässiger Mensch-Maschine-Systeme

Tabelle 32: Personenbezogene Maßnahmen des BGM

	Gesundheitsförderliche Maßnahmen	Gesundheitserhaltende Maßnahmen
P E R S O N	Kommunikationstraining Entspannungsübungen Belastungsbewältigungstraining Schulung in Arbeitstechniken Problemlösetraining Zeitmanagementtraining Entspannungstechniken Selbstsicherheitstraining Wohlfühl-Programm Sportangebote Supervision Gesundheitsbildung	Rückenschule Hebe- und Trageschulung Krankengymnastik Raucherentwöhnung Suchtberatung Mobbingberatung Ernährungsberatung Gesundheitscoaching Stressmanagementtraining Konfliktmanagementtraining Angstbewältigungstraining Burnoutprävention Psychotherapie

6.3.3 Module des betrieblichen Gesundheitsmanagements

BGM ist modulartig aufgebaut, um problem- und zielgruppenbezogenes Agieren zu ermöglichen. Neben den im Bild 62 dargestellten Grundmodulen gibt es Zusatzmodule wie z. B. Gesundheitsberichterstattung, Gesundheitsbeurteilung, Gesundheitsförderungsprogramme, Aufklärung und Beratung sowie leistungs- und gesundheitsadäquater Mitarbeitereinsatz.[250]

Die Basis des Gesundheitsmanagements im Betrieb ist traditionell eine hochwertige, bedarfsgerechte und umfassende medizinische Betreuung. Sie ist nicht nur klassische Diagnose und Therapie von Berufserkrankungen, sondern umfasst ferner Arbeitsplatzbegehungen, die medizinisch-psychologische Beratung und Betreuung der Beschäftigten sowie auch die Organisation der ersten Hilfe.

Es sind folgende Grundmodule zu nennen:

- Gestaltung der Arbeitswelt
- Mitarbeiterbeteiligung
- Information und Kommunikation

Gestaltung der Arbeitswelt

Im Mittelpunkt steht die gesundheitsgerechte Gestaltung der Arbeitswelt. Das Konzept der Gestaltung der *Arbeitswelt* ist recht weit gefasst. Dabei geht es um bedeutend mehr als ergonomische Arbeitsplatzgestaltung. Es geht auch über das Konzept der Arbeitsgestaltung i. e. S. hinaus (siehe dazu Kapitel 4). Im erweiterten Sinne zählen dazu die Beschäftigungsgarantie, innovative Arbeitszeitmodelle, neue Formen der Arbeitsorganisation, die Umwelt der Arbeit sowie der Schutz vor Diskriminierung, Mobbing und sexueller Belästigung am Arbeitsplatz.

Ein Kernbereich des Moduls ist das **Planungsverfahren** zur projektiven *ergonomischen und psychologischen* Arbeitsgestaltung. Dieses Verfahren erfordert die Mitwirkung von Arbeitsmedizin*, Arbeitssicherheit, Arbeitspsychologie* und Arbeitnehmervertretung von Beginn der Planung an bis zum Serienlauf. Es besteht aus acht Elementen, die inhaltlich und zeitlich aufeinander aufbauen. Dies sollte etwa wie folgt – grob skizziert - aussehen:

Stufe 1: Abstimmung der Vorplanung

Hier steht im Mittelpunkt die Grundsatzentscheidung, dass die (ausgewählten) Arbeitsplätze nach ergonomischen und psychologischen Kriterien gestaltet werden sollen.

---

[250] In Anlehnung an: Volkswagen AG Wolfsburg, Gesundheitswesen (1999) S. 2

Stufe 2: Vorstellung des Vorhabens im Betriebs-/Planungsausschuss
Aufgabe dieser Phase ist die Vorstellung des Vorhabens und die Abstimmung mit dem Betriebsrat.

Stufe 3: Grundsatzfestlegung Arbeitsplatz und Arbeitstätigkeit
Festlegung der Fläche, der Arbeitsabläufe/Arbeitsfolgen und der Arbeitsinhalte in der Detailplanung.

Stufe 4: Konstruktionsdurchsprache
Die Checklisten „Arbeitsplatz-/Tätigkeitsbeschreibung" und „Arbeitsmedizinische Mindestanforderungen"[251] sowie arbeitspsychologische Methoden sind dabei planerische Hilfsmittel. Hier ist es notwendig, neben ergonomischen und arbeitsmedizinischen auch arbeitspsychologische Methoden zur Gestaltung und Bewertung von Arbeitsaufgaben einzusetzen – was allerdings in der Praxis oft versäumt wird. Die *psychologische Gestaltung und Bewertung* bezieht sich auf zwei *Zielkriterien*:

1. Sicherung *vollständiger* Arbeitstätigkeiten, d. h. reduzierte Handlungserfordernisse, fehlende Möglichkeiten selbstständiger Zielsetzungen, fehlende Entscheidungserfordernisse, beschränkte Lernmöglichkeiten und Kooperations- wie Kommunikationsdefizte sind von vornherein zu vermeiden (siehe dazu auch Kapitel 2.3.2 und 4.1.1.).

2. Vermeidung von *Regulationsbeeinträchtigungen*, welche zu Fehlbelastungen mit negativen Beanspruchungsreaktionen und –folgen (Stress, Ermüdung, Sättigung usw.) führen können.

Stufe 5: Durchsprache im Projektteam
Dem Projektteam wird auf dieser Stufe eine Auswertung der Checklisten vorgelegt. Dabei werden auch noch weitere Vorschläge aufgenommen.

Stufe 6: Aufbau von Arbeitsplatz und Arbeitstätigkeit
Dabei werden unter Einbeziehung der Mitarbeiter Arbeitsplatz und Arbeitstätigkeit im „Try-out"* auf seine Praxistauglichkeit geprüft. Damit nicht nur Experten an der projektiven Arbeitsgestaltung beteiligt sind, ist es wichtig, die künftigen Mitarbeiter frühzeitig mit einzubeziehen.

Stufe 7: Abnahme
Die Prüfung erfolgt durch ein Expertenteam. Sie betrifft die Arbeitstätigkeit und den Arbeitsplatz mit allen ergonomischen und psychischen Anforderungen, Merkmalen und arbeitsorganisatorischen Aspekten.

Durch das skizzierte Verfahren ist es möglich, die Erfahrungen von Planern, Ingenieuren, Arbeitmedizinern, Arbeitspsychologen und Arbeitnehmervertretern zu nutzen. Es kann daher die Gesundheit nicht nur schützen, sondern auch fördern.

Mitarbeiterbeteiligung

Ein weiteres wichtiges Modul ist die Mitarbeiterbeteiligung. Es existieren verschiedene Formen der Beteiligung, die auf der Leistungsfähigkeit (Können), der Leistungsbereitschaft (Wollen) sowie der Leistungsentfaltungsmöglichkeit (Dürfen) basieren. Instrumente für Mitwirkungsmöglichkeiten von Mitarbeitern sind z. B. die

---

[251] Checklisten siehe: Lippmann, K. & Brandenburg, U. (1996) S. 253 f.

Gruppenarbeit, der KVP oder Kaizen, Gesundheitszirkel sowie Mitarbeiterbefragungen.[252]

Die Mitarbeiterbeteiligung trägt mit diesen Maßnahmen insgesamt zur Verbesserung der Gesundheit bei, weil die Möglichkeit zur Partizipation ein Grundanliegen der Gesundheitsförderung am Arbeitsplatz ist. Es wurde schon darauf hingewiesen, dass ein Faktor der Gesundheits- und Sicherheitskultur die Sensibilisierung *aller* Mitarbeiter für Gesundheits- und Sicherheitsthemen ist. Dies kann nur durch aktive Beteiligung aller Akteure im Betrieb erreicht werden.

Information und Kommunikation

Die Information und Kommunikation zu gesundheitsrelevanten Themen ist ein Kernelement des BGM. Dabei sind von besonderer Bedeutung:[253]

- Allgemeine Mitarbeiterbetreuungsgespräche
- Fürsorgliche Rückkehrgespräche
- Fehlzeitengespräche
- Kontinuierliche Gesundheitsberichterstattung
- Beratungsgespräche im betrieblichen Gesundheitswesen
- Arbeitsschutzausschuss und Arbeitskreise zur Gesundheit
- Dialog mit Haus- und Fachärzten außerhalb des Unternehmens
- Kommunikation mit Sozialversicherungsträgern

Darüber hinaus tragen auch die regelmäßige Bekanntmachung und Diskussion des Kranken- bzw. Gesundheitsstandes, Mitarbeiterbefragungen, Unterweisungen zum Arbeitsschutz sowie spezielle Kampagnen zur Information und Kommunikation bei.

In einer empirischen Untersuchung wurde festgestellt, dass das Informations- und Kommunikationsmanagement den Kern zur Entwicklung einer Gesundheits- und Sicherheitskultur darstellt. In erfolgreichen Unternehmen wurden Fragen der Gesundheit und Sicherheit nicht nur in speziellen Kampagnen und zu besonderen Anlässen thematisiert, sondern sie sind Gegenstand alltäglicher Besprechungen zur Steuerung und Koordination des betrieblichen Leistungsgeschehens.[254]

Gesundheitsbericht

Der Gesundheitsbericht ist ein weiteres wichtiges Modul. Er stellt eine Analyse der gegebenen Gesundheitssituation dar. Es können darin Daten zu einer Reihe von Sachverhalten enthalten sein: Prävalenz von Krankheiten, gesundheitliche Beschwerden, physiologische Zustände wie Hypertonie, Übergewicht usw., Arbeitsbelastungen, betriebsärztliche Befunde, Belastungsprofile von Arbeitsplätzen oder größeren Arbeitsbereichen. Die Erstellung eines Gesundheitsberichts hat zum Ziel, eine Datengrundlage für die Entwicklung des Gesundheitsmanagements im Unternehmen zu schaffen. Dafür stehen in erster Linie die Routinedaten der Krankenkassen zur Verfügung. Die AU-Daten können statistisch nach Häufigkeiten, Dauer, Krankheitsarten, Altersgruppen, Geschlecht, etc. aufbereitet werden und geben somit einen Überblick über das Krankheitsgeschehen im Betrieb. Nach Möglichkeit ist der Gesundheitsbericht regelmäßig und spezifisch für verschiedene Adressaten zu erstellen. Er fungiert auch als Instrument eines "Gesundheits-Controllings".

---

[252] Volkswagen AG (1999) S. 4
[253] Ebenda S. 5
[254] Elke, G. & Zimolong, B. (2001) S. 104

6.3.4 Einzelprogramme zur betrieblichen Gesundheitsförderung

Die große Anzahl der Gesundheitsprogramme in Unternehmen - besonders in den USA - lässt sich insbesondere folgenden Themen zuordnen:[255]

Sport und Fitness

Durch die Zunahme psychischer Anforderungen und Belastungen zuungunsten körperlicher Betätigung sowie durch einseitige körperliche Belastungen in der Arbeit kommt dem Gesundheitssport im Betrieb eine besondere Bedeutung zu. Relativ viele Arbeitstätigkeiten sind gegenwärtig nicht nur aus psychologischer Sicht, sondern auch ergonomisch* nicht optimal. Die Folgen sind Fehlregulationen von Organen bzw. Organsystemen (Herz-Kreislauf-, Magen-Darm-System etc.) sowie körperliche Verspannungen und Fehlhaltungen. Durch regelmäßiges, sportmethodisch fundiertes körperliches Training in Form von Gymnastik und Stretching, Bewegungen, Laufen, Wandern und Kraftübungen können insbesondere das Herz-Kreislauf-System und der Bewegungsapparat stabilisiert werden. Grundsätzlich trägt es zu einer Verbesserung der allgemeinen Kondition bei, welche sich aus Ausdauer, Kraft, Schnelligkeit, Beweglichkeit und Koordination zusammensetzt. Gezielte sportliche Aktivitäten bieten also eine ideale Möglichkeit, gesundheitlichen Schäden vorzubeugen und die Gesundheit zu entwickeln.

Bewegung am Arbeitsplatz

Der Bewegungsmangel in der Arbeit ist separat oder in Verbindung mit anderen Risikofaktoren ein Hauptauslöser für Gesundheitsstörungen und Erkrankungen (siehe Kapitel 2.3.3.). Deshalb sind Angebote zur Bewegung am Arbeitsplatz wichtig. Sehr viele Menschen suchen und finden oft eher spontan als bewusst einen Ausgleich bzw. eine Ergänzung zur bewegungsarmen Tätigkeit am Arbeitsplatz. Dies ist Ausdruck eines natürlichen Bewegungsbedürfnisses, das sich beispielsweise bereits im wohltuenden "Sichräkeln" und "Sichdehnen" nach langer Sitzarbeit z. B. am Personalcomputer zeigt. Davon ausgehend gibt es in einigen Organisationen Bewegungsprogramme am Arbeitsplatz. Dazu wird in erster Linie die Bewegungspause genutzt. Diese kann einzeln oder in Gruppen durchgeführt werden.

Stressbewältigung

Betrieblich organisierte Stressbewältigungsprogramme richten sich vorwiegend an die Mitarbeiter; sie sind also individuumbezogen. Dabei sind sie oft lediglich auf Entspannungstechniken orientiert, besonders auf das Autogene Training und die Progressive Muskelrelaxation. Dies reicht aber nicht aus (siehe dazu ausführlich Kapitel 3.3.). Denn Stressmanagement sollte auch arbeits- und organisationsbezogen sein. Ferner sollten mehrere methodische Ansätze zur Stressbewältigung berücksichtigt werden.

---

[255] vgl. Fielding, J. E. (1989)

Raucherentwöhnung

Durch gezielte Maßnahmen wird die Begrenzung von gesundheitlichen Schäden durch Rauchen angestrebt. Dabei werden folgende Schritte vollzogen:

1. Es muss der Wunsch des Rauchers gegeben sein, mit dem Rauchen auf zuhören. Hierzu können entsprechende Aktionen im Betrieb beitragen.
2. Der Raucher muß versuchen, zu einem festgelegten Datum in naher Zukunft mit dem Rauchen aufzuhören (sog. Schluss-Punkt-Methode).
3. Führt dieses Vorgehen nicht zur Abstinenz, ist die Raucherentwöhnungsbehandlung erforderlich.

Die effektivsten Methoden zur Raucherentwöhnung haben ein verhaltenstherapeutisches Grundkonzept* sowie eine Nikotinsubstitution (Nasalspray, Nikotinkaugummi, Nikotinpflaster) gemeinsam.

Es ist notwendig, dass Unternehmen den Rauchern die Möglichkeit geben, an solchen Programmen teilzunehmen. Sie sollten aber weder einmaliger Aktionismus noch Abschreckungsstrategien, d. h. die Vermittlung der Gefahren des Rauchens, sein. Beide Vorgehensweisen haben sich eher als kontraproduktiv erwiesen.

Ernährung und Gewichtsreduktion

Hier werden in bzw. für Unternehmen oft Gruppenprogramme durchgeführt. Solche Kurse sind oft verhaltensorientiert und haben das Ziel, das Essverhalten bzw. die *Fehlernährung* zu verändern. Menschen verändern ihr Ernährungsverhalten nur selten aus eigenem Antrieb. Deshalb ist es wichtig, dass auch im Betrieb entsprechende Programme angeboten werden. Sie reichen von der Ernährungsberatung über die Ernährungserziehung bis hin zu Kursen für Übergewichtige. In den Kursen lernen die Teilnehmer, wie sie ihr Gewicht durch Ernährungsumstellung, oft kombiniert mit einem Bewegungsprogramm, reduzieren können.

Rückenschule

Rückenschulen richten ihr sekundär-präventives Angebot in erster Linie an Personen mit Rückenbeschwerden. Diese Personen sollen befähigt werden, chronische Rückenbeschwerden durch aktives Verhalten zu verhindern. Inhaltliche Schwerpunkte sind dabei meist diese:

- Information über die Anatomie des Rückens sowie über muskelphysiologische und biomechanische Kenntnisse
- Einübung von sog. rückengerechtem Verhalten (Heben und Tragen von Lasten, Bücken usw.)
- Rückenübungen und Sporttreiben (z. B. Schwimmen) zur Stärkung der Muskulatur der Wirbelsäule
- Entspannungsübungen (z. B. Progressive Muskelrelaxation).

Suchtprävention

Die Prävention von Süchten ist ein Anliegen von Unternehmen, welches zunehmend als Maßnahme Berücksichtigung findet. Dabei geht es nicht nur um Alkoholismus, der in der Vergangenheit Schwerpunkt war, sondern auch um Drogen-, Internet- und Arbeitssucht (siehe dazu ausführlich Kapitel 3.7.).

Hauptprobleme bei derartigen Gesundheitsprogrammen im Unternehmen sind u. a. folgende:

- Die Einzelprogramme werden nicht kombiniert, sondern nur einzeln angeboten. Demzufolge beziehen sie sich auf ausgewählte Gesundheitsprobleme und Zielgruppen. Ob und welche Gesundheitsprogramme eingesetzt werden, dies sollte auf Grundlage einer Ist-Analyse zum Gesundheitszustand der Beschäftigten oder ausgewählter Beschäftigtengruppen (Azubis, Leistungsgewandelte usw.) - z. B. dargestellt im Gesundheitsbericht - entschieden werden.

- Die Qualität des Konzepts, ihrer Durchführung und besonders ihre Effekte auf die Gesundheit werden meistens nicht evaluiert. Nur wenige der u. a. in den USA häufig in großem Umfang durchgeführten Einzelprogramme sind sauber evaluiert worden, d. h. anhand eines aussagekräftigen Untersuchungsplans, einer genügend langen Erfolgskontrolle nach Kursabschluss und mit möglichst objektiven Gesundheitskriterien.

6.4. Spezielle Gesundheitsprogramme

6.4.1 Programm zur Fehlzeitensenkung

"Warum fehlen einige Mitarbeiter öfter als andere?" Dies ist eine Frage, welche sich Verantwortliche in Unternehmen häufig stellen. Dabei geht es nicht in erster Linie um die "echten" Kranken. Das Problem sind vielmehr die Mitarbeiter, die eigentlich zur Arbeit erscheinen müssten, die also nicht krank sind - und dennoch öfter fehlen. Für Unternehmen sind Fehlzeiten aus folgenden Gründen ein großes Problem (siehe Bild 63):

1) Fehlzeiten sind ein **Kostenfaktor** (siehe auch Kapitel 1.6.). Wenn ein Unternehmen mit beispielsweise ca. 6.600 Beschäftigten den Gesundheitsstand um ein Prozent erhöht, dann spart es pro Jahr ca. 2,58 Mio. € ein[256]. Der Produktionsausfall aufgrund von Arbeitsunfähigkeiten ist für die Volkswirtschaft ein erheblicher Kostenfaktor. Im Jahr 1998 gingen bei 32 Mio. Arbeitnehmern durchschnittlich 14,7 Kalendertage durch Arbeitsunfähigkeit verloren. Gesamtwirtschaftlich gesehen, ergeben sich daraus 470,4 Mio. Arbeitsunfähigkeitstage (1,29 Mio. Ausfalljahren). Multipliziert man dies mit dem durchschnittlichen Jahreseinkommen von 32 014,- € kommt man in Deutschland für das Jahr 1998 auf eine ausgefallene Produktion durch Arbeitsunfähigkeit von 41,3 Mrd. €. Dies ist ein Anteil von 2,14 % des Bruttonationaleinkommens.[257] Wir unterscheiden direkte und indirekte Kosten durch Fehlzeiten. Folgende direkte Kosten werden verursacht:

- hohe Absentismusraten
- sinkende Produktivität
- hohe Unfallversicherungs- und Ausgleichszahlungsprämien
- hohe Fluktuation der Beschäftigten
- hohe indirekte Personalkosten

---

[256] Berechnungsmodus nach Eissing, G. (1991)
[257] Statistisches Bundesamt (1998) S. 267

Indirekte Kosten sind folgende:

- schlechtes Firmenimage
- mangelnde Arbeitsmoral
- niedrige Arbeitszufriedenheit
- negative Einstellung der Mitarbeiter zum Unternehmen
- Absinken der Attraktivität auf dem Arbeitsmarkt.

Erfolgreiches Fehlzeitenmanagement bedeutet also für Unternehmen einen beträchtlichen finanziellen Gewinn.

2) Fehlzeiten sind ein **Störfaktor**. Durch die oft unvorhergesehene Abwesenheit von Mitarbeitern kommt es beispielsweise zur Mehrarbeit für Kollegen, zu Störungen im geplanten Produktionsablauf, in der Kommunikation und Kooperation, zu Versetzungen von Mitarbeitern u. a. m.. Dies führt häufig zur Senkung von Produktionsziffern, zur Gefährdung von Lieferterminen, zu Qualitätsminderungen und zu einer Mehrbelastung der anwesenden Mitarbeiter. Für Vorgesetzte bedeuten also Fehlzeiten einen zusätzlichen Aufwand für organisatorische Umstellungen.

3) Fehlzeiten sind ein **Warnsignal**, indem sie die Notwendigkeit anzeigen, mögliche Ursachen und Bedingungen aufzudecken und darauf aufbauend Maßnahmen zu ergreifen. Denn Fehlzeiten weisen oft auf defizitäre Arbeits- und Organisationsbedingungen und insgesamt auf ein beeinträchtigtes Betriebsklima hin. In diesem Sinne sind Fehlzeiten ein wesentlicher Grund, Arbeits- und Organisationsanalysen und Gestaltungsmaßnahmen zur Organisationsentwicklung durchzuführen.

Bild 63: Negative Auswirkungen von Fehlzeiten

> **Kasten 69**
>
> **Fehlzeiten**
>
> ...sind auf die Sollarbeitszeit bezogene, in Tagen gemessene Abwesenheiten vom Betrieb. Es sind solche Zeiten, in denen der Arbeitnehmer aus persönlichen Gründen seinen Verpflichtungen nicht nachkommt. Solche Gründe sind z. B. Krankheit, Unfall, entschuldigtes/unentschuldigtes Fehlen und Sonderurlaub.

Fehlzeiten bzw. Krankenstand sind in einzelnen Wirtschaftsbereichen sehr unterschiedlich ausgeprägt (siehe Tabelle 33). Die Analyse, Diagnostik und Reduktion von Fehlzeiten wurde schon in einigen Unternehmen zu einem dringlichen Anliegen, indem beispielsweise eine Projektgruppe "Gesundheit" tätig ist, die Fehlzeiten fokussiert. Ihre Bekämpfung ist Indikator einer modernen Unternehmensphilosophie, in der das Gesundheitsmanagement von wesentlicher Bedeutung ist. Während Großunternehmen das Problem i. d. R. erkannt haben und demgemäß handeln, gibt es noch häufig Nachholbedarf in mittelständischen und kleinen Unternehmen.

Tabelle 33: Krankenstände an ausgewählten Arbeitsplätzen[258]

Arbeitsbereich	Krankenstand
Stadtreinigung und Entsorgung	10 %
Gebäudereinigung	9,4 %
Gepäckarbeiter Flughafen	9,0 %
Wach- und Sicherheitsbereich	7,1 %
Fahrer Entsorgungsfahrzeuge	6,8 %
Straßenbau	6,8 %
Öffentlicher Dienst	5,7 %
Sozialarbeiter/-pfleger	4,3 %
Erzieher	4,0 %
Bürofachkräfte	3,5 %
Darstellende Künstler	2,9 %
Musiker	1,9 %
Ärztlicher Dienst Allg. Krankenhaus/Klinik	0,7 %

Begriffe und Modell der Fehlzeiten

Es ist festzustellen, dass in der einschlägigen Literatur und Praxis keine einheitliche Definition über Fehlzeiten vorliegt. Die Begriffe *Fehlzeiten, Krankenstand* und *Absentismus* werden unterschiedlich gebraucht. Demzufolge sollen sie wie folgt definiert werden:

---

[258] nach Manz, R. & J. Wolters (2002), S. 7

Fehlzeiten

Es sind Zeiten, in denen der Arbeitnehmer dem Unternehmen zur Erfüllung seiner Aufgaben nicht zur Verfügung steht. Hierunter wird die Abwesenheit per Gesetz (z. B. Mutterschutz), Tarifvertrag (z. B. Urlaub), betriebliche Regelungen (z. B. Fortbildung) und Krankheit verstanden.

Krankenstand

Als solcher gilt eine Abwesenheit vom Arbeitsplatz bzw. Betrieb aufgrund eines "*Körper- oder Geisteszustandes, der eine Heilbehandlung erfordert oder Arbeitsunfähigkeit zur Folge hat*". Ein Mitarbeiter gilt als arbeitsunfähig, wenn er infolge von Krankheit nicht oder nur unter Gefahr, seinen Zustand zu verschlimmern, fähig ist, seine bisherige Erwerbstätigkeit zu verrichten. Hier tritt jedoch eine Unschärfe dadurch ein, dass Krankheit ärztlich attestiert sein kann oder sich lediglich auf die Aussage des Mitarbeiters stützt, wenn es sich um eine Kurzerkrankung von weniger als drei Tagen handelt, für die kein ärztliches Attest vorliegt.

Absentismus

Er umfasst eine Teilmenge des Krankenstands und entspricht der motivational bedingten Abwesenheit. Hier wird vom Individuum über die Abwesenheit auf Grund fragwürdiger Sachverhalte selbst entschieden. Die vertraglich vereinbarte Verpflichtung zur Arbeit wird dabei missachtet.

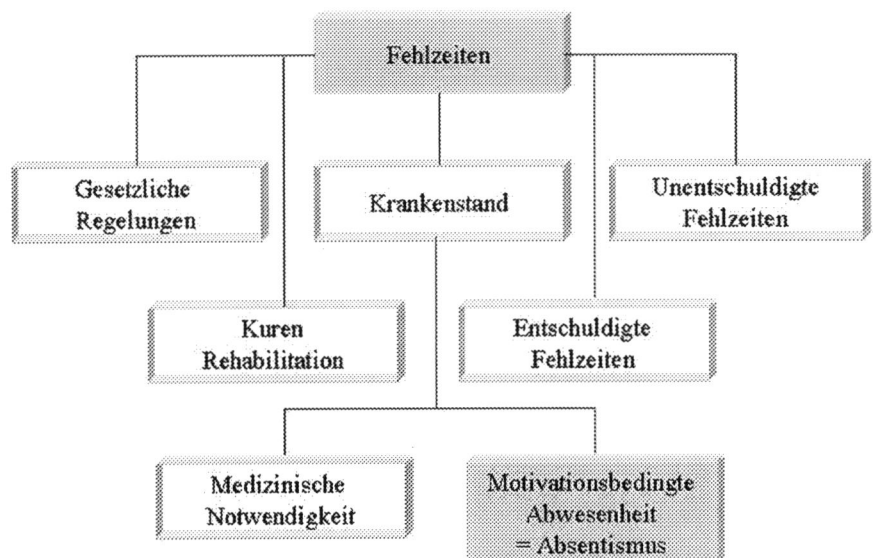

Bild 64: Modell der Fehlzeiten[259]

---

[259] nach Nieder, P. & Michalk, S. (1995)

Grundsätzlich ist festzustellen, dass in jedem Unternehmen ein „Sockelbetrag", d. h. eine Basisfehlzeitenquote vorhanden ist. Nach SALOWSKY[260] sind etwa 70 – 80 % der Fehlzeiten auf den Krankenstand zurückzuführen. Es ist ersichtlich, dass hier der Schwerpunkt der Fehlzeitenprävention liegen muss. Dieser differenziert sich in Krankheiten aufgrund medizinischer Notwendigkeit und in sog. motivationsbedingte Abwesenheit, die auch als Absentismus bezeichnet wird.

Absentismus gilt als ein Verhalten, das unabhängig von vertraglich vereinbarten oder medizinischen Tatbeständen zur Abwesenheit führt. Der Anteil des Absentismus am Krankenstand kann bis zu 60 Prozent betragen. Indikatoren für motivationsbedingte Abwesenheiten können sein:

- der „blaue" Montag bzw. Freitag
- „Flucht" in die Arbeitsunfähigkeit bei Umsetzungen
- Arbeitsunfähigkeitsbescheinigung (AU-Schein) bei Nichtgewährung von Urlaub oder im Urlaub
- AU-Bescheinigung bei Konflikten (bis hin zum Mobbing) mit Kollegen oder Vorgesetzten.

Aus personalwirtschaftlicher Sicht verlangen diese motivationsbedingten Fehlzeiten besondere Aufmerksamkeit. Vor allem auf sie kann durch Maßnahmen gezielt Einfluss genommen werden. In der Absentismusdiskussion stellt es sich allerdings als schwierig dar, eine Unterscheidung zwischen „Krankheit" und „rein motivationsbedingten Fehlzeiten" zu treffen. Geht man vom zugrunde gelegten Gesundheitsbegriff der WHO aus, kommt es auf das körperliche, geistige und soziale Wohlbefinden an. Das eigentliche Problem der Absentismusanalyse ist jedoch, dass es kaum noch eine somatische Beeinträchtigung gibt, die keine psychologischen Aspekte aufweist. Es geht hier also um die Zone zwischen definierbarer Gesundheit und Krankheit. Dies ist eine breite „Grauzone", die medizinisch schwer zu klären ist.

Krankenstand vs. Gesundheitstand

Wie wird nun der Krankenstand vs. Gesundheitsstand ermittelt? Bei ihrer Berechnung ist zu berücksichtigen, dass sie den Kriterien der Aussagefähigkeit, Vergleichbarkeit und Transparenz genügen müssen. Dabei ist entscheidend, von einer identischen Begriffsdefinition auszugehen. In der Literatur wird der Krankenstandsbegriff auch häufig als Fehlzeitenmaß bezeichnet[261].

Jedes der Fehlzeitenmaße hat eine zeitliche Dimension, entweder zeitpunkt- oder zeitraumbezogen. Der zeitpunktbezogene Krankenstand wird z. B. von den Krankenkassen zum ersten eines jeden Monats erhoben. Problematisch ist die Aussagekraft einer solchen Erhebung. Durch Schwankungen des Krankenstandes innerhalb des Monats kommt es zu erheblichen Verzerrungen. Sinnvoller ist daher eine Erfassung des durchschnittlichen Krankenstandes pro Monat oder Jahr. In den meisten Unternehmen wird der Krankenstand zeitbezogen (pro Woche, Monat oder Jahr) als Krankenstandsquote erhoben. Allgemein kann eine solche Quote wie folgt aussehen:

---

[260] Salowsky, (1991) S. 69 ff.
[261] Schnabel, C. (1997), S. 8

Kasten 70

$$\text{Fehlzeitenquote (in Prozent)} = \frac{\text{Fehlzeiten laut Abgrenzung}}{\text{Sollarbeitszeit}} \times 100$$

Daraus ergibt sich für den Krankenstand:

$$\text{Krankenstand (in Prozent)} = \frac{\text{Abwesenheit aufgrund Krankheit}}{\text{Sollarbeitszeit}} \times 100$$

Unter **Sollarbeitszeit** wird hier die von den Arbeitnehmern aufgrund vertraglicher Verpflichtungen tatsächlich zu leistende Arbeitszeit (ohne Urlaub und Feiertage) verstanden. Fehlt z. B. ein Mitarbeiter an 11 von 220 Sollarbeitstagen bedingt durch Krankheit, so beträgt sein Krankenstand fünf Prozent.

In einigen Unternehmen, wie beispielsweise bei der Volkswagen AG, ist der klassische Begriff des Krankenstands dem Begriff *Gesundheitsstand* gewichen. Für statistische Zwecke ist die Gesundheitsquote die rechnerische Differenz der Krankentage zu den Sollarbeitstagen. Die Formel zu ihrer Berechnung ist wie folgt:

Kasten 71

$$\text{Gesundheitsquote} = \frac{(\text{Solltage minus Krankentage}) \times 100}{\text{Solltage}}$$

Sollarbeitstage sind dabei alle Tage an denen der Mitarbeiter arbeiten müsste, einschließlich Sonnabend-/Sonntagsschichten. Krankentage beinhalten die Tage mit Entgeltfortzahlungsanspruch, 3-Tage Regelung oder Arbeitsunfälle. Kuren und Mutterschaften sind nicht mit eingerechnet.

Analyse von Fehlzeiten

Dabei soll besonders der **Absentismus** interessieren. Dieser hat in mehrerer Hinsicht eine besondere Bedeutung: (1) Fehlzeiten motivationsbedingter Art weisen mittlerweile einen relativ großen, tendenziell zunehmenden Anteil im Rahmen aller Fehlzeiten auf. Geschätzt wird, dass bis zu ca. 50 % aller Fehlzeiten motivationsbedingt sind. (2) In der Analyse von motivationsbedingten Fehlzeiten liegt das größte Potential der Einflussnahme für Unternehmen. (3) Diese Fehlzeiten sind schwieriger objektivierbar als die krankheitsbedingten, weil sie im Ursachen-, Bedingungs- und Erscheinungsbild sehr komplex sind. Demzufolge ist ihre valide Diagnostik gegenwärtig ein großes Problem für Unternehmen.

Einerseits ist festzustellen, dass die motivationspsychologische Fehlzeitenforschung - besonders in Deutschland - noch am Anfang steht. (Im angelsächsischen Raum hat sie eine größere Tradition.) Andererseits liegen hier wohl die größten Potentiale der Fehlzeitenforschung. Demzufolge soll der Schwerpunkt folgender Betrachtungen der motivationale Aspekt sein.

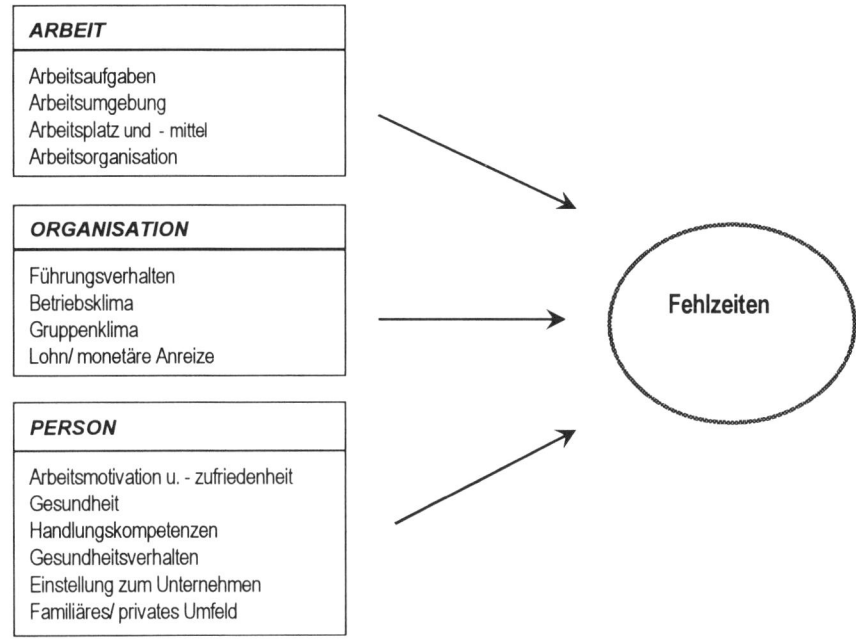

Bild 65: Einflussfaktoren auf Fehlzeiten

Grundsätzlich ist das Abwesenheits- bzw. Anwesenheitsverhalten von Arbeitenden in Organisationen als motiviertes, zielgerichtetes Verhalten anzusehen. Dieses Verhalten ist von zahlreichen objektiven und subjektiven Faktoren abhängig. Nach dem motivationspsychologischen Modell zur Erklärung der An- bzw. Abwesenheit von Mitarbeitern sind zwei Variablengruppen dafür verantwortlich (siehe auch Bild 65):

1. die *Motive einer Person*,
2. das *Motivierungspotential der Arbeitssituation*.

Motive einer Person sind Beweggründe menschlichen Verhaltens, die stets zielbezogen sind. Da Fehlzeiten ein bestimmtes Verhalten der betreffenden Person offenbaren, liegen ihnen auch bestimmte Motive zugrunde. Der Mensch hat unterschiedliche Motive für die Ausübung einer Arbeitstätigkeit. Sie reichen von überwiegend monetären über sozialorientierte bis hin zur Selbstverwirklichung. Nach HECKHAUSEN[262] werden vor allem das Anschlussmotiv und das Leistungsmotiv unterschieden. Während beim **Anschlussmotiv** das Ziel des Arbeitenden vor allem darin besteht, sozialen Anschluss in der Arbeit zu erreichen, geht es beim **Leistungsmotiv** in erster Linie darum, sich selbst und anderen die eigene Leistungsfähigkeit unter Beweis zu stellen. Die Motive sind bei Mitarbeitern unterschiedlich ausgeprägt und haben nicht zuletzt einen signifikanten Einfluss auf die Fehlzeiten. Es konnte z. B. festgestellt werden, dass 38 Prozent der Fehl-

---

[262] Heckhausen, H. (1989)

tage in einem Unternehmen auf Anschlussmotive zurückzuführen sind. Das heißt, je mehr Möglichkeiten von den Beschäftigten für die Zusammenarbeit und Kommunikation mit den Kollegen wahrgenommen wurden, desto weniger Fehlzeiten (Absentismus) traten auf. Dies galt vor allem für Personen mit längerer Betriebszugehörigkeit (mehr als 6 Jahre).

Das **Motivierungspotential einer Arbeitssituation** ist an Tätigkeitsmerkmale gebunden. Es sind vor allem folgende (siehe Kapitel 4.2.):
- Anforderungsvielfalt
- Vollständigkeit der Aufgabe
- Wichtigkeit der Aufgabe
- Autonomie des aufgabenbezogenen Handelns
- Rückmeldungen über Arbeitsweise und –ergebnisse.

Wenn diese Merkmale mit psychologischen Erlebniszuständen wie erlebte Bedeutsamkeit der Arbeitstätigkeit, erlebte Verantwortung über Ergebnisse und das Wissen über Resultate verbunden ist, sind wichtige Voraussetzungen für Anwesenheit durch die Arbeitssituation gegeben.

Das Motivierungspotential einer Arbeitssituation ist durch weitere organisationale Variablen determiniert. Dazu zählen

- das Betriebsklima (auch "Mobbing")
- das Führungsverhalten
- das System sozialer Unterstützung
- die körperlichen Belastungen durch die Arbeitstätigkeit
- die physikalischen Belastungen am Arbeitsplatz (Lärm, Klima usw.)
- die Arbeitszeit, besonders Schichtarbeit
- die Gruppengröße und das Gruppenklima
- die Sicherheit des Arbeitsplatzes
- Vergütungssysteme
- die Produktionstechnologie
- die Versetzung
- die Qualität der Personalpflege und -betreuung
- berufliche Aufstiegsmöglichkeiten
- die Gesetzgebung (Lohnfortzahlung u. dgl. m.)

Außer den Motiven und dem Motivierungspotential einer Arbeitstätigkeit sind ferner biografische und weitere Merkmale der Person zu beachten. Denn sie üben oft eine sog. Moderatorfunktion bei der Wirksamkeit o. g. Variablen aus. Folgende Personenmerkmale können einen Einfluss auf An- bzw. Abwesenheit haben:

- Lebensalter
- Dauer der Betriebszugehörigkeit (Dienstalter)
- Nationalität
- Familienstand
- familiäre Verhältnisse (Kinderzahl, Tätigkeit des Partners u. a. m.)
- private Lebenssituation (Scheidung, Schulden usw.)
- beruflicher Qualifikationsgrad bzw. berufliche Kompetenz
- Berufsstatus (Arbeiter, Angestellter usw.)
- Nebentätigkeit
- subjektiver Gesundheitszustand.

Wie zahlreich die Einflussfaktoren sein können, dies veranschaulicht eine Überblicksstudie von STEERS & RHODES[263]. Sie zählte insgesamt 209 Faktoren, die als mögliche Determinanten für Fehlzeiten angegeben wurden. BRINER[264] hat in einer Metaanalyse* zahlreicher empirischer Studien zur Beziehung zwischen Fehlzeiten und möglichen Einflussfaktoren unterschiedliche, z. T. unerwartete Korrelationen gefunden (siehe Tabelle 34).

Tabelle 34: Einflussfaktoren und -grad auf Fehlzeiten

Mögliche Einflussfaktoren	Einflussgrad auf Fehlzeiten
Zufriedenheit mit	
• Berufstätigkeit (General Job)	geringer oder kein Einfluss
• Bezahlung	geringer oder kein Einfluss
• Arbeitsinhalt (allgemein)	geringer Einfluss
• Tätigkeitssinn	geringer oder kein Einfluss
Biografische Faktoren	
• Lebensalter	signifikanter Einfluss
• Dienstalter	signifikanter Einfluss
• Familiengröße	signifikanter Einfluss
• Geschlecht	signifikanter Einfluss
Organisationsmerkmale	
• Organisationsgröße	signifikanter Einfluss
• Arbeitsbereichsgröße	signifikanter Einfluss
Arbeitsinhalt	
• Niveau der Tätigkeit	signifikanter Einfluss
• Autonomie	geringer oder kein Einfluss
• Verantwortlichkeit	geringer oder kein Einfluss
Andere Faktoren	
• ausgeprägtes Commitment	geringer oder kein Einfluss
• hohe Identifikation mit Job	geringer oder kein Einfluss
• langer Anfahrtsweg	geringer oder kein Einfluss

Einen empirisch belegten signifikanten **Einfluss auf Fehlzeiten** haben demnach folgende Faktoren:

- *Lebens- und Dienstalter*, weil jüngere Mitarbeiter wiederholt durch Kurzzeiterkrankungen und ältere Mitarbeiter eher durch Langzeiterkrankungen fehlen,
- *Größe der Familie*, weil eine größere Anzahl von Kindern häufig mit einem (geringeren) Sozialstatus korreliert oder außerberufliche Pflichten gegenüber erkrankten Kindern fordern,
- das *weibliche Geschlecht*, weil durch die Pflege von erkrankten Kindern eine Abwesenheit erforderlich ist oder Frauen mehr in sozialen Organisationen mit einer durchschnittlich höheren Fehlzeitenquote tätig sind,

---

[263] Steers, R. M. & Rhodes, S. R. (1984)
[264] Briner, R. B. (1999)

- *Organisations- und Arbeitsbereichsgröße*, weil diese Größe mehr Anonymität und deshalb eine (wenig auffallende) Abwesenheit gestattet
- *Niveau der Arbeitstätigkeit*, weil hiermit positive Effekte wie Arbeitszufriedenheit, Lernprozesse, Kreativität usw. verbunden sind.

Die Interpretation von signifikanten Einflüssen ist kritisch zu betrachten. Deshalb ist es erforderlich, Fehlzeiten einschließlich der Einflussfaktoren besonders auf empirischem Weg zu prüfen. Leider wird die einschlägige, vor allem deutschsprachige Literatur zu den Fehlzeiten bislang zu stark von populären, empirisch nicht abgesicherten Annahmen und Behauptungen bestimmt. Dies hat u. a. zur Folge, dass Unternehmen zwar häufig mit plausiblen, jedoch empirisch nicht belegten Meinungen beraten werden.

Betriebliche Maßnahmen zur Fehlzeitensenkung

Das Grundanliegen der Fehlzeitensenkung besteht nicht darin, "*Jagd auf Kranke*" zu machen, sondern alle Bedingungen von Arbeit, Organisation und Person zu verbessern, die den Krankenstand negativ beeinflussen. Solche Maßnahmen werden von Unternehmen mehr oder weniger systematisch angewendet. Häufig besteht besonders in mittelständischen Unternehmen eine gewisse Hilflosigkeit, welche zur Negierung oder Verdrängung des Fehlzeitenproblems führt. Dies ist u. a. auf die gegebene Inkompetenz zurückzuführen, das Problem wirksam lösen zu können. Es gibt aber mittlerweile zahlreiche bewährte Konzepte, Maßnahmen und Instrumente zum Abbau von Fehlzeiten[265].

Eine Umfrage des Instituts für Wirtschaftsforschung Köln im Jahre 1996 verdeutlicht, dass Fehlzeiten und ihre Senkung einen hohen Stellenwert für Betriebe aufweisen und dass diese sich nicht allein auf entsprechende Änderungen der rechtlichen Rahmenbedingungen verlassen. Etwa 78 % der Unternehmen gaben an, bereits Maßnahmen zur Fehlzeitenprävention ergriffen zu haben, während andere solche planten. Kleinbetriebe mit weniger als 50 Mitarbeitern sind allerdings nur halb so oft tätig geworden. Welche Maßnahmen hauptsächlich durchgeführt werden, ist in Tabelle 35 dargestellt.

Häufig werden nur einzelne Maßnahmen oder Methoden angewandt. Wirksamer ist es jedoch, ein Konzept zum Einsatz von mehreren Maßnahmen zu entwickeln. Dafür sollen mögliche Maßnahmen zur Fehlzeitensenkung im Folgenden skizziert werden.

---

[265] vgl. Brandenburg, U., Kuhn, K. & Marschall, B. (1998); Nieder, P. (1998); Brandenburg, U. & P. Nieder (2003)

Tabelle 35: Maßnahmen zur Fehlzeitensenkung[266]

Betriebliche Maßnahmen zur Fehlzeitensenkung (in % der Unternehmen, die überhaupt Maßnahmen ergriffen haben	
	Prozent
Gespräche mit auffälligen Mitarbeitern	93,5
Verbesserung der Arbeitsbedingungen	69,9
verstärkte Unfallverhütung	66,4
detaillierte Fehlzeitenerfassung/analyse	65,4
Einbeziehung des Medizinischen Dienstes	62,7
Kündigungen	57,8
Abmahnungen	56,6
Vorgesetztenschulungen zu Fehlzeiten	52,8
Krankenbesuche	36,7
Rückkehrgespräche nach jeder Fehlzeit	33,7
Berücksichtigung von Fehlzeiten bei übertariflichen Zulagen	16,7
Einführung einer Erfolgsbeteiligung	12,0
Zahlung von Anwesenheitsprämien	10,4

(es wurden 541 Unternehmen befragt)

Personenbezogene Maßnahmen

Rückkehr- und Fehlzeitengespräche

Rückkehr-, Fehlzeiten- oder auch Krankengespräche gehören seit Mitte der 90er Jahre zum Instrument der Personalarbeit in zahlreichen Unternehmen. Prominentes Beispiel ist die Adam Opel AG, die mit dem (umstrittenen) AVP-Konzept (*Anwesenheits-Verbesserungs-Prozess*) die öffentliche Diskussion zur Problematik gefördert hat.[267] Wie Tabelle 35 zeigt, werden derartige Gespräche relativ häufig durchgeführt. Der Leitgedanke sollte dabei stets sein: *Motivieren* (zur Anwesenheit) statt *disziplinieren*. Jedoch werden diese Gespräche nicht selten konzeptlos und deshalb mit begrenzter Effektivität durchgeführt.

---

[266] nach Schnabel (1997) S. 42

[267] siehe z. B. Borowiak, F. & R. Taubert (1997)

Grundprinzipien. Beispielsweise hat die Adam Opel AG die Standardisierung, die Dokumentation und die Visualisierung eingeführt[268]. Die *Standardisierung* bestimmt eindeutig die Abfolge und Bedingungen der Gesprächsstufen, die Einheitlichkeit von Unterlagen zur Gesprächsführung u. a. m.; die *Dokumentation* ist durch vorgegebene Formulare einheitlich und somit nachvollziehbar bzw. nachweisbar; die *Visualisierung* berücksichtigt die Entwicklung der Abwesenheit und die Anzahl durchgeführter Gespräche. (Auf das Konzept des Rückkehr- und Fehlzeitengesprächs gehe ich unten ausführlich ein.)

Gespräche mit auffälligen Mitarbeitern

Sollte kein Stufenkonzept für Rückkehr- und Fehlzeitengespräche im Betrieb vorhanden sein, sollten regelmäßige Mitarbeitergespräche – mindestens einmal im halben Jahr - zur Thematisierung oder Problematisierung des Krankenstands genutzt werden. Wesentliches Anliegen ist dabei, dem Mitarbeiter zu vermitteln, dass dem Krankenstand eine größere Bedeutung zugemessen wird - und auffällige Fehlzeiten Konsequenzen haben werden.

Krankenbesuche

Solche Besuche sollten als Geste der Fürsorge, aber nicht der Kontrolle vom Mitarbeiter wahrgenommen werden. Deshalb ist es wichtig, dass ein Krankenbesuch vorher mit ihm abgesprochen wird. Dieser sollte auf der Grundlage des Vertrauens zwischen Führungskräften, Personalexperten usw. und Mitarbeiter erfolgen.

Dass dieses Instrument nicht immer mitarbeiterzentriert verwendet wird, darauf weist beispielsweise ein Vorfall im Bremer Daimler-Chrysler-Werk hin (siehe Kasten 72).

Kasten 72

Ungebetener Krankenbesuch[269]

Im Daimler-Chrysler-Werk Bremen haben unangemeldete Kontrollbesuche bei krankgemeldeten Mitarbeitern den Betriebsrat verärgert. Die Arbeitnehmervertretungen zeigten sich in einem offenen Brief entsetzt, dass Mitarbeiter "während ihrer Krankheit unangemeldet von ihren Vorgesetzten zu Hause aufgesucht wurden", wie die "Bild"-Zeitung gestern berichtete...
Der Krankenstand im Bremer Daimler-Chrysler-Werk gibt auch nach Ansicht des Betriebsrates Anlass zur Sorge. Richter (Betriebsrat - B. R.) bewertete angemeldete Krankenbesuche durch Unternehmensangehörige deshalb sogar positiv. "Wir haben einen Kollegen, der ist seit einem Jahr krank, und nicht ein Mal hat sich die Firma bei ihm gemeldet" beklagte Richter. Unangemeldete Kontrollen belasten hingegen das Betriebsklima und müssten sofort abgestellt werden. Das habe die Werksleitung ihm auch zugesichert. Betriebsrat und Gewerkschaft forderten die Unternehmensleitung auf, für bessere Arbeitsbedingungen zu sorgen und die Motivation der Mitarbeiter zu fördern...

---

[268] Spies, S. & Beigel, H., G. (1997)
[269] „Mannheimer Morgen" vom 23. und 24.10.1999

Gesundheitscoaching

Hierbei erfolgt eine problembezogene Beratung für im Krankenstand auffällige Mitarbeiter. Sie geht über die sonstigen Mitarbeiter- oder Rückkehr- und Fehlzeitengespräche hinaus (siehe ausführlich Kapitel 3.6.).

Abmahnungen bis zur Kündigung

Sie sollten die letzte Maßnahme in der Gesprächssequenz sein. Für eine *krankheitsbedingte Kündigung* müssen drei wesentliche **Kriterien** geprüft und abgesichert sein:

1) *Negative Gesundheitsprognose für Mitarbeiter*

   Der Arbeitgeber muss prüfen, ob auch in Zukunft häufige Fehlzeiten auftreten werden. Über mehrere Jahre auftretenden Kurzerkrankungen können auch als Indiz herangezogen werden.

2) *Erhebliche Beeinträchtigungen der betrieblichen Belange*

   Solche sind z. B. das Nichtvorhandensein eines Arbeitsplatzes für den Mitarbeiter, hohe Kosten für Lohnfortzahlungen, Betriebsablaufstörungen (kein "Springer" steht zur Verfügung usw.)

3) *Abwägung der Interessen des Arbeitgebers und –nehmers*

   Hierbei geht es um den Vergleich von betriebswirtschaftlichen (Störungen in der Produktion, Kosten für Lohnfortzahlung in den letzten Jahren, Verschuldung der Krankheit durch Arbeitnehmer usw.) und humanen Interessen (soziale, familiäre und finanzielle Situation, persönliche Arbeitsmarktperspektiven u.a.m.) des Arbeitnehmers.

Es kommt diesbezüglich nicht selten zu Prozessen am Arbeitsgericht. Deshalb ist es wichtig, dass der Arbeitgeber seine wahrgenommene Fürsorgepflicht im Umgang mit dem „Edel"absentisten nachweisen kann. Das heißt: Der Arbeitgeber muß ihm der Krankheit angemessene Hilfsangebote unterbreiten. Diese reichen von Angeboten zu speziellen ärztlichen Behandlungen über Maßnahmen der Arbeitsgestaltung bis hin zur Beschäftigung an einem anderen Arbeitsplatz. Widersetzt sich der Arbeitnehmer den Angeboten oder er kommt seinen arbeitsrechtlichen Pflichten zur Erhaltung seiner Arbeitskraft nicht nach, so ist eine verhaltensbedingte Kündigung in der Konsequenz angemessen. Ferner ist vor der Kündigung eine schriftliche Ermahnung und eine Abmahnung zu erteilen.

Ein weiteres Problem bei solchen Prozessen ist die **Interessenabwägung**. Das Bundesarbeitsgericht hat dazu wesentliche Erfahrungs- und Abwägungsgrundsätze aufgestellt:

1) Mit zunehmendem Alter sind Störungen im Arbeitsverhältnis wegen häufig auftretender chronischer Erkrankungen zu erwarten und

2) muß der Arbeitgeber längere Arbeitszeitausfälle hinnehmen, wenn er bei Einstellung die Erkrankung des Arbeitnehmers erkannte. Darüber hinaus muß geprüft werden, ob

3) eine Kündigung die Heilungsaussichten eher verschlechtern kann.

Organisationsbezogene Maßnahmen

Projektgruppe

Sie dient der Planung, Steuerung und Koordination aller Aktivitäten zum Fehlzeitenmanagement. Rahmenbedingungen für eine erfolgreiche Arbeit der Projektgruppe sind folgende:

- Es sind möglichst alle Betroffenen zu beteiligen;
- es sollten nicht mehr als neun Mitglieder sein;
- die Zusammensetzung der Gruppe sollte abteilungs- und hierarchieübergreifend sein;
- die Mitglieder müssen über Expertenwissen und Teamfähigkeit verfügen;
- die Arbeit muss zielorientiert und zeitlich befristet, jedoch nicht auf kurzfristige Fehlzeitensenkung orientiert sein;
- die Gruppenmitglieder müssen den Kontakt zu betroffenen Mitarbeitern pflegen;
- es finden monatliche Sitzungen statt;
- die optimale Dauer einer Sitzung sollte etwa 1 1/2 bis 2 Stunden betragen;
- von jeder Sitzung wird ein Protokoll angefertigt, in dem Aufgaben, Termine u. a. m. schriftlich fixiert sind.

Fehlzeitenerfassung und –analyse

Hierbei geht es um die Erfassung und Auseinandersetzung mit vorhandenen Fehlzeiten. Die Personalabteilung hat dafür die Aufgabe, eine Fehlzeitenstatistik zu erstellen. Dabei handelt es sich zunächst um eine **quantitative Fehlzeitenanalyse**. Es sollten u. a. folgende Fragen beantwortet werden:

- Wie ist der Kranken- bzw. Gesundheitsstand im Zeitraum (Monat, Quartal, Jahr usw.)? Wie hat er sich verändert?
- Welche Personenmerkmale (Alter, Geschlecht, Nationalität, Dauer der Betriebszugehörigkeit usw.) weisen die Mitarbeiter mit einem hohen Krankenstand auf?
- Welche Mitarbeiter sind im Krankenstand auffällig, indem sie wiederholt kurzzeitig fehlen, zu bestimmten Zeiten fehlen, die (vermutlichen) Diagnosen unklar sind, usw.?
- Wie viele sog. Absentisten gibt es unter ihnen?

- In welchen Abteilungen ist der Krankenstand auffällig gering oder hoch?
- Wie viel und welche Mitarbeiter sind selten abwesend?

Nach NIEDER betreiben nur 2,9 % von 1.000 befragten Unternehmen eine quantitative Krankenstandsanalyse[270]. Das ist viel zu wenig, wenn man nur bedenkt, dass die strukturelle Analyse von Fehlzeiten nach Jahren, Wochentagen usw. eine notwendige Voraussetzung für die gezielte Fehlzeitenprävention und -intervention ist.

Die **qualitative Fehlzeitenanalyse** bezieht sich einmal auf die Analyse der Krankheitsarten. Hierzu ist eine Zusammenarbeit mit den Krankenkassen erforderlich. Fast drei Viertel aller Krankheiten verteilen sich auf fünf Gruppen (in entsprechender Rangfolge): 1. Muskel- und Skeletterkrankungen (Bewegungsapparat), 2. Atemwegserkrankungen einschließlich Erkältungen, 3. Verletzungen/Vergiftungen, 4. Krankheiten des Magen-Darm-Systems, 5. Krankheiten des Herz-Kreislauf-Systems. Es ist festzustellen, wie häufig welche Erkrankungen in Unternehmen auftreten.

Zum anderen wurde ein **Fehlzeitenanalyseinstrument,** das "Arbeitsmedizinische Lastenheft", von Dr. HEINRICH (Volkswagen AG, Werk Salzgitter) entwickelt. Neu ist hierbei, dass der Krankenstand nun auch arbeitsplatzbezogen ermittelt werden kann. Im Vordergrund steht die Frage, an welchen Arbeitsplätzen die Mitarbeiter besonders häufig erkranken. Ziel ist die Erkundung von arbeitsplatzbezogenen Ursachen für Fehlzeiten. Das Lastenheft wird vor allem im Rückkehrgespräch eingesetzt. In der *Arbeitsplatztopographie* geht es um die systematische Dokumentation jeder krankheitsbedingten Abwesenheit an jedem Arbeitsplatz.

Kommunikation von Fehlzeiten im Team

Gruppenarbeit führt zu einer Dezentralisierung von Kompetenzen und Verantwortung. Dies sollte auch für den Umgang mit Fehlzeiten gelten. Deshalb ist es wichtig, dass dieses Thema auch in den Gruppen kommuniziert wird. Es ist beispielsweise wichtig, dass der Kranken- oder Gesundheitsstand in Teamsitzungen regelmäßig ausgewertet und diskutiert wird. Das Gruppenpotential sollte ferner dafür genutzt werden, dem Absentisten sein unkollegiales Verhalten bewusst zu machen. Auf diese Weise kann sich eine gruppenspezifische Anwesenheitskultur mit entsprechenden Werten, Überzeugungen und Verhaltensnormen herausbilden. In diesem Prozess haben die Teamführer oder Meister eine besondere Verantwortung, da sie als unmittelbare Vorgesetzte häufiger mit Mitarbeitern kommunizieren. Verhalten sie sich jedoch gleichgültig gegenüber den Mitarbeitern, d. h. die Mitarbeiterorientierung ist bei ihnen gering ausgeprägt, wird auch über den Krankenstand nicht gesprochen. Die Folge solchen Führungsverhaltens sind höhere Fehlzeiten, wie u. a. PRZYGODDA et al. in einer wissenschaftlichen Studie belegen konnten[271].

---

[270] Nieder, P. (1998)
[271] Przygodda, M. et al. (1991)

Mitarbeiterbefragung

Die Mitarbeiterbefragung ist die Hauptmethode der Organisationsdiagnose. Sie dient besonders der ersten Erkundung von Organisationsvariablen, welche eine Beziehung zu Fehlzeiten haben könnten. Dafür kommen vor allem diagnostische Instrumente zur Erfassung der Arbeitssituation, der Arbeitszufriedenheit oder des Betriebsklimas in Frage. Relativ häufig wurde in Fehlzeitenstudien die **Arbeitssituationsanalyse** (ASA) nach NIEDER[272] eingesetzt. Es ist ein einfach konstruiertes und leicht handhabbares Instrument zur Erfassung möglicher Ursachen von Fehlzeiten (siehe Kasten 73). In der Gruppendiskussion werden die Teilnehmer nach problematischen Arbeitssituationsmerkmalen bzw. -bereichen befragt. Voraussetzungen sind eine homogene Gruppe etwa gleicher Hierarchie und maximal 10 - 15 Teilnehmer. Die Gruppe soll repräsentativ für die Mitarbeiter sein. Ergebnis der Befragung sind problematische bzw. stärker belastende Arbeitsbereiche, welche von einem Großteil der Gruppenmitglieder als solche benannt werden. Die Antworten der Teilnehmer werden wie die Statements stets auf dem Flipchart platziert und die einzelnen Arbeitsbereiche nach ihrer Häufigkeit der Nennung mit Farbpunkten markiert. Die ASA kann bei Bedarf auf weitere Bereiche von Arbeit und Organisation erweitert werden.

Kasten 73

Arbeitssituationsanalyse (ASA)

Halten Sie eine Veränderung Ihrer Arbeitssituation für ...
- sehr wichtig ?
- teilweise wichtig ?
- nicht wichtig ?

In welchen Bereichen der Arbeitssituation sollte die Veränderung liegen?
(Es können bis zu zwei Bereiche ausgewählt werden.)
- Umgebung
- Tätigkeit
- Gruppenklima
- Organisation
- Vorgesetztenverhalten
- Zusammenarbeit zwischen den Abteilungen

Woran haben Sie gedacht als Sie bei ... einen Strich gemacht haben?

Welches sind Ihre drei wichtigsten Wünsche zur Verbesserung der Arbeitssituation? (Gruppenarbeit)

Mit Hilfe von Fragebögen, welche bedeutend mehr Items* als die ASA aufweisen, kann die Arbeitszufriedenheit der Mitarbeiter im Kontext des Krankenstandes differenziert erfasst werden. Eine solche Methode ist z. B. der im Auftrag der Bertelsmann Stiftung entwickelte Fragebogen zur Mitarbeiterzufriedenheit im öffentlichen Dienst[273]. Da die Krankenquote im öffentlichen Dienst relativ hoch ist (Durchschnitt

---
[272] Nieder, P. (1997)
[273] Bertelsmann Stiftung (1998)

4,98 %), wurde in einer größeren Studie mit diesem Fragebogen die Arbeitszufriedenheit in 32 Städten, jeweils differenziert nach neun Ämtern (Abgabenwesen, Ausländerwesen, Sozialwesen usw.), erfasst. Diese wurde in Beziehung zum Krankenstand gesetzt.

Schulung und Information der Mitarbeiter

Mitarbeiter müssen ebenso wie Führungskräfte zu wichtigen Aspekten der Fehlzeitenthematik geschult werden. Vorrangige Themen sollten die Kosten von Fehlzeiten, die Absentismusproblematik, die Ursachen von Fehlzeiten und Interventionsmethoden sein. Dabei geht es nicht nur um Wissensvermittlung, sondern vielmehr geht es um die Entwicklung des Gesundheits- und Fehlzeitenbewusstsein und um die Motivation zur persönlichen Anwesenheit. Bei solchen Schulungen können sich die Mitarbeiter auch als Experten für Ursachenanalyse und Intervention einbringen.

Im Kontext von Schulungsmaßnahmen sollten Mitarbeiter über das Thema auch permanent schriftlich und mündlich informiert werden. Dabei sollte die Visualisierung von Kerninformationen besonders beachtet werden. Dies gilt vor allem für aktuelle Krankenstandsquoten und für Maßnahmen des Unternehmens. Aktuelle Krankenstände sollten z. B. in der Betriebszeitung laufend veröffentlicht werden. Besonders bei der Einführung neuer Maßnahmen im Rahmen des Fehlzeitenmanagements sollten Mitarbeiter rechtzeitig informiert werden, damit eventuell auftretenden Vorbehalten und auch Ängsten vorgebeugt werden. Dies sollte vor allem bei der Einführung der Rückkehr- und Fehlzeitengespräche der Fall sein. Zum Beispiel hat die Adam Opel AG nicht nur eine Einführungsveranstaltung bei AVP durchgeführt, sondern diese auch von den Teilnehmern bewerten lassen, um ein Stimmungsbild bezüglich AVP zu erhalten.

Die umfassende Kommunikation und rechtzeitige Information sind eine wesentliche Basis für einen offenen, von Vertrauen getragenen Dialog zwischen Management und Mitarbeitern.

Gesundheitszirkel

Es sind Arbeitsgruppen, die der Erkennung und Lösung von belastungs- und gesundheitsrelevanten Problemen in Arbeit und Organisation dienen (siehe ausführlich Kapitel 3.3). Oft ist der hohe Krankenstand Anlass für die Einführung eines Gesundheitszirkels. Neben anderen Maßnahmen hat er eine hervorragende Stellung bei der Bekämpfung von Fehlzeiten, da sich hierbei die Betroffenen als Experten einbringen können.

Monetäre Anreize

Zu ihnen zählen übertarifliche Zulagen, die Einführung einer Erfolgsbeteiligung und Anwesenheitsprämien (siehe Tabelle 35). Nach o. g. Angaben (insgesamt 38 %) spielen monetäre Anreize, d. h. ein Bonus für dauerhaftes Anwesenheitsverhalten eine wesentliche Rolle. Damit dieses Instrument wirksam bleibt, sollten derartige Anreize nach klaren Kriterien und sehr gezielt gesetzt werden, damit es de facto der Motivation der Mitarbeiter dient. In dem Zusammenhang ist auch zu überlegen, wieweit ein Gruppenbonus als Anreiz eingesetzt werden kann. Dies setzt jedoch eine Zielvereinbarung über den Krankenstand der Gruppe im bestimmten Zeitraum voraus.

Monetäre Anreize sind besonders bei den Arbeitnehmervertretungen umstritten. Ihr Argument ist häufig: "*Abwesenheit durch Krankheit kann nicht mit negativen Sanktionen versehen werden.*" Dies ist zweifellos richtig. Deshalb sollte es keinen Malus* für häufig Erkrankte geben. Dies schließt aber nicht aus, dass ein Bonus für Daueranwesende, die auch gute Arbeitsleistungen zeigen, zu empfehlen ist.

Gefährdungsbeurteilungen/Unfallverhütung

Gefährdungsbeurteilungen haben auch im Kontext von Fehlzeiten eine große Bedeutung. Körperliche und insbesondere psychische Fehlbelastungen (Über-, Unterforderung, Monotonie usw.) sind nicht selten ein Einflussfaktor auf das Abwesenheitsverhalten von Mitarbeitern. Sie veranlassen einerseits den Mitarbeiter, der Arbeit auszuweichen. Andererseits stellen sie langfristig ein körperliches wie psychisches Gesundheitsrisiko dar. Gleiches gilt für die Unfallprävention. Obwohl Unfälle in der deutschen Wirtschaft in den letzten Jahren abgenommen haben, haben sie immer noch eine beachtenswerte Stellung bei den Krankheitsgruppen, welche zur Arbeitsunfähigkeit führen. Zum Beispiel machten Verletzungen und Vergiftungen 1998 in einer Studie der DAK 14,6 % aller Arbeitsunfähigkeiten aus. Bei den Männern waren es sogar 17,9 %.[274] (Zur Gefährdungsbeurteilung siehe ausführlich 3.1.3.; zur Unfallverhütung 3.8.2.)

Betriebliche Suchtprogramme

Wenn man bedenkt, dass mindestens 5 % aller Mitarbeiter Alkoholiker, weitere etwa 10 % alkoholismusgefährdet sind, ferner weitere Suchtprobleme (Drogen, Medikamente, Internetsucht usw.) in Betrieben zunehmen, dann muss davon ausgegangen werden, dass Süchte keinen geringen Anteil an Fehlzeiten haben. Deshalb ist es notwendig, nicht zuletzt im Kontext der Fehlzeiten, Maßnahmen zur Suchtprävention und -intervention im Unternehmen durchzuführen (siehe ausführlich Kapitel 3.6.)

Kontaktpflege zu niedergelassenen Ärzten

Die Ärzte haben durch ihre Praxis der Krankschreibung einen wesentlichen Einfluss auf Fehlzeiten. Strittig ist die Krankschreibung z. B. bei nicht objektivierbaren, häufig psychosomatischen Beschwerden oder am Freitag bzw. über das Wochenende, obwohl der Patient tatsächlich am Freitag arbeitsfähig wäre. Meistens kennen die Ärzte nicht die betrieblichen Arbeitsbedingungen ihrer Patienten. Demzufolge ist es wichtig, dass sie in das Unternehmen eingeladen werden, damit mit ihnen über Probleme der Krankschreibung diskutiert werden kann, sie aber auch die Arbeitsplätze ihrer Patienten kennen lernen. Dabei muss leider nicht selten festgestellt werden, dass die Darstellungen der Patienten und die Realität der Arbeitsplätze und -bedingungen weitgehend nicht übereinstimmen[275].

Zusammenarbeit mit Krankenkassen einschließlich Medizinischen Dienst

Die Zusammenarbeit bietet sich aus drei Gründen an. Erstens können mit Hilfe der Krankenkasse die Diagnosen der Krankschreibungen eruiert werden. So können Schwerpunkte von Erkrankungen erkannt werden. Zweitens ist der Kontakt zum Vertrauensarzt erforderlich, wenn Zweifel an der wiederholten oder langzeitigen Abwesenheit besteht. Dieser überprüft die Erkrankung. Drittens kann die Kranken-

---

[274] „Krankenversicherung" (1999) S. 79 ff.
[275] Olesch, G. 1998, S. 38

kasse, ausgehend von den festgestellten Diagnosen, Präventionsvorschläge unterbreiten. Die Krankenkasse sollte also stets ein Partner des Unternehmens im Fehlzeitenmanagement sein.

Betriebs-/Dienstvereinbarung

Sie ist ein Regelwerk, das die Vorgehensweise und Hilfsleistungen des Unternehmens beim Fehlzeitenmanagement beschreibt und verbindlich festlegt. Sie ist
- ein klares, transparentes Hilfsangebot für alle Beschäftigten. Allen Betriebsangehörigen, die dazu aufgerufen sind, bei der Senkung von Fehlzeiten von Kollegen mitzuwirken, wird ein Handlungsrahmen vorgegeben.
- eine Handlungsgrundlage, die „ungeliebte" Interventionen abstützt.

Die Betriebs- oder Dienstvereinbarung
- bietet dem Vorgesetzten Handlungssicherheit
- legt eine individuell gestaffelte und konsequente Maßnahmenstruktur im Fehlzeitenmanagement fest.

(Siehe ausführlich zur Betriebs-/Dienstvereinbarung im Kapitel 3.7.5.)

Arbeitsbezogene Maßnahmen

Dazu zählen zunächst *Arbeitsanalysen**. Ihr Anliegen besteht darin, Arbeitsbedingungen i. w. S. zu erkunden, welche zu Fehlbelastungen und negativen Beanspruchungsreaktionen und -folgen führen und demgemäß Fehlzeiten mit hervorrufen können. Dazu dienen
  - technische Analysen
  - ergonomische Analysen
  - psychologische Analysen.

Die oben skizzierte ASA von NIEDER ist eine recht einfache Methode der subjektiven Arbeitsanalyse.

Aufbauend auf den Ergebnissen der Arbeitsanalysen ist es nötig, gezielte Maßnahmen der *Arbeitsgestaltung* durchzuführen, welche dem Abbau von Fehlbelastungen dienen (siehe dazu ausführlich Kapitel 4.). Dafür kommt vor allem die korrektive Arbeitsgestaltung in Frage. Besser wäre es aber im Sinne der Prävention von Fehlzeiten Maßnahmen der präventiven und prospektiven Arbeitsgestaltung durchzuführen.

Da das Rückkehr- und Fehlzeitengespräch und die Schulung der Führungskräfte, welche für das Fehlzeitenmanagement verantwortlich sind, unter allen Maßnahmen eine hervorragende Bedeutung haben, soll auf sie ausführlicher eingegangen werden.

Rückkehr- und Fehlzeitengespräch

Den entscheidenden Beitrag zur gezielten und wirksamen Personalführung in Bezug auf Fehlzeiten leistet das Gespräch mit den Mitarbeitern. In der o. a. Studie (Tabelle 35) ist zu erkennen, dass 93 % der Unternehmen Gespräche mit auffälligen Mitarbeitern führen. Daneben führen 33 % der Unternehmen Rückkehrgespräche nach jeder Abwesenheit durch. Ein **Rückkehrgespräch** ist ein Gespräch, das vom direkten Vorgesetzten ausnahmslos mit jedem Mitarbeiter sofort nach dessen Rückkehr aus einer Fehlzeit geführt wird. Damit lassen sich nicht nur Fehlzeitenhintergründe erkennen, sondern dem Mitarbeiter kann auch signalisiert werden, dass seine Rückkehr bemerkt wird, dass er gebraucht wird und dass sein Fehlen für Vorgesetzte und Kollegen spürbar war. Darüber hinaus werden vor allem die direkten Vorgesetzten für das Thema sensibilisiert. Dem Mitarbeiter soll dabei bewusst werden, dass persönliche Abwesenheit zu Lasten der Kollegen geht. Wie bereits in den arbeitspsychologischen Erklärungsansätzen erläutert, hat der Kollegeneinfluss eine hohe Bedeutung. Wenn der Mitarbeiter eine positive Beziehung zu seinen Kollegen haben will, wenn also Team- und Betriebsklima gut sind, dann wird er kaum motivationsbedingt fehlen.

Damit das fürsorgliche Rückkehr- bzw. Fehlzeitengespräch im Programm der Fehlzeitenreduktion - und darüber hinaus des Gesundheitsmanagements - wirksam durchgeführt werden kann, bedarf es seiner gezielten Vorbereitung, Durchführung und Nachbereitung. Als Zielgruppe der Gesprächsschulung kommen alle Führungskräfte im Unternehmen in Frage. Dies aus zwei Gründen: Zum einen haben die Führungskräfte das Gesundheitsmanagement einschließlich diesbezüglicher Gespräche als Führungsaufgabe zu verstehen. Zum anderen müssen die Führungskräfte selbst, gleich auf welcher Ebene, das Rückkehr- oder Fehlzeitengespräch führen.

Das o. a. Basisseminar ist die Voraussetzung für die gezielte Schulung der Führungskräfte in der Gesprächsführung (siehe Bild 66). Das Training zur Gesprächsführung wird zunächst mit den Meistern oder Gruppenleitern durchgeführt, da sie als unmittelbare Vorgesetzte das erste, fürsorgliche Rückkehrgespräch mit dem Mitarbeiter führen. Es sollte etwa folgende Bausteine aufweisen:

- Führungsaufgaben bei der Fehlzeitenbekämpfung
- Konzept des Rückkehr- und Fehlzeitengesprächs (siehe Bild 67)
- Kommunikationspsychologische Grundlagen, insbesondere das Modell nach SCHULZ von THUN[276]
- Phasen des Rückkehrgesprächs (Einleitung, Hauptteil, Schluss usw.)
- Instrumente zum Rückkehrgespräch (z. B. Formblatt zur Erfassung betrieblicher Ursachen, Lastenheft)
- Gesprächsleitfaden als Orientierung für wesentliche Gesprächsinhalte
- Gesprächsübungen mit videogestützter Supervision*.

Nach der Schulung der Führungskräfte, besonders des operativen Managements, sollten sie grundsätzlich über die Kompetenz verfügen, das fürsorgliche Rückkehrgespräch mit den Mitarbeitern führen zu können. Zur Entwicklung dieser Gesprächskompetenz einschließlich der Korrektur von Fehlern bedarf es ferner der kontinuierlichen Supervision bei der Durchführung der Gespräche. Durch die Supervision wird die Führung des Rückkehr- oder Fehlzeitengesprächs zunehmend besser und effektiver (siehe Bild 66).

---

[276] siehe ausführlich Schulz von Thun, F. (1992)

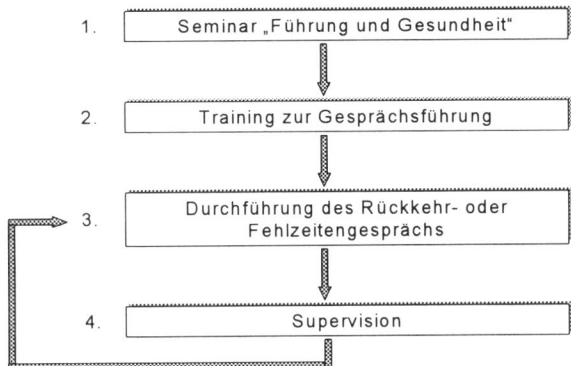

Bild 66: Vorbereitung, Durchführung und Nachbereitung des Rückkehr- bzw. Fehlzeitengesprächs

Die Abfolge des Rückkehr - und Fehlzeitengesprächs ist bestimmt durch ein für alle Führungskräfte, Personalexperten und Betriebsräte des Unternehmens verbindliches Gesprächskonzept. Dabei sollte folgendes 5-**Stufen-Konzept** beachtet werden

1. Stufe: Fürsorgliches Rückkehrgespräch
2. Stufe: Fürsorgliches Fehlzeitengespräch
3. Stufe: Folgegespräch
4. Stufe: Kritisches Fehlzeitengespräch
5. Stufe: Fehlzeitenendgespräch

Das fürsorgliche Rückkehrgespräch

Im Zentrum des Dialogs steht das fürsorgliche Rückkehrgespräch, welches dezentral vom unmittelbaren Vorgesetzten des Mitarbeiters als vertrauliches 4-Augen-Gespräch durchzuführen ist. Dabei ist auf folgende Aspekte zu achten:

➢ Sind die unmittelbaren Vorgesetzten auf das Rückkehrgespräch durch Schulung vorbereitet worden? Erfolgt das Gespräch einheitlich auf Grundlage eines Gesprächsleitfadens? (Kompetenzaspekt)
➢ Wird das Rückkehrgespräch im Anschluss an jede Abwesenheit des Mitarbeiters durchgeführt? (Konsequenzaspekt)
➢ Wird das Rückkehrgespräch vertraulich unter angemessenen Rahmenbedingungen geführt? (Bedingungsaspekt)
➢ Werden die Hauptziele (1. Feststellung der Abwesenheit und 2. Motivation zur Anwesenheit) in der Gesprächsführung verfolgt? (Zielaspekt)
➢ Wird das Formblatt und ggf. Lastenheft zum Rückkehrgespräch als methodische Grundlage genutzt? (Methodenaspekt)
➢ Welche Auswirkungen haben die Rückkehrgespräche auf das Anwesenheitsverhalten der Mitarbeiter? (Evaluationsaspekt)

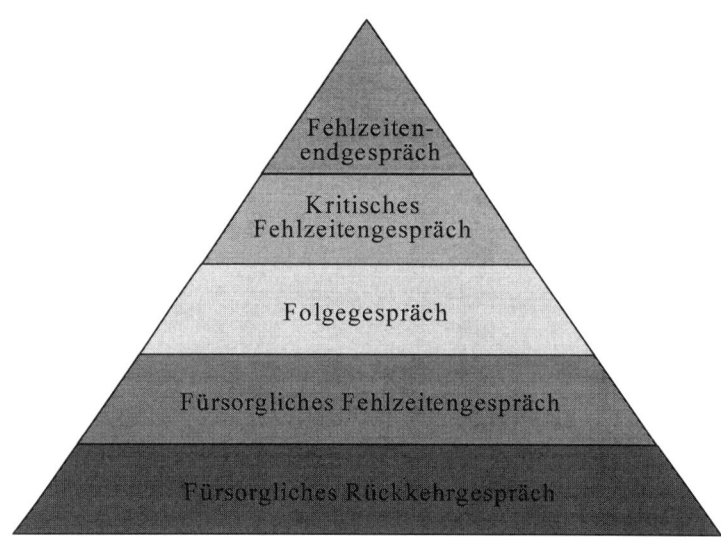

Bild 67: Sequenz des Rückkehr- und Fehlzeitengesprächs

Fürsorgliches Fehlzeitengespräch

Wenn der Mitarbeiter auch nach dem Rückkehrgespräch ein auffälliges Abwesenheitsverhalten zeigt, dann folgen die *Fehlzeiten*gespräche. Das erste Fehlzeitengespräch, das ebenfalls einen überwiegend fürsorglichen Charakter aufweist, wird nun vom unmittelbaren Vorgesetzten, Abteilungs- oder Bereichsleiter usw. mit dem Mitarbeiter geführt. Die wesentlichen Inhalte und besonders die getroffenen Vereinbarungen werden protokolliert und von allen Beteiligten unterschrieben. Dieses Fehlzeitengespräch verfolgt drei *Hauptziele*:

1. Es soll das Problembewusstsein für persönliche Fehlzeiten unter nachdrücklichem Hinweis auf ihre negativen Auswirkungen auf das Unternehmen (Kosten, Störungen im Produktionsablauf usw.) und Betriebsklima (Mehrbelastung, Arbeitsunzufriedenheit usw. der Kollegen) beim betroffenen Mitarbeiter entwickelt werden.
2. Es ist gemeinsam eine differenzierte Ursachenanalyse vorzunehmen.
3. Es sind verbindliche Ziele und Maßnahmen des Gesundheitsschutzes zur Fehlzeitenreduktion zu vereinbaren.

Folgegespräch

Etwa drei Monate nach dem ersten Fehlzeitengespräch findet das Folgegespräch statt. Hauptanliegen ist die Prüfung der Effekte des ersten Fehlzeitengesprächs, besonders der vereinbarten Ziele und Maßnahmen. Es erfolgt eine Bewertung bisheriger Maßnahmen. Bei positiver Entwicklung der Fehlzeiten endet hier die Gesprächssequenz. Bei negativer Entwicklung sind differenziert die Ursachen/Gründe zu ermitteln und gegebenenfalls neue Maßnahmen und Ziele zu vereinbaren.

Kritisches Fehlzeitengespräch

Etwa nach weiteren drei Monaten wird ein weiteres Gespräch geführt, wenn der Mitarbeiter weiterhin erhöhte, auffällige Fehlzeiten zeigt. Bei diesem Gespräch führt der Leiter Personal das Gespräch. Ferner sollte zumindest ab dieser Stufe der Betriebs-/Personalrat anwesend sein. Es werden erneut Ursachen/Gründe der kritischen Abwesenheiten diskutiert und u. U. - das letzte Mal - neue Maßnahmen zur Verbesserung der Anwesenheit vereinbart. Schließlich wird auf arbeitsrechtliche Konsequenzen (Abmahnung, Kündigung) bei anhaltenden Fehlzeiten hingewiesen.

Fehlzeitenendgespräch

Das sog. Endgespräch ist dann nötig, wenn sich das Anwesenheitsverhalten des Mitarbeiters nicht auffällig verbessert hat - und deshalb eine negative Gesundheitsprognose bei ihm gegeben ist. Schwerpunkt sind arbeitsrechtliche Sanktionen - bis hin zur Kündigung. Das Gespräch wird vom Personalleiter bei Anwesenheit des Bereichs- bzw. Abteilungsleiters und des Betriebsrats geführt.

Ein derartiges Stufenkonzept der Rückkehr- und Fehlzeitengespräche wird zumindest in Großunternehmen, aber auch in mittelständischen Unternehmen (siehe z. B. Kasten 75) im Rahmen des Fehlzeitenmanagements angewandt. In der DaimlerChrysler AG wird beispielsweise ein Konzept mit vier Stufen angewandt, wobei diese mit folgenden Farben gekennzeichnet sind: *grün* (Stufe 1), *gelb* (Stufe 2), *orange* (Stufe 3) und *rot* (Stufe 4). Dabei nimmt der Meister als unmittelbarer Vorgesetzter des Mitarbeiters eine Schlüsselstellung ein; denn er entscheidet in Abhängigkeit vom Einzelfall, ob mit einem Mitarbeiter wiederholt auf der zweiten Stufe Gespräche geführt werden, oder der Mitarbeiter in die dritte Stufe kommt. Erst hier beteiligen sich neben dem Meister ein Vertreter des Personalwesens und der Betriebsrat an dem Gespräch. Ab der dritten Stufe wird erst eine Gesprächsnotiz gemacht.

Oben dargestellte Gespräche sind besonders aus Arbeitnehmersicht umstritten[277]. Hier wird davon ausgegangen, dass die Rückkehr- und Fehlzeitengespräche als Kern eines betrieblichen Kontrollsystems "krankmachenden Stress" erzeugen. Solchen Negativphänomenen kann vorgebeugt werden, wenn der Arbeitgeber bestimmte Voraussetzungen im Sinne der Fürsorge gegenüber dem Mitarbeiter beachtet. Dies sind z. B.:

- Der Betriebs-/Personalrat ist in das Konzept der Rückkehr- und Fehlzeitengespräche frühzeitig einzubeziehen.
- Das Konzept des Rückkehr- und Fehlzeitengesprächs muss in ein Gesamtkonzept des BGM eingebettet sein.
- Die Mitarbeiter müssen über die Einführung von derartigen Gesprächen sowie deren Anliegen und Ziele rechtzeitig informiert und aufgeklärt werden.
- Die Vorgesetzten und Personalexperten müssen in der Gesprächsführung geschult sein. Die entscheidende Bedingung des Gesprächs ist das beidseitige Vertrauen und ein entsprechender sensibler Umgang mit den Informationen durch den Vorgesetzten.

---

[277] siehe Rehwald, R. & Zinke, E. (1998) S. 50 ff.

> **Kasten 74**
>
> **Leitfaden für Rückkehrgespräch**
>
> *1. Gesprächseröffnung*
> ‣ Mitarbeiter begrüßen, Kontakt herstellen
> ‣ positive Gesprächseröffnung
> ‣ dem Mitarbeiter das Gefühl geben, dass er vermisst wurde und gebraucht wird
> ‣ Wichtigkeit des Mitarbeiters und seines Leistungsbeitrages herausstellen
>
> *2. Informationsphase*
>
> **fürsorglich:**
> ‣ Mitarbeiter nach seinem aktuellen Gesundheitszustand fragen
>   (nicht nach der Krankheit, sondern nach dem Befinden fragen!)
> ‣ besprechen, ob es einen Zusammenhang zwischen seiner Erkrankung und seiner Arbeitssituation geben kann
> ‣ nach Einsatzfähigkeit erkundigen und klären, ob er seine Tätigkeit sofort wieder in vollem Umfang aufnehmen kann
> ‣ fragen, ob noch besondere Rücksicht notwendig ist
>
> **fachlich:**
> ‣ Mitarbeiter über Neuigkeiten und Vorgänge während seiner Abwesenheit informieren
>
> *3. Gesprächsabschluss*
> ‣ Gespräch positiv ausklingen lassen
> ‣ Zuversicht und nachdrücklich Erwartung äußern, dass künftig keine längeren oder häufigen Fehlzeiten vorkommen

Schulung der Vorgesetzten

Von entscheidender Bedeutung für das betriebliche Gesundheitsmanagement ist die Beachtung der Personenaufgabe im Führungsverhalten (siehe Kapitel 5.1). Die besondere Bedeutung des Führungsverhaltens für die Arbeitszufriedenheit und die Anwesenheit der Mitarbeiter liegt darin, dass der Vorgesetzte durch sein Eingehen auf die Mitarbeiter kompensatorisch wirken kann. Schlechte Arbeitsbedingungen werden häufig als Sachnotwendigkeit akzeptiert, schlechtes Führungsverhalten dagegen nicht. Zwischen Führungsverhalten und Krankenstand besteht also eine signifikante Beziehung. Dies konnte wiederholt empirisch belegt werden.

Es konnte unter anderem in der o. a. Studie der Bertelsmann Stiftung (siehe Mitarbeiterbefragung) belegt werden. *"Die hohen Krankenstände in der öffentlichen Verwaltung deuten darauf hin, dass viele Mitarbeiter mit ihren Führungskräften unzufrieden sind"*, sagte Dr. ADAMASCHEK von der Bertelsmann Stiftung[278]. Ein weiteres Beispiel ist ein beeindruckendes Feldexperiment der *Volkswagen AG* in Kassel. Hier mussten Meister aus Bereichen mit niedrigem Gesundheitsstand den Platz mit Kollegen tauschen, deren Teams einen hohen Gesundheitsstand aufwiesen. Die Folge war ein Abfallen der Gesundheitsquote in den vorher vorbildlichen Abteilungen. Man konnte somit feststellen, dass die Meister mit einem bestimmten Führungsstil ihren positiven oder negativen Gesundheitsstand „mitgenommen" haben.[279]

---

[278] Presseinformation vom 06. November 1998, Gütersloh
[279] o. V. (1996) S. 32

Das Management trägt auch eine besondere Verantwortung für die konsequente Durchführung der Rückkehrgespräche einschließlich ihrer Ziele, Inhalte und ihres Niveaus. Zum Beispiel scheiterte der erste Versuch zur Implementierung von Rückkehrgesprächen bei der *Adam Opel AG* an der fehlenden Konsequenz der Führungskräfte. Obwohl eine klare Verpflichtung der Führungskräfte bestand, wurden Rückkehrgespräche nur noch in 43 % der vereinbarten Fälle geführt.

Deshalb ist es wichtig, die Führungskraft zum Thema "Führung und Gesundheit" unter besonderer Berücksichtigung von Fehlzeiten zu schulen. Das Ziel einer solchen Schulung ist die *Führungskraft als Gesundheitsmanager* (siehe ausführlich Kapitel 5).

Dafür bietet sich zunächst ein Seminar an, etwa mit dem Titel "Führung und Gesundheit". In einem solchen Seminar werden die Vorgesetzten auf die Führungsaufgabe *Gesundheit* vorbereitet. Es soll sie für dieses Thema sensibilisieren, motivieren und informieren. Das Seminar sollte z. B. folgende Bausteine aufweisen[280]:

- Gesundheit als Führungsaufgabe und Wettbewerbsfaktor
- Gesundheitsmanagement im Unternehmen
- Modell der Fehlzeiten
- Gesundheit und Gesundheits- bzw. Krankenstand im Unternehmen
- Führungsaufgaben im Kontext der Gesundheit
- Betriebliche Maßnahmen und Methoden zur Fehlzeitensenkung.

Die Fehlzeitenbekämpfung ist eine zentrale Führungsaufgabe im Unternehmen. Dabei hat die Kommunikation eine zentrale Stellung. Denn der permanente Dialog mit dem Mitarbeiter, nicht nur beim Rückkehr- und Fehlzeitengespräch, ist die Basis für eine geringe Absentismusrate. Es kommt darauf an, die Gespräche - als wichtiger Bestandteil eines Gesundheitsprogramms - konsequent, regelmäßig, zielorientiert und sachlich durchzuführen. Wenn dies gelingt, dann werden die Erfolge nicht ausbleiben. In den Unternehmensprojekten, welche von uns wissenschaftlich begleitet worden sind, konnten der Krankenstand signifikant gesenkt bzw. der Gesundheitsstand signifikant erhöht - und damit enorme Kosten eingespart werden. Bei der Intention, die Fehlzeiten zu senken, setzt die erfolgreiche Kommunikation mit dem gesunden wie auch kranken Mitarbeiter einen permanente Kooperation zwischen Management, Personal- und Sozialwesen, Betriebsarzt und den Arbeitnehmervertretungen, besonders dem Betriebsrat, voraus.

---

[280] siehe ausführlich Rudow et al. (2001)

Kasten 75

Konzept der Verkehrsbetriebe Hamburg-Holstein[281]

Der Kostendruck in den ÖPNV-Unternehmen zwingt zu neuen Denkmodellen und zu einem neuen Verständnis von Effizienz. Die Kostenstruktur eines Omnibus-Betriebes im städtischen Bereich weist stark vereinfacht ein Verhältnis von ca. 30 % Sach- zu 70 % Personalkosten auf. Die Personalkosten sind beeinflussbar über den Lohntarif sowie durch Veränderung der Produktivität und der krankheitsbedingten Fehlzeiten.

Betrachtet man die konkrete Situation der Verkehrsbetriebe Hamburg-Holstein AG (VHH) im Jahr 1995, so betrugen die Fehlzeiten ca. 13 %. Grob ausgedrückt entsprach 1 % Krankenquote bei rund 1000 Mitarbeitern einem Lohnkostenbetrag von 420.000 DM im Jahr. Die Überlegung der VHH war: Wenn es gelingt, den Krankenstand von 13 % auf 5 % zu senken, hat das Unternehmen einen Kostenvorteil von 3,4 Mio. DM.

Die wichtige Entscheidung im Unternehmen war, dass das Thema "Senkung der Krankenquote" zur Aufgabe der betrieblichen Leitung erklärt wurde. Jeder Bereichsleiter ist dem Vorstand über seine Aktivitäten zur Senkung der Krankenquote rechenschaftspflichtig. Er erhält Unterstützung durch die Personalabteilung bei der personengebundenen Datenerfassung und bei der Durchführung arbeitsrechtlicher Maßnahmen. Der Betriebsrat der VHH hat Fahrerkommissionen, die sich mit Maßnahmen zur Gesunderhaltung der Mitarbeiter und der Fahrerarbeitsplatzgestaltung beschäftigen, gebildet.

Das Resultat der Arbeit kann sich sehen lassen: Alle Mitarbeiter erhalten täglich kostenlos Äpfel, Bananen und Mineralwasser. Ein Fitness-Raum wurde eingerichtet, in dem sich jeder Mitarbeiter sportlich betätigen kann, bis hin zur qualifizierten Rückenschulung. Kostenlose Massage- und Reiki-Termine kann jeder nach Bedarf in Anspruch nehmen.

Das Unternehmen zahlt eine jährliche Anwesenheitsprämie. Das bedeutet, es honoriert "Nichtkranksein". In zusätzlichen Fahrerseminaren werden Themen vermittelt wie "Stressbewältigung", "Gesunde Ernährung" und "Umgang mit Kunden". Ein Deeskalationstraining wird angeboten.

Mitarbeiter des Verkehrsmanagements sind in der Betreuung des Fahrpersonals nach traumatischen* Erlebnissen ausgebildet. Jeder Arbeits- und Wegeunfall wird vom Bereichsleiter aufgenommen und mit dem Mitarbeiter ausgewertet. Dabei werden Maßnahmen zur künftigen Vermeidung festgelegt.

Verbindlich eingeführt wurden Rückkehr- und Fehlzeitengespräche. Diese Gespräche sind Bestandteil eines Eskalationsstufenmodells, das als Endstufe die Trennung von dem Mitarbeiter zur Folge haben kann.

Diese Aktivitäten zeigen jedem Mitarbeiter, wie wichtig das Thema Fehlzeiten im Unternehmen genommen wird. Und es dokumentiert sich damit in Permanenz. Um diese Permanenz auch stets nachhaltig zu gewährleisten, werden in der betrieblichen Informationspolitik immer wieder ausgewählte Themen zur Arbeitssicherheit und zum Gesundheitsschutz dargestellt, z. B. in der Betriebszeitung.

---

[281] "Das Warnkreuz" 2/2001, S. 8 (verkürzte Darstellung)

Da die motivationsbedingten Fehlzeiten ein komplexes Phänomen sind, kann es methodisch kein Patentrezept zu ihrer Diagnostik und erfolgreichen Intervention geben. Das heißt, es reicht zum einen weder ein Fragebogen noch ein Rückkehrgespräch aus, um die Ursachen der Fehlzeiten, geschweige denn deren Motive valide diagnostizieren zu können. Zum anderen gibt es nicht *die* Interventionsmethode. Selbst die Anwendung des Rückkehr- und Fehlzeitengesprächs ist in Bezug auf die Wirksamkeit kritisch zu prüfen.

Demgemäß sind die kommerziellen Angebote auf diesem Markt sehr kritisch zu betrachten. Die umfassende Fehlzeitenanalyse und -intervention kann nur ein kontinuierlicher Prozess im Unternehmen sein, an dem sich Arbeitgeber, Arbeitnehmer, Betriebs-/Personalräte und Unternehmensberater als Experten kooperativ beteiligen.

6.4.2 Ein Wohlbefindens- Projekt

Der Weltkonzern **Nokia** als marktführender Anbieter von Mobilfunk- und Kommunikationstechnologie hat frühzeitig erkannt, dass nicht nur die Zufriedenheit der Kunden, sondern auch die des eigenen Personals für den Unternehmenserfolg wichtig ist. Aus diesem Grund hat Nokia Networks 1996 das „**Well-being**"- **Projekt** ins Leben gerufen, das mittels zahlreicher Präventivmaßnahmen zum Wohlbefinden und zur Gesundheit der Mitarbeiter beitragen soll. Das Programm fand 1998 im gesamten Konzern Anwendung. Es wird im Folgenden kurz vorgestellt[282].

Während des jährlich stattfindenden Kooperationsseminars bei Nokia Networks, bei dem sich Vertrauensleute, Vertreter des Personalbereichs, der Arbeitsmedizin* und der Führungsebene mit neuen Herausforderungen und Problemstellungen im Bereich Personal auseinandersetzen, entstand die Projektidee. Alle Teilnehmer des Seminars schätzten richtig ein, dass in einer Arbeitswelt, in welcher Wettbewerbs- und Innovationsdruck zunehmen, Gesundheit und Wohlbefinden der Mitarbeiter beeinträchtigt werden können. Dem kann langfristig nur mit einem umfassenden Gesundheitsprogramm begegnet werden. Bisherige Bemühungen des Personalwesens um die Zufriedenheit der Belegschaft mit der Erkenntnis, sich verstärkt auf jeden einzelnen Mitarbeiter zu konzentrieren, führten zur Idee des "*Total Wellness*", einem ganzheitlichen Wohlbefinden für alle Mitarbeiter. Im Zentrum steht dabei die Formel *„Aktive und gesunde Mitarbeiter - eingebunden in eine leistungsfähige und gesunde Arbeitsgemeinschaft."*

Das Grundproblem stellte sich für Nokia als sog. **Paradoxon** dar: *Die Anforderungen an die Leistungsfähigkeit der Mitarbeiter, d. h. an ihre Kompetenzen und Motivation, steigen kontinuierlich, während gleichzeitig ihr Wohlbefinden in Arbeit und Freizeit kontinuierlich abnimmt – möglicherweise bis hin zur Erschöpfung (siehe dazu Bild 68.).*

---

[282] In Anlehnung an Sydänmaanlakka, P. & M. Antell (2000)

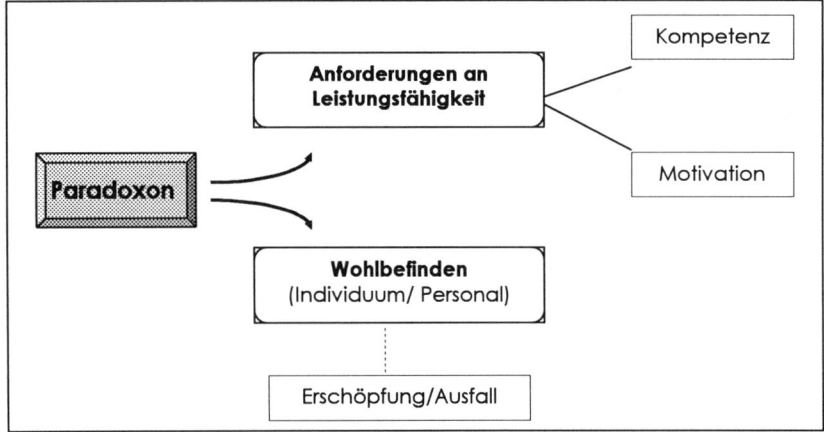

Bild 68: Das Paradoxon zwischen zunehmenden Anforderungen an das Personal und dessen Wohlbefinden

Als Teil der Unternehmensstrategie signalisierte die Firmenleitung mit dem Programm ihr Verantwortungsbewusstsein für die Sicherheit, die Gesundheit und das Wohlbefinden des Personals. Dies erforderte zunächst eine Richtlinie des Topmanagements, durch die eine klare Zukunftsvision, eine neue Unternehmensstrategie, realistische und anspruchsvolle Ziele sowie ein effektives Management- und Führungssystem eingeführt wurden.

Das Projekt umfasst vier **Zielbereiche** und zahlreiche Indikatoren von Gesundheit bzw. Krankheit (siehe Bild 69).

Ausgehend von der Auffassung, dass es für das Wohlbefinden eines Menschen wichtig ist, eine Balance zwischen verschiedenen Lebensbereichen (Work-Life-Balance) zu finden und gleichzeitig für einen guten physischen, sozialen und geistigen Zustand der Mitarbeiter zu sorgen, sind einige Maßnahmen bei Nokia erfolgreich in die Praxis umgesetzt worden. Es wurde vor allem darauf geachtet, dass Mitarbeiter als Betroffene stets aktiv am Projekt mitwirken. Ferner wurden besonders lokale Besonderheiten und die gegebene Mitarbeiterstruktur berücksichtigt.

Ziele des Well-Being-Projektes

Gesundheit und Leistungsfähigkeit der Mitarbeiter	Aktivität und Fitness der Mitarbeiter	Eine ergonomisch gestaltete und sichere Arbeitswelt	Motivierte und sich weiterentwickelnde Mitarbeiter

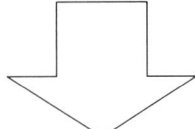

Indikatoren (Beispiele)

Häufige Abwesenheit vom Arbeitsplatz	Fitness-Tests (Laufen, KM-Index, Muskeltonus)	Häufige Abwesenheit aufgrund von Arbeitsunfällen	Geringer Personalwechsel
vorgezogener Ruhestand	Hobby- und Fitnesskarten	Arbeitsbedingte Krankheiten	Beteiligung der Mitarbeiter (Zufriedenheitsindex)
Leistungsindex	Finanzielle Unterstützung für sportliche Aktivitäten	Überprüfen der Arbeitsplätze	Einschätzung (Leitung, Team)
	Gezielte Umfragen zu körperlicher Betätigung und Freizeitaktivitäten		Besprechungen zu Planung und Entwicklung
			Weiterbildungstage pro Person

Bild 69: Ziele und Indikatoren zum Projekt

Viele Konzernstandorte verfügen über ein eigenes **Feedback-System**. Besonders zu erwähnen ist die "*Listening-to-You*"-*Initiative*, die als Meinungsumfrage einmal im Jahr durchgeführt wird. Dabei werden die Fragen in 11 Kategorien unterteilt, die sich u. a. auf die Kundenzufriedenheit, die Teamarbeit, die innerbetriebliche Kommunikation sowie auf den Grad der Mitwirkung der Mitarbeiter beziehen. Nokia sieht in dieser Umfrage einen wirksamen Weg, genauere Informationen über die Ansichten seines Personals zu erhalten. Zusätzlich gibt sie Auskunft darüber, inwiefern die Maßnahmen im Projekt erfolgreich umgesetzt worden sind. Solche Maßnahmen sind beispielsweise:

Maßnahmen zur Einstellung, Weiterbildung und Kommunikation

Nokia berücksichtigt schon bei der **Einstellung neuer Mitarbeiter** deren körperliche und psychische Kompetenzen, indem ein idealer Arbeitsplatz gesucht wird. Ferner legt Nokia großen Wert darauf, dass das Personal nicht nur hinsichtlich seiner Arbeitstätigkeit, sondern auch projektbezogen weitergebildet wird. Die **Weiterbildung** sieht Einführungsprogramme vor, die sich später in Seminaren, Trainings und sogar in Arbeitsgestaltungsmaßnahmen (z. B. Jobrotation) ausdifferenzieren. Speziell für ältere Mitarbeiter wurde das "*Senior Voimat*"-Seminar eingerichtet, dass sie mit altersbezogenen Themen der Arbeitssicherheit und Gesundheit konfrontiert. Schulungszentren und e-Learning tragen zudem zur Qualifikation bei.

Als Unternehmen der Kommunikationsbranche bemüht sich Nokia besonders um innerbetriebliche **Kommunikation**. Es schafft innerhalb der Organisation ein funktionierendes Informationsnetzwerk aus Online-Nachrichtendiensten, internen Magazinen und dem "Ask HR"-Forum im Intranet.

Maßnahmen zur Mitarbeiterunterstützung

Bei der Integration der Mitarbeiter in das Gesundheitsprojekt bedarf es einiger Hilfestellungen. Die Beschäftigten werden u. a. bei persönlichen und Arbeitsproblemen durch ein internes **Mitarbeiter-Hilfe-Programm** sowie durch die "Investing-in-people"– Initiative unterstützt. Auch auf internationaler Ebene erfahren die Mitarbeiter des Nokia–Konzerns zahlreiche Unterstützung. Dazu dient beispielsweise das "Nokia Helping Hand"- Projekt, bei dem durch freiwilligen Einsatz in Not geratenen Mitarbeitern geholfen wird.

Ferner haben die Mitarbeiter die Möglichkeit, selbst Einfluss auf individuelle Zielvereinbarungen, die Leistungsbeurteilung, die Karriere oder sogar Sonderboni zu nehmen. Verantwortung zu übernehmen, sich beruflich weiter zu entwickeln und zunehmende persönliche Flexibilität sind weitere Forderungen an das Personal, welchen man mit Hilfe von Maßnahmen wie z. B. gleitende Arbeitszeiten, temporäres Arbeiten zu Hause (Telearbeit), Langzeiturlaub und mobilen Kommunikationslösungen gerecht wird.

Besondere Maßnahmen

Neben Maßnahmen im Betrieb werden auch freizeitorientierte Maßnahmen ergriffen. Es wird in einem persönlichen Aktionsplan festgehalten, an welchem "sozialen Event" der Mitarbeiter im Laufe eines Jahres teilnehmen soll. Diese Ereignisse bzw. Veranstaltungen sollen das WIR-Gefühl stärken und persönliche Beziehungen vertiefen. Ein Aktionsplan für ein Jahr beinhaltet z. B. folgende Veranstaltungen:

- Theaterbesuch
- Sommer- bzw. Weihnachtsfest
- Sportveranstaltung
- Vorträge zum Thema „*Gesundheit & Wohlbefinden*"
- Informationen zu diversen Nokia-Clubs, Fitnessräumen und Sporthallen.

Eine sog. **Wohlbefindenskarte** dient zur Sammlung von Punkten, welche die Mitarbeiter durch ihre Teilnahme an Fitness- und Freizeitaktivitäten erhalten. Wer am Ende des Jahres seine Karte abgibt, nimmt schließlich an einer Lotterie mit attraktiven Preisen teil.

Zusätzliche Maßnahmen

Da das Projekt noch recht jung ist, sollen weitere Maßnahmen dazu beitragen, es in den Köpfen der Mitarbeiter zu verankern. Eine Broschüre zum Thema „*Gesundheit und Wohlbefinden*", zahlreiche Poster und T-Shirts sind neben regelmäßigen Berichten in der internen Firmenzeitung sehr effektiv.

Das Well-Being-Projekt begann 1996 in Finnland. Nokia konnte damit weltweit Erfolge verbuchen. Allerdings gab es auch Werke, in denen weniger unternommen wurde. Offensichtlich ist es wichtig, in jedem Betrieb einen „Sprecher" oder Verantwortlichen bzw. eine Stabsstelle für das Gesundheitsprojekt zu haben. Nokia kann nach vorliegenden Erfahrungen sechs Hauptfaktoren nennen, welche den Projekterfolg bestimmen:

- das Engagement der Unternehmensleitung
- das Engagement des Personalbereichs
- die Einbeziehung des arbeitsmedizinischen* Bereichs
- die Beteiligung der Beschäftigten auf freiwilliger Basis
- die landesspezifische Anpassung an besondere kulturelle Bedingungen
- ein verbindliches globales Konzept, das sich auf lokaler Ebene umsetzen lässt.

Das Wohlbefindens-Projekt gehört als bleibender und wichtiger Bestandteil zur Nokia-Unternehmensphilosophie und –kultur.

6.4.3 Work2Work - Ein Projekt für leistungsgewandelte Mitarbeiter

Gesundheitsprogramme in Unternehmen sollten sich nicht nur auf sog. normale Zielgruppen orientieren, sondern ebenso auf ausgewählte Gruppen. Dazu zählen insbesondere leistungsbehinderte oder leistungsgewandelte Mitarbeiter (employees with handycaps). Ihnen gegenüber haben die Gesellschaft wie auch Unternehmen eine besondere ethische Verantwortung. Deshalb ist es wichtig, dass vor allem für diese Mitarbeiter ein umfassender, auf ihre Besonderheiten bezogener AGS entwickelt wird. Eine humane Gestaltung der Arbeitswelt muss besonders schutzwürdigen Personen die Integration ermöglichen.

Welche Mitarbeiter können als „**Leistungsgewandelte**" bezeichnet werden?[283] Von ihnen kann gesprochen werden, wenn eine Krankheit zu einer nicht nur vorübergehenden Beeinträchtigung der Gesundheit und Leistungsfähigkeit führt. Leistungsgewandelte weisen also eine irreversible Einschränkung der körperlichen Leistungsfähigkeit auf. Die Auswirkung der Leistungs- oder Funktionsbeeinträchtigung ist als Grad der Behinderung (GdB), nach Zehnergraden abgestuft, von 20 bis 100 festzu-

---

[283] siehe dazu ausführlich Schrader, K., Meyer-Falcke, A. & H. Munker (1995) und Hell, W. (1986)

stellen[284]. Ursachen der Einschränkung der Leistungsfähigkeit sind Erkrankungen, das (biologische) Alter bzw. der altersbedingte Verschleiß oder genetische Faktoren. Schwerbehinderte weisen einen Grad der Behinderung von wenigstens 50 % auf.

Leistungsgewandelte sind also Personen, die aufgrund ärztlich diagnostizierter Funktionseinbußen bestimmte Arbeitsbelastungen meiden sollen und deshalb nur begrenzt an industriellen Arbeitsplätzen eingesetzt werden können. Demzufolge definiert die Volkswagen AG den Begriff der **Leistungswandlung** als eine Wandlung der Einsatzfähigkeit, die vorliegt, wenn ein fähigkeitsgerechter Personaleinsatz a) trotz entsprechender betrieblicher Maßnahmen objektiv unmöglich bzw. nicht mehr möglich ist oder b) ein unzumutbarer Aufwand zur Anpassung/Schaffung eines adäquaten Arbeitsplatzes nachgewiesen werden kann.[285]

Rechtliche Grundlagen der Rehabilitation von Leistungsgewandelten sind in erster Linie das Arbeitsschutzgesetz, das Arbeitssicherheitsgesetz und das Schwerbehindertengesetz.

Die **Wiedereingliederung** von Leistungsgewandelten ist gegenwärtig für viele Unternehmen ein Problem, da einerseits durch den demographischen Wandel, die Zunahme der Lebensarbeitszeit, Veränderungen in den Krankheitsbildern u. a. m. eine signifikante Zunahme der leistungsgewandelten Mitarbeiter zu verzeichnen ist. Beispielsweise sind am VW-Standort Wolfsburg etwa 10 % der Belegschaft Mitarbeiter mit eingeschränkter Leistungsfähigkeit.

Andererseits ist bedingt durch neue Technologien, Rationalisierungsmaßnahmen, neue Formen der Arbeitsorganisation usw. eine Abnahme von Arbeitsplätzen, u. a. für Leistungsgewandelte, zu konstatieren.

Die **berufliche Rehabilitation** (occupational rehabilitation) von leistungsgewandelten Mitarbeitern ist ein Anliegen der *tertiären Prävention*. Dabei ist es jedoch wichtig, Leistungsgewandelte nicht nur als Träger einer Leistungseinschränkung, sondern als *Gesamtpersönlichkeit* zu betrachten.[286] Die Persönlichkeit des Leistungsgewandelten ist in erster Linie durch psychische Eigenschaften bestimmt. Ihre volle Integration in den Arbeitsprozess setzt vor allem die Erhaltung und Entwicklung des physischen und psychischen Leistungspotentials voraus.

Das Personalkonzept „Work2Work"

Die Volkswagen AG, Werk Wolfsburg, trägt der notwendigen Rehabilitation und Integration der Leistungsgewandelten Rechnung, indem sie das innovative Personalkonzept *„Work2Work"* (sinngemäß: von Arbeit zu Arbeit) eingeführt hat.

Da ein großer Teil der Leistungsgewandelten ältere Arbeitnehmer (ab dem 45. Lebensjahr) sind, wird man damit auch dieser Gruppe weitgehend gerecht. „Arbeit für Leistungsgewandelte" heißt demnach auch „Arbeit für ältere Arbeitnehmer".

---

[284] Schwerbehindertengesetz SchwbG vom 26. August 1986
[285] siehe VW-Betriebsvereinbarung Nr. W2/01 vom Juli 2001
[286] siehe auch Sozialgesetzbuch (SGB) I vom 11.12.1975

Bild 70: Logo von Work2Work

Die humane Zielsetzung besteht darin, leistungsgewandelte Mitarbeiter des Werkes Wolfsburg leidensgerecht, persönlichkeitsgerecht und wertschöpfend einzusetzen. Mit dem Personaleinsatz auf adäquate Arbeitsplätze wird das Anliegen verfolgt, Folgeschäden von Erkrankungen bzw. das wiederholte Auftreten von Erkrankungen der Leistungsgewandelten zu verhindern (entspricht der tertiären Prävention) (siehe Beispiel im Kasten 76).

Neben humanen werden auch betriebswirtschaftliche Ziele verfolgt. Es soll eine Reduzierung ausgabewirksamer Fremdleistungen im Bereich der Dienstleistungen aller Geschäftsbereiche am Standort Wolfsburg erreicht werden. Außerdem soll durch den Einsatz der Leistungsgewandelten eine Vollkostendeckung von mindestens 30 % erwirtschaftet werden. Hinzu kommen Nutzeffekte wie Einsparungen für vermiedene erfolglose Umsetzungen von Mitarbeitern, infolge geringerer Fehlzeiten sowie der höheren Leistungsfähigkeit der Leistungsgewandelten auf Grund adäquater Arbeitsplätze.

Etwa 1 % der Gesamtbelegschaft[287], also 500 Mitarbeiter, wurden (bis Frühjahr 2003) in das Projekt aufgenommen. Die Art der Leistungswandlung ist in *Belastungseinschränkungen durch externe Einflüsse* (Arbeitsorganisation, Arbeitszeit, Arbeitsausführung und Umwelteinflüsse) und *Belastungseinschränkungen physischer Art* (physische Einschränkungen wie Sehen, Hören usw. und Körperhaltung wie Stehen, Tragen, Bücken usw.) gegliedert.

Formale Voraussetzungen für die Aufnahme in Work2Work sind nach der entsprechenden Betriebsvereinbarung die Beschäftigung am Standort Wolfsburg sowie eine anerkannte Werkszugehörigkeit von über 10 Jahren und eine betriebsärztlich festgestellte Wandlung der Leistungsfähigkeit. Der Einsatz der Leistungsgewandelten im Werkstatt- und Industrieservice erfolgt an fünf Tagen in der Woche mit einer bezahlten Arbeitszeit von sechs Stunden pro Tag. Die Arbeitszeit liegt grundsätzlich in der Zeit von 8.00 bis 15.00 Uhr mit unbezahlten Pausen von 45 und 15 Minuten. Der Einsatz erfolgt beispielsweise in Geschäftsfeldern wie Fahrservice (interne Personenbeförderung und Kurierdienst), Facility-Management (Hausmeistertätigkeiten, Säubern des Werksgeländes, Werksgärtnerei, Werkstischlerei), Werksicherheit

---

[287] Im VW-Werk Wolfsburg sind derzeit etwa 50.000 Mitarbeiter beschäftigt.

(Pförtnerdienste), Personalwesen (Bürohelfertätigkeiten) und Automotive (Fahrzeugreparatur, Fahrzeugrecycling, Anfertigung von Prüfständen und Fahrzeugmodelle für Schulungszwecke).

Wird auf Grund gesundheitlicher Einschränkungen eine sog. Gesundheitspause für notwendig befunden, erhöht sich die tägliche Anwesenheit um diese Zeit. Als **Gesundheitspause** wird eine zusätzliche Arbeitsunterbrechung bis zu einer Stunde für empfohlene individuelle Gesundheitsaktivitäten (Gymnastik, Bewegungsübungen usw.) verstanden.

Kasten 76

Neue Chance statt „Abschiebebahnhof"

Vor drei Jahren erwischt es Thomas Grußendorf: Dem IG-Metall-Kollegen, der zu diesem Zeitpunkt in der Halle 54 arbeitet, schießt es in den Rücken. Leider kein normaler Hexenschuss, sondern ein Bandscheibenvorfall. Ein Einsatz im Cockpit-Einbau wird damit unmöglich. Betriebsrat und Personalwesen suchen gemeinsam eine geeignete Stelle.

Erst arbeitet Thomas in der Kommissionierung. Als ihm sein Rücken auch dort Probleme bereitet, kommt er in die Vormontage für Pumpe-Düse-Motoren. Permanent ist er in ärztlicher Behandlung; nach einem weiteren Rückfall wird er ins Krankenhaus eingeliefert. Nach der Operation folgen drei lange Monate Reha...

„Nach einiger Zeit musste ich zu einem Gespräch zum Personalwesen. Ich hatte ein ganz schön mulmiges Gefühl", erinnert er sich. Doch sein Ansprechpartner, Leopold Päth, fand für den gelernten Zimmermann genau die richtige Einsatzmöglichkeit. Ein Job in der Werkstischlerei.

Möglich wurde die Umsetzung von Grußendorf durch das neue, verantwortungsbewusste Personalkonzept „Work 2 Work"...

Aus „Wir" Monatsmagazin für die Mitglieder in der IG Metall Wolfsburg 34. Ausgabe April/Mai 2002

Arbeitswissenschaftliches Begleitprojekt

Damit das progressive Personalkonzept voll wirksam werden kann, bedarf es einer begleitenden arbeitswissenschaftlichen Forschung. Dadurch erhält es gemäß seiner innovativen Bedeutung, welche in den Konsequenzen über die Volkswagen AG weit hinausgeht, theoretisch, empirisch und praktisch ein solides Fundament. In der Betriebsvereinbarung wurde die Begleitung durch arbeitswissenschaftliche Forschung festgelegt. Im wissenschaftlichen Projekt erfolgt vor allem eine interdisziplinäre Zusammenarbeit von Arbeitsmedizin*, Arbeits-, Betriebs- und Organisationspsychologie*, Ergonomie* und Technik. **Schwerpunkt** ist zunächst die Psychologie. Auf diesem Gebiet besteht im Vergleich zu technischen, ergonomischen und arbeitsmedizinischen Ansätzen in der Personaleinschätzung, im Personaleinsatz sowie in der Arbeitsgestaltung großer Nachholbedarf.

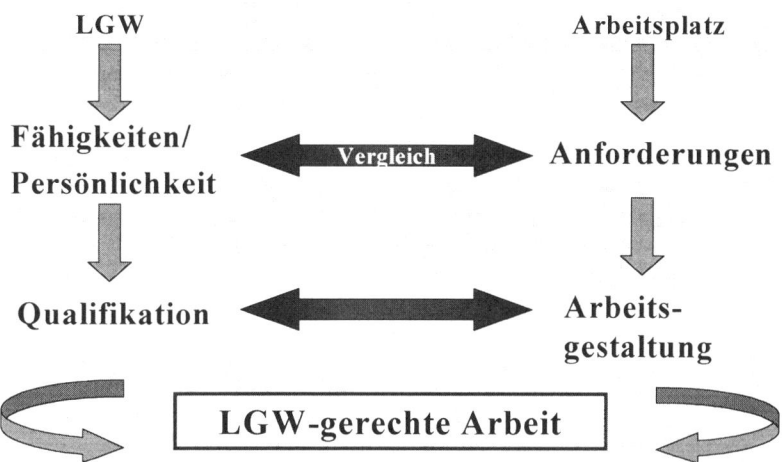

Bild 71: Personaleinsatz und Arbeitsgestaltung für Leistungsgewandelte (LGW)

Aus psychologischer Sicht sind neben der körperlichen Leistungseinschränkung, welche vom Arzt attestiert wurde, vor allem **die Fähigkeiten, die Bedürfnisse, das Befinden und die Leistungsbereitschaft (Motivation) der Mitarbeiter** zu berücksichtigen

Mit der arbeitswissenschaftlichen Studie werden folgende **Ziele** gestellt (siehe auch Bild 71):

- der *leidensgerechte, persönlichkeitsgerechte und wertschöpfende Einsatz* der Leistungsgewandelten auf Grund einer Potentialanalyse,
- die gesundheitsstabilisierende und –fördernde Arbeitsgestaltung, d. h. leidensgerechte, persönlichkeitsfördernde und wertschöpfende Gestaltung der Arbeitstätigkeiten und –plätze der Leistungsgewandelten,
- die gezielte, fähigkeitsangemessene berufliche Förderung (Schulung oder Umschulung) von Leistungsgewandelten,
- die persönlichkeitsgerechte Personalpflege von Leistungsgewandelten.

Das Anliegen der wissenschaftlichen Studie ist also die Qualifikation des Personaleinsatzes, der Personalbetreuung, der Personalentwicklung und der Arbeitsgestaltung für leistungsgewandelte Mitarbeiter.

Der psychologischen Studie liegt ein **positives Menschenbild** vom leistungsgewandelten Mitarbeiter zugrunde. Das heißt: Es ging dabei nicht um die Feststellung von Einschränkungen oder Defiziten, sondern um die **Erkennung von Potentialen** in der psychischen Leistungsfähigkeit und Leistungsbereitschaft des Leistungsgewandelten (= Positivdiagnose). Jeder Leistungsgewandelte soll auf Grundlage der psychologischen Studie einen Arbeitsplatz erhalten, der weitestgehend seinen Fähigkeiten (Leistungsfähigkeit) und seiner Leistungsbereitschaft (Motivation) entspricht. Unser Anliegen war folglich nicht nur ein leidensgerechter Einsatz nach ärztlichem Gutachten, sondern ein persönlichkeits- und fähigkeitsangemessener Einsatz der leistungsgewandelten Mitarbeiter.

In der arbeitswissenschaftlichen Studie mit 80 leistungsgewandelten Mitarbeitern wurden nach Diskussion mit dem Personaleinsatzbetrieb, dem Gesundheitswesen, dem Betriebsrat und der Schwerbehindertenvertretung ausschließlich psychodiagnostische Methoden eingesetzt, welche

- sich in Forschung und Praxis bewährt haben
- relativ einfach anwendbar und auswertbar sind
- zeit- und kostengünstig durchführbar sind.

Demgemäß wurden folgende **Leistungs- und Persönlichkeitsmerkmale** erfasst:

- die *intellektuelle Leistungsfähigkeit* mit dem Leistungsprüfsystem (LPS)[288],
- die *Aufmerksamkeit und Konzentrationsfähigkeit* mit dem Aufmerksamkeits-Belastungs-Test (d2)[289],
- *Persönlichkeitsmerkmale* wie z. B. Lebenszufriedenheit, soziale Orientierung, Leistungsorientierung, emotionale Stabilität, körperliche Beschwerden, Gesundheitssorgen mit dem Freiburger Persönlichkeitsinventar (FPI)[290].

Die wesentlichsten **Ergebnisse der Studie** sind wie folgt:

(1) Wir konnten feststellen, dass sich die leistungsgewandelten Mitarbeiter in der *psychischen Leistungsfähigkeit* nicht signifikant von der sog. Normalpopulation unterscheiden. Es gab sogar 10 Leistungsgewandelte, die überdurchschnittlich intellektuell begabt sind *und* eine überdurchschnittlich ausgeprägte Konzentrationsfähigkeit und Aufmerksamkeit aufweisen. In der intellektuellen Leistungsfähigkeit waren es zwei Personen mit hervorragender Intelligenz, sechs Personen mit sehr guter Intelligenz und 10 Personen mit überdurchschnittlicher Intelligenz. In der Konzentration und Aufmerksamkeit wiesen sieben Personen eine hervorragende, neun Personen eine sehr gute und neun Personen eine überdurchschnittlich ausgeprägte Leistungsfähigkeit auf.

(2) Es gibt aber unter den Leistungsgewandelten auch Personen mit klinisch auffälligen Persönlichkeitsmerkmalen. Relativ hohe FPI-Skalenwerte traten wie folgt auf:

- 31 Personen (38 %) in der Gehemmtheit (gehemmt, unsicher, kontaktscheu)
- 19 Personen (23 %) in der Erregbarkeit (erregbar, empfindlich, unbeherrscht)
- 6 Personen (7 %) in der Aggressivität (aggressives Verhalten, spontan, reaktiv, sich durchsetzend)
- 12 Personen (15 %) in der Stressanfälligkeit (angespannt, überfordert, sich oft im „Stress" fühlend)
- 27 Personen (33 %) bei den körperlichen Beschwerden (viele Beschwerden, psychosomatisch gestört)

---

[288] Horn, W. (1962)
[289] Brickenkamp, R. (1994)
[290] Fahrenberg, J., Hampel, R. & H. Selg (2001)

- 25 Personen (30 %) bei den Gesundheitssorgen (Furcht vor Erkrankungen, gesundheitsbewusst, sich schonend)
- 3 Personen (28 %) bei emotionaler Labilität (empfindlich, ängstlich, viele Probleme, körperliche Beschwerden).

(3) Schließlich soll ein Ergebnis zu den *älteren* leistungsgewandelten Mitarbeitern dargestellt werden. Wir konnten feststellen, dass beispielsweise ihre allgemeine Denkfähigkeit durchschnittlich nicht geringer als bei den jüngeren Kollegen ist. Es gibt auch unter den Älteren Personen, die eine überdurchschnittliche Denkfähigkeit aufweisen.

Auf Grundlage o. g. Ergebnisse wurden bzw. werden weitere **Maßnahmen** durchgeführt, welche im Folgenden skizziert sind:

1. Gespräch mit den Leistungsgewandelten

Es wurde mit allen Leistungsgewandelten, welche an der Studie teilgenommen haben, ein Einzelgespräch geführt. Im Gespräch wurde ihnen das Untersuchungsergebnis in positiver Form mitgeteilt. Auffällige Ergebnisse wurden mit den Mitarbeitern diskutiert, z. B. eine Differenz zwischen psychischer Leistungsfähigkeit und Leistungsbereitschaft (Leistungsorientierung). Ferner wurden die Bedürfnisse, die Motive, die Interessen, die Arbeitszufriedenheit sowie die berufliche Biographie unter besonderer Berücksichtigung der Leistungseinschränkung der Leistungsgewandelten erfasst. Individuelle Möglichkeiten beruflicher Qualifikation und Einsatzmöglichkeiten im VW-Werk wurden diskutiert.

2. Vorgesetztenbefragung

Es wurde eine Befragung mit den Vorgesetzten (= Experten) der Leistungsgewandelten durchgeführt. Dabei schätzten die Vorgesetzten ihre Mitarbeiter nach (beobachtbaren) Leistungs- und Persönlichkeitskriterien ein, z. B. die Arbeitsmotivation und -ausdauer, die Lernbereitschaft, die körperliche Fitness, die Teamfähigkeit, die Stressbewältigung. Die Expertenurteile wurden sodann in Beziehung zu den Testleistungen der Mitarbeiter gesetzt.

3. Arbeitsanalyse

Es wird gegenwärtig eine Arbeitsanalyse nach psychologischen und ergonomischen* Kriterien durchgeführt. Hierbei beurteilen Experten und die Leistungsgewandelten ihre Arbeitstätigkeit inkl. Arbeitsplatz z. B. nach dem Handlungsspielraum bei Aufgabenerfüllung, der Arbeitsbelastung, der Vielseitigkeit und Ganzheitlichkeit der Arbeitsaufgaben, der Zusammenarbeit, der sozialen Interaktion bzw. sozialen Unterstützung und nach der Arbeitszufriedenheit.

Die Arbeits- und Anforderungsanalyse nach psychologischen und ergonomischen Kriterien erfolgt mit dem Ziel der **Bewertung und Klassifikation der Arbeitsplätze** der Leistungsgewandelten. Sie dient ferner dazu, den Grad der Übereinstimmung der Leistungsvoraussetzungen der Leistungsgewandelten mit den Arbeitsanforderungen festzustellen.

4. Schulung für Vorgesetzte

Es erfolgt eine Schulung der Vorgesetzten. Thematischer Schwerpunkt sind die Besonderheiten in der Personalführung leistungsgewandelter Mitarbeiter.

5. Schulung für leistungsgewandelte Mitarbeiter

Es erfolgt eine **berufliche Förderung** der leistungsgewandelten Mitarbeiter. Dies gilt besonders für diejenigen, welche auf Grund ihrer überdurchschnittlich ausgeprägten psychischen Leistungsfähigkeit (Intelligenz, Konzentration und Aufmerksamkeit) an ihrem gegenwärtigen Arbeitsplatz eher unterfordert sind. Die Maßnahmen der Personalentwicklung werden persönlich mit den in Frage kommenden Mitarbeitern beraten. Dabei werden Förderpläne für (ausgewählte) leistungsgewandelte Mitarbeiter ausgearbeitet.

6. Gesundheitscoaching

Darüber hinaus sind in der **Personalpflege bzw. –betreuung** insbesondere diejenigen Mitarbeiter zu beachten, welche in der Persönlichkeitsstruktur auffällig sind (siehe oben). Sie benötigen bezüglich ihrer Symptomatik ein gezieltes Gesundheitscoaching oder gar psychotherapeutische Gespräche. Ferner wird die Gesundheitspause (siehe oben) in Bezug auf die Symptomatik gestaltet werden.

7. Arbeitsgestaltung

Auf Grundlage der Arbeits- und Potentialanalysen erfolgt die leidensgerechte, persönlichkeitsfördernde und wertschöpfende Gestaltung der Arbeitstätigkeit und –plätze der Leistungsgewandelten nach psychologischen und ergonomischen Kriterien. Dafür kommen die korrektive, die präventive und die prospektive Arbeitsgestaltung in Frage (siehe dazu Kapitel 4.1.). Die korrektive Arbeitsgestaltung ist bei gegebenen Arbeitsplätzen für leistungsgewandelte Mitarbeiter erforderlich. Die präventive Arbeitsgestaltung ist vorbeugend bezüglich gesundheitlicher Beeinträchtigungen. Die prospektive Arbeitsgestaltung ist bei der Planung von neuen Arbeitstätigkeiten und –plätzen beachten. Dabei ist neben der ergonomischen Gestaltung von Arbeitsbedingungen besonders die psychologische Gestaltung von Arbeitsaufgaben zu berücksichtigen. In diesem Rahmen sind bei der Arbeitsgestaltung für Leistungsgewandelte auch *Gruppenarbeitskonzepte* zu erwägen.

6.5. Probleme und Perspektiven von betrieblichen Gesundheitsprogrammen

Betriebliche Gesundheitsprogramme, wie sie z. B. oben skizziert worden sind, weisen gegenwärtig folgende **Probleme** auf, deren Lösung Perspektiven für das BGM aufzeigt:

Vergleicht man die Anzahl der BGM-Programme in Deutschland mit der in den USA, in Kanada und Australien, so lässt sich bei uns ein erheblicher **Nachholbedarf** feststellen. Es gibt relativ wenige Best-Practice-Modelle, d. h. Unternehmen, welche ein umfassendes Gesundheitsprogramm durchführen, in der sowohl der AGS als auch die PP inkl. Gesundheitsförderung gleichermaßen berücksichtigt werden. Positive Beispiele sind die Volkswagen AG[291], die Bayer AG[292], die Siemens AG[293], die Braun AG Melsungen[294], die Degussa AG Frankfurt[295], die Münchner Verkehrsbetriebe[296], die Essener Verkehrs-AG[297], die WMF AG Geislingen[298], der Spielhersteller Ravensburger[299], die Esso AG[300], die SPAR Handels-AG[301], die VEW Energie AG Dortmund[302], das Versandhaus OTTO in Hamburg oder das Telekommunikationsunternehmen O$_2$ Germany GmbH. Im Vergleich mit Großunternehmen besteht aber ein größeres Defizit in deutschen Klein- und Mittelunternehmen. Hier fehlen oft das Bewusstsein und auch das Wissen, um die positiven Effekte erfolgreichen Gesundheitsmanagements einzuschätzen. Häufig wird das BGM von den Führungskräften zunächst als Kostenfaktor betrachtet. Als positive Beispiele können hier das Homburger Gerlach-Werk[303], die EVM AG Magdeburg[304] und die KARO Gebäudereinigungs-GmbH Hamburg[305] genannt werden.

Bedenkt man die Anstrengungen, Kosten und Erwartungen, welche an Gesundheitsprogramme in Organisationen geknüpft werden, so fällt vergleichsweise die **Evaluation** entsprechender Maßnahmen oft bescheiden aus. Viele Programme sind nicht evaluiert worden. Für die Evaluation reicht es keinesfalls aus, einzelne Indikatoren, wie beispielsweise die Arbeitszufriedenheit oder den Krankenstand, zu nutzen. Die hinreichende Bewertung eines Gesundheitsprogramms umfasst die Struktur-, Prozess- und Ergebnisevaluation. Die Strukturevaluation bezieht sich auf die Aufbau- und Ablauforganisation des Gesundheitsprojekts. Hier ist z. B. zu prüfen, wer für das Projekt oder für Teilprojekte verantwortlich ist, wer bestimmte Aufgaben übernimmt, beispielsweise die Leitung bestimmter Gesundheitskurse, wer mit wem wie kommuniziert, usw.. Die Prozessevaluation bezieht sich auf zahlreiche Aspekte des Projektverlaufs. Zum Beispiel ist zu prüfen, wie das Niveau der Kurse ist, welche Effekte bei den Teilnehmern auftreten, wie die Motivation der Teilnehmer ist, usw..

---

[291] Marschall, B. (2001); Rudow, B., Keilhofer, G. & J. Bülow (2001)
[292] Schmidt, A. (1994)
[293] Gerdes, H. (1996)
[294] Wilke, P. (1997)
[295] Herrmann, M. (1996)
[296] In „Psychologie heute", Juli 1995, S. 47 f.
[297] Walter, U., Münch, E. & Badura, B. (2001)
[298] Duczek, A. (1994)
[299] Die „ZEIT", Nr. 41 vom 1.10.1998
[300] Paulsen, W. (1996)
[301] Lümkemann, D. & B. Wilken (1999)
[302] Pornschlegel, H. (1998)
[303] siehe „Arbeitnehmer" Nr. 6, 2002
[304] Schuhmacher, F. (1998)
[305] BAuA (1999)

Zu letzterem Aspekt ist zu bemerken, dass über den Drop-out* von Teilnehmern an BGM - Programmen selten exakt berichtet wird. Im Vergleich mit außerbetrieblichen sollen jedoch innerbetriebliche Gesundheitsprogramme eine viermal so hohe Drop-out-Rate aufweisen.

Grundsätzlich sind Gesundheitsprogramme mit Hilfe verhaltenswissenschaftlicher und betriebswirtschaftlicher Indikatoren zu bewerten. Verhaltenswissenschaftliche Indikatoren sind das Anwesenheitsverhalten, die Arbeitszufriedenheit, das Wohlbefinden, die subjektiven Beschwerden, das Organisationsklima, das Führungsverhalten u. a. m.; betriebswirtschaftlich geht es um eine exakte Kosten-Nutzen-Analyse mit einem transparenten Gewinn-/Verlust-Nachweis[306].

BGM-Programme sind oft (zu) *kurzfristig* angelegt. Demgemäß stellen sie **Aktionismus** dar. Dies kann mehrere Gründe haben. Erstens sind Gesundheitsprojekte häufig pragmatisch, ohne strategisches Konzept auf die (kurzfristige) Senkung von Fehlzeiten ausgerichtet. Wenn dieses Ziel mit „harten", nicht stets mitarbeiterfreundlichen Methoden nach relativ kurzer Zeit erreicht ist, dann lässt das Engagement oft nach. Zweitens sind solche Projekte oft nicht in eine Unternehmensstrategie eingebunden. Ein erfolgreiches BGM-Programm sollte aber mindestens drei Jahre andauern. Denn nur Programme über mehrere Jahre können zu stabilen und damit messbaren humanen und wirtschaftlichen Effekten führen.

Oft werden als erfolgreich deklarierte BGM - Programme unkritisch übernommen. Es wird dabei zu wenig berücksichtigt, dass der Erfolg eines Gesundheitsprogramms wesentlich durch zahlreiche betriebliche **Rahmenbedingungen** bestimmt ist, z. B. durch die Unternehmensphilosophie und –kultur, die Position des Betriebsrates im Unternehmen, das Gesundheitsbewusstsein des Managements und der Mitarbeiter, die wirtschaftliche Situation etc.. An diesen Rahmenbedingungen scheitern nicht selten Gesundheitsprogramme, die sich in anderen Organisationen bewährt haben.

BGM - Programme sind oft zu wenig auf ausgewählte **Zielgruppen** zugeschnitten. Man kann nicht davon ausgehen, dass alle Führungskräfte und Mitarbeiter einer Organisation dieselben Bausteine (Rauchen, Gewichtskontrolle, Stressmanagement, Sucht usw.) in gleicher Weise benötigen. Deshalb sollte jedes Präventions- und Interventionsprogramm mit einer *Organisationsdiagnose* zur Gesundheitssituation im Unternehmen beginnen. Die Gesundheitsbeurteilung der hauptsächlichen Mitarbeitergruppen sollte darüber entscheiden, welche Module, Maßnahmen und Methoden für welche Zielgruppen zu empfehlen sind. Anderenfalls bleibt Gesundheitsmanagement eher ein „Schrotschießen", bei dem zwar einzelne Erfolge erzielt werden können, aber keine systematische, gezielte Prävention oder Intervention erfolgt.

Beispielsweise war der erste Schritt im bekannten *„Live for Life"*-Programm der Unternehmung „Johnson und Johnson" die Gesundheitsbeurteilung. Von allen Organisationsmitgliedern, die an diesem Programm teilnehmen wollten, wurden medizinische, Verhaltens- und Einstellungsdaten erhoben. Die auf diese Weise ermittelten individuellen Gesundheitsprofile dienten dazu, die Teilnehmer auf das Programm *„Live for Life"* in Seminaren gezielt vorzubereiten.

---

[306] siehe ausführlich Zangemeister, Ch. (1997)

Ferner sollten sich betriebliche Gesundheitsprogramme stärker auf solche Zielgruppen orientieren, die in der Wirtschaft der Zukunft quantitativ und qualitativ als Humankapital an Bedeutung zunehmen. Es sind vor allem die *älteren Arbeitnehmer* (ab 45. Lebensjahr) und – mit ihnen teilweise identisch - auch die *leistungsbehinderten oder –gewandelten Mitarbeiter* (siehe dazu das Work2Work-Projekt). Sie stellen schon längst keine Randgruppen mehr dar, weder in der Gesellschaft noch in Organisationen. Im Gegenteil, ihr Anteil an der Gesamtzahl der Beschäftigten nimmt durch den demographischen Wandel ständig zu.[307]

BGM - Programmen fehlt häufig eine **professionelle Beratung** durch externe Fachleute (Unternehmensberatung, Wissenschaftler usw.). Eine externe Beratung hat grundsätzlich den Vorteil, dass sie eine kritische, distanzierte Perspektive zum Unternehmen einnimmt. Ferner verfügen Fachleute auf Grund ihrer Erfahrungen aus vergleichbaren Projekten, wissenschaftlichen Arbeiten u. a. m. über ein spezielles Know-how, das von der konzeptionellen Vorbereitung über die Durchführung bis hin zur Evaluation eines Gesundheitsprogramms genutzt werden sollte. Denn nicht selten tritt beim Management und/oder bei Mitarbeitern nach anfänglicher Begeisterung schon bei den ersten Problemen, die im Projekt auftreten, eine Ernüchterung oder sogar Resignation ein, welcher man hilflos gegenübersteht. Professionelle Beratung bei betrieblichen Gesundheitsprogrammen sollte vom Management nicht in erster Linie als Kostenfaktor, sondern - zumindest langfristig - als Gewinnfaktor gesehen werden.

Ein weiteres Basisproblem kann die **Motivation** der Teilnehmer an BGM-Programmen sein. Bedenkt man, dass die Drop-out-Rate bei den Arbeitnehmern relativ hoch ist, so ist zu fragen, durch welche *Anreizsysteme* sie motiviert werden können. Dafür kommen zunächst ökonomische Anreize in Frage, beispielsweise Einkommensveränderungen oder ein gesundheitsorientiertes betriebliches Versicherungswesen. Das Grundprinzip der Anreize durch Einkommensveränderungen ist relativ einfach. Die Mitarbeiter werden für ein klar definiertes Gesundheitsverhalten durch einmalige oder kontinuierliche Einkommenserhöhungen belohnt. Für die Teilnahme an Anti-Raucherprogrammen in Organisationen lässt sich ein Anreiz von 50 bis 1000 Dollar in amerikanischen Unternehmen ausmachen. Beispielsweise erbrachte eine zusätzliche Zahlung von sieben Dollar pro Woche bei Arbeitern der Speedcall Corporation einen Rückgang des Rauchens während der Arbeitszeit von 67 % auf 43 % nach einem Monat und einen Abfall auf 13 % nach vier Jahren.

Ein recht valider Indikator für Gesundheitsmotivation und –verhalten ist - ausgespart Mitarbeiter mit eindeutigen körperlichen oder psychischen Erkrankungen - die Anwesenheits- vs. Abwesenheitszeit von Mitarbeitern über längere Zeiträume. Auf alle Fälle sollte bei Mitarbeitern mit permanenter Anwesenheit über längere Zeit ein Bonus als Anerkennung eingesetzt werden. Dies könnte z. B. eine angemessene Prämie zum Jahresende oder ein Incentive* sein (siehe Kasten 77).

So überzeugend auch materielle wie immaterielle Anreizsysteme erscheinen, es darf nicht übersehen werden, dass vorliegende Erfahrungen zur Zeit für eine generelle Bewertung von ihnen als Motivatoren für die Teilnahme an Gesundheitskursen oder gar für ein besseres Gesundheitsverhalten der Organisationsmitglieder nicht ausreichen.[308] Hierfür sind weitere wissenschaftliche Studien erforderlich. Dazu zählt

---

[307] siehe z. B. Adenauer, S. (2002)
[308] siehe auch Liepmann, D. (1990)

auch die Abhängigkeit der Wirksamkeit der Anreizsysteme von Besonderheiten der Zielgruppen, z. B. vom Alter, Geschlecht oder Qualifikationsgrad.

Kasten 77

Gezielt auf Gesundheit achten

„Gesundheit, das höchste Gut der Menschen... Um die Belegschaft zu motivieren, künftig noch mehr auf die Gesundheit zu achten, startete das Personalwesen eine weitere Aktion: Mitarbeiterinnen und Mitarbeiter aus dem Werk Wolfsburg, die über einen längeren Zeitpunkt eine besonders positive Anwesenheitsbilanz vorweisen, nehmen automatisch an einer Sonderverlosung teil. Über das gesamte Jahr 2003 verlost das Unternehmen Sitzplatzkarten für die 17 in diesem Jahr anstehenden Bundesliga-Heimspiele des VfL Wolfsburg...
„Mit dieser Sonderaktion möchten wir die Mitarbeiterinnen und Mitarbeiter dazu motivieren, noch gezielter auf die eigene Gesundheit zu achten. Deswegen honorieren wir vorbildliches Verhalten", macht Dr. Günther Koch, Leiter Personalwesen Wolfsburg, deutlich."

Aus „autogramm" Die Volkswagen-Zeitung vom 04. Februar 2003, S. 2 (Hervorhebung – B.R.)

Ein weiteres Problem von BGM - Programmen sind die Anteile von **Verhaltens- und Verhältnisprävention**. Untersuchungen der 90er Jahre zeigen den Schwerpunkt betrieblichen Gesundheitsmanagements eindeutig in der Verhaltensprävention. GRÖBEN & BÖS[309] und SCHWAGER & UDRIS[310] stellten in 447 Betrieben Hessens und Thüringens bzw. in 78 Schweizer Betrieben fest, dass es viel Verhaltensprävention, aber wenig Verhältnisprävention gibt. Dies ist eine bedenkliche Situation, wenn man nur bedenkt, dass nach dem Arbeitsschutzgesetz die Verhältnisprävention das Primat gegenüber der Verhaltensprävention hat. Der Mangel an Verhältnisprävention hat mehrere Ursachen: Erstens ist es weniger aufwendig und oft auch kostengünstiger, ausgewählte Maßnahmen der Verhaltensprävention, z. B. Stressmanagement- oder Anti-Raucher-Kurse, durchzuführen. Zweitens bestehen häufig beim Arbeitgeber Vorbehalte gegenüber umfänglichen Maßnahmen der Arbeits- und Organisationsgestaltung, weil Umfang, Kosten und Ergebnisse solcher Maßnahmen nicht immer von vornherein transparent sind. Drittens fehlt den im Betrieb zuständigen Einrichtungen für Gesundheitsmanagement, z. B. dem Personal- oder dem Gesundheitswesen, oft die fachliche Kompetenz für gesundheitsgerechte Arbeits- und Organisationsgestaltung.

Ein weiteres Problem: BGM - Programme fokussieren zu wenig die **psychosoziale Gesundheit**. Aspekte und Probleme dieser Form von Gesundheit spielen in deutschen Unternehmen bislang eine untergeordnete Rolle. Dies hat mehrere Gründe: Erstens ist die psychosoziale Gesundheit ein neues Gebiet für viele Arbeitsmediziner, das mit herkömmlichen diagnostischen und therapeutischen Methoden nur sehr begrenzt erschlossen werden kann. Zweitens ist die psychosoziale oder psychische Gesundheit nicht so einfach zu objektivieren wie die somatische Gesundheit. Drittens weiß man oft nicht, wie ihr mit verhaltens- und verhältnispräventiven Maßnahmen begegnet werden kann.

---

[309] siehe ausführlich Gröben, F. & K. Bös (1999)
[310] siehe ausführlich Schwager, T. & Udris, I. (1998)

Ein Defizit ist ferner – mit letzterem Problem im Zusammenhang stehend - die relativ geringe Präsenz von **arbeits- und organisationspsychologischen Maßnahmen**. Obwohl die Zunahme psychischer Belastungen ein Hauptproblem ist, spielt die Arbeits- und Organisationspsychologie im BGM, besonders in der Personalpflege und in der Arbeitsgestaltung, immer noch eine untergeordnete Rolle. Hauptgrund dafür ist wohl die traditionelle Einbettung der Personalbetreuung in die Personalwirtschaft, der Gesundheitsförderung in die Medizin und des Arbeitsschutzes in die Technik/Ergonomie. Es liegt aber schon an der Ausbildung und gesamten beruflichen Sozialisation, dass sowohl Mediziner als auch Techniker in ihrem theoretischen und methodischen Wissen um die valide Erfassung psychischer Belastungen und um psychologische Arbeitsgestaltung begrenzt sind. Ihr Bemühen um psychologische Problemstellungen ist nicht selten eher von alltagspsychologischen, teilweise sogar von naiven Auffassungen bestimmt.

Ein letztes Problem darf nicht unerwähnt bleiben. Es ist der **ethische Aspekt** von BGM - Programmen. Nichts kann den Erfolg eines Programms mehr in Frage stellen als die Missachtung ethischer Grundsätze. Dabei muss der Datenschutz die höchste Priorität haben. Persönliche Daten über Gesundheit und Krankheit von Mitarbeitern gehören vertraulich nur in den Kompetenzbereich der zuständigen Experten (Mediziner, Psychologen usw.). Sie dürfen keinesfalls besonders vom Management zur Diskriminierung von Arbeitnehmern genutzt werden. Nur durch diese Erfahrung können die Beschäftigten Vertrauen zum Management und seinen Gesundheitsprogrammen gewinnen.

Glossar

Adaption/Adaptation	Anpassung des Auges an unterschiedliche Lichtverhältnisse
Aerobic	Von Musik begleitetes Fitnesstraining mit gymnastischen und tänzerischen Übungen
Akkommodation	Anpassung, Einstellung des Auges auf die jeweilige Sehentfernung
Allianz	Zusammenarbeit von zwei oder mehreren Unternehmen zum beidseitigen Vorteil
Anamnese	Vorgeschichte eines Patienten oder einer Krankheit
Anatomie/ anatomisch	Wissenschaftliche Disziplin, die sich mit der Form und dem Körperbau von Lebewesen befasst; hier: Aufbau und Struktur des menschlichen Körpers.
Anthropometrie/ anthropometrisch	Wissenschaftliche Disziplin, die sich mit der Ermittlung von Körpermaßen des Menschen und ihrer Anwendung zur räumlichen und förmlichen Anpassung der Elemente des Arbeitsplatzes an den arbeitenden Menschen befasst.
Arbeits- und Gesundheitsschutz	Gesamtheit sozialpolitischer, technischer, medizinischer und psychologischer Maßnahmen zum Schutz der Beschäftigten vor arbeitsbedingten Gesundheitsgefährdungen
Arbeitsanalyse	Alle Methoden, die systematisch den Arbeitsprozess mit seinen konstituierenden Elementen (Arbeitsaufgabe, Arbeitsperson, Arbeitsplatz, Arbeitsumgebung, Arbeitsmittel, Arbeitsorganisation) und die spezifischen Anforderungen an den Menschen untersuchen
Arbeitsaufgabe	Entspricht einem Problem mit Ausgangszustand, erwartetem Zielzustand und zu vollziehenden Arbeitsschritten
Arbeitshygiene/ arbeitshygienisch	Zweig der Arbeitsmedizin, der sich vorbeugend mit der Erhaltung und Förderung von Gesundheit, Leistungsfähigkeit und Wohlbefinden arbeitender Menschen beschäftigt
Arbeitsmedizin/ arbeitsmedizinisch	Disziplin der Medizin, die sich mit der Wechselwirkung von Arbeit und Gesundheit, besonders mit Berufserkrankungen, Arbeitsunfällen, gewerbehygienischen und arbeitstoxikologischen Aspekten beschäftigt.
Arbeitsorganisation	Sozio-technisches Interaktionssystem mit dem Zweck der Erreichung ökonomischer und sozialer Ziele Dies erfolgt vor allem durch Arbeitsteilung, Koordination, Kommunikation und Führung.
Arbeitsphysiologie/ arbeitsphysiologisch	Teilgebiet des Physiologie, in dem die Eigenschaften und Funktionen menschlicher Organe und Organsysteme unter den besonderen Bedingungen der Arbeit untersucht werden.
Arbeitspsychologie/ arbeitspsychologisch	Teilgebiet der Psychologie, in dem das Verhalten und Erleben des Menschen in der Arbeitstätigkeit untersucht wird

Arbeitssoziologie/ arbeitssoziologisch	Teilgebiet der Soziologie, in dem gesellschaftlich relevante Aspekte der Arbeit in den Betrieben, besonders in Gruppen, untersucht werden
Arbeitswissenschaft(en)/ arbeitswissenschaftlich	Multi- und interdisziplinäre Wissenschaft von der Analyse, Gestaltung und Organisation menschlicher Arbeit
Ästhetik/ ästhetisch	Wissenschaft vom sinnlich Wahrnehmbaren; Wissenschaft vom Schönen; Lehre von der Gesetzmäßigkeit und Harmonie in Natur und Kunst.
Ätiologie	Lehre der Entstehung, d. h. von den Ursachen und Bedingungen der Erkrankungen
Benchmarking	Nationaler oder internationaler Vergleichsmaßstab hauptsächlich bei Maßnahmen zur Organisationsentwicklung
Benzol	Teerdestillat; Ausgangsmaterial vieler Verbindungen; Zusatzstoff zu Treibstoffen; Lösungsmittel
Betriebspsychologie/ betriebspsychologisch	Teilgebiet der Arbeits- und Organisationspsychologie, in dem das Erleben und Verhalten von Personen und Gruppen in Industriebetrieben untersucht wird.
Betriebswirtschaft	Teilgebiet der Wirtschaftswissenschaften, indem einzelne Wirtschaftseinheiten (Betriebe, öffentliche Verwaltung, etc.) mit allen wirtschaftlichen Vorgängen untersucht werden
Bioenergetik	Lehre von der Anwendung der Energiegesetze auf Lebensvorgänge; wird z. B. in Psychotherapie zur Entwicklung von Körper- und Bewegungsgefühl genutzt
Biomechanik/ biomechanisch	Teilgebiet der Biophysik, das sich mit der Anwendung der Gesetze und Erkenntnisse der Mechanik auf Organismen befasst.
Brainstorming	Problemlösungsverfahren, bei dem nach vorgegebenen Regeln versucht wird, spontan Ideen zu finden und zu bewerten.
Bundesanstalt für Arbeitsschutz und Arbeitsmedizin (BAuA)	Zentrale Einrichtung des Bundes zur Erforschung der Sicherheit und Gesundheit am Arbeitsplatz
Business Process Reengineering (BPR)	Managementkonzept: Neugestaltung oder Umstrukturierung einer Organisation mit der Fokussierung auf Kernprozesse
Cafeteria- Prinzip	Menü von zusätzlichen Angeboten oder Leistungen, aus dem der Mitarbeiter auswählen kann. Soll das Unternehmen und die Arbeit attraktiver machen.
Cd/ m²	Physikalische Einheit, welche die Lichtstärke pro Quadratmeter bemisst.
Change Management	Managementkonzept: rechtzeitige Veränderung von Strukturen und Prozessen in einer Organisation
Charta	Verfassungsurkunde, Staatsgesetz; siehe z. B. *Ottawa-Charta*
Cholesterin/Cholesterol	Blutfettwert; Risikofaktor für Herz-Kreislauf-Erkrankungen
Commitment	Gefühl der Zugehörigkeit und Verbundenheit mit dem eigenen Unternehmen („Mein Unternehmen")
Colitis ulcerosa	chronische Entzündung des Dickdarms mit Bildung von Geschwüren

Crowding- Effekt	Gedränge oder hohe soziale Dichte; große Anzahl von Menschen auf relativ kleinem Raum
Delirium tremens	Entzugsdelirium, das besonders bei Alkoholabhängigen auftreten. Symptome sind z. B. Schwitzen, Zittern, Sinnestäuschungen.
Dezibel (dB)	Maßeinheit für Lautstärke; nach dem schottisch-amerikanischen Physiologen Graham Bell
Diarrhoe	Durchfall bzw. dünnflüssiger Stuhlgang
Drop-out	Ausstieg aus schulischer oder beruflicher Ausbildung oder aus Studium, Gesundheitskurs usw.
Empathie	Fähigkeit, sich in das Erleben bzw. in die Gefühlswelt des Anderen zu versetzen
Endokrinologie/endokrin	Lehre von den endokrinen (ausscheidenden) Drüsen
Epidemiologie/ epidemiologisch	Lehre von der Häufigkeit und Verteilung von Krankheiten sowie von deren Ursachen und Risikofaktoren in bestimmten Bevölkerungsgruppen, deren Verlauf und deren sozialen und volkswirtschaftlichen Folgen.
Ergonomie/ergonomisch	Teilgebiet der Arbeitswissenschaft zur menschengerechten Gestaltung von Arbeitsbedingungen
Essentielle Hypertonie	Bluthochdruck mit unbekannter Ursache.
Et vice versa	und umgekehrt (lateinisch)
Europäisches Netzwerk Betriebliche Gesundheitsförderung (ENWHP)	Wurde 1996 unter Federführung der BAuA mit dem Ziel gegründet, das Konzept der betrieblichen Gesundheitsförderung in Europa zu verbreiten und umzusetzen
Feldenkrais	Entspannungsmethode, bei der das gesamte Bewegungspotential des Menschen durch langsame, kleine Bewegungen voll ausgeschöpft werden soll
Formaldehyd	Farbloses, stechend riechendes Gas; tritt häufig aus Spanplatten, Holzverkleidungen, Möbeln und Fußböden aus. Verursacht Augenreizung, Kopfschmerzen, Nervosität und Abgeschlagenheit.
Formalisierung	Organisationsprinzip: Regeln, Vorschriften, etc. der Organisation werden *schriftlich* fixiert (z.B. Organisationshandbücher, -schaubilder, Stellenbeschreibungen)
Formelle Kommunikation vs. Informelle Kommunikation	Offizielle Kommunikation im Unternehmen, die sich aus der Organisationsstruktur ergibt und vorgegebene Dienst-, Informations-, Beschwerdewege, etc. bezeichnet. Informelle Kommunikation: Gegenteil zur formellen Kommunikation; Sie erfolgt nicht vorbestimmt und ist teilweise spontan, z.B. die Gerüchte.
Fraktales Unternehmen	Sie bestehen aus selbständigen Unternehmenseinheiten, welche nach dem Prinzip der Selbstorganisation funktionieren
Fusion	Wirtschaftlicher und rechtlicher Zusammenschluss zweier bisher selbständiger Unternehmen.
Gelernte Hilflosigkeit	Merkmal der Depression; Person ist nicht in der Lage, lebensrelevante Situationen zu bewältigen

Crowding- Effekt	Gedränge oder hohe soziale Dichte; große Anzahl von Menschen auf relativ kleinem Raum
Delirium tremens	Entzugsdelirium, das besonders bei Alkoholabhängigen auftreten. Symptome sind z. B. Schwitzen, Zittern, Sinnestäuschungen.
Dezibel (dB)	Maßeinheit für Lautstärke; nach dem schottisch-amerikanischen Physiologen Graham Bell
Diarrhoe	Durchfall bzw. dünnflüssiger Stuhlgang
Drop-out	Ausstieg aus schulischer oder beruflicher Ausbildung oder aus Studium, Gesundheitskurs usw.
Empathie	Fähigkeit, sich in das Erleben bzw. in die Gefühlswelt des Anderen zu versetzen
Endokrinologie/endokrin	Lehre von den endokrinen (ausscheidenden) Drüsen
Epidemiologie/ epidemiologisch	Lehre von der Häufigkeit und Verteilung von Krankheiten sowie von deren Ursachen und Risikofaktoren in bestimmten Bevölkerungsgruppen, deren Verlauf und deren sozialen und volkswirtschaftlichen Folgen.
Ergonomie/ergonomisch	Teilgebiet der Arbeitswissenschaft zur menschengerechten Gestaltung von Arbeitsbedingungen
Essentielle Hypertonie	Bluthochdruck mit unbekannter Ursache.
Et vice versa	und umgekehrt (lateinisch)
Europäisches Netzwerk Betriebliche Gesundheitsförderung (ENWHP)	Wurde 1996 unter Federführung der BAuA mit dem Ziel gegründet, das Konzept der betrieblichen Gesundheitsförderung in Europa zu verbreiten und umzusetzen
Feldenkrais	Entspannungsmethode, bei der das gesamte Bewegungspotential des Menschen durch langsame, kleine Bewegungen voll ausgeschöpft werden soll
Formaldehyd	Farbloses, stechend riechendes Gas; tritt häufig aus Spanplatten, Holzverkleidungen, Möbeln und Fußböden aus. Verursacht Augenreizung, Kopfschmerzen, Nervosität und Abgeschlagenheit.
Formalisierung	Organisationsprinzip: Regeln, Vorschriften, etc. der Organisation werden *schriftlich* fixiert (z.B. Organisationshandbücher, -schaubilder, Stellenbeschreibungen)
Formelle Kommunikation vs. Informelle Kommunikation	Offizielle Kommunikation im Unternehmen, die sich aus der Organisationsstruktur ergibt und vorgegebene Dienst-, Informations-, Beschwerdewege, etc. bezeichnet. Informelle Kommunikation: Gegenteil zur formellen Kommunikation; Sie erfolgt nicht vorbestimmt und ist teilweise spontan, z.B. die Gerüchte.
Fraktales Unternehmen	Sie bestehen aus selbständigen Unternehmenseinheiten, welche nach dem Prinzip der Selbstorganisation funktionieren
Fusion	Wirtschaftlicher und rechtlicher Zusammenschluss zweier bisher selbständiger Unternehmen.
Gelernte Hilflosigkeit	Merkmal der Depression; Person ist nicht in der Lage, lebensrelevante Situationen zu bewältigen

Kognitive Lerntheorie	Lerntheorie, die davon ausgeht, dass der Mensch vor allem durch (positive oder negative) Erfahrungen bewusst lernt und sich dementsprechend verhält
Kontaktdichte	Anzahl oder Anteil der Kontakte, die ein Medium in einer bestimmten Zielgruppe durchschnittlich erreicht.
Kontinuierlicher Verbesserungsprozess (KVP)	Managementkonzept: Ständige Verbesserung der Arbeitsabläufe im Unternehmen (siehe Kaizen)
Kontraktor	Eine Person oder eine Organisation, die gemäß entsprechenden Verfahren sowie vereinbarten Festlegungen und Bedingungen für eine andere Organisation eine Dienstleistung erbringt
Kurativ	Herkömmlicher medizinischer Ansatz, der auf die Heilung des Patienten gerichtet ist
Lean Management	Managementkonzept: Schlanke Unternehmensführung mit wenigen Hierarchien. Merkmale sind dezentrale Entscheidungen, Arbeit in Gruppen und Schnittstellen-Management.
Lean Production	Schlanke Produktion, die auf einer dezentralisierten, teamorientierten Arbeitsorganisation aufbaut
Lernende Organisation	Managementkonzept, in dem organisatorische Entwicklung als kontinuierlicher Lernprozess verstanden wird. Personalentwicklung steht im Mittelpunkt.
Lidschlagfrequenz	Anzahl der Lidschläge pro Minute
Limbisches System	Teile des Groß-, Mittel- und Zwischenhirns, in denen Reize verarbeitet und emotionales Verhalten gesteuert wird
Malus	Hier: ein finanzieller Nachteil, z. B. in Form von Lohn- oder Prämienabzügen
Manual	Ausführliche Bedienungsanleitung, Handbuch
Maximale Arbeitskonzentration (MAK)	oberer Grenzwert derjenigen Konzentration eines gas-, dampf- oder staubförmigen Arbeitsstoffes in der Luft, die nach derzeitiger Kenntnis bei der Einwirkung während einer Arbeitszeit von 8-9 Stunden täglich und bis zu 45 Stunden in der Woche auch über längere Perioden bei der überwiegenden Zahl der am Arbeitsplatz Beschäftigten die Gesundheit nicht beeinträchtigt oder schädigt.
Medizin	Heilkunde; die Wissenschaft vom gesunden und kranken Menschen. Sie umfasst die Gesamtheit aller Maßnahmen, die der Vorbeugung und Heilung von Erkrankungen sowie der Förderung der Gesundheit dienen
Metaanalyse	Eine Analyse der erfolgten wissenschaftlichen Studien zu einem Thema
Metaplantechnik	Technik zur systematischen und anschaulichen Visualisierung von Gedanken, Ideen etc. an Pinnwand; wird angewandt bei der Moderation von Gruppenarbeit
Morbiditätsstatistik	Statistik zu Krankheiten
Mortalitätsstatistik	Sterblichkeitsstatistik
Nanometer (nm)	Ein Milliardstel Meter

Neurodermitis	Hauterkrankung: chronische Entzündung der Haut
Neurolinguistisches Programmieren (NLP)	Definiert als Struktur der subjektiven Erfahrung. Es untersucht die Muster, die durch die Interaktion zwischen dem Gehirn (Neuro-), der Sprache (linguistic) und dem Körper kreiert werden, und die effektives, aber auch ineffektives Verhalten hervorrufen können.
Neurotizismus	Persönlichkeitsmerkmal: Fehleinstellungen, welche häufig zu Konflikten und zu negativen Emotionen (Angst, Ärger, Wut, etc.) führen.
New Economy	Im Zusammenhang mit Hochtechnologie-Anwendungen im Dienstleistungsbereich entstandene Unternehmen.
Niereninsuffizienz	Eingeschränkte Tätigkeit der Nieren; dadurch reichern sich giftige Stoffe im Blut an
Nikotinabusus	Missbrauch von Nikotin
Obstipation	Verstopfung oder sehr seltener Stuhlgang
Ontogenetisch	Betrachtung, bezogen auf die Lebensspanne einer Person.
Organisation	Sozio-technisches Gebilde, das dauerhaft ein Ziel oder ein Zielsystem arbeits- bzw. funktionsteilig verfolgt und eine formale Struktur aufweist, mit deren Hilfe Aktivitäten der Mitglieder im Sinne der Zielvorgaben gesteuert werden. Dazu zählen Betriebe, weitere Unternehmungen, öffentliche Einrichtungen, Vereine, Verbände, etc.
Organisationspsychologie	Teilgebiet der Psychologie, in dem besonders das Verhalten und Erleben von Individuen und Gruppen in sozialen Strukturen und Prozessen untersucht werden.
Ottawa-Charta	Dokument, das 1986 auf der ersten internationalen Gesundheitskonferenz in Ottawa/Kanada verabschiedet wurde. Aufruf zur aktiven Gesundheitsförderung.
Outplacement	Trennung eines Unternehmens von einem Mitarbeiter und Vermittlung auf einen neuen Arbeitsplatz.
Outsourcing	Ausgliederung innerbetrieblicher Aufgaben an ein rechtlich unabhängiges Unternehmen
Ozon(gehalt)	Gesundheitsschädigendes Gas. Es bildet sich, wenn Auto- und Industrieabgase mit Sonnenlicht zusammentreffen. Reizt Augen und Atmungsorgane, führt zu Atem-, Kopfschmerz u.a.m.
Paraphrase/-phrasieren	Verdeutlichende Umschreibung, nähere Erklärung eines Sachverhaltes.
Pathogenese	Gesamtheit aller an der Entwicklung einer Krankheit beteiligten Faktoren.
Personal Service Center (PSC)	Betreuung und Vermittlung von Arbeitnehmern als eigenständiges Dienstleistungsunternehmen oder als eine in der Personalabteilung eines Unternehmens integrierte Funktion.
Physiologie	Wissenschaft von den Grundlagen des allgemeinen Lebensgeschehens, besonders von den normalen Funktionen der Organe und Organsysteme
Pixel	Kleinstes Element bei der gerasterten, digitalisierten Darstellung eines Bildes auf dem Bildschirm

Plants for People	Ist eine internationale Initiative mit der Aufgabe, über die Wirkung von Pflanzen auf die Gesundheit in der Arbeitswelt zu informieren. Initiiert und unterstützt internationale Forschungsprojekte, sammelt und veröffentlicht Studienergebnisse
Psoriasis	Hauterkrankung, die durch gesteigerte Vermehrung der Hornzellen zu massiver Schuppung führt
Psychoanalyse	Therapie zu Analyse seelischer Vorgänge, welchen ihren Ursprung meist in der Vergangenheit bzw. Kindheit haben
Psychologie	Wissenschaft, die das Verhalten und Erleben des Menschen untersucht
Psychotechnik	Anwendung der Erkenntnisse und Methoden der Psychologie auf technische Arbeitsgestaltung. Vorläufer der Ingenieurpsychologie
REFA	Reichsausschuss für Arbeitszeitentwicklung, 1924 in Deutschland gegründet; heute: Verband für Arbeitsgestaltung, Betriebsorganisation und Unternehmensentwicklung e.V.
Rehabilitation	Maßnahmen zur Wiederherstellung, Besserung oder bestmöglichen Anpassung der Leistungsfähigkeit im Erwerbs- und Privatleben sozial, psychisch oder physisch beeinträchtigter Menschen
Responsible Care (Verantwortliches Handeln)	Weltweite Initiative der Chemischen Industrie zur Verbesserung der Gesundheit, Sicherheit und Umwelt
Reversibilität	Umkehrmöglichkeit, Möglichkeit des Rückgangs, z. B. einer Krankheit
SALUTE- Projekt	Name eines Forschungsprojektes zur Gesundheit an der ETH Zürich. *Salute* (italienisch) = Gesundheit
Schlaganfall (Apoplexie)	Gehirnschlag infolge arterieller Durchblutungsstörungen
Schuppenflechte	siehe Psoriasis
Screening	Siebtest zur Früherkennung von körperlichen und/oder psychischen Erkrankungen/Störungen
Setting	Umgebung; Gesamtheit von Merkmalen, in deren Rahmen etwas stattfindet oder erlebt wird.
Shareholder Value Konzept	Managementkonzept in einer Aktiengesellschaft mit dem Ziel, für Aktionäre maximalen Gewinn zu erwirtschaften
Sinusarrhythmie	Unregelmäßiger Herzrhythmus.
Sinusbradykardie	Sehr niedrige Herzfrequenz: Puls verlangsamt sich dabei auf 60 Herzschläge pro Minute
Sinustachykardie	Beschleunigung der Herzfrequenz durch Zunahme der Sinusknotenfrequenz. Man unterscheidet zwischen Vorhofflimmern und Vorhofflattern.
Situationshypertonie	Situationsbedingter Bluthochdruck.
Sokratischer Dialog	Gesprächstechnik: durch Hinterfragen von Sachverhalten wird im Dialog zur Reflexion über sie angeregt (Disputation)
Stakeholder	Interessengruppe eines Unternehmens. Hierzu zählen z.B. die Beschäftigten, Kunden und die Öffentlichkeit.

Supervision	Professionelle Begleitung von Individuen (Führungskräfte, Lehrer, Therapeuten, etc.) oder Gruppen. Ziele: Erhöhung der Professionalität und Erweiterung der Handlungsmöglichkeiten, Überprüfung eingefahrener Verhaltensmuster sowie Analyse und Lösung beruflicher Probleme und Konflikte
Systemantwortzeit	Wartezeit bei Bildschirmdialog zwischen Mensch und Rechner.
Themenzentrierte Interaktion (TZI)	Modell und Gestaltungsmethode zum Arbeiten und Lernen in Gruppen. Es strebt ein Gleichgewicht der Faktoren „Thema/ Aufgabe", „Person" und „Gruppe" an, die sich in einem definierten „Umfeld" befinden.
Tinnitus	Krankheit: subjektiv wahrgenommenes Rauschen, Klingeln oder Pfeifen in den Ohren
Total Quality Management (TQM)	Managementkonzept: *umfassende* Qualitätsverbesserung im Unternehmen mit verstärkter Kundenorientierung
Trauma/ traumatisches Erlebnis	Seelischer Schock; intensives negatives Erlebnis, mit Stress verbunden
Trichlorethylen	Unbrennbares Lösungsmittel; Extraktions- und Narkosemittel
Triptychon	Dreiteiliges (Altar-) Bild, bestehend aus Mittelbild und zwei Seitenflügeln.
Try out	Simulation eines Prozesses in einem Modell (außerhalb der Praxis)
Übernahme (Takeover)	Übernahme eines Unternehmens durch ein anderes im Einverständnis mit Unternehmensorganen (Vorstand, Aufsichtsrat, Geschäftsführung) oder in aller Stille (z.B. durch Aufkauf der Aktienmehrheit) oder gegen den Willen des Vorstandes („feindliche" Übernahme)
Unternehmen	In rechtlicher Sicht jede eine wirtschaftliche Tätigkeit ausübende Einheit unabhängig von ihrer Rechtsform und Finanzierung. Eine wirtschaftliche Tätigkeit ist jede Tätigkeit, die darin besteht, Güter oder Dienstleistungen auf einem bestimmten Markt zu erbringen.
Verhaltenstherapie, kognitive Verhaltenstherapie	Psychotherapeutische Methode: Geht davon aus, dass bestimmte Erfahrungen und Situationen durch Lernprozesse das Fehlverhalten geprägt haben. Ziel ist die Veränderung des Fehlverhaltens und damit verbundener Kognitionen.
Virtuelles Unternehmen	Künstliches Unternehmen, das Kernkompetenzen verschiedener Unternehmen entlang der Wertschöpfungskette integriert. Es verknüpft dabei unterschiedliche organisatorische Gestaltungsprinzipien und nutzt neue Möglichkeiten und Potenziale der informations- und kommunikationstechnischen Vernetzung
Weltgesundheitsorganisation (WHO)	Die WHO (World Health Organisation) ist eine Sonderorganisation der Vereinten Nationen (UN)

Zerebrovaskuläre Erkrankung	Meist durch Arteriosklerose bedingte Durchblutungsstörung der großen Gehirngefäße.
Zuverlässigkeit/ Reliabilität (reliabel)	Gütekriterium einer diagnostischen Methode: Genauigkeit der Messung einer Persönlichkeitseigenschaft (z.B. Intelligenz) oder eines anderen Merkmals einer Person (z.B. Blutdruck)

Literaturverzeichnis

Zitierte Literatur

Adenauer, S. (2002). Die Älteren und ihre Stärken – Unternehmen handeln. Angewandte Arbeitswissenschaft, 174, S. 44 – 49.

Allmer, H. (1996). Erholung und Gesundheit. Grundlagen, Ergebnisse und Maßnahmen. Göttingen et al.: Hogrefe.

Altenburg, P. (1996). Heute wieder Stress gehabt? Arbeitshilfen zum Umgang mit psychischen Belastungen im Arbeitsleben. Hamburg: Selbstverlag.

Amick III, B. C., P. McDonough, H. Chang, W. Rogers, C. F. Pieper & G. Duncan (2002). Relationship between all-cause Mortality and cumulative working life course. Psychosocial and physical exposures in the United States labor market from 1968 to 1992. Psychosomatic Medicine, 64, pp. 370-381.

Antoni, C. (1996). Teilautonome Arbeitsgruppen. Ein Königsweg zu mehr Produktivität und einer menschengerechten Arbeit? Weinheim: PVU.

Antoni, C. (1997). Soziale und ökonomische Effekte der Einführung teilautonomer Arbeitsgruppen – eine quasi-experimentelle Längsschnittstudie. Zeitschrift für Arbeits- und Organisationspsychologie, 41, 3, S. 131-142.

Antonovsky, A. (1997). Salutogenese: Zur Entmystifizierung der Gesundheit. Tübingen: DGVT.

Antonovsky, A. (1990). Personality and health: Testing the sense of coherence model. In: Friedman, H. S. (Ed.), Personality and disease (pp. 155-177). New York: Wiley.

Antonovsky, A. (1987). Unraveling the mystery of health. How people manage stress and stay well. San Francisco: Jossey Bass.

BASF AG (Hrsg.) Gesellschaftliche Verantwortung 2001. Ludwigshafen.

BAuA (Hrsg.) (2003). Wenn aus Kollegen Feinde werden. Der Ratgeber zum Umgang mit Mobbing. Bremerhaven: Wirtschaftsverlag NW.

BAuA (Hrsg.) (2001). Wohlbefinden im Büro! Arbeits- und Gesundheitsschutz bei der Büroarbeit. Bremerhaven: Wirtschaftsverlag NW.

BAuA (Hrsg.) (2000). Leitfaden zur Einführung und Gestaltung von Nacht- und Schichtarbeit. Bremerhaven: Wirtschaftsverlag NW.

BAuA (1999). Organisation 3. Eingliederung von Maßnahmen im Bereich von Sicherheit und Gesundheitsschutz in ein betriebliches Managementsystem. Dortmund.

BAuA (Hrsg.)(1998). Neue Perspektiven des Arbeits- und Gesundheitsschutzes. Bremerhaven: Wirtschaftsverlag NW.

BAuA (1998) Neue Aufgaben für die Stressprävention bei moderner Büroarbeit. Amtliche Mitteilungen Nr. 3, S. 3-4.

BAuA (Hrsg.)(1997). Qualifizierung 3. Psychologische Grundlagen für Beratungsgespräche zur Arbeitssicherheit. Dortmund.

Badura, B., Münch, E. & W. Ritter (1997). Partnerschaftliche Unternehmenskultur und betriebliche Gesundheitspolitik. Gütersloh: Verlag Bertelsmann Stiftung.

Baethge, M., Denkinger, J. & U. Kadritzke (1995). Das Führungskräfte-Dilemma. Manager und industrielle Experten zwischen Unternehmen und Lebenswelt. Frankfurt/M. & New York: Campus.

Baillod, J. (1999). Lebensarbeitszeitmodelle: Die konsequente Weiterentwicklung der Flexibilisierungsidee. In: A. Blum & J. Zaugg (Hrsg.), Praxishandbuch Arbeitszeitmanagement. Beschäftigung durch innovative Arbeitszeitmodelle. Chur/Zürich.

Baron, R. A. (1988). Negative effects of destructive criticism: Impact on conflict, self-efficacy and task performance. Journal of Applied Psychology, 73, pp. 199-207.

Becker, P. (1986). Theoretischer Rahmen. In: Becker, P. & B. Minsel (Hrsg.), Psychologie der seelischen Gesundheit, Band 2 (S. 1-90). Göttingen et al.: Hogrefe.

Bernstein, D. A. & Borkovec, T. D. (1992). Entspannungs-Training. Handbuch der progressiven Muskelentspannung. München: Pfeiffer.
Bertelsmann Stiftung (Hrsg.)(1998). Erfolgreich durch Gesundheitsmanagement. Beispiele aus der Arbeitswelt. Gütersloh: Verlag Bertelsmann Stiftung.
Beyer, G. (1992). Zeitmanagement. Arbeitsmethodik, Zeitplanung und Selbststeuerung. Düsseldorf: Econ.
BG. Arbeitsgemeinschaft der Metall-Berufsgenossenschaften (Hrsg.) (1999). Mensch und Arbeitsplatz. Köln: Carl-Heymanns Verlag.
Biener, K. (1988). Streß: Epidemiologie und Prävention. Bern et al.: Huber.
Björkqvist, K. & Östermann, K. (1992). The work Harassment Scale. Abo Akademi University, Vasa, Finnland.
Blum, A. (1999). Integriertes Arbeitszeitmanagement: ausgewählte personalwirtschaftliche Maßnahmen zur Entwicklung und Umsetzung flexibler Arbeitszeitsysteme. Bern et al.: Huber.
Borowiak, F. & R. Taubert (1997). Das Rückkehrgespräch... Ein Instrument gesundheitsgerechter Personalführung. Personalführung, 11, S. 1086-1091.
Brandenburg, U. & B. Marschall (1999). Gesundheitscoaching für Führungskräfte. In: Badura, B., Litsch, M. & C. Vetter (Hrsg.). Fehlzeiten-Report 1999. Zukünftige Arbeitswelten: Gesundheitsschutz und Gesundheitsmanagement. Psychische Belastungen am Arbeitsplatz. Zahlen, Daten, Analysen aus allen Branchen der Wirtschaft. Berlin et al.: Springer.
Brandenburg, U. & P. Nieder (2003). Betriebliches Fehlzeiten-Management. Anwesenheit der Mitarbeiter erhöhen – Instrumente und Praxisbeispiele. Wiesbaden: Gabler.
Brandenburg, U., K. Kuhn & B. Marschall (Hrsg.) (1998). Verbesserung der Anwesenheit im Betrieb - Instrumente und Konzepte zur Erhöhung der Gesundheitsquote. Schriftenreihe der BAuA, Tb 84. Bremerhaven: Wirtschaftsverlag NW.
Brengelmann, J. C. (Hrsg.) (1988). Stressbewältigungstraining. Frankfurt/M.: Peter Lang.
Breucker, G. (2001). Qualitätssicherung betrieblicher Gesundheitsförderung. Ergebnisse aus dem Europäischen Netzwerk für betriebliche Gesundheitsförderung. In: Pfaff, H. & W. Slesina (Hrsg.) Effektive betriebliche Gesundheitsförderung. Konzepte und methodische Ansätze zur Evaluierung und Qualitätssicherung (S. 127-144). Weinheim & München: Juventa.
Brickenkamp, R. (1994). Test d 2 – Aufmerksamkeits-Belastungs-Test, Handanweisung, 8. Auflage. Göttingen: Hogrefe.
Briner, R. B. (1997). Beyond stress and satisfaction: Alternative approaches to Society understanding psychological well-being at work. In Proceedings of the British Psychological Occupational Psychology Conference (pp. 95 – 100). Leicester, UK: British Psychological Society.
Briner, R. B. (1996). Absence from work. British Medical Journal, 313/7061, pp. 874-877.
Bröckermann, R. (1989). Führung und Angst. Frankfurt: Peter Lang.
BUK (Hrsg.) (2001). Beurteilung von Gefährdungen und Belastungen an Lehrerarbeitsplätzen. GUV 50.11.60. München
Bullinger, H. J. & Schmauder, M. (1998). Gesundheit als Aufgabe des betrieblichen Arbeitsschutzes. Angewandte Arbeitswissenschaft, 156, S. 34-50.
Bullinger, M., S. von Mackensen & M. Morfeld (1997). Psychosoziale Determinanten des Sick -Building-Syndroms. Arbeitsmedizin.Sozialmedizin.Umweltmedizin 32, 6, S. 225-228.
Büssing, A. & Perrar, K. M. (1992). Die Messung von Burnout. Untersuchungen einer deutschen Fassung des Maslach Burnout Inventory (MBI-D). Diagnostica, 38, S. 328-353.
Büssing, A. & H. Seifert (Hrsg.) (1995). Sozialverträgliche Arbeitszeitgestaltung. Mering: Hampp.
Büssing, A. & S. Schmitt (1998). Arbeitsbelastungen als Bedingungen von Emotionaler Erschöpfung und Depersonalisation im Burnoutprozeß. Zeitschrift für Arbeits- und Organisationspsychologie, 42, 2, 76-88.
Burkardt, F. & I. Colin (1997). Zur Sicherheit führen. Motivation zum Arbeitsschutz. Wiesbaden: Universum.

Cakir, A. (2002). Prüfen der ergonomischen Qualität von Software in Büroumgebungen. Zeitschrift für Arbeitswissenschaft, 56, 4, S. 213-218.
Caplan, G. (1964). Principles of preventive psychiatry. New York: Basis Books.
Cire', L. & M. Kentner (1996). Gesundheitsprogramme für Führungskräfte. Personalführung, 7, S. 568-571.
Clegg, C., Axtell, C., Damodaran, L., Farbey, B., Hull, R., Lloyd-Jones, R., Nicholls, J., Sell, R. & C. Tomlinson (1997). Information technology: a study of performance and the role of human and organizational factors. Ergonomics, 40, 9, pp. 851-871.
Cordes, C. L. & T. W. Dougherty (1993). A taxonomy of professions with Burnout. Academy of Management Review, Vol. 18, No. 4, pp. 621-656
Csikszentmihalyi, M. (1992). Flow: Das Geheimnis des Glücks. Stuttgart: Klett -Cotta.

Demerouti, E. & F. Nachreiner (1996). Reliabilität und Validität des Maslach Burnout Inventory (MBI): eine kritische Betrachtung. Zeitschrift für Arbeitswissenschaft, 50, S. 32-38.
Deutsche Shell AG (1997). Richtlinie zur Arbeitssicherheit. Hamburg.
Diener, E. & R. E. Lucas (2000). Subjective emotional well-being. In: M. Lewis & J. M. Haviland-Jones (Ed.), Handbook of emotions (2nd ed., pp. 325-337). New York: Guilford.
Ducki, A. & Greiner, B. (1992). Gesundheit als Entwicklung von Handlungsfähigkeit – Ein „arbeitspsychologischer Baustein" zu einem allgemeinen Gesundheitsmodell. Zeitschrift für Arbeits- und Organisationspsychologie, 36, S. 184-189.
Duczek, A. (1994). Ganzheitliches Gesundheitsmanagement. Das WMF-Konzept der Health Promotion und Prävention im Betrieb. Personalführung, 1994, 8, S. 702-715.
Dunckel, H. (Hrsg.) (1999). Handbuch psychologischer Arbeitsanalyseverfahren. Zürich: vdf.

Eckardstein, D., Lueger, G., Niedl, K. & Schuster, B. (1995). Psychische Befindensbeeinträchtigungen und Gesundheit im Betrieb: Herausforderung für Personalmanager und Gesundheitsexperten. Personalwirtschaftliche Schriften 3. München: Hampp.
Edelwich, J. & A. Brodsky (1984). Ausgebrannt. Das Burn-Out-Syndrom in den Sozialberufen. Salzburg: AVM.
Eid, M. & E. Diener (2002). Wohlbefinden. In: R. Schwarzer, M. Jerusalem & H. Weber (Hrsg.), Gesundheitspsychologie von A bis Z (S. 634-636). Göttingen et al.: Hogrefe.
Eissing, G. (1991). Fehlzeiten – Betriebliche Ursachenanalyse und Maßnahmen. Angewandte Arbeitswissenschaft, 130, S. 44-104.
Ellis, A. (1979). Rational-emotive Therapie in Gruppen. In: A. Ellis & R. Grieger (Hrsg.), Praxis der rational-emotiven Therapie. München: Urban & Schwarzenberg.
Elke, G. & B. Zimolong (2001). Information und Kommunikation als Kernprozesse. In: Zimolong, B. (Hrsg.), Management des Arbeits- und Gesundheitsschutzes: Die erfolgreichen Strategien der Unternehmen (S. 83-103). Wiesbaden: Gabler.
Enzmann, D. & Kleiber, D. (1988). Helferleiden. Streß und Burnout in psychosozialen Berufen. Heidelberg: Asanger.
Ergonomic-Institut Berlin (Hrsg.) (1995) Computer Fachwissen, Heft 5.
Ertel, M., Junghanns, G., Pech, E. & P. Ullsperger (1997). Auswirkungen von Bildschirmarbeit auf Gesundheit und Wohlbefinden. Bremerhaven: Wirtschaftverlag NW. (Schriftenreihe der BAuA: Forschung, Fb 762)
Eysenck, H.-J. & M. W. Eysenck (1985). Personality and individual differences. New York: Plenum.

Fahrenberg, J., R. Hampel & H. Selg (2001). FPI-R. Das Freiburger Persönlichkeitsinventar, Manual. 7. Auflage. Göttingen: Hogrefe.
Farke, G. (2000). Sehnsucht Internet. Kilchberg: Smart Books.
Farke, G. (1998). Hexenkuss.de. Langenfeld: Deller-Verlag.
Faust, V. (1999). Psychische Störungen heute. Landsberg/Lech: Ecomed.
Ferreira, Y. (2002). Tastaturen – eine Auswahlhilfe. Zeitschrift für Arbeitswissenschaft, 56, 4, S. 201-206.

Ferreira, Y. (2001). Auswahl flexibler Arbeitszeitmodelle und ihre Auswirkungen auf die Arbeitszufriedenheit. Stuttgart: Ergon.
Fielding, J. E. (1989). Work site stress management: National survey results. Journal of Occupational Medicine, 31, pp. 990-997.
Freimuth, J. (Hrsg.) (1999). Die Angst der Manager. Göttingen et al.: Verlag für Angewandte Psychologie.
Freudenberger, H. J. (1974). Staff burnout. Journal of Social Issues, 30, pp. 159-165.
Friczewski, F. (1996). Gesundheit und Motivation der Mitarbeiter als Produkt betrieblicher Organisation – ein systemischer Ansatz. Veröffentlichungsreihe der Arbeitsgruppe Public Health am Wissenschaftszentrum Berlin für Sozialforschung (WZB) (S. 96 – 211). Berlin.
Friedel, H. (2002). Handlungsspielraum, psychische Anforderungen und Gesundheit: das Arbeitsunfähigkeitsgeschehen. Auswertungsperspektiven auf dem Hintergrund des Job Demand-Control-Modells. Bremerhaven: Wirtschaftsverlag NW:
Friedman, M. & Rosenman, R. H. (1975). Der A-Typ und der B-Typ. Reinbek: Rowohlt.
Frieling, E. (2002). Beteiligungsorientierte Büroraumgestaltung. Zeitschrift für Arbeitswissenschaft, 56, 4, S. 245-254.
Frieling, E. & K.-H. Sonntag (1997). Lehrbuch Arbeitspsychologie. Bern et al.: Huber.
Frieling, E. & K.-H. Sonntag (1999). Lehrbuch Arbeitspsychologie. 2. Auflage. Bern et al.: Huber.
Fuchs, R., Rainer, L. & M. Rummel (Hrsg.) (1998). Betriebliche Suchtprävention. Göttingen et al.: Hogrefe.

Gels, H. & F. Käthler (2002). Entspannen in der Arbeitszeit. faktor arbeitsschutz, 2, S. 12 - 13.
Gerdes, H. (1996). Gesundheitsförderung als aktiver Prozess. Beispiel Siemens AG. Personalführung, 7, S. 558-563.
Gewerkschaft Erziehung und Wissenschaft Baden-Württemberg (Hrsg.) (2001). Arbeits- und Gesundheitsschutz. Leitfaden zur Einstiegsphase. Stuttgart
Glasl, F. (1992). Konfliktmanagement. 3. Auflage. Bern: Haupt.
Gold, D. R., Rogacz, S., Bock, N., Tosteson, T. D., Baum, T. M., Speizer, F. E. & C. Czeisler (1992). Rotating shift work, sleep and accidents related to sleepiness in hospital nurses. American Journal of Public Health, 82, pp. 1011-1014.
Goleman, D. (1997). Emotionale Intelligenz. München: dtv.
Grandjean, E. (1991). Physiologische Arbeitsgestaltung. Leitfaden der Ergonomie. 4. Auflage. Landsberg: Ecomed.
Griefahn, B. (2002). Einsatz eines Fragebogens (D-MEQ) zur Bestimmung des Chronotyps bei der Zuweisung eines Schichtarbeitsplatzes. Zeitschrift für Arbeitswissenschaft, 56, 3, S. 142-149.
Gröben, F. & K. Bös (1999). Praxis betrieblicher Gesundheitsförderung. Berlin: Edition Sigma.
Groß, H. & E. Munz (2000). Arbeitszeit `99 – Arbeitszeitformen und –wünsche der Beschäftigten. Institut zur Erforschung sozialer Chancen. Auftraggeber: Ministerium für Arbeit, Soziales und Stadtentwicklung, Kultur und Sport des Landes NRW. Düsseldorf.
Grün, P. (1999). SynBA-3K. Verfahren zur Analyse von Konflikten und Strategien der Konfliktbewältigung. Zeitschrift für Arbeits- und Organisationspsychologie, 43, 4, S. 216-225.
Grundel, G. (2000). Wirtschaftliche Relevanz von Arbeits- und Gesundheitsschutz. Zeitschrift für Arbeitswissenschaft, 54, S. 44-48.

Hacker, W. (1991). Aspekte einer gesundheitsstabilisierenden und –fördernden Arbeitsgestaltung. Zeitschrift für Arbeits- und Organisationspsychologie, 35, 2, S. 48-58.
Hacker, W. (1986, 1998). Allgemeine Arbeitspsychologie. Psychische Regulation von Arbeitstätigkeiten. Bern et al.: Huber.
Hacker, W. & S. Rötschke (1998). Anforderungsvielfalt (task variety) – Konzept und Auswirkungen. TU Dresden, Institut für Allgemeine Psychologie und Methoden der Psychologie. Forschungsbericht, Band 58. (Manuskriptdruck)

Hackman, J.R. & G. R. Oldham (1975). Development of the Job Diagnostic Survey. Journal of Applied Psychology, 60, pp. 159-170.

Hackman. J. R. & G. R. Oldman (1976). Motivation through the design of work: Test of a theory. Organizational Behavior and Human Performance, 16, pp. 250-279.

Hallmaier, R. (1997). Alkohol im Betrieb geht jeden an. Leitfaden für Führungskräfte. Informationsschrift des Bayrischen Staatsministeriums für Arbeit, und Sozialordnung, Familie, Frauen und Gesundheit. München

Hamborg, K. C. & A. Schweppenhäußer (1993). Zur Bedeutung psychologischer Arbeits- und Aufgabenanalyse für die Softwaregestaltung. In: K. H. Rödiger (Hrsg.), Softwareergonomie `93. Von der Benutzungsoberfläche zur Arbeitsgestaltung (S. 227-235). Stuttgart: Teubner.

Haring, C. (1993). Lehrbuch des autogenen Trainings. 2. Auflage. Stuttgart: Enke.

Hartz, P. (1996). Das atmende Unternehmen: Jeder Arbeitsplatz hat einen Kunden. Frankfurt et al.: Campus.

Heckhausen, H. (1989). Motivation und Handeln. 2. Auflage. Berlin et al.: Springer.

Hell, W. (1986). Rahmenbedingungen und Maßnahmen zur Verbesserung der Personaleinsatzchancen Leistungsgewandelter in der Produktion. Diss., Gesamthochschule/Universität Kassel.

Herrmann, M. (1996). Psychosoziales Handeln im Unternehmen. Personalführung, 7, S. 552-557.

Hofmann, E. (1999). Progressive Muskelentspannung. Ein Trainingsprogramm. Göttingen et al.: Hogrefe.

Horn, W. (1962). Leistungsprüfsystem, Handanweisung. 2. Auflage. Göttingen: Hogrefe.

Hoyos, C. Graf (1990). Psychologie der Arbeitssicherheit. 5. Workshop 1989. Heidelberg: Asanger.

Hoyos, C. Graf (1980). Psychologische Unfall- und Sicherheitsforschung. Stuttgart: Kohlhammer.

Hoyos, C. Graf & F. Ruppert (1993). Der Fragebogen zur Sicherheitsdiagnose (FSD). Bern et al.: Huber.

Hoyos, C. Graf & G. Wenninger (Hrsg.) (1995). Arbeitssicherheit und Gesundheitsschutz in Organisationen. Göttingen: Verlag für Angewandte Psychologie.

Huber, W. (1997). Die Fifo-Flex-Methode. Zeitschrift für Personalführung, 1, S. 36-38.

HVBG (Hrsg.) (2002). Lage und Dauer der Arbeitszeit aus Sicht des Arbeitsschutzes. Literaturstudie. BGAG-Report 1/2002. Sankt Augustin

Hunter, W. (1999). Für bessere rechtliche Bestimmungen. In: Eine Frage von Kosten und Nutzen. Magazin der Europäischen Agentur für Sicherheit und Gesundheitsschutz am Arbeitsplatz. 1999, 1, S. 10 – 14.

IG Metall (Hrsg.). Gesünder arbeiten. Runter mit dem Dauerstress! Arbeitshilfen Nr. 6, Juni 2000. Frankfurt/M.

IG Metall (Hrsg.) (1997). Die neue Bildschirmarbeitsverordnung. Frankfurt/M.

Jerusalem, M. (1999). Internetsucht. Eine empirische Studie. Berlin: Humboldt-Universität (Internet-Bericht)

Junghanns, G., Ullberger, P. & M. Ertel (1999). Zum Auftreten von Gesundheitsbeschwerden bei computergestützter Büroarbeit – eine multivariate Analyse auf der Grundlage einer fragebogengestützten Erhebung. Zeitschrift für Arbeitswissenschaft, 53, 1, S. 18-24.

Kaluza, G. & H.-D. Basler (1991). Gelassen und sicher im Streß. Ein Trainingsprogramm. Berlin et al.: Springer.

Kallus, K. W. (1994). Der erfolgreiche Umgang mit täglichen Belastungen. Ergebnisse der Evaluation der Stressmanagementkurse der hessischen Geschäftsstellen der Techniker Krankenkasse. Abschlußbericht (unveröff.)

Karasek, R. A. (1979). Job demands, job decision latitude and mental strain: implications for job redesign. Administrative Science Quarterly, 24, pp. 285-308.

Karasek, R. A. & T. Theorell (1990). Healthy work. Stress, productivity, and the reconstruction of working life. New York: Basic Books.
Kastner, M. (1994). Stressbewältigung. Leistung und Beanspruchung optimieren. Wiesbaden: Gabler.
Katz, D. & Kahn, R.L. (1966). The social psychology of organizations. New York: Wiley.
Kauffeld, S. & S. Grote (1999). Der Job Diagnostic Survey (JDS) – Darstellung und Bewertung eines arbeitsanalytischen Verfahrens. Instrumente der Arbeits- und Organisationspsychologie. Zeitschrift für Arbeits- und Organisationspsychologie, 43, 1, S. 55-60.
Kernen, H. (1999). Burnout-Prophylaxe im Management: erfolgreiches individuelles und institutionelles Ressourcenmanagement. Bern: Haupt.
Kieselbach, T. (1999). Psychosoziale Folgen der Arbeitslosigkeit: Perspektiven eines zukünftigen Umgangs mit beruflichen Transitionen. In: Badura, B., Litsch, M. & C. Vetter (Hrsg.). Fehlzeiten-Report 1999. Zukünftige Arbeitswelten: Gesundheitsschutz und Gesundheitsmanagement. Psychische Belastungen am Arbeitsplatz. Zahlen, Daten, Analysen aus allen Branchen der Wirtschaft.(S. 107-127). Berlin, Heidelberg & New York: Springer.
Kieser, A. & Kubicek, H. (1992). Organisation. 3. Auflage. Berlin et al.: Springer.
Kleinsorge, H. (2000). Drogenkonsum am Arbeitsplatz. Arbeitsmedizin. Sozialmedizin. Umweltmedizin, 35, 2, S. 55-62.
Knauth, P., Landau, K., Dröge, C., Schwitteck, M., Windynski, M. & J. Rutenfranz (1980). Duration of sleep depending on the type of shift work. International Archives of Occupational and Environment Health, pp. 167-177.
Knorz, C. & D. Zapf (1996). Mobbing – eine extreme Form sozialer Stressoren am Arbeitsplatz. Zeitschrift für Arbeits- und Organisationspsychologie, 40, S. 12-21.
König + Neurath AG (Hrsg.) (1997). Handbuch Lebensraum Büro. Karben Ffm.
Krampen, G. (1998). Einführungskurse zum Autogenen Training. 2. Auflage. Göttingen: Verlag für Angewandte Psychologie.
Kretschmann, R. (Hrsg.) (2000). Stressmanagement für Lehrerinnen und Lehrer. Weinheim & Basel: Beltz.
Kreutner, U. & B. Johst (1997). Leitfaden zur Beurteilung der Arbeitsbedingungen an Bildschirmarbeitsplätzen nach dem BALY-Verfahren (Beteiligungsorientierte Arbeitsplatzanalyse). Berlin: DGB Technologieberatung e. V.
Kuhn, K. (2000). Die volkswirtschaftliche Bedeutung von Gesundheitsmanagement. In: Brandenburg, U., P. Nieder & B. Susen (Hrsg.), Gesundheitsmanagement in Unternehmen (S. 95-110). Weinheim & München: Juventa.
Kuhn, K. (2000). Anforderungen an den Arbeits- und Gesundheitsschutz der Zukunft. In Badura, B., Litsch, M. & C. Vetter (Hrsg.). Fehlzeiten-Report 2000. Zukünftige Arbeitswelten: Gesundheitsschutz und Gesundheitsmanagement. Zahlen, Daten, Analysen aus allen Branchen der Wirtschaft (S. 14-23). Berlin, Heidelberg & New York: Springer.

Landau, K. & R. Brauchler (1990). Epidemiologische Analyse von Belastungsdaten. In: U. Brandenburg, H. Kollmeier, K. Kuhn, B. Marschall & P. Oehlke (Hrsg.), Prävention und Gesundheitsförderung im Betrieb. Tb 51. Schriftenreihe der Bundesanstalt für Arbeitsschutz. Dortmund 1990
Landgraf-Rütten, A. (2001). Analyse und Abbau psychischer Belastungen durch Organisationsentwicklung. Die BG, Juli 2001, S. 352-355.
Langensee, G. (1990). Betriebsklima und Arbeitszufriedenheit als Gesundheitsfaktor. Referatsmanuskript (unveröff.)
LASI (Hrsg.) (2002). Konzept zur Ermittlung psychischer Fehlbelastungen am Arbeitsplatz und zu Möglichkeiten der Prävention (LV 28). München: panta rhei-CM.
Lemke, St. & P. Knauth (1997). Arbeitspsychologische und betriebswirtschaftliche Effekte der Einführung teilautonomer Gruppenarbeit in einem Automobilwerk. Zeitschrift für Arbeits- und Organisationspsychologie, 41, 4, S. 191-197.
Leymann, H. (1993). Mobbing – Psychoterror am Arbeitsplatz und wie man sich dagegen wehren kann. Reinbek: Rowohlt.

Leymann, H. (1996a). The content and development of mobbing at work. European Journal of Work and Organizational Psychology, 5, 2, pp. 165-184.
Leymann, H. (1996b). Handanleitung für den LIPT-Fragebogen (Leymann Inventory of Psychological Terror). Tübingen: DGVT.
Liepmann, D. (1990). Entwicklung von Gesundheitsprogrammen in Organisationen. In: R. Schwarzer (Hrsg.), Gesundheitspsychologie (S. 447-460). Göttingen et al.: Hogrefe.
Lippmann, K & U. Brandenburg (1996). Projektive Gestaltung der Arbeit. In: Brandenburg, U., Kuhn, K., Marschall, B. & C. Verkoyen (Hrsg.), Gesundheitsförderung im Betrieb. BAuA Tb 74 (S. 247-258). Bremerhaven: Wirtschaftsverlag NW
Luczak, H. (1998). Arbeitswissenschaft. 2. Auflage. Berlin et al.: Springer.

Manz, R. & Wolters, J. (2002). Wie krank ist der öffentliche Dienst? Branchenbericht. Daten für die Prävention. Faktor arbeitsschutz, 5, S. 6-8.
Marschall, B. (2001). Gesundheitsstandards im Volkswagen-Konzern. Vortrag auf Tagung „Gesundheitsmanagement im Betrieb" am 24.10.2001 in Schweinsburg (unveröff. Manuskript)
Marschall, B. & Brandenburg, U. (1998). Verbesserung der Gesundheitsquote durch intelligentes Gesundheitsmanagement. In: Brandenburg, U., K. Kuhn & B. Marschall (Hrsg.), Verbesserung der Anwesenheit im Betrieb. Bremerhaven: Wirtschaftsverlag NW.
McGrath, J. E. (1981). Stress und Verhalten in Organisationen. In: J. Nitsch, Streß (S. 441-498). Bern et al.: Huber.
McGrath, J. E. (1976). Stress and behavior in organizations. In: M. E. Dunnette (Ed.), Handbook of industrial and organizational psychology. Chicago.
Meichenbaum, D. (1991). Intervention bei Streß. Bern et al.: Huber.
Meschkutat, B., M. Stackelbeck & G. Langenhoff (2003). Der Mobbing-Report: eine Repräsentativstudie für die Bundesrepublik Deutschland. 3. Auflage. Bremerhaven: Wirtschaftsverlag NW.
Messer, J. & G. Bensberg (1998). Das Mannheimer Prüfungscoaching-Programm (PCP). Mannheim: Universität/Studentenwerk.
Metz, A. & H.-J. Rothe (1999). Screening psychischer Arbeitsbelastungen, Manual. Potsdam: Universität Potsdam.
Ministerium für Arbeit und Soziales, Qualifikation und Technologie des Landes NRW (Hrsg.) (2001). Arbeitswelt NRW 2000. Belastungsfaktoren - Bewältigungsformen – Arbeitszufriedenheit. Düsseldorf.
Müller-Limmroth, W. (1980). Arbeitzeit – Arbeitsbelastungen im Lehrerberuf. Frankfurt/M.: GEW.
Müller-Ortstein, H. & H.-P. Baumeister (1997). Mut zum Fliegen. Wie Sie Ihre Flugangst bewältigen. Berlin & Wiesbaden: Ullstein Mosby.
Musshafen, S., Maaß, W. & A. Zober (2000). Gruppenarbeit: Herausforderung und Instrument betrieblichen Gesundheitsmanagements? In: Bertelsmann Stiftung, Hans-Böckler-Stiftung (Hrsg.), Erfolgreich durch Gesundheitsmanagement. Beispiele aus der Arbeitswelt. (S. 255-276). Gütersloh: Verlag Bertelsmann Stiftung.
Myrtek, M. (2002). Typ A-Verhalten. In: R. Schwarzer, M. Jerusalem & H. Weber (Hrsg.), Gesundheitspsychologie von A bis Z (S. 608-611). Göttingen: Hogrefe.

Nieder, P. & U. Brandenburg (2003). Betriebliches Fehlzeitenmanagement. Wiesbaden: Gabler.
Nieder, P. (2000). Führung und Gesundheit. Die Rolle des Vorgesetzten im Gesundheitsmanagement. In: Brandenburg, U., P. Nieder & B. Susen (Hrsg.). Gesundheitsmanagement in Unternehmen (S. 149-164). Weinheim & München: Juventa.
Nieder, P. (Hrsg.) (1999). Fehlzeiten wirksam reduzieren. Konzepte, Maßnahmen, Praxisbeispiele. Wiesbaden: Gabler.
Nieder, P. (Hrsg.)) (1997). Betriebliche Gesundheitsförderung: Konzepte und Erfahrungen bei der Realisierung. Bern: Haupt
Nieder, P. (1996). Warum ist betriebliche Gesundheitsförderung sinnvoll? Ein Plädoyer für ganzheitliche Konzepte. Personalführung, 8, S. 702–706.

Nieder, P. & Michalk, S. (1995). Absentismus und betriebliche Gesundheitsförderung. Fünf Wege zur Reduzierung von Fehlzeiten. Personalführung, 9, S. 782-791.
Nold, H. (1993). Psychologie der Arbeitssicherheit. Riedstadt: Lywis-Verlag.
Nullmeier, E. (1995). Arbeitsgestaltung und technische Entwicklung. Berlin: Fernstudienverbund (fvl)
Olesch, G. (1998). Lösungen zur Fehlzeitenreduzierung. Personalwirtschaft, 1, S. 37-41.
Oppolzer, A. (1999). Einbeziehung psychischer Belastungen in den gesetzlichen Arbeits- und Gesundheitsschutz. Die BG, 12, S. 735-742.
OTTO Versand (Hrsg.) (2001). Aktiv für gesunde Mitarbeiter. Gesundheitsbericht 2001. Hamburg.

Panse, W. & W. Stegmann (1998). Kostenfaktor Angst – Wie Ängste in Unternehmen entstehen, warum Ängste die Leistungs beeinflussen, wie Ängste wirklich bekämpft werden können. 3. Auflage. Landsberg/Lech: Moderne Industrie.
Paine, W. S. (Ed.) (1982). Job Stress and Burnout: Research, theory, and intervention perspectives. Beverly Hills, CA: Sage Publications.
Paulsen, W. (1996). Ganzheitliche Gesundheitsvorsorge. Beispiel Esso AG. Personalführung, 7, S. 564-566.
Pfaff, H. & W. Slesina (Hrsg.) (2001). Effektive betriebliche Gesundheitsförderung. Konzepte und methodische Ansätze zur Evaluierung und Qualitätssicherung. Weinheim & München: Juventa.
Pfeiffer, W., Scholl, J., Renz, E., Cire` und M. Kentner (2001). Wie gesund sind Führungskräfte? Eine Querschnittsstudie zum kardiovaskulären Riskofaktorenprofil von Managern. Arbeitsmedizin, Sozialmedizin, Umweltmedizin, 36, 3, S. 126-131.
Pines, A. M., Aronson, E. & Kafry, D. (1991). Ausgebrannt. Vom Überdruß zur Selbstentfaltung. Stuttgart: Klett-Cotta.
Pornschlegel, H. (1998). Arbeitssicherheits- und Gesundheitsmanagement „AGM 2000plus" als zukunftsweisende Personalstrategie. REFA-Nachrichten, 5, S. 5–15.
Prümper, J., Hartmannsgruber, K. & M. Frese (1995). KFZA. Kurz-Fragebogen zur Arbeitsanalyse. Zeitschrift für Arbeits- und Organisationspsychologie, 39, 3, S. 125-131.
Przygodda, M., Arentz, K.-P., Quast, H.-H. & U. Kleinbeck (1991). Vorgesetztenverhalten und Fehlzeiten in Organisationen – eine Studie mit Rettungssanitätern im kommunalen Rettungsdienst. Zeitschrift für Arbeits- und Organisationspsychologie, 35, 4, S. 179-186.

Rauen, Ch. (2002). Coaching. 2. Auflage. Göttingen: Verlag für Angewandte Psychologie.
Regnet, E. (2001). Konflikte in Organisationen. 2. Auflage. Göttingen: Verlag für Angewandte Psychologie.
Rehwald, R. & Zinke, E. (1998). Fehlzeitencontrolling – ein Mittel zur Verbesserung der Gesundheit im Betrieb? In: Nieder, P. (Hrsg.). Fehlzeiten wirksam reduzieren. Konzepte, Maßnahmen, Praxisbeispiele (S. 43-56). Wiesbaden: Gabler.
Resch, M. (2003). Analyse psychischer Belastungen. Verfahren und ihre Anwendung im Arbeits- und Gesundheitsschutz. Bern et al.: Huber.
Revenstorf, D. & R. Zeyer (1997). Hypnose lernen. Heidelberg: Carl Auer.
Richardson, M. (2000). Das populäre Lexikon der ersten Male: Erfindungen, Entdeckungen und Geistesblitze. Frankfurt/M.: Eichborn.
Richenhagen, G., Prümper, J. & J. Wagner (2002). Handbuch der Bildschirmarbeit. 3. Auflage. Neuwied: Luchterhand.
Richter, P., E. Hemmann, H. Merboth, S. Fritz, C. Hänsgen & M. Rudolf (2000). Das Erleben von Arbeitsintensität und Tätigkeitsspielraum – Entwicklung und Validierung eines Fragebogens zur orientierenden Analyse (FIT). Zeitschrift für Arbeits- und Organisationspsychologie, 44, 3, S. 129-139.
Rieländer, M. & C. Brücher-Albers (Hrsg.) (1999). Gesundheit für alle im 21. Jahrhundert – Neue Ziele der Weltgesundheitsorganisation mit psychologischen Perspektiven erreichen. Bonn: Deutscher Psychologen Verlag.

Riemann, F. (2000). Grundformen der Angst. 33. Auflage. München: Reinhardt.
Rimann, M. & I. Udris (1997). Subjektive Arbeitsanalyse: Der Fragebogen SALSA. In: O. Strohm & E. Ulich (Hrsg.), Unternehmen arbeitspsychologisch bewerten. Zürich: vdf.
Robinson, B. (2000). Wenn der Job zur Droge wird. Düsseldorf: Patmos Verlag.
Rohmert, W. (1984). Das Belastungs-Beanspruchungs-Konzept. Zeitschrift für Arbeitswissenschaften, 38, (10NF), S. 193-200.
Rosenstiel, L. v. (1992). Grundlagen der Organisationspsychologie. 3. Auflage. Stuttgart: Schäffer-Poeschel.
Rosenstiel, L. v., Falckenberg, T., Hehn, W., Henschel, E. & I. Warns (1983). Betriebsklima heute. München: Bayerisches Staatsministerium für Arbeit und Sozialordnung.
Rudow, B. (2003). Arbeits- und Gesundheitsschutz bei Erzieherinnen. Forschungsbericht/ Gutachten. IGO Mannheim/Mühlhausen.
Rudow, B. (2000 a). Arbeits- und Gesundheitsschutz im Lehrerberuf. Gefährdungsbeurteilung der Arbeit von Lehrerinnen und Lehrern. Ludwigsburg: Süddeutscher Pädagogischer Verlag.
Rudow, B. (2000 b). Burnout – was ist das? Pluspunkt, 1, S. 3 – 4.
Rudow, B. (1994, 1995) Die Arbeit des Lehrers. Bern et al.: Huber.
Rudow, B. (1996). Stressmanagement bei Lehrerinnen und Lehrern in Rheinland-Pfalz. Bericht zum Projekt „Lehrergesundheit" (LEGU). Mainz: Ministerium für Bildung, Wissenschaft und Weiterbildung Rheinland-Pfalz.
Rudow, B. (1994). Eine Konzeption zur Belastungs-Beanspruchungs-Erholungs-Sequenz unter besonderer Berücksichtigung von Burnout und Sportaktivität. In: Wieland-Eckelmann, R. et al. (Hrsg.), Erholungsforschung (S. 156-174). Weinheim: PVU.
Rudow, B. (1980). Psychophysiologische Untersuchungen zum Stressproblem. Dissertation an math.-nat. Fakultät der TU Dresden (unveröff.)
Rudow, B., G. Keilhofer & J. Bülow (2001). Nur gesunde Mitarbeiter bauen gute Autos. Personalwirtschaft, 11, S. 40 – 45.
Rudow, B. & P. Demuth (1997). Belastungen und Gesundheit bei Straßenbahn- und Busfahrern. DER NAHVERKEHR, 12, S. 39 - 42.
Rückle, H. (2000). Coaching: eine Einführung in die Praxis und Ausbildung. Frankfurt/M.: Campus.
Rutenfranz, J. (1978). Arbeitsphysiologische Grundprobleme von Nacht- und Schichtarbeit. Opladen: Westdeutscher Verlag.

Schmidt, A. (1994). Gesundheit gewinnt. Erfahrungen und Perspektiven aus einem Gemeinschaftsprojekt der AOK Hamburg und der Beiersdorf AG. Personalführung, 8, S. 688-695.
Scholz, Ch. (1994). Personalmanagement. 4. Auflage. München: Vahlen.
Scholz, J. F. (1996). Manager/Managerin (BKZ 7511) Teil II. Zeitschrift für Arbeitsmedizin, Sozialmedizin und Umweltmedizin. Sonderbeilage. 12, I – III.
Schrader, K., A. Meyer-Falcke & H. Munker (1995). Einsatz leistungsgewandelter Arbeitnehmer. Schriftenreihe der Bundesanstalt für Arbeitsmedizin, Sonderschrift 10. Berlin.
Schuhmacher, F. (1998). Betriebliche Gesundheitsförderung bei der EVM Aktiengesellschaft. Personalführung, 7, S. 3235.
Schulz von Thun, F. (1992). Miteinander reden. Störungen und Klärungen. Reinbek: Rowohlt.
Schwager, T. & I. Udris (1998). Verhaltens- versus verhältnisorientierte Maßnahmen in der betrieblichen Gesundheitsförderung. Eine Recherche in Schweizer Betrieben. In: Amann, G. & R. Wipplinger (Hrsg.), Gesundheitsförderung (S. 367-388). Tübingen: DGVT.
Schnabel, C. (1997). Betriebliche Fehlzeiten. Ausmaß, Bestimmungsgründe und Reduzierungsmöglichkeiten. Köln: Deutscher Institutsverlag.
Schwarzer, R. (Hrsg.) (1990). Gesundheitspsychologie. Göttingen et al.: Hogrefe.

Salowsky, H. (1991). Fehlzeiten – ein Hauptproblem der betrieblichen Personalführung. Personal, 7, S. 248-251.
Selye, H. (1981). Geschichte und Grundzüge des Stresskonzepts. In: J. R. Nitsch (Hrsg.), Stress (S. 162-184). Bern et al.: Huber.
Selye, H. (1950). Stress. Montreal: Acta.
Seiwert, L. J. (1991). Mehr Zeit für das Wesentliche. 12. Auflage. Landsberg/Lech: moderne industrie.
Semmer, N. (1997). Streß. In: H. Luczak & W. Volpert (Hrsg.), Handbuch Arbeitswissenschaft (S. 332-339). Stuttgart: Schäffer-Poeschel.
Senders, J. W. (1980). Wer ist wirklich schuld am menschlichen Versagen? Psychologie heute, 8, S. 73-78.
Siegrist, J. (2002). Stress am Arbeitsplatz. In: R. Schwarzer, M. Jerusalem & H. Weber (Hrsg.), Gesundheitspsychologie von A bis Z (S. 554-557). Göttingen: Hogrefe.
Siegrist, J. (1996). Soziale Krisen und Gesundheit. Göttingen et al.: Hogrefe.
Skiba, R. (2000). Taschenbuch Arbeitssicherheit. 10. Auflage. Bielefeld: Schmidt.
Staehle, W. (1994). Management. 7. Auflage. München: Vahlen.
Slesina, W. (1994). Gesundheitszirkel: Der „Düsseldorfer Ansatz". In: Westermayer, G. & B. Bähr (Hrsg.), Betriebliche Gesundheitszirkel (S. 25-36). Göttingen: Verlag für Angewandte Psychologie.
Slesina, W. (2001). Evaluation betrieblicher Gesundheitszirkel. In Pfaff, H. & W. Slesina (Hrsg.), Effektive betriebliche Gesundheitsförderung. Konzepte und methodische Ansätze zur Evaluierung und Qualitätssicherung (S. 75-96). Weinheim & München: Juventa.
Statistisches Bundesamt (Hrsg.). Statistisches Jahrbuch 1998 für die Bundesrepublik Deutschland. Wiesbaden
Steers, R. M. & Rhodes, S. R. (1984). Knowledge and speculation about absenteeism. In: P. S. Goodman & R. S. Atkinson (Eds.), Absenteeism: New approaches to understanding, measuring and managing employee absence (pp. 229-275). San Francisco: Jossey Bass.
Spector, P. (1996). Industrial and organizational psychology. Research and practice. New York: Wiley.
Spies, S. & Beigel, H. (1996). Einer fehlt und jeder braucht ihn. Wien: Überreuther.
Sydänmaanlakka, P. & M. Antell (2000). Wohlbefinden – das zentrale Ziel betrieblichen Gesundheitsmanagements. In: Bertelsmann Stiftung, Hans-Böckler-Stiftung (Hrsg.), Erfolgreich durch Gesundheitsmanagement. Beispiele aus der Arbeitswelt. (S. 39-52). Gütersloh: Verlag Bertelsmann Stiftung.

Tannenbaum, S., Salas, E. & Cannon-Bowers, J. (1996). Promoting Team Effectiveness. In: M. West (Ed.), Handbook of work group psychology (pp. 503-530). Chichester: John Wiley & Sons Ltd.
Teml, H. & H. Teml (1991). Komm mit zum Regenbogen. Phantasiereisen für Kinder und Jugendliche. Linz: Veritas.
Thomas, A. M. (1998). Coaching in der Personalentwicklung. Bern et al.: Huber.
Triebe, J. K. & Wittstock, M. (1998). Anforderungen aus der Sicht von Sicherheit und Gesundheitsschutz an die Softwareentwicklung. Arbeitswissenschaftliche Erkenntnisse Nr. 114. Dortmund: BAuA.
Trimpop, R. (1996). Motivation. In: G. Wenninger & Hoyos, Graf C. (Hrsg.), Handwörterbuch verhaltenswissenschaftlicher Grundbegriffe (S. 449-458). Heidelberg: Asanger.
Thul, M. J. & K. J. Zink (2001). Selbstbewertung als Ansatz zur Bewertung betrieblicher Gesundheitsmanagementsysteme. Konzept, Möglichkeiten und Grenzen. In: Pfaff, H. & W. Slesina (Hrsg.), Effektive betriebliche Gesundheitsförderung. Konzepte und methodische Ansätze zur Evaluierung und Qualitätssicherung (S. 161-180). Weinheim & München: Juventa.
Tielsch, R., A. Hofmann & H. Häcker (1993). FEMA – Fragebogen zur Erfassung Mentaler Arbeitsbelastungen. Erste Ergebnisse einer Validierungsstudie im industriellen Bereich. Zeitschrift für Arbeits- und Organisationspsychologie, 37, 2, S. 86-94.

Udris, I. et al. (1992). Arbeiten, gesund sein und gesund bleiben: Theoretische Überlegungen zum Ressourcenkonzept. Psychosozial, 52, S. 9-22.
Udris, I. (1982). Psychische Belastung und Beanspruchung. In: Zimmermann, L. (Hrsg.), Humane Arbeit – Leitfaden für Arbeitnehmer. Band 5: Belastungen und Stress bei der Arbeit (S. 110-165). Reinbek: Rowohlt.
Udris, I., M. Rimann & K. Thalmann (1994). Gesundheit erhalten, Gesundheit herstellen: Zur Funktion salutogenetischer Ressourcen. In: B. Bergmann & P. Richter (Hrsg.), Die Handlungsregulationstheorie (S. 199-215). Göttingen et al.: Hogrefe.
Ulich, E. (1998). Arbeitspsychologie. 4. Auflage. Stuttgart: Schäfer & Poeschel.
Ulich, E. & Baitsch, Ch. (1987). Arbeitsstrukturierung. In: U. Kleinbeck & J. Rutenfranz (Hrsg.), Arbeitspsychologie. Enzyklopädie der Psychologie. Themenbereich D/III Bd. 1 (S. 493-532). Göttingen: Hogrefe.

Volkswagen AG (Hrsg.) (1999). Gesundheitsmanagement bei VOLKSWAGEN. Wolfsburg.
Volkswagen AG (Hrsg.) (1997). Partnerschaftliches Verhalten am Arbeitsplatz. Wolfsburg.
Vollmer, G. & D. A. Ralston (1999). Stress bei deutschen und amerikanischen Managern. Personalführung, 12, S. 64-69
Volpert, W. (1983). Der Zusammenhang von Arbeit und Persönlichkeit. In: J. Albertz (Hrsg.), Technik und menschliche Existenz (S. 81-92). Wiesbaden: Freie Akademie.
Volpert, W. (1987). Psychische Regulation von Arbeitstätigkeiten. In: U. Kleinbeck & J. Rutenfranz (Hrsg.), Arbeitspsychologie (S. 1-42). Enzyklopädie der Psychologie, Themenbereich D, Serie III, Band 1. Göttingen et al.: Hogrefe.

Wagner-Link, A. (2000). Lustvoll arbeiten. Hamburg: Techniker Krankenkasse.
Walter, U., Münch, E. & Badura, B. (2001). Implementierung eines Betrieblichen Gesundheitsmanagements bei der Essener Verkehrs-AG. In: Badura, B. Litsch, M. & C. Vetter (Hrsg.). Fehlzeitenreport 2001. Gesundheitsmanagement im öffentlichen Sektor (S. 197-214). Berlin et al.: Springer.
WHO (1986). Charta der 1. Internationalen Konferenz zur Gesundheitsförderung. Ottawa 1986 (Ottawa-Charta). In: Franzkowiak, P. & Sabo, P. (Hrsg.), Dokumente der Gesundheitsförderung. Mainz 1993
WHO (1988). Adelaide-Empfehlungen zur Gesundheitsförderung. Empfehlungen der 2. Internationalen Konferenz zur Gesundheitsförderung. Adelaide.
Wegner, R. & Ch. Wein (2002). Zur Eignung des Maslach-Burnout-Inventory (MBI) bei arbeitsmedizinischen Erhebungen. 42. Jahrestagung der Dtsch. Ges. für Arbeitsmedizin und Umweltmedizin e. V., Dokumentationsband 2002 (S. 319-321) Fulda: Rindt.
Wenninger, G. & H. Nold (1995). Psychologie der Arbeitssicherheit: ein Weiterbildungskonzept für Führungskräfte. In: Hoyos, C. Graf & G. Wenninger (Hrsg.), Arbeitssicherheit und Gesundheitsschutz in Organisationen (S. 241-265). Göttingen: Verlag für Angewandte Psychologie.
Westermayer, G. & B. Bähr (Hrsg.)(1994). Betriebliche Gesundheitszirkel. Göttingen: Verlag für Angewandte Psychologie.
Wildemann, H. (1991). Flexible Arbeits- und Betriebszeiten - wettbewerbs- und mitarbeiterorientiert! München: Bayerisches Staatsministerium für Arbeit und Sozialordnung.
Wilke, P. (1997). Betriebliche Gesundheitsförderung. Der Gesundheitsdienst der Braun AG. Personalführung, 2, S. 74-77.
Windel, A., Salewski-Renner, M., Hilgers, St. & B. Zimolong (1997). Screening-Instrument zur Bewertung und Gestaltung von menschengerechten Arbeitstätigkeiten – SIGMA – Version 3.1. Bochum: Ruhr-Universität.
Winter, A. (2002). Blendschutz und Beleuchtung am Bildschirmarbeitsplatz. Zeitschrift für Arbeitswissenschaft, 56, 4, S. 279-281.
Wulk, J. (1988). Qualitative und quantative Aspekte der psychischen und physischen Belastung von Lehrern. Eine arbeitspsychologische Untersuchung an Lehrern beruflicher Schulen. Frankfurt: Peter Lang.

Young, K. (1999) Suchtgefahr Internet. München: Kösel.

Zangemeister, Ch. & H. D. Nolting (1997). Kosten-Wirksamkeits-Analyse im Arbeits- und Gesundheitsschutz. Bremerhaven: Wirtschaftsverlag NW.
Zerssen, D. von (1976). Die Beschwerden-Liste. Weinheim: Beltz.
Zimmerl, H. – D. & B. Panosch (1999). Internetsucht. Eine Studie. Universität Innsbruck.
Zulley, J. & B. Knab (2001). Unsere innere Uhr. Freiburg: Herder.
Zapf, D. (1999). Mobbing in Organisationen – Überblick zum Stand der Forschung. Zeitschrift für Arbeits- und Organisationspsychologie, 43, 1, S. 1-25.

Tages-, Wochenzeitungen/-schriften, Informationen, Vereinbarungen, Normen und Vorschriften

Arbeitnehmer 2002, Nr. 6
AOK (WIdO): Presseinformation vom 24.01.02 „Krankenstand in der öffentlichen Verwaltung verursacht Kosten in Höhe von 2,6 Milliarden Euro"
Bertelsmann Stiftung: Pressemitteilung vom 06. November 1998 „Krankenstand im öffentlichen Dienst besonders hoch. Defizite im Führungsverhalten demotivieren Mitarbeiter." Gütersloh
Bild am Sonntag am 28. März 1999
Das Warnkreuz 2001, Nr. 2, S. 8
Der Betrieb 2001, S. 1204 ff.
Die BG 2001, Heft 7/8 (Juli)
Die „ZEIT", 1998, Nr. 41, *"Fit für die Firma"*
DIN EN ISO 10 075-1 (November 2000). Ergonomische Grundlagen bezüglich psychischer Arbeitsbelastung – Teil 1: Allgemeines und Begriffe. Berlin: Beuth.
DIN EN ISO 10 075-2 (Juni 2000). Ergonomische Grundlagen bezüglich psychischer Arbeitsbelastung. – Teil 2: Gestaltungsgrundsätze. Berlin: Beuth.
FOCUS Nr. 19, 2002
FOCUS Nr. 33, 2002
Handelsblatt am 31.08.2001
Impulse November 2000
Krankenversicherung September 1999
Leipziger Volkszeitung am 07.06.2001
Mannheimer Morgen am 25.01.1999
Mannheimer Morgen am 01./02.04.1999
Mannheimer Morgen am 23./24.10.1999
metall Nr. 5, 2002
metallkurier Nr. 3, S. 3, 2001 "Psychische Erkrankungen deutlich auf dem Vormarsch"
Psychologie heute, Juli 1995
Schwerbehindertengesetz SchwbG: Gesetz zur Sicherung der Eingliederung Schwerbehinderter in Arbeit, Beruf und Gesellschaft in der Fassung der Bekanntmachung vom 26. August 1986 (BGBl I, S. 1421, ber. S. 1550), zuletzt geändert durch das Gesetz vom 19. Dezember 1997 (BGBl S. 3158)
Sozialgesetzbuch (SGB) Erstes Buch (I). Allgemeiner Teil (SGB I) vom 11.12.1975 (BGBl I S. 3015), zuletzt geändert durch Gesetz vom 23.07.1996 (BGBl I S. 1078, 1088) und vom 7.8.1996 (BGBl I S. 1254).
Welt am Sonntag (WAMS) am 18.04.1999
Volkswagen AG – Betriebsvereinbarung Nr. W2/01 vom Juli 2001

Weiterführende Literatur

Kapitel 1: Gesundheitsmanagement

Amelung, V. E. & H. Schumacher (2000). *Managed Care: neue Wege im Gesundheitsmanagement. 2. Auflage.* Wiesbaden: Gabler.

Badura, B., Ritter, W. & M. Scherf (1999). *Betriebliches Gesundheitsmanagement – ein Leitfaden für die Praxis.* Berlin: edition sigma.

Badura, B., Litsch, M. & C. Vetter (Hrsg.) (2001). *Fehlzeiten-Report 2000 Zukünftige Arbeitswelten: Gesundheitsschutz und Gesundheitsmanagement. Zahlen, Daten, Analysen aus allen Branchen der Wirtschaft.* Berlin, Heidelberg & New York: Springer.

Badura, B. Litsch, M. & C. Vetter (Hrsg.) (2002). *Fehlzeitenreport 2001. Gesundheitsmanagement im öffentlichen Sektor.* Berlin, Heidelberg & New York: Springer.

Badura, B., C. Vetter & H. Schellschmidt (Hrsg.) (2003). *Fehlzeitenreport 2002. Demographischer Wandel: Herausforderung für die betriebliche Personal- und Gesundheitspolitik.* Berlin, Heidelberg & New York: Springer.

Bamberg, E., Ducki, A. & Metz, A.-M. (Hrsg.) (1998). *Handbuch Betriebliche Gesundheitsförderung. Arbeits- und organisationspsychologische Methoden und Konzepte.* Göttingen et al.: Verlag für Angewandte Psychologie.

BAuA (Hrsg.) (2001). *Gesunde MitarbeiterInnen in gesunden Unternehmen – das Europäische Netzwerk Betriebliche Gesundheitsförderung.* Dortmund: BAuA.

Bellwinkel, M., Chruscz, D. & J. Schumann (1997). *Neue Wege der Prävention arbeitsbedingter Erkrankungen.* Bremerhaven: Wirtschaftsverlag NW

Bertelsmann Stiftung & Hans-Böckler-Stiftung (Hrsg.) (2000). *Erfolgreich durch Gesundheitsmanagement. Beispiele aus der Arbeitswelt.* Gütersloh: Bertelsmann.

Bödeker, W. (2002). *Kosten arbeitsbedingter Erkrankungen. 2. Auflage.* Bremerhaven: Wirtschaftsverlag NW.

Brandenburg, U., P. Nieder & B. Susen (Hrsg.) (2000). *Gesundheitsmanagement in Unternehmen.* Weinheim & München: Juventa.

Bueren, H. (2002). *Betriebliche Gesundheitsförderung. Schriftenreihe: Schwerpunkte der Betriebsratarbeit.* Frankfurt/M.: Bund-Verlag.

Busch, R. (1999). *Autonomie und Gesundheit: moderne Arbeitsorganisation und betriebliche Gesundheitspolitik.* München: Hampp.

Cugier, B. (1996). *Globale Strategie über Gesundheit bei der Arbeit für alle: der Weg zur Gesundheit bei der Arbeit - Empfehlung des zweiten Treffens der WHO.* Bremerhaven: Wirtschaftsverlag NW.

De Jonge, J., Vlerick, P., Büssing, A. & W. B. Schaufeli (2001) (Eds.) *Organizational psychology and health care at the start of a new millenium.* München: Hampp.

Dertinger, R. & Fritton, M. (1998). *Taschenlexikon Arbeit und Gesundheit.* Wiesbaden: Universum.

Ducki, A. (2000). *Diagnose gesundheitsförderlicher Arbeit. Eine Gesamtstrategie zur betrieblichen Gesundheitsanalyse.* Zürich: vdf.

Eichendorf, W. et al. (Hrsg.) (2000). *Arbeit und Gesundheit. Jahrbuch 2000.* Wiesbaden: Universum.

Grossmann, R. & Scala, K. (1996). *Gesundheit durch Projekte fördern: ein Konzept zur Gesundheitsförderung durch Organisationsentwicklung und Projektmanagement.* Weinheim & München: Juventa.

HVBG (1999). *Gesundheit und Produktivität im Unternehmen.* Wiesbaden: Universum.

HVBG (Hrsg.) (1995). *Produktivitätsfaktor Gesundheit - mehr Wirtschaftlichkeit durch Sicherheit und Gesundheit bei der Arbeit.* Sankt Augustin

Hurrelmann, K. & U. Laaser (Hrsg.)(2003). *Handbuch Gesundheitswissenschaften.* 3. Auflage. Weinheim: Juventa.

Jancik, J. M. (2002). *Betriebliches Gesundheitsmanagement: Produktivität fördern, Mitarbeiter binden, Kosten senken.* Wiesbaden: Gabler.

Jerusalem, M. & Weber, H. (Hrsg.) (2003). *Psychologische Gesundheitsförderung. Diagnostik und Prävention.* Göttingen et al.: Hogrefe.

Kastner, M. (Hrsg.) (1999). *Gesundheit und Sicherheit in neuen Arbeits- und Organisationsformen.* Tagungsband zum 1. Gesina-Workshop. Herdecke: MAORI

Klotter, C. (Hrsg.) (1997). *Prävention im Gesundheitswesen.* Göttingen: Verlag für Angewandte Psychologie.

Krämer, K. (1998). *Betriebliche Gesundheitsförderung: Konzeption, Wirkung, Evaluation.* Münster: Lit.

Lemke-Goliasch, P. (2001). *Betriebliche Gesundheitsförderung mit Auszubildenden: Ein Handbuch für Gesundheitsförderer.* Bremerhaven: Wirtschaftsverlag NW.

Levi, L. & Lunde-Jensen, P. (1998). *Modell zur Berechnung der Kosten von Stressoren – Die volkswirtschaftlichen Kosten von arbeitsbedingtem Stress in zwei Mitgliedsstaaten der EU.* Bremerhaven: Wirtschaftsverlag NW.

Marstedt, G. (1995). *Gesundheit als produktives Potential: Arbeitsschutz und Gesundheitsförderung im gesellschaftlichen und betrieblichen Strukturwandel.* Studie im Auftrag der Arbeitsumweltschutzberatung im DGB-Technologieberatung e.V. Berlin/Brandenburg. Berlin: Ed. Sigma.

Müller, B. (2002). *Corporate Hygiene. Mehr Produktivität durch gesunde Unternehmen.* Wiesbaden: Gabler.

Müller, R. & Rosenbrock, R. (Hrsg.) (1998). *Betriebliches Gesundheitsmanagement, Arbeitsschutz und Gesundheitsförderung.* Sankt Augustin: Asgard.

Nickel, U., Kuch, P. & Bauer, W. (1998). *Gesundes Arbeiten lernen. Das Arbeitsplatzprogramm.* Wiesbaden: Universum.

Otte, R. (1994). *Gesundheit im Betrieb.* Frankfurt/M.: FAZ-Wirtschaftsbücher.

Priester, K. (1998). *Betriebliche Gesundheitsförderung: Voraussetzungen, Konzepte, Erfahrungen.* Frankfurt/M.: Mabuse.

Röhrle, B. & G. Sommer (Hrsg.) (1992). *Prävention und Gesundheitsförderung.* Tübingen: DGVT

Rudow, B. (1999). *Personalpflege.* Studienbrief. Berlin: Fernstudienagentur des FVL.

Sauer, H. (Hrsg.) (2002). *Betriebliches und persönliches Gesundheitsmanagement.* Stuttgart: Deutscher Sparkassen Verlag.

Thiehoff, R. (2000). *Betriebliches Gesundheitsschutzmanagement: Möglichkeiten erfolgreicher Interessenbalance.* Berlin: Schmidt.

Weinreich, I. & C. Weigl (2002). *Gesundheitsmanagement erfolgreich umsetzen: Ein Leitfaden für Unternehmer und Trainer.* Neuwied et al.: Luchterhand.

Wentz, A. (1998). *Safety, health and environment protection.* Boston.

Kapitel 2: Gesundheit und Belastung

Badura, B., Litsch, M. & C. Vetter (Hrsg.). *Fehlzeiten-Report 1999. Zukünftige Arbeitswelten: Gesundheitsschutz und Gesundheitsmanagement. Psychische Belastungen am Arbeitsplatz. Zahlen, Daten, Analysen aus allen Branchen der Wirtschaft.* Berlin, Heidelberg & New York: Springer.

Becker, P. & Abele, A. (Hrsg.)(1994). *Wohlbefinden. Theorie – Empirie - Diagnostik.* 2. Auflage. Weinheim & München: Juventa.

Debitz, U., H. Gruber & Richter, G. (2001). *Psychische Gesundheit am Arbeitsplatz. Teil 2. Erkennen, Beurteilen und Verhüten von Fehlbeanspruchungen.* Bochum: Verlag Technik & Information.

Deusinger, I. (Hrsg.) (2002). *Wohlbefinden bei Kindern, Jugendlichen und Erwachsenen. Gesundheit in medizinischer und psychologischer Sicht.* Göttingen: Hogrefe.

Dunham, J. (2000). *Stress in the workplace. Past, present and future.* London: Whurr.

Joiko, K. (2002). *Psychische Belastung und Beanspruchung im Berufsleben: Erkennen – Gestalten.* Dortmund & Berlin: BAuA.

Luxemburger Deklaration zur betrieblichen Gesundheitsförderung in der Europäischen Union. Europäisches Netzwerk für betriebliche Gesundheitsförderung. November 1997.

Meyer, M. (2001). *Psychosoziale Belastungen am Arbeitsplatz: Einfluss auf das Wohlbefinden und die Gesundheit der Mitarbeiter.* Bremerhaven: Wirtschaftsverlag NW.

Mohr, G. (1986). *Die Erfassung psychischer Befindensbeeinträchtigungen bei Industriearbeitern.* Frankfurt/M.: Peter Lang.

Priester, K. (1998). *Betriebliche Gesundheitsförderung. Voraussetzungen - Konzepte – Erfahrungen.* Frankfurt am Main: Mabuse.

Redmann, A. & Rehbein, I. (2000). *Gesundheit am Arbeitsplatz.* Bonn: Wissenschaftliches Institut der AOK.

Richter, P. & W. Hacker (1998). *Belastung und Beanspruchung. Stress, Ermüdung und Burnout im Arbeitsleben.* Heidelberg: Asanger.

Scheuch, K. (1997). *Psychomentale Belastung und Beanspruchung im Wandel von Arbeitswelt und Umwelt.* Arbeitsmedizin.Sozialmedizin.Umweltmedizin 32, 8, S. 289-296.

Schaarschmidt, U. & A. W. Fischer (2001). *Bewältigungsmuster im Beruf. Persönlichkeitsunterschiede in der Auseinandersetzung mit der Arbeitsbelastung.* Göttingen: Vandenhoeck & Ruprecht.

Schwarzer, R. (1997). *Gesundheitspsychologie: ein Lehrbuch.* Göttingen et al.: Hogrefe.

Schwarzer, R. (1996). *Psychologie des Gesundheitsverhaltens.* 2. Auflage. Göttingen: Hogrefe.

Schwarzer, R., Jerusalem, M. & H. Weber (Hrsg.) (2002). *Gesundheitspsychologie von A bis Z. Ein Handwörterbuch.* Göttingen: Hogrefe.

Stern, K. (1996). *Ende eines Traumberufs? Lebensqualität und Belastungen bei Ärztinnen und Ärzten.* Münster & New York: Waxmann.

Udris, I, & M. Frese (1999). *Belastung und Beanspruchung.* In: Hoyos, Graf C. & Frey, D. (Hrsg.), Arbeits- und Organisationspsychologie (S. 429-445). Weinheim: PVU.

Wenchel, K. (2001). *Psychische Belastungen am Arbeitsplatz.* Berlin: Schmidt.

Wenchel, K. (1999). *Psychische Gesundheit am Arbeitsplatz. Teil 1. Orientierungshilfe.* Bochum: Verlag Technik und Information.

Kapitel 3: Gesundheit in Organisation

Rechtliche Grundlagen

o. A. (2000). *Arbeitsschutzgesetze:* alle wichtigen aushangpflichtigen Vorschriften Arbeitszeit, Ladenschluss, Sonntagsarbeit, Jugendarbeitsschutz, Mutterschutz, Erziehungsgeld, Schwerbehinderte, Beschäftigtenschutz, Arbeitssicherheit,, Arbeitsstätten, Gefahrstoffe, Gleichbehandlung, Entgeltfortzahlung, Urlaub, Kündigungsschutz.... Schriftenreihe: Beck'sche Textausgaben. München: Beck.

Bedner, K. (2001). *Gesundheitsschutz und Gesundheitsförderung in Betrieben*. München & Mering: Hampp.

Brock, G. (1997). *Arbeitsschutzgesetz*. Neuwied et al.: Luchterhand.

Bundesministerium für Arbeit und Sozialordnung (Hrsg.) (1998). *Arbeitsschutz. Arbeitsschutzgesetz, Schutzausrüstung. Arbeitsmittel. Bildschirmarbeit. Lastenhandhabung. Arbeitsstätten*. Bonn, April 1998.

IG Metall und Gewerkschaft Holz und Kunststoff (Hrsg.) (1997). *Das neue Arbeitsschutzgesetz (ArbSchG)*. Frankfurt/M.

IG Metall & Gewerkschaft Holz und Kunststoff (Hrsg.) (1997). *Sozialgesetzbuch VII. Der neue Präventionsauftrag für die Berufsgenossenschaften*. Frankfurt/M.

Lorenz, M. (2000). *Arbeitssicherheit. Gesetzliche Regelungen und betriebliche Umsetzungen*. Neuwied: Luchterhand.

Kittner, M. & Pieper, R. (1997). Arbeitsschutzgesetz. Basiskommentar. Frankfurt/M.: Bund.

Schlimm, R. (2000). *Grundlagen der Büroeinrichtung. Die EU-Bildschirmarbeitsverordnung*. Stuttgart & München: Dtsch. Verlags-Anstalt.

Schlüter, A. (2002). *Arbeitsschutzgesetz*. Leitfaden für die Praxis. Wiesbaden: Universum.

Stürk, P. (1998). *Wegweiser Arbeitsschutzgesetz*: Kurzinformation für die Praxis. 2. Auflage. Bielefeld: Schmidt.

Gesundheitszirkel

Eberle, G. (1995). *Der Gesundheitszirkel: neue Wege in der betrieblichen Gesundheitsförderung*. Frankfurt/M.: WDV-Wirtschaftsdienst, Gesellschaft für Medien und Kommunikation.

Johannes, D. (1997). *Qualitätszirkel, Gesundheitszirkel und andere Problemlösungen: eine vergleichende Darstellung der verschiedenen Konzepte*. Dortmund: BAuA.

Müller, B., Muench, E. & Badura, B. (1997). *Gesundheitsförderliche Organisationsgestaltung im Krankenhaus. Entwicklung und Evaluation von Gesundheitszirkeln als Beteiligungs- und Interventionsmodell*. Weinheim & München: Juventa.

Pröll, U. & Peter, G. (1998), *Prävention als betriebliches Alltagshandeln. Schriftenreihe der Bundesanstalt für Arbeitsschutz und Arbeitsmedizin*, Tb 54. Bremerhaven: Wirtschaftsverlag NW.

Rudow, B. (1997). *Personalpflege im Lehrerberuf - Stressmanagementkurse und Gesundheitszirkel*. In Buchen, S. et al. (Hrsg.), Jahrbuch für Lehrerforschung, Bd. 1. (S. 301-324). Weinheim & München: Juventa.

Schröer, A. & R. Sochert (1997). *Gesundheitszirkel im Betrieb. Modelle und praktische Durchführung*. Wiesbaden: Universum.

Slesina, W., Beuels, F. R. & Sochert, R. (1998). *Betriebliche Gesundheitsförderung. Entwicklung und Evaluation von Gesundheitszirkeln zur Prävention arbeitsbedingter Erkrankungen.* Weinheim & München: Juventa.

Sochert, R. (1999). *Gesundheitsbericht und Gesundheitszirkel.* Schriftenreihe der der Bundesanstalt für Arbeitsschutz und Arbeitsmedizin, Fb 827. Bremerhaven: Wirtschaftsverlag NW.

Arbeitsschutz und Arbeitssicherheit

Autorenkollektiv. (Hrsg.) (2000). *Wörterbuch des Arbeitsschutzes: Deutsch-Englisch/ Englisch-Deutsch.* Landsberg: Ecomed.

Allgemeine Unfallversicherungsanstalt (1999). *Psychische Belastungen. Gefahren ermitteln und beseitigen.* Wien: AUVA.

Barth, Chr. (2002). *Beurteilung der Arbeitsbedingungen nach dem Arbeitsschutzgesetz – bewährte Praxisbeispiele.* Bremerhaven: Wirtschaftsverlag NW.

BG Chemie (Hrsg.). (1999). *Gruppenarbeit und Arbeitsschutz.* Heidelberg: Jedermann-Verlag.

Borau, T. (2000). *Arbeitssicherheit und Umweltschutz als Elemente handlungsorientierter Lernprozesse: Grundlagen, Analysen und Perspektiven didaktischer Materialien im Berufsfeld Metalltechnik.* Bremerhaven: Wirtschaftsverlag NW.

Burkardt, F. (1992). *Lernprozesse zur Arbeitssicherheit: Fünf-Stufen-Methode zur Verhaltensbeeinflussung an Unfallschwerpunkten.* Grävenwiesbach: Verlag für Arbeitsschutz.

Damberg, W. (1997). *Unternehmensgewinn Arbeitsschutz: Integration von Arbeitssicherheit und Gesundheitsschutz in die Unternehmensstrategie.* Wiesbaden: Universum.

Dembeck, H. (1999). *Elektronisches Fachwörterbuch Arbeitsschutz Englisch/Deutsch.* Wiesbaden: Universum.

Dertinger, R. et al. (2000). *Wörterbuch Arbeitssicherheit und Gesundheitsschutz. Das Nachschlagewerk für die betriebliche Praxis.* 9. Auflage. Wiesbaden: Universum.

Elke, G. (2000). *Management des Arbeitsschutzes.* Wiesbaden: Dt. Univ.-Verlag.

Gesellschaft für Arbeitswissenschaft (Hrsg.) (1999). Arbeitsschutz – Managementsysteme – Risiken oder Chancen? Bericht zum 45. Arbeitswissenschaftlichen Kongreß vom 10. – 12. März 1999. Dortmund: GfA-Press.

Haller, L. (Hrsg.) (2003). *Risikowahrnehmung und Risikoeinschätzung.* Hamburg: Kovac.

Hemmann , E. (1997). *Gestaltung von Arbeitsanforderungen im Hinblick auf psychische Gesundheit und sicheres Verhalten.* Schriftenreihe der Bundesanstalt für Arbeitsschutz und Arbeitsmedizin Forschung. Bremerhaven: Wirtschaftsverlag NW.

Hoheisel, D. (1995). *Bewertung betrieblicher Arbeitssicherheitsmassnahmen.* Hamburg: Kovac.

Hoyos, C. Graf (1987). *Verhalten in gefährlichen Arbeitssituationen.* In Kleinbeck, U. & Rutenfranz, J. (Hrsg.), Arbeitspsychologie. Enzyklopädie der Psychologie. (S. 577-627). Göttingen et al.: Hogrefe.

HVHS SPRINGE & PräNet (Hrsg.) (1999). *Gefährdungsbeurteilung psychischer Belastungen.* 2. Auflage. Springe & Düsseldorf.

Kastner , M. (Hrsg.) (1999). *Gesundheit und Sicherheit in neuen Arbeits- und Organisationsformen.* Tagungsband zum 1. Gesina-Workshop. Herdecke: MAORI

Künzler, C. (2002). *Kompetenzförderliche Sicherheitskultur.* Zürich: vdf.

Ministerium für Arbeit, Soziales und Stadtentwicklung, Kultur und Sport des Landes NRW (Hrsg.) (1999). *Gefährdungsbeurteilung am Arbeitsplatz. Ein Handlungsleitfaden.* Münster: Publishing Service.

Ministerium für Umwelt und Verkehr und Sozialministerium Baden-Württemberg (Hrsg.)(1998). *Gefährdungsbeurteilung nach § 5 Arbeitsschutzgesetz.* Stuttgart.

Pieper, R. & Vorath, B.-J. (2001). *Handbuch Arbeitsschutz: Sicherheit und Gesundheitsschutz am Arbeitsplatz.* Köln: Bund.

Renggli, F. (1994). *Wege zu sicherem Verhalten.* Wiesbaden: Universum.

Schmöle, H. (Hrsg.) (1991). *Lernziel Sicherheit.* Bonn: Deutscher Psychologen Verlag.

Schmager, B. (1999). *Leitfaden Arbeitsschutz-Managementsystem.* München & Wien: Carl Hanser.

Von Benda, H. (Hrsg.) (1998). *Psychologie der Arbeitssicherheit.* Heidelberg: Asanger.

Wenninger, G. (1991). *Arbeitssicherheit und Gesundheit: Psychologisches Grundwissen für betriebliche Sicherheitsexperten und Führungskräfte.* Heidelberg: Asanger.

Wenninger, G. & Hoyos, C. Graf (Hrsg.). Arbeits-, Gesundheits- und Umweltschutz: Handwörterbuch verhaltenswissenschaftlicher Grundbegriffe. Heidelberg: Asanger.

Zimolong , B. (Hrsg.)(2001). *Management des Arbeits- und Gesundheitsschutzes: Die erfolgreichen Strategien der Unternehmen.* Wiesbaden: Gabler.

Zimolong, B. & Elke, G. (2002). *Sicherheits- und Gesundheitsmanagement.* Eine Einführung. Göttingen: Hogrefe.

Stress, Angst und Burnout

Bailey R., B. (1996). *Arbeit - Droge oder Elixier: von Überlastung, Stress und Burnout-Syndrom zum Rundum-Glücklichsein.* Wien: Signum-Verlag.

Bamberg, E. & Ch. Busch (1996). Betriebliche Gesundheitsförderung durch Stressmanagementtraining: Eine Metaanalyse (quasi-)experimenteller Studien. Zeitschrift für Arbeits- und Organisationspsychologie, 40 (NF 14), 3, S. 127-137.

Barth, A.-R. (1992). *Burnout bei Lehrern.* Göttingen et al.: Hogrefe.

BAuA (Hrsg.) (1999). Streß im Betrieb? Handlungshilfen für die Praxis. Dortmund, Berlin, Dresden.

Büssing, A. (1997). *Psychischer Streß und Burnout in der Krankenpflege: Ergebnisse im Längsschnitt.* München: TU.

Burisch, M. (1989, 1993). *Das Burnout-Syndrom: Theorie der inneren Erschöpfung.* Berlin: Springer.

Cherniss, C. (1999). *Jenseits von Burnout und Praxisschock.* Weinheim: Beltz.

Coldwell, L. (1996). *Mit Gesundheit zum Erfolg: das Selbsthilfeprogramm für Stressresistenz und Leistungsfähigkeit.* Wiesbaden: Gabler.

Cooper, C. L. (2001). *Managerial, occupational and organizational stress research.* Aldeshot: Ashgate.

Domnowski, M. (1999). *Burnout und Stress in Pflegeberufen. Ursachen, Wirkungen und Möglichkeiten zur Entlastung; ein Leitfaden zur Psychohygiene.* Hagen: Kunz.

Eberspächer, H. (2002). Ressource Ich – Der ökonomische Umgang mit Stress. München: Carl Hanser Verlag.

Enzmann, D. (1996). *Gestresst, erschöpft oder ausgebrannt? Einflüsse von Arbeitssituation, Empathie und Coping auf den Burnoutprozess.* Schriftenreihe Prävention und psychosoziale Gesundheitsforschung. München: Profil.

Fengler, J. (1994). *Helfen macht müde. Zur Analyse und Bewältigung von Burnout und beruflicher Deformation.* München: Pfeiffer.

Fontana, D. (1995). *Mit Streß leben.* Bern et al.: Huber.

Forsthofer, R. (1995). *Stress am Bildschirmarbeitsplatz.* Hamburg: Kovac.

Greif, S. (Hrsg.) (1991). *Psychischer Stress am Arbeitsplatz.* Göttingen et al.: Hogrefe

Golembiewski, R. T. (1986) *Stress in organizations: Toward a phase model of burnout.* New York et al.: Praeger.

Gussone, B. & G. Schiepek (2000). *Die "Sorge um sich": Burnout-Prävention und Lebenskunst in helfenden Berufen.* Tübingen : DGVT.

Gusy, B. (1995). *Stressoren in der Arbeit, soziale Unterstützung und Burnout.* München: Profil.

Hüther, G. (2002). Biologie der Angst – Wie aus Stress Gefühle werden. 5. Auflage. Göttingen: Verlag Vandenhoeck & Ruprecht.

ILO (Ed.) (1993). World Labour Report – *Stress at Work.* Genf.

Keita, C. P. & J. J. Hurrell, Jr. (Eds.) (1994). *Job stress in a changing workforce.* Washinton, DC: American Psychological Association.

Killmer, Ch. (1999). *Burnout bei Krankenschwestern.* Münster: Lit.

Kleiber, D. und Enzmann, D. (1990). *Burnout: eine internationale Bibliographie.* Göttingen et al.: Hogrefe.

Koch, A. & Kühn, S. (2000). *Ausgepowert? Hilfen bei Burnout, Stress, innerer Kündigung.* Offenbach & Frankfurt: Gabal.

Kowalski, H. (Hrsg.) (1999). *Stress-Symposium: aktuelle Ursachenforschung, moderne Methoden der Stressbewältigung.* Essen: Haarfeld.

Kramis-Aebischer, K. (1996). *Stress, Belastungen und Belastungsverarbeitung im Lehrberuf.* Bern: Haupt.

Lazarus, R. S. & S. Folkman (1984). *Stress, appraisal and coping.* New York: Springer Publishing Company.

Litzcke, S. & Schuh, H. (1999). *Stress am Arbeitsplatz: Stress beflügelt - Stress macht krank.* Köln: Dt. Univ.-Verlag.

Maslach, Ch. & Leiter, M. P. (2001). *Die Wahrheit über Burnout. Stress am Arbeitsplatz und was Sie dagegen tun können.* Wien, New York: Springer.

Massenbach, K. von (2001). *Die innere Kündigung zwischen Burnout und Hilflosigkeit* Zürich: Orgalife.

Meyer, E. (Hrsg.) (1994). *Burnout und Stress: Praxismodelle zur Bewältigung.* Hohengehren: Schneider.

O'Hara, V. (1997). *Stressbewältigung am Arbeitsplatz. Strategien für jeden Tag.* Frankfurt/M.: Umschau-Buchverlag.

Pfennighaus, D. (2000). *Desillusionierung im Beruf: ein Konstrukt in der Burnout-Forschung.* Marburg: Tectum.

Quick, J. C., J. D. Quick, D. L. Nelson & J. & J. Hurrel jr. (1997). *Preventive Stress Management in Organizations.* Washington, DC: American Psychological Association.

Richter, P. & Hacker, W. (1998). *Belastung und Beanspruchung: Stress, Ermüdung und Burnout im Arbeitsleben.* Heidelberg: Asanger.

Röhrig, S. & W. Reiners-Kröncke (2003). *Burnout in der sozialen Arbeit.* Augsburg: ZIEL - Zentrum für interdisziplinäres erfahrungsorientiertes Lernen.

Rook, M. (1998). *Theorie und Empirie in der Burnoutforschung.* Eine wissenschaftstheoretische und inhaltliche Standortbestimmung. Hamburg: Kovac.

Rush, M. (2000). *Brennen ohne auszubrennen: das Burnout-Syndrom. Behandlung und Vorbeugung.* Asslar: Schulte und Gerth.

Ruthe, R. (2003) *Wenn's einfach nicht mehr weitergeht: Strategien gegen Stress, Arbeitssucht und Burnout.* Moers: Brendow, Johannes & Sohn Verlag.

Sauer, S. L. & L. R. Murphy (Eds.). (1996) Organizational risk factors for job stress. 2nd Ed. Washington, DC: American Psychological Association.

Schmieta, M. (2001). *Die Relevanz von Persönlichkeitsmerkmalen und beruflichen Einstellungen bei der Entwicklung von Burnout.* Hamburg: Kovac.

Siegrist, K. & Silberhorn, T. (1998). *Stressabbau in Organisationen. Ein Manual zum Stressmanagement.* Münster: Lit.

Skovholt, T. M. (2001). *The resilient practitioner: burnout prevention and self-care strategies for counselors, therapists, teachers, and health professionals.* Boston, MA: Allyn and Bacon.

Spachtholz, B. (2003). Stress und Angst überwinden. Das große Anti-Stress-Buch für Manager. Düsseldorf: Metropolitan Verlag.

Stark, H., Enderlein, G., Heuchert, G., Kersten, N. & Wetzel, A.-M. (1998). *Stress am Arbeitsplatz und Herz-Kreislauf-Krankheiten.* Bremerhaven: Wirtschaftsverlag NW.

Stern, K. (1996). *Ende eines Traumberufs? Lebensqualität und Belastungen bei Ärztinnen und Ärzten.* Münster & New York: Waxmann.

Truckenbrodt, N. (2002). Kein Stress! Wie Sie Ihre Arbeit effektiv organisieren und Stress vermeiden. Frankfurt/M.: Eichhorn.

Vandenberghe, R. & Huberman, M. , R. (ed.) (1999) *Understanding and preventing teacher burnout .A sourcebook of international research and practice.* Cambridge: Univ. Press.

Wagner, P. (1993). *Ausgebrannt. Zum Burnout-Syndrom in helfenden Berufen.* Bielefeld: Lit.

Wegner, A. & Kraus, T. (2000). *Das Burnout-Syndrom – Eine Berufskrankheit des 21. Jahrhunderts?* Arbeitsmedizin, Sozialmedizin, Umweltmedizin, 35, 4, S. 180-188.

Wendlandt, W. (2002). Entspannung im Alltag. Ein Trainingsbuch. Weinheim & Basel: Beltz.

Wilkening, W. (1994). Stressprävention am Arbeitsplatz. Gewerkschaftliche Strategien zur Stressbekämpfung. Genf: FIET.

Konfliktmanagement und Mobbing

Berkel, K. (1984). *Konfliktforschung und Konfliktbewältigung. Ein organisationspsychologischer Ansatz.* Berlin: Duncker und Humblot.

Birker, G. & K. Birker (2001). *Teamentwicklung und Konfliktmanagement: Effizienzsteigerung durch Kooperation.* Berlin: Cornelsen.

Briam, K.-H., Brandenburg, U. & Marschall, B. (2000). Anti-Mobbing in der Praxis. In: Bertelsmann Stiftung & Hans-Böckler-Stiftung (Hrsg.). Erfolgreich durch Gesundheitsmanagement. Beispiele aus der Arbeitswelt. (S. 223-238). Gütersloh: Verlag Bertelsmann Stiftung.

Brinkmann, R. D. (2002). *Mobbing, Bullying, Bossing: Treibjagd am Arbeitsplatz. Erkennen, Beeinflussen und Vermeiden systematischer Feindseligkeiten.* Heidelberg: Sauer.

Brommer, U. (1995). *Mobbing - Psycho-Krieg am Arbeitsplatz und was man dagegen tun kann.* München: Heyne Verlag.

Dulabaum, N. L. (2000). *Mediation: Das ABC. Die Kunst, in Konflikten erfolgreich zu vermitteln.* Weinheim: Beltz.

Duve, C. & Eidenmüller, H. (2000). Mediation in der Wirtschaft – Wege zum professionellen Konfliktmanagement. Frankfurt/M.: FAZ Verlag.

Esser, A. & M. Wolmerath (1999): *Mobbing. Der Ratgeber für Betroffene und ihre Interessenvertretung.* 3. Auflage. Köln: Bund.

Grunwald, W. & Redel, W. (1982). *Soziale Konflikte.* In: E. Roth (Hrsg.), Organisationspsychologie. Enzyklopädie der Psychologie. (S. 529 – 551). Göttingen: Hogrefe.

Hertel von, A. (2003). Professionelle Konfliktlösung. Führen mit Mediationskompetenz. Frankfurt/M.: Campus.

Hesse & Schrader (1995). *Krieg im Büro.* Frankfurt/ M.: Fischer.

Holzbecher, M. & B. Meschkutat (1999). *Mobbing am Arbeitsplatz.* Informationen, Handlungsstrategien, Schulungsmaterialien.

Huber, B. (1993). *Psychoterror am Arbeitsplatz: Mobbing.* Niedernhausen: Falken.

Jost, P. (1999). *Strategisches Konfliktmanagement in Organisationen.* 2. Auflage. Wiesbaden: Gabler.

Kislinger, A. (2003). *Mobbing - ein Tatbestand? Ein Frage-Antwort-Dialog.* Stuttgart : Ibidem.

Kollmer, N. (2003). *Mobbing im Arbeitsverhältnis.* Heidelberg: Müller.

König, R. & U. Hasselmann (2003). *Konflikte managen am Arbeitsplatz. Ein Handbuch für Praktiker.* Göttingen: Vandenhoeck & Ruprecht.

Kraus, W. D. & Kraus, R. (1966). *Mobbing: die Zeitbombe am Arbeitsplatz.* Renningen-Malsheim: expert-Verlag.

Lenz, C. & Müller, A. (1999). Businessmediation. Einigung ohne Gericht. Weinheim: Beltz.

Neukirch, K. (2003). *Konfliktmanagement und Konfliktprävention im Rahmen von OSZE-Langzeitmissionen.* Baden-Baden: Nomos.

Neuberger, O. (1995). *Mobbing. Übel mitspielen in Organisationen.* 2. Auflage. München: Hampp.

Niedl, K. (1995). *Mobbing/ Bullying am Arbeitsplatz.* München: Hampp.

Prosch, A. (1995). *Mobbing am Arbeitsplatz: Literaturanalyse mit Fallstudie.* Konstanzer Schriften zur Sozialwissenschaft. Band 35. Konstanz: Hartung-Gorre.

Resch, M. (1994). *Wenn Arbeit krank macht.* Frankfurt /M. & Berlin: Ullstein.

Rüttinger, B. (1997). Konflikt und Konfliktlösung. München.

Schauer, R. (2002). *Mobbing. Kostspielige Kränkungen am Arbeitsplatz.* Wiesbaden: Universum.

Schild, I. & Heeren, A. (2002). *Mobbing – Konflikteskalation am Arbeitsplatz. Möglichkeiten der Prävention und Intervention.* 2. Auflage. Mering: Hampp.

Schwarz, G. (2003). *Konfliktmanagement: Konflikte erkennen, analysieren, lösen.* Wiesbaden: Gabler.

Spamer, H. (2000). *Mobbing am Arbeitsplatz. Ansprüche des betroffenen Arbeitnehmers gegenüber Arbeitskollegen und Arbeitgeber.* Frankfurt/M.: Bund.

Walter, H. (1993). *Mobbing: Kleinkrieg am Arbeitsplatz. Konflikte erkennen, offen legen und lösen.* 2. Auflage. Frankfurt/M. & New York: Campus.

Zuschlag, B. (2001). *Mobbing – Schikane am Arbeitsplatz.* 3. Auflage. Göttingen et al.: Hogrefe.

Zuschlag, B. & Thielke, W. (1998). *Konfliktsituationen im Alltag. Ein Leitfaden für den Umgang mit Konflikten in Beruf und Familie.* 3. Auflage. Göttingen et al.: Hogrefe.

Sucht

Arnold, H. & Schille, H.-J. (Hrsg.) (2002). *Praxishandbuch Drogen und Drogenprävention.* Weinheim: Juventa.

Athen, D. (1997). Alkohol. Trinkgewohnheiten - Missbrauch - Abhängigkeit. München: Bayerisches Staatsministerium für Arbeit und Sozialordnung.

BG Chemie (2001). *Suchtmittelkonsum im Betrieb.* Heidelberg: Jedermann-Verlag.

Böning, J., G. A. Wiesbeck & K. Beck-Doßler (Hrsg.) (2003). *Vom Genuss zur Sucht: Rauchen und Schutz der Nichtraucher.* Hamburg: Kovac.

Dietze, K. (1992). *Alkohol und Arbeit. Erkennen - Vorbeugen - Behandeln.* Orell Füssli Verlag

DHS (Hrsg.) (1996). *Jahrbuch Sucht '97.* Geesthacht: Neuland.

DHS (Hrsg.) (1998). *Jahrbuch Sucht '99.* Geesthacht: Neuland.

DHS (Hrsg.) (1998). Ein Angebot an alle, die einem nahe stehenden Menschen helfen wollen. Köln.

Elsesser, K. & Sartory, G. (2001). *Medikamentenabhängigkeit. Fortschritte der Psychotherapie,* Band 12. Göttingen: Hogrefe.

Fassel, D. (1991). *Wir arbeiten uns noch zu Tode – Die vielen Gesichter der Arbeitssucht.* München: Kösel.

Fengler, J. (Hrsg.) (2002). *Handbuch der Suchtbehandlung.* Landsberg: ecomed.

Feuerlein, W. (1997). *Alkoholismus.* München: Beck.

Fuchs, R., Ludwig, R. & Rummel, M. (Hrsg.)(1998). *Betriebliche Suchtprävention.* Göttingen et al.: Verlag für angewandte Psychologie.

Fuchs, R. & M. Resch (1996). *Alkohol und Arbeitssicherheit: Arbeitsmanual zur Vorbeugung und Aufklärung.* Göttingen et al.: Hogrefe.

Geisbühl, W. (Hrsg.) (1991). *Alkohol und Medikamentenprobleme am Arbeitsplatz.* Geesthach: Neuland.

Glaeske, G. (1991). *Arzneimittelverbrauch von Menschen in höherem Lebensalter unter besonderer Berücksichtigung von Arzneimitteln mit Abhängigkeitspotential.* Düsseldorf: Ministerium für Arbeit, Gesundheit und Soziales.

Gottschaldt, M. (1997). *Alkohol und Medikamente: Wege aus der Abhängigkeit. Was uns im Leben prägt - Sucht als emotionales Problem.* Stuttgart: TRIAS.

Heinze, G. & M. Reuß (2003). *Alkohol-, Medikamenten- und Drogenmissbrauch: Arbeitsschutz, Arbeitsrecht, Prävention, Rehabilitation.* Berlin: Schmidt.

Hellmann, D. B. (2000). *Ich fang noch mal zu leben an.* Gustav Lübbe Verlag. (Belletristik)

HVGB & DVR (Hrsg.) (1998). *Suchtprobleme im Betrieb. Alkohol, Medikamente, illegale Drogen.* 3. Auflage. Bonn.

Lenfers, H. (1993). *Alkohol am Arbeitsplatz.* Entscheidungshilfen für Führungskräfte. 2. Auflage. Neuwied et al.: Luchterhand.

Lindenmeyer, J. (1999). *Alkoholabhängigkeit.* Göttingen et al.: Hogrefe.

Meise, U. (Hrsg.) (1993). *Alkohol: Die Sucht Nr. 1. Eine Standortbestimmung.* Innsbruck & Wien: VIP.

Mühlbauer, H. (1998) *Kollege Alkohol: Betreuung gefährdeter Mitarbeiter.* 4. Auflage. München: Kösel.

o.V. (1998) Fachtagung zur *Suchtprophylaxe.* Dokumentation und Materialien. 26.05.97 in Mülheim/ Ruhr. Duisburg: Fachstelle für Suchtprophylaxe.

o. V. (2002) *Alkohol und Co. am Arbeitsplatz*. Herausforderung für Führungskräfte. CD-ROM. Landsberg: Ecomed

Poppelreuter, S. (1996). *Arbeitssucht. Integrative Analyse bisheriger Forschungsansätze und Ergebnisse einer empirischen Untersuchung zur Symptomatik*. Bonn: Verlag M. Wehle.

Rieth, E. (1996). *Alkoholkrank? Eine Einführung in die Probleme des Alkoholismus für Betroffene, Angehörige und Helfer*. Wuppertal: Blaukreuz-Verlag.

Schanz, G., Gretz, D. Hanisch & A. Justus (1995). *Alkohol in der Arbeitswelt*. Fakten – Hintergründe – Maßnahmen. München: Beck.

Schmid, H. & R. Gmel (1996). *Alkoholkonsum in der Schweiz*. Hamburg: Kovac.

Schneider, R. (1998). Die Suchtfibel. Informationen zur Abhängigkeit von Alkohol und Medikamenten. 12. Auflage. Hohengehren: Schneider Verlag.

Soellner, R. (2000). *Abhängigkeit von Haschisch? Cannabiskonsum und psychosoziale Gesundheit*. Bern, Göttingen, Toronto & Seattle: Huber.

Stimmer, F. (Hrsg.) (1999). *Suchtlexikon*. München: Oldenbourg.

Stoppard, M. (2000). Alles über Drogen. Leipzig: Urania-Ravensburger.

Täschner, K.-L. (1997). Harte Drogen – weiche Drogen? Stuttgart: Georg Thieme Verlag.

Treeck, B. van (1999). *Drogen- und Sucht-Lexikon.* Berlin: Lexikon-Imprint-Verlag.

Watzl, H. & Rockstroh, B. (Hrsg.)(1997). *Abhängigkeit und Missbrauch von Alkohol und Drogen*. Göttingen: Hogrefe.

Ziegler, H. & G. Brandl (1999). *Suchtprävention als Führungsaufgabe*. Wiesbaden: Universum.

Gesundheitscoaching

Brinkmann, R. D. (1994). *Mitarbeitercoaching*. In: W. Bienert & E. Crisand (Hrsg.), *Arbeitshefte Führungspsychologie*. Heidelberg: Sauer.

Gollner, E. (2001). *Health Coaching: Gesundheit, Fitness, Lebensenergie*. München & Jena: Urban und Fischer.

Schreyögg, A. (1998). *Coaching. Leitfaden für Praxis und Ausbildung*. Frankfurt & New York: Campus.

Schreyögg, A. (2002). *Konfliktcoaching. Anleitung für den Coach*. Frankfurt & New York: Campus.

Kapitel 4: Gesundheit in der Arbeit

Allgemeine Arbeitsgestaltung

Beck, J. (1996). Der Mensch im Industriebetrieb: Gestaltung von Arbeit und Technik in der modernen Organisation. Opladen: Westdeutscher Verlag.

Brockmann, W. (1998). *Arbeitsgestaltung in Produktion und Verwaltung: Taschenbuch für den Praktiker*. Institut für Angewandte Arbeitswissenschaft. Köln: Bachem.

Bullinger, H.- J. (1994). *Ergonomie: Produkt- und Arbeitsplatzgestaltung*. Stuttgart:: Teubner.

Elias, J. (1985). *Menschengerechte Arbeitsplätze sind wirtschaftlich – Humanvermögensrechnung*. Eschborn

Frei, F. (1996). *Die kompetente Organisation: qualifizierende Arbeitsgestaltung die europäische Alternative (mit einer Methodik zum Business Reengineering)*. 2. Auflage. Zürich: vdf.

Heeg, F. J. (1991). *Moderne Arbeitsorganisation*. 2. Auflage. München & Wien: Oldenbourg.

Hettinger, T. & Wobbe, G. (Hrsg.) (1993). *Kompendium der Arbeitswissenschaften- Optimierungsmöglichkeiten zur Arbeitsgestaltung und Arbeitsorganisation.* Ludwigshafen: Kiehl.

Kastner, M., Kipfmüller, K., Quaas, W., Sonntag. K. H. & R. Wieland (2001) (Hrsg.). *Gesundheit und Sicherheit in Arbeits- und Organisationsformen der Zukunft.* Bremerhaven: Wirtschaftsverlag NW.

Landau, K. (2003). Good Practice Ergonomie und Arbeitsgestaltung. Stuttgart: Ergonomia.

Landau, K., Luczak, H. & Laurig, W. (Hrsg.) (1997). *Software-Werkzeuge zur ergonomischen Arbeitsgestaltung.* REFA-Fachbuchreihe Arbeitsgestaltung. Bad Urach: Verlag IfAO.

Luczak, H., (1998), *Arbeitswissenschaft.* 2. Auflage, Berlin & Heidelberg: Springer.

Luczak, H. & W. Volpert (Hrsg.)(1997). *Handbuch Arbeitswissenschaft.* Stuttgart: Schäffer-Poeschel.

Martin, H. (1994). *Grundlagen der menschengerechten Arbeitsgestaltung: Handbuch für die betriebliche Praxis.* Köln: Bund.

Neumann, J. & K.-P. Timpe (1976). *Psychologische Arbeitsgestaltung.* Berlin: DVW.

Oesterreich , R. & Volpert W. (Hrsg.) (1999). *Psychologie gesundheitsgerechter Arbeitsbedingungen: Konzepte, Ergebnisse und Werkzeuge zur Arbeitsgestaltung.* Schriften zur Arbeitspsychologie. Bd. 59. Bern et al.: Huber

REFA (Hrsg.) (1993). *Arbeitsgestaltung in der Produktion.* Schriftenreihe: Methodenlehre der Betriebsorganisation. München: Carl Hanser.

REFA (Hrsg.) (1993). *Grundlagen der Arbeitsgestaltung.* Schriftenreihe: Methodenlehre der Betriebsorganisation. München: Carl Hanser.

REFA (Hrsg.) (1991). *Arbeitsgestaltung im Bürobereich.* Schriftenreihe: Methodenlehre der Betriebsorganisation. München: Carl Hanser.

REFA (Hrsg.) (1992). Methodenlehre des Arbeitsstudiums. Teil 2: Datenermittlung. München: Carl Hanser.

REFA (Hrsg.) (1998). *Arbeitsplatzgestaltung.* Lehrunterlage Darmstadt

Richter, G. (2001). *Psychologische Bewertung von Arbeitsbedingungen.* Bremerhaven: Wirtschaftsverlag NW.

Schabracq, M. J., Winnubst, J.A.M. & Cooper, C. l. (Eds.) (1998). *Handbook of Work and Health Psychology.* New York: Wiley.

Schmidt, W. (1987). *Arbeitswissenschaftliche Arbeitsgestaltung.* Heidelberg: Physica.

Schmidtke, H. (Hrsg.) (1993). *Ergonomie.* München & Wien: Carl Hanser.

Teste, U. & Witte, B. (2000). *Menschengerechte Arbeitsgestaltung - Bedingungen und Chancen.* Prävention arbeitsbedingter Erkrankungen, Band 3. Hamburg: VSA-Verlag.

Verein Deutscher Ingenieure - VDI-Gesellschaft Produktionstechnik (ADB). (1980). *Handbuch der Arbeitsgestaltung und Arbeitsorganisation.* Düsseldorf: VDI.

Wieland, K. (1995). *Arbeitsgestaltung für behinderte und leistungsgewandelte Mitarbeiter.* Freiburg: Herder.

Wieland, R. & Scherrer, K. (Hrsg.). *Arbeitswelten von morgen.* Neue Technologien und Organisationsformen, Gesundheit und Arbeitsgestaltung, flexible Arbeitszeit- und Beschäftigungsmodelle. Vandenhoeck & Ruprecht: Göttingen.

Zülch, G. & R. von Kiparski (1999). *Messen, Beurteilen und Gestalten von Arbeitsbedingungen. Handbuch für die betriebliche Praxis zur Umsetzung ergonomischer Erkenntnisse.* 2. Auflage. Heidelberg: Dr. Curt Haefner-Verlag.

Gestaltung des Arbeitsplatzes

Baitsch, C. Katz. C., Spinas, P. & Ulich, E. (1989). *Computerunterstützte Büroarbeit. Ein Leitfaden für Organisation und Gestaltung*. Zürich: vdf.

BAuA (Hrsg.) (1997). *Das SANUS-Handbuch*. Bremerhaven: Wirtschaftsverlag NW.

BAuA (Hrsg.) (1998). *Tageslicht und Sonnenschutz im Büro. Hinweise für die ergonomische Arbeitsplatzgestaltung*. Dortmund & Berlin.

BAuA (Hrsg.) (1997). *Büroraumtypen und Ergonomieprobleme*. Dortmund.

Bechmann, W. et al. (1999). *Der Arbeitsplatz am PC. Ergonomie und Organisation der Arbeitsabläufe*. Frankfurt/M.: Bund-Verlag.

Bundesministerium für Arbeit und Sozialordnung (Hrsg.) (1999). *Der Bildschirm-Arbeitsplatz. Die Bildschirmarbeitsverordnung in der Praxis*. Bonn: GLAMUS
(CD- und Diskettenversion)

Deutsches Institut für Normung e.V. (1992). *Ergonomische Anforderungen für Bürotätigkeiten mit Bildschirmgeräten. Teil 2: Anforderungen an die Arbeitsaufgaben* (ISO 9241-2). Berlin: Beuth.

Deutsches Institut für Normung e.V. (1997). *Ergonomische Anforderungen für Bürotätigkeiten mit Bildschirmgeräten. Teil 1: Allgemeine Einführung* (ISO 9241-1). Berlin: Beuth.

Görner, K. & H.-J. Bullinger (1997). *Leitfaden Bildschirmarbeit*. Sicherheit und Gesundheitsschutz. 2. Auflage. Wiesbaden: Universum.

Görner, C., Beu, A. & Koller, F. (1999). *Der Bildschirmarbeitsplatz*. Berlin et al.: Beuth Verlag.

GUV (Hrsg.) (1997). *Beurteilung von Gefährdungen und Belastungen an Bildschirmarbeitsplätzen* (GUV 50.11.1). München.

Krüger, H. (1995). *Arbeiten mit dem Bildschirm – aber richtig!* 12. Auflage. München: Bayerisches Staatsministerium für Arbeit und Sozialordnung, Familie, Frauen und Gesundheit.

Neuhaus, R. (2002). *Büroarbeit planen und gestalten*. Köln: Bachem.

Pech, E. (2003). *Modernisierung der Büroarbeit und Gesundheit: Analysen gesundheitsrelevanter Anpassungs- und Beanspruchungsreaktionen im Zusammenhang mit der Umsetzung neuer DV-Projekte und damit verbundener Veränderungen der (rechnergestützten) Büroarbeit im populationsbezogenen Längsschnitt*. Bremerhaven: Wirtschaftsverlag NW.

Verwaltungs-Berufsgenossenschaft (VBG) (Hrsg.) (2000). *Bildschirm- und Büroarbeitsplätze*. Leitfaden für die Gestaltung. Hamburg.

Wieland-Eckelmann, R., Baggen, R., Saßmannshausen, A., Schmitz, U., Schwarz, R., Ademmer, C. & Rose, M. (1996). *Gestaltung beanspruchungsoptimaler Bildschirmarbeit*. Grundlagen und Verfahren für die Praxis. Bremerhaven: Wirtschaftsverlag NW.

Zeitschrift für Arbeitswissenschaft. Sonderheft „Ergonomie im Büro", Heft 4, 2002.

Gestaltung der Arbeitsumgebung

BAuA (Hrsg.) (2002). *Ergonomische Gestaltung von Kältearbeitsplätzen*. Schriftenreihe Technik. Dortmund.

BAuA (Hrsg.) (2002). *Lärmwirkungen: Gehör, Gesundheit, Leistung*. 9. Auflage. Dortmund.

Eissing, G. (1990). *Klima am Arbeitsplatz. Messung und Bewertung*. 2. Auflage. Berlin: Beuth.

Fördergemeinschaft Gutes Licht (FGL) (Hrsg.) (2002). *Gutes Licht für Büros und Verwaltungsgebäude*. Heft 4. Frankfurt/M.

Hahne, H. (2000) *Farbe am Arbeitsplatz: Hinweise für die praktische Farbgestaltung.* Dortmund: BAuA.

Hahne, H. (1988). *Kataster von Arbeitsplatzumgebungsfaktoren Beleuchtung und Klima: praktische Hinweise zur Messung und Bewertung von Beleuchtung und Klima am Arbeitsplatz.* Bundesanstalt für Arbeitsschutz. Dortmund: Bundesanstalt für Arbeitsschutz.

Hartmann, E. & A. Buser (1990). *Einflüsse der Beleuchtung mit Leuchtstofflampen am Arbeitsplatz.* Bremerhaven: Wirtschaftsverlag NW.

Hartmann, E. (1992). *Beleuchtung am Arbeitsplatz.* München: Bayerisches Staatsministerium für Arbeit, Familie und Sozialordnung.

Lange, H. (1992). *Handbuch für Beleuchtung.* Landsberg/Lech: Ecomed.

Rüschenschmidt, H. (1996). *Beleuchtung und Farbe am Arbeitsplatz.* Bochum: Verlag Technik und Information.

Schust, M. (1995). *Wirkung von Lärm am Arbeitsplatz auf das Herz-Kreislauf-System: (kommentierte) Literatursammlung.* Bremerhaven: Wirtschaftsverlag NW.

Sust, Ch. A. & Lazarus, H. (2002). *Bildschirmarbeit und Geräusche: Auswirkungen von Geräuschen mittlerer Intensität auf simulierte Büro- und Bildschirmtätigkeiten unterschiedlicher Komplexität.* Bremerhaven: Wirtschaftsverlag NW.

Gestaltung der Arbeitszeit

BAuA (Hrsg.) (2002) *Gestaltung der Arbeitszeit im Krankenhaus: zur Umsetzung neuer Nachtarbeitszeitregelungen unter Berücksichtigung arbeitswissenschaftlicher Erkenntnisse.* 3. Auflage. Dortmund.

Balliod, J., Davatz, F., Luchsinger, C., Stamatiadis, M. & Ulich, E. (1997). *Zeitenwende Arbeitszeit.* Zürich: vdf.

Bertram, H. (1998). *Familien leben: neue Wege zur flexiblen Gestaltung von Lebenszeit, Arbeitszeit und Familienzeit.* Darmstadt : Wiss. Buchgesellschaft.

Fauth-Herkner, A. (Hrsg.) (2001). *Flexibel ist nicht genug. Vom Arbeitszeitmodell zum effizienten Arbeits(zeit)Management.* Frechen: Datakontext.

Gutmann, J. (1999). Arbeitszeitmodelle: Die neue Zeit der Arbeit – Erfahrungen mit Konzepten der Flexibilisierung. Stuttgart: Schäffer-Poeschel.

Hellert, U. (2001). Humane Arbeitszeiten. Münster: LIT Verlag.

Husemann, R. (2003). *Beschäftigungswirksame Arbeitszeitmodelle für ältere Arbeitnehmer: Entwicklung von Modellkonzeptionen unter Berücksichtigung von arbeitsbezogenen und betrieblichen Rahmenbedingungen.* Bremerhaven: Wirtschaftsverlag NW.

Karazman, R. (1999). *Gesunde Arbeitszeiten für PflegemitarbeiterInnen im Krankenhaus: Kriterien und Modellprojekt zur gesundheits- und altersgerechten Arbeitszeitgestaltung.* Gamburg: Conrad.

Klein-Schneider, H. (2000). *Flexible Arbeitszeit.* Düsseldorf: Hans Böckler Stiftung.

Knauth, P. & Rutenfranz, J. (Hrsg.) (1987). *Arbeitszeitgestaltung.* Göttingen et al.: Hogrefe.

Kutscher, J. (1996). Flexible Arbeitszeitsysteme: Praxishandbuch zur Einführung innovativer Arbeitszeitmodelle. Wiesbaden: Gabler.

Schön, Ch. (2001). *Normatives Verhalten bei Gestaltung flexibler Arbeitszeit aus arbeitszeitrechtlicher und rechtsstaatlicher Sicht.* Berlin: Mensch-und-Buch-Verlag.

Wagner, D. (Hrsg.) (1995). *Arbeitszeitmodelle – Flexibilisierung und Individualisierung.* Göttingen: Verlag für Angewandte Psychologie.

Gestaltung von Arbeitsmitteln

Barth, Ch., K. Höhn & G. Leder (2001). *Qualitätsmanagement bei der Gestaltung technischer Arbeitsmittel: eine Orientierungshilfe für Entwickler, Konstrukteure, Hersteller, Importeure und Händler technischer Arbeitsmittel sowie Arbeitsschutzexperten.* Dortmund: BAuA.

BAuA (Hrsg.) (1997). *Qualitätssicherungsmaßnahmen bei der Gestaltung technischer Arbeitsmittel: ihre Bedeutung hinsichtlich des Arbeits- und Verbraucherschutzes.* Bremerhaven: Wirtschaftsverlag NW.

Landau, K. (1997). *Software-Werkzeuge zur ergonomischen Arbeitsgestaltung.* REFA-Fachbuchreihe Arbeitsgestaltung. Bad Urach: IfAO.

Kapitel 5 und 6: Führung und Gesundheit - Gesundheitsprogramme

BAuA (Hrsg.) (1997). *Organisationsformen des betrieblichen Arbeits- und Gesundheitsschutzes. Das Konzept der Lösungsmodule.* Dortmund.

BAuA (Hrsg.) (1999). *Eingliederung von Maßnahmen im Bereich von Sicherheit und Gesundheitsschutz in ein betriebliches Managementsystem.* Ein Modellprojekt. Dortmund.

Bitzer, B. (1999). *Fehlzeiten als Chance: ein praktischer Leitfaden zum Abbau von Fehlzeiten.* 3. Auflage. Renningen-Malmsheim: expert-Verlag.

Derr, D. (1995). *Fehlzeiten im Betrieb. Ursachenanalyse und Vermeidungsstrategien.* Köln: Bachem.

Ecker, F. (1997). *Arbeitsschutz besser managen – Organisation und Integration von Sicherheit und Gesundheitsschutz im Unternehmen.* Köln: Bund.

Elkeles, T. & Georg, A. (2002). *Bekämpfung arbeitsbedingter Erkrankungen. Evaluation eines Modellprogramms.* Weinheim: Juventa.

Fick, D. (1993). *Der Krankenstand im Betrieb: Eine Analyse von Entwicklung, Ursachen und Maßnahmen.* Konstanz: Hartung-Gorre-Verlag.

Hamacher, W. (2002). *Indikatoren und Parameter zur Bewertung der Qualität des Arbeitsschutzes im Hinblick auf Arbeitsschutzmanagementsysteme.* Bremerhaven: Wirtschaftsverlag NW.

Hofmann, A. (2001). *Reduzierung von Fehlzeiten: Ansatzpunkte, Beispiele, Erfahrungen.* Angewandte Arbeitswissenschaft, 168, S. 1-21.

HVBG (1999). *Fünf Bausteine für einen gut organisierten Betrieb – auch in Sachen Arbeitsschutz.* Sankt Augustin.

Jaufmann, D. (1995). *Verfällt die Arbeitsmoral?* Frankfurt: Campus.

Kiesau, G. (1997). *Arbeitsschutzorganisation in Mittel- und Großbetrieben.* Bremerhaven: Wirtschaftsverlag NW.

Kiper, M. (2000). *Organisation des betrieblichen Arbeitsschutzes und Arbeitsschutzmanagementsysteme.* Bremerhaven: Wirtschaftsverlag NW.

Kleinbeck, U. & Wegge, J. (1996). Fehlzeiten in Organisationen: Motivationspsychologische Ansätze zur Ursachenanalyse und Vorschläge zur Gesundheitsförderung am Arbeitsplatz. *Zeitschrift für Arbeits- und Organisationspsychologie,* 40, S. 161-172.

Langhoff, T. (2002). *Ergebnisorientierter Arbeitsschutz – Bilanzierungen und Perspektiven eines innovativen Ansatzes zur betrieblichen Arbeitsschutzökonomie.* Bremerhaven: Wirtschaftsverlag NW.

Mall, G. & Sehling, M. (1998). *Das Fehlzeiten-Informations-Management: ein Konzept zur Verbesserung der betrieblichen Prozesse.* Renningen-Malsheim: expert-Verlag.

Marr, R. (Hrsg.) (1996). *Absentismus. Der schleichende Verlust an Wettbewerbspotential.* Göttingen: Hogrefe.

Münch, E., U. Walther & B. Badura (2003). *Führungsaufgabe Gesundheitsmanagement: ein Modellprojekt im öffentlichen Sektor.* Berlin: edition sigma.

Pfaff, H., H. Krause & Kaiser, C. (2003). *Gesund-geredet? Praxis, Probleme und Potenziale von Krankenrückkehrgesprächen.* Berlin: edition sigma.

Saßmannshausen, A. (2002). *Bewertung der Qualität von Sicherheit und Gesundheitsschutz in Unternehmen und Verwaltungen.* Bremerhaven: Wirtschaftsverlag NW.

SCC. (1999). *Arbeitssicherheit für Führungskräfte.* Landsberg: Ecomed.

Schliephacke, J. (2000). *Führungswissen Arbeitssicherheit: Aufgaben, Verantwortung, Organisation.* Berlin: Erich Schmidt.

Schmager, B. (1998). *Präventiver Arbeitsschutz (GB 7) – 7 Bausteine der Gefährdungsbeurteilung als Instrument des vorbeugenden Arbeitsschutzes.* München: Carl Hanser.

Schmidt, K.-D. (1996). Wahrgenommenes Vorgesetztenverhalten, Fehlzeiten und Fluktuation. *Zeitschrift für Arbeits- und Organisationspsychologie*, 40, S. 54-62.

Schröer, A. (1999). *Erfolgreiche betriebliche Gesundheitsförderung in der Praxis: führende Unternehmen aus Deutschland berichten.* Bremerhaven: Wirtschaftsverlag NW.

Schwendenwein, J. (1997). *Gesundheitsförderung durch Organisationsentwicklung: der Krankenstand als Evaluationsindikator.* München: Profil.

Stoll, R. (1998). *Organisation und Qualitätssicherung des betrieblichen Arbeitsschutzes bei der Einführung von Gruppenarbeit.* Bremerhaven: Wirtschaftsverlag NW.

Strothotte, G. (1999). Das Unternehmermodell – Förderung der Eigenverantwortung im Arbeitsschutz in kleinen und mittleren Betrieben. *Die BG*, 8, S. 458 – 462.

Bilderverzeichnis   Seite

Bild 1	Arbeitsschutz und Personalpflege als Anwendungsgebiete des betrieblichen Gesundheitsmanagements	1
Bild 2	Faktoren des wirtschaftlichen Wettbewerbs	6
Bild 3	Bedeutung der Gesundheit im Unternehmen	9
Bild 4	Zusammenhänge zwischen Organisations-, Arbeitsbedingungen und Gesundheit	10
Bild 5	Aufgaben und Gegenstand des betrieblichen Gesundheitsmanagements	12
Bild 6	Bereiche des modernen Arbeitsschutzes	15
Bild 7	Gesundheitsbeeinflussende Bedingungen	18
Bild 8	Verhältnis- und Verhaltensprävention	19
Bild 9	Formen der Prävention	21
Bild 10	Kontinuum Gesundheit – Krankheit	22
Bild 11	Hauptziele betrieblichen Gesundheitsmanagements	24
Bild 12	Merkmale der gesunden Organisation	25
Bild 13	Indikatoren einer Gesundheitskultur	26
Bild 14	Qualitäten von Gesundheit / Krankheit	37
Bild 15	Facetten der Lebens- und Arbeitszufriedenheit	44
Bild 16	Die Belastungs- Beanspruchungs-Sequenz	51
Bild 17	Negative Beanspruchungsreaktionen und –folgen	52
Bild 18	Ermüdung und Erholung bei der Bewältigung von Arbeitsan-Forderungen	53
Bild 19	Dimensionen emotionaler Intelligenz	80
Bild 20	Merkmale des Verhaltenstyps A	85
Bild 21	Risikofaktoren, Stress und Erkrankungen	86
Bild 22	Schritte und Stellenwert der Gefährdungsbeurteilung	94
Bild 23	Arbeitsschutzprobleme der näheren Zukunft	95
Bild 24	Aufbau des Gesundheitszirkels	101
Bild 25	Der Stressprozess	109
Bild 26	Angstarten und ihre Ausprägung	110
Bild 27	Angstreaktionen	111
Bild 28	Phasen und Symptome von Burnout	138
Bild 29	Burnoutbeeinflussende Arbeits- bzw. Organisationsmerkmale	142
Bild 30	Ebenen der Burnout-Prävention und –Intervention	145
Bild 31	Stufen-Modell der Eskalation eines Konfliktes	150
Bild 32	Belastungen von Führungskräften	177
Bild 33	Risikofaktoren bei Managern	178
Bild 34	Mögliche Co-Alkoholiker	195
Bild 35	Ursachenbereiche von Sucht	198
Bild 36	Stufenplan zur Suchtbekämpfung im Betrieb	202
Bild 37	TOP-Modell zur Arbeitssicherheit	208
Bild 38	Grundforderung an die technische Gestaltung von Arbeitssystemen	210
Bild 39	Individuelle Einflussfaktoren auf das Sicherheitsverhalten	219
Bild 40	Das soziotechnische System	230
Bild 41	Kriterien bzw. Ziele humaner Arbeitsgestaltung	232
Bild 42	Gegenstände der Arbeitsgestaltung	235
Bild 43	Aufgabenmerkmale und ihre Auswirkungen auf die Person	237
Bild 44	Das Zwei-Komponenten-Modell von Karasek	239
Bild 45	Ausprägung der Herz-Kreislauf-Beschwerden in Abhängigkeit von der Anforderungsintensität und dem Handlungsspielraum	240

Bild 46	Methoden partizipativer Arbeitsgestaltung (1)	243
Bild 47	Methoden partizipativer Arbeitsgestaltung (2)	246
Bild 48	Formen der Gruppenarbeit	249
Bild 49	Übergang von Fließbandarbeit zur teilautonomen Gruppenarbeit	250
Bild 50	Indirekt-Beleuchtung plus Arbeitsleuchte	261
Bild 51	Der ergonomisch gestaltete Bildschirmarbeitsplatz	269
Bild 52	Zusammenhänge der Beleuchtung	281
Bild 53	Ziele der Flexibilisierung von Arbeits- und Betriebszeiten	290
Bild 54	Auswirkungen der Nachtarbeit	295
Bild 55	Die Tagesleistungskurve des Menschen	295
Bild 56	Arbeitsmittel (AM)	307
Bild 57	Führungsaufgaben	319
Bild 58	Auswirkungen des Führungsverhaltens	320
Bild 59	Von der Motivation zum Gesundheitsverhalten	322
Bild 60	Aufgaben und Zusammenhang von Unternehmenserfolg und BGM	334
Bild 61	Arbeitskreis Gesundheit	338
Bild 62	Schritte des betrieblichen Gesundheitsmanagements	342
Bild 63	Negative Auswirkungen von Fehlzeiten	354
Bild 64	Modell der Fehlzeiten	356
Bild 65	Einflussfaktoren auf Fehlzeiten	359
Bild 66	Vorbereitung, Durchführung und Nachbereitung des Rückkehr- bzw. Fehlzeitengesprächs	373
Bild 67	Sequenz des Rückkehr- und Fehlzeitengesprächs	374
Bild 68	Das Paradoxon zwischen zunehmenden Anforderungen an das Personal und dessen Wohlbefinden	380
Bild 69	Ziele und Indikatoren zum Wohlbefindens-Projekt	
Bild 70	Logo von Work2Work	385
Bild 71	Personaleinsatz und Arbeitsgestaltung für Leistungsgewandelte (LGW)	387

Tabellenverzeichnis   Seite

Tabelle 1	Berechnung der Ausfallkosten durch Krankenstand	29
Tabelle 2	Symptome der Depression	39
Tabelle 3	Belastungsfaktoren bei Arbeitstätigkeiten	49
Tabelle 4	Belastungskategorien und –faktoren in der Lehrerarbeit	59
Tabelle 5	Analysebereiche und Indikatoren von Beanspruchung	67
Tabelle 6	Aspekte quantitativer und qualitativer Über- und Unterforderung	77
Tabelle 7	Vergleich traditioneller und präventiver Arbeitsschutz	93
Tabelle 8	Methoden des Stressmanagements	116
Tabelle 9	Das Belastungs-Management-Training (BMT)	126
Tabelle 10	Schritte zur Einstellungsänderung	128
Tabelle 11	Schritte zur systematischen Problemlösung	128
Tabelle 12	Klassifikation burnoutrelevanter Berufe	135
Tabelle 13	Ursachen von Konflikten	152
Tabelle 14	Konfliktmanagementstrategien bei Führungskräften	154
Tabelle 15	Drogenarten und ihre Wirkung	185
Tabelle 16	Probleme der Arbeitssicherheit	211
Tabelle 17	Gestaltungsmängel in den Warten amerikanischer Kraftwerke	214
Tabelle 18	Inhalte eines tätigkeitsorientierten Sicherheitsgesprächs	224
Tabelle 19	Anreize, Ziele und Maßnahmen zur Arbeitssicherheit bei extrinsisch-hierarchischer Motivation	223
Tabelle 20	Anreize, Ziele und Maßnahmen zur Arbeitssicherheit bei partizipativ-intrinsischer Motivation	225
Tabelle 21	Ziele unterschiedlicher Strategien der Arbeitsgestaltung	233
Tabelle 22	Effekte von Gruppenarbeit	253
Tabelle 23	Typen von Bildschirmarbeitsplätzen	263
Tabelle 24	Lautstärke und psychophysische Reaktionen	274
Tabelle 25	Erforderliche Beleuchtungsstärken	282
Tabelle 26	Arbeitszeitmodelle	293
Tabelle 27	Beispiel für Stellteile	309
Tabelle 28	Anwendungsbereiche für Analog- und Digitalanzeigen	311
Tabelle 29	Arbeitsgestaltung zur Vorbeugung negativer Beanspruchungsreaktionen	315
Tabelle 30	Organisationsbezogene Maßnahmen des BGM	346
Tabelle 31	Arbeitsbezogene Maßnahmen des BGM	347
Tabelle 32	Personenbezogene Maßnahmen des BGM	347
Tabelle 33	Krankenstände an ausgewählten Arbeitsplätzen	355
Tabelle 34	Einflussfaktoren und –grad auf Fehlzeiten	361
Tabelle 35	Maßnahmen zur Fehlzeitensenkung	363

Sachwortverzeichnis

Absentismus 26, 41, 143, 304, 353, 356f.
Ästhetik 398
Anatomie 397
Anforderungen 1, 4, 6, 11, 13, 20, 36, 42, 46, 76, 75, 78, 108, 170, 176, 237, 240f., 271ff., 308, 313
Angst 10, 38f., 52, 108ff.
Angstbewältigung 113ff.
Anthropometrie 397
Anzeigen 310f.
Arbeit 75ff., 229f.
Arbeits- und Gesundheitsschutz 1, 14, 397
Arbeits- und Organisationsmerkmale 141ff.
Arbeitsanalyse 213, 241f., 266, 371, 389, 397
Arbeitsaufgabe 59, 75f,. 77, 235, 239
Arbeitsbedingungen 59, 61
Arbeitsbelastungen 8, 47, 58, 63f., 125, 242, 332, 339
   Psychische Belastungen 8, 113, 198, 266f.
Arbeitsbereicherung 243f.
Arbeitserholung 304
Arbeitserweiterung 243f.
Arbeitsformen 13
Arbeitsgestaltung 214ff., 230, 232ff., 246, 278, 315, 323, 348, 390
Arbeitshygiene 397
Arbeitslosigkeit 9f.
Arbeitsmedizin 23, 48, 91f., 297, 325, 397
Arbeitsmittel 217, 235, 306ff.
Arbeitsmittelbenutzungsverordnung 306
Arbeitsorganisation 235, 258, 276
Arbeitspause 304f.
Arbeitsphysiologie 397
Arbeitsplatz 235, 254
   Bildschirmarbeitsplatz 261ff., 269ff., 288
   Büroarbeitsplatz 255ff.
Arbeitspsychologie 92, 214, 348, 397
Arbeitsschutz 1, 14f., 88ff.
Arbeitsschutzgesetz 88, 90ff.
Arbeitssicherheit 92, 206ff.
   Arbeitssicherheitsgesetz 92, 96
   Arbeitssicherheitsmanagement 209ff., 212ff.
   Psychologie der Arbeitssicherheit 211ff.
   Sicherheitskultur 227
   Sicherheitsverhalten 217ff.
   Sicherheitszirkel 226
Arbeitssoziologie 48, 398
Arbeitsstättenverordnung 98, 254, 276
Arbeitsumgebung 59, 61, 273
Arbeitswechsel 243ff.
Arbeitswissenschaft 2, 11, 48, 50, 56, 91f., 95, 231f., 255, 291, 296, 304
Arbeitszeit 289ff.
Arbeitszeitgesetz 98, 290
Arbeitszeitmodelle 292ff.
   Nachtarbeit 249, 296
   Schichtarbeit 293, 296
Arbeitszufriedenheit 43f.

Atemtechniken 121
Autogenes Training 119

Beanspruchungen 48ff., 65ff.
Befindensbeeinträchtigungen 42f.
Belastungen 48ff., 56ff., 63f., 126, 264, 281, 288, 291
Beleuchtung 260f., 280ff.
Beleuchtungsstärke 282f.
Beschwerden 39ff., 64, 67f., 76, 137, 177, 240f., 262, 264ff., 388f., 400
Betriebspsychologie 398
Betriebs- und Dienstvereinbarungen 167, 200, 371
Betriebssicherheitsverordnung 98
Betriebswirtschaft 1, 8, 11, 29ff., 92, 120, 170, 191, 251f., 284, 292, 365, 385, 392
Bewältigungsstrategien 166
Bildschirmarbeitsverordnung 98, 266
Brainstorming 104, 398
Burnout 134ff.
Burnoutprävention 145f.
Business Process Reengineering 4, 398

Change Management 4, 398
Coaching 170ff.

Demographische Entwicklung 14
Diagnostik 17, 63, 241

Einstellungen 122, 127, 140, 220
Emotionen 44f.
Entspannung 118ff.
Erkrankung 164
   Arbeitsbedingte Erkrankung 37
   Berufserkrankungen 19, 37, 47, 231, 348
   Körperliche Erkrankung 38
   Psychische Erkrankung 37ff.
Ermüdung 52f., 315
Erschöpfung 137
Europäische Union 31f.
Evaluation 105ff., 391

Farbe 283ff.
Fehlhandlungen 212, 215
Fehlzeiten 8, 14, 26, 67, 94, 137, 152, 162, 174f., 183, 192, 252f., 335, 353ff.
Führung 317ff., 331
   Führungsaufgaben 319ff.
   Führungskräfte 176ff., 376
   Führungsverhalten 222

Gefährdungsbeurteilung 93ff., 370
Gespräch 174, 201ff., 224
   Gesprächsregeln 100ff.
   Gesprächstherapie 399
   Rückkehr- u. Fehlzeitengespräch 364f., 371f.

Gesundheit 9f., 34ff., 68ff.
Gesundheitsbericht 350
Gesundheitsbewusstsein 13
Gesundheitscoaching 129, 170ff., 366, 390
Gesundheitsförderung 21f.
Gesundheitskultur 26
Gesundheitsmanagement 1, 47ff., 87, 229ff., 334ff.
  Betriebliches Gesundheitsmanagement 11ff., 22f., 24ff., 29ff.
Gesundheitsprogramme 333ff.
Gesundheitsstörungen 40f.
Gesundheitsverhalten 27, 322
Gesundheitszirkel 99ff., 369
Grundsätze 327ff.
Gruppenarbeit 247ff.

Handlungskompetenz 46f.
Hypnose 122

Intelligenz 79f.
Isometrische Übungen 122

Kaizen 4
Klima 61, 258f., 277ff.
  Klimaschutz 279
Kohärenzen 78
Kommunikation 25ff., 71ff., 100ff., 148ff., 161, 221, 247ff., 257ff., 296, 347ff., 367, 382, 399
Konfliktmanagement 152ff.
Kontinuierlicher Verbesserungsprozess, KVP 4
Kontrollüberzeugung 80f., 141
Krankenkassen 326, 370
Krankenstand 29f., 356

Lärm 273ff.
  Lärmschutz 275f.
  Lärmschwerhörigkeit 275
Lean Management 4, 400
Lebensstil 82
Lehrerarbeit 58ff.
Leistungsgewandelte (LGW) 20, 321, 335, 383ff.
Leitbild 343f.
Licht 280f.

Manager 178
Mediation 157ff.
Medikation 132f.
Mitarbeiterbefragung 368
Mobbing 2, 8, 32, 71, 147, 160ff., 331, 339, 348, 360, 424ff.
Moderator 103
Monotonie 53f., 315
Motivation 140, 220, 223, 225, 235f., 322, 359ff., 393

Optimismus 81
Organisation 69ff., 87
Organisationsklima 71
Organisationspsychologie 45, 59, 211, 386

Organisationsentwicklung 23, 100

Person 78ff.
Personalpflege 1, 16f.
Persönlichkeitsmerkmale 140ff., 163, 383
Phantasiereise 124
Phobie 111ff.
Physiologie 27, 308
Prävention 18ff., 394
Problemlösung 128
Progressive Muskelrelaxation 119, 126
Psychologie 1, 2, 11, 37, 71, 139, 211ff., 314f.,
   386

Qualität 335ff.

Regulatives Musiktraining 121
Rehabilitation 20f., 97, 325, 384f.
Risikofaktoren 82ff.
Rollen 72ff., 142

Sättigung 54f., 315
Selbstinstruktion 123
Selbstsicherheit 131, 141
Sick-Building-Syndrom 27, 278
Software 311ff.
Soziale Interaktion 77f.
Soziale Unterstützung 71f.
Sozialgesetzbuch 97
Sport 116f., 351
Stress 55, 86, 108ff., 315
  Stressbewältigung 113ff., 351
  Stressmanagement 115ff., 125ff.
Sucht 180ff.
  Alkoholismus 182, 192ff., 203f.
  Arbeitssucht 187ff.
  Drogensucht 182ff.
  Internetsucht 190f.
  Medikamentensucht 187
  Suchtprävention 198ff., 352
  Suchtursachen 197ff.
Supervision 146f., 331, 347, 372f.

Tätigkeitsspielraum 76
TOP-Modell 208
Total Quality Management (TQM) 2, 4, 13, 23, 69f., 211, 337
Training 122
Typ-A-Verhalten 84ff.

Überdruss 144
Unfall 207, 295
Unternehmen 1, 194

Wohlbefinden 43, 379f.
Work-Life-Balance 7, 128

Zeitmanagement 131

Personenverzeichnis

Adamaschek 376
Adenauer, S. 393
Alioth, A. 241
Allmer, H. 305
Altenburg, P 339
Amick III, B.C. 240
Anft, M. 314
Antell, M. 379
Antoni, C. 247, 248, 253
Antonovsky, A. 35, 36, 75, 78, 241
Aronson, E. 144

Badura, B. 30, 391
Baethge, M. 176
Bähr, B. 105
Baillod, J. 300
Baitsch, Ch. 244
Baron, R.A. 151
Basler, H.-D. 125
Baumeister, H-P. 113
Becher, J.R. 229
Becker, P. 36
Becker, R. 229
Beethoven, L. v. 121
Beigel, H.G. 365
Bensberg, G. 172
Bernstein, D.A. 119
Beyer, G. 131
Biener, K. 115
Björkqvist, K. 165
Blake, R.R. 157
Blum, A. 290
Bonhoeffer, D. 273
Borkovec, T.D. 119
Borowiak, F. 363
Bös, K. 394
Brahms, J. 121
Braid, J. 122
Brandenburg, U. 70, 177, 349, 362
Brauchler, R. 64
Brengelmann, J.C. 125
Breucker, G. 335
Brickenkamp, R. 388
Briner, R.B. 43, 361
Bröckermann, R. 176
Brodksky, A. 136
Brücher-Albers, C. 11, 22
Bullinger, H.-J. 337
Bullinger, M. 278
Bülow, J. 391
Burkardt, F. 222
Busch, W. 180
Büssing, A. 142, 143, 291

Cakir, A. 314
Cannon, W.B. 108
Cannon-Bowers, J. 253
Caplan, G. 19

Chaplin, Ch. 289
Churchill, W. 147
Cirè, L. 177
Clegg, C. 234
Colin, I. 222
Cordes, C.L. 135
Csikszentmihalyi, M. 45

Demerouti, E. 143
Demuth, P. 102
Diamantopoulou, A. 32
Diener, E. 43
Dougherty, T.W. 135
Ducki, A. 27 46
Duczek, A. 391
Dunckel, H. 63, 241
Dvorak 121

Eaton, B. 5
Ebner-Eschenbach, M. v. 147
Eckardstein, D. 41
Edelwich, J. 136
Eid, M. 43
Eisenhower, D.D. 131
Eissing, G. 353
Elke, G. 350
Ellis, A. 123
Enzmann, D. 141, 142
Ertel, M. 265, 272
Eysenck, H.-J. 221
Eysenck, M.W. 221

Fahrenberg, J. 68, 388
Farke, G. 190 191
Faust, V. 113
Ferreira, Y. 271, 304
Fielding, J.E. 351
Ford, H. 207
Freimuth, J. 176
Frese, M. 242
Freudenberger, H.J. 134
Friczewski, F. 34
Friedel, H. 241
Friedman, M. 84
Frieling, E. 272, 293, 311
Fuchs, R. 204

Gediga, G. 314
Gels, H. 120
Gerdes, H. 391
Gerling, F. 221
Glasl, F. 149, 156
Goedevert, D. 5
Goethe, J.W. 280
Gold, D.R. 294
Goldberg, I. 190
Goleman, D. 79
Greiner, B. 46

Griefahn, B. 297
Gröben, F. 394
Groß, H. 297
Grote, S. 241
Grün, P. 156
Grundel, G. 32
Gusy, B. 142

Häcker, H. 63
Hacker, W. 20, 76, 214, 231
Hackman, J.R. 75, 235, 241
Hallmaier, R. 202
Hamborg, K.C. 96, 314
Hampel, R. 388
Haring, B. 119
Hartmannsgruber, J.K. 242
Hartz, P. 30, 251, 323
Heckhausen, H. 321, 359
Heinrich 367
Hell, W. 383
Hermann, M. 391
Herophilos 3
Hilgers, St. 64
Hofmann, A. 63
Hofmann, E. 119
Hofstetter, H. 176
Horn, W. 388
Hoyos Graf, C. 211, 213, 218
Huber, W. 303
Hunt, J. 283
Hunter, W. 31

Jacobson, E. 119
Jancik, J. M. 24
Jerusalem, M. 191
Johnson 204
Johst, B. 267
Junghanns, G. 265

Kafry, D. 144
Kahn, R.L. 72
Kallus, K.W. 125
Kaluza, G. 125
Karasek, R.A. 239, 240, 241
Kastner, M. 122
Kathler, F. 120
Katz, D. 72
Kauffeld, S. 241
Keilhofer, G. 391
Kentner, M. 177
Kernen, H. 134
Kieselbach, T. 10
Kieser, A. 246
Kleiber, D. 141, 142
Kleinsorge, H. 183
Knab, B. 83
Knauth, P. 253, 294
Knorz, C. 166
Koch, G. 173, 394
Kopp, I. 27
Krampen, G. 119
Kretschmann, R. 125

Kreutner, U. 267
Kubicek, H. 246
Kuhn, K. 31, 93

Landau, K. 64, 95
Landgraf-Rütten, A. 289
Langensee, G. 34
Lazarus, R. S. 108
Lehnert 95
Leitner, K. 27
Lemke, S. 253
Levi. L. 18
Leymann, H. 161, 165
Liepmann, D. 393
Lippmann, K. 349
Lorenzetti, A. 317
Lucas, R. E. 43
Ludwig, R. 204
Lümkemann, D. 391

Maaß, W. 253
Manz, R. 355
Marschall, B. 70, 177, 362, 391
McGrath, J. E. 74
Meichenbaum, D. 123, 125
Meschkutat, B. 160
Messer, J. 172
Metz, A. 64
Meyer-Falcke, A. 383
Michalk, S. 356
Mintzberg, H. 72
Mouton, J.S. 157
Mozart, W. A. 121
Müller-Limmroth, W. 60
Müller-Ortstein, H. 113
Münch, E. 391
Munker, H. 383
Munz, E. 297
Musshafen, S. 253
Myrtek, M. 84

Nachreiner, F. 143
Nieder, P. 319, 356, 362, 371
Nold, H. 226
Nullmeier, E. 307

Oldham, G. R. 75, 235, 241
Olesch, G. 370
Opaschowski, H. W. 298
Oppolzer, A. 8
Österman, K. 165

Paine, W. S. 145
Panosch, B. 191
Panse, W. 110
Paulsen, W. 391
Päth, L. 378
Perrar, K.M. 143
Pfaff, H. 69
Pfeiffer, W. 83
Pils, W. 283
Pines, A. M. 144

Pohling, U. 173
Pornschlegel, H. 391
Prümper, J. 241, 242, 262, 314
Przygodda, M. 367

Ralston, D. A. 74
Rauen, C. 170f.
Regnet, E. 153, 155
Rehwald, R. 375
Resch, M. 63, 94, 241, 266
Revenstorf, D. 122
Rhodes, S. R. 361
Richardson, M. 273
Richenhagen, G. 262
Richter, P. 241
Rieländer, M. 11, 22
Riemann, F. 109
Rimann, M. 72, 41, 318
Robinson, B. 188
Rohmert, W. 48
Rosenman, R. H. 84
Rosenstiel, L. 165, 247
Roth, E. 134
Rothe, H.-J. 64
Rötschke, S. 76
Rückl 170
Rudow, B. 48, 55, 64, 91, 102, 117, 127, 130, 144, 287, 339, 377, 391
Rummel, M. 204
Rutenfranz, J. 292

Saint Exupery de, A. 75
Salas, E. 253
Salewski-Renner, M. 64
Salowsky, H. 357
Schanze, M. 221
Schiller, F. 45, 118, 229
Schmauder, M. 337
Schmidt, A. 391
Schmidt, U. 47
Schmitt, S. 142
Schnabel, C. 357, 363
Scholz, C. 261
Scholz, J. F. 176
Schopenhauer, A. 3
Schrader, K. 383
Schrempp, J. 5
Schuhmacher, F. 391
Schultz, J. H. 119
Schulz von Thun, F. 372
Schwager, T. 394
Schwarzer, R. 81, 321
Schweppenhäußer, A. 96
Seemann, O. 191
Seifert, H. 291
Seiwert, L. J. 131
Selg, H. 388
Selye H. 108, 138
Semmer, N. 69
Senders, J. W. 287
Siegrist, J. 134 140
Skiba, R. 207

Slesina, W. 69, 100, 106
Sonntag, K.-H. 293, 311
Spector, P. 295
Spies, S. 365
Staehle, W. 72
Steers, R. M. 361
Stegmann, W. 110
Steinbeck, J. E. 304
Sydänmaanlakka, P. 379

Tannenbaum, S. 253
Taubert, R. 363
Taylor, F.W. 243
Taylor, H. 188
Teml, H. 124
Thalmann, K. 72, 318
Theorell, T. 239
Thomas, B. 170
Thul, M. J. 70
Tielsch, R. 63
Triebe, J.K. 312
Trimpop, R. 220

Udris, I. 36, 72, 77, 241, 318, 394
Ulich, E. 45, 75, 96, 213, 230, 231, 234, 241, 244, 250
Ullsberger, P. 265

Volkert, K. 173
Vollmer, G. R. 74
Volpert, W. 76, 234

Wagner, J. 262
Wagner-Link, A. 189
Walter, U. 391
Wegner, R. 143
Wein, C. 143
Wenninger, G. 226
Westermayer, G. 105
Wildemann, H. 293
Wilke, P. 391
Wilken, B. 391
Willumeit, 314
Windel, A. 64
Winter, A. 272
Wittstock, M. 312
Wolters, J. 355
Wulk, J. 60

Young, K. 191

Zangemeister, C. 392
Zapf, D. 134, 163, 166
Zerssen von, D. 68
Zeyer, R. 122
Zimmerl, H. D. 191
Zimolong, B. 64, 350
Zink, K. J. 70
Zinke, E. 375
Zober, A. 253
Zulley, J. 83

Unternehmens- und Organisationsverzeichnis

Adam Opel AG, 363, 365, 369, 377
Allgemeine Ortskrankenkasse (AOK), 326
Arbeitsgericht Gera, 168
Arbeitskreis "Suchthilfe", 200
Arbeitsschutzverwaltung Nordrhein-Westfalen, 47
AUVA (Allgemeine Unfallversicherungs-Anstalt Wien), 339

Barmer 326
BASF AG, 26, 183
BAT-Freizeitforschungsinstitut Hamburg, 298
Bayer AG, 391
Berliner Verkehrsgesellschaft, 180
Bertelsmann Stiftung, 368, 376
Berufsgenossenschaft (BG), 199
Betriebskrankenkasse (BKK), 199, 325, 335
Bezirksamt Charlottenburg, 167
BG Chemie, 326
Braun AG Melsungen, 391
Brokat AG, 4
Bundesanstalt für Arbeitsschutz und Arbeitsmedizin (BAuA), 30, 160, 224, 262, 272, 278, 280, 296, 391
Bundessozialgericht, 192
Bundesunfallkasse (BUK), 326, 339

Caatoosee AG, 4
Ciba Geigy, 167

Daimler-Benz AG, 7
DaimlerChrysler AG, 5, 7, 365, 375
Degussa AG, 391
Deutsche Angestellten-Krankenkasse (DAK), 326, 370
Deutsche Hauptstelle gegen Suchtgefahren (DHS), 180
Deutsche Shell AG, 228
Deutscher Gewerkschaftsbund, 327
Deutsches Büromöbelforum Düsseldorf, 255
DLR-Projektträger des BMBF, 16
DuPont AG, 333

Eidgenössische Technische Hochschule (ETH) Zürich, 36
Ergonomic Institut Berlin, 261
Essener Verkehrs-AG, 391
Esso AG, 391
Europäische Gemeinschaft (EG), 89
Europäische Kommission, 32
Europäische Union (EU), 89, 90
Europäische Wirtschaftsgemeinschaft 89
Europäisches Netzwerk Betrieblicher Gesundheitsförderung (ENWHP), 90, 335
European Foundation for Quality Management (EFQM), 325
EVM AG Magdeburg, 391

Ford AG, 5
Frankfurter Flughafen (FAG), 304

GEW Baden-Württemberg, 339, 447

Hilfe zur Selbsthilfe für Online-Süchtige (HSO), 191
Homburger Gerlach-Werk, 391
Humboldt-Universität zu Berlin, 191, 447
HVBG (Hauptverband der gewerblichen Berufsgenossenschaften), 296

IBM, 244, 262
IG Metall, 92, 327, 339
Institut für Wirtschaftsforschung Köln, 362
Instituts für Arbeits- und Sozialhygiene (IAS) Karlsruhe, 9, 177
Internationale Arbeitsorganisation (ILO), 8
Intershop AG, 4

KARO Gebäudereinigung GmbH Hamburg, 391

Länderausschuss für Arbeitsschutz und Sicherheitstechnik (LASI), 297, 339
Landesarbeitsgericht Rheinland-Pfalz, 168
Lufthansa AG, 113

Mannheimer Verkehrsgesellschaft AG (MVV), 102, 106
Ministerium für Arbeit und Soziales, Qualifikation und Technologie des Landes NRW, 8, 47
Motorola, 160
Münchener Ambulanz für Internet-Abhängige, 191
Münchener Verkehrsbetriebe, 391

Nokia, 379
Norddeutsche Metall-BG, 282

Otto Versand, 391, 447
O$_2$ (Germany) GmbH, 391

Physik Instrumente (PI) GmbH Karlsruhe, 283, 447

Ravensburger Spielhersteller, 391

Siemens AG, 190, 323, 391
Spar Handels-AG, 391
Speedcall Corporation, 393
Stadtverwaltung Friedrichshafen, 167
Stadtverwaltung Vechta, 120
Stadtwirtschaft Halle, 333, 447
Statistisches Bundesamt, 31, 353

Süddeutsche Metall-Berufsgenossenschaft (SMBG), 326, 447
Symalit GmbH, 225

Techniker-Krankenkasse (TK), 326
Thüringer Landesarbeitsgericht, 168
Thyssen-Krupp AG, 391
Trigon Unternehmensberatung Graz, 176
TU München, 211

Universität Augsburg, 447
Universität Leipzig, 447
Universität Mannheim, 117, 447
Universität München, 191
Universität Zürich, 191, 447
Universitätsklinik Hamburg-Eppendorf, 167, 183

Verkehrsbetriebe Hamburg-Holstein, 378
VEW Energie AG Dortmund, 391
Voith, 34
Volksbank Grünstadt, 168
Volkswagen AG (VW), 5, 21, 30, 70, 167 f., 173, 178, 216, 226, 291, 323, 345, 348, 350, 358, 367, 376, 384, 391, 394, 447

Weltgesundheitsorganisation (WHO), 8, 11, 22, 29, 35, 43, 89, 192, 357
Wissenschaftliches Institut der AOK (WIdO), 30
WMF AG Geislingen, 391

Zum Autor

Professor Dr. habil. *Bernd Rudow* studierte von 1968 bis 1972 Arbeits- und Ingenieurpsychologie an der Humboldt-Universität zu Berlin. Von 1972 bis 1988 war er an der Deutschen Hochschule für Körperkultur (DHfK) Leipzig, dem Institut für Arbeitsmedizin der Universität Leipzig und an der Akademie der Pädagogischen Wissenschaften der DDR, Berlin, als Wissenschaftlicher Mitarbeiter tätig. In dieser Zeit promovierte er an der Technischen Universität Dresden, Sektion Arbeitswissenschaften (1980; Dr. rer. nat.) und habilitierte sich an der Universität Leipzig (1986; Dr. sc. nat.) und an der Universität Mannheim (1990; PD Dr. rer. nat. habil.).

Von 1988 bis 1993 war der Autor Hochschullehrer für Psychologie (Pädagogische Psychologie, Arbeits-, Betriebs- und Organisationspsychologie) an den Universitäten Leipzig, Mannheim, Heidelberg und Koblenz-Landau. Gegenwärtig ist er als Hochschullehrer an der Hochschule Merseburg und an der Universität Mannheim tätig. Darüber hinaus übernahm er von 1991 bis dato Lehraufträge an der Universität Zürich, Universität Augsburg (Kontaktstudium Management) und an der Hochschule Heilbronn. Zurzeit ist Professor Rudow Direktor des M4-Instituts (Mensch-Maschine-Management-Medium-) in Merseburg. Der Autor arbeitet mit zahlreichen Unternehmen/Organisationen zusammen, insbesondere mit der Volkswagen AG (VW), ferner mit dem OTTO Versand Hamburg, der Physik Instrumente (PI) GmbH Karlsruhe, der Stadtwirtschaft Halle/Saale, der Süddeutschen Metall - BG (SMBG), der Unfallkasse Sachsen-Anhalt und der Gewerkschaft Erziehung und Wissenschaft (GEW) Baden-Württemberg.

Der Autor hat bisher ca. 85 wissenschaftliche Publikationen, u. a. drei Bücher, in deutscher, englischer und russischer Sprache in Deutschland, den Niederlanden, der Ukraine, England und in den USA verfaßt. Schwerpunktthemen sind folgende: Gesundheitsmanagement, Arbeitsschutz und -sicherheit, Stress und Stressmanagement, Personalführung und –pflege, Organisationsentwicklung, Arbeitsanalyse und –gestaltung sowie die Arbeit von Managern, Lehrern und Erzieherinnen.

Adresse:
M4-Institut Merseburg
Geusaer Strasse
06217 Merseburg
b.rudow@t-online.de